# 外弹道测量精度分析与评定

# Accuracy Analysis and Evaluation for Exterior Ballistic Measurement

刘利生　吴斌　吴正容　孙刚　杨萍　著

国防工业出版社

·北京·

**图书在版编目(CIP)数据**

外弹道测量精度分析与评定/刘利生等著. —北京:国防工业出版社,2010.6

ISBN 978-7-118-06559-6

Ⅰ.①外... Ⅱ.①刘... Ⅲ. ①导弹弹道-外弹道-测量-精度②航天器-外弹道-测量-精度 Ⅳ.①TJ013.2 ②V556.2

中国版本图书馆 CIP 数据核字(2010)第 013424 号

※

国防工业出版社出版发行

(北京市海淀区紫竹院南路 23 号 邮政编码 100048)

天利华印刷装订有限公司印刷

新华书店经售

*

**开本** 850×1168 1/32 **印张** 12⅞ **字数** 328 千字

2010 年 6 月第 1 版第 1 次印刷 **印数** 1—2500 册 **定价** 48.00 元

---



国防书店:(010)68428422 发行邮购:(010)68414474

发行传真:(010)68411535 发行业务:(010)68472764

# 致 读 者

**本书由国防科技图书出版基金资助出版。**

国防科技图书出版工作是国防科技事业的一个重要方面。优秀的国防科技图书既是国防科技成果的一部分,又是国防科技水平的重要标志。为了促进国防科技和武器装备建设事业的发展,加强社会主义物质文明和精神文明建设,培养优秀科技人才,确保国防科技优秀图书的出版,原国防科工委于 1988 年初决定每年拨出专款,设立国防科技图书出版基金,成立评审委员会,扶持、审定出版国防科技优秀图书。

**国防科技图书出版基金资助的对象是:**

1. 在国防科学技术领域中,学术水平高,内容有创见,在学科上居领先地位的基础科学理论图书;在工程技术理论方面有突破的应用科学专著。

2. 学术思想新颖,内容具体、实用,对国防科技和武器装备发展具有较大推动作用的专著;密切结合国防现代化和武器装备现代化需要的高新技术内容的专著。

3. 有重要发展前景和有重大开拓使用价值,密切结合国防现代化和武器装备现代化需要的新工艺、新材料内容的专著。

4. 填补目前我国科技领域空白并具有军事应用前景的薄弱学科和边缘学科的科技图书。

国防科技图书出版基金评审委员会在总装备部的领导下开展工作,负责掌握出版基金的使用方向,评审受理的图书选题,决定资助的图书选题和资助金额,以及决定中断或取消资助等。经评审给予资助的图书,由总装备部国防工业出版社列选出版。

国防科技事业已经取得了举世瞩目的成就。国防科技图书承担着记载和弘扬这些成就,积累和传播科技知识的使命。在改革开放的新形势下，原国防科工委率先设立出版基金，扶持出版科技图书，这是一项具有深远意义的创举。此举势必促使国防科技图书的出版随着国防科技事业的发展更加兴旺。

设立出版基金是一件新生事物，是对出版工作的一项改革。因而，评审工作需要不断地摸索、认真地总结和及时地改进，这样，才能使有限的基金发挥出巨大的效能。评审工作更需要国防科技和武器装备建设战线广大科技工作者、专家、教授，以及社会各界朋友的热情支持。

让我们携起手来，为祖国昌盛、科技腾飞、出版繁荣而共同奋斗！

国防科技图书出版基金<br>评审委员会

# 序

外弹道测量是导弹、航天器飞行试验的一项基本任务，也是导弹、航天器试验工程的重要组成部分。外弹道测量是利用天基、地基光学和无线电测量系统跟踪测量并确定导弹或运载火箭的飞行轨迹，以此考核、评定导弹或运载火箭的技术性能和精度，为型号的定型和改进提供重要的依据。半个世纪以来，由于我国导弹和航天事业的巨大进步，使得其测控工程也得到了飞速的发展，并已建成了能够满足不同类型导弹、航天器飞行试验任务的多种测控网。

随着导弹和航天器技术的发展，不同用途和类型的导弹、航天器试验越来越多，其试验内容越来越丰富，试验要求也越来越高，这大大增加了外弹道测量技术的难度和复杂性。为此，必须进一步提高外弹道测量的技术水平才能满足新的试验任务的要求。本书系统地总结了我国数十年来外弹道测量精度分析和评定技术，详细地论述了以测量精度为核心的试验精度评定技术、外弹道测量精度要求的论证方法；外弹道测量体制、各种解算弹道参数的方法与相应的精度估算方法；外弹道测量系统测量精度评定技术和方法等有关内容；这些技术是导弹航天测控系统总体方案论证、设计和制定工作的重要的基础性研究工作，对于提高外弹道测量技术水平具有很大的促进作用。

为了适应新的试验任务和要求，本书还充分应用数理统计的参数估计、数字滤波、函数逼近等理论，紧密地结合多测量源的自校准与自鉴定、数据融合处理等技术，提出了关于导弹和运载火箭的精度评定、外弹道测量弹道精确解算和外弹道测量系统精度评定等方面的新的技术途径和方法，对于提高外弹道测量精度、改进导弹及外弹道测量系统精度评定技术及增加其评定结果的准确性和可信度,都具有明显的效果和作用。

本书内容丰富,紧密结合我国导弹航天测控工程实践,是作者多年科研工作的结晶,具有较高的学术水平和应用价值,对于导弹航天测控系统总体设计工作具有很好的指导作用,对于提高外弹道测量的技术水平起着积极的促进作用。期望该书的出版,能够为从事导弹航天工程测控以及相关领域的科研人员提供有价值的参考,并在科学研究和工程应用中起到很好的借鉴和促进作用。

沈荣骏

二〇〇九年九月一日

# 前 言

外弹道测量指利用光学和无线电外测系统跟踪测量并提供导弹或运载火箭飞行试验弹道参数的过程。它是导弹、航天器飞行试验的一项基本任务,也是导弹、航天器试验工程的重要组成部分。外弹道测量的主要目的是评定、改进导弹或运载火箭的技术性能和精度,为安全控制系统实时提供安全信息、为航天器系统提供运载火箭入轨参数等,这对于保障导弹、航天器试验任务的完成并促进其技术的发展具有重要的意义。

随着导弹和航天器技术的发展,各种用途的导弹和航天器类型越来越多,其试验内容越来越丰富,测量要求越来越精确。系统和完整地总结我国近半个世纪以来的外弹道测量精度分析和评定技术,对于导弹、航天器试验工程测控系统总体方案的论证、设计和制定,对于促进和发展外弹道测量技术和试验场建设都具有重要的作用。

本书是作者根据近几年来工程任务需要和总结几十年外测系统总体工作经验的成果,特别是作者紧密联系工程实际,系统地论述了外弹道测量精度分析和评定的方法和计算公式,并提出一些新的外弹道测量精度评定技术和方法,这对于合理地论证、设计和制定外弹道测量系统总体方案和提高其设计能力,对于满足新一代外弹道测量系统测量精度评定需要和提高其技术水平,都是极为有益的。

全书共分 10 章,第 1 章绪论,第 2 章测量与测量误差,第 3 章地球参数椭球体和常用坐标系,第 4 章外弹道测量精度要求,第 5 章外弹道测量体制,第 6 章外弹道测量系统,第 7 章外测数据解算弹道的方法,第 8 章测量误差传播的精度估算方法,第 9 章测量精度仿真估计方法，第10章外测系统测量精度评定。其中吴斌研究员参与撰写了第1、2、5章，刘利生研究员参与撰写了第2、3和第7至10章，杨萍工程师参与撰写了第3、4章，吴正容高级工程师参与撰写了第5、6章，孙刚工程师参与撰写了第6、7章，全书由刘利生研究员统稿。

本书的编写得到所在单位北京跟踪与通信技术研究所的领导和机关的大力支持和帮助。钱卫平研究员、谢京稳研究员对本书的编写和出版给予了极大的关注和支持，李波、郭军海研究员除了积极支持和关心本书的编写和出版外，还为编著人员创造了良好的环境，杨潇、张彪、王爽等同志为本书的编写、翻译、打印和组织等做了大量极为繁琐而有意义的工作；此外，孙宝升、樊世伟研究员为本书的编写提出了许多宝贵而中肯的意见和建议；特别是两院院士、武汉大学李德仁教授和航天工程专家沈荣骏院士在百忙之中对本书进行了认真和细致的审阅，提出了许多具有指导意义的建议；在此，对他们的辛勤劳动和热情帮助一并表示衷心的感谢。除此，本书还得益于国防科技图书出版基金及基金评审委员会的肯定、支持和赞助，为本书顺利出版创造了有利条件，谨向国防科技图书出版基金评审委员会和国防工业出版社表示诚挚的感谢。

编者本着专著的特点和要求，力求突出思想新颖、具有创见的知识和内容，以促进测控专业技术水平的提高和发展。本书可供从事本专业的研究人员学习和参考，也可以供相关专业的高等院校师生阅读和参考。由于编者的理论和学术水平有限，难免有不妥或错误之处，恳请读者批评指正。

编 者

二〇〇九年十月

# 目　录

第 1 章　绪论……………………………………………………… 1
1.1　外弹道测量的作用和技术发展……………………………… 1
1.1.1　外弹道测量的作用 ……………………………………… 1
1.1.2　外弹道测量技术发展 …………………………………… 2
1.2　外弹道测量精度分析与评定………………………………… 3
1.2.1　外弹道测量精度分析 …………………………………… 3
1.2.2　外弹道测量系统精度评定 ……………………………… 5
第 2 章　测量与测量误差……………………………………… 7
2.1　测量与分类…………………………………………………… 7
2.1.1　测量的概念 ……………………………………………… 7
2.1.2　测量的分类 ……………………………………………… 7
2.2　测量误差与分类……………………………………………… 8
2.2.1　测量误差 ………………………………………………… 8
2.2.2　测量误差分类 …………………………………………… 8
2.2.3　测量误差度量…………………………………………… 10
2.2.4　外弹道测量的误差源…………………………………… 11
第 3 章　地球参考椭球体和常用坐标系 ……………………… 15
3.1　地球参考椭球体 …………………………………………… 15
3.1.1　大地水准面……………………………………………… 15
3.1.2　地球参考椭球体………………………………………… 16
3.1.3　子午面和卯酉面………………………………………… 17

3.2 常用坐标系 …………………………………… 17
3.2.1 地心空间直角坐标系 ……………………… 17
3.2.2 大地坐标系和天文坐标系 ………………… 18
3.2.3 发射坐标系 ………………………………… 20
3.2.4 测量坐标系 ………………………………… 21
3.2.5 发射惯性坐标系 …………………………… 21
3.2.6 发射惯性平移坐标系 ……………………… 22
3.3 坐标系之间的转换 ………………………………… 22
3.3.1 地心大地坐标系与地心空间直角坐标系之间的转换关系 ……………………… 23
3.3.2 地心空间直角坐标系与发射坐标系之间的转换关系 …………………………… 24
3.3.3 地心空间直角坐标系与法线测量坐标系之间的转换关系 ……………………… 25
3.3.4 法线测量坐标系与垂线测量坐标系之间的转换关系 …………………………… 26
3.3.5 地心空间直角坐标系与垂线测量坐标系之间的转换关系 ……………………… 27
3.3.6 发射坐标系与垂线测量坐标系之间的转换关系 ………………………………… 28
3.3.7 发射惯性坐标系与发射坐标系之间的转换关系 ………………………………… 28
3.4 坐标系转换的新方法 ……………………………… 29
3.4.1 发射坐标系与地心空间直角坐标系之间新的转换关系式 ……………………… 30
3.4.2 发射坐标系与垂线测量坐标系之间新的转换关系式 …………………………… 30
3.4.3 站址坐标计算公式 ………………………… 31

第 4 章　外弹道测量精度要求 …………………………… 33
4.1　弹道式导弹飞行弹道特性及误差因素 ………… 33
4.1.1　弹道式导弹的飞行弹道…………………… 33
4.1.2　导弹落点偏差和精度……………………… 35
4.1.3　导弹精度指标……………………………… 37
4.2　导弹落点的干扰因素和制导工具误差 ………… 38
4.2.1　导弹飞行的干扰因素……………………… 38
4.2.2　制导原理及工具误差模型………………… 39
4.3　导弹和运载火箭精度评定技术和方法 ………… 57
4.3.1　精度评定中应用的估计方法……………… 57
4.3.2　导弹精度的评定技术和方法……………… 70
4.3.3　外弹道测量精度指标论证………………… 80
第 5 章　外弹道测量体制 ………………………………… 84
5.1　外测体制分类 ……………………………………… 84
5.1.1　测角体制…………………………………… 85
5.1.2　测距测角体制……………………………… 86
5.1.3　测距体制…………………………………… 87
5.1.4　距离及距离差体制………………………… 88
5.1.5　距离和测量体制…………………………… 92
5.2　外测体制与布站设计 ……………………………… 95
5.2.1　最优测量几何……………………………… 96
5.2.2　测量覆盖要求……………………………… 97
5.2.3　设备跟踪性能……………………………… 98
5.2.4　火箭喷焰影响……………………………… 98
5.2.5　其他条件…………………………………… 99
第 6 章　外弹道测量系统………………………………… 100
6.1　光学测量系统……………………………………… 100

6.1.1 光电经纬仪(电影经纬仪) …………………… 101
6.1.2 弹道相机 …………………………………… 106
6.2 无线电测量系统…………………………………… 109
6.2.1 连续波测量系统 …………………………… 109
6.2.2 脉冲雷达 …………………………………… 115
6.2.3 GPS 测量系统 ……………………………… 115
6.2.4 无线电测量系统跟踪与测量基本技术 ………………………………… 117
**第 7 章 外测数据解算弹道的方法** …………………… 123
7.1 多台测角体制解算弹道方法 ……………………… 123
7.1.1 “L”、“K”和“M”公式 ………………………… 124
7.1.2 方向余弦法 ………………………………… 127
7.1.3 最小二乘估计法 …………………………… 130
7.1.4 递推最小二乘估计方法 …………………… 131
7.1.5 弹道速度和加速度的解算方法 …………… 133
7.2 测距测角体制解算弹道方法……………………… 135
7.2.1 单站测量的弹道位置参数解算方法 ………………………………… 135
7.2.2 多站交会测量的弹道位置参数解算方法 …………………………… 136
7.2.3 速度和加速度参数解算方法 ……………… 138
7.2.4 加速度参数计算公式 ……………………… 140
7.2.5 其他参数计算公式 ………………………… 140
7.3 多 $R\dot{R}$ 体制解算弹道方法 ………………………… 140
7.3.1 $3R\dot{R}$ 测量元素解算弹道方法 ……………… 140
7.3.2 多 $R\dot{R}$测量元素解算方法 ………………… 147
7.4 连续波测量系统解算弹道方法…………………… 150
7.4.1 干涉仪体制解算方法 ……………………… 150

7.4.2 多站$S\dot{S}$体制解算方法 …… 157
7.5 连续波测量系统联测解算弹道方法 …… 157
7.5.1 两套干涉仪联测解算方法 …… 158
7.5.2 单套干涉仪与单套多站连续波系统联测解算方法 …… 162
7.5.3 多套连续波测量系统联测解算方法 …… 166
7.6 多套连续波测量系统的融合解算方法 …… 169
7.6.1 "EMBET"自校准技术 …… 170
7.6.2 基于残差方程解算的"EMBET"方法 …… 177
7.6.3 "EMBET"的主成分估计方法 …… 180
7.6.4 弹道样条约束的"EMBET"方法 …… 182
7.6.5 系统误差模型检验和辨识 …… 187

**第8章 测量误差传播的精度估算方法** …… 189

8.1 测量误差传播 …… 190
8.1.1 测量误差传播原理 …… 190
8.1.2 外弹道测量误差传播的理论公式 …… 192
8.2 各种测量体制的精度估算公式 …… 195
8.2.1 $nA$、$E$体制精度估算公式 …… 195
8.2.2 $R$、$A$、$E$体制的精度估算公式 …… 203
8.2.3 $nR\dot{R}$测量体制的精度估算公式 …… 208
8.2.4 $R$、$A$、$E$和$3\dot{R}$体制的精度估算公式 …… 221
8.2.5 干涉仪测量体制的精度估算公式 …… 230
8.2.6 $n\dot{S}$测量体制的精度估算公式 …… 240
8.3 多种测量体制组合的精度估算公式 …… 244
8.3.1 两套干涉仪联用精度估算公式 …… 245
8.3.2 单台干涉仪与多站连续波系统联用精度估算公式 …… 260
8.3.3 两套干涉仪和两套多站连续波系统联用

精度估算公式 …………………………… 277

第 9 章 测量精度仿真估计方法…………………………… 298

9. 1 测量量仿真模拟方法…………………………… 298

9. 1. 1 系统误差模型 …………………………… 299

9. 1. 2 测量量仿真模拟和测量精度估计 …………… 305

9. 2 几种解算方法的测量精度公式…………………… 306

9. 2. 1 “EMBET”测量精度估算公式 ……………… 306

9. 2. 2 样条约束“EMBET”测量精度估算公式 …… 318

第 10 章 外测系统测量精度评定 …………………… 332

10. 1 外测系统测量精度评定的原理和方法 ………… 332

10. 1. 1 外测系统测量精度评定的目的和任务 … 332

10. 1. 2 外测系统精度评定原理 ………………… 333

10. 1. 3 外测系统测量精度评定 ………………… 335

10. 1. 4 外测精度评定的比较标准 ……………… 336

10. 1. 5 外测系统精度评定的方法 ……………… 340

10. 2 外测系统的系统测量精度评定方法 …………… 344

10. 2. 1 变量差分法 ……………………………… 344

10. 2. 2 最小二乘拟合残差法 …………………… 349

10. 2. 3 样条多项式拟合残差法 ………………… 355

10. 2. 4 卡尔曼自适应统计方法 ………………… 358

10. 3 外测系统测量精度自鉴定技术…………………… 361

10. 3. 1 “EMBET”自鉴定技术 …………………… 362

10. 3. 2 样条约束“EMBET”自鉴定技术 ……… 363

10. 3. 3 轨道约束“EMBET”自鉴定技术 ……… 364

10. 3. 4 轨道约束“EMBET”技术递推方法 …… 375

参考文献…………………………………………… 383

# Contents

**Chapter 1　General** ································································ 1

1.1　The Importance and Technique Development of Exterior Ballistic Measurements ································ 1

1.1.1　The Importance of Exterior Ballistic Measurements ································ 1

1.1.2　The Technique Development of Exterior Ballistic Measurement ································ 2

1.2　The Accuracy Analysis and Evaluation of Exterior Ballistic Measurement ································ 3

1.2.1　The Accuracy Analysis of Exterior Ballistic Measurement ································ 3

1.2.2　The Accuracy Evaluation of Exterior Ballistic Measuring System ································ 5

**Chapter 2　Measurements and Errors** ································ 7

2.1　Measurements and Its Classification ································ 7

2.1.1　The Concept of Measurements ································ 7

2.1.2　Classification of Measurement ································ 7

2.2　The Measurement Error and Its Classification ········ 8

2.2.1　The Measurement Error ································ 8

2.2.2　The Classification of Measurement Error ··· 8

2.2.3　The Scalar of Measurement Error ············ 10

2.2.4　The Error Source of Exterior Ballistic

Measurement ································ 11

**Chapter 3 Reference Spheroid of Earth and Coordinates in Common Use** ······················ 15

3.1 Reference Spheroid of Earth ························· 15

3.1.1 Geoid ················································ 15

3.1.2 Reference Spheroid ························· 16

3.1.3 Meridian Plane and Prime Vertical Plane ······························· 17

3.2 Coordinates System in Common Use ················ 17

3.2.1 Geocentric Rectangular Coordinate System ································· 17

3.2.2 Geodetic Coordinate System and Astronomical Coordinate System ·········· 18

3.2.3 Launch Coordinate System ················ 20

3.2.4 Measurement Coordinate System ·········· 21

3.2.5 Launch Inertial Coordinate System ········ 21

3.2.6 Launch Inertial Coordinate System ········ 22

3.3 Transformation of the Coordinate Systems ·········· 22

3.3.1 The Relation between the Geocentric Geodetic Coordinate System and Geocentric Rectangular Coordinate System··· 23

3.3.2 The Relation between the Geocentric Rectangular Coordinate System and Launch Coordinate System ················ 24

3.3.3 The Relation between the Geocentric Rectangular Coordinate System and the Normal Measurement Coordinate System···25

3.3.4 The Relation between the Normal Measurement Coordinate System and the

Vertical Measurement Coordinate System … 26

3.3.5 The Relation between the Geocentric Rectangular Coordinate System and the Vertical Measurement Coordinate System … 27

3.3.6 The Relation between the Launch Coordinate System and the Vertical Measurement Coordinate System ············ 28

3.3.7 The Relation between the Launch Inertial Coordinate System and the Launch Coordinate System ·················· 28

3.4 The New Transform Methods of the Coordinate Systems ············································· 29

3.4.1 The New Transform Formulae between the Launch Coordinate System and the Geocentric Rectangular Coordinate System ··························································· 30

3.4.2 The New Transform Formulae between the Launch Coordinate System and the Vertical Measurement Coordinate System … 30

3.4.3 The Calculation Formulae of the Station Site Coordinates ·························· 31

**Chapter 4 The Accuracy Requirement of the Exterior Ballistic Measurement** ···························· 33

4.1 The Trajectory Characteristic and Error Factors of the Ballistic Missile ································ 33

4.1.1 The Flight Trajectory of the Ballistic Missile ··········································· 33

4.1.2 The Accuracy and Error of the Missile Impact Point ······································ 35

4.1.3 The Missile Accuracy Requirements ········ 37
4.2 The Interference Factors of the Impact Point and the Guidance Errors ································ 38
4.2.1 The Interference Factors of the Missile Flight ········································ 38
4.2.2 The Guidance Principle and the Guidance Error Model ································· 39
4.3 The Accuracy Evaluation Technique and Methods of the Missile and Carrier Rocket ····················· 57
4.3.1 The Applied Evaluation Methods of the Accuracy Evaluation ························· 57
4.3.2 The Evaluation Techniques and Methods of the Missile Accuracy ······················· 70
4.3.3 The Accuracy Requirements Demonstrates of the Exterior Ballistic Measurement ········ 80
**Chapter 5 The System of the Exterior Ballistic Measurement** ································ 84
5.1 Classification of the Exterior Ballistic Measurement ································ 84
5.1.1 Azimuth and Elevation Measurement System ································ 85
5.1.2 Range and Angular Measurement System ········································ 86
5.1.3 Range System ········································ 87
5.1.4 Range and Range Difference Measurement System ························ 88
5.1.5 Range Sum Measurement System ··········· 92
5.2 The Exterior Measurement System and Station Distribution Design ································ 95

5.2.1 Optical Observation Geometry ················ 96
5.2.2 Coverage Requirement of Measurement ······ 97
5.2.3 The Track Performance of the Equipments ································ 98
5.2.4 The Influence of the Rocket Flame ··········· 98
5.2.5 Other Conditions ·································· 99

**Chapter 6 The Exterior Ballistic Measurement System** ······ 100

6.1 Optical Measurement System ································ 100
6.1.1 Photo-Electric Theodolite (Cinetheodolite) ······························· 101
6.1.2 Ballistic Camera ································ 106
6.2 Radio Measuring System ································ 109
6.2.1 Continuous Wave Measuring System ······· 109
6.2.2 Pulse Radar ································ 115
6.2.3 GPS Measuring System ························ 115
6.2.4 Basic Tracking and Measuring Technology of Radio Measuring System ················· 117

**Chapter 7 Trajectory Computation Methods Using Exterior Measurements** ································ 123

7.1 Trajectory Computation Methods Using More than One Angular Measurements ··················· 123
7.1.1 "L", "K" and "M" Formula ··············· 124
7.1.2 Direction Cosine Methods ······················ 127
7.1.3 Least Square Estimation ························ 130
7.1.4 Recursive Least Square Estimation ········ 131
7.1.5 Solution of Ballistic Velocity and Acceleration ································ 133
7.2 Solution of Trajectory Using Distance

Measurement and Angular Measurement System ··· 135
7.2.1 Solution of Ballistic Position Parameters Using Single Site Measurements ············ 135
7.2.2 Solution of Ballistic Position Parameters Using More than One Sites Measurements ································ 136
7.2.3 Solution of Velocity and Acceleration ······ 138
7.2.4 Solution of Acceleration Parameters ········ 140
7.2.5 Solution of Other Parameters ················ 140
7.3 Solution of Trajectory Using $n\ R\dot{R}$ System ··········· 140
7.3.1 Solution of Trajectory Parameters Using 3 $R\dot{R}$ System ······························ 140
7.3.2 Solution of Trajectory Using $n\ R\dot{R}$ System ································ 147
7.4 Continuous Wave Measuring System ················ 150
7.4.1 Solution of Ballistic Parameters Using Interferometer System ······················ 150
7.4.2 $n\ S\dot{S}$ System ································ 157
7.5 Solution Using Joint Measurements of Continuous Wave Measuring System ································ 157
7.5.1 Solution for Trajectory Using Two Sets of Interferometer System ···················· 158
7.5.2 Joint Measure Using A Set of Interferometer System and A Set of $n$ Sites Continuous Wave Measuring System ···················· 162
7.5.3 Joint Solution Using More than One Set of Continuous Wave Measuring System ··· 166
7.6 Fusion Solution Using More than One Set of Continuous Wave Measuring System ················ 169

7.6.1 "EMBET" Self-Calibration Technique … 170
7.6.2 "EMBET" Method Using Rudimental Error Equation …… 177
7.6.3 The Principal Component Estimate Method of "EMBET" …… 180
7.6.4 "EMBET" Methods with Spline Restraint …… 182
7.6.5 The Test and Recognition of System Error … 187

**Chapter 8 Accuracy Estimation Methods of Measuring Error Propagation** …… 189

8.1 Measuring Error Propagation …… 190
8.1.1 The Principle of Measuring Error Propagation …… 190
8.1.2 The Theory Formula of Exterion Ballistic Measurement Error Propagation …… 192
8.2 The Accuracy Estimation Formula of All Kinds of Measuring System …… 195
8.2.1 The Accuracy Estimation Formula of $nA,E$ System …… 195
8.2.2 The Accuracy Estimation Formula of $R,A,E$ System …… 203
8.2.3 The Accuracy Estimation Formula of $n\,R\,\dot{R}$ Measuring System …… 208
8.2.4 The Accuracy Estimation Formula of $R,A,E$ and $3\,\dot{R}$ System …… 221
8.2.5 The Accuracy Estimation Formula of Interferometer Measuring System …… 230
8.2.6 The Accuracy Estimation Formula of $n\,\dot{S}$ Measuring System …… 240

8.3 The Accuracy Estimation Formula of More Than One Measuring Systems Combination ·············· 244
8.3.1 The Accuracy Estimation Formula of Associated Instrumentation of Two interferometers ··· 245
8.3.2 The Accuracy Estimation Formula of Associated Instrumentation of One Interferometer and Multiple Continuous Wave Syatem ········ 260
8.3.3 The Accuracy Estimation Formula of Associated Instrumentation of Two Interferometers and Two Multiple Continuous Wave System ···················· 277

**Chapter 9 The Estimation Methods of Measuring Accuracy Simulation** ······························ 298

9.1 The Simulation Methods of Measurements ········ 298
9.1.1 System Error Model ························ 299
9.1.2 The Measurement Accuracy Estimation and Measurements Simulation ·············· 305
9.2 The Measuring Accuracy Formula of A Few Solution ········································ 306
9.2.1 The Measurement Accuracy Estimation Formula of "EMBET" ······················ 306
9.2.2 The Measurement Accuracy Estimation Formula of "EMBET" Using Spline Restraint ································· 318

**Chapter 10 The Accuracy Evaluation of Exterior Ballistic Measurement System** ····················· 332

10.1 The Principle and Method of Exterior Ballistic Measurements System Accuracy Evaluation ······ 332
10.1.1 The Target and Task of Exterior

Ballistic Measurements System
Accuracy Evaluation ········ 332
10.1.2 The Principle of Exterior Ballistic Measurements System Accuracy Evaluation ········ 333
10.1.3 The Accuracy Evaluation of Exterior Ballistc Measurements System Measurements ········ 335
10.1.4 The Compare Standard of Exterior Ballistc Measurements System Measurements ········ 336
10.1.5 The Methods of Exterior Ballistic Measurements System Accuracy Evaluation ········ 340
10.2 The Accuracy Evaluation of Exterior Ballistic Measurements System ········ 344
10.2.1 Variate Difference Method ········ 344
10.2.2 Least Squater Residual Fitting Method ··· 349
10.2.3 Spline Polynomial Residual Fitting Method ········ 355
10.2.4 Kalman Adaptive Statistical Method ··· 358
10.3 The Accuracy Self-Checkup Technology of Exterior Measuring System ········ 361
10.3.1 "EMBET" Self-Checkup Technology ··· 362
10.3.2 "EMBET" Self-Checkup Technology with Spline Restraint ········ 363
10.3.3 "EMBET" Self-Checkup Technology of Orbit Restraint ········ 364
10.3.4 Recursive "EMBET" Method of Orbit Restraint ········ 375
**References** ········ 383

# 第1章 绪　论

## 1.1 外弹道测量的作用和技术发展

### 1.1.1 外弹道测量的作用

外弹道测量指利用光学和无线电外测系统获取并提供导弹或运载火箭飞行过程中运动轨迹参数而进行的跟踪测量活动。外弹道测量的主要目的是为导弹或运载火箭的技术性能和精度的评定、设计、改进及武器的定型提供精确的飞行弹道参数,并为安全控制系统实时提供安全信息,为各级指挥系统提供监视显示信息,为应用系统提供有关数据等。它对于保障导弹、航天器试验任务的完成和促进其技术发展具有重要作用。

导弹从方案设计阶段开始,直到定型生产,需要经过大量的试验,如重要元器件研制试验、关键技术验证试验、分系统试验、全系统试验等,但最全面、最权威的试验是飞行试验,飞行试验所测量的射程落点和实测弹道数据是导弹设计、改进和定型最有说服力的依据。为配合导弹的研制、改进和定型试验,在发射试验场配备了大量精密的测量设备来测量和监视导弹的发射、飞行和再入过程,遥测系统负责测量导弹内部各部件的工作状况以及导弹的飞行环境,而光学和无线电外测系统(含卫星导航测量的天基系统),则负责测量导弹的空间飞行轨迹。

为了确保导弹发射试验场和航区内的生命和财产安全,确保导弹发生故障时不会飞出国境,发射试验场的另一项任务是保障导弹飞行试验时试验场和航区的安全。为此,试验场的安全系统利用外测和遥测系统获取的信息,及时判断导弹的飞行情况。一旦导弹出现飞行异常并可能危及地面的生命、财产安全或越国出境，就发出遥控指令，按选择的落点立即将其炸毁。

运载火箭用于发射各种不同性能和应用目的的卫星和航天器，将它们送到预定的轨道，其制导系统与导弹基本相同。航天器发射场的测控系统主要是监视飞行，确保安全，其外弹道测量数据也是分析、评价和鉴定制导系统精度及性能的重要信息源。

综上所述，外弹道测量是导弹和航天器飞行试验工程中不可或缺的重要组成部分，对于完成飞行试验任务和提高、促进其技术的发展具有重要的作用。

### 1.1.2 外弹道测量技术发展

随着我国导弹与航天器试验技术的发展，外弹道测量技术及外弹道测量系统也在不断地发展。20 世纪 50 年代后期到 60 年代初期，我国开始进行近程导弹试验，发射试验场的外测系统主要应用苏联制造的光学测量设备。60 年代中期，我国自行研制了大型光学经纬仪，用于中程导弹试验的测量，其测量精度、跟踪距离和测量技术比发射场早期使用的光学测量设备都有很大提高和进步，相应地将原先利用“L”、“K”公式等几何投影方法解算光学经纬仪交会测量的弹道位置参数，改进为最小二乘估计(高斯估计)解算位置参数，并用多项式最优滤波器对其微分来求解速度参数。

20 世纪 60 年代末到 70 年代中期，我国开始远程导弹试验，为此，首次研制了测量精度高、跟踪距离远、可以全天候工作的无线电外测系统。在试验场建设了由单脉冲雷达定位和连续波雷达测速的混合体制测量导弹主动段飞行弹道，这样可以独立地确定弹道的位置和速度参数，并且完整地研究和开发了连续波雷达和单脉冲测量数据的事后处理方法。

20 世纪 70 年代后期到 80 年代初，我国开始了远程洲际导弹试验，它对外测系统的测量精度提出了更高的要求，并要求对整个主动段弹道进行高精度测量。为此，试验场建设了多套连续波测量系统(干涉仪和多站测速系统)，并对导弹主动段弹道进行联测，从测量精度、跟踪距离和测量技术等方面，使外弹道测量得到很大的进步和提高。在外测数据事后数据中，首次利用“EMBET”自校准技术估算和修正偏倚误差，并应用加权最小二乘估计（马尔可夫估计）解算多台联测的弹道参数，有效地提高了数据处理结果的精度，为远程洲际导弹的试验精度评定和定型起到了重要作用。与此同时，还建设了用于海上测量的，具有光测、雷测和遥测等系统的大型测量船。

20 世纪 90 年代初，为新一代远程洲际导弹试验，建设了利用卫星导航系统的天基测量系统，它有效地增加了测量空域的覆盖范围，极大地提高了测量可靠性和增加了高精度的冗余测量量，与地基外测系统一起，为外弹道测量数据处理采用改进的“EMBET”技术和样条“EMBET”方法创造了有利条件，使外弹道测量精度的提高上了一个新的台阶，也为我国新一代远程洲际导弹的精度评定、定型起到了重要的作用。

随着我国导弹技术的发展及对外弹道测量精度要求的提高，发射试验场根据试验任务的新要求，总结了近半个世纪外弹道测量技术的经验教训，为了有利于试验场建设和发展，开始研制新一代高精度多站纯测速的连续波测量系统，它除了自身具有性能稳定可靠、机动性强、安装搬运轻便、操作使用简单诸多特点外，它的全测速测量数据与新的数据处理技术巧妙而完美的结合，可以为导弹试验任务提供高精度弹道参数，可以为今后导弹试验任务的完成作出新的贡献。前述表明半个世纪以来，外弹道测量技术（含数据处理技术）的发展和进步是与导弹、航天器的技术发展和试验要求紧密相连的。

## 1.2 外弹道测量精度分析与评定

### 1.2.1 外弹道测量精度分析

远程导弹摧毁目标的能力取决于摧毁目标的爆炸力、将战斗部送到远距离目标的能力和命中（落点）精度三个条件。因此，考核和评定导弹命中精度是导弹飞行试验任务的重要目的之一，也是武器定型和改进设计的重要依据。导弹命中精度评定的重要依据是外弹道测量数据。

早期，中近程甚至中远程导弹飞行试验，因其射程近、命中精度较低，其命中精度主要通过特征点（主动段关机点、再入点和落点）的外测数据评定它们各自的精度和总精度，即三大段（主动段、自由飞行段和再入段）的精度评定方法。随着导弹技术发展，射程不断地增加，命中精度也不断地提高，再加上我国试验条件的限制，远程洲际导弹飞行试验采用了特殊弹道飞行试验方案，命中精度的评定方法也发生了变化。对于影响导弹命中精度最重要的主动段弹道的精度评定，采用了由全弹道精确测量的外测数据与遥测数据比对分离导弹制导系统工具误差的评定技术。为此，试验场布置了许多精密的外弹道测量系统，组成了对主动段弹道测量的高精度测量带。相应地，再入场区布设了由许多光学测量设备和单脉冲雷达组成的综合测量场区，对导弹再入弹道进行精密测量。

相应地，根据型号的命中精度，在导弹总体设计中将它分成三大段弹道精度指标，并与测控总体设计一起，结合外测系统在技术上的可行性和经济上的合理性，充分论证后提出各飞行段对外弹道测量精度的要求指标，它成为外弹道测量总体方案论证和设计的依据。据此，外弹道测量进行测量体制、设备的数量与组合的论证，综合各种因素要求（跟踪覆盖、跟踪性能、观测几何最优、避开火箭尾焰影响等要求）的测量站址选择，以及测量元素的各误差源对精度影响的分析和指标的分配等一系列外测系统总体设计和论证工作，最后完成外测系统总体方案的制定。这些工作的中心是围绕外测系统进行系统的精度分析和设计，即外弹道测量精度的分析和估算。它是根据外测系统各测量元素的精度、主要误差源的理论指标和解算弹道参数的方法，在设置测站站址的条件下，理论估算所解算弹道参数的精度，这是外测系统总体方案论证、设计和制定的一项极为重要的工作内容，只有经过大量和充分地对外弹道测量精度的估算和分析，才能最终设计和制定出满足外测精度要求的外测系统总体方案。

在外测系统总体方案论证和设计中，最常用的外弹道测量精度估算方法是以误差传播理论为基础的理论估算方法。首先根据各测量系统或设备的主要误差源的理论值，按照确定的关系式传播成相应的测量元素误差，再由解算弹道参数的方法和表达式计算出传播到弹道参数的误差。在工程中，考虑的是多个变量与多个变量间的转换，因此，常用误差协方差阵的形式来表示它们之间的误差传播关系。

由于工程中测量元素与待解算的弹道参数之间常是非线性的复杂函数关系式，利用前述方法估算理论精度存在着难以用显著的解析式表示的问题。随着计算机和计算技术的发展，人们经常改用仿真模拟方法来估算和分析外弹道测量精度，这给外测系统总体方案论证和设计提供了方便。

本书的主要内容之一是论述试验场各种测量体制的外测系统或设备，以及各种解算弹道参数方法、外弹道测量精度估算的原理和方法，并详细地推导了对应的精度估算的计算公式。

### 1.2.2 外弹道测量系统精度评定

外弹道测量系统精度评定指对外测系统或设备测量元素的测量误差统计分析和精度评定。有了外测系统测量元素的精度评定结果，就可应用误差传播原理得到外弹道参数实际的测量精度。外弹道测量系统的精度评定是导弹、航天器测控系统总体工作的重要内容和组成部分。能否准确地评定外测系统的测量精度将关系到总体方案的正确设计和制定，关系到导弹和航天器试验各项任务的完成，也是研制、验收、校准、检核和改进外测系统与设备的重要依据。

外测系统精度评定的基本原理是寻找一个比被鉴测量系统（或设备）测量精度更高的比较标准系统，对同一个目标（静止或动态）跟踪测量，将它们在时间序列上的测量数据作差（俗称比对)，并对其统计分析得到被鉴外测系统测量数据的各类测量误差和总精度。通常被跟踪测量目标是校准塔、气球、飞艇、飞机、导弹和航天器等，比较标准系统有精密光学测量设备(光电经纬仪、弹道照相机等)和 GPS 卫星导航测量系统。在试验场最常用的是以飞机为跟踪目标的精度评定方法，常称为飞机校飞，而比较标准系统目前已由使用最多的光电经纬仪改换成 GPS(全球导航定位系统)卫星测量系统。这种鉴定外测系统测量精度的方法常称为“硬比”方法。

在新研制(或改造后)的外测系统投入试验任务前，应用飞机校飞评定精度的方法是十分必要的。但是，应用飞机校飞的精度评定方法存在着试验周期长、人力和物力耗费大、组织实施复杂等问题。因此，作为长期和经常性的精度评定工作，以及对高精度外测系统精度评定，采用飞机校飞方法是不合适的。这时，一种“软比”方法——利用“EMBET”自校准技术的精度评定方法得到了人们的重视和关注，特别是利用卫星等航天器为跟踪目标的样条和轨道约束“EMBET”方法，对于外测系统测量精度的评定具有更广泛的应用价值。

阐述外测系统或设备的各种测量精度评定方法以及详细地推导它们相应的计算公式，是本书的另一个主要内容。

# 第 2 章　测量与测量误差

本章结合外弹道测量的内容，叙述有关测量与测量误差的知识。

## 2.1　测量与分类

### 2.1.1　测量的概念

利用一个标准单位量的度量值与可以用数值评价的物理量相比较，确定比较值的过程称为测量。例如用标准的米尺测量桌子的长度或高度，用天平码秤物体的质量等，这些都是最基本和最简单的测量。在人类活动、社会进步和科学发展过程中，测量是一个与人类紧密相关、不可缺少的基本活动。

利用设备或仪器对某物理量测量所得的比较量值称为测量数据或观测数据，在航天测量中，有时称为量测数据。本书按外弹道测量的使用习惯统称为测量数据或测量值。

### 2.1.2　测量的分类

根据测量数据获取的方法不同，通常将测量分为直接测量、间接测量和组合测量三类。

**1. 直接测量(direct measurement)**

由设备或仪器直接测量物理对象的物理量数据的过程称为直接测量。例如，光学经纬仪或单脉冲雷达直接测量某点位(测站)与空间目标间的方位角 $A$ 和高低角 $E$。直接测量是一种比较简单的测量方法。

**2. 间接测量(indirect measurement)**

不能直接测量物理对象的物理量数据,而是将直接测量的数据经过一定函数转换才能得到所需测量数据的过程称为间接测量。例如需要得到目标与测站的斜距 $R$,可由连续波雷达测量它们之间的电波信号传播时间 $t$,然后将时间 $t$ 乘以光速 $c$ 得到斜距。

**3. 组合测量(composite measurement)**

需用多个测量数据经数学方法解算得到所需要量的测量过程,称为组合测量。例如,利用测量数据斜距 $R$、方位角 $A$ 和高低角 $E$,以及球面坐标的关系计算得到目标在测量坐标系中的位置 $x$、$y$、$z$。在导弹和航天测量中,绝大多数测量是间接测量,而且是组合测量。

## 2.2 测量误差与分类

### 2.2.1 测量误差

测量数据 $z$ 与真值(客观存在值)之间总存在偏差,偏差 $\Delta z = z - z_0$ 称为测量数据 $z$ 的测量误差。

在测量过程中任何测量数据都要受到设备或仪器、测量方法、测量环境和测量人员等因素的影响,因此,所得到的结果总存在误差。对于复杂的外测系统,它们受到的影响因素更多、更复杂。由于导弹、航天器飞行试验常需要精密的测量要求,因此必须细致分析引起测量误差的各种因素,并提出相应的克服这些误差的数学方法和模型,对测量数据加工和处理,以尽量修正、减小或消除这些误差而提高测量数据的质量,使所需的结果数据达到测量精度的要求。

### 2.2.2 测量误差分类

与通常的误差理论相同,按照误差特性和性质来分,外测系统或设备的测量误差常分为随机误差、系统误差和过失误差三大类。

**1. 随机误差(random error)**

在一定观测条件下进行多次重复测量或在时间序列上测量时,它的量值和符号都不固定,也无任何变化规律,但从总体上来说又服从一定统计特性(均值、方差和分布等)的误差,称为随机误差。

尽管随机误差从表面上和个体来看是无规律和不可预测的,是不能消除的,但通过对大量的测量数据进行分析,可以得到它的统计特性。前述关于随机误差的经典定义,实质上指白噪声序列。随机误差虽然不能消除和预测,但可以设法减弱它对测量结果的影响,例如利用数字滤波等方法。随着近代时间序列的理论发展,对随机误差性质逐渐有了新的认识,即对于部分相关随机噪声,例如平稳随机噪声,可以用自回归模型(AR 模型)对它拟合并预测得到它在时间序列上的变化规律。

**2. 系统误差(systematic error)**

与随机误差相反,测量数据中量值和符号保持常值或者按一定规律变化的误差,称为系统误差。按误差变化的特性,系统误差可分为常值误差、线性漂移误差、周期性误差和复杂规律变化误差等。

经过大量测量数据的误差分析,系统误差的量值常大于随机误差。通常将随机误差和系统误差的合成,称为测量数据的总误差。由于系统误差有一定的变化规律,甚至可以用函数和数学模型来表示,数据处理时可以进行修正。然而,由于人们认识的限制及修正模型逼真程度有限等原因,修正后的系统误差残差仍占一定的份量,有时仍明显影响测量结果的精度。因此,还需应用统计估计的数学方法,对系统误差“残差”进一步估计和校准。

**3. 过失误差(gross error)**

因某些突发或异常的原因,使真值明显偏大或偏小,其偏差量严重超过精度范围的测量误差,称为过失误差,又称为粗大误差或疏忽误差。含过失误差的测量数据称为异常值,也称野值。未含过失误差的测量数据称为正常值。

异常值是明显不合理的，且对观测结果产生不利影响，必须利用数学方法来判别、剔除和正确估计它。测量数据的异常值可能是单点，也可能连续出现，有时甚至整段出现，对于不同的情况，需用相应的方法处理它。

人们有时按测量误差变化的频率范围，将外测数据的测量误差分为以下3种：

(1)高频误差(high frequency error)：误差正、负符号与数值的变化频率较高的误差，如白噪声随机误差常属此类。

(2)低频误差(low frequency error)：误差正、负符号与数值的变化频率较低的误差，如相关噪声随机误差和缓慢变化的系统误差常属此类。

(3)零频误差(zero frequency error)：常值误差或固定误差。

从频率变化范围确定测量误差分类的定义可知，在实际工程应用时，高频误差与低频误差之间的界限是难以明确定义的，也就是说随机误差与系统误差之间的界限是难以划分的。

### 2.2.3 测量误差度量

在工程应用中，对测量数据的精度分析时，人们感兴趣的不是某次测量或一次测量时某时刻的测量误差量值大小，更关心的是测量误差的统计规律，也就是多次测量时误差的统计度量。在外弹道测量(包括其他许多领域的测量)中，常用精密度、准确度和精确度等描述测量误差的统计度量。

**1. 精密度(precision)**

外测系统或设备对某个目标进行多次测量时，测量值对其平均值(数学期望)散布的程度，称为精密度。事实上，精密度表示了随机误差对测量值影响的程度，随机误差越小，测量精密度越高。

**2. 准确度(accuracy)**

当外测系统或设备对某个目标进行多次测量时，测量值对其真值的偏离程度，称为准确度。准确度表示了系统误差对测量值影响的程度，测量系统误差越小，准确度越高。

**3. 精确度(accuracy and precision)**

系统误差和随机误差对测量值的总影响程度，称为精确度，也就是总误差对测量值的影响程度。测量的总误差越小，精确度越高，人们常将精确度简称为精度。在早期的外文文献中，因认为系统误差有一定的规律，可以用数学模型表示并修正，修正处理后残差是随机误差，所以“精度”一词常指随机误差。经过长期和大量地对外测数据的精度分析，发现且认识到测量数据预处理后的系统误差，还存在较大残差，而且常常远大于随机误差。

### 2.2.4 外弹道测量的误差源

在测量导弹或运载火箭飞行弹道的过程中，由于受众多因素的影响，使外测数据含有各种不同性质的测量误差。影响这些测量误差的主要物理因素即误差源有下列几项。

**1. 测量设备误差(measurement equipment error)**

由于测量设备的体制、元器件的性能、滤波技术和传输误差校正方法等因素的影响所造成的测量误差，称为测量设备误差。测量设备误差是影响外测系统和设备测量的最重要误差源，在高精度无线电测量系统中更是如此。

光学经纬仪垂直轴应与铅垂线重合，水平轴应正交于垂直轴，视轴应垂直于水平轴，而且方位和高低度盘(或码盘)安装应准确。但由于机械加工和调准精度的限制，光学经纬仪的轴系和码盘定向总存在微小的误差。对于无线电测角设备，除同样存在轴系误差、光电轴失配误差、重力下垂误差之外，还存在电轴的调准或漂移误差，天线跟踪轴偏离方向误差，以及跟踪目标的动态滞后等误差。对于无线电测距系统，因电子元件引入了附加零值，因输入电平、环境误差、多普勒频率的影响造成应答机和接收机时延慢漂误差等。测速系统有发射机频率不稳定、跟踪动态滞后等误差。上述因素均造成各种测量体制的测量设备误差。

**2. 电波(光波)折射误差(refraction error of radio(light) wave)**

测量设备的电波(或光波)信号在空间大气层传播时,因大气层介质不均匀造成传播信号的射线(路径)发生弯曲和非均匀传播引起的测量误差,称为电波(光波)折射误差,又称大气折射误差。一般将海拔60km以下的大气层称为对流层,60km以上大气层为电离层。在对流层内,大气折射指数(由温度、湿度和气压等气象参数决定)随海拔高度而变化,高度越低,折射指数变化越剧烈,电(光)波折射越严重。当电波穿过电离层时,受电子浓(密)度剖面的变化(总电子含量)使电波受到折射影响,一般在海拔高度300km～500km时受到影响最大。

根据电(光)波折射误差引起的原因,可以通过对流层气象参数和电离层电子浓度的探测,建立数学模型,分别对测量数据的对流层折射误差和电离层折射误差作修正处理。但由于大气层结构变化复杂,以及探测手段的限制,所探测参数的准确性和完整性受到影响,因此测量数据修正后的电波折射误差仍较大。

在外弹道测量中,对于高精度测量系统来说,电(光)波折射误差也是一个重要误差源。

**3. 时间不同步误差(time in - synchronization error)**

测量数据因采样时间不同步(不一致)引起的误差称为时间不同步误差。目前试验场的测量设备、发射场和指控中心的计算机等均在统一时间基准下工作,导弹或运载火箭的起飞信号、采样时刻都由时统站统一提供,同步精度优于30μs,这对弹道测量精度的影响已很小。而远距离测量系统和设备之间的时统同步精度约在200μs,其误差基本上也能满足高精度弹道测量要求。

**4. 光速测不准误差(light velocity inaccurate error)**

由于光在真空中传播速度的真值是个未知量,各国使用的光速值是不同的,因光速不准而引起的测量误差称为光速测不准误差。在无线电测量系统中,常采用测量发射信号与接收(或返回)信号之间时间差 $t$ 的方法,计算测站与目标距离 $R$,即 $R = ct/2$。

当光速值 $c$ 有误差时，会引起测量距离量的误差。

在 20 世纪中期，光速测不准误差曾是影响测量误差的重要误差源，目前，国际上普遍使用的光速值为 $(299792458 \pm 1.1)$ m/s，其精度是比较高的，对弹道精度的影响极小。

**5. 频率不准误差(frequency inaccurate error)**

对于无线电测量系统的测量值，因频率基准不准引起的测量误差称为频率不准误差。目前试验场的高精度无线电测量设备均配有铷钟(或铯钟)锁相晶振，使频率准确度和稳定度达到 $1\times10^{-10}$ 和 $1\times10^{-11}$，因此该项误差对弹道测量精度的影响较小。

频率不准误差与光速测不准误差对测量数据影响的数学表示形式相同，分别为 $\Delta f/f$ 和 $\Delta c/c$，而符号相反。因此，从数学表示形式来看，可以将它们合并成一种误差源，并称为比例因子误差。有时将频率不准误差也归为测量设备误差。

**6. 大地测量误差(geodetic instrumentation error)**

因大地测量参数(例如大地经度 $L$、大地纬度 $B$ 和大地高 $h$)不准引起测量站在参考坐标系(例如发射坐标系)中的位置误差，有时称为站址误差。对于外测系统和设备的直接测量数据是不含大地测量误差的，但在解算导弹或运载火箭飞行弹道时，必须应用测站的站址坐标，此时大地测量误差就会对弹道测量造成影响。

在早期外弹道测量中，大地测量误差与测量设备误差、电(光)波折射误差作为测量数据的三大主要误差源。随着大地测量技术和手段的提高和改进，目前使用 GPS 来测定各种点位的位置，极大地提高了测量精度，因此，大地测量误差对弹道测量精度的影响也逐渐减小。

**7. 测速平滑方法误差**

对于连续波测速雷达，通常是基于多普勒效应原理求速度的。但实际测量时，测量设备无法获取和记录瞬时多普勒频率，仅能记录采样时间间隔上的多普勒频率周数，相当于载波的距离增量，再经微分平滑方法得到速度量。因此，所设计的微分求速方法与应拟合真实度的差异造成截断误差，即方法误差，从而也引起测速元素的误差。测速系统误差应是缓慢变化的，特别是在极短的区间内可以视为常量，采用微分中心平滑公式时可以使它接近于零。因此，最后得到的测速元素主要误差是方法误差和各种误差源噪声引起的随机误差。但是，不利用微分中心平滑求速度公式，例如应用平均求速方法，则设备系统误差不能滤除，甚至会放大。

# 第3章　地球参考椭球体和常用坐标系

导弹和运载火箭的飞行弹道测定是需要以地球上一定的参考坐标系为参照的,而参考坐标系的建立又依赖于大地测量手段和选择的大地参数。本章将介绍外弹道测量中常用的坐标系的定义和它们相互之间的转换关系以及有关的概念。

## 3.1　地球参考椭球体

由于地球是非均匀和不规则的近似椭球的物体,为了建立地球参考坐标系首先需要建立地球参考椭球体,本节将介绍地球参考椭球体及其有关知识。

### 3.1.1　大地水准面

在大地测量学上,将处处与铅垂线方向正交的面,称为水准面。由此可知,地球椭球体上和体内存在着无数个水准面。而在大地测量学经常应用的大地水准面的定义为:假想海洋面处于静止平衡状态,并把它延伸到大陆内部,形成一个连续和闭合的水准面,称为大地水准面。各国都以海洋平均海平面来表述大地水准面,我国采用黄海平均海面作为大地水准面。

由于地球表面是一个极其复杂的起伏不平的表面,地球内部的物质分布也是不均匀的,使地面各点的铅垂线方向产生不规则变化。因此,不能用一个简单的几何形状和数学公式来表述大地水准面。为建立统一的、精密的参考坐标系,必须寻求一个在形状和大小上与地球表面的大地水准面非常接近并且与大地水准面有着固定关系的数学球体来代替大地水准面，作为建立地球坐标系的基准。能模拟地球的最简单的数学球体是地球椭球体。

### 3.1.2 地球参考椭球体

以地球旋转轴为轴，作一个旋转椭球体，使它尽量与大地水准面相符合，这样的椭球体称为参考椭球体，或称为地球椭球体。

地球旋转轴通过赤道平面中心，垂直于赤道平面指向北极。记地球椭球体的长半轴为 $a$，短半轴为 $b$，焦距为 $c$，扁率 $\alpha = \frac{a-b}{a}$，第一偏心率的平方 $e_1^2 = \frac{c^2}{a^2}$，$c^2 = a^2 - b^2$，第二偏心率的平方 $e_2^2 = \frac{a^2 - b^2}{b^2}$，地球平均半径为 $R$，地球旋转角速度为 $\omega$。各个国家根据本国实际情况，拟合得到相应的地球参考椭球体，我国采用的地球椭球体有下述两种。

**1. 克拉索夫斯基椭球体和54年北京系**

采用苏联克拉索夫斯基于1940年建议参数的椭球体，称为克拉索夫斯基参考椭球体。它的主要参数为：$a = 6378245\text{m}$，$b = 6356863\text{m}$，$R = 6371110\text{m}$，$\alpha = 1:298.3$，$e_1^2 = 0.006693421623$，$\omega = 7.292115 \times 10^{-5}\text{rad/s}$。建国后，我国曾长期采用这种椭球体。

以克拉索夫斯基椭球体建立的地心坐标系称为54年北京系。对应于54年北京系的大地坐标 $L$、$B$、$H$，也以克拉索夫斯基椭球体为参考。

后来，将54年北京系的大地测量成果相对于子午线收敛角进行了局部平差，平差后的54年北京系大地数据称为新54年北京系大地数据，或简称新54系大地数据。

**2. 地心一号椭球体**

由于克拉索夫斯基椭球体与我国北部地区地形比较接近，在近程或中远程导弹试验时，采用54年北京系大地数据可以满足试验所需的测量精度要求。但进行远程导弹试验时,导弹落点远至太平洋的赤道附近,必须采用适合全球测量的参考椭球体。

1978 年 4 月,我国根据全国天文大地网整体平差结果,推出了地心一号参考椭球体(DX-1 号),它与地球外形吻合得较好,适合我国远程导弹试验,也称为总参考椭球体。它的主要参数为:$a=6378140\mathrm{m}$, $b=6356755\mathrm{m}$, $R=6371004\mathrm{m}$, $\alpha=1:298.257$, $e_1^2=0.0066943850$, $\omega=7.292115\times10^{-5}\mathrm{rad/s}$。在 DX-1 号椭球体上建立的地心坐标系称为 DX-1 号坐标系。20 世纪 90 年代,我国根据全国天文大地网整体平差的新结果,又推出了 DX-2 号坐标系和相应的大地参数,但是它们仍建立在 DX-1 号椭球体上。

### 3.1.3 子午面和卯酉面

通过地球旋转轴且垂直于赤道平面的旋转椭球体的截面称为子午面。子午面与旋转椭球体表面的交线,称为大地子午圈。通常以过格林尼治天文台的子午面作为零子午面(本初子午面)。而过地球旋转面上任意点的垂线并与地球旋转轴相平行的平面称为天文子午面。

过椭球面法线作一与该点子午面相垂直的平面,称为卯酉面。卯酉面与椭球体面相交所得的曲线,称为卯酉圈,卯酉圈的曲率半径,一般用 $N$ 表示。

## 3.2 常用坐标系

本节主要叙述与外弹道测量及处理有关的各种坐标系。

### 3.2.1 地心空间直角坐标系

利用参考椭球体建立的地心直角坐标系可以描述参考椭球体内、外和面上任意点的空间坐标。地心空间直角坐标系的定义如下(见图 3-1)。

原点 $O_G$ 为参考椭球体的中心(即认为是地球质量中心);

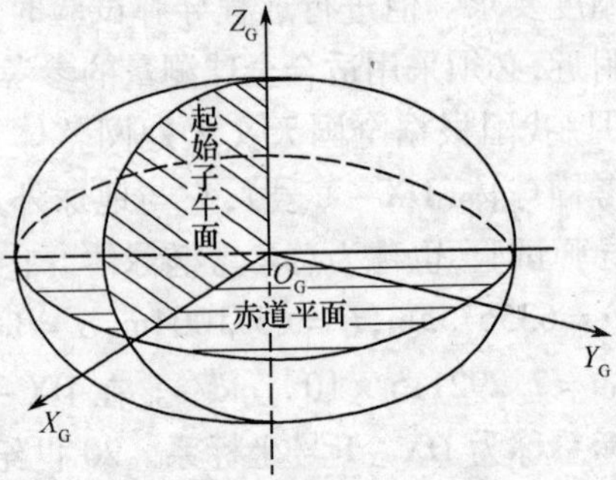


图 3－1　地心空间直角坐标系

$O_GX_G$ 轴为赤道平面与本初子午面的交线，向外为正；

$O_GZ_G$ 轴与参考椭球体旋转轴重合，向上为正，严格地说，应指向 1968.0 地极原点；

$O_GY_G$ 轴在赤道平面内，并与 $O_GX_G$、$O_GZ_G$ 轴共同构成右手直角坐标系。

我国战略导弹和运载火箭飞行试验弹道的测量常应用 DX－1 号参考椭球体参数，采用 DX－1 号系（或 DX－2 号系）地心直角坐标系。

### 3.2.2　大地坐标系和天文坐标系

地球面上或上空任意点的位置也可利用大地坐标和天文坐标来表示。

**1. 大地坐标系**

大地经度为过 $P$ 点的大地子午面与本初子午面的夹角，常用 $L$ 表示；大地纬度为过 $P$ 点的参考椭球体面的法线与赤道平面之间的夹角，用 $B$ 表示；大地高为 $P$ 点沿法线方向至参考椭球体面投影点 $P'$ 的距离，记为 $h$（见图 3－2）。

大地经度 $L$、大地纬度 $B$ 和大地高 $h$ 称为大地坐标，用它们表述地球体内、外点位的坐标系称为大地坐标系。

**2. 天文坐标系**

天文经度为过 $P$ 点的天文子午面（即含点 $P$ 的垂线且与地球旋转轴相平行的平面）与本初子午面所构成的夹角，记为 $\lambda$；天文

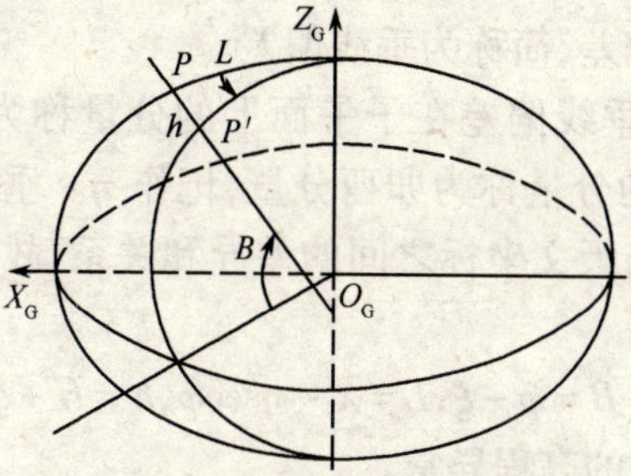


图 3－2　大地坐标系

纬度为 $P$ 点的垂线与地球赤道平面所构成的夹角，用 $\varphi$ 表示；正常高为 $P$ 点到以 1956 年黄海平均海平面为标准大地水准面的垂直距离，用 $H$ 表示(见图 3－3)。

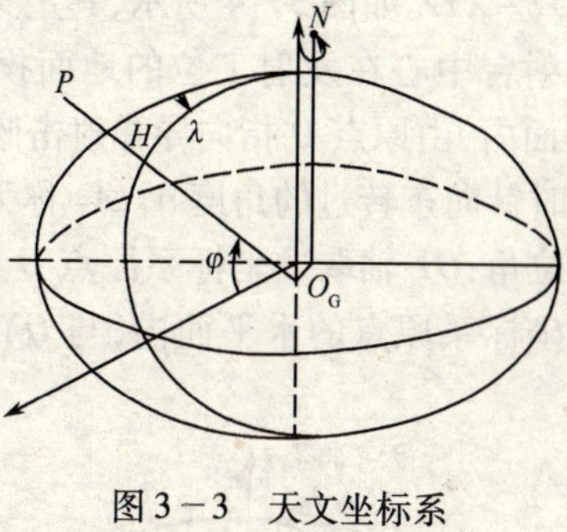


图 3－3　天文坐标系

天文经度 $\lambda$、天文纬度 $\varphi$ 和正常高 $H$ 称为天文坐标，用它们表述地球体内、外点位的坐标系称为天文坐标系。

**3. 垂线偏差**

地球表面某点 $P$ 的铅垂线和该点的参考椭球体法线之间的夹角，称为垂线偏差。由定义可知，地球表面任意一点只有一条铅垂线，然而由于地球是一个物质分布很不均匀的似椭球体，因此，地面各点的铅垂线方向也是不规则的。

另外，对于同一点来说，不同参考椭球体的法线也是不同的，因而垂线偏差也不相同。对于克拉索夫斯基椭球体的垂线偏差，人们常称为相对垂线偏差；而相对于 DX－1 号参考椭球体的偏差称为绝对垂线偏差,简称为垂线偏差。

一般地,将垂线偏差在子午面上的分量称为子午分量,记作 $\xi$;在卯酉面上的分量称为卯酉分量,记作 $\eta$。垂线偏差实质上反映了大地坐标与天文坐标之间的差异和关系,故两坐标系之间的转换关系式为

$$B=\varphi-\xi, L=\lambda-\eta\sec\varphi, h=H+\zeta \tag{3-1}$$

式中,$\zeta$——$P$ 点的高程异常。

同样地,地球旋转椭球面上任意点的天文子午面与大地子午面总是不重合的。

### 3.2.3 发射坐标系

发射坐标系 $O-XYZ$ 如图 3-4 所示,其定义如下:

原点 $O$ 为发射台中心在发射工位的地面投影点;$OX$ 轴位于过原点 $O$ 的水平面内,由原点 $O$ 指向导弹射击瞄准方向。瞄准方向为从天文北顺时针向东转过的角度 $A_T$,$A_T$ 称为导弹射击瞄准方向的天文射击方位角;$OY$ 轴取过坐标系原点 $O$ 的铅垂线,向上为正;$OZ$ 轴位于过坐标系原点的水平面内,与 $OX$ 轴、$OY$ 轴构成右手直角坐标系。

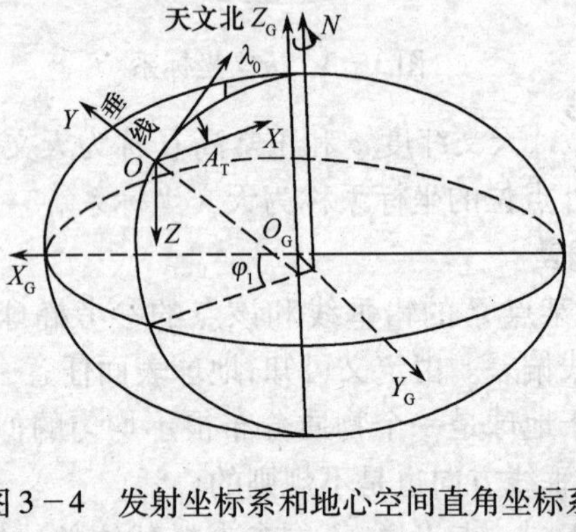


图 3-4 发射坐标系和地心空间直角坐标系

在工程实践中,经常提供的射击方位角是大地射击方位角 $A$,而不是天文射击方位角,两者的转换关系可以用拉普拉斯方程式

表示为

$$A = A_T - (\lambda - L)\sin\varphi = A_T - \eta\tan\varphi \tag{3-2}$$

式中，$\lambda$、$\varphi$——原点的天文经度和天文纬度。

$L$——大地经度；

$\eta$——垂线偏差卯酉分量。

### 3.2.4 测量坐标系

#### 1. 法线测量坐标系

连续波测量系统（例如斜距、距离和、距离差及其变化率测量值）一般采用法线测量坐标系。法线测量坐标系 $O'-\tilde{X}\tilde{Y}\tilde{Z}$ 的定义如下：

原点 $O'$ 为无线电测量设备接收天线的旋转中心；$O'\tilde{X}$ 轴位于 $O'$ 点的参考椭球体切平面内，指向大地北；$O'\tilde{Y}$ 轴为 $O'$ 点的法线，向上为正；$O'\tilde{Z}$ 轴位于过原点 $O'$ 的切平面内，与 $O'\tilde{X}$ 轴、$O'\tilde{Y}$ 轴构成右手直角坐标系。

#### 2. 垂线测量坐标系

光学测量系统和脉冲雷达的两个角度测量量皆与水平面（与铅垂线垂直的水准面）有关，所以它们常采用垂线测量坐标系。垂线测量坐标系 $O'-X'Y'Z'$ 的定义如下：

原点 $O'$ 为无线电测量设备接收天线旋转中心或光测设备三轴交会中心；$O'X'$ 轴在过 $O'$ 点的水平面（水准面）内，指向天文北；$O'Y'$ 轴为过 $O'$ 点的铅垂线，向上为正；$O'Z'$ 轴位于过原点 $O'$ 的水平面（水准面）内，与 $O'X'$ 轴、$O'Y'$ 轴构成右手直角坐标系。

### 3.2.5 发射惯性坐标系

在发射瞬间，坐标系原点 $O_A$、坐标轴与发射坐标系 $O-XYZ$ 重合。导弹起飞后，坐标系原点和坐标系固定在发射瞬时位置上而惯性不动，如图 3-5 所示。

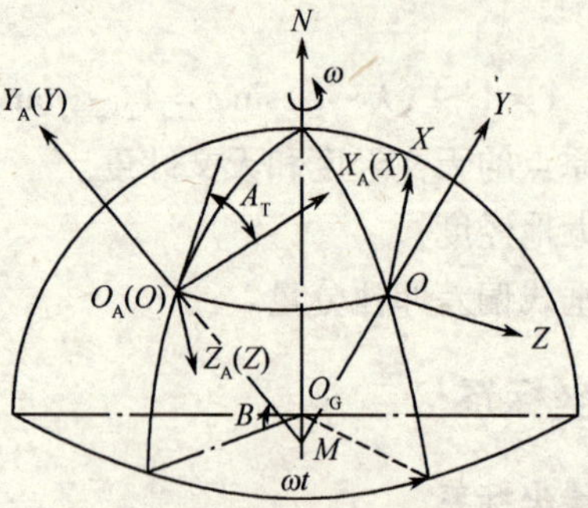


图 3－5　发射惯性坐标系

### 3.2.6　发射惯性平移坐标系

在发射瞬间，坐标系原点 $O_B$ 和坐标轴 $O_BX_B$、$O_BY_B$、$O_BZ_B$ 与发射坐标系重合；导弹起飞后，坐标系随导弹一起运动，而坐标轴 $O_BX_B$、$O_BY_B$、$O_BZ_B$ 方向保持与发射瞬时方向不变，如图 3－6 所示。

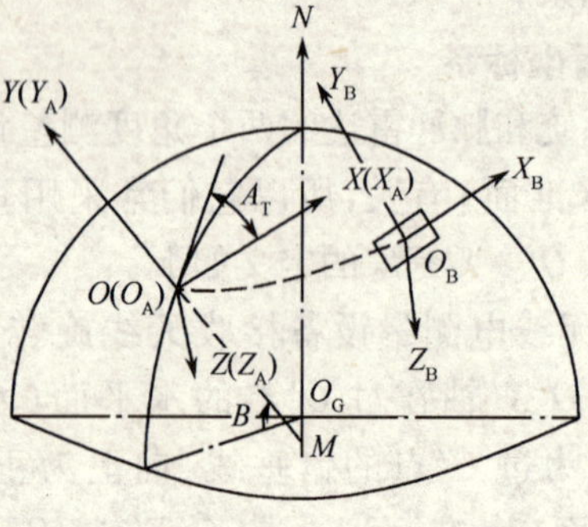


图 3－6　发射惯性平移坐标系

## 3.3　坐标系之间的转换

作战部门、武器制导系统、各种外测系统按各自方便和习惯，往往使用不同的坐标系，但在最终弹道处理中，必须将它们统一到同一坐标系，这就存在着坐标系之间的转换问题。最主要的转换关系是坐标原点平移和坐标轴的旋转。地球表面任意两点之间的坐标系转换均需借助地心空间直角坐标系，关于地心大地坐标系与天文坐标系间的转换关系已由式(3-1)给出，下面将不加推导而直接给出其他几种坐标系之间的转换关系式。

### 3.3.1 地心大地坐标系与地心空间直角坐标系之间的转换关系

假若已知 $P$ 点的大地坐标为 $L$、$B$、$h$，则相应的地心空间直角坐标系坐标为 $X_G$、$Y_G$、$Z_G$，可由下式得到

$$\begin{cases} X_G = (N_G + h)\cos B\cos L \\ Y_G = (N_G + h)\cos B\sin L \\ Z_G = [N_G(1 - e_G^2) + h]\sin B \end{cases} \tag{3-3}$$

其中，$N_G$ 为 $P$ 点的卯酉圈曲率半径，它由下式得到

$$N_G = \frac{a_G}{(1 - e_G^2\sin^2 B)^{1/2}} \tag{3-4}$$

式中，$a_G$ 和 $e_G$——DX-1 号参考椭球体的长半轴和第一偏心率。

从地心空间直角坐标系位置转换到地心大地坐标参数的公式为

$$\begin{cases} L = \arctan\left(\dfrac{Y_G}{X_G}\right) + \begin{cases} 0, X_G > 0, Y_G > 0 \\ \pi, X_G < 0 \\ 2\pi, X_G > 0, Y_G < 0 \end{cases} \\ B = \arctan\left[\dfrac{Z_G}{r(1 - E)}\right] \\ h = \sqrt{r^2 + (Z_G + N_G^2\sin B)^2} - N \end{cases}$$

式中，$r = \sqrt{X_G^2 + Y_G^2}$，$E = \dfrac{e_G^2}{1 + K\sqrt{1 - (e_G Z_G^2)/R^2}}$

$$R = \sqrt{r^2 + Z_G^2}$$

其中
$$K=\frac{R}{a_G}-\frac{1-\alpha_G}{\sqrt{1-(e_G^2r^2)/R^2}}$$

式中，$\alpha_G$——参考椭球体扁率。

### 3.3.2 地心空间直角坐标系与发射坐标系之间的转换关系

假设 $O$ 为发射坐标系原点，它的天文坐标为 $\lambda_O$、$\varphi_O$、$H_O$，而大地坐标为 $L_O$、$B_O$、$h_O$，其垂线偏差为 $\xi_O$、$\eta_O$，天文射击方位角为 $A_T$。则地心空间直角坐标系与发射坐标系之间存在着下述转换关系式。

现记

$$\boldsymbol{X}_G=\begin{bmatrix}X_G\\Y_G\\Z_G\end{bmatrix},\dot{\boldsymbol{X}}_G=\begin{bmatrix}\dot{X}_G\\\dot{Y}_G\\\dot{Z}_G\end{bmatrix},\boldsymbol{X}=\begin{bmatrix}X\\Y\\Z\end{bmatrix},\dot{\boldsymbol{X}}=\begin{bmatrix}\dot{X}\\\dot{Y}\\\dot{Z}\end{bmatrix}$$

$$\boldsymbol{L}_O=\begin{bmatrix}-\sin L_O & \cos L_O & 0\\ \cos L_O & \sin L_O & 0\\ 0 & 0 & 1\end{bmatrix},\boldsymbol{B}_O=\begin{bmatrix}0 & 0 & 1\\ -\sin B_O & \cos B_O & 0\\ \cos B_O & \sin B_O & 0\end{bmatrix}$$

$$\boldsymbol{A}_T=\begin{bmatrix}\cos A_T & 0 & \sin A_T\\ 0 & 1 & 0\\ -\sin A_T & 0 & \cos A_T\end{bmatrix},\boldsymbol{\xi}_O=\begin{bmatrix}\cos\xi_O & -\sin\xi_O & 0\\ \sin\xi_O & \cos\xi_O & 0\\ 0 & 0 & 1\end{bmatrix}$$

$$\boldsymbol{\eta}_O=\begin{bmatrix}1 & 0 & 0\\ 0 & \cos\eta_O & \sin\eta_O\\ 0 & -\sin\eta_O & \cos\eta_O\end{bmatrix},\boldsymbol{\gamma}_O=\begin{bmatrix}\cos\gamma_O & 0 & -\sin\gamma_O\\ 0 & 1 & 0\\ \sin\gamma_O & 0 & \cos\gamma_O\end{bmatrix}$$

$$\gamma_O=\arcsin[\sin(\lambda_O-L_O)\sin\varphi_O]$$

现在已知目标在发射坐标系中的位置坐标向量 $\boldsymbol{X}$，则相对应的地心空间直角坐标系中的位置坐标向量为

$$\boldsymbol{X}_{\mathrm{G}}=\boldsymbol{X}_{\mathrm{G}_O}+\boldsymbol{L}_O\boldsymbol{B}_O\boldsymbol{\xi}_O^{\mathrm{T}}\boldsymbol{\eta}_O^{\mathrm{T}}\boldsymbol{\gamma}_O^{\mathrm{T}}\boldsymbol{A}_{\mathrm{T}}^{\mathrm{T}}\boldsymbol{X} \tag{3-5}$$

式中，$\boldsymbol{X}_{\mathrm{G}_O}=[X_{\mathrm{G}_O},Y_{\mathrm{G}_O},Z_{\mathrm{G}_O}]^{\mathrm{T}}$ 为由原点 $O$ 的大地坐标代入式(3-3)和式(3-4)后得到的地心直角坐标系的坐标。而对应的目标在地心空间直角坐标系的速度向量为

$$\dot{\boldsymbol{X}}_{\mathrm{G}}=\boldsymbol{L}_O\boldsymbol{B}_O\boldsymbol{\xi}_O^{\mathrm{T}}\boldsymbol{\eta}_O^{\mathrm{T}}\boldsymbol{\gamma}_O^{\mathrm{T}}\boldsymbol{A}_{\mathrm{T}}^{\mathrm{T}}\dot{\boldsymbol{X}} \tag{3-6}$$

式中，$\dot{\boldsymbol{X}}$——目标在发射坐标系中的速度向量。

反之，如果已知目标在地心空间直角坐标系中的位置向量 $\boldsymbol{X}_{\mathrm{G}_O}$ 和速度向量 $\dot{\boldsymbol{X}}_{\mathrm{G}_O}$，则目标在发射坐标系中的位置向量和速度向量分别为

$$\boldsymbol{X}=\boldsymbol{A}_{\mathrm{T}}\boldsymbol{\gamma}_O\boldsymbol{\eta}_O\boldsymbol{\xi}_O\boldsymbol{B}_O^{\mathrm{T}}\boldsymbol{L}_O^{\mathrm{T}}(\boldsymbol{X}_{\mathrm{G}}-\boldsymbol{X}_{\mathrm{G}_O}) \tag{3-7}$$

和

$$\dot{\boldsymbol{X}}=\boldsymbol{A}_{\mathrm{T}}\boldsymbol{\gamma}_O\boldsymbol{\eta}_O\boldsymbol{\xi}_O\boldsymbol{B}_O^{\mathrm{T}}\boldsymbol{L}_O^{\mathrm{T}}\dot{\boldsymbol{X}}_{\mathrm{G}} \tag{3-8}$$

### 3.3.3 地心空间直角坐标系与法线测量坐标系之间的转换关系

假设 $O'$ 为法线测量坐标系原点，它在 DX-1 号参考椭球体上的大地坐标为 $L_{O'}$、$B_{O'}$、$h_{O'}$。现令

$$\tilde{\boldsymbol{X}}=[\tilde{X}\quad\tilde{Y}\quad\tilde{Z}]^{\mathrm{T}},\dot{\tilde{\boldsymbol{X}}}=[\dot{\tilde{X}}\quad\dot{\tilde{Y}}\quad\dot{\tilde{Z}}]^{\mathrm{T}}$$

和

$$\boldsymbol{L}_{O'}=\begin{bmatrix}-\sin L_{O'} & \cos L_{O'} & 0\\ \cos L_{O'} & \sin L_{O'} & 0\\ 0 & 0 & 1\end{bmatrix},\quad \boldsymbol{B}_{O'}=\begin{bmatrix}0 & 0 & 1\\ -\sin B_{O'} & \cos B_{O'} & 0\\ \cos B_{O'} & \sin B_{O'} & 0\end{bmatrix}$$

如果已知目标在地心空间直角坐标系中的位置向量 $\boldsymbol{X}_{\mathrm{G}_O}$ 和速度向量 $\dot{\boldsymbol{X}}_{\mathrm{G}_O}$，由式(3-7)和式(3-8)，取 $A_{\mathrm{T}}=0$ 和 $\xi_{O'}=\eta_{O'}=0$，则 $\lambda_{O'}=L_{O'}$ 和 $r_{O'}=0$，并得到目标在法线测量坐标系中的位置向量为

$$\tilde{\boldsymbol{X}} = \boldsymbol{B}_{O'}^{\mathrm{T}} \boldsymbol{L}_{O'}^{\mathrm{T}} (\boldsymbol{X}_{\mathrm{G}} - \boldsymbol{X}_{\mathrm{G}_{O'}}) \tag{3-9}$$

式中，$\boldsymbol{X}_{\mathrm{G}_{O'}} = [X_{\mathrm{G}_{O'}} \quad Y_{\mathrm{G}_{O'}} \quad Z_{\mathrm{G}_{O'}}]^{\mathrm{T}}$ 为由原点 $O'$ 的大地坐标代入式(3－3)和式(3－4)后得到的地心直角坐标系的坐标向量。

而目标在法线测量坐标系的速度向量为

$$\dot{\tilde{\boldsymbol{X}}} = \boldsymbol{B}_{O'}^{\mathrm{T}} \boldsymbol{L}_{O'}^{\mathrm{T}} \dot{\boldsymbol{X}}_{\mathrm{G}} \tag{3-10}$$

反之，如果已知目标在法线测量坐标系中的位置向量 $\tilde{\boldsymbol{X}}$ 和速度向量 $\dot{\tilde{\boldsymbol{X}}}$，则它在地心空间直角坐标系中的位置向量和速度向量分别为

$$\boldsymbol{X}_{\mathrm{G}} = \boldsymbol{L}_{O'} \boldsymbol{B}_{O'} \tilde{\boldsymbol{X}} + \boldsymbol{X}_{\mathrm{G}_{O'}} \tag{3-11}$$

和

$$\dot{\boldsymbol{X}}_{\mathrm{G}} = \boldsymbol{L}_{O'} \boldsymbol{B}_{O'} \dot{\tilde{\boldsymbol{X}}} \tag{3-12}$$

### 3.3.4 法线测量坐标系与垂线测量坐标系之间的转换关系

已知测量坐标系原点 $O'$ 的大地坐标为 $L_{O'}$、$B_{O'}$、$h_{O'}$，天文坐标为 $\lambda_{O'}$、$\varphi_{O'}$、$H_{O'}$ 以及垂线偏差在子午圈的分量 $\xi_{O'}$、卯酉圈的分量 $\eta_{O'}$。令

$$\boldsymbol{X}' = [X' \quad Y' \quad Z']^{\mathrm{T}}, \dot{\boldsymbol{X}}' = [\dot{X}' \quad \dot{Y}' \quad \dot{Z}']^{\mathrm{T}}$$

$$\boldsymbol{\xi}_{O'} = \begin{bmatrix} \cos\xi_{O'} & -\sin\xi_{O'} & 0 \\ \sin\xi_{O'} & \cos\xi_{O'} & 0 \\ 0 & 0 & 1 \end{bmatrix}, \quad \boldsymbol{\eta}_{O'} = \begin{bmatrix} 1 & 0 & 0 \\ 0 & \cos\eta_{O'} & \sin\eta_{O'} \\ 0 & -\sin\eta_{O'} & \cos\eta_{O'} \end{bmatrix}$$

$$\boldsymbol{\gamma}_{O'} = \begin{bmatrix} \cos\gamma_{O'} & 0 & -\sin\gamma_{O'} \\ 0 & 1 & 0 \\ \sin\gamma_{O'} & 0 & \cos\gamma_{O'} \end{bmatrix}, \quad \gamma_{O'} = \arcsin[\sin(\lambda_{O'} - L_{O'})\sin\varphi_{O'}]$$

现在已知目标在法线测量坐标系中的位置向量 $\tilde{X}$ 和速度向量 $\dot{\tilde{X}}$，则在垂线测量坐标系中位置和速度向量分别为

$$X' = \gamma_{O'}\eta_{O'}\xi_{O'}\tilde{X} \tag{3-13}$$

和

$$\dot{X}' = \gamma_{O'}\eta_{O'}\xi_{O'}\dot{\tilde{X}} \tag{3-14}$$

反之，由目标在垂线测量坐标系中的位置向量 $X'$ 和速度向量 $\dot{X}'$ 转换成法线测量坐标系中位置和速度向量分别为

$$\tilde{X} = \xi_{O'}^{T}\eta_{O'}^{T}\gamma_{O'}^{T}X' \tag{3-15}$$

和

$$\dot{\tilde{X}} = \xi_{O'}^{T}\eta_{O'}^{T}\gamma_{O'}^{T}\dot{X}' \tag{3-16}$$

### 3.3.5 地心空间直角坐标系与垂线测量坐标系之间的转换关系

如果已知目标在地心空间直角坐标系的位置向量和速度向量，则利用式(3-9)和式(3-13)，可得到目标在垂线测量坐标系的位置向量为

$$X' = \gamma_{O'}\eta_{O'}\xi_{O'}B_{O'}^{T}L_{O'}^{T}(X_{G} - X_{G_{O'}}) \tag{3-17}$$

利用式(3-17)，则可得到目标在垂线测量坐标系的速度向量为

$$\dot{X}' = \gamma_{O'}\eta_{O'}\xi_{O'}B_{O'}^{T}L_{O'}^{T}\dot{X}_{G} \tag{3-18}$$

反之，可得到目标由垂线测量坐标系位置和速度向量转换成地心空间直角坐标系的位置和速度向量的公式分别为

$$X_{G} = X_{G_{O'}} + L_{O'}B_{O'}\xi_{O'}^{T}\eta_{O'}^{T}\gamma_{O'}^{T}X' \tag{3-19}$$

和

$$\dot{\boldsymbol{X}}_{\mathrm{G}} = \boldsymbol{L}_{O'}\boldsymbol{B}_{O'}\boldsymbol{\xi}_{O'}^{\mathrm{T}}\boldsymbol{\eta}_{O'}^{\mathrm{T}}\boldsymbol{\gamma}_{O'}^{\mathrm{T}}\dot{\boldsymbol{X}}' \tag{3-20}$$

### 3.3.6 发射坐标系与垂线测量坐标系之间的转换关系

利用式(3-5)和式(3-17),即可得到目标位置向量由垂线测量坐标系转换到发射坐标系的关系式为

$$\boldsymbol{X} = \boldsymbol{A}_{\mathrm{T}}\boldsymbol{\gamma}_{O}\boldsymbol{\eta}_{O}\boldsymbol{\xi}_{O}\boldsymbol{B}_{O}^{\mathrm{T}}\boldsymbol{L}_{O}^{\mathrm{T}}(\boldsymbol{L}_{O'}\boldsymbol{B}_{O'}\boldsymbol{\xi}_{O'}^{\mathrm{T}}\boldsymbol{\eta}_{O'}^{\mathrm{T}}\boldsymbol{\gamma}_{O'}^{\mathrm{T}}\boldsymbol{X}' + \boldsymbol{X}_{\mathrm{G}_{O'}} - \boldsymbol{X}_{\mathrm{G}_{O}}) \tag{3-21}$$

而利用式(3-6)和式(3-20),得到目标速度坐标向量由垂线测量坐标系转换到发射坐标系的关系式为

$$\dot{\boldsymbol{X}} = \boldsymbol{A}_{\mathrm{T}}\boldsymbol{\gamma}_{O}\boldsymbol{\eta}_{O}\boldsymbol{\xi}_{O}\boldsymbol{B}_{O}^{\mathrm{T}}\boldsymbol{L}_{O}^{\mathrm{T}}\boldsymbol{L}_{O'}\boldsymbol{B}_{O'}\boldsymbol{\xi}_{O'}^{\mathrm{T}}\boldsymbol{\eta}_{O'}^{\mathrm{T}}\boldsymbol{\gamma}_{O'}^{\mathrm{T}}\dot{\boldsymbol{X}}' \tag{3-22}$$

反之,目标在发射坐标系的位置和速度向量转换到垂线测量坐标系的关系式为

$$\boldsymbol{X}' = \boldsymbol{\gamma}_{O'}\boldsymbol{\eta}_{O'}\boldsymbol{\xi}_{O'}\boldsymbol{B}_{O'}^{\mathrm{T}}\boldsymbol{L}_{O'}^{\mathrm{T}}(\boldsymbol{L}_{O}\boldsymbol{B}_{O}\boldsymbol{\xi}_{O}^{\mathrm{T}}\boldsymbol{\eta}_{O}^{\mathrm{T}}\boldsymbol{\gamma}_{O}^{\mathrm{T}}\boldsymbol{A}_{\mathrm{T}}{}^{\mathrm{T}}\boldsymbol{X} + \boldsymbol{X}_{\mathrm{G}_{O}} - \boldsymbol{X}_{\mathrm{G}_{O'}}) \tag{3-23}$$

和

$$\dot{\boldsymbol{X}}' = \boldsymbol{\gamma}_{O'}\boldsymbol{\eta}_{O'}\boldsymbol{\xi}_{O'}\boldsymbol{B}_{O'}^{\mathrm{T}}\boldsymbol{L}_{O'}^{\mathrm{T}}\boldsymbol{L}_{O}\boldsymbol{B}_{O}\boldsymbol{\xi}_{O}^{\mathrm{T}}\boldsymbol{\eta}_{O}^{\mathrm{T}}\boldsymbol{\gamma}_{O}^{\mathrm{T}}\boldsymbol{A}_{\mathrm{T}}^{\mathrm{T}}\dot{\boldsymbol{X}} \tag{3-24}$$

在实际应用处理时,使用最多的是发射坐标系与垂线测量坐标系之间的转换关系式,其他坐标系之间的转换关系式,主要是为了导出这两种坐标系之间的关系而建立的中间转换关系式。

### 3.3.7 发射惯性坐标系与发射坐标系之间的转换关系

目标位置向量由发射坐标系转换到发射惯性坐标系的关系式为

$$\boldsymbol{X}_{A} = \boldsymbol{A}_{\mathrm{T}}\boldsymbol{\varphi}_{O}\boldsymbol{\Omega}\boldsymbol{\varphi}_{O}^{\mathrm{T}}\boldsymbol{A}_{\mathrm{T}}^{\mathrm{T}}\boldsymbol{X}_{\mathrm{G}} \tag{3-25}$$

式中,$\boldsymbol{X}_{A}$——目标在发射惯性坐标系中位置向量,$\boldsymbol{X}_{A} = [X_{A}\quad Y_{A}\quad Z_{A}]^{\mathrm{T}}$;

$$\boldsymbol{\varphi}_O = \begin{bmatrix} \cos\varphi_O & \sin\varphi_O & 0 \\ -\sin\varphi_O & \cos\varphi_O & 0 \\ 0 & 0 & 1 \end{bmatrix}, \boldsymbol{\Omega} = \begin{bmatrix} 1 & 0 & 0 \\ 0 & \cos\omega t & -\sin\omega t \\ 0 & \sin\omega t & \cos\omega t \end{bmatrix}$$

其中，$\varphi_O$ ——发射点的天文纬度；

$\omega$ ——地球自转角速度；

$t$ ——以发射起飞时刻为零点的目标飞行时间。

而对应的目标在发射惯性坐标系的速度向量为

$$\dot{\boldsymbol{X}}_A = \boldsymbol{A}_{\mathrm{T}}\boldsymbol{\varphi}_O\dot{\boldsymbol{\Omega}}\boldsymbol{\varphi}_O^{\mathrm{T}}\boldsymbol{A}_{\mathrm{T}}^{\mathrm{T}}\dot{\boldsymbol{X}}_{\mathrm{G}} \tag{3-26}$$

式中，$\dot{\boldsymbol{X}}_A$——目标在发射惯性坐标系中速度向量，$\dot{\boldsymbol{X}}_A = [\dot{X}_A \quad \dot{Y}_A \quad \dot{Z}_A]^{\mathrm{T}}$；

$$\dot{\boldsymbol{\Omega}} = \begin{bmatrix} 0 & 0 & 0 \\ 0 & -\omega\sin\omega t & -\omega\cos\omega t \\ 0 & \omega\cos\omega t & -\omega\sin\omega t \end{bmatrix}$$

反之，目标位置由发射惯性坐标系转换到发射坐标系的关系式为

$$\boldsymbol{X}_{\mathrm{G}} = \boldsymbol{A}_{\mathrm{T}}\boldsymbol{\varphi}_O\boldsymbol{\Omega}^{\mathrm{T}}\boldsymbol{\varphi}_O^{\mathrm{T}}\boldsymbol{A}_{\mathrm{T}}^{\mathrm{T}}\boldsymbol{X}_A \tag{3-27}$$

目标速度向量的转换关系式为

$$\dot{\boldsymbol{X}}_{\mathrm{G}} = \boldsymbol{A}_{\mathrm{T}}\boldsymbol{\varphi}_O\dot{\boldsymbol{\Omega}}^{\mathrm{T}}\boldsymbol{\varphi}_O^{\mathrm{T}}\boldsymbol{A}_{\mathrm{T}}^{\mathrm{T}}\dot{\boldsymbol{X}}_A \tag{3-28}$$

## 3.4 坐标系转换的新方法

从3.3节中可以看到，地球面上两垂线坐标系之间进行转换时，要经历由垂线坐标系转换到法线坐标系再由法线坐标系转换成垂线坐标系的过程，转换关系复杂，计算量大，误差也大。

从大地测量学可知，天文本初子午面与大地本初子午面是重合的或者是相平行的，而且与地球自转轴平行。现在根据这两个条件，可以得到发射坐标系（垂线坐标系）与地心空间直角坐标系

之间转换的新关系式。

### 3.4.1 发射坐标系与地心空间直角坐标系之间新的转换关系式

现将发射坐标系 $O-XYZ$ 先后依次绕 $OY$ 轴、$OX$ 轴和 $OZ$ 轴旋转 $A_T$ 角、$\varphi_O$ 角和 $\lambda_O$ 角，使发射坐标系与地心空间直角坐标系 $O_G-X_GY_GZ_G$ 的三坐标轴平行，然后平移发射坐标系原点 $O$ 到 $O_G$，两坐标系就重合。在此，不加推导而直接给出目标位置向量由发射坐标系转换成地心空间直角坐标系的关系式为

$$\begin{bmatrix} X_G \\ Y_G \\ Z_G \end{bmatrix} = \begin{bmatrix} -\sin\lambda_O & \cos\lambda_O & 0 \\ \cos\lambda_O & \sin\lambda_O & 0 \\ 0 & 0 & 1 \end{bmatrix} \begin{bmatrix} 0 & 0 & 1 \\ -\sin\varphi_O & \cos\varphi_O & 0 \\ \cos\varphi_O & \sin\varphi_O & 0 \end{bmatrix} \begin{bmatrix} \cos A_T & 0 & -\sin A_T \\ 0 & 1 & 0 \\ \sin A_T & 0 & \cos A_T \end{bmatrix} \begin{bmatrix} X \\ Y \\ Z \end{bmatrix} + \begin{bmatrix} X_{G_O} \\ Y_{G_O} \\ Z_{G_O} \end{bmatrix} \tag{3-29}$$

对于式(3-29)，可以简记为

$$\boldsymbol{X}_G = \boldsymbol{\lambda}_O \boldsymbol{\varphi}_O \boldsymbol{A}_T^T \boldsymbol{X} + \boldsymbol{X}_{G_O} \tag{3-30}$$

### 3.4.2 发射坐标系与垂线测量坐标系之间新的转换关系式

有了关系式(3-30)后，就很容易得到垂线测量坐标系与地心空间直角坐标系之间的转换关系式。在关系式(3-30)中，只要取 $A_T=0$ 即得到由垂线测量坐标系到地心空间直角坐标系的位置向量转换关系式为

$$\boldsymbol{X}_G = \boldsymbol{\lambda}_{O'} \boldsymbol{\varphi}_{O'} \boldsymbol{X}' + \boldsymbol{X}_{G_{O'}} \tag{3-31}$$

式中，$\boldsymbol{X}'$——目标在垂线测量坐标系中的位置坐标向量，$\boldsymbol{X}' = [X' \quad Y' \quad Z']^T$；

$\boldsymbol{X}_{G_{O'}}$——$O'$点在地心空间直角坐标系的坐标，$\boldsymbol{X}_{G_{O'}} = [X_{G_{O'}} \quad Y_{G_{O'}} \quad Z_{G_{O'}}]^{T}$；

$\boldsymbol{\lambda}_{O'}, \boldsymbol{\varphi}_{O'}$——垂线测量坐标系原点的天文经度和天文纬度所对应的矩阵。

由式(3－30)和式(3－31)，立即得到目标位置由垂线测量坐标系转换到发射坐标系的关系式为

$$\boldsymbol{X} = \boldsymbol{A}_{T}\boldsymbol{\varphi}_{O}^{T}\boldsymbol{\lambda}_{O}^{T}(\boldsymbol{\lambda}_{O'}\boldsymbol{\varphi}_{O'}\boldsymbol{X}' + \boldsymbol{X}_{G_{O'}} - \boldsymbol{X}_{G_{O}}) \tag{3-32}$$

对式(3－32)微分，得到目标速度向量在两坐标系之间的转换关系式为

$$\dot{\boldsymbol{X}} = \boldsymbol{A}_{T}\boldsymbol{\varphi}_{O}^{T}\boldsymbol{\lambda}_{O}^{T}\boldsymbol{\lambda}_{O'}\boldsymbol{\varphi}_{O'}\dot{\boldsymbol{X}}' \tag{3-33}$$

比较式(3－21)和式(3－32)可见，后者形式简单，计算量小，而且误差小。

同样容易得到，目标在发射坐标系的位置和速度向量转换到垂线测量坐标系的关系式为

$$\boldsymbol{X}' = \boldsymbol{\varphi}_{O'}^{T}\boldsymbol{\lambda}_{O'}^{T}(\boldsymbol{\lambda}_{O}\boldsymbol{\varphi}_{O}\boldsymbol{A}_{T}^{T}\boldsymbol{X} + \boldsymbol{X}_{G_{O}} - \boldsymbol{X}_{G_{O'}}) \tag{3-34}$$

和

$$\dot{\boldsymbol{X}}' = \boldsymbol{\varphi}_{O'}^{T}\boldsymbol{\lambda}_{O'}^{T}\boldsymbol{\lambda}_{O}\boldsymbol{\varphi}_{O}\boldsymbol{A}_{T}^{T}\dot{\boldsymbol{X}} \tag{3-35}$$

### 3.4.3 站址坐标计算公式

在外弹道测量和数据处理中，经常使用测量站站址在发射坐标系中的坐标。现根据3.3节和3.4节中叙述的坐标系转换公式，给出测量站在发射坐标系中站址坐标计算公式。

**1. 原方法**

测量站$O'$在垂线测量坐标系中即为原点，故$X' = Y' = Z' = 0$，将它们代入式(3－21)，则得到测量站在发射坐标系中的站址坐标向量为

$$\boldsymbol{X}_{O'} = \boldsymbol{A}_{T}\boldsymbol{r}_{O}\boldsymbol{\eta}_{O}\boldsymbol{\xi}_{O}\boldsymbol{B}_{O}^{T}\boldsymbol{L}_{O}^{T}(\boldsymbol{X}_{G_{O'}} - \boldsymbol{X}_{G_{O}}) \tag{3-36}$$

其中

$$\boldsymbol{X}_{O'} = [X_{O'}, Y_{O'}, Z_{O'}]^{\mathrm{T}}$$

**2. 新方法**

同样地,将 $X' = Y' = Z' = 0$ 代入式(3-32),得到测量站在发射坐标系中坐标向量为

$$\boldsymbol{X}_{O'} = \boldsymbol{A}_{\mathrm{T}}\boldsymbol{\varphi}_{O}^{\mathrm{T}}\boldsymbol{\lambda}_{O}^{\mathrm{T}}(\boldsymbol{X}_{\mathrm{G}_{O'}} - \boldsymbol{X}_{\mathrm{G}_{O}}) \tag{3-37}$$

曾用新、旧两种方法对多个测量站坐标进行计算,结果差别很小,当测量站距原点为千千米量级时,仅相差 1mm 量级。但用新方法计算测量站站址坐标则要简单得多,而且计算误差更小。

# 第4章　外弹道测量精度要求

导弹摧毁目标的能力取决于三个条件:摧毁目标的爆炸力;将战斗部送到远距离目标的能力;落点精度。因此,评定导弹落点精度(也就是常说的导弹精度)是导弹飞行试验任务的重要目的之一;而评定导弹精度的主要依据是外弹道测量所提供的弹道参数。

同样地,运载火箭将载荷的卫星或航天器送入预定轨道必须具备运送能力和入轨精度,其助推段制导系统的精度分析也是依据外弹道测量的弹道参数,因此本书主要以导弹为对象叙述相关内容。

本章将阐述导弹和运载火箭飞行试验时精度评定技术和方法,以及外弹道测量数据在导弹和运载火箭精度评定中的应用,同时叙述为评定导弹和运载火箭精度如何论证外弹道测量精度要求指标。

## 4.1　弹道式导弹飞行弹道特性及误差因素

弹道式导弹是无人驾驶的飞行器,在弹上装有动力装置和控制系统,保证导弹按预定的可控飞行路线运动,沿此运动路线将弹头由发射点送到目标处,或将卫星和航天器送入预定轨道。导弹或运载火箭的飞行路线称为弹道。

本节将叙述导弹飞行弹道的特性和所受干扰因素,以及与落点误差有关的概念和精度指标的定义。

### 4.1.1　弹道式导弹的飞行弹道

弹道导弹从发射点 $o$ 到目标点 $c$ 的运动弹道 $oc$,根据其发动机工作与否分为主动段 $ok$ 和被动段 $kc$ 两部分,而被动段又根据所受空气动力的大小分为自由飞行段 $ke$ 和再入段 $ec$，如图 4－1 所示，人们常称此为导弹飞行的三大段弹道。

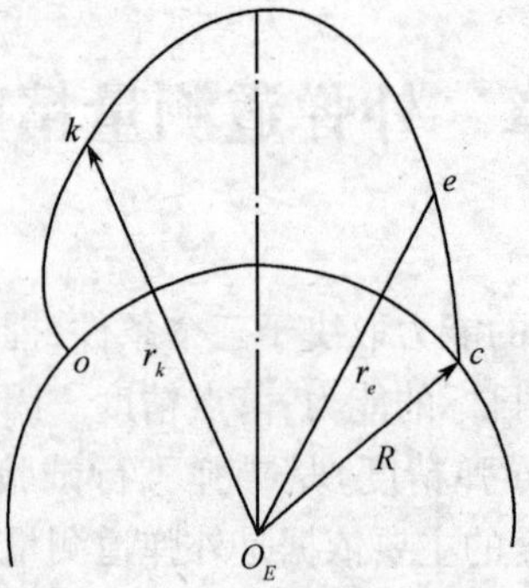


图 4－1　弹道分段示意图

主动段指从导弹离开发射台 $o$ 起飞到发动机停止工作瞬间 $k$（也就是发动机熄火）为止的一段弹道，又称动力飞行段。对于运载火箭即为助推段。有些远程洲际导弹弹道的形式更为复杂些，有时也将导弹起飞到弹头与弹体分离为止的弹道及运载火箭的起飞到与卫星等航天器分离或入轨前的弹道泛指为主动段弹道。该段弹道发动机和控制系统一直在工作，作用在导弹上的主要力有引力及发动机推力、空气动力、控制力和它们产生的相应力矩。此时，推力需要克服引力、空气阻力等使导弹作加速度运动，而且控制系统按预先确定的程序对导弹进行控制，保证导弹按预定的弹道飞行。对于远程导弹来说，此段时间一般在一二百秒，其飞行过程是发动机点火工作，当其提供的推力超过导弹所受的重力后，导弹从发射台起飞作垂直上升运动；当垂直上升离地面几百米时，导弹在控制系统作用下开始“转弯”，并指向瞄准点。随着时间的增加，导弹的飞行速度、飞行高度及飞行距离逐渐增大，而速度向量与发射点 $o$ 处地平面的夹角逐渐减小。弹上计算机根据制导系统输出的数据（视加速度）计算出导弹空间飞行的位置、速度和加速度等弹道参数，并根据它们与射程落点的位置（大地经度和纬度）参数的关系式，当弹道参数满足关机方程关系式时，发动机关机。

此时，即为主动段终点 $k$ 处，其导弹的速度可达 7km/s 左右，高度为 200km ~ 300km，有的还超过 300km；然后，弹头和弹体分离。

被动段指从发动机停止工作，导弹弹头与弹体分离（简称头体分离）后到弹头落回地面为止的弹道，也是弹头飞行的弹道。由于弹头上不安装动力装置与控制系统，它依靠主动段终点（头体分离点）所获得的能力作惯性飞行，因此称为被动段或无动力飞行段。

被动段由自由飞行段和再入段组成。由于自由飞行段空气稀薄，可以忽略空气动力的影响，此时弹头上的受力是可以精确知道的，其运动方程也可以较准确地描述。当弹头近似按自由抛物运动到最高点时，其折回逐渐加速按自由落体向下运动并返回大气层。而在再入段时，空气动力对弹头的作用是不能忽略的，因为大气密度随高度降低而迅速增大。一般将再入点选在距地面 70km ~ 80km 处，此时大气密度仅为地面大气密度的百万分之一。

在自由飞行段 $ke$ 时，弹头在极为稀薄的大气中飞行，引力远大于空气动力，可近似认为弹头在真空中飞行，此段射程约占远程导弹射程的 90% 以上。如果弹头在与弹体分离时受到扰动，存在一初始旋转角速度，则弹头在自由飞行段没有任何力矩作用，而以初始角速度绕质心自由地转动。

再入段 $ec$ 是弹头以高速重返稠密大气层后一直到目标点。此时受到巨大的空气动力作用，该力远大于地球对弹头的引力，对弹头起到制动作用，使它在稠密大气层中被气动加热，产生高温造成变形和烧蚀。

### 4.1.2 导弹落点偏差和精度

从理论上讲，当给定导弹的发射位置、射击目标和地理条件、气象条件、弹道条件等，通过导弹运动微分方程解算得到一条预定的理论弹道，使导弹按此理论弹道飞行，并使落点与目标点一致。但是，导弹实际飞行时，其发射和飞行条件是非常复杂的，它们往往会偏离标准弹道的飞行条件，使实际落点与目标点不重合，而偏离理论瞄准点(命中点)。通常称实际落点与瞄准点之差为导弹落点偏差,又称命中偏差。导弹落点偏差可分为纵向偏差和横向偏差。假若 $o$ 为发射点,$c$ 为理论落点,而实际落点 $c'$ 在弧线 $oc$ 的投影为 $c''$,则弧线 $cc''$ 称为落点纵向偏差,向前为正,记为 $\Delta L$;而弧线 $c'c''$ 称为落点的横向偏差,记为 $\Delta H$,位于射击方向的右方为正,反之为负,如图 4-2 所示。

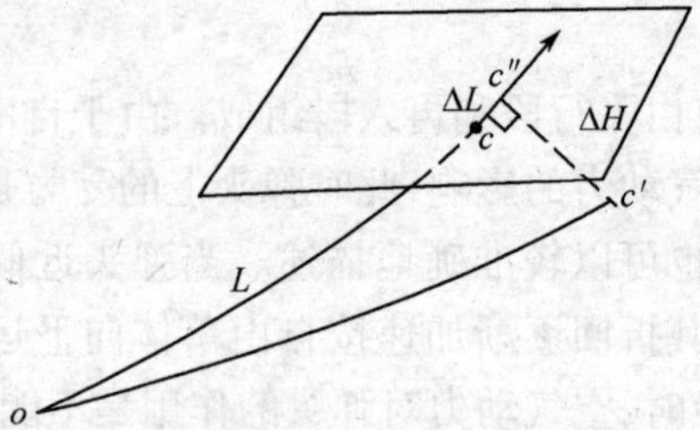


图 4-2　导弹落点偏差示意图

假若在相同条件下重复发射多发导弹,各种误差影响的落点将围绕某中心周围分布,则称为导弹落点散布;落点散布由落点纵向散布和横向散布合成,弹着点围绕散布中心沿纵向的分布称为落点的纵向分布,围绕散布中心沿横向的分布称为落点的横向分布。而落点散布围绕分布的中心点称为导弹散布中心,又称为导弹平均弹着点。从概率统计意义上讲,导弹散布中心是落点的期望值。通常导弹落点的散布中心与瞄准点之差常用统计量描述,称为导弹落点射击准确度;导弹射击准确度呈系统误差特性,它常以落点的纵向和横向偏差表示。导弹落点对散布中心的离散程度也可用统计量度量表述,称为导弹射击密集度或导弹射击散布度。导弹射击密集度呈现随机误差特性,常以落点纵向和横向散布的均方差表示。

导弹实际落点相对于瞄准点总误差的统计量称为导弹精度,又称为导弹命中精度或导弹落点精度。导弹的精度是导弹射击密集度和射击准确度的合成,它是决定导弹摧毁目标能力的重要技术性能参数之一。

### 4.1.3 导弹精度指标

根据概率论中心极限定理,可以认为导弹落点偏差的概率遵循正态分布规律,在此基础上,导弹的精度有下列几种指标。

**1. 均方根误差 $\sigma_{\Delta L}$、$\sigma_{\Delta H}$**

在以瞄准点为目标中心点定义落点偏差坐标系时,假若导弹落点无系统误差,则纵向和横向分布规律均用均方根 $\sigma_{\Delta L}$、$\sigma_{\Delta H}$表示为

$$f(\Delta L)=\frac{1}{\sqrt{2\pi}\sigma_{\Delta L}}\exp\left[-\frac{1}{2}\left(\frac{\Delta L}{\sigma_{\Delta L}}\right)^2\right]$$

$$f(\Delta H)=\frac{1}{\sqrt{2\pi}\sigma_{\Delta H}}\exp\left[-\frac{1}{2}\left(\frac{\Delta H}{\sigma_{\Delta H}}\right)^2\right] \tag{4-1}$$

式中,$\Delta L$、$\Delta H$——导弹纵向和横向偏差的变量。

当导弹纵、横向均方根误差 $\sigma_{\Delta L}=\sigma_{\Delta H}=\sigma$ 时,则以目标为中心、以 $R$ 为半径的半径圆目标,命中概率为

$$P=1-\exp\left[-\frac{1}{2}\left(\frac{R}{\sigma}\right)^2\right] \tag{4-2}$$

**2. 概率偏差 $B_{\Delta L}$、$B_{\Delta H}$**

导弹纵向和横向随机变量 $\Delta L$、$\Delta H$ 的概率偏差 $B_{\Delta L}$、$B_{\Delta H}$称为纵向概率偏差、横向概率偏差。在无系统误差条件下,导弹落点在以目标为中心的 $B_{\Delta L}$或 $B_{\Delta H}$范围内的概率为1/2。根据拉普拉斯函数,则有

$$\phi\left(\frac{B_{\Delta L}}{\sigma_{\Delta L}}\right)=\frac{1}{2} \tag{4-3}$$

式中,$\phi(t)=\frac{2}{\sqrt{2\pi}}\int_0^t e^{-x^2/2}dx$。

查正态分布表可知

$$B_{\Delta L}=0.6745\sigma_{\Delta L} \tag{4-4}$$

同样地，可以得到

$$B_{\Delta H}=0.6745\sigma_{\Delta H} \tag{4-5}$$

落点偏差概率又称落点公算偏差，它是衡量导弹落点精度的常用指标，也是对外弹道测量提出测量精度坐标的依据。

**3. 圆概率偏差 *R***

导弹落点以 50% 的概率落入以散布中心为圆心的圆半径 $R$ 称为圆概率偏差，又称为圆公算偏差，记为 CEP，而 $R$ 又称为半数必中圆半径。

当 $\sigma_{\Delta L}=\sigma_{\Delta H}=\sigma$ 时，将 $P=1/2$ 代入式（4-2），则可以解得

$$\frac{R}{\sigma}=1.1774 \tag{4-6}$$

或者

$$R=1.1774\sigma \tag{4-7}$$

再由式（4-4），得到

$$R=1.75B \tag{4-8}$$

圆概率偏差也是衡量导弹落点精度的常用指标之一。

## 4.2 导弹落点的干扰因素和制导工具误差

导弹飞行时间受各种条件的影响，使实际飞行弹道与理论弹道有差别并造成导弹落点的偏差。通常将实际飞行条件与标准弹道条件的差别称为误差源，也称干扰因素。本节将分析影响导弹精度的干扰因素，然后详细地阐述影响导弹精度最主要干扰因素——制导系统的工具误差模型。

### 4.2.1 导弹飞行的干扰因素

导弹飞行的干扰因素按其飞行弹道可分为主动段干扰因素、自由段干扰因素和再入段干扰因素。

### 1. 主动段干扰因素

主动段干扰因素主要有初值误差、初始对准误差、导弹弹体结构误差、发动机特性误差、大气扰动误差、重力异常误差及垂线偏差、控制系统误差和后效冲量误差等。

根据总体设计和精度分析,主动段干扰因素是弹道飞行段最重要的干扰因素,而主动段飞行中控制系统误差是主动段的最主要干扰因素,制导系统误差又是控制系统中的主要误差,而制导系统工具误差又是制导系统中最主要误差。因此可以说,制导系统工具误差是导弹飞行段落中最主要的干扰因素。

### 2. 自由段干扰因素

在自由飞行段中,导弹处于无动力、无控制的真空飞行动态,因此,它的误差源仅为实际引力与标准引力模型的误差,自由段干扰因素是导弹飞行段中影响最小的。

### 3. 再入段干扰因素

此时弹头处于大气层内飞行,其干扰因素主要有引力异常、大气扰动、弹头(外形、质心及变形烧蚀不对称等)误差,再入攻角误差、气动参数误差、滚速过零误差等。再入段对导弹精度的干扰因素仅次于主动段干扰因素,但相比主动段干扰因素的影响要小得多。

## 4.2.2 制导原理及工具误差模型

弹道式导弹主动段的制导系统对导弹进行控制和制导,保证弹头以一定的精度命中目标。根据导弹飞行力学原理可知,弹道式导弹落点位置取决于导弹主动段终点的位置和速度参数,所以制导系统的任务是保证导弹关机时刻的位置和速度坐标实现一定的组合值,使弹头按预定弹道自由飞行并命中目标。因此,导弹主动段的制导系统测量数据直接影响导弹的命中精度。本小节将阐述几种主要的制导系统,并推导出其工具误差模型。

制导系统分为惯性制导系统、无线电制导系统、天文制导和复合制导系统,目前远程导弹应用最多的是惯性制导系统,依据惯性器件的安装方式,惯性制导系统可分为捷联式惯性制导系统及平台—加速度惯性制导系统。

**1. 捷联式惯性制导系统**

捷联式惯性制导系统将惯性加速度表直接固连在弹体上,因而加速度表的敏感轴方向取决于导弹在空间的姿态。导弹的姿态可由双自由度陀螺仪测量,称为位置捷联惯导系统;也可用双轴或单自由度的速率积分陀螺仪来测量姿态角速度增量,经过复杂的计算求得导弹在空间的姿态,此称为速率捷联惯导系统。

惯性加速度表测得的是视加速度 $\dot{W}$,它与绝对加速度 $a_A$ 及引力加速度 $g$ 之间有关系式

$$a_A = \dot{W} + g \tag{4-9}$$

如果制导系统的关机方程是建立在利用导弹瞬时速度和位置参数基础上的,只需将加速度表在弹体坐标系中的视加速度分量通过坐标变换转换为制导方程采用的坐标系分量,然后进行引力加速度的补偿,算出导弹在制导坐标系的瞬时速度和位置并实施制导。

制导系统误差是给定某飞行器的理论弹道参数向量 $\boldsymbol{X}_L$ 以及该飞行器的实际外测参数向量 $\boldsymbol{X}_W$ 和遥测参数向量 $\boldsymbol{X}_Y$,然后对这些数据作差,求出所需的各种误差,常见的制导误差间关系为

$$\begin{cases} \Delta X_Z = X_W - X_L \\ \Delta X_F = X_Y - X_L \\ \Delta X_G = X_W - X_Y \end{cases} \tag{4-10}$$

式中,$\Delta X_Z$——制导总误差;

$\Delta X_F$——制导方法误差,它是一个随机量,可以用多点统计方法将其消除或压缩;

$\Delta X_G$——制导工具误差,它属于系统误差,无法用统计方法消除。

对远程洲际导弹而言,制导工具误差导致的射击偏差约占总

偏差的80%以上；对战术导弹来说，如果射击精度要求很高，工具误差的影响也不容忽视，特别是对于那些性能较差的惯性组合更是如此。所以，人们主要分析制导系统工具误差，并试图应用某种方法来分离出制导工具误差，然后对飞行器制导系统进行补偿和修正，以提高射击精度。

通常分析制导工具误差的基本模型为

$$\Delta \boldsymbol{X}_{G} = \boldsymbol{SC} + \boldsymbol{\xi} \tag{4-11}$$

式中，$\boldsymbol{C} = (C_1 \quad C_2 \quad \cdots \quad C_n)^{T}$ 为制导工具误差向量（惯性组合的误差项列矩阵）；$\boldsymbol{S}$ 为系数矩阵，统计学上常被称为工具误差 $\boldsymbol{C}$ 对弹道参数$\boldsymbol{X}$ 的环境函数，简称为工具误差的环境函数。由式(4-11)可以看出，分析工具误差的关键之一是建立正确的环境函数 $\boldsymbol{S}$。对平台式惯性导航系统来说，用于制导计算的弹道参数与惯性组合输出的参数是在同一个坐标系（惯性坐标系）中，因此，只要知道惯性组合的输出模型即可建立起工具误差环境函数 $\boldsymbol{S}$ 的模型。

捷联式惯性导航系统惯性组合输出的是弹体坐标系中的参数，而用于导航计算的参数是惯性坐标系中的参数，两者不在同一个坐标系当中，因此，在导航计算以前，首先要将弹体坐标系中的有关参数转换到惯性坐标系中，转换公式如下：

$$\boldsymbol{X} = \boldsymbol{A}\boldsymbol{X}_1 \tag{4-12}$$

式中，$\boldsymbol{X}$——惯性坐标系参数；

$\boldsymbol{X}_1$——弹体坐标系参数；

$\boldsymbol{A}$——坐标变换矩阵。

在实际飞行过程中，$\boldsymbol{X}_1$ 为加速度表的输出值，它只包括加速度表的工具误差；$\boldsymbol{A}$ 是欧拉角 $\varphi$、$\psi$、$\gamma$ 和初始零位误差 $\Delta\varphi_0$、$\psi_0$、$\gamma_0$ 的函数，而欧拉角又是陀螺输出量 $\delta\theta$ 的函数，它只包括速率陀螺的工具误差。矩阵 $\boldsymbol{A}$ 与参数 $\boldsymbol{X}_1$ 相乘，将三种误差混合在一起给环境函数的建模增加了难度。在此使用较简单、方便、实用的方法建立捷联系统制导工具误差的环境函数。

(1)递推式坐标变换模型。记 $t_n$ 时刻飞行器的三个姿态角分别为 $\varphi$、$\psi$、$\gamma$，加速度表输出的视加速度为 $\dot{\boldsymbol{W}}_1$，视加速度在惯性坐标系中的投影为 $\dot{\boldsymbol{W}}$，则 $\dot{\boldsymbol{W}}_1$、$\dot{\boldsymbol{W}}$ 有下列关系

$$\dot{\boldsymbol{W}} = \begin{bmatrix} \cos\varphi & -\sin\varphi & 0 \\ \sin\varphi & \cos\varphi & 0 \\ 0 & 0 & 1 \end{bmatrix} \begin{bmatrix} \cos\psi & 0 & \sin\psi \\ 0 & 1 & 0 \\ -\sin\psi & 0 & \cos\psi \end{bmatrix}$$

$$\cdot \begin{bmatrix} 1 & 0 & 0 \\ 0 & \cos\gamma & -\sin\gamma \\ 0 & \sin\gamma & \cos\gamma \end{bmatrix} \dot{\boldsymbol{W}}_1 = \boldsymbol{A}_n \dot{\boldsymbol{W}}_1 \qquad (4-13)$$

式中，$\boldsymbol{A}_n$——$t_n$ 时刻弹体系到惯性坐标系的坐标变换矩阵，它是俯仰角、偏航角、滚动角的函数，即 $\boldsymbol{A}_n = \boldsymbol{A}_n(\varphi、\psi、\gamma)$。

通过式(4-13)可以实现两坐标系间弹道参数的转换。由于 $\varphi$、$\psi$、$\gamma$ 是通过积分或四元素计算得到的，或者说，这三个欧拉角是无数次小的坐标转换的累积结果。这样就可以建立递推式坐标变换矩阵。将时间 $t_n$ 分隔成 $n$ 个小时间段，则坐标变换矩阵 $\boldsymbol{A}_n$ 可写成下列递推式

$$\boldsymbol{A}_n = \boldsymbol{f}_0 \cdot \boldsymbol{f}_1 \cdot \cdots \cdot \boldsymbol{f}_{n-1} \cdot \boldsymbol{f}_n = \prod_{i=0}^{n} \boldsymbol{f}_i = \boldsymbol{f}_0 \cdot \boldsymbol{B}_n \qquad (4-14)$$

$$\boldsymbol{B}_n = \boldsymbol{B}_{n-1} \cdot \boldsymbol{f}_n (\boldsymbol{B}_0 = \boldsymbol{I}; n = 1,2,3,\cdots) \qquad (4-15)$$

式中，$\boldsymbol{f}_0$——导航计算前弹体坐标系与导航坐标系之间的坐标变换矩阵。

而 $\boldsymbol{f}_n$ 为 $t_n$ 时刻弹体系到 $t_{n-1}$ 时刻弹体系的坐标变换矩阵，它的具体表达式为

$$\boldsymbol{f}_n = \begin{bmatrix} \cos\varphi_n & -\sin\varphi_n & 0 \\ \sin\varphi_n & \cos\varphi_n & 0 \\ 0 & 0 & 1 \end{bmatrix} \begin{bmatrix} \cos\psi_n & 0 & \sin\psi_n \\ 0 & 1 & 0 \\ -\sin\psi_n & 0 & \cos\psi_n \end{bmatrix}$$

$$
\cdot\begin{bmatrix}1 & 0 & 0\\ 0 & \cos\gamma_n & -\sin\gamma_n\\ 0 & \sin\gamma_n & \cos\gamma_n\end{bmatrix} \tag{4-16}
$$

式中，$\varphi_n$、$\psi_n$、$\gamma_n$——$t_{n-1}$时刻弹体系到 $t_n$ 时刻弹体系的欧拉角，它们是速率陀螺输出量 $\delta\boldsymbol{\theta}$ 的函数。

(2)欧拉角与速率陀螺输出量关系。通常，欧拉角变化率与弹体轴角速率之间的关系可用下式表示

$$
\begin{bmatrix}\omega_{x1}\\ \omega_{y1}\\ \omega_{z1}\end{bmatrix}=\begin{bmatrix}\dot{\gamma}\\ 0\\ 0\end{bmatrix}+\begin{bmatrix}1 & 0 & 0\\ 0 & \cos\gamma & \sin\gamma\\ 0 & -\sin\gamma & \cos\gamma\end{bmatrix}\begin{bmatrix}0\\ \dot{\psi}\\ 0\end{bmatrix}
$$

$$
+\begin{bmatrix}1 & 0 & 0\\ 0 & \cos\gamma & \sin\gamma\\ 0 & -\sin\gamma & \cos\gamma\end{bmatrix}\begin{bmatrix}\cos\psi & 0 & -\sin\psi\\ 0 & 1 & 0\\ \sin\psi & 0 & \cos\psi\end{bmatrix}\begin{bmatrix}0\\ 0\\ \dot{\varphi}\end{bmatrix} \tag{4-17}
$$

整理后得到

$$
\begin{cases}\dot{\varphi}=\dfrac{\omega_{y1}\sin\gamma+\omega_{z1}\cos\gamma}{\cos\psi}\\ \dot{\psi}=\omega_{y1}\cos\gamma-\omega_{z1}\sin\gamma\\ \dot{\gamma}=\omega_{x1}+(\omega_{y1}\sin\gamma+\omega_{z1}\cos\gamma)\tan\psi\end{cases} \tag{4-18}
$$

现取采样时间 $T=t_n-t_{n-1}$，则欧拉角变化量与弹体轴角增量 $\delta\boldsymbol{\theta}$ 之间有下列关系

$$
\begin{cases}\varphi_n=\dfrac{\delta\theta_{y1}\sin\gamma_n+\delta\theta_{z1}\cos\gamma_n}{\cos\psi_n}\\ \psi_n=\delta\theta_{y1}\cos\gamma_n-\delta\theta_{z1}\sin\gamma_n\\ \gamma_n=\delta\theta_{x1}+(\delta\theta_{y1}\sin\gamma_n+\delta\theta_{z1}\cos\gamma_n)\tan\psi_n\end{cases} \tag{4-19}
$$

假若飞行器作小偏差飞行，则偏航角和滚动角都很小，故式(4-19)可进一步化简为

$$\begin{cases}\varphi_n = \delta\theta_{z1} + \dfrac{\delta\theta_{x1} + \delta\theta_{y1}\delta\theta_{z1}}{1 + \delta\theta_{z1}^2 - \delta\theta_{y1}^2}\delta\theta_{y1} \\ \psi_n = \delta\theta_{y1} - \dfrac{\delta\theta_{x1} + \delta\theta_{y1}\delta\theta_{z1}}{1 + \delta\theta_{z1}^2 - \delta\theta_{y1}^2}\delta\theta_{z1} \\ \gamma_n = \dfrac{\delta\theta_{x1} + \delta\theta_{y1}\delta\theta_{z1}}{1 + \delta\theta_{z1}^2 - \delta\theta_{y1}^2}\end{cases} \tag{4-20}$$

又由于 $\delta\theta_{z1}$ 为 $10^{-3}$ 数量级和 $\delta\theta_{x1}$、$\delta\theta_{y1} \ll \delta\theta_{z1}$，故式(4-20)还可进一步简化成

$$\begin{cases}\varphi_n = \delta\theta_{z1} \\ \psi_n = \delta\theta_{y1} - \delta\theta_{x1}\delta\theta_{z1} \\ \gamma_n = \delta\theta_{x1} + \delta\theta_{y1}\delta\theta_{z1}\end{cases} \tag{4-21}$$

记 $\delta\boldsymbol{\theta} = (\delta\theta_{x1} \quad \delta\theta_{y1} \quad \delta\theta_{z1})^{\mathrm{T}}$，将 $\varphi_n$、$\psi_n$、$\gamma_n$ 分别对 $\delta\boldsymbol{\theta}^{\mathrm{T}}$ 求导得到

$$\begin{cases}\dfrac{\partial \varphi_n}{\partial \delta\boldsymbol{\theta}^{\mathrm{T}}} = \left(\dfrac{\partial \varphi_n}{\partial \delta\theta_{x1}} \quad \dfrac{\partial \varphi_n}{\partial \delta\theta_{y1}} \quad \dfrac{\partial \varphi_n}{\partial \delta\theta_{z1}}\right) = (0 \quad 0 \quad 1) \\ \dfrac{\partial \psi_n}{\partial \delta\boldsymbol{\theta}^{\mathrm{T}}} = \left(\dfrac{\partial \psi_n}{\partial \delta\theta_{x1}} \quad \dfrac{\partial \psi_n}{\partial \delta\theta_{y1}} \quad \dfrac{\partial \psi_n}{\partial \delta\theta_{z1}}\right) = (-\delta\theta_{z1} \quad 1 \quad -\delta\theta_{x1}) \\ \dfrac{\partial \gamma_n}{\partial \delta\boldsymbol{\theta}^{\mathrm{T}}} = \left(\dfrac{\partial \gamma_n}{\partial \delta\theta_{x1}} \quad \dfrac{\partial \gamma_n}{\partial \delta\theta_{y1}} \quad \dfrac{\partial \gamma_n}{\partial \delta\theta_{z1}}\right) = (1 \quad \delta\theta_{z1} \quad \delta\theta_{y1})\end{cases} \tag{4-22}$$

(3)初始零位误差。初始零位误差有三个，即俯仰角初始零位误差 $\Delta\varphi_0$、偏航角初始零位误差 $\psi_0$、滚动角初始零位误差 $\gamma_0$，由于存在初始零位误差，致使弹体姿态在导航计算前就偏离了理论方向。也就是说，时刻 $t_0$ 实际的弹体坐标系与导航惯性坐标系存在下列变换矩阵

$$\boldsymbol{f}_0 = \begin{bmatrix}\cos(90^\circ + \Delta\varphi_0) & -\sin(90^\circ + \Delta\varphi_0) & 0 \\ \sin(90^\circ + \Delta\varphi_0) & \cos(90^\circ + \Delta\varphi_0) & 0 \\ 0 & 0 & 1\end{bmatrix}$$

$$\cdot\begin{bmatrix}\cos\psi_0 & 0 & \sin\psi_0\\ 0 & 1 & 0\\ -\sin\psi_0 & 0 & \cos\psi_0\end{bmatrix}\begin{bmatrix}1 & 0 & 0\\ 0 & \cos\gamma_0 & -\sin\gamma_0\\ 0 & \sin\gamma_0 & \cos\gamma_0\end{bmatrix} \quad (4-23)$$

将矩阵$\boldsymbol{f}_0$分别对初始零位误差$\Delta\varphi_0$、$\psi_0$、$\gamma_0$求导，整理后有

$$\frac{\partial \boldsymbol{f}_0}{\partial \Delta\varphi_0}=\begin{bmatrix}-\sin(90°+\Delta\varphi_0) & -\cos(90°+\Delta\varphi_0) & 0\\ \cos(90°+\Delta\varphi_0) & -\sin(90°+\Delta\varphi_0) & 0\\ 0 & 0 & 0\end{bmatrix}$$

$$\cdot\begin{bmatrix}\cos\psi_0 & 0 & \sin\psi_0\\ 0 & 1 & 0\\ -\sin\psi_0 & 0 & \cos\psi_0\end{bmatrix}\begin{bmatrix}1 & 0 & 0\\ 0 & \cos\gamma_0 & -\sin\gamma_0\\ 0 & \sin\gamma_0 & \cos\gamma_0\end{bmatrix} \quad (4-24)$$

$$\frac{\partial \boldsymbol{f}_0}{\partial \psi_0}=\begin{bmatrix}\cos(90°+\Delta\varphi_0) & -\sin(90°+\Delta\varphi_0) & 0\\ \sin(90°+\Delta\varphi_0) & \cos(90°+\Delta\varphi_0) & 0\\ 0 & 0 & 1\end{bmatrix}$$

$$\cdot\begin{bmatrix}-\sin\psi_0 & 0 & \cos\psi_0\\ 0 & 0 & 0\\ -\cos\psi_0 & 0 & -\sin\psi_0\end{bmatrix}\begin{bmatrix}1 & 0 & 0\\ 0 & \cos\gamma_0 & -\sin\gamma_0\\ 0 & \sin\gamma_0 & \cos\gamma_0\end{bmatrix} \quad (4-25)$$

$$\frac{\partial \boldsymbol{f}_0}{\partial \gamma_0}=\begin{bmatrix}\cos(90°+\Delta\varphi_0) & -\sin(90°+\Delta\varphi_0) & 0\\ \sin(90°+\Delta\varphi_0) & \cos(90°+\Delta\varphi_0) & 0\\ 0 & 0 & 1\end{bmatrix}$$

$$\cdot\begin{bmatrix}\cos\psi_0 & 0 & \sin\psi_0\\ 0 & 1 & 0\\ -\sin\psi_0 & 0 & \cos\psi_0\end{bmatrix}\begin{bmatrix}0 & 0 & 0\\ 0 & -\sin\gamma_0 & -\cos\gamma_0\\ 0 & \cos\gamma_0 & -\sin\gamma_0\end{bmatrix} \quad (4-26)$$

再将理论参数(即 $\Delta\varphi_0=0$、$\psi_0=0$、$\gamma_0=0$)代入上述偏导数矩阵,整理后得到

$$\boldsymbol{f}_0=\begin{bmatrix}0&-1&0\\1&0&0\\0&0&1\end{bmatrix},\quad \frac{\partial \boldsymbol{f}_0}{\partial \Delta\varphi_0}=\begin{bmatrix}-1&0&0\\0&-1&0\\0&0&0\end{bmatrix}$$

$$\frac{\partial \boldsymbol{f}_0}{\partial \psi_0}=\begin{bmatrix}0&0&0\\0&0&1\\-1&0&0\end{bmatrix},\quad \frac{\partial \boldsymbol{f}_0}{\partial \gamma_0}=\begin{bmatrix}0&0&1\\0&0&0\\0&1&0\end{bmatrix} \tag{4-27}$$

(4)加速度表工具误差。由相关原理可知加速度表的输出模型为

$$\dot{\boldsymbol{W}}_1=\begin{bmatrix}\dot{W}_{x1}\\\dot{W}_{y1}\\\dot{W}_{z1}\end{bmatrix}=\begin{bmatrix}\dot{W}_{x10}\\\dot{W}_{y10}\\\dot{W}_{z10}\end{bmatrix}+\begin{bmatrix}K_{0x}+K_{1x}\cdot\dot{W}_{x1}+K_{2x}\cdot\dot{W}_{y1}+K_{3x}\cdot\dot{W}_{z1}\\K_{0y}+K_{1y}\cdot\dot{W}_{y1}+K_{2y}\cdot\dot{W}_{z1}+K_{3y}\cdot\dot{W}_{x1}\\K_{0z}+K_{1z}\cdot\dot{W}_{z1}+K_{2z}\cdot\dot{W}_{x1}+K_{3z}\cdot\dot{W}_{y1}\end{bmatrix} \tag{4-28}$$

式中,$\dot{\boldsymbol{W}}_{10}$——视加速度真值,$\dot{\boldsymbol{W}}_{10}=(\dot{W}_{x10}\quad \dot{W}_{y10}\quad \dot{W}_{z10})^{\mathrm{T}}$。

对于固连在弹体轴上的三个视加速度表,其敏感值主要取决于相应轴向的视加速度,其他轴向的视加速度对它的偶合值很小,可以忽略其影响;再者,导弹在主动段飞行过程中,控制系统的作用使弹体横向($Z_1$ 向)的视加速度很小,故横向加速度表的输出量可认为只有零位误差,因此可将式(4-28)简化成

$$\dot{\boldsymbol{W}}_1=\begin{bmatrix}\dot{W}_{x1}\\\dot{W}_{y1}\\\dot{W}_{z1}\end{bmatrix}=\begin{bmatrix}\dot{W}_{x10}\\\dot{W}_{y10}\\\dot{W}_{z10}\end{bmatrix}+\begin{bmatrix}K_{0x}+K_{1x}\dot{W}_{x1}\\K_{0y}+K_{1y}\dot{W}_{y1}\\K_{0z}\end{bmatrix} \tag{4-29}$$

式中，$K_{0x}$、$K_{0y}$、$K_{0z}$——轴向、法向、横向加速度表的零位误差；

$K_{1x}$、$K_{1y}$——轴向、法向加速度表的比例误差。

现将 $\dot{\boldsymbol{W}}_1$ 分别对工具误差项 $K_{0x}$、$K_{0y}$、$K_{0z}$、$K_{1x}$、$K_{1y}$求导，则得到

$$\frac{\partial \dot{\boldsymbol{W}}_1}{\partial K_{0x}}=\begin{bmatrix}1\\0\\0\end{bmatrix}\frac{\partial \dot{\boldsymbol{W}}_1}{\partial K_{0y}}=\begin{bmatrix}0\\1\\0\end{bmatrix}\frac{\partial \dot{\boldsymbol{W}}_1}{\partial K_{0z}}=\begin{bmatrix}0\\0\\1\end{bmatrix}\frac{\partial \dot{\boldsymbol{W}}_1}{\partial K_{1x}}=\begin{bmatrix}\dot{W}_{x1}\\0\\0\end{bmatrix}\frac{\partial \dot{\boldsymbol{W}}_1}{\partial K_{1y}}=\begin{bmatrix}0\\\dot{W}_{y1}\\0\end{bmatrix} \tag{4-30}$$

(5)速率陀螺工具误差。对于速率陀螺的工具误差，其输出模型为

$$\delta\boldsymbol{\theta}=\begin{bmatrix}\delta\theta_{x1}\\\delta\theta_{y1}\\\delta\theta_{z1}\end{bmatrix}$$

$$=\begin{bmatrix}\delta\theta_{x10}\\\delta\theta_{y10}\\\delta\theta_{z10}\end{bmatrix}+\begin{bmatrix}k_{0x}+k_{1x}\omega_{x1}+k_{2x}\omega_{y1}+k_{3x}\omega_{z1}+k_{4x}\dot{W}_{x1}+k_{5x}\dot{W}_{y1}\\k_{0y}+k_{1y}\omega_{y1}+k_{2y}\omega_{z1}+k_{3y}\omega_{x1}+k_{4y}\dot{W}_{x1}+k_{5y}\dot{W}_{y1}\\k_{0z}+k_{1z}\omega_{z1}+k_{2z}\omega_{x1}+k_{3z}\omega_{y1}+k_{4z}\dot{W}_{x1}+k_{5z}\dot{W}_{y1}\end{bmatrix}T \tag{4-31}$$

式中，$\delta\boldsymbol{\theta}_{10}$——采样时间 $T$ 内的角增量真值，$\boldsymbol{\theta}_{10}=(\delta\theta_{x10}\quad\delta\theta_{y10}\quad\delta\theta_{z10})^{\mathrm{T}}$。

主动段飞行过程中如果控制系统工作正常，则理想情况下飞行器是没有滚动和偏航的，亦即 $\omega_{x1}=\omega_{y1}=0$；但在实际飞行过程中，由于存在干扰力矩，可能会产生很小的滚动和偏航，但数值很小，因此轴向和法向速率陀螺的输出值可认为是零位误差；导弹在转弯过程中，角速度主要体现在俯仰方向上，也就是 $\omega_{z1}$ 较大；而俯仰方向速率陀螺的输出值主要取决于 $\omega_{z1}$，其他因素对它的偶合值与之相比很小，可不予考虑。由此式(4-31)可简化成下列形式

$$\delta\boldsymbol{\theta}=\begin{bmatrix}\delta\theta_{x1}\\ \delta\theta_{y1}\\ \delta\theta_{z1}\end{bmatrix}=\begin{bmatrix}\delta\theta_{x10}\\ \delta\theta_{y10}\\ \delta\theta_{z10}\end{bmatrix}+\begin{bmatrix}k_{0x}\\ k_{0y}\\ k_{0z}+k_{1z}\omega_{z1}\end{bmatrix}T \tag{4-32}$$

式中，$k_{0x}$、$k_{0y}$、$k_{0z}$——轴向、法向、横向速率陀螺的零位误差；

$k_{1z}$——横向速率陀螺的比例误差。

假若将 $\delta\boldsymbol{\theta}$ 分别对工具误差项 $k_{0x}$、$k_{0y}$、$k_{0z}$、$k_{1z}$ 求导，可得到

$$\frac{\partial\,\delta\boldsymbol{\theta}}{\partial\,k_{0x}}=\begin{bmatrix}T\\0\\0\end{bmatrix}\quad\frac{\partial\,\delta\boldsymbol{\theta}}{\partial\,k_{0y}}=\begin{bmatrix}0\\T\\0\end{bmatrix}\quad\frac{\partial\,\delta\boldsymbol{\theta}}{\partial\,k_{0z}}=\begin{bmatrix}0\\0\\T\end{bmatrix}\quad\frac{\partial\,\delta\boldsymbol{\theta}}{\partial\,k_{1z}}=\begin{bmatrix}0\\0\\ \delta\theta_{z1}\end{bmatrix} \tag{4-33}$$

(6)视加速度工具误差环境函数。现记工具误差向量 $\boldsymbol{C}^{A}=(K_{0x}\quad K_{0y}\quad K_{0z}\quad K_{1x}\quad K_{1y}\quad k_{0x}\quad k_{0y}\quad k_{0z}\quad k_{1z}\quad \Delta\varphi_0\quad \psi_0\quad \gamma_0)^{\mathrm{T}}$，将式(4－14)在视加速度真值附近展开，则有

$$\begin{aligned}\dot{\boldsymbol{W}}&=\dot{\boldsymbol{W}}_0+\frac{\partial}{\partial\boldsymbol{C}^{A}}(\boldsymbol{A}_n\cdot\dot{\boldsymbol{W}}_1)\cdot\boldsymbol{C}^{A}+\boldsymbol{\zeta}=\dot{\boldsymbol{W}}_0+\frac{\partial}{\partial\boldsymbol{C}^{A}}(\boldsymbol{f}_0\cdot\boldsymbol{B}_n\cdot\dot{\boldsymbol{W}}_1)\cdot\boldsymbol{C}^{A}+\boldsymbol{\zeta}\\&=\dot{\boldsymbol{W}}_0+\left(\boldsymbol{f}_0\cdot\boldsymbol{B}_n\cdot\frac{\partial\dot{\boldsymbol{W}}_1}{\partial\boldsymbol{C}^{A}}+\boldsymbol{f}_0\cdot\frac{\partial\boldsymbol{B}_n}{\partial\boldsymbol{C}^{A}}\cdot\dot{\boldsymbol{W}}_1+\frac{\partial\boldsymbol{f}_0}{\partial\boldsymbol{C}^{A}}\cdot\boldsymbol{B}_n\cdot\dot{\boldsymbol{W}}_1\right)\cdot\boldsymbol{C}^{A}+\boldsymbol{\zeta}\\&=\dot{\boldsymbol{W}}_0+\boldsymbol{S}^{A}\cdot\boldsymbol{C}^{A}+\boldsymbol{\zeta}\end{aligned} \tag{4-34}$$

式中，$\dot{\boldsymbol{W}}_0$——视加速度真值；

$\boldsymbol{\zeta}$——展开式的一阶微分余量；

$\boldsymbol{S}^{A}$——视加速度工具误差环境函数。

$\boldsymbol{S}^{A}\boldsymbol{C}^{A}$ 即为工具误差造成的视加速度偏差，记 $\Delta\dot{\boldsymbol{W}}=\dot{\boldsymbol{W}}-\dot{\boldsymbol{W}}_0$，则有

$$\Delta\dot{\boldsymbol{W}}=\boldsymbol{S}^{A}\boldsymbol{C}^{A}+\boldsymbol{\zeta} \tag{4-35}$$

其中，$\boldsymbol{S}^{A}=(\boldsymbol{s}_1^{A}\quad\boldsymbol{s}_2^{A}\quad\boldsymbol{s}_3^{A}\quad\boldsymbol{s}_4^{A}\quad\boldsymbol{s}_5^{A}\quad\boldsymbol{s}_6^{A}\quad\boldsymbol{s}_7^{A}\quad\boldsymbol{s}_8^{A}\quad\boldsymbol{s}_9^{A}\quad\boldsymbol{s}_{10}^{A}\quad\boldsymbol{s}_{11}^{A}\quad\boldsymbol{s}_{12}^{A})$。

下面列出 $\boldsymbol{S}^{A}$ 中的每一个列向量

$$
\left\{\begin{aligned}
S_1^A &= f_0 B_n \frac{\partial \dot{W}_1}{\partial K_{0x}} = f_0 B_n \begin{bmatrix} 1 \\ 0 \\ 0 \end{bmatrix} \\
S_2^A &= f_0 B_n \frac{\partial \dot{W}_1}{\partial K_{0y}} = f_0 B_n \begin{bmatrix} 0 \\ 1 \\ 0 \end{bmatrix} \\
S_3^A &= f_0 B_n \frac{\partial \dot{W}_1}{\partial K_{0z}} = f_0 B_n \begin{bmatrix} 0 \\ 0 \\ 1 \end{bmatrix} \\
S_4^A &= f_0 B_n \frac{\partial \dot{W}_1}{\partial K_{1x}} = f_0 B_n \begin{bmatrix} \dot{W}_{x1} \\ 0 \\ 0 \end{bmatrix} \\
S_5^A &= f_0 B_n \frac{\partial \dot{W}_1}{\partial K_{1y}} = f_0 B_n \begin{bmatrix} 0 \\ \dot{W}_{y1} \\ 0 \end{bmatrix} \\
S_6^A &= f_0 \frac{\partial B_n}{\partial k_{0x}} \dot{W}_1 = f_0 \left\{ \frac{\partial B_{n-1}}{\partial k_{0x}} f_n + B_{n-1} \left[ \frac{\partial f_n}{\partial \gamma_n} - \frac{\partial f_n}{\partial \psi_n} \delta\theta_{z1} \right] T \right\} \dot{W}_1 \\
S_7^A &= f_0 \frac{\partial B_n}{\partial k_{0y}} \dot{W}_1 = f_0 \left\{ \frac{\partial B_{n-1}}{\partial k_{0y}} f_n + B_{n-1} \left[ \frac{\partial f_n}{\partial \psi_n} + \frac{\partial f_n}{\partial \gamma_n} \delta\theta_{z1} \right] T \right\} \dot{W}_1 \\
S_8^A &= f_0 \frac{\partial B_n}{\partial k_{0z}} \dot{W}_1 = f_0 \cdot \left\{ \frac{\partial B_{n-1}}{\partial k_{0z}} f_n + B_{n-1} \left[ \frac{\partial f_n}{\partial \varphi_n} - \frac{\partial f_n}{\partial \psi_n} \delta\theta_{x1} + \frac{\partial f_n}{\partial \gamma_n} \delta\theta_{y1} \right] T \right\} \dot{W}_1 \\
S_9^A &= f_0 \frac{\partial B_n}{\partial k_{1z}} \dot{W}_1 = f_0 \cdot \left\{ \frac{\partial B_{n-1}}{\partial k_{1z}} f_n + B_{n-1} \left[ \frac{\partial f_n}{\partial \varphi_n} - \frac{\partial f_n}{\partial \psi_n} \delta\theta_{x1} + \frac{\partial f_n}{\partial \gamma_n} \delta\theta_{y1} \right] \delta\theta_{z1} T \right\} \dot{W}_1 \\
S_{10}^A &= \frac{\partial f_0}{\partial \Delta\varphi_0} B_n \dot{W}_1 \\
S_{11}^A &= \frac{\partial f_0}{\partial \psi_0} B_n \dot{W}_1 \\
S_{12}^A &= \frac{\partial f_0}{\partial \gamma_0} B_n \dot{W}_1
\end{aligned}\right.
\tag{4-36}
$$

其中

$$\frac{\partial \boldsymbol{f}_n}{\partial \varphi_n}=\begin{bmatrix} -\sin\varphi_n & -\cos\varphi_n & 0 \\ \cos\varphi_n & -\sin\varphi_n & 0 \\ 0 & 0 & 0 \end{bmatrix}\begin{bmatrix} \cos\psi_n & 0 & \sin\psi_n \\ 0 & 1 & 0 \\ -\sin\psi_n & 0 & \cos\psi_n \end{bmatrix}$$

$$\cdot\begin{bmatrix} 1 & 0 & 0 \\ 0 & \cos\gamma_n & -\sin\gamma_n \\ 0 & \sin\gamma_n & \cos\gamma_n \end{bmatrix}$$

$$\frac{\partial \boldsymbol{f}_n}{\partial \psi_n}=\begin{bmatrix} \cos\varphi_n & -\sin\varphi_n & 0 \\ \sin\varphi_n & \cos\varphi_n & 0 \\ 0 & 0 & 1 \end{bmatrix}\begin{bmatrix} -\sin\psi_n & 0 & \cos\psi_n \\ 0 & 0 & 0 \\ -\cos\psi_n & 0 & -\sin\psi_n \end{bmatrix}$$

$$\cdot\begin{bmatrix} 1 & 0 & 0 \\ 0 & \cos\gamma_n & -\sin\gamma_n \\ 0 & \sin\gamma_n & \cos\gamma_n \end{bmatrix}$$

$$\frac{\partial \boldsymbol{f}_n}{\partial \gamma_n}=\begin{bmatrix} \cos\varphi_n & -\sin\varphi_n & 0 \\ \sin\varphi_n & \cos\varphi_n & 0 \\ 0 & 0 & 1 \end{bmatrix}\begin{bmatrix} \cos\psi_n & 0 & \sin\psi_n \\ 0 & 1 & 0 \\ -\sin\psi_n & 0 & \cos\psi_n \end{bmatrix}$$

$$\cdot\begin{bmatrix} 0 & 0 & 0 \\ 0 & -\sin\gamma_n & -\cos\gamma_n \\ 0 & \cos\gamma_n & -\sin\gamma_n \end{bmatrix}$$

(7)视速度工具误差环境函数。在制导工具误差分析时，经常遇到遥测数据和外测数据的时间零点不一致现象，导致这种现象的原因很多。由于遥测、外测系统时间零点不一致对制导工具误差的影响很大，因此，在制导工具误差分析时，应将外测、遥测时间零点差作为一个误差项处理，将它列入误差分析模型中，避免时间零点差影响工具误差分析(分离)结果。

通常认为经数据处理后的外测弹道参数中不含有系统误差,仅含有随机误差,它是飞行器真实的状态参数。为此,在建立视速度工具误差环境函数时,重新定义误差项的列矩阵 $\boldsymbol{C}^V=(K_{0x}\quad K_{0y}\quad K_{0z}\quad K_{1x}\quad K_{1y}\quad k_{0x}\quad k_{0y}\quad k_{0z}\quad k_{1z}\quad \Delta\varphi_0\quad \psi_0\quad \gamma_0\quad \Delta t_0)^{\mathrm{T}}$。假设 $t_n$ 时刻飞行器的视加速度外测值为 $\dot{\boldsymbol{W}}(t_n)$,遥测值为 $\boldsymbol{A}_n(t_n,\boldsymbol{C}^V)\dot{\boldsymbol{W}}_1(t_n,\boldsymbol{C}^V)$,将遥测值在外测值附近展开,并记 $\Delta\dot{\boldsymbol{W}}=\boldsymbol{A}_n(t_n,\boldsymbol{C}^V)\dot{\boldsymbol{W}}_1(t_n,\boldsymbol{C}^V)-\boldsymbol{A}_n(t_n)\dot{\boldsymbol{W}}_1(t_n)$,则有

$$\Delta\dot{\boldsymbol{W}}=\frac{\partial}{\partial \boldsymbol{C}^V}\{\boldsymbol{A}_n(t_n,\boldsymbol{C}^V)\dot{\boldsymbol{W}}_1(t_n,\boldsymbol{C}^V)\}\boldsymbol{C}^V+\boldsymbol{\zeta} \tag{4-37}$$

比较式(4-34)和式(4-37)可得

$$\Delta\dot{\boldsymbol{W}}=\boldsymbol{S}^A\boldsymbol{C}^A+\frac{\partial}{\partial t}\{\boldsymbol{A}_n(t_n,\boldsymbol{C}^V)\dot{\boldsymbol{W}}_1(t_n,\boldsymbol{C}^V)\}\Delta t_0+\boldsymbol{\zeta} \tag{4-38}$$

现对式(4-37)和式(4-38)分别积分可得到

$$\begin{aligned}\Delta\boldsymbol{W}&=\int_{\tau=0}^{t_n}\left\{\frac{\partial}{\partial \boldsymbol{C}^V}[\boldsymbol{A}_n(t_n,\boldsymbol{C}^V)\dot{\boldsymbol{W}}_1(t_n,\boldsymbol{C}^V)]\boldsymbol{C}^V\right\}\mathrm{d}\tau+\boldsymbol{\xi}\\&=\left\{\int_{\tau=0}^{t_n}\frac{\partial}{\partial \boldsymbol{C}^V}[\boldsymbol{A}_n(t_n,\boldsymbol{C}^V)\dot{\boldsymbol{W}}_1(t_n,\boldsymbol{C}^V)]\mathrm{d}\tau\right\}\boldsymbol{C}^V+\boldsymbol{\xi}\\&=\boldsymbol{S}^V\boldsymbol{C}^V+\boldsymbol{\xi}\end{aligned} \tag{4-39}$$

和

$$\begin{aligned}\Delta\boldsymbol{W}&=\int_{\tau=0}^{t_n}\left\{\boldsymbol{S}^A\boldsymbol{C}^A\right\}\mathrm{d}\tau\\&\quad+\int_{\tau=0}^{t_n}\left\{\frac{\partial}{\partial t}\left\{\boldsymbol{A}_n(t_n,\boldsymbol{C}^V)\dot{\boldsymbol{W}}_1(t_n,\boldsymbol{C}^V)\right\}\Delta t_0\right\}\mathrm{d}\tau+\boldsymbol{\xi}\end{aligned}$$

$$= \left\{ \int_{\tau=0}^{t_n} \boldsymbol{S}^A \, \mathrm{d}\tau \right\} \boldsymbol{C}^A$$

$$+ \left\{ \int_{\tau=0}^{t_n} \frac{\partial}{\partial t} [\boldsymbol{A}_n(t_n, \boldsymbol{C}^V) \dot{\boldsymbol{W}}_1(t_n, \boldsymbol{C}^V)] \, \mathrm{d}\tau \right\} \Delta t_0 + \boldsymbol{\xi}$$

$$= \left\{ \int_{\tau=0}^{t_{n-1}} \boldsymbol{S}^A \, \mathrm{d}\tau + \int_{\tau=t_{n-1}}^{t_n} \boldsymbol{S}^A \, \mathrm{d}\tau \right\} \boldsymbol{C}^A + \boldsymbol{f}_0 \boldsymbol{B}_n(t_n) \dot{\boldsymbol{W}}_1(t_n) \Delta t_0 + \boldsymbol{\xi}$$

$$= \left\{ \int_{\tau=0}^{t_{n-1}} \boldsymbol{S}^A \, \mathrm{d}\tau + \boldsymbol{S}^A(t_n) T \right\} \boldsymbol{C}^A + \dot{\boldsymbol{W}}(t_n) \Delta t_0 + \boldsymbol{\xi} \quad (4-40)$$

再令 $\boldsymbol{S}^V = (\boldsymbol{s}_1^V \quad \boldsymbol{s}_2^V \quad \boldsymbol{s}_3^V \quad \boldsymbol{s}_4^V \quad \boldsymbol{s}_5^V \quad \boldsymbol{s}_6^V \quad \boldsymbol{s}_7^V \quad \boldsymbol{s}_8^V \quad \boldsymbol{s}_9^V \quad \boldsymbol{s}_{10}^V \quad \boldsymbol{s}_{11}^V \quad \boldsymbol{s}_{12}^V \quad \boldsymbol{s}_{13}^V)$，综合比较式(4-39)和式(4-40)，立即得到 $t_n$ 时刻视速度工具误差环境函数各列向量计算式为

$$\begin{cases} \boldsymbol{S}_{i,n}^V = \boldsymbol{S}_{i,n-1}^V + \boldsymbol{S}_i^A(t_n) T & (i=1,2,\cdots,12) \\ \boldsymbol{S}_{13,n}^V = \boldsymbol{f}_0 \boldsymbol{B}_n(t_n) \dot{\boldsymbol{W}}_1(t_n) = \dot{\boldsymbol{W}}(t_n) \end{cases} \quad (4-41)$$

式中，$\boldsymbol{S}_{i,0}^V = \boldsymbol{0}(i=1,2,\cdots,12)$。

(8)视位置工具误差环境函数的计算公式。若记视位置工具误差环境函数 $\boldsymbol{S}^s = (\boldsymbol{s}_1^s \quad \boldsymbol{s}_2^s \quad \boldsymbol{s}_3^s \quad \boldsymbol{s}_4^s \quad \boldsymbol{s}_5^s \quad \boldsymbol{s}_6^s \quad \boldsymbol{s}_7^s \quad \boldsymbol{s}_8^s \quad \boldsymbol{s}_9^s \quad \boldsymbol{s}_{10}^s \quad \boldsymbol{s}_{11}^s \quad \boldsymbol{s}_{12}^s \quad \boldsymbol{s}_{13}^s)$，在$[0 \quad t_n]$时间内积分式(4-41)可得到 $t_n$ 时刻视位置工具误差环境函数，各列向量计算式为

$$\begin{cases} \boldsymbol{S}_{i,n}^s = \boldsymbol{S}_{i,n-1}^s + \boldsymbol{S}_{i,n}^V T + \dfrac{1}{2} \boldsymbol{S}_i^A(t_n) T^2 & (i=1,2,\cdots,12) \\ \boldsymbol{S}_{13,n}^s = \displaystyle\int_{\tau=0}^{t_n} [\boldsymbol{f}_0 \boldsymbol{B}_n(t_n) \dot{\boldsymbol{W}}_1(t_n)] \mathrm{d}\tau = \dot{\boldsymbol{W}}(t_n) \end{cases}$$

$$(4-42)$$

式中，$\boldsymbol{S}_{i,0}^s = \boldsymbol{0}(i=1,2,\cdots,12)$。

上述完成了捷联式惯导系统制导工具误差模型。

**2. 平台加速度惯性制导系统**

平台惯性制导系统是中、远程导弹较常用的一种方案。它是

利用陀螺仪通过三个伺服回路将一平台稳定在惯性空间中，在台体上放置三块互相垂直的加速度表，陀螺平台为加速度表提供一个惯性坐标系且使加速度表测量量与导弹的角运动隔离。这样，可避开捷联式制导系统将测量量通过复杂的导航计算才能获得所需的导弹速度和位置参数。由于避开了弹体姿态角，故这种制导系统不要求有高精度的角敏感器。

前面用小增量递推方法推导了捷联惯导制导工具误差的数学模型，推导过程中未采用 $\varphi$、$\psi$、$\gamma$ 转换矩阵的表达式，这是因为当 $\gamma$ 不为零时，若采用这一方式难以用 $w_x$、$w_y$、$w_z$ 计算 $\varphi$、$\psi$、$\gamma$。现利用 $\varphi$、$\psi$、$\gamma$ 矩阵转换公式在推导 $\Delta \boldsymbol{W}_x$ 后，令 $\varphi$、$\psi$、$\gamma$ 为零即可得到平台制导工具误差模型。因此，平台制导工具误差的推导可以看作捷联式惯导的一个特例。下面推导它的模型。

现记发射惯性坐标系为 $O_G-XYZ$，它与惯导平台坐标系 $O_1-X_1Y_1Z_1$ 有如下关系

$$\begin{bmatrix} \dot{W}_x \\ \dot{W}_y \\ \dot{W}_z \end{bmatrix} = \begin{bmatrix} \cos\varphi & -\sin\varphi & 0 \\ \sin\varphi & \cos\varphi & 0 \\ 0 & 0 & 1 \end{bmatrix} \begin{bmatrix} \cos\psi & 0 & \sin\psi \\ 0 & 1 & 0 \\ -\sin\psi & 0 & \cos\psi \end{bmatrix}$$

$$\cdot \begin{bmatrix} 1 & 0 & 0 \\ 0 & \cos\gamma & -\sin\gamma \\ 0 & \sin\gamma & \cos\gamma \end{bmatrix} \begin{bmatrix} \dot{W}_{x1} \\ \dot{W}_{y1} \\ \dot{W}_{z1} \end{bmatrix} \tag{4-43}$$

式中，$\dot{W}_x$、$\dot{W}_y$、$\dot{W}_z$——视加速度在发射惯性坐标系中的分量；

$\dot{W}_{x1}$、$\dot{W}_{y1}$、$\dot{W}_{z1}$——视加速度在平台惯性坐标系中的分量；

$\varphi$、$\psi$、$\gamma$——陀螺误差角（含初始对准误差）。

再记加速度表测量误差在发射惯性坐标系中的分量为 $\Delta\dot{W}_x$、$\Delta\dot{W}_y$、$\Delta\dot{W}_z$，在平台惯性坐标系中的分量为 $\Delta\dot{W}_{x1}$、$\Delta\dot{W}_{y1}$、$\Delta\dot{W}_{z1}$，则微分式（4-43）得到

$$\begin{bmatrix}\Delta\dot{W}_x\\ \Delta\dot{W}_y\\ \Delta\dot{W}_z\end{bmatrix}=\begin{bmatrix}\cos\varphi & -\sin\varphi & 0\\ \sin\varphi & \cos\varphi & 0\\ 0 & 0 & 1\end{bmatrix}\begin{bmatrix}\cos\psi & 0 & \sin\psi\\ 0 & 1 & 0\\ -\sin\psi & 0 & \cos\psi\end{bmatrix}$$

$$\cdot\begin{bmatrix}1 & 0 & 0\\ 0 & \cos\gamma & -\sin\gamma\\ 0 & \sin\gamma & \cos\gamma\end{bmatrix}\begin{bmatrix}\Delta\dot{W}_{x1}\\ \Delta\dot{W}_{y1}\\ \Delta\dot{W}_{z1}\end{bmatrix}+\begin{bmatrix}\cos\varphi & -\sin\varphi & 0\\ \sin\varphi & \cos\varphi & 0\\ 0 & 0 & 1\end{bmatrix}$$

$$\cdot\begin{bmatrix}\cos\psi & 0 & \sin\psi\\ 0 & 1 & 0\\ -\sin\psi & 0 & \cos\psi\end{bmatrix}\begin{bmatrix}0 & 0 & 0\\ 0 & -\sin\gamma & -\cos\gamma\\ 0 & \cos\gamma & -\sin\gamma\end{bmatrix}\begin{bmatrix}\dot{W}_{x1}\\ \dot{W}_{y1}\\ \dot{W}_{z1}\end{bmatrix}\Delta\gamma$$

$$+\begin{bmatrix}\cos\varphi & -\sin\varphi & 0\\ \sin\varphi & \cos\varphi & 0\\ 0 & 0 & 1\end{bmatrix}\begin{bmatrix}-\sin\psi & 0 & \cos\psi\\ 0 & 0 & 0\\ -\cos\psi & 0 & -\sin\psi\end{bmatrix}$$

$$\cdot\begin{bmatrix}1 & 0 & 0\\ 0 & \cos\gamma & -\sin\gamma\\ 0 & \sin\gamma & \cos\gamma\end{bmatrix}\begin{bmatrix}\dot{W}_{x1}\\ \dot{W}_{y1}\\ \dot{W}_{z1}\end{bmatrix}\Delta\psi$$

$$+\begin{bmatrix}-\sin\varphi & -\cos\varphi & 0\\ \cos\varphi & -\sin\varphi & 0\\ 0 & 0 & 0\end{bmatrix}\begin{bmatrix}\cos\psi & 0 & \sin\psi\\ 0 & 1 & 0\\ -\sin\psi & 0 & \cos\psi\end{bmatrix}$$

$$\begin{bmatrix}1 & 0 & 0\\0 & \cos\gamma & -\sin\gamma\\0 & \sin\gamma & \cos\gamma\end{bmatrix}\begin{bmatrix}\dot{W}_{x1}\\\dot{W}_{y1}\\\dot{W}_{z1}\end{bmatrix}\Delta\varphi \tag{4-44}$$

现令 $\varphi$、$\psi$、$\gamma$ 等于零，则有

$$\begin{bmatrix}\Delta\dot{W}_x\\\Delta\dot{W}_y\\\Delta\dot{W}_z\end{bmatrix}=\begin{bmatrix}\Delta\dot{W}_{x1}\\\Delta\dot{W}_{y1}\\\Delta\dot{W}_{z1}\end{bmatrix}+\begin{bmatrix}0 & 0 & 0\\0 & 0 & -1\\0 & 1 & 0\end{bmatrix}\begin{bmatrix}\dot{W}_{x1}\\\dot{W}_{y1}\\\dot{W}_{z1}\end{bmatrix}\Delta\gamma$$
$$+\begin{bmatrix}0 & 0 & 1\\0 & 0 & 0\\-1 & 0 & 0\end{bmatrix}\begin{bmatrix}\dot{W}_{x1}\\\dot{W}_{y1}\\\dot{W}_{z1}\end{bmatrix}\Delta\psi+\begin{bmatrix}0 & -1 & 0\\1 & 0 & 0\\0 & 0 & 0\end{bmatrix}\begin{bmatrix}\dot{W}_{x1}\\\dot{W}_{y1}\\\dot{W}_{z1}\end{bmatrix}\Delta\varphi \tag{4-45}$$

再考虑到下述关系

$$\begin{gathered}\dot{\varphi}=(w_{y1}\sin\gamma+w_{z1}\cos\gamma)/\cos\psi\\\dot{\psi}=w_{y1}\cos\gamma-w_{z1}\sin\gamma\\\dot{\gamma}=w_{x1}+(w_{y1}\sin\gamma+w_{z1}\cos\gamma)\tan\psi\end{gathered} \tag{4-46}$$

对平台式惯导系统来说，陀螺测量不到弹体轴旋转角速率，即 $w_{x1}$、$w_{y1}$、$w_{z1}$ 为零，但能测出惯导平台相对于发射惯性坐标系的旋转角速率，记此角速率为 $\Delta w_{x1}$、$\Delta w_{y1}$、$\Delta w_{z1}$。假若惯导平台相对于发射惯性坐标系的三个欧拉角为 $\Delta\varphi$、$\Delta\psi$、$\Delta\gamma$，则有

$$\begin{cases}\Delta\varphi=\int_0^t\Delta w_{z1}\,\mathrm{d}\tau\\\Delta\psi=\int_0^t\Delta w_{y1}\,\mathrm{d}\tau\\\Delta\gamma=\int_0^t\Delta w_{x1}\,\mathrm{d}\tau\end{cases} \tag{4-47}$$

考虑角速率有下列误差模型

$$
\begin{cases}
\Delta w_{z1} = k_{1z} + k_{2z}\dot{W}_{x1} + k_{3z}\dot{W}_{y1} \\
\Delta w_{y1} = k_{1y} + k_{2y}\dot{W}_{x1} + k_{3y}\dot{W}_{y1} \\
\Delta w_{x1} = k_{1x} + k_{2x}\dot{W}_{x1} + k_{3x}\dot{W}_{y1}
\end{cases}
\tag{4-48}
$$

并记 $t=0$ 时，$\Delta\gamma$、$\Delta\psi$、$\Delta\varphi$ 分别为 $\delta\gamma_0$、$\delta\psi_0$、$\delta\varphi_0$，则积分式(4-48)可改写成

$$
\begin{cases}
\Delta\varphi = \delta\varphi_0 + k_{1z}t + k_{2z}W_{x1} + k_{3z}W_{y1} \\
\Delta\psi = \delta\psi_0 + k_{1y}t + k_{2y}W_{x1} + k_{3y}W_{y1} \\
\Delta\gamma = \delta\gamma_0 + k_{1x}t + k_{2x}W_{x1} + k_{3x}W_{y1}
\end{cases}
\tag{4-49}
$$

又由于加速度表测量误差模型为

$$
\begin{cases}
\Delta\dot{W}_{x1} = K_{0x} + K_{1x}\dot{W}_{x1} + K_{2x}\dot{W}_{x1}^2 \\
\Delta\dot{W}_{y1} = K_{0y} + K_{1y}\dot{W}_{y1} + K_{2y}\dot{W}_{y1}^2 \\
\Delta\dot{W}_{z1} = K_{0z}
\end{cases}
\tag{4-50}
$$

将式(4-49)和式(4-50)代入式(4-45)，可得到

$$
\begin{cases}
\Delta\dot{W}_x = (K_{0x} + K_{1x}\dot{W}_{x1} + K_{2x}\dot{W}_{x1}^2) + \dot{W}_{z1}(\delta\psi_0 + k_{1y}t + k_{2y}W_{x1} + k_{3y}W_{y1}) \\
\qquad - \dot{W}_{y1}(\delta\varphi_0 + k_{1z}t + k_{2z}W_{x1} + k_{3z}W_{y1}) \\
\Delta\dot{W}_y = (K_{0y} + K_{1y}\dot{W}_{y1} + K_{2y}\dot{W}_{y1}^2) - \dot{W}_{z1}(\delta\gamma_0 + k_{1x}t + k_{2x}W_{x1} + k_{3x}W_{y1}) \\
\qquad + \dot{W}_{x1}(\delta\varphi_0 + k_{1z}t + k_{2z}W_{x1} + k_{3z}W_{y1}) \\
\Delta\dot{W}_z = K_{0z} + \dot{W}_{y1}(\delta\gamma_0 + k_{1x}t + k_{2x}W_{x1} + k_{3x}W_{y1}) \\
\qquad - \dot{W}_{x1}(\delta\psi_0 + k_{1y}t + k_{2y}W_{x1} + k_{3y}W_{y1})
\end{cases}
\tag{4-51}
$$

现积分式(4-51)可得到视速度差的工具误差表达式为

$$
\begin{cases}
\Delta W_x = K_{0x}t + K_{1x}W_{x1} + K_{2x}\int_0^t \dot{W}_{x1}^2 \mathrm{d}\tau + \delta\psi_0 W_{z1} + k_{1y}\int_0^t \dot{W}_{z1}\tau \mathrm{d}\tau \\
\qquad + k_{2y}\int_0^t \dot{W}_{z1}W_{x1}\mathrm{d}\tau + k_{3y}\int_0^t \dot{W}_{z1}W_{y1}\mathrm{d}\tau - \delta\varphi_0 W_{y1} - k_{1z}\int_0^t \dot{W}_{y1}\tau \mathrm{d}\tau \\
\qquad - k_{2z}\int_0^t \dot{W}_{y1}W_{x1}\mathrm{d}\tau - k_{3z}\int_0^t \dot{W}_{y1}W_{y1}\mathrm{d}\tau \\
\Delta W_y = K_{0y}t + K_{1y}W_{y1} + K_{2y}\int_0^t \dot{W}_{y1}^2 \mathrm{d}\tau - \delta\gamma_0 W_{z1} \\
\qquad - k_{1x}\int_0^t \dot{W}_{z1}\tau \mathrm{d}\tau - k_{2x}\int_0^t \dot{W}_{z1}W_{x1}\mathrm{d}\tau - k_{3x}\int_0^t \dot{W}_{z1}W_{y1}\mathrm{d}\tau \\
\qquad + \delta\varphi_0 W_{x1} + k_{1z}\int_0^t \dot{W}_{x1}\tau \mathrm{d}\tau + k_{2z}\int_0^t \dot{W}_{x1}W_{x1}\mathrm{d}\tau + k_{3z}\int_0^t \dot{W}_{x1}W_{y1}\mathrm{d}\tau \\
\Delta W_z = K_{0z}t + \delta\gamma_0 W_{y1} + k_{1x}\int_0^t \dot{W}_{y1}\tau \mathrm{d}\tau + k_{2x}\int_0^t \dot{W}_{y1}W_{x1}\mathrm{d}\tau \\
\qquad + k_{3x}\int_0^t \dot{W}_{y1}W_{y1}\mathrm{d}\tau - \delta\psi_0 W_{x1} - k_{1y}\int_0^t \dot{W}_{x1}\tau \mathrm{d}\tau \\
\qquad - k_{2y}\int_0^t \dot{W}_{x1}W_{x1}\mathrm{d}\tau - k_{3y}\int_0^t \dot{W}_{x1}W_{y1}\mathrm{d}\tau
\end{cases}
\tag{4-52}
$$

## 4.3 导弹和运载火箭精度评定技术和方法

导弹和运载火箭精度评定是飞行试验重要任务和内容，也是导弹定型、改进设计的重要依据。随着导弹航天技术发展，射程增大，落点精度提高，导弹和运载火箭的精度评定和方法也在不断地提高并与近代数理统计等数学理论紧密地结合。本节首先阐述一些用于导弹和运载火箭精度评定的统计估计方法，然后将论述导弹和运载火箭精度评定的主要技术、方法以及新的技术途径。

### 4.3.1 精度评定中应用的估计方法

#### 1. 高斯—马尔可夫估计（最小二乘估计）

高斯（Gauss）—马尔可夫（Mapkob）估计，也就是最小二乘估计(LS),由于它的简单、直观,便于实施而最早广泛应用于导弹和运载火箭的精度评定中。下面先给出线性模型的最小二乘估计方法的表达式,然后再对这种估计方法的性质特点展开简略的叙述。

设已知测量向量 $\boldsymbol{Y}$ 与未知参数向量 $\boldsymbol{X}$ 存在如下矩阵关系式

$$\boldsymbol{AX}=\boldsymbol{Y}+\boldsymbol{\varepsilon} \tag{4-53}$$

式中,$\boldsymbol{A}$——$m\times n$ 的已知矩阵;

$\boldsymbol{X}$——$n\times 1$ 的待估参数向量;

$\boldsymbol{Y}$——$m\times 1$ 的测量向量;

$\boldsymbol{\varepsilon}$——$m\times 1$ 的误差向量,$E(\boldsymbol{\varepsilon\varepsilon}^{\mathrm{T}})=\boldsymbol{R}$ 且 $m\geqslant n$。

根据加权最小二乘估计的原理寻求 $\hat{\boldsymbol{X}}$ 满足下式

$$F=(\boldsymbol{AX}-\boldsymbol{Y})^{\mathrm{T}}\boldsymbol{R}^{-1}(\boldsymbol{AX}-\boldsymbol{Y})\big|_{\boldsymbol{X}=\hat{\boldsymbol{X}}}=\min \tag{4-54}$$

由极值定理知道如果 $\hat{\boldsymbol{X}}$ 存在,则必有 $\dfrac{\partial F}{\partial \boldsymbol{X}}\Big|_{\boldsymbol{X}=\hat{\boldsymbol{X}}}=\boldsymbol{0}$,可得到方程式

$$\boldsymbol{A}^{\mathrm{T}}\boldsymbol{R}^{-1}\boldsymbol{A}\hat{\boldsymbol{X}}=\boldsymbol{A}^{\mathrm{T}}\boldsymbol{R}^{-1}\boldsymbol{Y} \tag{4-55}$$

又假定 $\mathrm{rank}\boldsymbol{A}=n$,则 $\boldsymbol{A}^{\mathrm{T}}\boldsymbol{R}^{-1}\boldsymbol{A}$ 的逆存在,由式(4-55)可得到

$$\hat{\boldsymbol{X}}=(\boldsymbol{A}^{\mathrm{T}}\boldsymbol{R}^{-1}\boldsymbol{A})^{-1}\boldsymbol{A}^{\mathrm{T}}\boldsymbol{R}^{-1}\boldsymbol{Y} \tag{4-56}$$

则称 $\hat{\boldsymbol{X}}$ 为线性模型(4-53)的最小二乘估计,也是马尔可夫估计,其估计值的误差协方差阵为

$$\boldsymbol{P}_{\hat{\boldsymbol{X}}}=(\boldsymbol{A}^{\mathrm{T}}\boldsymbol{R}^{-1}\boldsymbol{A})^{-1} \tag{4-57}$$

当 $\boldsymbol{R}=\boldsymbol{I}\boldsymbol{\sigma}^2$(单位阵),$\boldsymbol{\sigma}^2$ 为测量误差的方差因子时,马尔可夫估计退化成高斯估计

$$\hat{\boldsymbol{X}}=(\boldsymbol{A}^{\mathrm{T}}\boldsymbol{A})^{-1}\boldsymbol{A}^{\mathrm{T}}\boldsymbol{Y} \tag{4-58}$$

和

$$\boldsymbol{P}_{\hat{\boldsymbol{X}}}=(\boldsymbol{A}^{\mathrm{T}}\boldsymbol{A})^{-1}\boldsymbol{\sigma}^2 \tag{4-59}$$

由高斯—马尔可夫定理可知,最小二乘估计是线性模型(4-53)中关于未知参数向量的最优线性无偏估计。

**2. 岭估计方法**

对于模型(4－53)，当系数矩阵 $\boldsymbol{A}$ 的列间具有近似线性相关关系时，矩阵 $\boldsymbol{A}^{\mathrm{T}}\boldsymbol{R}^{-1}\boldsymbol{A}$ 是病态的，此时最小二乘估计的 $\widehat{\boldsymbol{X}}_{\mathrm{LS}}$ 的估值误差协方差阵趋向无穷大，为此需要对最小二乘估计加以改进。若记参数向量 $\boldsymbol{X}$ 的估计为

$$\widehat{\boldsymbol{X}}_k=(\boldsymbol{A}^{\mathrm{T}}\boldsymbol{R}^{-1}\boldsymbol{A}+k\boldsymbol{I})^{-1}\boldsymbol{A}^{\mathrm{T}}\boldsymbol{R}^{-1}\boldsymbol{Y}\qquad (k>0,\boldsymbol{I}\text{ 为单位阵})\tag{4-60}$$

则改进了 $\boldsymbol{A}^{\mathrm{T}}\boldsymbol{R}^{-1}\boldsymbol{A}$ 病态求逆的问题，通常称 $\widehat{\boldsymbol{X}}_k$ 为岭估计，或称为山脊回归估计。容易得到岭估计 $\widehat{\boldsymbol{X}}_k$ 与最小二乘估计 $\widehat{\boldsymbol{X}}_{\mathrm{LS}}$ 之间具有下列关系

$$\widehat{\boldsymbol{X}}_k=\boldsymbol{W}^{\mathrm{T}}\boldsymbol{\lambda}\boldsymbol{W}\widehat{\boldsymbol{X}}_{\mathrm{LS}}\tag{4-61}$$

其中，$\boldsymbol{W}$ 为正交阵，满足

$$\boldsymbol{W}(\boldsymbol{A}^{\mathrm{T}}\boldsymbol{R}^{-1}\boldsymbol{A})\boldsymbol{W}^{\mathrm{T}}=\boldsymbol{\lambda}=\mathrm{diag}(\lambda_1,\lambda_2,\cdots,\lambda_n)\tag{4-62}$$

式中，$\lambda_1,\lambda_2,\cdots,\lambda_n$ 为矩阵 $\boldsymbol{A}^{\mathrm{T}}\boldsymbol{R}^{-1}\boldsymbol{A}$ 的 $n$ 个特征根，$n$ 为待估参数的个数。

记 $\boldsymbol{\Delta}=(\boldsymbol{\lambda}+k\boldsymbol{I})^{-1}\lambda=\mathrm{diag}(\delta_1,\delta_2,\cdots,\delta_n)$，$\delta_i=\lambda_i(\lambda_i+k)^{-1}$，$i=1,2,\cdots,n$，由此可知，岭估计 $\widehat{\boldsymbol{X}}_k$ 是 $\widehat{\boldsymbol{X}}_{\mathrm{LS}}$ 的一种压缩估计。

当 $k$ 不是常数而是一个对角矩阵时，$\widehat{\boldsymbol{X}}_k$ 称为广义岭估计。Hoerl and Kennard 于 1970 年给出下述的定理：

当 $0<k<\sigma^2/\max\xi_i^2$ 时，则有 $\mathrm{MSE}(\widehat{\boldsymbol{X}}_k)\leqslant\mathrm{MSE}(\widehat{\boldsymbol{X}}_{\mathrm{LS}})$。

此定理表明上述条件下，岭估计的均方差小于或等于最小二乘估计，也就是均方误差优于最小二乘估计。对于岭估计还有下述一些性质：

(1)岭估计 $\widehat{\boldsymbol{X}}_k$ 是有偏估计。由式(4－60)，可以得到

$$\begin{aligned}E(\widehat{\boldsymbol{X}}_k)&=E[(\boldsymbol{A}^{\mathrm{T}}\boldsymbol{R}^{-1}\boldsymbol{A}+k\boldsymbol{I})^{-1}\boldsymbol{A}^{\mathrm{T}}\boldsymbol{R}^{-1}\boldsymbol{Y}]\\&=(\boldsymbol{A}^{\mathrm{T}}\boldsymbol{R}^{-1}\boldsymbol{A}+k\boldsymbol{I})^{-1}(\boldsymbol{A}^{\mathrm{T}}\boldsymbol{R}^{-1}\boldsymbol{A})\boldsymbol{X}\neq\boldsymbol{X}\end{aligned}\tag{4-63}$$

(2)岭估计 $\widehat{\boldsymbol{X}}_k$ 的误差协方差阵为

$$\boldsymbol{P}_{\widehat{X}_k} = (\boldsymbol{A}^{\mathrm{T}}\boldsymbol{R}^{-1}\boldsymbol{A} + k\boldsymbol{I})^{-1}\boldsymbol{A}^{\mathrm{T}}\boldsymbol{R}^{-1}\boldsymbol{A}(\boldsymbol{A}^{\mathrm{T}}\boldsymbol{R}^{-1}\boldsymbol{A} + k\boldsymbol{I})^{-1} \quad (4-64)$$

且 $\boldsymbol{P}_{\widehat{X}_k}$ 的迹 $\mathrm{tr}\boldsymbol{P}_{\widehat{X}_k}$ 是 $k$ 的单调递减函数。

(3)岭估计 $\widehat{\boldsymbol{X}}_k$ 具有

$$\lim \lim_{k\to\infty} \| \widehat{\boldsymbol{X}}_k(k) \| = 0 \quad (4-65)$$

(4)在岭估计中存在 $k_0$ 使平均平方损失

$$E\| \boldsymbol{X} - \widehat{\boldsymbol{X}}_k(k_0) \|^2 \leqslant E\| \boldsymbol{X} - \widehat{\boldsymbol{X}}_{\mathrm{LS}} \|^2 \quad (4-66)$$

(5)当线性模型(4-53)中,$E(\boldsymbol{\varepsilon\varepsilon}^{\mathrm{T}}) = \sigma^2\boldsymbol{I}$($\boldsymbol{I}$ 为单位阵,$\sigma > 0$)时,其岭估计为

$$\widehat{\boldsymbol{X}}_k = (\boldsymbol{A}^{\mathrm{T}}\boldsymbol{A} + k\boldsymbol{I})^{-1}\boldsymbol{A}^{\mathrm{T}}\boldsymbol{Y} \quad (4-67)$$

且存在 $0 < k < \dfrac{2\sigma^2}{\| \boldsymbol{A} \|^2}$,使得 $E\| \widehat{\boldsymbol{X}}_k - \boldsymbol{X} \|^2 \leqslant E\| \widehat{\boldsymbol{X}}_{\mathrm{LS}} - \boldsymbol{X} \|^2$。

由此可知,在岭估计中,重要的问题是选择 $k$,使 $\widehat{\boldsymbol{X}}_k$ 均方差优于最小二乘估计 $\widehat{\boldsymbol{X}}_{\mathrm{LS}}$。

**3. 主成分估计法**

考虑线性模型

$$\boldsymbol{Y} = \boldsymbol{AX} + \boldsymbol{\varepsilon} \quad (4-68)$$

式中,$E(\boldsymbol{\varepsilon}) = \boldsymbol{0}$ 和 $E(\boldsymbol{\varepsilon\varepsilon}^{\mathrm{T}}) = \boldsymbol{R}$。

由最小二乘估计知

$$\widehat{\boldsymbol{X}}_{\mathrm{LS}} = (\boldsymbol{A}^{\mathrm{T}}\boldsymbol{R}^{-1}\boldsymbol{A})^{-1}\boldsymbol{A}^{\mathrm{T}}\boldsymbol{R}^{-1}\boldsymbol{Y} \quad (4-69)$$

和

$$E\| \widehat{\boldsymbol{X}}_{\mathrm{LS}} \|^2 = \| \boldsymbol{X} \|^2 + \mathrm{tr}(\boldsymbol{A}^{\mathrm{T}}\boldsymbol{R}^{-1}\boldsymbol{A})^{-1} \quad (4-70)$$

且 $\boldsymbol{P}_{\widehat{X}_{\mathrm{LS}}} = (\boldsymbol{A}^{\mathrm{T}}\boldsymbol{R}^{-1}\boldsymbol{A})^{-1}$。

当$(\boldsymbol{A}^{\mathrm{T}}\boldsymbol{R}^{-1}\boldsymbol{A})$近似退化时,不能对其求逆。由于$(\boldsymbol{A}^{\mathrm{T}}\boldsymbol{R}^{-1}\boldsymbol{A})$为对称正定阵,故存在正交阵 $\boldsymbol{W}$ 使得 $\boldsymbol{W}(\boldsymbol{A}^{\mathrm{T}}\boldsymbol{R}^{-1}\boldsymbol{A})\boldsymbol{W}^{\mathrm{T}} = \mathrm{diag}\{\lambda_i\} \overset{\Delta}{=} \boldsymbol{\Lambda}(\lambda_i)$,将式(4-55)作简单变换可得

$$W(A^{T}R^{-1}A)W^{T}WX = WA^{T}R^{-1}Y \tag{4-71}$$

从而有

$$\Lambda WX = WA^{T}R^{-1}Y \overset{\Delta}{=} (Z_1 \quad Z_2 \quad \cdots \quad Z_n)^{T} \tag{4-72}$$

当$(A^{T}R^{-1}A)$近似退化时，$\{\lambda_i\}$中有的很小，则在 $WX = (Z_1/\lambda_1 \quad Z_2/\lambda_2 \quad \cdots \quad Z_n/\lambda_n)^{T}$ 中有的 $Z_i/\lambda_i$ 会变得很大。此时，当 $Z_i/\lambda_i$ 很大时，令其 $Z_i=0$，即有 $Z_i/\lambda_i=0$，此时使

$$\begin{aligned} WX = (Z_1/\lambda_1 \quad Z_2/\lambda_2 \quad \cdots \ 0 \ \cdots \ 0 \ \cdots \\ Z_{i+j}/\lambda_{i+j} \ \cdots \ 0 \quad Z_n/\lambda_n)^{T} \end{aligned} \tag{4-73}$$

再将 $WX = (Z_1/\lambda_1 \quad Z_2/\lambda_2 \quad \cdots \quad Z_n/\lambda_n)^{T}$ 按 $\lambda$ 的大小顺序排列，$\tilde{\lambda}_1,\tilde{\lambda}_2,\cdots,\tilde{\lambda}_n$ 对应 $W$ 的列作相应调换得到新的表达式

$$\tilde{P}X = (Z_1/\tilde{\lambda}_1 \quad \cdots \quad Z_n/\tilde{\lambda}_n)^{T} \tag{4-74}$$

假设变换后 $\tilde{P}X = Z_0$，令那些很小的 $\lambda$ 对应的 $Z_i$ 均为0（假设为最后 $k$ 个），则有 $\hat{X}_P = \tilde{P}^{T}(Z_{01}/\lambda_1 \quad \cdots \quad Z_{0(n-k)}/\lambda_{n-k} \quad 0 \quad \cdots \quad 0)^{T}$，并称 $\hat{X}_P$ 为 $X$ 的主成分估计。

可以证明主成分估计 $\hat{X}_P$ 的误差协方差阵为

$$P_{\hat{X}_P} = W^{T}\lambda_P^{-1}W \tag{4-75}$$

式中，$\lambda_P = (\lambda_1^{-1} \quad \lambda_2^{-1} \quad \cdots \quad \lambda_{n-k}^{-1} \quad 0 \quad \cdots \quad 0)^{T}$。

由式(4-74)和式(4-75)可知，当 $k=0$ 即 $\lambda_P=\lambda$ 时，$\hat{X}_P$ 即为最小二乘估计；另外，当 $k>0$，具有 $P_{\hat{X}_P} \leqslant P_{\hat{X}_{LS}}$，也就是 $\hat{X}_P$ 优于 $\hat{X}_{LS}$。

主成分估计 $\hat{X}_P$ 存在着如何筛选特征根 $\lambda_i=0$ 的问题，在一些文献中对此作出了许多探讨，并使主成分估计 $\hat{X}_P$ 的均方误差小于 $\hat{X}_{LS}$，在此不一一详述。

**4. 超椭球约束估计**

工程实践中的参数估计除了知道参数存在一定的线性关系之

外，有时还可以知道参数向量 $\boldsymbol{X}$ 的取值范围，即有

$$\begin{cases}\boldsymbol{AX}=\boldsymbol{Y}+\boldsymbol{\varepsilon} \quad E(\boldsymbol{\varepsilon\varepsilon}^{\mathrm{T}})=\boldsymbol{R}\\ |X_i|<C_i\end{cases} \tag{4-76}$$

当 $\boldsymbol{A}^{\mathrm{T}}\boldsymbol{R}^{-1}\boldsymbol{A}$ 出现病态时，可充分利用条件 $|X_i|<C_i$，使 $\boldsymbol{X}$ 的估计得到改善。现将式(4-76)写成

$$\sum_1^n (X_i/C_i)^2 \leqslant P \qquad P\in[0,n] \tag{4-77}$$

此时估计具有约束式(4-77)的超椭球条件，它可以由下列方程求解 $\hat{\boldsymbol{X}}$

$$\begin{cases}F(\boldsymbol{X}) = \|\boldsymbol{AX}-\boldsymbol{Y}\|^2 = \min\\ \sum (X_i/C_i)^2 = P\end{cases} \tag{4-78}$$

由极值原理，利用拉格朗日乘法因子，有

$$L(\boldsymbol{X} \quad \lambda) = F(\boldsymbol{X}) + \lambda\left[\sum (X_i/C_i)^2 - P\right] \tag{4-79}$$

令 $\dfrac{\partial L}{\partial \boldsymbol{X}}=0$ 和 $\dfrac{\partial L}{\partial \lambda}=0$，可得待估参数向量的估计值为

$$\begin{gathered}\hat{\boldsymbol{X}}_{\mathrm{T}}=(\boldsymbol{A}^{\mathrm{T}}\boldsymbol{R}^{-1}\boldsymbol{A}+\lambda\boldsymbol{D}^{\mathrm{T}}\boldsymbol{D})^{-1}\boldsymbol{A}^{\mathrm{T}}\boldsymbol{R}^{-1}\boldsymbol{Y}\\ \hat{\boldsymbol{X}}_{\mathrm{T}}^{\mathrm{T}}\boldsymbol{D}^{\mathrm{T}}\boldsymbol{D}\hat{\boldsymbol{X}}_{\mathrm{T}}=P\end{gathered} \tag{4-80}$$

式中，$\boldsymbol{D}=\mathrm{diag}\left(\dfrac{1}{C_i}\right)$。

通常称 $\hat{\boldsymbol{X}}_{\mathrm{T}}$ 为待估参数向量 $\boldsymbol{X}$ 的超椭球估计。现用迭代法可解出 $\hat{\lambda}$，不过须注意 $\hat{\lambda}$ 的解只有当 $P$ 确定之后才能解，不同的 $P$ 有不同的 $\hat{\lambda}$，$P$ 取多大合适的一个比较客观方法就是用残差来判别，不难证明残差平方和 $F(\boldsymbol{X})=(\boldsymbol{AX}-\boldsymbol{Y})^{\mathrm{T}}\boldsymbol{R}^{-1}(\boldsymbol{AX}-\boldsymbol{Y})$ 是 $P$ 的单调递减函数，而残差允许取多大与测量精度有关。

事实上，超椭球约束估计是测量方程 $\boldsymbol{AX}=\boldsymbol{Y}+\boldsymbol{\varepsilon}$ 在约束条件 $|X_i|<C_i$ 时导出的。但是由超椭球约束估计求得的 $\hat{\boldsymbol{X}}_P$，未必都满足 $|\hat{X}_i|\leqslant C_i$；必须在满足 $|\hat{X}_i|<C_i$ 的前提下，选取使残差可以接

受且残差平方和最小的解 $\hat{X}$。

前述介绍的岭估计、主成分估计和超椭球估计都是线性模型(4-53)关于待估变量 $X$ 的有偏估计,且是带约束条件下的最小二乘估计;它们在一定条件下可以使其均方误差小于最小二乘估计的均方误差,因此是 LS 估计的发展和改进。

**5. 带有验前信息的贝叶斯估计**

(1)贝叶斯估计方法原理。在介绍贝叶斯估计之前,首先介绍一个贝叶斯估计的方法。在给定测量向量 $Y$ 条件下,假若选定参数的估值和估值之间的损失函数 $L(X,\hat{X}(Y))$(非负实函数),通常取

$$E[L(X,\hat{X}(Y))|Y]=\min \tag{4-81}$$

的 $\hat{X}$ 作为参数的估计量。而常用的损失函数为平方损失函数,即

$$L(X,\hat{X}(Y))=(X-\hat{X}(Y))^{\mathrm{T}}(X-\hat{X}(Y)) \tag{4-82}$$

可以证明,此时使式(9-54)成立的 $\hat{X}$ 为

$$\hat{X}=\hat{X}(Y)=E(X|Y) \tag{4-83}$$

也就是估计 $\hat{X}$ 即为参数 $X$ 的最小方差无偏估计,它是给定测量向量 $Y$ 的条件期望。

如果利用未知分布参数 $X$ 的验前分布,并利用参数的真值和估值之间的损失函数 $L(X,\hat{X}(Y))$,得到参数 $X$ 的估计方法称为贝叶斯(Bayes)估计方法。也就是如果参数 $X$ 的验前分布密度函数为 $p(x)$,$x\in H$,$H$ 为参数空间,此时在给定 $Y$ 之下的平均损失为

$$E[L(X,\hat{X}(Y))\mid Y]=\int_H L(X,\hat{X}(y))p(x\mid y)\mathrm{d}y \tag{4-84}$$

式中,$p(x|y)$ 为给定 $Y$ 之下的未知分布参数的验后密度函数。

此时参数向量 $X$ 的贝叶斯估计 $\hat{X}(Y)$ 即为

$$E[L(X,\hat{X}(Y))|Y]=\min \tag{4-85}$$

在此，$L(\boldsymbol{X},\hat{\boldsymbol{X}}(\boldsymbol{Y}))$是一种损失函数，其定义的形式有很多，最常用的损失函数是平方误差损失函数，即

$$L(\boldsymbol{X},\hat{\boldsymbol{X}}(\boldsymbol{Y}))=(\boldsymbol{X}-\hat{\boldsymbol{X}})^2 \tag{4-86}$$

此时待估参数$\boldsymbol{X}$的贝叶斯估计$\hat{\boldsymbol{X}}(\boldsymbol{Y})$是使

$$E[(\boldsymbol{X}-\hat{\boldsymbol{X}}(\boldsymbol{Y}))^2|\boldsymbol{Y}]=\min \tag{4-87}$$

即为

$$\hat{\boldsymbol{X}}(\boldsymbol{Y})=E(\boldsymbol{X}|\boldsymbol{Y})=\int_H \boldsymbol{X}p(x|y)\mathrm{d}x \tag{4-88}$$

上述介绍的即为贝叶斯估计方法的原理。由于贝叶斯估计方法需要知道给定子样$\boldsymbol{Y}$下参数$\boldsymbol{X}$的验后密度函数$p(x|y)$，这给其应用带来了麻烦。因为通常情况下，$p(x|y)$是未知的，试图计算它也是很困难的，而条件数学期望的计算也是非常复杂的。但是参数在一些特殊的已知分布情况下，可以获取其贝叶斯估计，在此不作详细的介绍。

(2)线性模型的贝叶斯估计。下面将要讨论应用贝叶斯估计方法估计线性模型的参数问题。对于线性模型

$$\boldsymbol{Y}=\boldsymbol{A}\boldsymbol{X}+\boldsymbol{\eta} \tag{4-89}$$

式中，$\boldsymbol{X}$——未知的$n$维参数向量；

$\boldsymbol{Y}$——$m$维测量向量，测量误差向量$\boldsymbol{\eta}\sim N(\boldsymbol{0},\boldsymbol{P})$；

$\boldsymbol{P}$——$\boldsymbol{\eta}$的协方差阵。

现假定$\boldsymbol{X}$的验前数学期望为$\boldsymbol{\mu}_0$，验前协方差为$\boldsymbol{P}_0$，而且$\boldsymbol{X}\sim N(\boldsymbol{\mu}_0,\boldsymbol{P}_0)$。此时在给定$\boldsymbol{Y}$条件之下，使参数$\boldsymbol{X}$的估值$\hat{\boldsymbol{X}}$满足

$$E[(\boldsymbol{X}-\hat{\boldsymbol{X}})^{\mathrm{T}}(\boldsymbol{X}-\hat{\boldsymbol{X}})|\boldsymbol{Y}]=\min \tag{4-90}$$

为此，记$\boldsymbol{Z}^{\mathrm{T}}=[\boldsymbol{X}\quad \boldsymbol{Y}]^{\mathrm{T}}$，现来确定$\boldsymbol{X}$在$\boldsymbol{Y}$给定下条件密度函数$p(x|y)$。由于$\boldsymbol{X}$、$\boldsymbol{Y}$均为正态随机向量，而且有$E(\boldsymbol{X})=\boldsymbol{\mu}_0$，$\mathrm{Var}=\boldsymbol{P}_0$；所以

$$E(\boldsymbol{Y})=\boldsymbol{A}\boldsymbol{\mu}_0$$

$$\mathrm{Var}\boldsymbol{Y}=E[(\boldsymbol{Y}-\boldsymbol{A}\boldsymbol{\mu}_0)(\boldsymbol{Y}-\boldsymbol{A}\boldsymbol{\mu}_0)^{\mathrm{T}}]=\boldsymbol{A}\boldsymbol{P}_0\boldsymbol{A}^{\mathrm{T}}+\boldsymbol{P} \tag{4-91}$$

和

$$\begin{aligned}\operatorname{cov}(\boldsymbol{X},\boldsymbol{Y}) &= \operatorname{cov}(\boldsymbol{Y},\boldsymbol{X})^{\mathrm{T}} \\ &= E\{(\boldsymbol{X}-\boldsymbol{\mu}_0)[A(\boldsymbol{X}-\boldsymbol{\mu}_0)+\boldsymbol{\eta}^{\mathrm{T}}]\} = \boldsymbol{P}_0\boldsymbol{A}^{\mathrm{T}}\end{aligned} \tag{4-92}$$

因此有

$$E(\boldsymbol{Z}) = [\boldsymbol{\mu}_0, \boldsymbol{A}\boldsymbol{\mu}_0]^{\mathrm{T}} = \boldsymbol{\mu} \tag{4-93}$$

和

$$\begin{aligned}\operatorname{Var}(\boldsymbol{Z}) &= E[(\boldsymbol{Z}-\boldsymbol{\mu})(\boldsymbol{Z}-\boldsymbol{\mu})^{\mathrm{T}}] \\ &= \begin{bmatrix} E(\boldsymbol{X}-\boldsymbol{\mu}_0)(\boldsymbol{X}-\boldsymbol{\mu}_0)^{\mathrm{T}} & E(\boldsymbol{X}-\boldsymbol{\mu}_0)(\boldsymbol{Y}-\boldsymbol{A}\boldsymbol{\mu}_1)^{\mathrm{T}} \\ E(\boldsymbol{Y}-\boldsymbol{A}\boldsymbol{\mu}_1)(\boldsymbol{X}-\boldsymbol{\mu}_0)^{\mathrm{T}} & E(\boldsymbol{Y}-\boldsymbol{A}\boldsymbol{\mu}_1)(\boldsymbol{Y}-\boldsymbol{A}\boldsymbol{\mu}_1)^{\mathrm{T}} \end{bmatrix} \\ &= \begin{bmatrix} \boldsymbol{P}_{11} & \boldsymbol{P}_{12} \\ \boldsymbol{P}_{21} & \boldsymbol{P}_{22} \end{bmatrix} = \boldsymbol{P}_2\end{aligned} \tag{4-94}$$

由于 **Z** 也是正态分布向量，其概率密度函数为

$$p(z) = \frac{1}{(2\pi)^{\frac{m+n}{2}}\sqrt{|\boldsymbol{P}_z|}} \mathrm{e}^{-\frac{1}{2}(z-\boldsymbol{\mu})^{\mathrm{T}}\boldsymbol{P}_z^{-1}(z-\boldsymbol{\mu})} \tag{4-95}$$

由式(4－94)可以得到

$$|\boldsymbol{P}_Z| = |\boldsymbol{P}_{22}||\boldsymbol{P}_{11}-\boldsymbol{P}_{12}\boldsymbol{P}_{22}^{-1}\boldsymbol{P}_{21}| \tag{4-96}$$

再由贝叶斯公式可知

$$p(x|y) = p(x,y)/p(y) \tag{4-97}$$

而

$$p(y) = \frac{1}{(2\pi)^{\frac{m}{2}}\sqrt{|\boldsymbol{P}_{22}|}} \mathrm{e}^{-\frac{1}{2}(y-\boldsymbol{\mu}_1)^{\mathrm{T}}\boldsymbol{P}_{22}^{-1}(y-\boldsymbol{\mu}_1)} \tag{4-98}$$

由矩阵分块求逆法则，可知

$$\boldsymbol{P}_z^{-1} = \begin{bmatrix} \boldsymbol{P}_c^{-1} & -\boldsymbol{P}_c^{-1}\boldsymbol{P}_{12}^{-1}\boldsymbol{P}_{22}^{-1} \\ -\boldsymbol{P}_{22}^{-1}\boldsymbol{P}_{12}^{\mathrm{T}}\boldsymbol{P}_c^{-1} & \boldsymbol{P}_{22}^{-1}+\boldsymbol{P}_{22}^{-1}\boldsymbol{P}_{12}^{-1}\boldsymbol{P}_c^{-1}\boldsymbol{P}_{12}^{-1}\boldsymbol{P}_{22}^{-1} \end{bmatrix} \tag{4-99}$$

式中，$\boldsymbol{P}_c = \boldsymbol{P}_{11} - \boldsymbol{P}_{12}\boldsymbol{P}_{22}^{-1}\boldsymbol{P}_{12}^{\mathrm{T}}$。

现将 $\boldsymbol{P}_Z^{-1}$ 改写为

$$\boldsymbol{P}_z^{-1}=\begin{bmatrix}\boldsymbol{P}_c^{-1} & -\boldsymbol{P}_c^{-1}\boldsymbol{P}_{12}\boldsymbol{P}_{22}^{-1}\\ -\boldsymbol{P}_{22}^{-1}\boldsymbol{P}_{12}^{\mathrm{T}}\boldsymbol{P}_c^{-1} & \boldsymbol{P}_{22}^{-1}+\boldsymbol{P}_{22}^{-1}\boldsymbol{P}_{12}^{\mathrm{T}}\boldsymbol{P}_c^{-1}\boldsymbol{P}_{12}\boldsymbol{P}_{22}^{-1}\end{bmatrix}+\begin{bmatrix}\boldsymbol{0} & \boldsymbol{0}\\ \boldsymbol{0} & \boldsymbol{P}_{22}^{-1}\end{bmatrix} \tag{4-100}$$

再将式(4－98)和式(4－99)代入式(4－97),则有

$$p(x|y)=\frac{1}{(2\pi)^{\frac{\pi}{2}}\sqrt{|\boldsymbol{P}_c|}}\mathrm{e}^{-\frac{1}{2}[\boldsymbol{x}-\boldsymbol{\mu}_0-\boldsymbol{P}_{12}\boldsymbol{P}_{22}^{-1}(\boldsymbol{y}-\boldsymbol{\mu}_1)]^{\mathrm{T}}\boldsymbol{P}_c^{-1}[\boldsymbol{x}-\boldsymbol{\mu}_0-\boldsymbol{P}_{12}\boldsymbol{P}_{22}^{-1}(\boldsymbol{y}-\boldsymbol{\mu}_1)]} \tag{4-101}$$

式(4－101)表明 $\boldsymbol{X}|\boldsymbol{Y}$ 也是正态随机变量,其数学期望为

$$E(\boldsymbol{X}|\boldsymbol{Y})=\boldsymbol{\mu}_0+\boldsymbol{P}_{12}\boldsymbol{P}_{22}^{-1}(\boldsymbol{Y}-\boldsymbol{\mu}_1) \tag{4-102}$$

将式(4－100)、式(4－101)代入式(4－102),则得到

$$E(\boldsymbol{X}|\boldsymbol{Y})=\boldsymbol{\mu}_0+\boldsymbol{P}_0\boldsymbol{A}^{\mathrm{T}}(\boldsymbol{A}\boldsymbol{P}_0\boldsymbol{A}^{\mathrm{T}}+\boldsymbol{P})^{-1}(\boldsymbol{Y}-\boldsymbol{A}\boldsymbol{\mu}_0) \tag{4-103}$$

又由式(4－101)可知 $\boldsymbol{X}|\boldsymbol{Y}$ 的协方差阵为

$$\begin{aligned}\mathrm{Var}(\boldsymbol{X}|\boldsymbol{Y})&=\boldsymbol{P}_{11}-\boldsymbol{P}_{12}\boldsymbol{P}_{22}^{-1}\boldsymbol{P}_{21}\\&=\boldsymbol{P}_0-\boldsymbol{P}_0\boldsymbol{A}^{\mathrm{T}}(\boldsymbol{A}\boldsymbol{P}_0\boldsymbol{A}^{\mathrm{T}}+\boldsymbol{P})^{-1}\boldsymbol{A}\boldsymbol{P}_0\end{aligned} \tag{4-104}$$

利用矩阵求逆反演定理可知

$$\mathrm{Var}(\boldsymbol{X}|\boldsymbol{Y})=(\boldsymbol{P}_0^{-1}+\boldsymbol{A}^{\mathrm{T}}\boldsymbol{P}^{-1}\boldsymbol{A})^{-1} \tag{4-105}$$

再对式(4－103)做变化,则有

$$\begin{aligned}E(\boldsymbol{X}|\boldsymbol{Y})&=\boldsymbol{\mu}_0+\boldsymbol{P}_0\boldsymbol{A}^{\mathrm{T}}(\boldsymbol{A}\boldsymbol{P}_0\boldsymbol{A}^{\mathrm{T}}+\boldsymbol{P})^{-1}\boldsymbol{Y}-\boldsymbol{P}_0\boldsymbol{A}^{\mathrm{T}}(\boldsymbol{A}\boldsymbol{P}_0\boldsymbol{A}^{\mathrm{T}}+\boldsymbol{P})^{-1}\boldsymbol{A}\boldsymbol{\mu}_0\\&=[\boldsymbol{P}_0-\boldsymbol{P}_0\boldsymbol{A}^{\mathrm{T}}(\boldsymbol{A}\boldsymbol{P}_0\boldsymbol{A}^{\mathrm{T}}+\boldsymbol{P})^{-1}\boldsymbol{A}\boldsymbol{P}_0](\boldsymbol{A}^{\mathrm{T}}\boldsymbol{P}^{-1}\boldsymbol{Y}+\boldsymbol{P}_0^{-1}\boldsymbol{\mu}_0)\end{aligned} \tag{4-106}$$

对式(4－106)利用矩阵求逆定理得到

$$E(\boldsymbol{X}|\boldsymbol{Y})=(\boldsymbol{P}_0^{-1}+\boldsymbol{A}^{\mathrm{T}}\boldsymbol{P}^{-1}\boldsymbol{A})^{-1}(\boldsymbol{A}^{\mathrm{T}}\boldsymbol{P}^{-1}\boldsymbol{Y}+\boldsymbol{P}_0^{-1}\boldsymbol{\mu}_0) \tag{4-107}$$

在上述条件下,关系式(4-107)便是式(4-87)所需的贝叶斯估计 $\hat{X}_B$ 的表示式。

从上述贝叶斯估计表达式推导中可知,假定了未知参数 $\boldsymbol{X}$ 是正态分布向量,且已知其先验信息 $\boldsymbol{\mu}_0$ 和 $\boldsymbol{P}_0$。但是在应用中,未知参数 $\boldsymbol{X}$ 的分布经常是未知的,且不一定是正态分布向量,有时连先验信息 $\boldsymbol{\mu}_0$ 和 $\boldsymbol{P}_0$ 也是未知的。为此,引入下述两个特殊形式估计。

①假若参数向量 $\boldsymbol{X}$ 的分布未知,已知 $\boldsymbol{\mu}_0$ 和 $\boldsymbol{P}_0$,应用关系式(4-107)所得到的参数向量 $\boldsymbol{X}$ 的估计 $\hat{\boldsymbol{X}}_B$,称为伪贝叶斯估计,伪贝叶斯估计常用于评定导弹和运载火箭的精度;

②假若参数向量 $\boldsymbol{X}$ 的分布和 $\boldsymbol{\mu}_0$、$\boldsymbol{P}_0$ 均是未知的,利用以前测量结果获取的验前均值 $\boldsymbol{\mu}_0$ 和方差 $\boldsymbol{P}_0$,并用于关系式(4-107)得到的估计,称为经验的伪贝叶斯估计。

**6. 卡尔曼—布西滤波**

在飞行试验任务中,经常要求弹道测量数据处理能够实时提供飞行弹道的状态参数,这时需要由测量数据递推地处理出每采样时刻的状态参数,其处理方法主要采用卡尔曼滤波或递推最小二乘估计。

由于许多文献已详细阐述过卡尔曼滤波的原理和公式,因此本节简单地介绍离散模型的线性时变卡尔曼滤波公式。

(1)动力学模型和测量模型。假设 $t_j$ 时刻弹道运动的离散模型为

$$\boldsymbol{X}_j = \boldsymbol{\phi}_{j,j-1}\boldsymbol{X}_{j-1} + \boldsymbol{U}_j \tag{4-108}$$

式中,$\boldsymbol{X}_j$——$t_j$ 时刻 $m$ 维状态向量;

$\boldsymbol{\phi}_{j,j-1}$——$t_{j-1}$ 到 $t_j$ 时刻的已知状态转移矩阵,它具有 $\boldsymbol{\phi}_{k,j}\boldsymbol{\phi}_{j,i} = \boldsymbol{\phi}_{k,i}$ 和 $\boldsymbol{\phi}_{k,j}^{-1} = \boldsymbol{\phi}_{j,k}$ 的性质;

$\boldsymbol{U}_j$——$t_j$ 时刻状态的随机干扰向量,且 $E(\boldsymbol{U}_j\boldsymbol{U}_j^{\mathrm{T}}) = \boldsymbol{Q}_j \geqslant \boldsymbol{0}$ 和 $E(\boldsymbol{U}_i\boldsymbol{U}_j^{\mathrm{T}}) = \boldsymbol{0}(i \neq j)$。

而 $t_j$ 时刻状态向量的测量模型为

$$\boldsymbol{L}_j = \boldsymbol{H}_j \boldsymbol{X}_j + \boldsymbol{V}_j \tag{4-109}$$

式中，$\boldsymbol{L}_j$——$t_j$ 时刻 $l$ 维的测量向量；

$\boldsymbol{X}_j$——$t_j$ 时刻 $m$ 维状态向量；

$\boldsymbol{H}_j$——$l \times m$ 维的已知矩阵；

$\boldsymbol{V}_j$——$t_j$ 时刻测量的随机向量，且 $E(\boldsymbol{V}_j \boldsymbol{V}_j^{\mathrm{T}}) = \boldsymbol{R}_j$、$E(\boldsymbol{V}_i \boldsymbol{V}_j^{\mathrm{T}}) = \boldsymbol{0}(i \neq j)$ 和 $E(\boldsymbol{U}_i \boldsymbol{V}_j^{\mathrm{T}}) = \boldsymbol{0}$（对于任意整数成立）。

弹道的状态方程（4－108）和观测方程（4－109）共同构成了飞行器弹道运动系统。

（2）卡尔曼滤波公式。假设已知动力系统的初始状态向量的估值为 $\widehat{\boldsymbol{X}}_{0/0}$，误差协方差阵为 $\boldsymbol{P}_{0/0}$。对于上述系统模型的卡尔曼－布西滤波，由状态预测和状态滤波两部分组成，其中卡尔曼滤波的状态一步预测公式（$t_{j-1}$ 到 $t_j$ 时刻）为

$$\widehat{\boldsymbol{X}}_{j/j-1} = \boldsymbol{\phi}_{j,j-1} \widehat{\boldsymbol{X}}_{j-1/j-1} \tag{4-110}$$

状态预测的误差协方差阵为

$$\boldsymbol{P}_{j/j-1} = \boldsymbol{\phi}_{j,j-1} \boldsymbol{P}_{j-1/j-1} \boldsymbol{\phi}_{j,j-1}^{\mathrm{T}} + \boldsymbol{Q}_j \tag{4-111}$$

而 $t_j$ 时刻状态滤波公式为

$$\widehat{\boldsymbol{X}}_{j/j} = \widehat{\boldsymbol{X}}_{j/j-1} + \boldsymbol{K}_j (\boldsymbol{L}_j - \boldsymbol{H}_j \widehat{\boldsymbol{X}}_{j/j-1}) \tag{4-112}$$

状态滤波的误差协方差阵为

$$\boldsymbol{P}_{j/j} = (\boldsymbol{I} - \boldsymbol{K}_j \boldsymbol{H}_j) \boldsymbol{P}_{j/j-1} \tag{4-113}$$

增益矩阵为

$$\boldsymbol{K}_j = \boldsymbol{P}_{j/j-1} \boldsymbol{H}_j^{\mathrm{T}} (\boldsymbol{H}_j \boldsymbol{P}_{j/j-1}, \boldsymbol{H}_j^{\mathrm{T}} + \boldsymbol{R}_j)^{-1} \tag{4-114}$$

式（4－110）～式（4－114）构成了完整的卡尔曼－布西滤波公式。将初始时刻 $t_0$ 状态向量 $\widehat{\boldsymbol{X}}_{0/0}$ 和误差协方差阵 $\boldsymbol{P}_{0/0}$，代入上述公式后，则得到 $t_1$ 时刻卡尔曼滤波值；然后重复上述步骤，逐步递推得到所有时刻状态向量的滤波估值。

（3）推广卡尔曼滤波。前面介绍应用线性时变系统的一般卡尔曼滤波，作为弹道测量处理的递推方法。但实际应用时，状态方

程和测量方程经常是非线性的,但可以将它推广到非线性时变系统滤波的问题,即应用推广卡尔曼滤波。为此,首先重点介绍推广卡尔曼滤波原理。

假设 $t_j$ 时刻非线性离散的状态动力学模型和测量模型为

$$\begin{cases} \boldsymbol{X}_j = \boldsymbol{\phi}(\boldsymbol{X}_{j-1}) + \boldsymbol{U}_j \\ \boldsymbol{L}_j = \boldsymbol{h}(\boldsymbol{X}_j) + \boldsymbol{V}_j \end{cases} \tag{4-115}$$

式中,$\boldsymbol{X}_j$——$t_j$ 时刻的 $m \times 1$ 维状态向量;

$\boldsymbol{L}_j$——$t_j$ 时刻的 $l \times 1$ 维观测向量;

$\boldsymbol{\phi}(\cdot)$、$\boldsymbol{h}(\cdot)$——状态向量的非线性函数;

$\boldsymbol{U}_j$、$\boldsymbol{V}_j$——零均值的噪声序列向量,且 $E(\boldsymbol{U}_j\boldsymbol{U}_j^{\mathrm{T}}) = \boldsymbol{Q}_j > \boldsymbol{0}$;$E(\boldsymbol{V}_j\boldsymbol{V}_j^{\mathrm{T}}) = \boldsymbol{R}_j > \boldsymbol{0}$ 和 $E(\boldsymbol{U}_i\boldsymbol{V}_j^{\mathrm{T}}) \equiv \boldsymbol{0}$,对于任意整数都成立。

假定初始时刻状态估值为 $\hat{\boldsymbol{X}}_0$,其误差协方差阵为 $\boldsymbol{P}_{0/0}$。如果得到 $t_{j-1}$ 时刻的状态估值 $\hat{\boldsymbol{X}}_{j-1/j-1}$ 和对应误差协方差阵 $\boldsymbol{P}_{j-1/j-1}$,则根据卡尔曼滤波原理,不加证明地直接给出推广卡尔曼滤波的一步预测和误差协方差阵公式为

$$\begin{cases} \hat{\boldsymbol{X}}_{j/j-1} = \boldsymbol{\phi}(\hat{\boldsymbol{X}}_{j-1/j-1}) \\ \boldsymbol{P}_{j/j-1} = \left.\dfrac{\partial \boldsymbol{\phi}}{\partial \boldsymbol{X}}\right|_{\hat{X}_{j-1/j-1}} \boldsymbol{P}_{j-1/j-1} \left.\dfrac{\partial \boldsymbol{\phi}^{\mathrm{T}}}{\partial \boldsymbol{X}}\right|_{\hat{X}_{j-1/j-1}} + \boldsymbol{Q}_j \quad j = 1, 2, \cdots \end{cases} \tag{4-116}$$

而 $t_j$ 时刻状态向量的滤波和误差协方差阵表达式为

$$\begin{cases} \hat{\boldsymbol{X}}_{j/j} = \hat{\boldsymbol{X}}_{j/j-1} + \boldsymbol{K}_j[\boldsymbol{L}_j - \boldsymbol{h}(\hat{\boldsymbol{X}}_{j/j-1})] \\ \boldsymbol{P}_{j/j} = (\boldsymbol{I} - \boldsymbol{K}_j\boldsymbol{H}_j)\boldsymbol{P}_{j/j-1} \qquad j = 1, 2, \cdots \\ \boldsymbol{K}_j = \boldsymbol{P}_{j/j-1}\boldsymbol{H}_j^{\mathrm{T}}(\boldsymbol{H}_j\boldsymbol{P}_{j/j-1}\boldsymbol{H}_j^{\mathrm{T}} + \boldsymbol{R}_j)^{-1} \end{cases} \tag{4-117}$$

式中,$\boldsymbol{H}_j = \left.\dfrac{\partial \boldsymbol{h}}{\partial \boldsymbol{X}}\right|_{\hat{X}_{j/j-1}}$。

表达式(4-116)和式(4-117)就是非线性时变系统(4-115)的推广卡尔曼滤波系列公式。从表达式中可知,它是利用前某一

个时刻的状态向量估值为“标准状态”，对动力模型线性化；而广义卡尔曼滤波需利用一条初始标准“状态”，对每个时刻动力学模型线性化。因此，推广卡尔曼滤波使用条件的限制少，而且滤波结果的精度也高。

(4)卡尔曼滤波技术的发展。由于卡尔曼滤波技术是以线性时变模型为基础的待估参数向量的最小方差无偏估计，但是当动力学模型和测量模型为非线性模型时，由估计理论可知，其最小方差无偏估计为已知测量数据条件下的条件期望值 $E(\boldsymbol{X}/\boldsymbol{Z})$；此时涉及寻求条件分布密度等问题，使解算复杂化，造成应用的困难，通常利用广义或推广卡尔曼滤波，使非线性模型转变成线性模型，然后再应用卡尔曼滤波公式递推解算状态的估值。然而，在长时间的递推滤波时，又因状态模型简化使模型不准确，造成积累误差给状态估值带来“发散”，人们经常为了解决“发散”问题而降低了工程应用的广泛性。在 20 世纪下半叶卡尔曼滤波技术停滞了几十年后，学者们又开始研究和利用 U 变换的 U 卡尔曼滤波(UKF)和基于贝叶斯理论及 Bootstrap 原理的非线性滤波——粒子滤波，以及它们衍生的各种改进滤波技术，对卡尔曼滤波技术重新认识，加以改进和提高，使其得到长足的进步，也使卡尔曼滤波技术再度受到人们的重视。

### 4.3.2 导弹精度的评定技术和方法

根据总体设计和精度分析，影响导弹精度的最重要的干扰因素是主动段的干扰因素，其次是再入段的干扰因素，而自由段干扰因素最小，因此评定主动段的飞行精度是最重要的任务。主动段飞行中，控制系统误差是主要干扰因素，而制导系统误差又是控制系统中的主要误差。因此可以说，导弹飞行试验中的精度评定，核心是评定主动段制导系统的精度。对于运载火箭来说，航天器的入轨精度也是完全依赖于助推段火箭的制导系统精度。

**1. 导弹三大段精度评定方法**

由于导弹的精度是由各自独立的三大段干扰因素引起和组成

的，因此，导弹的精度评定在三大段各自的精度评定后，取各段精度的方差之和为总精度的方差，即为

$$\sigma_{总}^2=\sigma_{主}^2+\sigma_{自}^2+\sigma_{再}^2 \tag{4-118}$$

式中，$\sigma_{主}$、$\sigma_{自}$ 和 $\sigma_{再}$——导弹在主动段、自由段和再入段误差的均方差。

根据4.1节介绍的导弹飞行弹道特性可知，对于早期射程短的中近程导弹飞行试验，利用全程试验的特征点——关机点、再入点和落点的精度评定结果即可得到导弹总的精度，这就是人们常说的导弹三大段精度评定的方法。下面简单介绍主动段的误差分析方法，其他段落误差可以类似地进行。

由4.2.2节可知，导弹（或运载火箭）主动段关机点 $t_k$ 的弹道参数是由惯性制导系统惯性仪表测量的加速度（惯性坐标系）数据积分成速度和位置数据，并由弹上计算机将速度和位置数据转换成发射坐标系参数。然后根据导弹关机点制导方程计算的积分落点与理论落点比较，也就是其纵向和横向射程的比较结果，即

$$\begin{aligned}\Delta L&=L_{积}-L_{理}\\ \Delta H&=H_{积}-H_{理}\end{aligned} \tag{4-119}$$

当 $\Delta L=0$ 和 $\Delta H=0$ 的时刻，即为关机时刻 $t_k$。

因此，主动段关机点 $t_k$ 的导弹精度主要是评定制导系统测量数据得到的速度和位置参数精度。其评定依据是依赖于地面外测系统测量数据处理后的弹道速度参数 $\dot{x}$、$\dot{y}$、$\dot{z}$ 和位置参数 $x$、$y$、$z$（或其他速度参数合成速度 $V$、弹道倾角 $\theta$ 和弹道偏角 $\sigma$），即利用

$$\begin{aligned}\Delta X_k&=X_{制k}-X_{外k}\\ \Delta\dot{X}_k&=\dot{X}_{制k}-\dot{X}_{外k}\end{aligned} \tag{4-120}$$

当外测弹道数据精度明显高于遥测弹道数据（制导测量数据）精度时，则将外测数据作为标准，并由式（4-120）统计得到导弹主动段关机点的弹道精度。通常要求遥测数据精度 $\sigma_{遥}$ 与外测数据精度 $\sigma_{外}$ 比值 $A$ 为

$$A=\frac{\sigma_{遥}}{\sigma_{外}}\approx 3\sim 5 \tag{4-121}$$

因此,要求外弹道测量在关机点精度比遥测制导系统精度高,并以此作为评定导弹关机点的精度。

**2. 外测和遥测数据比对分离制导系统工具误差**

由分析可知,制导系统误差的影响占导弹总误差偏差80%以上,而制导系统的工具误差又占制导系统总误差的绝大部分,因此,弄清制导系统工具误差是导弹飞行试验的主要目的之一。而且能将制导系统工具误差中的主要误差估计出来,对工具误差的补偿及改进、提高制导系统硬件的工艺水平和质量,对导弹总体设计水平和精度提高都具有重要意义。

对于远程洲际导弹,因射程远、落点精度高,我国受地理条件限制无法进行全程弹道飞行试验,而采用特殊弹道的试验方案,此时因导弹主动段关机点 $t'_k$ 精度与全程弹道 $t_k$ 精度是不等的。因此,特殊弹道 $t'_k$ 精度不能等同于全程弹道 $t_k$ 的精度,三大段精度评定方法也就不能适用于远程洲际导弹的精度评定。而利用特殊试验弹道的制导系统误差分离和精度评定方法,却可以达到导弹主动段精度评定的目的。由4.2.2节可知,远程洲际导弹的制导系统常用平台加速度的方案,它利用陀螺仪三个伺服回路将平台稳定在惯性空间,并在该平台上放置三个互相垂直的加速度表,陀螺平台加速度表提供惯性坐标系下的视加速度。导弹飞行时,由三个方向的加速度表敏感导弹运动时在惯性坐标系的三个方向的视加速度,并输入弹上计算机,经计算后输出惯性坐标系的导弹视速度和视位置,以此导引导弹按预定的弹道运动。通常将导弹在惯性坐标系三个方向的视加速度记为 $\dot{W}_x$、$\dot{W}_y$、$\dot{W}_z$,而对应的视速度和视位置分别记为 $W_x$、$W_y$、$W_z$ 和 $\underset{\cdot}{W}_x$、$\underset{\cdot}{W}_y$、$\underset{\cdot}{W}_z$,并将它们转换成发射坐标系 $V'_x$、$V'_y$、$V'_z$ 和 $x'$、$y'$、$z'$。

从惯性制导系统硬件的组成可知,制导系统的工具误差源包括陀螺和加速度表误差、在平台上安装的不准确度以及平台瞄准误差等。当视加速度经计算机积分得到视速度时，平台、陀螺和加速度表等误差给视速度造成误差。对于这些工具误差，通过地面测试，可以分解为许多误差源（又称误差系数），并且可用一个线性误差模型描述。有了制导系统工具误差模型，并将它引入到导弹视速度的测量方程中，就可利用外测数据来鉴定和分离制导系统工具误差。

假设地面外测系统获取的测量数据，经处理后得到导弹在发射坐标系中的分速度为 $V_x$、$V_y$、$V_z$，将其转换成惯性坐标系的视速度 $W'_x$、$W'_y$、$W'_z$，并对遥测、外测视速度作差，成为新的测量数据向量。同样也可以在发射坐标系进行作差。如果测量数据向量中的测量数据个数远超过制导系统工具误差的误差系数个数，则可利用统计方法得到工具误差的误差系数（源）的估计值。

现假设外遥测速度数据在发射坐标系中进行作差，其中外测测速数据具有下述关系式

$$\boldsymbol{V}=\boldsymbol{V}^0+\boldsymbol{\xi} \tag{4-122}$$

式中，$\boldsymbol{V}$——外测数据处理的弹道在发射坐标系中的速度向量，$\boldsymbol{V}=[V_x \quad V_y \quad V_z]^{\mathrm{T}}$，$V_x, V_y, V_z$ 为速度分量；

$\boldsymbol{V}^0$——目标在发射坐标系中速度向量的真值 $\boldsymbol{V}^0=[V_x^0 \quad V_y^0 \quad V_z^0]^{\mathrm{T}}$，$V_x^0, V_y^0, V_z^0$ 为速度分量真值；

$\boldsymbol{\xi}$——外测速度的随机误差向量，$\boldsymbol{\xi}=[\xi_{\dot{x}} \quad \xi_{\dot{y}} \quad \xi_{\dot{z}}]^{\mathrm{T}}$，$\xi_{\dot{x}}$，$\xi_{\dot{y}}$，$\xi_{\dot{z}}$ 为 $V_x, V_y, V_z$ 的随机误差；在此，假设外测数据经处理后已修正测量系统误差而仅剩残差。

而遥测制导系统得到的飞行器弹道的测速数据可表示成

$$\boldsymbol{V}'=\boldsymbol{V}^0+\Delta\boldsymbol{V} \tag{4-123}$$

式中，$\boldsymbol{V}'$——遥测制导系统计算弹道在发射坐标系中的速度向量，$\boldsymbol{V}'=[V'_x \quad V'_y \quad V'_z]^{\mathrm{T}}$，$V'_x, V'_y, V'_z$ 为速度分量；

$\boldsymbol{V}^0$——目标在发射坐标系中速度向量的真值，同式（4-122）；

$\Delta\boldsymbol{V}$——遥测速度向量的系统误差，$\Delta\boldsymbol{V}=[\Delta V_x \quad \Delta V_y$

$\Delta V_z]^{\mathrm{T}}$，$\Delta V_x$，$\Delta V_y$，$\Delta V$ 为 $V'_x$，$V'_y$，$V'_z$ 的系统误差。通常认为遥测数据无随机误差。

现将式(4-122)和式(4-123)作差，假如将式中符号右下角加上角标"$j$"表示对应 $t_j$ 时刻的量，则有

$$\delta \boldsymbol{V}_j = \boldsymbol{V}'_j - \boldsymbol{V}_j = \Delta \boldsymbol{V}_j + \boldsymbol{\xi}_j \tag{4-124}$$

根据4.2.2节推导的制导系统工具误差 $\Delta \boldsymbol{V}_j = \boldsymbol{S}_j \boldsymbol{C}$ 代入式(4-124)，则有

$$\delta \boldsymbol{V}_j = \boldsymbol{S}_j \boldsymbol{C} + \boldsymbol{\xi}_j \tag{4-125}$$

式中，$\boldsymbol{S}_j$——$t_j$ 时刻制导系统工具误差的系数矩阵，常称环境函数；

$\boldsymbol{\xi}_j$——$t_j$ 时刻外测速度的随机误差向量，其协方差阵 $\boldsymbol{P}_j = E[\boldsymbol{\xi}_j \quad \boldsymbol{\xi}_j^{\mathrm{T}}]$，并假设它们在时间序列上不相关；

$\boldsymbol{C}$——制导系统工具误差向量。

假设在 $n$ 个测量时刻同时获取外测、遥测测速数据，将它们联立成

$$\delta \boldsymbol{V} = \boldsymbol{S}\boldsymbol{C} + \boldsymbol{\xi} \tag{4-126}$$

式中，$\boldsymbol{S}$——环境函数所组成的矩阵，$\boldsymbol{S} = [S_1^{\mathrm{T}} \quad S_2^{\mathrm{T}} \quad \cdots \quad S_n^{\mathrm{T}}]^{\mathrm{T}}$；

$\delta \boldsymbol{V}$——由外测测速数据差值 $\{\delta \boldsymbol{V}_j\}$ 组成的向量，$\delta \boldsymbol{V} = [\delta \boldsymbol{V}_1^{\mathrm{T}} \quad \delta \boldsymbol{V}_2^{\mathrm{T}} \quad \cdots \quad \delta \boldsymbol{V}_n^{\mathrm{T}}]^{\mathrm{T}}$；

$\boldsymbol{\xi}$——由 $\{\boldsymbol{\xi}_j\}$ 组成的随机误差向量，$\boldsymbol{\xi} = [\boldsymbol{\xi}_1^{\mathrm{T}} \quad \boldsymbol{\xi}_2^{\mathrm{T}} \quad \cdots \quad \boldsymbol{\xi}_n^{\mathrm{T}}]^{\mathrm{T}}$，其协方差阵 $E(\boldsymbol{\xi}\boldsymbol{\xi}^{\mathrm{T}}) = \boldsymbol{P} = \mathrm{diag}(\boldsymbol{P}_1 \quad \boldsymbol{P}_2 \quad \cdots \quad \boldsymbol{P}_n)$。

假设有 $l$ 个待估算和分离的工具误差系统，而每个采样时刻有三个测速数据，只要 $n$ 充分大，使 $3n > l$ 时，应用统计估计方法可以得到待估工具误差向量的估值 $\widehat{\boldsymbol{C}}$。现由高斯－马尔可夫估计(LS估计)得到 $\boldsymbol{C}$ 估值 $\widehat{\boldsymbol{C}}$ 的表达式为

$$\begin{aligned}\widehat{\boldsymbol{C}} &= (\boldsymbol{S}^{\mathrm{T}}\boldsymbol{P}^{-1}\boldsymbol{S})^{-1}\boldsymbol{S}^{\mathrm{T}}\boldsymbol{P}^{-1}\delta \boldsymbol{V} \\ &= \left[\sum_{j=1}^{n}(\boldsymbol{S}_j^{\mathrm{T}}\boldsymbol{P}_j^{-1}\boldsymbol{S}_j)\right]^{-1}\left(\sum_{j=1}^{n}\boldsymbol{S}_j^{\mathrm{T}}\boldsymbol{P}_j^{-1}\delta \boldsymbol{V}_j\right)\end{aligned} \tag{4-127}$$

估值的误差协方差阵为

$$P_{\widehat{C}} = (S^{\mathrm{T}}P^{-1}S)^{-1} = \left(\sum_{j=1}^{n} S_j^{\mathrm{T}}P_j^{-1}S_j\right)^{-1} \tag{4-128}$$

在获取工具误差向量的估值 $\widehat{C}$ 后，将它代入下式得到 $t_j$ 时刻制导系统工具误差影响测速数据误差的估值为

$$\Delta\widehat{V}_j = \sum_{j=1}^{n} S_j\widehat{C} \tag{4-129}$$

由此可以评定制导系统工具误差和总的精度。在估计了工具误差系数后，就可以利用它们调整或控制各误差源，或从硬件上改进制导系统元器件质量。上述方法虽然只鉴定了制导系统在特殊弹道时的总精度(包含主动段终点参数)，但可由制导系统的误差模型推算出全程弹道时制导系统精度及主动段终点参数的精度，从而达到鉴定制导系统精度的目的。

早期，对于制导系统工具误差分离方法，主要应用最小二乘估计(LS 估计)，但是因工具误差的环境函数 $S$ 相关性较强，造成矩阵 $S^{\mathrm{T}}P^{-1}S$ 的严重病态，影响了分离和估计工具误差的效果。为此，对估计方法进行了改进，曾先后应用了岭估计、伪贝叶斯估计、主成分估计等方法，使制导系统精度评定技术得到不断的提高。目前主要应用主成分估计与伪贝叶斯估计相结合的方法分离制导系统工具误差，充分利用地面测试工具误差的验前信息，使制导系统工具误差分离取得了较好的结果。

**3. 利用自由段末段外测数据鉴定制导系统精度**

由 4.1.1 节导弹飞行特性可知，导弹主动段终点飞行速度和位置将决定导弹弹头在自由段的飞行弹道。相反，已知导弹在自由段任意一点的飞行速度和位置，可以推算出导弹在主动段关机点的飞行速度。

由于导弹随自由飞行的行程增加其误差也逐渐放大；反之，由自由段飞行速度和位置推算导弹主动段终点的速度和位置参数时，测量误差的影响会缩小，甚至可以缩小 1 个 ~2 个量级；即使自由段末段仅有位置参数，由动力学方程反向推算的主动段终点

速度和位置参数的误差也比较小。因此以此为比较标准，将制导系统计算的主动段关机点（终点）的速度参数和位置参数与它们作差比较，则可以得到制导系统在主动段关机点的总误差和精度。

**4. 外测和遥测数据综合利用分离制导系统工具误差**

一般而言，由外测系统测量值解算某一时刻的导弹飞行速度和位置，至少要同时有六个测量元素。然而在实际测量中，外测系统得到的测量元素有时质量较差，使某些时间点的可用测量元素数量少于六个量，因而无法解算该点的导弹飞行速度和位置参数。如果出现这种现象的弧段较长，就会影响制导系统工具误差的分离效果。因此，如何综合利用这些外测数据分离制导系统工具误差，是人们极为关心的问题。

现将遥测数据稍加变化，则可建立视速度、视位置数据（含工具误差模型）与发射坐标系分速度、位置的关系式。如果在同一时刻外测系统也得到一组测量值，同样可用向量形式表示它与导弹飞行速度和位置参数的关系。假设遥测制导系统 $t_j$ 时刻测量的视速度参数向量为 $\boldsymbol{W}_j=[W_{x_j}\quad W_{y_j}\quad W_{z_j}]$；而外测数据每个时刻共有 $m$ 个测量元素，则 $t_j$ 时刻的测量向量 $\boldsymbol{R}_j=[R_{1_j}\quad\cdots\quad R_{m_j}]$，它们的测量方程为

$$\begin{cases}\boldsymbol{W}_j=\boldsymbol{W}_j(X_j,Y_j,Z_j,\dot{X}_j,\dot{Y}_j,\dot{Z}_j)+\Delta\boldsymbol{W}_j\\ \boldsymbol{R}_j=\boldsymbol{R}_j(X_j,Y_j,Z_j,\dot{X}_j,\dot{Y}_j,\dot{Z}_j)+\boldsymbol{\xi}_j\end{cases}\tag{4-130}$$

式中，$X_j,Y_j,Z_j,\dot{X}_j,\dot{Y}_j,\dot{Z}_j$——$t_j$ 时刻目标在发射坐标系中的位置分量和速度分量；

$\Delta\boldsymbol{W}_j$——$t_j$ 时刻遥测制导数据的系统误差向量，假如其误差模型 $\Delta\boldsymbol{W}_j=\boldsymbol{S}_j\boldsymbol{C}$，$\boldsymbol{C}$ 为制导系统工具误差系数向量，$\boldsymbol{S}_j$ 为 $t_j$ 时刻环境函数矩阵；

$\boldsymbol{\xi}_j$——$t_j$ 时刻外测数据的随机误差向量，假设 $E(\boldsymbol{\xi}_j)\equiv\boldsymbol{0}$ 及 $E(\boldsymbol{\xi}_i\quad\boldsymbol{\xi}_j^{\mathrm{T}})=\boldsymbol{0}(i\neq j)$ 和 $E(\boldsymbol{\xi}_j\quad\boldsymbol{\xi}_j^{\mathrm{T}})=\boldsymbol{P}_j$。

$\boldsymbol{W}_j=\boldsymbol{W}_j(X_j,Y_j,Z_j,\dot{X}_j,\dot{Y}_j,\dot{Z}_j)$和$\boldsymbol{R}_j=\boldsymbol{R}_j(X_j,Y_j,Z_j,\dot{X}_j,\dot{Y}_j,\dot{Z}_j)$都是关于弹道参数$X,Y,Z,\dot{X},\dot{Y},\dot{Z}$的已知函数。

现将制导系统工具误差模型$\boldsymbol{S}_j\boldsymbol{C}$代入式(4－130)，则有

$$\begin{cases}\boldsymbol{W}_j=\boldsymbol{W}_j(X_j,Y_j,Z_j,\dot{X}_j,\dot{Y}_j,\dot{Z}_j)+\boldsymbol{S}_j\boldsymbol{C}\\ \boldsymbol{R}_j=\boldsymbol{R}_j(X_j,Y_j,Z_j,\dot{X}_j,\dot{Y}_j,\dot{Z}_j)+\boldsymbol{\xi}_j\end{cases}\tag{4-131}$$

现将式(4－131)中工具误差向量$\boldsymbol{C}$若与目标的位置、速度参数同时作为未知待估参数。

假设有$n$个时刻的测量数据，将$n$个测量方程(4－131)联立。此时再设每个时刻制导数据和外测数据的个数$k$大于6，对于$n$个测量时刻$t_j$，这样共有$6n$个未知弹道参数和$l$个工具误差系数。只要$n$充分大，就可以使$kn>6n+l$。此时，利用统计方法可以将$6n$个弹道参数和$l$个工具误差系数同时估计出来，这就是综合利用外测、遥测数据分离制导系统工具误差系统的思想。它与前述的外测、遥测比对分离工具误差的方法相比，差异在于还估计了$n$个采样时刻目标的弹道参数，该方法类似于外弹道测量数据处理的“EMBET”自校准技术。

由4.3.1节中介绍的统计估计方法，都可以用来估计方程(4－131)中的待估参数向量。但是，它也存在着矩阵病态的问题，必须使用优良的估计方法才能得到待估参数的较优估计。弹道参数样条约束“EMBET”技术，对于进一步浓缩待估参数的个数和改进参数估计的效果具有很有效的作用。其原理是将弹道三个方向的位置参数和速度参数，分别用三个标准B样条函数描述或拟合，并代入相应的测量方程(4－131)中，这样使得未知待估参数化成三组样条系数和制导工具误差系数，可以大大“浓缩”未知待估参数。然后对联立方程(4－131)应用非线性最小二乘估计和数值计算方法，迭代得到制导工具误差向量$\widehat{\boldsymbol{C}}$和样条系数的估值；再由样条系数估值代入弹道样条约束条件，则得到所有$t_j$时刻的目标弹道参数估值。此方法已成功应用于外弹道测量数据处理

中,关于样条“EMBET”具体技术原理可详见有关参考文献。

**5. 主动段和被动段弹道测量数据融合处理分离制导系统工具误差**

通常,高精度外测系统除测量导弹主动段弹道外,在弹头与弹体分离后还可以继续跟踪导弹弹体,并可获取相当长的高精度测量数据。特别是固体燃料导弹,其飞行速度快,主动段飞行时间较短,而外测系统在头体分离后,经常还可测量百秒左右的数据。如果再增加GPS等导航卫星的天基测量系统,则对导弹测量弧段将会更显著地增长。此时,不论用外测、遥测数据比对方法或者用综合利用方法来分离制导系统工具误差,由于大大增加了测量数据的冗余度,都会得到优良的估计值。在此,介绍一种利用弹道飞行动力学条件的主、被动测量数据融合处理分离制导系统工具误差的方法。

由导弹飞行特性可知,在自由段飞行时,任意 $t_j$ 时刻的弹道速度(或位置)参数都是该弹道上任意点的位置和速度参数函数。现在取某点为导弹主动段关机点(或分离点) $t_k$,则自由段任意 $t_j$ 时刻弹道速度参数向量 $\boldsymbol{V}$ 表示成

$$\begin{cases}\boldsymbol{X}_j=\boldsymbol{X}_j(X_K \quad Y_K \quad Z_K \quad \dot{X}_K \quad \dot{Y}_K \quad \dot{Z}_K)\\ \boldsymbol{V}_j=\boldsymbol{V}_j(X_K \quad Y_K \quad Z_K \quad \dot{X}_K \quad \dot{Y}_K \quad \dot{Z}_K)\end{cases} \quad j\geqslant K \tag{4-132}$$

式中,$\boldsymbol{V}_j$——$t_j$ 时刻导弹在发射坐标系中的速度向量,即

$$\boldsymbol{V}_j=[\dot{X}_j \quad \dot{Y}_j \quad \dot{Z}_j]^{\mathrm{T}};$$

$\boldsymbol{X}_j$——$t_j$ 时刻导弹在发射坐标系中的位置向量,即

$$\boldsymbol{X}_j=[X_j \quad Y_j \quad Z_j]^{\mathrm{T}}。$$

对于 $t_j$ 时刻外测系统测量数据向量 $\boldsymbol{R}_j$,利用式(4-132)可以表示成关机点时弹道位置和速度参数的函数为

$$\begin{aligned}\boldsymbol{R}_j&=\boldsymbol{R}_j(X_j \quad Y_j \quad Z_j \quad \dot{X}_j \quad \dot{Y}_j \quad \dot{Z}_j)+\boldsymbol{\xi}_{\boldsymbol{R}_j}\\ &=\overline{\boldsymbol{R}}_j(X_k \quad Y_k \quad Z_k \quad \dot{X}_k \quad \dot{Y}_k \quad \dot{Z}_k)+\boldsymbol{\xi}_{\boldsymbol{R}_j}\end{aligned} \tag{4-133}$$

式中,$\boldsymbol{\xi}_{\boldsymbol{R}_j}$——外测数据的随机误差向量;

$R_j$——式(4-133)$X_j$、$V_j$ 代入函数 $R$ 后的函数向量。

而遥测制导测量的视速度数据向量，类似地可以表示成关机点弹道位置和速度参数的函数为

$$\begin{aligned} W_j &= W_j(X_j \quad Y_j \quad Z_j \quad \dot{X}_j \quad \dot{Y}_j \quad \dot{Z}_j) + \Delta W_j \\ &= \overline{W}_j(X_k \quad Y_k \quad Z_k \quad \dot{X}_k \quad \dot{Y}_k \quad \dot{Z}_k \quad) + \Delta W_j \end{aligned} \tag{4-134}$$

式中，$\Delta W_j$——$t_j$ 时刻制导测速数据的工具误差。

故 $\Delta W_j = S_j C$，其中 $C$ 为未知的制导系统工具误差系数向量，$S_j$ 为 $t_j$时刻的环境函数。$X_k, Y_k, Z_k, \dot{X}_k, \dot{Y}_k, \dot{Z}_k$ 的含义同式(4-133)。

现将 $\Delta W_j = S_j C$ 代入式(4-134)，则有

$$W_j = \overline{W}_j(X_k, Y_k, Z_k, \dot{X}_k, \dot{Y}_k, \dot{Z}_k) + S_j C \tag{4-135}$$

由此，利用导弹自由飞行段的特性和动力学条件，假若自由段有 $n_1$ 个时刻的测量数据，则上述两方程(4-133)和(4-134)中 $6n_1$ 个未知弹道参数化成为 6 个未知参数 $X_k, Y_k, Z_k, \dot{X}_k, \dot{Y}_k, \dot{Z}_k$ 的函数，大大"浓缩"了未知参数数量。如果将自由段外测、遥测数据与主动段外测、遥测数据联立，并假设有 $l$ 个制导系统工具误差，在主动段上有 $n$ 个采样测量时刻，被主动段上有 $n_1$ 个采样测量时刻，而且每个采样时刻外测、遥测数据的个数 $m$ 多于 6，此时，共有 $m(n+n_1)$个测量数据和 $6n+6+l$ 个未知待估参数。只要 $n$ 和 $n_1$充分大，总可使 $m(n+n_1) > 6n+6+l$，这样将方程(4-133)和方程(4-131)联立，应用统计估计方法得到 $6n+6+l$ 个未知参数的估值。若将所估计的 $t_k$ 时刻弹道位置速度参数的估值 $\widehat{X}_k$ 和 $\widehat{V}_k$ 代入方程(4-132)中，则可以得到自由飞行段所有时刻的弹道位置和速度参数。由此可知，由于应用了自由飞行段导弹动力学方程，显著地"浓缩"了待估参数的个数，而大大增加了测量数据的冗余度，显然，这样使待估参数的精度明显地得到提高。该方法应用自由段动力学条件时类似于轨道约束"EMBET"自校准技术。

对方程(4－133)、(4－135)和(4－131)未知参数估计可以应用前4.3.1节介绍过各种统计估计方法，当然各种估计方法的优良性必须探讨研究。如果在主动段测量方程(4－131)中，再利用样条函数拟合和描述道弹参数，则弹道参数和工具误差估计的效果能得到更进一步改进和提高，使融合处理分离制导系统工具误差技术更加完美。

**6. 卡尔曼滤波技术分离制导工具误差**

在4.3.1节中曾介绍了卡尔曼—布西滤波技术。长期以来，人们都试想应用卡尔曼滤波对主动段制导系统的精度进行评定，但导弹飞行试验时，因空气动力、推力等因素，很难准确地建立导弹主动段动力学模型，而且其理论模型的解析式也是非常复杂的。因此，一直未能应用卡尔曼滤波来分离和估算制导系统的工具误差。

逐渐地，人们认识到制导系统输出的视速度和视位置，实际上是由视加速度数据积分得到的，即由 $t_j$ 时刻前的制导系统累积后得到 $t_j$ 时刻的导弹运动状态，因此可以视为已应用了动力学方程的预测得到 $t_j$ 时刻的状态估计，而不是依据动力方程解析式得到 $t_j$ 时刻的状态估计。如果再利用外测数据对 $t_j$ 时刻的状态预测值进一步估计和修正，则从工程意义上实现了卡尔曼滤波的应用。为此，可以将制导工具误差引入到制导系统的测速数据中，应用自适应滤波原理，将它也作为待估参数。随着测量时间延长，可以实现边估计导弹的状态量—弹道参数和工具误差，边修正工具误差，这样就精确地估计了状态向量和制导工具误差。在国外，已采用此技术来分离制导系统工具误差，并取得了很好的效果。对于此方法的具体公式不再详细推导，可以参阅有关文献。

### 4.3.3 外弹道测量精度指标论证

由4.3.2节导弹(运载火箭)精度评定的各种技术中可知，外弹道测量和处理的弹道参数是评定导弹(运载火箭)精度的标准和依据。因此，要评定导弹的精度，必须保证外测系统提供比导弹飞行弹道精度更高的弹道参数。同时可知，既然外弹道测量数据是评定导弹精度的依据和标准，那么它的测量精度指标必须根据导弹（或运载火箭）精度指标来进行论证并确定。本节将简单叙述外弹道测量精度指标论证过程。

由于导弹精度指标也就是导弹全程弹道落点精度，由前述可知，它是由导弹飞行时三大段弹道各自的精度之和，即落点总误差的方差为

$$\sigma_{总}^2=\sigma_{主动}^2+\sigma_{自由}^2+\sigma_{再入}^2 \tag{4-136}$$

式中，$\sigma_{主动}^2,\sigma_{自由}^2,\sigma_{再入}^2$——导弹在主动段、自由段和再入段误差的方差。

在此，首先对导弹飞行弹道的三大段误差进行分析，经论证后将导弹的精度指标分配成三大段各自的总精度指标 $\sigma_{主动}^2,\sigma_{自由}^2$ 和 $\sigma_{再入}^2$。由于每部分的误差均由落点射程的纵向偏差 $\Delta L$ 和横向偏差 $\Delta H$ 组成，其精度也由两部分组成。根据 4.1 节分析，主动段干扰因素是影响导弹落点精度最重要的因素，为此，仅介绍导弹主动段弹道对外测弹道测量精度论证过程。

由于弹道导弹落点位置是导弹主动段关机点位置参数和速度参数的函数，其落点的位置常用纵向射程 $L$ 和横向射程 $H$ 表示，因此有

$$\begin{cases}L=L(X_k,Y_k,Z_k,\dot{X}_k,\dot{Y}_k,\dot{Z}_k)\\H=H(X_k,Y_k,Z_k,\dot{X}_k,\dot{Y}_k,\dot{Z}_k)\end{cases} \tag{4-137}$$

式中，$X_k,Y_k,Z_k,\dot{X}_k,\dot{Y}_k,\dot{Z}_k$——导弹关机点 $t_k$ 在发射坐标系中的位置分量和速度分量。

因此，导弹全程飞行时，主动段精度即为关机点 $t_k$ 的精度，它是由 $t_k$ 时的导弹位置和速度误差引起的。对式(4-137)全微分得到

$$\begin{cases}\Delta L_{主}=\dfrac{\partial L}{\partial X_k}\Delta X_k+\dfrac{\partial L}{\partial Y_k}\Delta Y_k+\dfrac{\partial L}{\partial Z_k}\Delta Z_k+\dfrac{\partial L}{\partial \dot{X}_k}\Delta \dot{X}_k+\dfrac{\partial L}{\partial \dot{Y}_k}\Delta \dot{Y}_k+\dfrac{\partial L}{\partial \dot{Z}_k}\Delta \dot{Z}_k\\\Delta H_{主}=\dfrac{\partial H}{\partial X_k}\Delta X_k+\dfrac{\partial H}{\partial Y_k}\Delta Y_k+\dfrac{\partial H}{\partial Z_k}\Delta Z_k+\dfrac{\partial H}{\partial \dot{X}_k}\Delta \dot{X}_k+\dfrac{\partial H}{\partial \dot{Y}_k}\Delta \dot{Y}_k+\dfrac{\partial H}{\partial \dot{Z}_k}\Delta \dot{Z}_k\end{cases} \tag{4-138}$$

式中偏导数都是由每个型号导弹计算得到的已知量。由误差方程(4－138)并根据误差传播原理,得到相应的精度(均方差 $\sigma$)的关系式,经论证后可将导弹主动段精度指标分配成 $t_k$ 时刻的位置分量和速度分量的精度指标。在理论上,可以由导弹主动段飞行的动力学方程来求解式(4－138)中 $t_k$ 时刻的偏导数,但因主动段动力方程非常复杂,很难用显式表示这些偏导数,而需要通过其他一些方法——求差法、解析法等来得到偏导数在 $t_k$ 时刻的数值。

据此,由关机点对导弹的位置和速度参数精度指标可以提出对外弹道测量精度的要求 $\sigma_{X外},\sigma_{Y外},\sigma_{Z外},\sigma_{\dot{X}外},\sigma_{\dot{Y}外},\sigma_{\dot{Z}外}$。根据鉴定标准的原理,一般要求外测精度指标比导弹精度指标高三倍以上。

经论证分析,在位置和速度参数中,$t_k$ 时刻速度参数的误差对落点精度的影响远大于位置参数的影响,特别是 $X$ 和 $Y$ 方向的速度分量 $\dot{X},\dot{Y}$ 的误差影响最大。对于远程洲际导弹,一般关机点速度参数的误差对落点的影响可以比位置参数的影响大 1 个～2 个数量级。因此,对外测精度指标要求,主要是考虑速度参数的精度指标,要求外弹道测量提供高精度的速度分量参数。

上述的外弹道测量精度指标论证过程,主要针对导弹三大段精度评定技术。对于远程洲际导弹,因应用特殊弹道试验和利用外测、遥测速度参数比对分离制导系统工具误差方法,所以对主动段外测精度要求的指标论证还要复杂得多。它以式(4－128)和式(4－129)为依据,并根据对射程误差影响较大需要分离的工具误差 $C_i=(i=1,2,\cdots,k)$ 的原则,在其分离结果的估值精度 $\sigma_{\hat{c}_i}$ 满足与 $c_i$ 设计值之比,即满足 $\dfrac{c_i}{\sigma_{\hat{c}_i}}\geqslant A(A\geqslant1)$ 的条件下,对外测弹道测量的速度 $\dot{X},\dot{Y},\dot{Z}$ 提出主动段全弹道测量精度指标 $\sigma_{\dot{X}},\sigma_{\dot{Y}},\sigma_{\dot{Z}}$。

根据制导工具误差分离方法,明显地对外弹道测量提出很高的测量精度要求:一是对主动段整个弹道提出精度要求;二是测量精度比同类型号导弹的全程弹道试验精度要求高三倍以上;这些都造成了对外弹道测量提出非常苛刻的测量精度要求。对此,一方面要求不断地提高和改进外弹道测量和数据处技术水平;另一方面也要努力改进和提高导弹试验方法和精度评定技术,吸取国外的先进技术,这样才能更好地完成导弹飞行试验任务。

# 第5章 外弹道测量体制

在论证和设计外测系统总体方案时，需要根据地地导弹或运载火箭的飞行试验任务关于跟踪测量弧段和外弹道测量精度要求，对不同测量几何的外弹道测量体制（简称外测体制或测量体制）进行分析和论证，并选择最合适的外测系统（或设备）制定出相应的外测系统总体技术方案，以更好地完成对应的地地导弹或运载火箭的飞行试验的跟踪与测量任务。

## 5.1 外测体制分类

外测体制指每一时刻能够确定地地导弹或运载火箭空间飞行的弹道参数（通常为某坐标系的位置坐标 $x,y,z$ 和速度坐标 $\dot{x},\dot{y},\dot{z}$），并按一定的测量几何关系所需要的最少测量元素的组合并组成相应的外测测量系统（或设备）。而测量几何指测量站相对于被测目标位置之间的几何关系。目前在试验场对地地导弹和运载火箭跟踪测量的外测体制，主要有纯测角制、测距测角制、纯测距的 $3R$ 制、距离及距离差 $Rr$ 制和距离和 $3S$（多 $S$）制。

随着导弹和航天试验技术发展的需要，不断地增加了其在空间飞行的时间和射程，也不断提高了命中精度和制导精度。要完成其飞行试验任务，试验场已由单个测站、单套外测系统（或设备）跟踪测量飞行器的飞行弹道、测量精度以某些特征点（例如关机点）为主的外测方案，发展成为由多个测站、多套外测系统、甚至多个场区多种不同外测体制的外测系统共同联测来完成跟踪测量任务。外测体制除了以测量几何关系和组合分类外，有时还泛指以测站个数分类的单站制和多站制。由于连续波测量雷达的干涉仪和多站测量系统的使用，又引入了以基线制和非基线制对外测体制分类；而连续波系统又分为短基线、中长基线、甚长基线制等。另外，为了适应试验任务的需要，例如武器或运载火箭发射方向的变化，有些试验场受测量条件（地形、布站等）的影响，有时会采用不同测量几何组合的混合测量体制。在此，仍按经典的测量几何组合分类来介绍相应的外测体制。

### 5.1.1 测角体制

由目标相对测量站的方位角 $A$ 和高低角 $E$ 测量元素组成外测设备的测量体制称为测角体制。在此，方位角 $A$ 指测站基点（原点）的天文北（或大地北）分别与该点至空间目标点距离 $R$ 在过该点水平面（或法平面）的投影的夹角，并以顺时针为正，如图 5－1所示。其中在水平面上的夹角称为天文方位角，而在法平面上的夹角称为大地方位角，对于外弹道测量系统，方位角均指天文方位角。

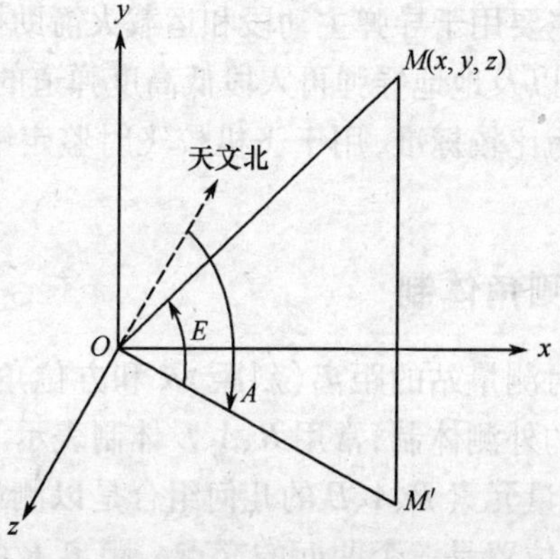


图 5－1　测角系统测量量示意图

高低角 $E$ 指基点至空间目标的距离 $R$ 与过基点的水平面或法平面的夹角。向上为正，如图 5－1 所示。同样地，距离 $R$ 与水平面的夹角称为天文高低角，而与法平面的夹角称为大地高低角，对于外弹道测量系统来说，通常高低角指天文高低角。

由方位角和高低角关于测量站与目标空间位置的关系式为

$$\begin{cases} A = \begin{matrix} 0^\circ \\ 180^\circ \end{matrix} \pm \arcsin \dfrac{z}{D} & \begin{matrix} x \geqslant 0 \\ x < 0 \end{matrix} \\ E = \arctan \dfrac{y}{D} \\ D = \sqrt{x^2 + z^2} \end{cases} \tag{5-1}$$

式中，$x,y,z$——目标在测量坐标系中的位置坐标；式(5－1)也可用发射坐标系的坐标表示，仅是关系式稍复杂些。

电影经纬仪等光学测量设备是测角体制。由于每台电影经纬仪每个时刻只能对目标测量两个值 $A$ 和 $E$，因此，单台电影经纬仪不能确定或解算飞行器的空间弹道位置参数，必须有两台以上的设备交会测量，才能确定飞行器在空间的飞行轨迹。对于飞行器飞行弹道的速度参数，主要依据由电影经纬仪解算得到的飞行器弹道位置参数，应用微分求速方法计算得到。在试验场，光学测量的电影经纬仪主要用于导弹主动段和运载火箭助推段起飞后的初始段弹道测量，以及地地导弹再入段低高度弹道的测量。有时，电影经纬仪还作为比较标准，用于飞机校飞时鉴定中低精度外测设备的测量精度。

### 5.1.2　测距测角体制

由目标相对测量站的距离(斜距)$R$ 和方位角 $A$、高低角 $E$ 等测量元素组合的外测体制，常用 $R$、$A$、$E$ 体制表示。

实际上，测量元素 $R$、$A$、$E$ 的几何组合是以测站为原点的一组球面坐标，目标位置是三个曲面的交点。距离 $R$ 的空间几何轨迹是以原点为中心、$R$ 为半径的球面，方位角 $A$ 空间轨迹是过原点垂直于水平面并与水平面天文北夹角为 $A$ 的平面，高低角 $E$ 空间轨迹是圆锥顶点为原点并与垂直于水平面的中心轴线的夹角为 $90^\circ - E$的圆锥面。由上述三个曲面的交点即为目标点，它在以测站为原点的测量坐标系中坐标 $x$、$y$、$z$ 与测量元素 $R$、$A$、$E$ 具有下述

关系式

$$\begin{cases} x = R\cos A\cos E \\ y = R\sin E \\ z = R\sin A\cos E \end{cases} \tag{5-2}$$

由式(5－2)立即得到目标空间位置的坐标。

试验场具有 $R$、$A$、$E$ 外测体制的主要外测设备有光电经纬仪(电影经纬仪加装激光测距装置)、单脉冲雷达和连续波雷达,这些设备一般属于中、低精度的外测设备。在导弹主动段和运载火箭助推段的起飞初始段飞行时,因其发动机的喷焰大,无线电信号受火焰影响严重,弹上天线覆盖设计困难,常用 $R$、$A$、$E$ 体制的光电经纬仪跟踪测量飞行器。有时考虑到目标上安装合作目标的激光回波信号的困难,经常采用纯测角体制的电影经纬仪跟踪测量飞行器。

单脉冲雷达主要作为中精度测量要求的运载火箭飞行试验的定位测量系统,与连续波测速系统组合成混合测量体制。共同确定和解算飞行器弹道的位置和速度参数,而更多的是用于导弹自由飞行段测量和再入低高段(黑障上空)弹道的测量。目前,根据武器试验的制导系统精度方法主要是应用高精度的弹道分速度参数,以及干涉仪定位系统测量原理和设备使用的复杂性等因素,单脉冲雷达开始与多 $\dot{S}$ 测速体制组成混合体制完成导弹主动段弹道的高精度测量。

### 5.1.3 测距体制

由三个单站各自测量测站至目标的距离 $R$ 测量元素组成的测量体制,常称为 $3R$ 外测体制。当每个站还同时测量测站到目标的距离变化率 $\dot{R}$ 时,则与测距元素 $R$ 共同组成 $3R\dot{R}$体制。

测站至目标距离 $R$ 的空间轨迹是以测站原点为中心、$R$ 为半径的球面,由 $3R$ 测量元素的三个球面的交点即为目标点。测量元素 $R$ 与目标空间坐标的关系式为

$$R_i = [(x-x_i)^2 + (y-y_i)^2 + (z-z_i)^2]^{\frac{1}{2}} \qquad i=1,2,3 \tag{5-3}$$

式中，$R_i$——第 $i$ 个测距元素；

$x_i, y_i, z_i$——第 $i$ 个测站在发射坐标系中的站址坐标；

$x, y, z$——目标在发射坐标系中的位置坐标。

由式(5-3)联立，立即可以解算出目标在发射坐标系中的位置坐标。式中的坐标系可以为其他的参考坐标系，但更多的是应用发射坐标系。

三台单脉冲雷达、连续波雷达和天基测量系统（例如 GPS、GLONASS、伽利略导航系统和我国北斗二代导航系统）都是 $3R$（或 $3R\dot{R}$）体制。对于单脉冲雷达，必须按频分和时分方式实现多站应答（常称为三站触发）来构成 $3R\dot{R}$ 的外测体制。而连续波雷达主要通过中频转发体制或中频调制转发体制应答机，应答地面多个连续波站的询问构成 $3R\dot{R}$ 外测体制；也可采用飞行器上安装信标机，并由它发送信号，地面三站（或多站）接收实现 $3R\dot{R}$ 测量体制。对于 GPS 等导航卫星，通过卫星发射信号，由导弹或运载火箭上装载的接收机接收信号，组成 $3R\dot{R}$（多 $R\dot{R}$）外测体制，并由外测设备将接收导航电文传送到地面处理。这种体制不需要基线传输，各站可以独立工作。

$3R\dot{R}$ 外测体制属于中精度的测量体制，各站之间距离越远，对飞行器弹道测量精度也越高，但是会影响 $3R\dot{R}$ 体制交会测量弧段长度。通常要求该体制的各测站间距离在数百千米左右。由于要求各站间的距离较远，时统、通信传输量大，以及实现多站应答的困难和复杂性，使它的应用受到一定限制。目前主要应用于导弹主动段弹道测量和运载火箭助推段测量。

### 5.1.4 距离及距离差体制

由一个主站和两个副站组成的主站到目标的距离 $R_0$ 及两副

站至目标的距离 $R_i$ 分别与 $R_0$ 之差 $r_i$ 测量元素的测量体制，常称为 $Rr_i$ 体制。如图 5-2 所示。

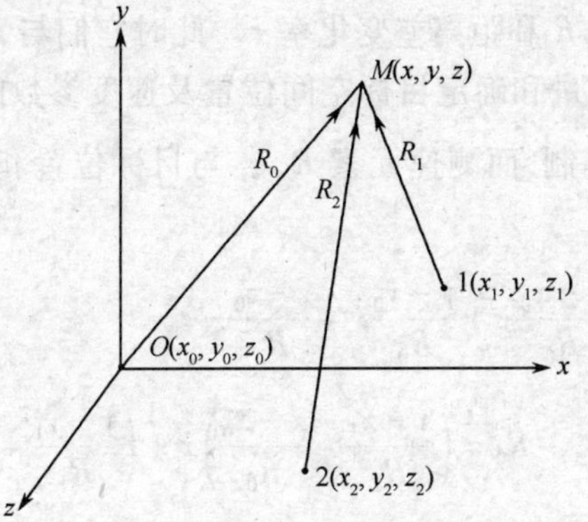


图 5-2　测距系统测量量示意图

对于 $Rr_i$ 体制的测量几何可以看成以主站为球心、半径为 $R$ 的圆球面及两个以主站和两副站分别为焦点的双曲面，三个曲面的交点为目标空间位置 $x,y,z$。

$Rr_i$ 体制的测量元素与目标空间位置的关系为

$$\begin{cases} R_0 = \sqrt{(x-x_0)^2+(y-y_0)^2+(z-z_0)^2} \\ r_1 = R_1 - R_0 = \sqrt{(x-x_1)^2+(y-y_1)^2+(z-z_1)^2} \\ \qquad - \sqrt{(x-x_0)^2+(y-y_0)^2+(z-z_0)^2} \\ r_2 = R_2 - R_0 = \sqrt{(x-x_2)^2+(y-y_2)^2+(z-z_2)^2} \\ \qquad - \sqrt{(x-x_0)^2+(y-y_0)^2+(z-z_0)^2} \end{cases} \tag{5-4}$$

式中，$R_0$——主站到目标的距离；

$R_i$——第 $i$ 个副站到目标的距离；

$x,y,z$——目标在发射坐系中的位置坐标；

$x_0,y_0,z_0$——主站在发射坐标系中的站址坐标；

$x_i,y_i,z_i$——第 $i$ 个副站在发射坐标系中的站址坐标，它们也可以为其他某个坐标系而表示式不变。

对于 $Rr_i$ 外测体制，通常还同时测量对应的测量元素变化率，即距离变化率 $\dot{R}$ 和距离差变化率 $\dot{r}$。此时它们与 $Rr_i$ 体制元素可以构成独立测量和确定目标空间位置及速度参数的测量系统，常记为 $Rr_i\dot{R}\dot{r}_i$ 体制，而测速元素 $\dot{R}$、$\dot{r}_i$ 与目标位置和速度之间的关系式为

$$\begin{cases}\dot{R}_0=\dfrac{x-x_0}{R_0}\dot{x}+\dfrac{y-y_0}{R_0}\dot{y}+\dfrac{z-z_0}{R_0}\dot{z}\\ \dot{r}_1=\dot{R}_1-\dot{R}_0=\left(\dfrac{x-x_1}{R_1}-\dfrac{x-x_0}{R_0}\right)\dot{x}+\left(\dfrac{y-y_1}{R_1}-\dfrac{y-y_0}{R_0}\right)\dot{y}\\ \qquad+\left(\dfrac{z-z_1}{R_1}-\dfrac{z-z_0}{R_0}\right)\dot{z}\\ \dot{r}_2=\dot{R}_2-\dot{R}_0=\left(\dfrac{x-x_2}{R_2}-\dfrac{x-x_0}{R_0}\right)\dot{x}+\left(\dfrac{y-y_2}{R_2}-\dfrac{y-y_0}{R_0}\right)\dot{y}\\ \qquad+\left(\dfrac{z-z_2}{R_2}-\dfrac{z-z_0}{R_0}\right)\dot{z}\end{cases} \tag{5-5}$$

式中，$R_0$——主站到目标的距离；

$R_i$——第 $i$ 个副站到目标的距离；

其他符号同式(5-4)。

连续波测量系统是具有 $R$、$r_i$ 外测体制的外测系统。通常，它以一个主站与两个副站组成直角三角形，其中主站连续发射调制在射频上的距离信号，发至导弹或运载火箭上的应答机，经目标应答机处理并发射到地面接收站，在主站将接收的测距信号与发射的测距信号比较得到主站到目标的距离；同时主站通过基线传输塔向副站发送微波信号，作为副站的频率源，而副站接收来自飞行器转发信号也通过基线传输塔传送到主站，在主站将主、副站到目标的距离信号相互相干，得到主站、副站至目标的距离差 $r_i$。在工

程中，距离差 $r_i$ 实质上是由两距离和元素作差得到。而主站的发射天线与接收天线不在同一点，相隔几米或几十米，因此主站测量的距离 $R$ 也是主站收、发天线到目标的距离和 $S_0$，在实际应用并精确处理时，它与目标位置的关系变成为

$$S_0 = R_0 + R'_0 = \sqrt{(x-x_0)^2+(y-y_0)^2+(z-z_0)^2} + \sqrt{(x-x'_0)^2+(y-y'_0)^2+(z-z'_0)^2} \tag{5-6}$$

式中，$R_0$——主站接收天线至目标的距离和；

$R'_0$——主站发射天线至目标的距离和；

$x_0, y_0, z_0$——主站接收天线在发射坐标系中的站址坐标；

$x'_0, y'_0, z'_0$——主站发射天线在发射坐标系中的站址坐标。

对于 $Rr_i$ 测量体制对应的测速元素 $\dot{R}$、$\dot{r}_i$，同样地，由主站连续波发射多普勒信号，经导弹或运载火箭上的应答机接收并转发至主站和两副站，主站接收多普勒信号与发射信号作差得到多普勒频率，则可以得到主站至目标的距离变化率 $\dot{R}$；而两副站接收的多普勒信号与主站的多普勒信号作差，则可以得到两副站至目标距离变化率 $\dot{R}_i$ 之差，即主、副站距离差变化率 $\dot{r}_i$。类似地，主站实际上得到的是主站的发射天线与接收天线至目标的距离和变化率 $\dot{S}_i$。在要求高精度的精确处理时，它与目标位置、速度坐标的关系式变成为

$$\dot{S}_0 = \dot{R}_0 + \dot{R}'_0 = \left(\frac{x-x_0}{R_0} + \frac{x-x'_0}{R'_0}\right)\dot{x} + \left(\frac{y-y_0}{R_0} - \frac{y-y'_0}{R'_0}\right)\dot{y} + \left(\frac{z-z_0}{R_0} - \frac{z-z'_0}{R'_0}\right)\dot{z} \tag{5-7}$$

式中，$\dot{R}_0$——主站接收天线至目标的距离和变化率；

$\dot{R}'_0$——主站发射天线至目标的距离和变化率。

由于 $Rr_i$ 体制的距离 $R$ 及对应距离变化率采用相干技术得到，所以此类测量体制的连续波测量系统常称为干涉仪测量系统。

干涉仪测量系统的测量精度非常高，是试验场的高精度测量系统，主要用于导弹的主动段弹道测量和运载火箭助推段弹道测量。由于 $Rr_i$ 测量体制是利用基线与主站和副站之间的信号，因此，人们又常称干涉测量系统为基线制的外测体制。一般地主、副站之间基线越长，对目标飞行弹道的测量精度越高。但是，考虑到基线越长对信号传输等技术问题的难度也越大，且公共测量弧段也减少，目前试验场测量精度最高的干涉仪系统的基线长度约为30km。

在试验场 $Rr_i$ 体制的类型多数为 L 型干涉仪，即由一主站和两副站组成。有的试验场，为了保证 $Rr_i$ 外测体制的测量可靠性和测量精度，采用一主站和三副站组成，它是以主站为中心，三个副站以 120°夹角围绕主站构成 Y 形干涉仪。经过试验场几十年使用，认识到干涉仪系统定位部分 $Rr_i$，其设备系统及测量组成、可靠性、校零方法、数据处理等问题都是非常复杂的，要实现高精度测量的难度非常大；再加上目前导弹飞行试验的精度鉴定，在主动段弹道主要要求外测系统提供高精度的测速数据。因此，试验场准备摒弃复杂的干涉仪定位系统，用中精度的 $R$、$A$、$E$ 体制的单脉冲雷达替代，并与纯测速的连续波系统构成混合体制，共同完成导弹和运载火箭飞行试验的实时和事后外测任务。

### 5.1.5 距离和测量体制

由一个主站和三个副站组成测量主站与三个副站至目标的距离之和测量元素的外测体制；常用3$S$ 体制表示，如图 5－3 所示。对于3$S$ 体制，它的测量几何是以主站与各副站为两焦点的三个椭球面，其交点为目标的交点。

对于测量元素距离和 $S$ 与目标位置坐标有如下关系

$$
\begin{aligned}
S_i &= R_0 + R_i \\
&= \sqrt{(x-x_0)^2+(y-y_0)^2+(z-z_0)^2} \\
&\quad + \sqrt{(x-x_i)^2+(y-y_i)^2+(z-z_i)^2} \qquad i=1,2,3
\end{aligned}
\tag{5-8}
$$

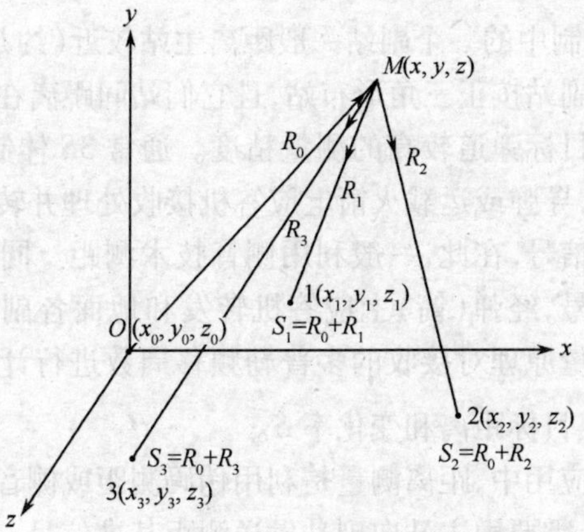


图 5－3 距离和系统测量量示意图

式中，$x, y, z$——目标在发射坐标系中的位置坐标；

$x_0, y_0, z_0$——主站在发射坐标系中的位置坐标；

$x_i, y_i, z_i$——第 $i$ 个副站在发射坐标系中的位置坐标。上述坐标系也可以为其他某个坐标系。

对于 3S 外测体制，当同时测量主站与各副站至目标间距离变化率 $\dot{S}$ 时，则它们共同构成距离和及其距离变化率的外测体制，常用 $3S\,\dot{S}$ 表示。此时利用 $3S\,\dot{S}$ 外测体制可以解算空间目标的位置和速度，其中距离和变化率 $\dot{S}$ 与目标空间坐标的关系为

$$\begin{aligned}\dot{S}_i &= \dot{R}_0 + \dot{R}_i\\ &= \left(\frac{x-x_0}{R_0}+\frac{x-x_i}{R_i}\right)\dot{x}+\left(\frac{y-y_0}{R_0}+\frac{y-y_i}{R_i}\right)\dot{y}+\left(\frac{z-z_0}{R_0}-\frac{z-z_i}{R_i}\right)\dot{z}\\ R_i &= \sqrt{(x-x_i)^2+(y-y_i)^2+(z-z_i)^2} \qquad i=1,2,3 \end{aligned} \tag{5-9}$$

式中，$x, y, z, \dot{x}, \dot{y}, \dot{z}$——空间目标在发射坐系中的位置和速度；

$x_i, y_i, z_i$——主站和第 $i$ 个（$i=0,1,2,3$）副站在发射坐标系中的站址坐标。

$3S\,\dot{S}$ 体制的主要设备是多站连续波测量系统。在工程中，3S

(或 $3S\dot{S}$)体制中的一个副站一般距离主站较近(约几十米),假若它与其他两副站按正三角形布站,且它们站间距离在几百千米时,则可以获取目标弹道较高的测量精度。通常 $3S$ 体制是由主站连续发射信号,导弹或运载火箭上应答机接收处理并转发信号,各副站接收转发信号,在此,一般利用侧音技术测距。同样地,由主站发射载波信号,经弹(箭)上应答机转发和地面各副站接收,并应用多普勒测量原理对接收的多普勒频移周数进行计数和处理,得到主、副站至目标距离和变化率 $\dot{S}$。

在工程应用中,距离测量是利用伪码测距或侧音测距,它们都是测相系统,需要由主站向副站发送测距基准信号。当主、副站间基线较长时,无法通过基线传输主站的测距初始相位,因此,除主站接收天线(副站)离发射天线较近外,其他两副站实际上因无基准测距数据不能获取测距元素。假若站间距离较短(例如小于几十千米),则 $3S$ 测量体制对弹道测量精度就较差。因此,在工程中,真正构成高精度的 $3S$ 体制是难以实现的。对于测速元素,在副站如果配置高精度频率源,使主、副站通过频率校准达到两频率值相同,则副站可以完成距离和变化率的测量,从而实现 $3\dot{S}$ 体制。当主站和副站站间距离较远时,可以获得高精度弹道速度测量。因此,长期以来,试验场使用一个距离和 $S$ 及三个距离和变化率 $\dot{S}$ 组成的多站连续波测量系统,但不能独立确定导弹或运载火箭的空间运动轨迹,而是与其他高精度的干涉仪系统联测,以增加冗余测量和可靠性,保证外测系统对目标弹道测量弧段和测量精度。

由于导弹试验精度评定和运载火箭飞行精度分析,主要是依据外测系统提供主动段弹道的高精度速度参数。随着数据处理计算技术的发展,对于一个距离和及 $K$ 个($K \geqslant 3$)距离和变化率的多站连续波测量系统(甚至不要距离和 $S$),只要有一定精度的测量定位系统(例如单脉冲雷达)与它联测,并应用弹道样条多项式拟合和逼近方法,就可以解算得到目标的高精度弹道速度参数(考虑到连续波定位测量系统的测距原理、设备实现、信号传输以及数据处理等技术的复杂性;而距离和变化率 $\dot{S}$ 的测量原理、设备实现、配置等技术相对简单,也不需要主站和副站间的信号传输)。目前试验场已弃用连续波定位测量系统,而为武器试验和运载火箭飞行试验研制并建立了一个新一代的高精度测量系统,它是一个由纯测速($\dot{S}$)元素组成的高精度多站连续波测量系统,通常需要同时有6个或6个以上的测速元素与中精度的单脉冲雷达联测,完成导弹和运载火箭飞行试验跟踪测量任务,并提供经事后处理的高精度弹道速度参数。

当然,对于多 $\dot{S}$ 连续波测速系统,如果主站和副站相隔太远,又会增加大地测量、电波折射修正、通信时统等环节的技术难度和工作量,所以一般相隔几十千米至几百千米,最大不要超过300km。另外需要说明的是,工程应用中,瞬时多普勒频率的测量和获取从设备上是难以实现的,通常测量得到的是采样间隔之间的多普勒频移周数,然后通过数据处理的微分求速技术得到距离变化率 $\dot{S}$。

## 5.2 外测体制与布站设计

为了保证导弹和运载火箭飞行试验任务,必须根据试验任务和对外测系统的测量精度要求,以及试验场区与飞行试验航区的具体环境条件,选择适宜测量体制的外测系统和它们的组合。由5.1节可知,外测系统的测量体制主要指测量元素的测量几何,也就是测量站与被测目标之间相对空间几何关系。所以,测量几何与测量站的站址布置是紧密关联的。由于外测系统的主要任务是评定和分析导弹、运载火箭的精度,因此,测量体制选择和布站设计的首要原则是如何获取飞行器的高精度弹道,使外测体制在设计布站条件下测量目标能够构成最优观测几何,使它测量的弹道精度能够达到最优。除此,布站设计还需满足测量覆盖范围、设备跟踪性能、避开火箭喷焰影响、遮蔽效应和周围地形等条件的要求,以及气象、水文、交通、生活等其他条件的要求。

### 5.2.1 最优测量几何

选择外测体制与测站站址的首要原则是获取目标飞行弹道的高精度测量，为武器的命中精度评定、定型和改进提供重要的依据。在5.1节叙述的试验发射场几种外测体制，它们的理论最优布站是不相同的。一般地，两台测角体制的电影经纬仪要求两测站对称等距地分布在目标的两旁，目标在两站连线中心的正上方，高度在45°左右，此时，目标的测量精度可达到最高，也就是构成最优测量（观测）几何。对于$3R\dot{R}$体制，最优测量几何是三测站按正三角形布站，目标在正三角形中心的上空，且站间距离为被测目标点高度的$\sqrt{6}$倍左右。对于连续波干涉仪由一个主站、两个副站组成时，要求构成L形直角形布站，中心处为直角的交点；当干涉仪由一个主站、三个副站组成时，要求三个副站构成正三角形，主站位于三角形中心，上述是几种外测体制最优观测几何的布站与目标空间的大致关系，而精确的最优布站关系还需要再详细计算。

由于早期中近程导弹的飞行时间和射程较短，射程为1000km～2000km左右，常由单一体制的外测系统或设备（主要是光学测量设备）就可完成其主动段飞行弹道的测量；另外，因武器的命中精度较低，对其命中精度的评定主要是采用三大段弹道精度鉴定的方法，一般在导弹飞行弹道的特征点对外测系统提出测量精度要求，例如弹道的关机点（单级）、再入点。因此，在导弹飞行的不同弹道段落采用单一测量体制的外测设备，并可采用对某点的理论最优测量几何选择测站站址。随着导弹和运载火箭技术发展，导弹已由单级发动机发展成多级发动机组成，主动段弹道飞行时间也由几十秒增加到几百秒。而导弹命中精度也提高到了一二个数量级以上，再加上我国的陆地面积、地形及人口密度与分布等条件限制，对于远程洲际导弹飞行试验的精度评定，常采用特殊弹道飞行试验和精度评定方法。例如导弹主动段采用外测与遥测制导数据比对方法分离制导系统工具误差并评定精度，此时对外测系统要求对主动段的全弹道进行高精度测量。为此，对战略导弹和运载火箭的测量，发射试验场也由单一外测体制基于单套外测系统对弹道测量发展成由不同体制的多套外测系统的接力或交会测量。因此，基于单点测量的理论最优测量几何和最优布设的方法，已经无法满足导弹和运载火箭试验技术的需要，必须考虑多种体制、多套外测系统对全弹道测量的最优测量几何和布站，这就增加了站址选择的复杂性。根据长期论证和实践经验，一般要求多套站测量时各测量站能均匀地沿着飞行器飞行航路两侧分布，随着目标飞行高度、距离和速度增加，还要求测站之间基线(距离)相应地增加，基线长度从几十千米增加几百千米左右，以确保对导弹或运载火箭整个飞行弧段的测量精度。

由于多种体制的多套外测系统联测时的最优测量几何和布站设计是极其复杂的，再加上布站选择的其他因素，必须对外测系统测量弹道的精度进行充分地理论估算，才能较优地选择满足外测精度要求的测站站址。

### 5.2.2 测量覆盖要求

测量覆盖要求指外测系统或设备在设置的布站点跟踪测量目标和飞行轨迹时能够达到测量精度及试验任务要求保精度的范围。测量覆盖要求是外测系统制定方案和测站选择能够满足目标飞行试验任务的基本要求。它主要根据无线电测量系统发射和接收信道的上行、下行线路电平或光学测量设备作用距离的计算结果，综合弹上天线方向图，确定出可能达到的系统测量精度以及保精度空域的覆盖范围，从而选择合适的测站地点。

同样地，不同体制的多套(台)外测系统联测时，每套(台)外测系统(或设备)可能测量覆盖和保精度的空域范围是不同的。因此，论证和选择各测站站址时，需要综合地考虑各种因素，选择满足飞行试验任务测量覆盖较优的布站地点。

### 5.2.3 设备跟踪性能

外测设备的跟踪性能指在保精度和极限条件下的跟踪能力。检验和表征跟踪能力的主要物理量有最大、最小跟踪高低角(仰角)和方位角,最大距离方位角和高低角的速度,雷达波束宽度和光学测量设备的视场大小等。当设备跟踪高仰角和过顶目标时,此时要求有较大的方位跟踪角速度,因为当角速度等于或大于测量的最大跟踪角速度时极易丢目标。为此,选择测量站址时,应尽量避开对高仰角和过顶目标的跟踪。一般地,要求最大高低角 $E_0 \leqslant 70°$ 或 $E_0 \leqslant 80°$,保精度的高低角 $E_0 \geqslant 3°$ 或 $E_0 \geqslant 5°$;对于无线电测量系统常要求保精度的高低角 $E_1 \geqslant 5°$。所以,根据试验任务对外测系统的测量要求,选择能够使外测系统实现极限和保精度跟踪能力的测站站址。

### 5.2.4 火箭喷焰影响

导弹或火箭发动机的喷焰会使无线电信号造成衰减,严重时使设备无法跟踪或锁相环失锁,造成信号中断而丢失目标,并且使信号产生相移,影响测距和测速精度;喷焰还具有色散效应,对不同频率的无线电信号产生不同的相移,使多侧音测距设备的各侧音距信号产生匹配错误。因此,测站的选择(特别是首区的测站)应尽量避开目标尾向跟踪,避免从正后方通视目标,使无线电信号传播路径不要穿过火焰。

对于固体燃料导弹或火箭,由于体积小,飞行速度快,火箭喷焰变化激烈,对测站尾向跟踪信号的影响更大,信号更易中断失锁而丢失目标,特别在发动机关机前后。另外,因导弹制导系统评定精度的方法,需要全弹道高精度测量的外测数据,而固体燃料的导弹主动段飞行速度快、时间短,因信号中断而丢失测量数据,会减少其利用率,从而影响制导系统工具误差分离和精度评定结果。因此,测站的站址设置应尽量避开火箭喷焰的影响。

### 5.2.5 其他条件

除了上述因素外,测站站址选择还需考虑通视条件,电磁环境,气象、水文、地质等条件,以及交通和生活条件。

选择测站应具有遮蔽效应和标校地形条件较好的开阔地域,尤其是测量视线区无高大建筑物和天然地形遮蔽。站址附近应便于建竖距离、角度校准杆和零值校正塔或激光距离校准杆。测站附近应无凸出地形物,特别在测量设备和校准塔(或杆)之间,否则会因多路径效应而影响设备的校准精度。

测量站还应避开周围的电磁干扰源。城市中大功率电视台、大功率通信设备或强电磁干扰都会严重影响无线电测量设备的工作。

除此之外,站址选择还应仔细地分析气象要求,如温度、湿度、风速、降雨量、雷电和能见度等历史资料,以及地震、泥石流、山洪和汛期等地质水文资料,避开自然灾害频繁区。测量船航区和工作位置的选择,还因考虑航区和船位海域的台风、浪涌和洋流等情况,避开海上事故高发区和可能灾害区。这些都会影响测量设备的寿命、保养和工作,还影响着工作人员的生命和生活。

最后,还应考虑交通、通信和生活条件。由于试验区和试验航区常选择在人烟稀少的地区,例如戈壁、沙漠、高原和峻岭等。因此,测站应选择在交通便利(例如离铁路、公路不远,运输方便之处),地点相对靠近有生活依托的人们居住区附近。

# 第6章　外弹道测量系统

外弹道测量系统简称外测系统，是从导弹、运载火箭和航天器的外部进行跟踪测量，以确定其飞行弹道状态（弹道、轨道、姿态等）的测量系统。外测系统为导弹、运载火箭和航天器的安全飞行、指挥显示、引导捕获目标实时提供可靠的依据，为弹（箭）飞行试验的性能考核、精度评定、改进设计和定型提供精确的弹道参数。外测系统主要有光学测量系统和无线电外测系统，通常光学测量系统主要完成初始段和再入低空段等弹道的测量，而无线电外测系统完成主动段的大部分弧段、自由段、再入高空段等弹道的测量。

光学测量系统具有测量精度高、直观性强（可记录目标图像），不受"黑障"和地面杂波的干扰等优点，但它对气象要求比较高，不能全天候工作，作用距离较近；无线电测量系统可全天候工作，作用距离远，但一般需要弹（箭）上安装相应的合作目标。光学与无线电两种系统各有所长，互为补充，现代靶场外测系统中两者缺一不可，下面分别对两种系统进行详细阐述。

## 6.1　光学测量系统

在外弹道测量中，光学测量系统主要指以光学成像原理采集飞行目标信息，经处理得到所需弹道参数与目标特性参数，并获取飞行实况图像资料的专用测量系统，它是导弹航天测控系统的重要组成部分。

飞行目标的外弹道测量通常包括两方面的内容：一是飞行姿态的测定，如导弹各级间的分离，各助推器的脱落，飞行目标的翻滚,故障爆炸以及在再入段重返大气层所呈现的物理现象等;二是飞行弹道数据的获取,如飞行目标各瞬间位置、速度、弹道倾角以及弹着点等。按上述任务,光学设备通常可分为三种:第一种只记录飞行姿态的设备,如跟踪望远镜、高速电视等,它的特点是作用距离远,记录频率高;第二种是跟踪测量飞行弹道轨迹的设备,如经纬仪、弹道相机、激光测距机等,其特点是测量精度高;第三种是测量物理参数的设备,常用于飞行目标光谱辐射特性的测量,尤其是导弹弹头再入辐射特性测量,其主要设备是红外辐射测量仪、光谱测量仪等。鉴于本文主要论述与外弹道测量数据相关内容,这里仅对第二种设备进行详细论述。

现代靶场光学测量系统中用于弹道测量的光学设备可分为等待式与跟踪式两大类。典型的等待式光学测量设备为弹道相机,典型的跟踪式光学测量设备有光电经纬仪。其中光电经纬仪可兼用于实况记录。

根据光学测量系统在导弹航天靶场的作用和功能,不同种类的光学测量系统,其组成有所不同,即便是同一种类的光学测量系统,由于用途不同,要完成的测量任务不同,其组成也会有所差别。

因光学测量设备的种类、型号较多,其组成也各有异同,但其主体构成上大体相类似,如一般光学测量设备应都具有主摄影系统、瞄准系统、测角系统、记录及机架系统。有的光学测量设备还具有跟踪系统,如人工半自动跟踪系统、数字引导随动跟踪系统、激光跟踪测量系统、电视跟踪测量系统、红外跟踪测量系统及微型计算机控制与处理系统。在下面将选用一类具有代表性的典型光学测量系统,即光电经纬仪来具体说明光学测量系统的组成与功能。

### 6.1.1 光电经纬仪(电影经纬仪)

#### 1. 光电经纬仪的主要用途

经纬仪是测量水平面方位角和垂直俯仰角的大地测量用的光学仪器。电影经纬仪是捕获、跟踪飞行目标,并将目标影像、十字丝标记及点阵信息摄影记录在胶片上的经纬仪。光电经纬仪是采用光电技术、具有实时测量跟踪功能的电影经纬仪。在早期使用的电影经纬仪上,加装激光测距系统及电视、红外或激光自跟踪系统,使其具有测距和实时测量脱靶量功能的电影经纬仪,就是靶场使用的光电经纬仪。它是导弹、航天试验的重要测量设备,是光学测量系统中的骨干设备。

光电经纬仪主要用于导弹、运载火箭的动力段和弹头的再入段精密弹道测量及发射段的实况记录;并用于中精度外测设备精度评定的比较标准。

传统光电(电影)经纬仪的测量元素是方位角($A$)和俯仰角($E$),采用交会方法对空间目标定位,在测量控制系统中,常用"K"、"L"、或"M"公式解算弹道参数,其原理是将观测的方位角和俯仰角投影到坐标平面上,利用几何关系解算出弹道坐标。也可采用方向余弦法和多台交会最小二乘估计法进行解算。

当光电经纬仪加装激光测距系统具有测距功能后,其测量元素除方位角 $A$ 和俯仰角 $E$ 外,还有目标至设备的距离 $R$。这样,便可利用单台光电经纬仪实现弹道的测量。为提高光学测量系统的可靠性,通常利用 3 台 ~4 台光电经纬仪同时交会测量目标轨迹。

光电经纬仪除用于弹道测量外,也可兼顾实况记录。一般光电经纬仪具有胶片摄影和电视摄像功能,因此可完成无特殊要求的一般飞行实况记录任务。有的电影经纬仪上还专门配备高速摄影机或高速摄像机来记录一些特殊事件和飞行实况。

**2. 光电经纬仪的组成**

光电经纬仪按其功能分,主要由下列部分组成。

(1)主摄影系统。主摄影系统也称望远摄影物镜系统,一般由主光学系统、调光调焦系统、十字丝投影系统、摄影机、输片机构、摄影控制系统等组成。主摄影系统使远距离的目标成像图像清晰,并对飞行目标及点阵信息进行同步摄影记录。调光调焦系统确保摄影成像质量。十字丝投影系统是作为视准轴的表征,以此来测量目标偏离视准轴的角偏差量。

(2)瞄准系统。瞄准系统又称瞄准望远镜系统。一般由两种放大倍率的望远镜组成。小倍率大视场望远镜用于搜索捕获目标;大倍率小视场望远镜用于瞄准或跟踪远距离目标。

(3)测角系统。测角系统由方位测角系统和俯仰测角系统组成。每个测角系统又由光机和电控两部分组成。光机主要由基板、光源、分光系统、码盘、狭缝、光电器件组成,完成机械量角到电代码的变换。电控由单板机(或微型计算机)、处理电路组成,完成电代码的采样、放大、码型变换、细分校正及输出与显示。

(4)记录系统。记录系统由胶片或其他存储介质(硬盘、软盘、视频录像带等)将目标图像和测量信息进行记录,以供事后处理。

(5)机架。机架也称跟踪机座,它是一个地平式二维运动的精密转动平台,用以承载主摄影系统瞄准系统、测角系统、记录系统及其跟踪系统、激光测距系统、电视与红外跟踪测量系统等。机架要求刚度好,轴系精度高,能确保光电经纬仪对飞行目标具有快速捕获、高速平稳跟踪的功能,以获取高精度弹道测量数据和清晰的飞行实况记录。

(6)跟踪系统。跟踪系统也称传动系统或伺服系统,主要由力矩电机、测速机、跟踪器、编码器、微型计算机和传动放大器等组成。它驱动光电经纬仪完成对飞行目标的跟踪任务。跟踪方式有操作单杆(或手轮)进行半自动(或人工)跟踪接收引导信息进行随动跟踪,接收电视或红外或激光测角信息进行自动跟踪。

(7)激光跟踪测量系统。目前,激光跟踪测量系统通常指激光跟踪测量和测距系统,由激光器、激光发射装置、激光接收装置及处理电路等组成。它可完成飞行目标偏离电轴的角偏离量的测量。其测量结果实时输出,并送给传动系统,实现对目标的自动跟踪。同时还可测量飞行目标到测站的距离,实现实时单站定位。

(8)电视跟踪测量系统。电视跟踪测量系统由光学镜头、视频探测器件、信号处理系统、监视器等组成。当目标成像在探测器上时,对目标成像进行光电转换,完成目标成像及偏离电轴的角偏离量测量。其测量结果实时输出，并送给传动系统，实现对目标的自动跟踪。

(9)红外跟踪测量系统。红外跟踪测量系统由光学镜头、红外探测器、信号处理及控制电路组成。它完成目标探测及目标偏离电轴的角偏离量测量。其测量结果实时输出，并送给传动系统，实现对目标的自动跟踪。

(10)微型计算机控制与处理系统。微型计算机控制与处理系统一般由单板机、微机和接口组成。其作用是完成光电经纬仪的数据交换、信息处理与控制检测等任务。对外通过 MODEM 与靶场测控中心计算机进行信息交换。对内将外来的信息经处理后分别送到光电经纬仪各相关分系统，同时还可产生模拟时统及控制信号，供本系统自检或调机用。微型计算机控制部分是光电经纬仪的控制中心，备份系统的协调、数据采集与传输、工作方式的切换及其检测处理等均在微型计算机系统控制下进行。

**3. 工作原理**

光电经纬仪是用摄像的方法来确定空间物体相对于地球上某一点位置的光学仪器，在提供空间目标方位和高低角的同时，如装备了大功率的激光测距机，还能实时提供测距信息，进行单站定位。下面分别就测角原理和测距原理分别加以介绍。

(1)测角原理。光电经纬仪由电影经纬仪发展而来，电影经纬仪是在测地经纬仪基础上发展起来的，是经纬仪与电影摄影机相结合的产物。经纬仪机架为三轴(垂直轴、水平轴、视准轴)地平装置，如图6-1所示。机架三轴相互垂直，水平轴和视准轴可以绕垂直轴在水平面内旋转，望远镜装于水平轴上，其主光轴为视准轴，并与水平轴垂直，它可以绕水平轴在垂直平面内旋转。在垂直轴和水平轴上分别装有轴角编码器(或光学码盘)。视准轴绕垂直轴旋转的角度由装在垂直轴上的轴角编码器给出(相对某一基准方位)，称为方位角。视准轴绕水平轴旋转的角度由装在水平轴上的轴角编码器给出(水平面为零基准)，称为俯仰角或高低角。这样，只要视准轴瞄准目标就能得到光轴指向目标的方位角和俯仰角。

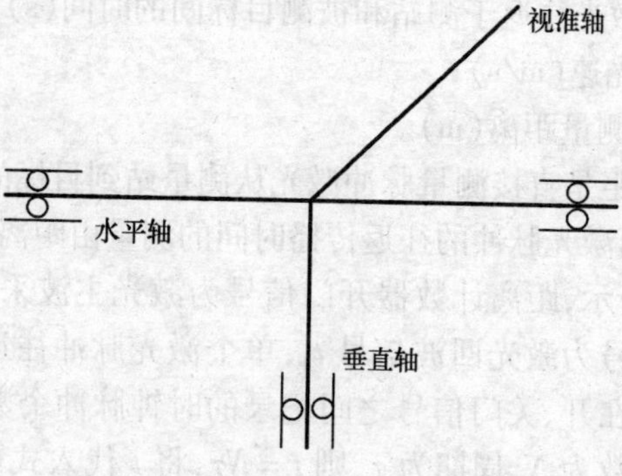


图 6-1　经纬仪三轴示意图

当望远镜跟踪高速运动目标时，各采样时刻的方位角、俯仰角和目标影像都记录在胶片上。目标影像相对十字丝中心（即视准轴投影点）的偏离量，称为脱靶量值，事后由专用胶片判读仪判读得到，脱靶量值分别与轴角编码器相应的测量值合成，便得到目标的一个方向射线，其计算式为

$$\begin{cases} A = A_e + \Delta A \\ E = E_e + \Delta E \end{cases} \tag{6-1}$$

式中，$A$、$E$——目标相对测站的方位角和俯仰角；

$A_e$，$E_e$——轴角编码器输出的方位角和俯仰角；

$\Delta A$，$\Delta E$——方位角和俯仰角脱靶量角值。

（2）激光测距原理。激光测距技术包括相位测距技术与脉冲测距技术。相位测距技术的测距精度极高，为 0.1cm ~ 1cm，但其作用距离有限，主要用于高精度的大地测量中；脉冲测距技术精度较高，为 0.1m ~ 1m，且其作用距离远，主要用于导弹、运载火箭及常规兵器等飞行器的外弹道测量，光电经纬仪应用的是脉冲测量技术。这里仅对脉冲测距技术进行简要介绍。

众所周知，光在给定介质中的传播速度是常数，因此，通过测量该点与被测目标之间往返的传播时间计算出两点之间的距离为

$$R = c\frac{t}{2} \tag{6-2}$$

式中，$t$——激光往返于测站和被测目标间的时间(s)；

$c$——光速(m/s)；

$R$——测量距离(m)。

脉冲测距是直接测量脉冲激光从测量站到目标的往返时间进行测距的，而激光脉冲的往返传播时间的测量由距离计数器完成。如图6-2所示，距离计数器开门信号为激光主波采样信号$t_0$，对应的关门信号为激光回波信号$t_1$，单个激光脉冲往返时间$t$可根据此计数器在开、关门信号之间记录的时钟脉冲个数求得。设记录的脉冲个数为$N$，周期为$\tau$，则$t=N\tau$，将$t$代入式(6-2)，即可求得测量距离。

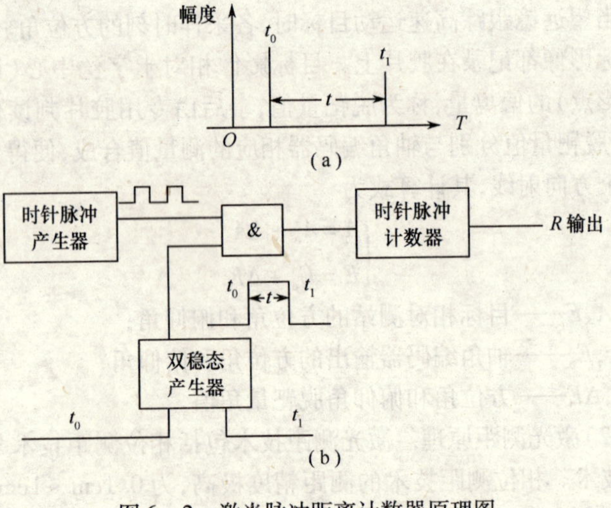


图6-2 激光脉冲距离计数器原理图

## 6.1.2 弹道相机

### 1. 弹道相机的主要用途

弹道相机是一种固定式(即非跟踪式)、宽视场的光学弹道测量设备。弹道相机主要用于精密弹道测量。工作时由两台或两台以上的弹道相机共同对准目标飞行区的同一空域，对飞过该空域的目标在统一指令下进行拍照或摄像，事后或实时根据已知的相机站点的坐标及目标对站点的方位角、高低角，通过交会计算得到目标的空间位置。连续拍摄即可获取高速飞行目标在该空域的运动轨迹。

**2. 弹道相机的主要组成**

弹道相机由弹道相机本体（含照相干板）、程序控制记录仪、光电接收装置、闪光光源（含石英钟系统）、时统终端、坐标测量仪等部分组成，如图 6-3 所示。所有测量设备全部安装在专用的车辆上，机动性较好，能单个独立工作，在通信、调度和地面灯光导航等系统配合下完成对目标的摄影任务。

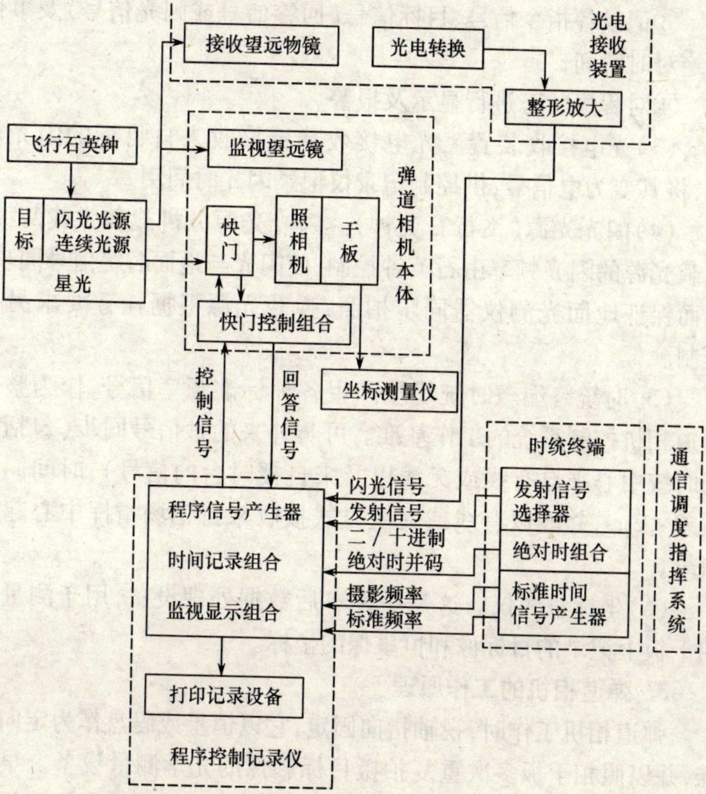


图 6-3　弹道相机组成框图

(1)弹道相机本体。弹道相机本体由摄影主镜头、机架、快门、仪器罩、监视望远镜等组成。相机可绕方位和俯仰轴转动,用于摄取目标(主要是闪光源)和恒星图像。为防止拍摄时快门振动而影响相机定向精度,快门单独安置在外地基工作罩上,与相机本体分离。

(2)程序控制记录仪。程序控制记录仪主要由程序信号产生器、时间记录及显示监视等组成。它的主要功能有以下四项:

①产生系统工作程序指令;

②为各种程序指令产生不同的时间延时;

③记录各指令信号、目标信号(回答信号或闪光信号)及事件的绝对时时间;

④对程序状态进行显示及报警。

(3)光电接收装置。光电接收装置接收来自目标的闪光信号,将其变为电信号,供控制记录仪记录闪光时间用。

(4)闪光光源(飞行石英钟)。闪光光源分机载和弹载两种。机载光源的闪光频率由石英钟控制,使闪光与地面时统信号同步,从而保证地面光测仪器同步拍照,弹载光源根据任务要求另行研制。

(5)时统终端。时统终端产生各种标准频率信号,作为整个弹道相机控制系统的工作基准。可与外来的秒信号同步(包括靶场时统中心来自有线或无线以及来自授时台的信号),时间同步误差 $<2\mu s$,并能以有线或无线方式接收来自靶场指挥中心起飞信号。

(6)坐标量测仪。这是一种事后数据处理设备,用于测量照相干板上记录的目标像和恒星像的坐标。

**3. 弹道相机的工作原理**

弹道相机工作时,视轴指向固定,它以恒星或码盘作为定向基准,并以照相干板多次重复拍摄目标影像的光学测量设备。早期的弹道相机只能晚上使用。以 CCD(电荷耦合器件)取代照相干板,并具有实时输出功能的弹道相机称为实时弹道相机。弹道相机的机架也是三轴（垂直轴、水平轴、视准轴）地平装置，视准轴可绕水平轴旋转，而视准轴和水平轴一同绕垂直轴旋转。高精度弹道相机视准轴的定向以恒星为定向基准来确定，即工作时仪器对准预定的不同方向，在同一底板上对恒星和运动目标进行连续和多次摄像。用恒星来确定相机的视轴方向可避免轴系误差和码盘误差的影响。此外，弹道相机的拍照时机架是固定不动的，没有动态引起的误差，因此，弹道相机能达到很高的测角精度，为1″~2″。

## 6.2 无线电测量系统

无线电测量系统是利用无线电波对导弹或运载火箭、航天器进行跟踪测量以确定其弹道或轨道、目标特性等参数的测量系统。无线电外测系统的基本测量原理是由地面发射机产生的无线电波，通过天线发向导弹或运载火箭、航天器，经应答机接收并转发（也可由目标上的信标机直接发送无线电信号到地面），或被目标直接反射返回地面，地面接收天线接收并经接收机处理，最终由终端机给出测量参数。无线电外测系统具有全天候工作、测量精度高、距离远、能传送多种信息和可实时输出测量数据等优点。无线电外测系统的种类多，按工作体制分，主要有脉冲测量系统和连续波测量系统两种；按设备配置分，可分为地基与天基。其中，地基主要为脉冲测量雷达与连续波测量雷达，天基主要有 GPS 测量系统、GLONASS 测量系统等。

由于无线电系统的组成相对于光学较为复杂，并且无线电设备种类繁多。从本书的主要目的出发，下面主要对几类无线电系统的工作原理进行简要介绍，并说明无线电测量系统不同测量元素的基本测量技术，具体各测量系统的组成可详见有关文献。

### 6.2.1 连续波测量系统

采用连续波射频信号进行工作的无线电跟踪测量系统称为连续波跟踪与测量系统。属于这一类跟踪测量系统的有如下几种。

**1. 双频多普勒测速仪**

测速仪的地面接收机单向接收航天器下发的信标信号,从载波锁相环中提取单程多普勒频移,获取航天器相对于测站的距离变化率信息(目标的速度信息),用以求解中、低轨道航天器的轨道。

由于射频信号从目标上的信标机要经电离层到达地面,而电离层的色散效应将使接收到的信标载波频率发生变化,并与多普勒频率重叠在一起,引起多普勒频率测量精度的降低。为此,常采用发射相参的双频载波(或三频载波)信号,地面接收机分别测量两个(或三个)载波的多普勒频移,用以修正电离层折射误差,获取较高的测速精度。

**2. 测速与定位多站测量系统**

测速与定位多站测量系统,包括工作于双向载波相参多站与双向载波非相参多站两种体制下的系统。双向载波相参多站体制按其主、副站工作频率关系又可分为多站相参系统与多站非相参系统两类,两类系统都分别由一个主站和若干副站构成。连续波干涉仪(包括中、长基线干涉仪与短基线干涉仪)属于多站相参系统;而基线长度约在300km以上的多站系统则常归于多站非相参系统。两类系统的差别在于主站与副站的载波频率是否相参;而双向(上/下行)载波都是相参的,因此,与之相配合工作的导弹、航天器载应答机则均为相参应答机。

双向载波非相参多站体制常指中频调制转发测速与定位多站系统的工作体制,该系统中,各站工作于各自不同的上行载波频率,但却共用同一个下行载波频率,导弹、航天器载应答机对各站上行的测距基带信号及其上行载波的多普勒频率进行非相参转发,即采用 $N$ 个不同的主副载波($N$ 为测站的数目)以中频调制非相参转发方式由一个共用的下行载波信道向地面转发。与该系统配合工作的应答机为非相参应答机。

1)双向载波相参多站测量系统

(1)多站相参系统。

①中、长基线干涉仪。中、长基线干涉仪包括一个主站及多个副站，系统上/下行双向载波相参，采用专门的基线传输方法实现主站与副站载波频率相参。通过对目标的双向载波多普勒频率测量，获取目标至主站的径向距离变化率 $\dot{R}$ 与目标至主、副站间的径向距离差变化率 $\dot{r}$；利用伪码加侧音测距，从收、发信号的相位差中测量目标至主站的径向距离 $R$ 与目标至主、副站间的径向距离差的 $r$。

为了获得高精度的 $r$ 及 $\dot{r}$ 的测量值，在中、长基线干涉仪中采用基线传输的方法，对主、副站信号进行相参处理。由主站基线发射机产生的相参载波发往副站，作副站的基准。副站接收应答机转发的主站信号，在相干解调放大后，经副站基线传输天线转发至主站，主站基线天线接收后，送基线接收机处理，得到 $r$ 及 $\dot{r}$ 的测量值。

②短基线干涉仪。短基线干涉仪由一个主站和两个副站构成，系统上行频率与应答机转发的下行频率相参，与中、长基线干涉仪相类似地采用基线传输实现主站与副站载波频率相参。主站及各副站分别测量双向载波多普勒频移，获得距离变化率 $\dot{R}$ 及方向余弦变化率（$\dot{l}$，$\dot{m}$）。

（2）多站非相参系统。当主、副站间距离增加到一定程度（例如大于 300km）而无法通视时，不便采用基线传输方法实现主、副站频率相参，而在主站及副站各自使用专门配备的高稳定原子频标源。主站向目标发射由测距信号调制的载波信号，主站接收应答机转发的信号，获得距离 $R$ 及距离变化率 $\dot{R}$；副站接收经应答机转发的下行信号，获得距离和 $S$ 的变化率 $\dot{S}$（$S$ 为主站—目标—副站间的空间距离和）。

2）双向载波非相参多站测量系统

双向载波非相参多站测量系统是一个中精度多站测速与定位系统，常指中频调制转发非相参系统，导弹—航天器载非相参应答机按频分制中频调制转发方式与之配合工作，$N$ 个站采用 $N$ 个不同的上行载波,并分别调制有各自的基带信号(测距信号),应答机接收 $N$ 路上行载波,以两个固定本振进行两次变频,得到 $N$ 个二中频,作为 $N$ 个主副载波,各站的基带信号(测距信号)及上行多普勒频移也随之搬移到相应的主副载波上。之后,$N$ 个主副载波相加,对同一个下行载波调相,经功放、天线发向地面。

地面接收机由主载波环和主副载波环组成,$N$ 个站接收、跟踪同一个下行载波,先经主载波解调,再由 $N$ 个站相应的主副载波环解调出各自的基带信号(测距信号),得到 $N$ 个速度 $\dot{R}$ 与距离 $R$ 测量值。

导弹—航天器还可将经副载波调制的遥测数据与各主副载波一起对应答机的下行载波调相后下传到地面。

与双向载波相参系统不同的是,该系统的应答机采用非相参体制,应答机的本振是一个独立的频率源,与地面站发射的上行载波的相位没有固定关系,故上行载波的多普勒频移将直接进入到应答机的中频通道中,使应答机的中频通道产生较大的相移起伏,其结果将产生较大的测距误差。为克服这一问题,常采用一种被称为折叠式中频调制转发体制,与原中频调制转发体制相比,它将 $N$ 路上行载波频率间隔加宽,将应答机对应的 $N$ 个一中频间隔加大,采用专门的滤波器改善路间隔离,再用折叠式混频器产生 $N$ 个折叠的二中频,作为主副载波,在采用了宽带中放之后,可减少应答机因多普勒频移产生的测距误差。

中频调制转发多站系统可使其中一个站用主载波工作,采用双向载波相参方式(应答机有一路工作于相参方式),获取高精度的测距、测速数据;其他 $(N-1)$ 路仍工作于非相参方式(应答机产生 $N-1$ 个主副载波)。工作于双向载波相参方式的测站与前述双向载波相参测速定位系统工作原理相同。

**3. 相位干涉仪测角系统**

相位干涉仪测角系统的原理是采用按一定基线配置的天线对,接收从卫星下发的连续波载波(残留载波)信号,测量两天线接收信号的相位差(或距离差)来完成目标的方向角或方向余弦的测量。这种相位干涉仪测角系统可获得较高的测角精度，但系统较为复杂。美国的MINITRAC是相位干涉仪测角系统的典型代表，其测角原理如图6－4所示。

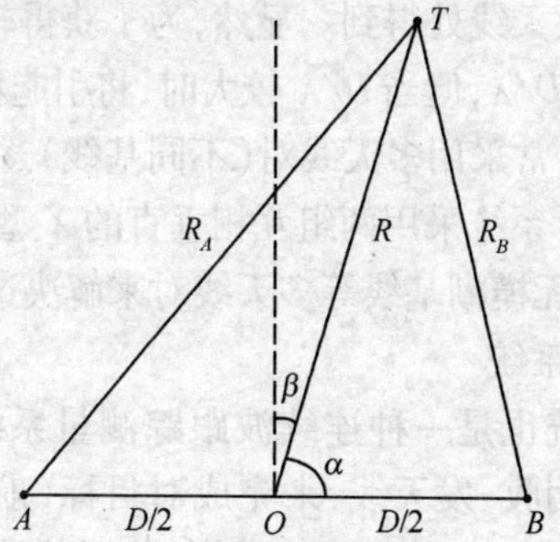


图6－4　相位干涉仪测角原理

图6－4中，$T$为目标，$A$、$B$为两接收天线，其间距或基线为$D$，基线中心为$O$，目标方向$OT$与基线$AB$的夹角为$\alpha$（$\beta$是$\alpha$的余角），目标$T$至两天线$A$、$B$中点$O$的距离为$R$，至两天线$A$、$B$的距离分别为$R_A$和$R_B$，其距离差$r = R_A - R_B$；$\varphi_A$与$\varphi_B$为两天线$A$、$B$接收的载波信号相位，两天线接收信号的相位差为$\varphi$。显然$\varphi = \varphi_A - \varphi_B = 2\pi(R_A - R_B)/\lambda$，$\lambda$为接收信号载波波长。由余弦定理得到

$$\begin{cases} R_A^2 = R^2 + (D/2)^2 + 2R(D/2)\cos\alpha \\ R_B^2 = R^2 + (D/2)^2 - 2R(D/2)\cos\alpha \end{cases} \tag{6-3}$$

由于基线长度$D \ll R$时，$(R_A + R_B) \approx 2R$，由式（6－3）可以得到目标$T$的方向余弦

$$l = \cos\alpha = r/D = (R_A - R_B)/D \tag{6-4}$$

将$\varphi = \varphi_A - \varphi_B = 2\pi(R_A - R_B)/\lambda$及$r = R_A - R_B$代入式（6－4），则目标的一个方向余弦为

$$l = \cos\alpha = r/D = \lambda\varphi/(2\pi D) \tag{6-5}$$

这里,信号的载波波长 $\lambda$ 及两天线的基线长度 $D$ 是已知量。

可见,只需测出两天线接收的载波信号相位差 $\varphi$ 即可得到目标的一个方向余弦($l$);而目标的另一个方向余弦($m$),可由与此正交的另一对接收天线处得到。显然,为了获得较高的方向余弦测量精度,必须加大 $D/\lambda$,但当 $D/\lambda$ 较大时,将引起相位测量或角度测量的多值性,因此,常采用多天线对(不同基线)逐次解模糊的方法。美国的 MINITRAC 系统采用两组互相垂直的 $X$ 型基线布站,用粗测基线、精测基线与无模糊基线等多天线对来解决这一问题。

**4. 微波统一系统**

微波统一系统也是一种连续波跟踪测量系统,但采用统一载波共用信道及共用收、发天线,来完成对目标(航天器)的跟踪、测角、测距、测速、遥测、遥控、话音、通信、数据传输及电视图像信号传输等多种功能。

统一系统采用多副载波频分复用体制,即各基带信号(上行的遥控、测距侧音与话音信号;下行的遥测、测距侧音等信号)分别调制到各自的副载波频率上,如调幅(AM)、调频(FM)、调相(PM)、频移键控(FSK)、多频频移键控(MFSK)、相移键控(PSK)、差分相移键控(DPSK)等。上行由多个已调副载波信号构成一个复合基带信号,由复合基带信号再对统一载波进行调制(调频或调相),放大后经天线发向目标,航天器载应答机在利用共用天线与统一载波信道接收后,经载波解调,恢复出复合基带信号,再经二次解调,得到上行各基带信号,其中测距信号与需下行发送的遥测、话音等已调副载波信号一起,构成复合下行基带信号,再对下行统一载波调制(PM)、放大后,经天线下发到地面。地面经共用天线及统一载波信道接收及两次解调,得到各基带信号。

微波统一系统的测距、测速终端与连续波干涉仪系统大致相同,即采用伪码或侧音或伪码加侧音的测距信号,通过测量收、发信号间的相位延时来测距;测量双向载波多普勒频移实现测速。微波统一系统的天线与跟踪指向系统,则随系统应用场合的不同而采用不同的体制。

### 6.2.2 脉冲雷达

脉冲雷达是以脉冲式射频信号工作的无线电跟踪与测量系统,它有应答式与反射式两种工作方式。单脉冲雷达可从一个回波脉冲中提取角度跟踪所需要的方位与俯仰误差信号,实现角度的自动跟踪,故而得名。通过测量带有“标记”的发射脉冲信号与经目标返回的回波脉冲信号(反射回波或经应答机转发的应答信号)间的时延,来测量雷达至目标间的距离;用一个锁频回路对叠加有多普勒频移($f_d$)的中心谱线进行频率跟踪,可实现对目标的径向距离变化率(径向速度)的测量。

由于单脉冲雷达具备反射式跟踪能力,因此可对目标的反射特性进行测量;此外,增加距离跟踪回路后,可对位于波束内多个目标同时进行距离的跟踪测量;而采用专门技术(例如脉冲编码)后,可用多台雷达对同一目标的交会测量,构成 $3R\dot{R}$系统,实现对目标的高精度定位测速。

单脉冲雷达在采用相控阵及电扫描技术后,可对大空域多目标实现快速跟踪测量,或同时跟踪、监视与测量,大大扩展了单脉冲雷达的应用领域;采用脉冲压缩技术,可解决宽脉冲信号与高距离分辨力的矛盾,提高雷达的平均发射功率,加大雷达的作用距离;距离游标(载波相位提取)及轴上跟踪技术的采用,使雷达的测量精度明显地提高。

### 6.2.3 GPS 测量系统

单脉冲雷达、连续波跟踪测量系统以及微波统一系统都属于传统的“地基”无线电跟踪与测量系统,而利用全球定位导航系统(GPS)高精度七维测量能力(三维位置、三维速度与时间)的外测系统,则是利用“星基”测控资源的一种新型天基、被动测量系统。

利用 GPS 导航卫星为飞行目标定位的基本原理是多星单向伪码测距和载波相位测量技术,GPS 跟踪与测量系统可为导弹、航天器提供一种全新的高精度弹道测量或轨道测量手段。与传统的

“地基”系统相比，GPS 跟踪与测量系统具有全天候工作、覆盖范围宽、可视时间长、布站几何好、多目标跟踪测量能力以及设备简单等优点。

在采用差分 GPS、载波相位测距以及 GPS/GLONASS（全球卫星定位导航系统）兼容接收等多项技术之后，GPS 测量系统在轨道测量、时间频率同步、姿态测量等方面的精度进一步提高，已经成为“地基”无线电跟踪与测量系统（单脉冲雷达、连续波跟踪测量系统、微波统一系统）的一种有力的补充。

GPS 卫星导航系统的组成部分基本分为空间部分、地面监控部分和用户设备三部分。

**1. 空间部分**

空间部分由 24 颗在轨卫星组成 GPS 卫星星座，大致均匀分布在倾角为55°的6 个轨道面上，每个轨道面上有 4 颗卫星。各轨道平面升交点的赤经相差 60°，相邻轨道面上卫星升交距角相差 30°，最大偏心率 $e=0.01$，半长轴 $a=26560$km，轨道平均高度 $h=20200$km，卫星运行周期为 11h58min（12 恒星时）。

GPS 星座这一轨道布局，使地面任一观测站上每天看到的卫星分布图相同，只是每天提前约 4min，每颗卫星每天约有 5h 在地平线以上，同时位于地平线以上的卫星数目最少为 4 颗，最多可达 11 颗，于是能保证在世界任一地区、任一瞬间都可以看到 4 颗以上的 GPS 卫星，便于进行实时定位。

各 GPS 卫星的结构和功能相同，主要完成如下功能：

（1）各星所载高精度原子钟（铂钟或氢钟，稳定度为 $10^{-12}\sim10^{-13}$）产生一个高稳定的基准信号（10.23MHz），由此产生高稳定的载波频率和伪码钟频率，提供精确的时间同步标准。各星载原子钟之间、星钟与 GPS 地面控制中心时钟之间严格保持时间同步（$<5$ns）。

（2）连续不断发射导航定位信号。每颗卫星都发射两个载波信号 $L_1$ 与 $L_2$，其中 $L_1=1575.47$MHz，$L_2=1227.60$MHz。载波由伪随机码进行扩频调制，在载波 $L_1$ 上调制两组伪随机码：一组为捕获 C/A 码，称为粗码（明码），其码速率为 1.023Mb/s，码长为 1ms；另一组为精测 P 码，称为保密码，其码速率为 10.23Mb/s，码长为 7 天，且是从总码长 267 天的长序列上截取的截断码。在载波 $L_2$ 上只调制 P 码，其功能与 $L_1$ 上的 P 码相配合使用，用来实时修正电波传播误差。

调制在 $L_1$ 及 $L_2$ 上的导航电文称为 D 码，这是与每组伪码模 2 相加的 50b/s 导航信息，$C/A \oplus D$ 及 $P \oplus D$，由于 C/A 码、P 码与 D 码先经模 2 相加再对载波进行相移键控调制，故 C/A 码和 P 码又可称为副载波。

**2. 地面监控系统**

地面监控系统由位于科罗拉多州斯普林斯的主控站、3 个注入站以及 5 个监测站组成。该系统的作用是跟踪观测 GPS 卫星，计算编制卫星星历；监测和控制卫星的“健康”状况；保持精确的 GPS 时间系统；向卫星注入导航电文和控制指令（每 12h 注入一次）。

**3. 用户设备**

用户设备即满足用户定位精度和动态特性要求的接收机，其功能是接收 GPS 卫星播发的信号，获取定位观测值，提取导航电文中的广播卫星星历、卫星时钟钟差及电离层延迟修正参数等，经数据处理完成导航与定位任务。因可利用卫星的数量、接收的伪码、使用的信道数以及工作方式等不同，使 GPS 接收机各不相同，但接收机大都包括天线、接收机、带软件的数据处理以及控制/显示装置等几个部分。

### 6.2.4 无线电测量系统跟踪与测量基本技术

作为弹道或轨道测量手段，各种无线电跟踪与测量系统直接输出的测量量虽然都是角度、距离与距离变化率等，但是对于不同体制的系统，为获取这些观测量，采用了各不相同的测量技术。

**1. 角度跟踪与测量**

无线电跟踪测量系统要完成对高速运动空间目标的测量任务，必须首先保证天线随时对准目标，实现对目标的角度自动跟踪。在无线电跟踪测量系统中，可采用的角度自动跟踪与测量的体制有：单脉冲自动跟踪与测量，圆锥扫描自动跟踪与测量，步进自动跟踪与测量，相位干涉仪测角，"零点"型干涉仪自动跟踪与测量等几种。

尽管测量系统所采用的跟踪测量体制各不相同，但实现对目标方向角（方位角与俯仰角）跟踪与测量的基本方法不外乎两种：振幅法与相位法。其中振幅法又分为最大信号法、最小信号法与等信号法三种类型。大多数无线电跟踪测量系统是以等信号法为基础进行角度跟踪测量的，而要实现等信号法测角，其天线系统必须提供两个以上的波瓣。产生这种多波瓣的技术可细分为顺序波瓣与同时波瓣两种。

在上述几种角度跟踪与测量体制中，相位干涉仪、"零点"型干涉仪及比相单脉冲属于相位法测角一类；而比幅单脉冲、圆锥扫描与步进跟踪则属于振幅法测角一类。其中比幅单脉冲与圆锥扫描都采用等信号法测角，只是前者采用同时波瓣技术，后者采用顺序波瓣技术；而步进跟踪则采用最大信号法测角。

（1）单脉冲自动跟踪。在有精密角度自跟踪能力的系统中，通常采用振幅比较单脉冲技术。根据和、差信道的数量不同，振幅比较单脉冲又分成单信道单脉冲、双信道单脉冲与三信道单脉冲三种类型。同时比较成对配置（对称于天线等信号轴）的偏轴波束所接收到的信号幅度，即可提取出角误差信号，角误差信号的幅度反映目标偏离天线等信号轴的角度；而角误差信号的正、负极性反映目标偏离天线等信号轴的方向。其中，接收机还必须用"和"信号对上述形成的误差信号进行"归一化"处理（即 AGC 控制），使角误差信号的大小与因目标距离变化所引起的信号强度的变化无关，仅仅反映目标对天线等信号射频轴向的偏离。角误差信号由馈源中的和差网络来处理，而偏轴多波束的形成则可以是多喇叭馈源或单孔多膜馈源。角度测量由安装于天线机械轴上的角度传感器(例如光学码盘、电感移相器、正余弦旋转变压器等)及角度—数字编码器两部分来完成。

(2)圆锥扫描自动跟踪。用一个偏焦馈源以一个音频频率(例如24Hz)绕天线对称轴旋转,使天线所接收到的目标信号载波包络被扫描的音频调制,形成角误差信号,经峰值检波与同步检波后,驱动天线指向目标,实现闭环跟踪。

(3)步进自动跟踪。微波统一系统随动天线采用步进自动跟踪体制,根据锁相接收机输出的信号电平(AGC电压)的变化,以步进方式驱动天线,始终保持天线和波束最大值方向对准目标,实现开环自跟踪。

(4)相位干涉仪测角。如前所述,相位干涉仪是一种连续波干涉仪比相测角系统,采用成对配置的天线对,接收卫星的残留载波信号,测量从两天线接收的载波信号相位差,获得目标的方向余弦 $l$、$m$,实现对目标两个角度的精确测量。

(5)“零点”型干涉仪自动跟踪。在图6-4所示的相位干涉仪测角系统中,测出两天线接收到的载波信号相位差 $\varphi$,即可获得目标的方向角 $\alpha = \arccos(\varphi\lambda)/2\pi D$。如能自动调整基线的方向,始终保持 $\alpha \equiv 90°$ 或其余角 $\beta \equiv 0°$,则可根据产生的 $\beta$ 角的大小、极性,调整天线基线方向,使之对准目标。这种始终保持 $\beta \equiv 0°$ 的系统,即为“零点”型干涉仪自动跟踪系统。

**2. 距离测量**

目标的径向距离测量是基于无线电波在空间传播的时延。如果系统给由天线发射出去的信号“刻”—“标记”,测量出从目标返回(或从应答机转发)的带“标记”的信号与发射信号的时延(相移),即可得到由测站至目标的双程距离。

(1)收、发脉冲时延测距。单脉冲雷达一般通过测量回波脉冲相对于发射脉冲的时延来测量距离,距离跟踪回路产生的前后波门脉冲自动跟踪回波脉冲,前后波门中心对发射主脉冲的时延乘以光速 $c$ 即为目标的距离。

(2)侧音与伪码测距。连续波干涉仪系统和微波统一系统大都采用伪码、侧音、伪码加侧音三种测距形式。伪码或侧音测距的基本原理都是测量调制在载波上的发与收测距信号间的相移。在侧音测距系统中,用最高侧音频率来保证测距精度,而用最低侧音频率保证系统的最大无模糊距离,为了侧音匹配与解模糊的需要,中间配置了一组频率逐渐降低的相关匹配侧音。

在连续波测量系统中,广泛采用仿照随机信号相关特性生成的二进制编码信号—伪码或伪随机码(特别是最大线性序列 M 序列码)作为测距信号。利用复合码长周期的特点,可获得比侧音测距系统大得多的最大无模糊距离。在伪码测距系统中,接收机对所接收的伪码调相信号进行相干解调,得到接收视频码,测距终端用延迟锁定环实现本地码序列对接收码序列的精确跟踪(本地码序列即反映了接收码序列的状态),而当本地码序列复现存储器中所记忆的发码状态时,比较器给出重合脉冲,由此得到收码与发码间的时延测量值。

**3. 速度测量**

对运动目标距离变化率(速度)测量的基础是目标运动所产生的多普勒效应,这使在目标信号的载波频率上叠加了一个多普勒频移,对运动目标进行测速就是设法从接收的目标载波信号中提取多普勒频移。

1)单脉冲雷达测速

单脉冲雷达采用脉冲多普勒测速技术完成对目标回波信号(反射工作方式下目标的反射信号或应答工作方式下相参应答机的应答信号)中多普勒频率的测量,即用一个锁频回路完成对叠加有多普勒频率的中心频率谱线的跟踪与测量。

2)连续波测量系统测速

连续波测量系统、GPS 及微波统一系统等都采用锁相接收机接收导弹、航天器载应答机或信标机的下行信号,从目标的下行载波信号中提取多普勒频移,锁相环的压控振荡器频率随接收机的输入频率变化而变化,即随着多普勒频率的变化而变化。因此,由压控振荡器的输出端即可复制出多普勒信息，然后再对此多普勒频率进行测量。

对一个信号的瞬时频率进行直接测量，在工程上是很难做到的。因此，常采用在一个规定的时间间隔内测量多普勒信号相位增量的方法，即测量在一个采样间隔内的多普勒频率的整周数，再求取平均的多普勒频率或微分平滑求速。一般有三种常用的测量多普勒频率方法：固定时间测整周数；固定整周数测时间间隔和基本固定时间测整周数。

在接收机采用数字载波环之后，测速（目标的多普勒频率测量）设备将不再是一个单独的分机。因为载波锁定跟踪、快速傅里叶变换（FFT）频率引导以及载波多普勒频率提取等任务均可由数字载波环来完成。

连续波跟踪测量系统（包括微波统一系统）及 GPS 测量系统从目标的下行载波中提取多普勒频移、实现对目标测速，大体上可分为以下三种类型。

（1）双向载波相参系统测速。连续波干涉仪系统（短基线干涉仪及中、长基线干涉仪）的主站距离变化率 $\dot{R}$ 的测量、多站非相参系统的主站距离变化率的测量以及 PM/PM 调制体制的微波统一系统距离变化率 $\dot{R}$ 的测量，都是直接测量下行载波的多普勒频率；而多站非相参系统副站距离和变化率 $\dot{S}$ 的测量，则是测量来自主站—目标—副站的载波信号的多普勒频移。

中、长基线干涉仪距离差变化率 $\dot{r}$ 的测量是测量主、副站多普勒频率差 $f_{d1,2}$，而短基线干涉仪副站方向余弦变化率 $\dot{l}$、$\dot{m}$ 的测量与此相似，是对基线天线对的多普勒频率差 $f_{d1,2}$ 的测量。

在双向载波相参系统测速中，地面锁相接收机锁在应答机转发的下行载波信号上，而应答机转发的下行载波频率又与地面站的上行频率相参。所以应答机的本振频率漂移以及接收机参考振荡器的任何不稳定和偏移，都不会对多普勒频率测量带来影响，因此双向载波相参系统测速是一种高精度的测速系统。

(2)双向载波非相参系统测速。双向载波非相参系统由地面(多站)发射机、接收机及中频调制转发非相参应答机组成。采用非相参多站工作时,每个站对应一个主副载波,它们从接收的下行主载波及主副载波(由载波和主副载波形成的上、下两个边频)信号中提取上行载波的多普勒频率。

由于应答机进行非相参转发,目标运动所产生的上行载波的多普勒频移全部反映到应答机的中频(主副载波)频率上,而应答机的非相参本振频率的漂移也自然地加到下行载波上,这将直接影响载波多普勒频率测量的精度。但是,由于应答机转发的主载波及主副载波都是由应答机的本振源经变频或倍频产生的。因此,只要合理地设计系统的频率流程,就可以在地面接收机内将应答机非相参本振源所产生的频率漂移抵消(同时将地面接收机独立本振及参考振荡器的频率漂移的影响消去),获取上行载波的双向多普勒频率,其精度与双向载波相参系统大体相当。

(3)单向载波非相参测速。双频多普勒测速仪、GPS 测速系统等,都是由地面锁相接收机直接从下行载波中提取多普勒频移。

3)导弹和航天器载应答机/信标机的配合

以上径向距离变化率(速度)的测量,都需要相应的导弹和航天器载无线电合作目标配合工作。对于双向载波相参测速定位多站系统及微波统一系统(载波调制方式为 PM/PM 的双向载波相参系统),系统上、下行载波相参,导弹、航天器载应答机工作于相参转发状态;对于双向载波非相参测速定位多站系统,系统上、下行载波不相参,导弹、航天器载应答机工作于中频调制非相参转发状态。对于有测速要求的单脉冲雷达,地面系统必须是主振放大式的收、发相参系统,才能使雷达在反射工作方式或应答工作方式下均能对运动目标进行测速。在应答工作方式下,相应的导弹、航天器载应答机为单脉冲相参应答机。而对于单向载波非相参测速系统,为了获得高精度的目标速度测量,导弹、航天器载信标机必须有一个高稳定的振荡源(高稳晶振或原子钟)。

# 第7章 外测数据解算弹道的方法

外弹道测量精度分析的主要内容是分析由外测系统(或设备)跟踪测量导弹或运载火箭所测量的数据(元素)解算其飞行轨迹参数的精度。可见,外弹道测量精度是与解算导弹或运载火箭飞行轨迹参数的方法紧密相关的。为此,本章首先叙述不同测量体制测量数据(元素)解算外测弹道的方法和公式。

早期,由于导弹射程较近,对外测弹道测量的精度要求较低,通常是单一测量体制或单台外测设备跟踪测量导弹并解算其飞行轨迹。随着导弹试验技术的发展和需要,射程的增加和测量精度要求的提高,一般由多台设备或多种体制交会测量导弹、运载火箭的飞行轨迹。因此,解算弹道参数的方法也是多种多样的,其技术也在不断地改进和提高。本章主要按测量体制来叙述解算飞行弹道参数的方法。

## 7.1 多台测角体制解算弹道方法

早期光学测量的电影经纬仪主要测量方位角 $A$ 和高低角 $E$,由于单台电影经纬仪测量数据不能独立地解算目标的空间位置,必须由两台以上电影经纬仪交会测量才能解算目标空间轨迹。主要使用的方法有“L”、“K”和“M”公式、方向余弦法、最小二乘估计和递推最小二乘估计等。

最初,电影经纬仪在两台设备交会测量时是采用“L”公式、“K”公式或“M”公式解算弹道参数,其原理是将观测目标点投影到水平面上或者垂直平面上,利用几何关系解算出弹道参数,也可以采用方向余弦法解算。但是,随着我国导弹试验技术的发展,导弹的射程变远,制导系统和落点精度也增高,对外测系统测量精度要求提高,为此,要求改进外测事后数据处理的方法,于是采用多台交会的最小二乘估计(LS)法来解算弹道参数。随着统计估计理论的发展,一种节省计算时间和减少计算量的递推最小二乘估计法逐渐被人们采用。

### 7.1.1 "L"、"K"和"M"公式

**1. "L"公式——水平投影法**

假设发射坐标系为 $O-XYZ$,现有两台电影经纬仪交会测量,它们的测量站原点 $O_1$ 和 $O_2$ 与空间目标位置 $M(X,Y,Z)$ 间的关系如图 7-1 所示。

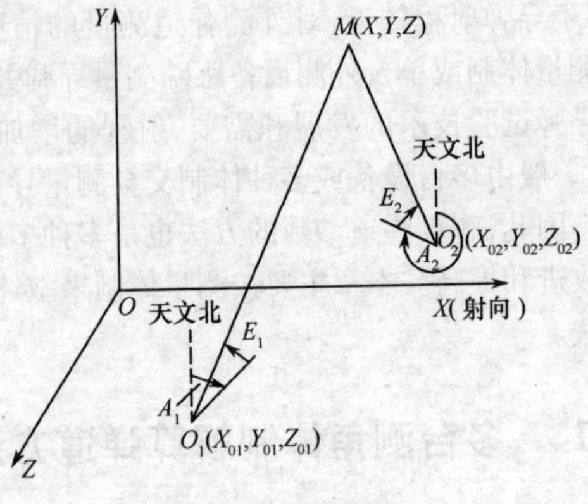


图 7-1　目标和测站关系

光测站测得目标 $M$ 点的方位角和高低角分别记为 $A_i$ 和 $E_i(i=1,2)$。现将目标 $M$ 点投影到发射坐标系的水平面 $XOZ$ 上,投影点记为 $M'$,它与光测站在水平投影面的关系如图 7-2 所示。目标 $M$ 在发射坐标系中的位置参数为 $X,Y,Z$;而两测量站原点 $O_i(i=1,2)$ 在发射坐标系中的站址坐标分别为 $X_{0i}$、$Y_{0i}$、$Z_{0i}(i=1,2)$。

利用几何关系解算出目标 $M$ 投影点 $M'$ 在发射坐标系水平面上的两坐标 $X$、$Z$,然后得到 $M$ 点的 $Y$ 坐标,故这种"L"公式又称水平投影法。由于推导较简单,在此仅列出结果。"L"公式有两组

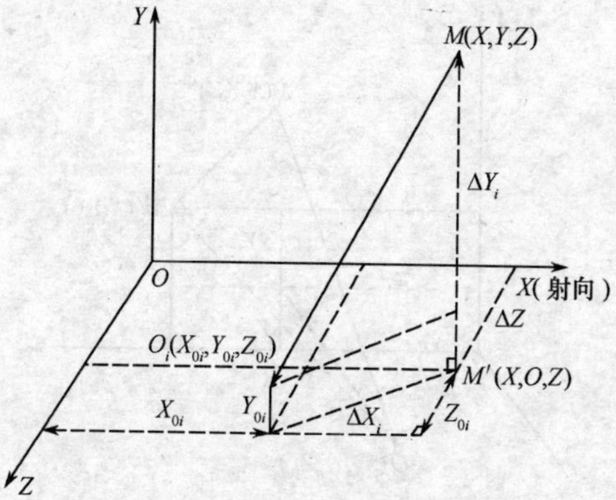


图 7－2　目标与测站在水平面上投影关系

相似的表达式，第 1 组表达式为

$$\begin{cases} X = X_{01} + \Delta X_1 \\ Y = Y_{01} + \Delta Y_1 = Y_{01} + L_1 \tan E_1 = Y_{01} + \dfrac{\Delta X_1}{\cos A_1}\tan E_1 \\ Z = Z_{01} + \Delta X_1 \tan A_1 \end{cases} \quad (7-1)$$

式中，$\Delta X_1 = \dfrac{(X_{01} - X_{02})\tan A_2 - (Z_{01} - Z_{02})}{\tan A_1 - \tan A_2}$。

第 2 组表达式为

$$\begin{cases} X = X_{02} + \Delta X_2 \\ Y = Y_{02} + \dfrac{\Delta X_2}{\cos A_2}\tan E_2 \\ Z = Z_{02} + \Delta X_2 \tan A_2 \end{cases} \quad (7-2)$$

式中，$\Delta X_2 = \dfrac{(X_{01} - X_{02})\tan A_1 - (Z_{01} - Z_{02})}{\tan A_1 - \tan A_2}$。

**2. "K"公式——垂直投影法**

"K"公式是将目标点 $M$ 先投影到发射坐标系中垂直平面 $YOZ$ 上，并且计算出 $Y$ 和 $Z$ 坐标，最后确定 $X$ 坐标，故又称垂直投影法。$M$ 点在 $YOZ$ 平面上投影点 $M'$ 与测量站原点 $O_i(i=1,2)$ 的关系如图 7－3 所示。

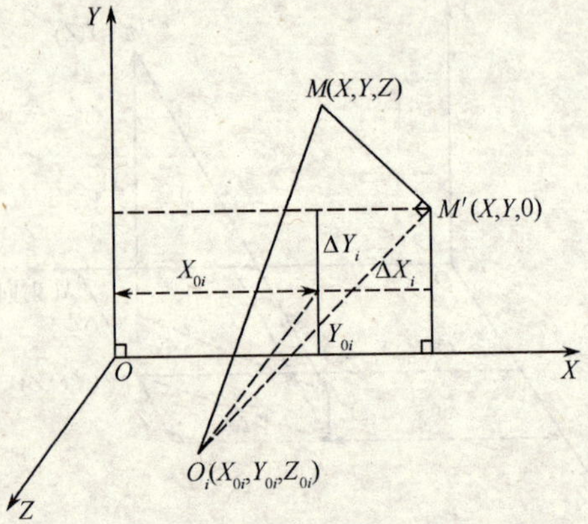


图 7－3　目标与测站在射面上投影关系

"K"公式也有两组表达式，其中第 1 组表达式为

$$\begin{cases} X = X_{01} + \Delta Z_1 \cot E_1 \\ Y = Y_{01} + K_1 \Delta Z_1 \\ Z = Z_{01} + \Delta Z_1 \end{cases} \tag{7-3}$$

式中，$K_i = \dfrac{\tan E_i}{\sin A_i}, i = 1, 2$；

$\Delta Z_1 = \dfrac{(Z_{01} - Z_{02})K_2 - (Y_{01} - Y_{02})}{K_1 - K_2}$。

而第 2 组表达式为

$$\begin{cases} X = X_{02} + \Delta Z_2 \cot E_2 \\ Y = Y_{02} + K_2 \Delta Z_2 \\ Z = Z_{02} + \Delta Z_2 \end{cases} \tag{7-4}$$

式中，$\Delta Z_2 = \dfrac{(Z_{01} - Z_{02})K_1 - (Y_{01} - Y_{02})}{K_1 - K_2}$；

$K_i$ 同式(7－3)。

**3. "M"公式——垂直投影法**

"M"公式是将目标点 $M$ 先投影到发射坐标系中另一个垂直平面 $XOY$ 上，并且计算出 $X$ 和 $Y$ 坐标，最后解算出 $Z$ 坐标。$M$ 点在 $XOY$ 平面上投影与测量站原点 $O_i(i = 1,2)$ 的关系如图 7－4 所示。

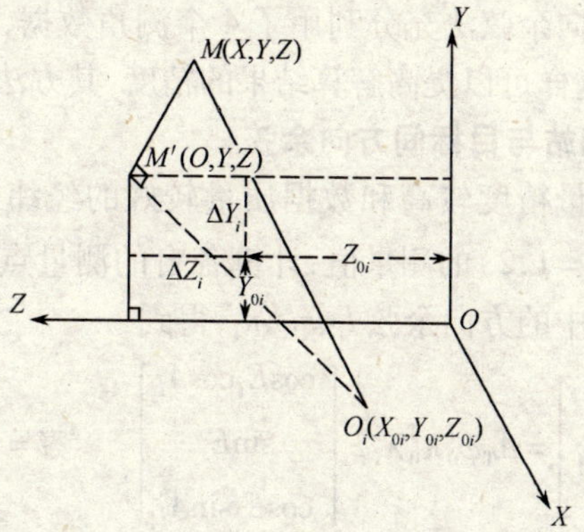


图 7-4　目标与测站在垂直面上投影关系图

同样地,"M"公式也有两组表达式,其中第 1 组表达式为

$$\begin{cases} X = X_{01} + \Delta Y_1 \\ Y = Y_{01} + m_1 \Delta Y_1 \\ Z = Z_{01} + \Delta Y_1 \tan A_1 \end{cases} \tag{7-5}$$

式中,$\Delta Y_1 = \dfrac{(X_{01} - X_{02})m_2 - (Y_{01} - Y_{02})}{m_1 - m_2}$,$m_i = \dfrac{\tan E_i}{\cos A_i}$　$i = 1,2$。

第 2 组表达式为

$$\begin{cases} X = X_{02} + \Delta Y_2 \\ Y = Y_{02} + m_2 \Delta Y_2 \\ Z = Z_{02} + \Delta Y_2 \tan A_2 \end{cases} \tag{7-6}$$

式中,$\Delta Y_2 = \dfrac{(X_{01} - X_{02})m_1 - (Y_{01} - Y_{02})}{m_1 - m_2}$,$m_i$ 同式(7-5)。

对于上述"L"、"K"和"M"这 3 组公式的选用条件是由各自的行列式是否趋于零来决定的,趋于零就不能选用。

### 7.1.2　方向余弦法

在 7.1.1 节中介绍"L"、"K"和"M"公式中,每组公式都使用 3 个测角数据来解算目标位置参数,另一个测角数据却未得到充分利用。而方向余弦法充分利用了4个测角数据，从参数估计理论观点来说，这样可以提高解算结果的精度，其方法也比较简单。

**1. 计算测站与目标间方向余弦**

取两台测量精度较高和数据质量较好的经纬仪的方位角 $A_i$ 和高低角 $E_i(i=1,2)$ 的测量值，计算各自的测量点与目标间向量在发射坐标系中的方向余弦 $l_i$、$m_i$、$n_i$，得到

$$\begin{bmatrix} l_i \\ m_i \\ n_i \end{bmatrix} = A_{\mathrm{T}}\varphi_0^{\mathrm{T}}\lambda_0^{\mathrm{T}}\lambda_i\varphi_i \begin{bmatrix} \cos E_i\cos A_i \\ \sin E_i \\ \cos E_i\sin A_i \end{bmatrix} \quad i=1,2 \qquad (7-7)$$

其中

$$\boldsymbol{A}_{\mathrm{T}} = \begin{bmatrix} \cos A_{\mathrm{T}} & 0 & \sin A_{\mathrm{T}} \\ 0 & 1 & 0 \\ -\sin A_{\mathrm{T}} & 0 & \cos A_{\mathrm{T}} \end{bmatrix} \quad \boldsymbol{\varphi}_i = \begin{bmatrix} 0 & 0 & 1 \\ -\sin\varphi_i & \cos\varphi_i & 0 \\ \cos\varphi_i & \sin\varphi_i & 0 \end{bmatrix}$$

$$\boldsymbol{\lambda}_i = \begin{bmatrix} -\sin\lambda_i & \cos\lambda_i & 0 \\ \cos\lambda_i & \sin\lambda_i & 0 \\ 0 & 0 & 1 \end{bmatrix}$$

式中，$A_{\mathrm{T}}$——天文射击方位角；

$\lambda_i,\varphi_i$——第 $i$ 个测站的天文经度和天文纬度；

$\lambda_0,\varphi_0$——发射坐标系原点的天文经度和天文纬度。

**2. 计算两测站距离夹角的余弦**

由式(7-7)得到两台经纬仪的方向余弦 $l_i,m_i,n_i(i=1,2)$，计算这两台经纬仪到目标距离夹角余弦(图7-5)，即为

$$\cos\varphi_{12} = l_1 l_2 + m_1 m_2 + n_1 n_2 \qquad (7-8)$$

**3. 计算目标到测站连线与两测站连线间夹角 $\varphi_1$、$\varphi_2$ 的余弦**

由图7-5知，夹角余弦为

$$\begin{cases} \cos\varphi_1 = -(l_1 l_{12} + m_1 m_{12} + n_1 n_{12}) \\ \cos\varphi_2 = l_2 l_{12} + m_2 m_{12} + n_2 n_{12} \end{cases} \qquad (7-9)$$

式中，$l_{12} = \dfrac{X_{01}-X_{02}}{D_{12}}$，$m_{12} = \dfrac{Y_{01}-Y_{02}}{D_{12}}$，$n_{12} = \dfrac{Z_{01}-Z_{02}}{D_{12}}$；

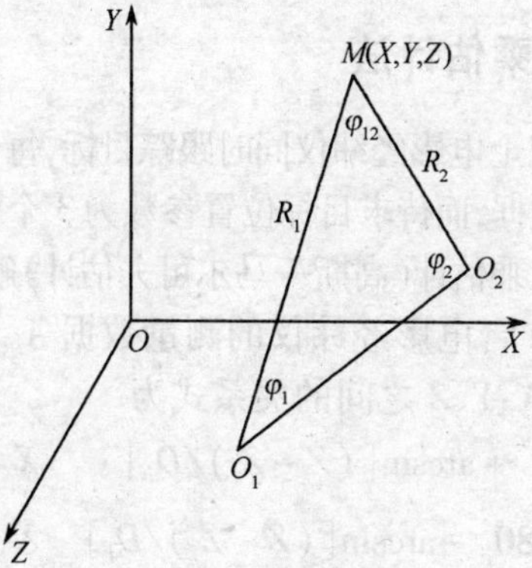


图 7－5　目标与测站关系

$D_{12}=[(X_{01}-X_{02})^2+(Y_{01}-Y_{02})^2+(Z_{01}-Z_{02})^2]^{1/2}$;

$X_{0i}$、$Y_{0i}$、$Z_{0i}(i=1,2)$——第 $i$ 个测站在发射坐标系中的站址坐标。

**4. 计算测站到目标的距离**

有了 $\varphi_1$、$\varphi_2$ 和 $\varphi_{12}$ 的余弦，再根据正弦定理，计算这两台经纬仪到目标的斜距 $R_1$、$R_2$，即有

$$\begin{cases}R_1=\dfrac{D_{12}}{\sin\varphi_{12}}\sin\varphi_2\\[2ex]R_2=\dfrac{D_{12}}{\sin\varphi_{12}}\sin\varphi_1\end{cases}\tag{7-10}$$

式中，$\sin\varphi_i=(1-\cos^2\varphi_i)^{1/2}$，$i=1,2,12$。

**5. 求出目标在发射坐标系中坐标**

由几何关系，分别解算目标在发射坐标系中的两组坐标

$$\begin{cases}X_i=R_il_i+X_{0i}\\Y_i=R_im_i+Y_{0i}\qquad i=1,2\\Z_i=R_in_i+Z_{0i}\end{cases}\tag{7-11}$$

将 $X_i$、$Y_i$、$Z_i(i=1,2)$ 取平均值，得到目标在发射坐标系中的坐标 $X$、$Y$、$Z$。

### 7.1.3 最小二乘估计法

假设有两台以上电影经纬仪同时跟踪目标,每个测量时刻至少可以获取4个测量数据,而待求目标位置参数为3个,则具有冗余信息,故可以应用最小二乘估计(高斯—马尔可夫估计)解算弹道参数。

首先列出第 $i$ 台电影经纬仪的测量数据 $A_i$ 和 $E_i$ 与发射坐标系中的位置参数 $X$、$Y$、$Z$ 之间的关系式为

$$\begin{cases} A_i = \begin{cases} 0^\circ + \arcsin[(Z-Z_i)/D_i] & X-X_i \geqslant 0 \\ 180^\circ - \arcsin[(Z-Z_i)/D_i] & X-X_i < 0 \end{cases} \\ E_i = \arctan[(Y-Y_i)/L_i] \\ D_i = [(X-X_i)^2 + (Z-Z_i)^2]^{1/2} \qquad i=1,2,\cdots \end{cases} \tag{7-12}$$

式中,$X_i$、$Y_i$、$Z_i$——第 $i$ 台经纬仪在发射坐标系中的站址坐标。

由于测量方程是非线性方程,需泰勒展开成线性方程后,再使用最小二乘估计解算弹道位置参数。假设有3台光电经纬仪,利用7.1.2节介绍的方向余弦法解算出目标弹道位置参数初值 $X^0$、$Y^0$、$Z^0$,并将测量方程组(7-12)线性化,以矩阵形式给出为

$$\Delta \boldsymbol{L} = \boldsymbol{A}\Delta \boldsymbol{X} + \boldsymbol{\zeta} \tag{7-13}$$

式中,$\Delta \boldsymbol{X}$——弹道位置向量的修正值,$\Delta \boldsymbol{X} = [X-X^0 \quad Y-Y^0 \quad Z-Z^0]^{\mathrm{T}}$,$X,Y,Z$ 为弹道位置分量,$X^0,Y^0,Z^0$ 为弹道位置分量的初始值;$\Delta \boldsymbol{L} = [A_1-A_1^0 \quad E_1-E_1^0 \quad A_2-A_2^0 \quad E_2-E_2^0 \quad A_3-A_3^0 \quad E_3-E_3^0]^{\mathrm{T}}$ $A_i^0$、$E_i^0(i=1,2,3)$ 由初始弹道参数 $X^0$、$Y^0$、$Z^0$ 代入方程组(7-12)得到。

$\boldsymbol{A}$ 为光电经纬仪观测量数据对弹道参数 $X$、$Y$、$Z$ 偏导数的雅可比矩阵

$$\boldsymbol{A} = \begin{bmatrix} \dfrac{\partial A_1}{\partial X} & \dfrac{\partial E_1}{\partial X} & \dfrac{\partial A_2}{\partial X} & \dfrac{\partial E_2}{\partial X} & \dfrac{\partial A_3}{\partial X} & \dfrac{\partial E_3}{\partial X} \\ \dfrac{\partial A_1}{\partial Y} & \dfrac{\partial E_1}{\partial X} & \dfrac{\partial A_2}{\partial X} & \dfrac{\partial E_2}{\partial X} & \dfrac{\partial A_3}{\partial X} & \dfrac{\partial E_3}{\partial Y} \\ \dfrac{\partial A_1}{\partial Z} & \dfrac{\partial E_1}{\partial X} & \dfrac{\partial A_2}{\partial X} & \dfrac{\partial E_2}{\partial X} & \dfrac{\partial A_3}{\partial X} & \dfrac{\partial E_3}{\partial Z} \end{bmatrix} \tag{7-14}$$

其中

$$\left.\frac{\partial A_i}{\partial X}\right|_{X^0,Y^0,Z^0}=\frac{-(Z^0-Z_i)}{(D_i^0)^2},\quad \left.\frac{\partial A_i}{\partial Y}\right|_{X^0,Y^0,Z^0}=0,\quad \left.\frac{\partial A_i}{\partial Z}\right|_{X^0,Y^0,Z^0}=\frac{X^0-X_i}{(D_i^0)^2}$$

$$\left.\frac{\partial E_i}{\partial X}\right|_{X^0,Y^0,Z^0}=\frac{-(Y^0-Y_i)(X^0-X_i)}{(R_i^0)^2 D_i^0},\quad \left.\frac{\partial E_i}{\partial Y}\right|_{X^0,Y^0,Z^0}=\frac{D_i^0}{(R_i^0)^2}$$

$$\left.\frac{\partial E_i}{\partial Z}\right|_{X^0,Y^0,Z^0}=\frac{-(Y^0-Y_i)(Z^0-Z_i)}{D_i^0(R_i^0)^2}$$

$$D_i^0=[(X^0-X_i)^2+(Z^0-Z_i)^2]^{1/2},$$

$$R_i^0=[(X^0-X_i)^2+(Y^0-Y_i)^2+(Z^0-Z_i)^2]^{1/2}$$

而$\boldsymbol{\zeta}$是测量数据向量$\boldsymbol{L}=[A_1\quad E_1\quad A_2\quad E_2\quad A_3\quad E_3]^{\mathrm{T}}$的随机误差向量，即$\boldsymbol{\zeta}^{\mathrm{T}}=(\zeta_{A_1}\quad \zeta_{E_1}\quad \zeta_{A_2}\quad \zeta_{E_2}\quad \zeta_{A_3}\quad \zeta_{E_3})$，假设各测量数据之间的随机误差是不相关的，其协方差阵记为$\boldsymbol{P}=\mathrm{diag}(\sigma_{A_1}^2\quad \sigma_{E_1}^2\quad \sigma_{A_2}^2\quad \sigma_{E_2}^2\quad \sigma_{A_3}^2\quad \sigma_{E_3}^2)$

由最小二乘估计得到目标的精确弹道参数为

$$\hat{\boldsymbol{X}}=\boldsymbol{X}^0+\Delta\hat{\boldsymbol{X}}=\boldsymbol{X}^0+(\boldsymbol{A}^{\mathrm{T}}\boldsymbol{P}^{-1}\boldsymbol{A})^{-1}\boldsymbol{A}^{\mathrm{T}}\boldsymbol{P}^{-1}\Delta\boldsymbol{L} \tag{7-15}$$

及参数向量$\hat{\boldsymbol{X}}$的误差协方差阵为

$$\boldsymbol{P}_{\hat{X}}=(\boldsymbol{A}^{\mathrm{T}}\boldsymbol{P}^{-1}\boldsymbol{A})^{-1} \tag{7-16}$$

式中，$\hat{\boldsymbol{X}}=(\hat{X}\quad \hat{Y}\quad \hat{Z})^{\mathrm{T}}$，$\boldsymbol{X}^0=(X^0\quad Y^0\quad Z^0)^{\mathrm{T}}$。

在测量方程组(7-13)和(7-14)中，如果某台电影经纬仪未能获取某个测量数据，则将矩阵$\boldsymbol{P}$中该测量数据随机误差协方差阵中对应的方差之倒数取为零即可。

### 7.1.4 递推最小二乘估计方法

线性回归估计的递推最小二乘估计方法具有实时性强、计算量小等优点，当多台($m\geqslant 3$)电影经纬仪交会测量数据都具有方位角$A$和高低角$E$时，则可采用此方法来解算弹道的位置参数。

现仍假设第$i$台电影经纬仪的测量数据为$A_i$、$E_i$，它们与发射

坐标系的目标位置参数 $X$、$Y$、$Z$ 间的关系用测量方程表示为

$$
\begin{aligned}
&A_i = \begin{cases} 0^\circ + \arcsin[(Z - Z_i)/D_i] & X - X_i \geqslant 0 \\ 180^\circ - \arcsin[(Z - Z_i)/D_i] & X - X_i < 0 \end{cases} \\
&E_i = \arctan[(Y - Y_i)/D_i] \\
&D_i = [(X - X_i)^2 + (Z - Z_i)^2]^{1/2} \qquad i = 1, 2, \cdots
\end{aligned}
\tag{7-17}
$$

式中，$A_i$、$E_i$——经角坐标转换后的发射坐标系中的测量量；

$X_i$、$Y_i$、$Z_i$——第 $i$ 台设备在发射坐标系中的测站坐标。

假设由第 1、第 2 台设备测角数据应用最小二乘估计解得的弹道参数向量为 $\widehat{\boldsymbol{X}}_2 = (\widehat{X}_2 \quad \widehat{Y}_2 \quad \widehat{Z}_2)^{\mathrm{T}}$，当增加第 3 台设备测角数据 $A_3$ 和 $E_3$ 时，应用递推最小二乘估计得到新的弹道位置参数向量为

$$
\widehat{\boldsymbol{X}}_3 = \widehat{\boldsymbol{X}}_2 + \boldsymbol{K}_3(\boldsymbol{W}_3 - \widehat{\boldsymbol{W}}_3) \tag{7-18}
$$

式中，$\widehat{\boldsymbol{X}}_3$——由第 1、第 2、第 3 台联测应用最小二乘估计解算的位置参数向量，$\widehat{\boldsymbol{X}}_3 = (\widehat{X}_3 \quad \widehat{Y}_3 \quad \widehat{Z}_3)^{\mathrm{T}}$；

$\boldsymbol{W}_3$——第 3 台设备的测角数据向量，$\boldsymbol{W}_3 = (A_3 \quad E_3)^{\mathrm{T}}$；

$\widehat{\boldsymbol{W}}_3$——由第 1、第 2 台弹道位置参数向量 $\widehat{\boldsymbol{X}}_2$ 代入式(7-17)得到第 3 台设备测角数据的估计值，$\widehat{\boldsymbol{W}}_3 = (\widehat{A}_3 \quad \widehat{E}_3)^{\mathrm{T}}$。

矩阵 $\boldsymbol{K}_3$ 为增益矩阵，由下式表示为

$$
\boldsymbol{K}_3 = \boldsymbol{P}_{\widehat{X}_2} H_3^{\mathrm{T}} (\boldsymbol{H}_3 \boldsymbol{P}_{\widehat{X}_2} \boldsymbol{H}_3^{\mathrm{T}} + \boldsymbol{P}_3)^{-1} \tag{7-19}
$$

式中，$\boldsymbol{P}_{\widehat{X}_2}$——位置参数向量估值 $\widehat{\boldsymbol{X}}_2$ 的误差协方差阵；

$\boldsymbol{P}_3$——第 3 台设备测角数据误差的均方差，$\boldsymbol{P}_3 = \mathrm{diag}(\sigma_{A_3}^2 \quad \sigma_{E_3}^2)$；

$\boldsymbol{H}_3$——第 3 台设备测量数据的雅可比矩阵，即为

$$
\boldsymbol{H}_3 = \begin{bmatrix} \dfrac{\partial A_3}{\partial X} & \dfrac{\partial A_3}{\partial Y} & \dfrac{\partial A_3}{\partial Z} \\[2ex] \dfrac{\partial E_3}{\partial X} & \dfrac{\partial E_3}{\partial Y} & \dfrac{\partial E_3}{\partial Z} \end{bmatrix}_{\widehat{X}_2}
$$

式中各偏导数表达式见式(7－14)。而估值 $\widehat{X}_3$ 的误差协方差阵为

$$P_{\widehat{X}_3}=(I-K_3H_3)P_{\widehat{X}_2} \tag{7-20}$$

式中，$I$——3×3 维的单位阵。

假设第 1 到第 $i-1$ 台设备交会解算的弹道位置参数向量估值为 $\widehat{X}_{i-1}$ 和误差协方差阵为 $P_{\widehat{X}_{i-1}}$，如果再增加第 $i$ 台设备的测量数据 $A_i$ 和 $E_i$，则由递推最小二乘估计得到第 1 台到第 $i$ 台设备交会的弹道参数位置分量估值 $\widehat{X}_i$ 和误差协方差阵 $P_{\widehat{X}_i}$ 的递推形式为

$$\widehat{X}_i=\widehat{X}_{i-1}+K_i(W_i-\widehat{W}_i) \tag{7-21}$$

和

$$P_{\widehat{X}_i}=(I-K_iH_i)P_{\widehat{X}_{i-1}} \tag{7-22}$$

式中，$W_i$——第 $i$ 台设备的测量数据向量，$W_i=(A_i\quad E_i)^{\mathrm{T}}$；

$\widehat{W}_i$——第 $i$ 台设备测量数据向量的估计值，$\widehat{W}_i=(\widehat{A}_i\quad \widehat{E}_i)^{\mathrm{T}}$，它由 $\widehat{X}_{i-1}$ 代入式(7－17)得到。

而 $K_i$ 为增益矩阵，它由下式得到

$$K_i=P_{\widehat{X}_{i-1}}H_i^{\mathrm{T}}(H_iP_{\widehat{X}_{i-1}}H_i^{\mathrm{T}}+P_i)^{-1} \tag{7-23}$$

式中，$H_i$——第 $i$ 台设备测量数据关于位置向量的雅可比矩阵，其表达式见式(7－14)。

比较 7.1.3 节和 7.1.4 节，可以看到递推最小二乘估计方法一次就可以获取多台设备交会组合解算的目标位置参数，而且计算量小。另外，它不需对测量数据进行线性化处理，避免了模型误差，因此处理结果的精度较高。

### 7.1.5 弹道速度和加速度的解算方法

在外弹道测量事后数据处理中，常利用正交多项式的最优数字滤波器，将获取的导弹和运载火箭的弹道位置参数微分求弹道

的速度和加速度参数。本节不详细叙述正交多项式的最优数字滤波器原理和推导相关的微分求速度和求加速度的公式,而直接给出外测数据处理时所使用的具体表达式,有关的原理和公式推导可以参阅相关文献。

**1. 微分求速度的公式**

将位置参数微分求速度时,通常应用速度二阶中心平滑公式,假设输入 $2n+1$ 个等间隔采样的位置参数为 $\widehat{X}_{-n},\widehat{X}_{-n+1},\cdots,\widehat{X}_0,\cdots,\widehat{X}_n$,则中心时刻的速度 $\hat{\dot{X}}$ 为

$$\hat{\dot{X}}_i=\sum_{i=-n}^{n}\frac{12i}{hN(N^2-1)}\widehat{X}_i \tag{7-24}$$

式中,$h$——测量数据的采样间隔;

$N$——输入数据总个数,$N=2n+1$;$n$ 称为半点数。

输入误差和输出误差的方差比为

$$\mu^2=\frac{12}{h^2N(N^2-1)} \tag{7-25}$$

然后再利用滑动弧方法,求下一时刻的速度参数。同样地,对于 $Y$ 和 $Z$ 方向微分的求速方法和公式类同式(7-24)。

**2. 微分求加速度的公式**

由位置参数微分求加速度时,通常应用加速度三阶中心平滑公式,即为

$$\hat{\ddot{X}}_0=\sum_{i=-n}^{n}\frac{30[12i^2-(N^2-1)]}{h^2N(N^2-1)(N^2-4)}\widehat{X}_i \tag{7-26}$$

式中,$\widehat{X}_i$——$2n+1$ 个等间隔的位置参数;

$\hat{\ddot{X}}_0$——中心时刻的加速度参数;

$N$ 和 $h$ 的含义同式(7-24)。

输入误差和输出误差的方差比为

$$\mu^2=\frac{720}{h^4N(N^2-1)(N^2-4)} \tag{7-27}$$

同样地,$Y$ 方向和 $Z$ 方向的微分求速度方法和公式同式(7-26)。

**3. 其他弹道参数解算**

最后利用速度与弹道倾角、偏角之间关系,得到合成速度、弹道倾角 $\theta$ 和偏角 $\sigma$ 为

$$\begin{cases} V = (\dot{X}^2 + \dot{Y}^2 + \dot{Z}^2)^{1/2} \\ \theta = \arctan \dfrac{\dot{Y}}{\dot{X}} + \begin{cases} 0 & \dot{X} \geqslant 0 \\ \pi & \dot{X} < 0, \dot{Y} > 0 \end{cases} \\ \sigma = \arcsin(-\dot{Z}/V) \end{cases} \tag{7-28}$$

而切向、法向和侧向加速度分别为

$$\begin{cases} \dot{V} = (\dot{X}\ddot{X} + \dot{Y}\ddot{Y} + \dot{Z}\ddot{Z})/V \\ V\dot{\theta} = \ddot{Y}\cos\theta - \ddot{X}\sin\theta \\ V\dot{\sigma} = -\dfrac{\ddot{Z}}{\cos\sigma} - \dot{V}\tan\sigma \end{cases} \tag{7-29}$$

## 7.2 测距测角体制解算弹道方法

外弹道测量中,光电经纬仪和单脉冲雷达都是具有斜距 $R$、方位角 $A$ 和高低角 $E$ 测量数据的测量体制,用单台设备就可以独立确定导弹或运载火箭空间飞行的轨迹(位置参数)。在此,分单台测量和多台测量两种情况讨论弹道位置参数解算方法。当多台交会时,可以应用最小二乘估计或递推最小二乘估计法求解弹道位置参数。当需要求解目标速度参数时,本章将按有、无距离变化率测量的两种情况推导相应公式。

### 7.2.1 单站测量的弹道位置参数解算方法

首先将单台设备的测量数据 $R$、$A$、$E$ 转换成测站发射坐标系

中的测量量 $R$、$A$、$E$ 后，再根据几何关系，容易知道目标的弹道位置参数 $\boldsymbol{X}=(X \quad Y \quad Z)^{\mathrm{T}}$ 为球面坐标，则有

$$\boldsymbol{X}=\begin{bmatrix} R\cos E\cos A \\ R\sin E \\ R\cos E\sin A \end{bmatrix}+\boldsymbol{X}_0 \tag{7-30}$$

式中，$\boldsymbol{X}_0$——测站在发射坐标系中的坐标，$\boldsymbol{X}_0=[X_0 \quad Y_0 \quad Z_0]^{\mathrm{T}}$。

### 7.2.2 多站交会测量的弹道位置参数解算方法

当 $K$ 台设备联测时（$K\geqslant 2$），首先由各雷达的观测数据 $R_i$、$A_i$ 和 $E_i$ 按式（7-30）各自计算，得到目标在发射坐标系中的坐标 $\boldsymbol{X}_i=[X_i \quad Y_i \quad Z_i]^{\mathrm{T}}(i=1,2,\cdots,K)$，当不考虑站址误差时，其误差协方差矩阵 $\boldsymbol{P}_i$ 为

$$\boldsymbol{P}_i=\begin{bmatrix} \sigma_{X_i}^2 & \sigma_{X_iY_i} & \sigma_{X_iZ_i} \\ \sigma_{Y_iZ_i} & \sigma_{Y_i}^2 & \sigma_{Y_iZ_i} \\ \sigma_{Z_iX_i} & \sigma_{Z_iY_i} & \sigma_{Z_i}^2 \end{bmatrix}=\boldsymbol{C}_i\overline{\boldsymbol{P}}_i\boldsymbol{C}_i^{\mathrm{T}} \tag{7-31}$$

式中，$R_i$、$A_i$ 和 $E_i$——第 $i$ 台设备的测量数据；

$$\boldsymbol{C}_i=\begin{bmatrix} \cos A_i\cos E_i & -R_i\sin A_i\cos E_i & -R_i\cos A_i\sin E_i \\ \sin E_i & 0 & R_i\cos E_i \\ \sin A_i\cos E_i & R_i\cos A_i\cos E_i & -R_i\sin A_i\sin E_i \end{bmatrix}$$

$\overline{\boldsymbol{P}}_i=\mathrm{diag}(\sigma_{R_i}^2 \quad \sigma_{A_i}^2 \quad \sigma_{E_i}^2)$，$\sigma_{R_i}$、$\sigma_{A_i}$、$\sigma_{E_i}$ 为第 $i$ 台设备 $R_i$、$A_i$ 和 $E_i$ 的测量误差均方差。

下面用两种最小二乘估计方法求解最终弹道。

**1. 最小二乘估计**

在得到每台雷达测量数据解算目标在发射坐标系中位置坐标 $\boldsymbol{X}_i$ 及其误差协方差阵 $\boldsymbol{P}_i$ 后，则可以直接应用最小二乘估计得到

最终弹道位置参数

$$\widehat{\boldsymbol{X}} = \begin{bmatrix} \widehat{X} \\ \widehat{Y} \\ \widehat{Z} \end{bmatrix} = \boldsymbol{P}_{\widehat{X}} \sum_{i=1}^{K} \boldsymbol{P}_i^{-1} \boldsymbol{X}_i \tag{7-32}$$

而弹道参数估计 $\widehat{\boldsymbol{X}}$ 的误差协方差阵为

$$\boldsymbol{P}_{\widehat{X}} = \begin{bmatrix} \sigma_X^2 & \sigma_{\widehat{XY}} & \sigma_{\widehat{XZ}} \\ \sigma_{\widehat{YZ}} & \sigma_Y^2 & \sigma_{\widehat{YZ}} \\ \sigma_{\widehat{ZX}} & \sigma_{\widehat{ZY}} & \sigma_Z^2 \end{bmatrix} = \left( \sum_{i=1}^{K} \boldsymbol{P}_i^{-1} \right)^{-1} \tag{7-33}$$

式中，$\boldsymbol{X}_i$ 和 $\boldsymbol{P}_i$ 由式(7-30)和式(7-31)计算。

**2. 递推最小二乘估计**

假设第 $i$ 台设备单独测量得到的目标弹道位置向量为 $\widehat{\boldsymbol{X}}_i^0 = (\widehat{X}_i^0 \quad \widehat{Y}_i^0 \quad \widehat{Z}_i^0)^{\mathrm{T}}$，相应的误差协方差阵为 $\boldsymbol{P}_{\widehat{X}_i^0}(i=1,2,\cdots,K)$；再假设由第一台与第二台设备交会解算得到的弹道位置参数向量为 $\widehat{\boldsymbol{X}}_2 = (\widehat{X}_2 \quad \widehat{Y}_2 \quad \widehat{Z}_2)^{\mathrm{T}}$；如果再增加第三台设备，则交会后弹道位置向量记为 $\widehat{\boldsymbol{X}}_3 = (\widehat{X}_3 \quad \widehat{Y}_3 \quad \widehat{Z}_3)^{\mathrm{T}}$；依次类推直到增加到第 $K$ 台设备，交会得到的弹道参数为 $\widehat{\boldsymbol{X}}_K = (\widehat{X}_K, \widehat{Y}_K, \widehat{Z}_K)^{\mathrm{T}}$，对应的误差协方差记为 $\boldsymbol{P}_{\widehat{X}_K}$。利用递推最小二乘估计可以得到增加到第 $i$ 台设备交会的弹道位置参数为

$$\widehat{\boldsymbol{X}}_i = \widehat{\boldsymbol{X}}_{i-1} + \boldsymbol{K}_i(\widehat{\boldsymbol{X}}_i^0 - \widehat{\boldsymbol{X}}_{i-1}) \tag{7-34}$$

式中，$\widehat{\boldsymbol{X}}_i^0$——第 $i$ 台设备单独解算目标弹道位置向量。

而增益矩阵 $\boldsymbol{K}_i$ 可表示为

$$\boldsymbol{K}_i = \boldsymbol{P}_{\widehat{X}_{i-1}}(\boldsymbol{P}_{\widehat{X}_{i-1}}^{-1} + \boldsymbol{P}_{\widehat{X}_i^0}^{-1})^{-1} \qquad i=1,2,\cdots,K \tag{7-35}$$

式中，$\boldsymbol{P}_{\widehat{X}_i^0}$——第 $i$ 台设备解算弹道位置参数 $\widehat{\boldsymbol{X}}_i^0$ 的误差协方差阵。

而由 $i$ 台设备交会解算弹道位置参数 $\widehat{\boldsymbol{X}}_i$ 的误差协方差阵为

$$\boldsymbol{P}_{\widehat{X}_i} = \boldsymbol{P}_{\widehat{X}_{i-1}} - \boldsymbol{P}_{\widehat{X}_{i-1}}(\boldsymbol{P}_{\widehat{X}_{i-1}}^{-1} + \boldsymbol{P}_{\widehat{X}_i^0}^{-1})^{-1}\boldsymbol{P}_{\widehat{X}_{i-1}} \tag{7-36}$$

由多台设备交会测量的递推最小二乘估计表达式可知,利用式(7-34)和式(7-36)得到第 $i$ 台交会测量的结果,它比利用式(7-32)和式(7-33) 计算的工作量小得多。

### 7.2.3 速度和加速度参数解算方法

**1. 速度参数的计算**

现分为具有3个以下和3个以上斜距变化率 $\dot{R}$ 测量量的两种情况进行讨论。

1)能测 $\dot{R}$ 的设备少于3台

(1)微分平滑求速方法。当斜距变化率 $\dot{R}$ 少于3个时,无法独立解算目标在发射坐标系中的分速度 $\dot{X},\dot{Y},\dot{Z}$,这时,通常采用二阶多项式中心平滑微分求速公式,对目标在发射坐标系中的位置参数 $\boldsymbol{X}=(\dot{X}\quad\dot{Y}\quad\dot{Z})^{\mathrm{T}}$ 进行微分,得到目标的分速度 $\dot{X},\dot{Y},\dot{Z}$,其具体微分求速公式见式(7-24)。

(2)递推最小二乘估计方法

如果设备(脉冲雷达)能得到精度较高的斜距变化率 $\dot{R}$,则在位置分量 $X$、$Y$、$Z$ 微分平滑获取分速度 $\dot{X},\dot{Y},\dot{Z}$ 的基础上,对 $\dot{R}$ 测量量应用递推最小二乘估计,可得到精确的分速度。在此,以具有两个 $\dot{R}$ 测量量为例,并假设第一、第二台的测量量为 $\dot{R}_i(i=1,2)$,则有

$$\hat{\dot{\boldsymbol{X}}}=\dot{\boldsymbol{X}}+\boldsymbol{K}(\dot{\boldsymbol{W}}-\hat{\dot{\boldsymbol{W}}}) \tag{7-37}$$

式中,$\hat{\dot{\boldsymbol{X}}}=[\hat{\dot{X}}\quad\hat{\dot{Y}}\quad\hat{\dot{Z}}]^{\mathrm{T}}$——新的分速度参数向量估计值;

$\dot{\boldsymbol{X}}=(\dot{X}\quad\dot{Y}\quad\dot{Z})^{\mathrm{T}}$——微分平滑后分速度参数向量;

$\dot{\boldsymbol{W}}=(\dot{R}_1\quad\dot{R}_2)^{\mathrm{T}}$——测量向量。

而 $\hat{\dot{\boldsymbol{W}}}=(\hat{\dot{R}}_1\quad\hat{\dot{R}}_2)^{\mathrm{T}}$ 为由 $\dot{X},\dot{Y},\dot{Z}$ 和 $X,Y,Z$ 代入下式得到,即

$$\hat{\dot{R}}_i=\frac{\hat{X}-X_i}{R_i}\dot{X}+\frac{\hat{Y}-Y_i}{R_i}\dot{Y}+\frac{\hat{Z}-Z_i}{R_i}\dot{Z}\qquad i=1,2 \tag{7-38}$$

式中，$X_i, Y_i, Z_i$——第 $i$ 台设备的站址坐标；

$\widehat{X}, \widehat{Y}, \widehat{Z}$——目标位置参数的估值。

$$R_i = [(\widehat{X} - X_i)^2 + (\widehat{Y} - Y_i)^2 + (\widehat{Z} - Z_i)^2]^{1/2}$$

而增益矩阵 $\boldsymbol{K}$ 为

$$\boldsymbol{K} = \boldsymbol{P}_{\dot{X}} \boldsymbol{H}^{\mathrm{T}} (\boldsymbol{P}_{\dot{R}} + \boldsymbol{H} \boldsymbol{P}_{\dot{X}} \boldsymbol{H}^{\mathrm{T}})^{-1} \tag{7-39}$$

式中，$\boldsymbol{H} = \begin{bmatrix} \dfrac{X - X_1}{R_1} & \dfrac{Y - Y_1}{R_1} & \dfrac{Z - Z_1}{R_1} \\ \dfrac{X - X_2}{R_2} & \dfrac{Y - Y_2}{R_2} & \dfrac{Z - Z_2}{R_2} \end{bmatrix}$，$\boldsymbol{P}_{\dot{R}} = \begin{bmatrix} \sigma^2_{\dot{R}_1} & 0 \\ 0 & \sigma^2_{\dot{R}_2} \end{bmatrix}$；

$\sigma_{\dot{R}_i}$——$\dot{R}_i$ 的随机误差均方差；

$\boldsymbol{P}_{\dot{X}}$——微分平滑后估值 $\dot{\boldsymbol{X}} = [\dot{X} \quad \dot{Y} \quad \dot{Z}]^{\mathrm{T}}$ 的误差协方差阵。

而估计 $\hat{\dot{\boldsymbol{X}}} = [\hat{\dot{X}} \quad \hat{\dot{Y}} \quad \hat{\dot{Z}}]^{\mathrm{T}}$ 的误差协方差阵为

$$\boldsymbol{P}_{\hat{\dot{X}}} = \boldsymbol{P}_{\dot{X}} - \boldsymbol{K} \boldsymbol{H} \boldsymbol{P}_{\dot{X}} \tag{7-40}$$

当只有一个 $\dot{R}$ 观测数据时，只要将对应的向量和矩阵稍加变化，按同样原理就可以得到相应估计的表达式。

2）能测 $\dot{R}$ 的设备多于或等于 3 台

此时，可以应用最小二乘估计方法得到分速度参数估计值，其表达式为

$$\dot{\boldsymbol{X}} = \begin{bmatrix} \dot{X} \\ \dot{Y} \\ \dot{Z} \end{bmatrix} = (\boldsymbol{H}^{\mathrm{T}} \boldsymbol{P}_{\dot{R}}^{-1} H)^{-1} \boldsymbol{H}^{\mathrm{T}} \boldsymbol{P}_{\dot{R}}^{-1} \dot{\boldsymbol{W}} \tag{7-41}$$

误差协方差阵为

$$\boldsymbol{P}_{\dot{X}} = (\boldsymbol{H}^{\mathrm{T}} \boldsymbol{P}_{\dot{R}}^{-1} H)^{-1} \tag{7-42}$$

式中，$\boldsymbol{P}_{\dot{R}}$——观测元素 $\dot{\boldsymbol{R}}$ 组成的误差协方差阵，$\boldsymbol{P}_{\dot{R}} = \mathrm{diag}(\sigma^2_{\dot{R}_i} \quad \sigma^2_{\dot{R}_2} \quad \cdots \quad \sigma^2_{\dot{R}_K})$，$\sigma_{\dot{R}_i}$ 为 $\dot{R}_i$ 的测量误差的均方差；

$\dot{\boldsymbol{W}}$——测量元素组成的测量向量，$\dot{\boldsymbol{W}} = (\dot{R}_1 \quad \dot{R}_2 \quad \cdots \quad \dot{R}_K)^{\mathrm{T}}$；

$$\boldsymbol{H}=\begin{bmatrix} l_1 & m_1 & n_1 \\ l_2 & m_2 & n_2 \\ \vdots & \vdots & \vdots \\ l_K & m_K & n_K \end{bmatrix}$$，$l_i$、$m_i$、$n_i$ 为各测站到目标向量的方向余弦。

由表达式(7-41)和式(7-42)可知，当 $K=3$ 时，最小二乘估计表达式退化成 $3\dot{R}$ 元素解方程的表达式。

### 7.2.4 加速度参数计算公式

一般利用三阶多项式中心平滑，直接由弹道位置参数 $X_i$，$Y_i$，$Z_i$ 得到加速度参数，具体公式见式(7-26)。

### 7.2.5 其他参数计算公式

由分速度和分加速度参数计算其他参数（合成速度 $V$、倾角 $\theta$ 和偏角 $\sigma$ 及切向加速度 $\dot{V}$、法向加速度 $V\dot{\theta}$、侧向加速度 $V\dot{\sigma}$）的公式，与式(7-28)和式(7-29)一样。

## 7.3 多 $R\dot{R}$ 体制解算弹道方法

通常，无线电测量系统——连续波雷达、单脉冲雷达以及天基测量的全球导航定位系统都是具有 $nR\dot{R}$ 测元的测量体制。此时，必须具备 $n\geqslant3$ 的条件，该体制才能独立确定导弹或运载火箭飞行轨迹（位置和速度）。当 $n=3$ 时，可由 $3R\dot{R}$ 测元根据几何关系直接可以解算目标的位置和速度。当 $n>3$ 时，一般采用最小二乘估计或递推最小二乘估计解算目标的位置和速度。

### 7.3.1 $3R\dot{R}$ 测量元素解算弹道方法

#### 1. 3R 测元求解目标位置参数方法

如图 7-6 所示，$D_{31}$、$D_{32}$ 分别为站 1、站 2 与站 3 之间的基线

长,已知 3 个测站在发射坐标系中的坐标,现求解目标 $M$ 在发射坐标位置方法。

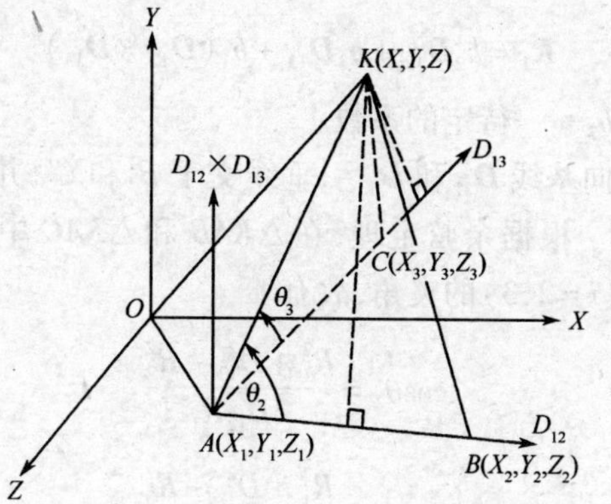


图 7-6　目标与 3R 测量向量关系图

1)3R 测元定位法

根据空间解析几何知识可知,三站到目标距离测量数据 $R$,其空间方程表示了 3 个空间球面,其交点即为目标空间位置,也就是利用 3R 测量数据即可求解目标位置坐标。

(1)位置参数解算公式。由 3R 测元计算目标位置参数的方法很多,在此,应用简单的向量运算方法解算位置参数。

由目标与三测站的空间几何关系可知,3R 的测量方程为

$$R_i=\left[(X-X_i)^2+(Y-Y_i)^2+(Z-Z_i)^2\right]^{1/2}\quad i=1,2,3 \tag{7-43}$$

式中,$X,Y,Z$——目标位置坐标;

$X_i,Y_i,Z_i$——三测站的位置坐标;

$R_i$——目标到测站之间的距离。

空间目标与测站间关系见图 7-6,图中 $O-XYZ$ 为坐标系,$K$ 为目标,$A$、$B$、$C$ 分别为三测站。若记向量 $AB$ 为 $D_{12}$,$AC$ 为 $D_{13}$。现已知三测站在空间位置坐标和 $A$、$B$、$C$ 到 $K$ 的距离分别为 $R_1$、$R_2$、$R_3$,由此解算目标 $K$ 的位置坐标 $X$、$Y$、$Z$。

根据向量代数,由图 7-6 可知

$$\boldsymbol{OK} = \boldsymbol{OA} + \boldsymbol{AK} \tag{7-44}$$

而向量 $\boldsymbol{R}_1$ 可以表示为如下向量和

$$\boldsymbol{R}_1 = b_2\boldsymbol{D}_{12} + b_3\boldsymbol{D}_{13} + b_1(\boldsymbol{D}_{12} \times \boldsymbol{D}_{13}) \tag{7-45}$$

式中，$b_1$、$b_2$、$b_3$——待定的系数。

现过 $K$ 向基线 $\boldsymbol{D}_{12}$ 和 $\boldsymbol{D}_{13}$ 引垂线交于 $B'$ 和 $C'$，并令 $|\boldsymbol{KB'}| = \alpha$ 和 $|\boldsymbol{KC'}| = \beta$。根据余弦定理，在 $\triangle KAB$ 和 $\triangle KAC$ 中，$\theta_i(i=2,3)$ 为 $R_1$ 与 $D_{1i}(i=2,3)$ 的夹角，故有

$$\begin{aligned}\cos\theta_2 &= \frac{R_1^2 + D_{12}^2 - R_2^2}{2D_{12}R_1}\\ \cos\theta_3 &= \frac{R_1^2 + D_{13}^2 - R_3^2}{2D_{13}R_1}\end{aligned} \tag{7-46}$$

在直角 $\triangle KB'A$ 和 $\triangle KC'A$ 中，则有

$$\begin{cases}\alpha = |\boldsymbol{KB'}| = R_1\cos\theta_2 = \dfrac{R_1^2 + D_{12}^2 - R_2^2}{2D_{12}}\\ \beta = |\boldsymbol{KC'}| = R_1\cos\theta_3 = \dfrac{R_1^2 + D_{13}^2 - R_3^2}{2D_{13}}\end{cases} \tag{7-47}$$

又由向量运算可知

$$\begin{cases}\boldsymbol{R}_1 \cdot \boldsymbol{D}_{12} = R_1D_{12}\cos\theta_2 = D_{12}\alpha\\ \boldsymbol{R}_1 \cdot \boldsymbol{D}_{13} = R_1D_{13}\cos\theta_3 = D_{13}\beta\end{cases} \tag{7-48}$$

若将式(7-45)代入式(7-46)以后，则分别得到

$$\begin{cases}D_{12}\alpha = b_2D_{12}^2 + b_3D_{12}D_{13}\cos\theta + b_1(\boldsymbol{D}_{12} \times \boldsymbol{D}_{13}) \cdot \boldsymbol{D}_{12}\\ \qquad = b_2D_{12}^2 + b_3D_{12}D_{13}\cos\theta\\ D_{13}\beta = b_3D_{13}^2 + b_2D_{12}D_{13}\cos\theta + b_1(\boldsymbol{D}_{12} \times \boldsymbol{D}_{13}) \cdot \boldsymbol{D}_{13}\\ \qquad = b_3D_{13}^2 + b_2D_{12}D_{13}\cos\theta\end{cases} \tag{7-49}$$

式中，$\theta$——向量 $\boldsymbol{D}_{12}$ 和 $\boldsymbol{D}_{13}$ 之间的夹角。

由式(7-49)可以得到

$$
\begin{cases}
b_2 = \dfrac{\alpha - \beta\cos\theta}{D_{12}\sin^2\theta} \\
b_3 = \dfrac{\beta - \alpha\cos\theta}{D_{13}\sin^2\theta}
\end{cases}
\tag{7-50}
$$

现已确定 $b_2$ 和 $b_3$，还需要求出 $b_1$。在式(7-49)分别乘以 $b_2$ 和 $b_3$ 后，得到

$$
\begin{cases}
b_2 D_{12}\alpha = b_2^2 D_{12}^2 + b_2 b_3 D_{12} D_{13}\cos\theta \\
b_3 D_{13}\beta = b_3^2 D_{13}^2 + b_2 b_3 D_{13} D_{12}\cos\theta
\end{cases}
\tag{7-51}
$$

又由式(7-45)，故有

$$
\begin{aligned}
R_1^2 &= [\,b_2 D_{12} + b_3 D_{13} + b_1(\boldsymbol{D}_{12} \times \boldsymbol{D}_{13})\,]^2 = \\
&\quad b_2^2 D_{12}^2 + b_3^2 D_{13}^2 + 2b_2 b_3 \boldsymbol{D}_{12} \cdot \boldsymbol{D}_{13} + b_1^2(\boldsymbol{D}_{12} \times \boldsymbol{D}_{13})^2
\end{aligned}
\tag{7-52}
$$

由式(7-51)、式(7-52)立即得到

$$
b_1 = \frac{\sqrt{R_1^2 - b_2 D_{12}\alpha - b_3 D_{13}\beta}}{(\boldsymbol{D}_{12} \times \boldsymbol{D}_{13})}
\tag{7-53}
$$

再将式(7-50)和式(7-53)代入式(7-44)，得到

$$
\begin{aligned}
\boldsymbol{OK} &= \boldsymbol{OA} + \boldsymbol{AK} = (X_1\boldsymbol{i} + Y_1\boldsymbol{j} + Z_1\boldsymbol{k}) \\
&\quad + \frac{\alpha - \beta\cos\theta}{\sin^2\theta} \cdot \frac{\boldsymbol{D}_{12}}{|\boldsymbol{D}_{12}|} + \frac{\beta - \alpha\cos\theta}{\sin^2\theta} \cdot \frac{\boldsymbol{D}_{13}}{|\boldsymbol{D}_{13}|} \\
&\quad + \sqrt{R_1^2 - \left[\frac{\alpha - \beta\cos\theta}{\sin^2\theta}\alpha + \frac{\beta - \alpha\cos\theta}{\sin^2\theta}\beta\right]} \frac{\boldsymbol{D}_{12} \times \boldsymbol{D}_{13}}{|\boldsymbol{D}_{12} \times \boldsymbol{D}_{13}|} \\
&= (X_1\boldsymbol{i} + Y_1\boldsymbol{j} + Z_1\boldsymbol{k}) + a_2\boldsymbol{D}_{12}^{\circ} + a_3\boldsymbol{D}_{13}^{\circ} + a_1(\boldsymbol{D}_{12}^{\circ} \times \boldsymbol{D}_{13}^{\circ}) \\
&= (X_1\boldsymbol{i} + Y_1\boldsymbol{j} + Z_1\boldsymbol{k}) + a_2(\lambda_2\boldsymbol{i} + \mu_2\boldsymbol{j} + v_2\boldsymbol{k}) \\
&\quad + a_3(\lambda_3\boldsymbol{i} + \mu_3\boldsymbol{j} + v_3\boldsymbol{k}) + a_1(\lambda_1\boldsymbol{i} + \mu_1\boldsymbol{j} + v_1\boldsymbol{k})
\end{aligned}
\tag{7-54}
$$

式中，$(\cdot)^{\circ}$——向量$(\cdot)$的单位向量；

$\lambda_2$、$\mu_2$、$v_2$——$\boldsymbol{D}_{12}^{\circ}$的方向余弦；

$\lambda_3$、$\mu_3$、$v_3$——$\boldsymbol{D}_{13}^{\circ}$的方向余弦；

$\lambda_1$、$\mu_1$、$v_1$——$D_{12}^{\circ} \times D_{13}^{\circ}$的方向余弦；

$X_1$、$Y_1$、$Z_1$——测站 $A$ 的位置分量。

而 $a_1 = \pm [R_1^2 - (a_2\alpha + a_3\beta)]^{1/2}$，$a_2 = \dfrac{\alpha - \beta\cos\theta}{\sin^2\theta}$，$a_3 = \dfrac{\beta - \alpha\cos\theta}{\sin^2\theta}$。$a_1$ 的正、负号按下述方法确定：若 3 站 $A$、$B$、$C$ 成右手系时，目标在 3 站平面上方，$a_1$ 取正号；反之，测站成左手系，目标在 3 站平面上方，$a_1$ 取负号。

由式(7－54)，等式两边的各分量相等，则有

$$\begin{cases} X = X_1 + a_1\lambda_1 + a_2\lambda_2 + a_3\lambda_3 \\ Y = Y_1 + a_1\mu_1 + a_2\mu_2 + a_3\mu_3 \\ Z = Z_1 + a_1 v_1 + a_2 v_2 + a_3 v_3 \end{cases} \tag{7-55}$$

用矩阵形式表示，则式(7－55)写成

$$\begin{bmatrix} X \\ Y \\ Z \end{bmatrix} = \begin{bmatrix} \lambda_1 & \lambda_2 & \lambda_3 \\ \mu_1 & \mu_2 & \mu_3 \\ v_1 & v_2 & v_3 \end{bmatrix} \begin{bmatrix} a_1 \\ a_2 \\ a_3 \end{bmatrix} + \begin{bmatrix} X_1 \\ Y_1 \\ Z_1 \end{bmatrix} \tag{7-56}$$

式中

$$\lambda_i = \frac{X_i - X_1}{D_{1i}}, \mu_i = \frac{Y_i - Y_1}{D_{1i}}, \lambda_i = \frac{Z_i - Z_1}{D_{1i}}$$

其中

$$D_{1i} = \sqrt{(X_1 - X_i)^2 + (Y_1 - Y_i)^2 + (Z_1 - Z_i)^2} \qquad i = 2,3$$

而由向量积定义，向量 $D_{12} \times D_{13}$具有

$$(\lambda_1 i + \mu_1 j + v_1 k) = \frac{D_{12} \times D_{13}}{|D_{12} \times D_{13}|}$$

$$= \frac{1}{D_{12}D_{13}\sin\theta} \begin{vmatrix} i & j & k \\ D_{12}\lambda_2 & D_{12}\mu_2 & D_{12}v_2 \\ D_{13}\lambda_3 & D_{13}\mu_3 & D_{13}v_3 \end{vmatrix} \tag{7-57}$$

因此,可以得到

$$\begin{cases}\lambda_1 = \dfrac{1}{\sin\theta}(\mu_2 v_3 - v_2\mu_3) \\ \mu_1 = \dfrac{1}{\sin\theta}(v_2\lambda_3 - \lambda_2 v_3) \\ v_1 = \dfrac{1}{\sin\theta}(\lambda_2\mu_3 - \mu_2\lambda_3)\end{cases} \tag{7-58}$$

式中,$\sin\theta = (1-\cos^2\theta)^{1/2}$,$\cos\theta = \lambda_2\lambda_3 + \mu_2\mu_3 + v_2 v_3$。

由上述各式代入式(7-56)后,立即得到目标位置坐标 $X$、$Y$、$Z$。对于动态目标定位,由每个采样时刻的 3R 距离测量量,应用上述解算公式得到相应的概略位置坐标。

**2. 位置参数误差估计公式**

现对式(7-56)微分,则有

$$\begin{bmatrix}\Delta X \\ \Delta Y \\ \Delta Z\end{bmatrix} = \begin{bmatrix}\lambda_1 & \lambda_2 & \lambda_3 \\ \mu_1 & \mu_2 & \mu_3 \\ v_1 & v_2 & v_3\end{bmatrix}\begin{bmatrix}\Delta a_1 \\ \Delta a_2 \\ \Delta a_3\end{bmatrix} \overset{\text{记为}}{=} \boldsymbol{A}_1\begin{bmatrix}\Delta a_1 \\ \Delta a_2 \\ \Delta a_3\end{bmatrix} \tag{7-59}$$

而由式(7-58)可以得到

$$\begin{bmatrix}\Delta a_1 \\ \Delta a_2 \\ \Delta a_3\end{bmatrix} = \begin{bmatrix}\dfrac{R_1}{a_1} & \dfrac{-a_2}{a_1} & \dfrac{-a_3}{a_1} \\ 0 & \dfrac{1}{\sin^2\theta} & \dfrac{-\cos\theta}{\sin^2\theta} \\ 0 & \dfrac{-\cos\theta}{\sin^2\theta} & \dfrac{1}{\sin^2\theta}\end{bmatrix}\begin{bmatrix}\Delta R_1 \\ \Delta\alpha \\ \Delta\beta\end{bmatrix} = \boldsymbol{A}_2\begin{bmatrix}\Delta R_1 \\ \Delta\alpha \\ \Delta\beta\end{bmatrix} \tag{7-60}$$

以及由式(7-47)得到

$$\begin{bmatrix}\Delta R_1 \\ \Delta\alpha \\ \Delta\beta\end{bmatrix} = \begin{bmatrix}1 & 0 & 0 \\ \dfrac{R_1}{D_{12}} & \dfrac{-R_2}{D_{12}} & 0 \\ \dfrac{R_1}{D_{13}} & 0 & \dfrac{-R_3}{D_{13}}\end{bmatrix}\begin{bmatrix}\Delta R_1 \\ \Delta R_2 \\ \Delta R_3\end{bmatrix} = \boldsymbol{A}_3\begin{bmatrix}\Delta R_1 \\ \Delta R_2 \\ \Delta R_3\end{bmatrix} \tag{7-61}$$

根据误差协方差定义和由式(7－59)、式(7－60)和式(7－61),立即得到位置参数误差协方差阵为

$$\boldsymbol{P}_{\boldsymbol{X}} = E(\Delta\boldsymbol{X}\Delta\boldsymbol{X}^{\mathrm{T}}) = \boldsymbol{A}_1\boldsymbol{A}_2\boldsymbol{A}_3\boldsymbol{P}_{\boldsymbol{R}}\boldsymbol{A}_3^{\mathrm{T}}\boldsymbol{A}_2^{\mathrm{T}}\boldsymbol{A}_1^{\mathrm{T}} \tag{7-62}$$

式中,$\boldsymbol{P}_{\boldsymbol{R}} = \mathrm{diag}(\sigma_{R_1}^2 \quad \sigma_{R_2}^2 \quad \sigma_{R_3}^2)$,$\sigma_{R_i}$ 为测元 $R_i$ 测量误差的均方差。

**3. $3\dot{R}$ 测元求解目标的速度**

现对测距测量方程(7－43)求导,立即得到测速元素 $\dot{R}$ 的测量方程为

$$\begin{cases} \dot{R}_1 = l_1\dot{X} + m_1\dot{Y} + n_1\dot{Z} \\ \dot{R}_2 = l_2\dot{X} + m_2\dot{Y} + n_2\dot{Z} \\ \dot{R}_3 = l_3\dot{X} + m_3\dot{Y} + n_3\dot{Z} \end{cases} \tag{7-63}$$

其中

$$l_i = \frac{X - X_i}{R_i}, m_i = \frac{Y - Y_i}{R_i}, n_i = \frac{Z - Z_i}{R_i} \qquad i = 1,2,3$$

$$R_i = \sqrt{(X - X_i)^2 + (Y - Y_i)^2 + (Z - Z_i)^2}$$

式中,$X,Y,Z$——目标 $K$ 在发射坐标系中的位置坐标;

$\dot{X},\dot{Y},\dot{Z}$——目标 $K$ 在发射坐标系中的速度坐标;

$X_i,Y_i,Z_i$——第 $i$ 个测站在发射坐标系中的坐标。

当 $X,Y,Z$ 由 3R 测元求解得到后,立即可由 $3\dot{R}$ 测元求解目标 $K$ 的速度坐标。现将式(7－63)用矩阵表示,即

$$\dot{\boldsymbol{R}} = \begin{bmatrix} \dot{R}_1 \\ \dot{R}_2 \\ \dot{R}_3 \end{bmatrix} \quad \dot{\boldsymbol{A}} = \begin{bmatrix} l_1 & m_1 & n_1 \\ l_2 & m_2 & n_2 \\ l_3 & m_3 & n_3 \end{bmatrix} \quad \dot{\boldsymbol{X}} = \begin{bmatrix} \dot{X} \\ \dot{Y} \\ \dot{Z} \end{bmatrix}$$

则方程(7－63)的矩阵形式为

$$\dot{\boldsymbol{R}} = \dot{\boldsymbol{A}}\dot{\boldsymbol{X}} \tag{7-64}$$

由方程(7－64),立即得到目标 $K$ 的速度向量为

$$\dot{\boldsymbol{X}}=\dot{\boldsymbol{A}}^{-1}\dot{\boldsymbol{R}} \tag{7-65}$$

### 7.3.2 多 $R\dot{R}$测量元素解算方法

当 $n>3$ 时,即测量数据有冗余量时,为了提高解算弹道参数的精度,可以应用高斯—马尔可夫估计方法解算弹道参数,对此也有常规方法和递推方法两种形式。

**1. 最小二乘估计**

关于多 $R\dot{R}$测量数据的测量方程为

$$\begin{cases} R_i=\sqrt{(X-X_i)^2+(Y-Y_i)^2+(Z-Z_i)^2} \\ \dot{R}_i=\dfrac{X-X_i}{R_i}\dot{X}+\dfrac{Y-Y_i}{R_i}\dot{Y}+\dfrac{Z-Z_i}{R_i}\dot{Z} \end{cases} \quad i=1,2,\cdots,n \tag{7-66}$$

式中,$X,Y,Z$ 和 $\dot{X},\dot{Y},\dot{Z}$——目标在发射坐标系位置和速度分量;

$X_i,Y_i,Z_i$——第 $i$ 个测站在发射坐标系中的站址坐标。

对于上述方程,也有两种方法求解目标的位置和速度;一是由测距元素和测速元素 $\dot{R}$ 分别求解目标位置和速度参数,也可以联立同时求解目标位置和速度,两种方法解算的结果精度相差不大。在此,主要列出联立求解目标的位置和速度。

由于方程(7－66)是非线性方程,必须对它们线性化。初始值 $X^0,Y^0,Z^0$ 和 $\dot{X}^0,\dot{Y}^0,\dot{Z}^0$ 可由 $3R\dot{R}$测量数据求解得到,线性化以后的测量方程为

$$\begin{cases} \Delta R_i=R_i-R_i^0=l_i\Delta X+m_i\Delta Y+n_i\Delta Z \\ \Delta\dot{R}_i=\dot{R}_i-\dot{R}_i^0=\dot{l}_i\Delta X+\dot{m}_i\Delta Y+\dot{n}_i\Delta Z+l_i\Delta X+ \\ \qquad m_i\Delta Y+n_i\Delta Z \quad i=1,2,\cdots n \end{cases} \tag{7-67}$$

其中，$l_i = \dfrac{X^0 - X_i}{R_i^0}, m_i = \dfrac{Y^0 - Y_i}{R_i^0}, n_i = \dfrac{Z^0 - Z_i}{R_i^0}$

$$\dot{l}_i = \frac{1}{R_i^0}\left[\dot{X}^0 - \frac{(X^0 - X_i)}{R_i}\dot{R}_i^0\right], \dot{m}_i = \frac{1}{R_i^0}\left[\dot{Y}^0 - \frac{(Y^0 - Y_i)}{R_i}\dot{R}_i^0\right]$$

$$\dot{n}_i = \frac{1}{R_i^0}\left[\dot{Z}^0 - \frac{(Z^0 - Z_i)}{R_i}\dot{R}_i^0\right]$$

$$\begin{cases} R_i^0 = \sqrt{(X^0 - X_i)^2 + (Y^0 - Y_i)^2 + (Z^0 - Z_i)^2} \\ \dot{R}_i^0 = \dfrac{X^0 - X_i}{R_i^0}\dot{X}_0 + \dfrac{Y^0 - Y_i}{R_i^0}\dot{Y}_0 + \dfrac{Z^0 - Z_i}{R_i^0}\dot{Z}_0 \end{cases}$$

$$\begin{cases} \Delta X = X - X^0, \Delta Y = Y - Y^0, \Delta Z = Z - Z^0 \\ \Delta\dot{X} = \dot{X} - \dot{X}^0, \Delta\dot{Y} = \dot{Y} - \dot{Y}^0, \Delta\dot{Z} = \dot{Z} - \dot{Z}^0 \end{cases}$$

式中，$X^0, Y^0, Z^0$ 和 $\dot{X}^0, \dot{Y}^0, \dot{Z}^0$——目标初始弹道（位置和速度）参数。

现用矩阵形式表示测量方程，令

$$\Delta \boldsymbol{R} = \begin{bmatrix} \Delta R_1 \\ \Delta R_2 \\ \vdots \\ \Delta R_n \\ \Delta\dot{R}_1 \\ \Delta\dot{R}_2 \\ \vdots \\ \Delta\dot{R}_n \end{bmatrix} \quad \dot{\boldsymbol{A}} = \begin{bmatrix} l_1 & m_1 & n_1 & 0 & 0 & 0 \\ l_2 & m_2 & n_2 & 0 & 0 & 0 \\ \vdots & \vdots & \vdots & \vdots & \vdots & \vdots \\ l_n & m_n & n_n & 0 & 0 & 0 \\ \dot{l}_1 & \dot{m}_1 & \dot{n}_1 & l_1 & m_1 & n_1 \\ \dot{l}_2 & \dot{m}_2 & \dot{n}_2 & l_2 & m_2 & n_2 \\ \vdots & \vdots & \vdots & \vdots & \vdots & \vdots \\ \dot{l}_n & \dot{m}_n & \dot{n}_n & l_n & m_n & n_n \end{bmatrix} \quad \Delta \boldsymbol{X} = \begin{bmatrix} \Delta X \\ \Delta Y \\ \Delta Z \\ \Delta\dot{X} \\ \Delta\dot{Y} \\ \Delta\dot{Z} \end{bmatrix}$$

则测量方程(7－67)的矩阵形式为

$$\Delta \boldsymbol{R} = \boldsymbol{A}\Delta \boldsymbol{X} \tag{7-68}$$

假设测量数据含有测量误差，并假定测元之间是互不相关的，

其误差协方差阵 $\boldsymbol{P}=\mathrm{diag}(\sigma_{R_1}^2 \quad \sigma_{R_2}^2 \quad \cdots \quad \sigma_{R_n}^2 \quad \cdots \quad \sigma_{\dot{R}_1}^2 \quad \sigma_{\dot{R}_2}^2 \quad \cdots \quad \sigma_{\dot{R}_n}^2)$，$\sigma_{R_i}$、$\sigma_{\dot{R}_i}$为对应测元的误差均方差。

由高斯—马尔可夫估计，立即得到目标的位置和速度参数向量估值为

$$\begin{aligned}\widehat{\boldsymbol{X}} &= \widehat{\boldsymbol{X}}^0+\Delta\widehat{\boldsymbol{X}} \\ &= \widehat{\boldsymbol{X}}^0+(\boldsymbol{A}^{\mathrm{T}}\boldsymbol{P}^{-1}\boldsymbol{A})^{-1}\boldsymbol{A}^{\mathrm{T}}\boldsymbol{P}^{-1}\Delta\boldsymbol{R}\end{aligned} \tag{7-69}$$

式中，$\widehat{\boldsymbol{X}}^0$——目标的初始弹道参数向量，$\widehat{\boldsymbol{X}}^0=(\widehat{X}^0 \quad \widehat{Y}^0 \quad \widehat{Z}^0, \quad \widehat{\dot{X}}^0 \quad \widehat{\dot{Y}}^0 \quad \widehat{\dot{Z}}^0)^{\mathrm{T}}$。

而弹道参数向量估值 $\widehat{\boldsymbol{X}}$ 的误差协方差阵为

$$\boldsymbol{P}_{\widehat{X}}=E(\Delta\widehat{\boldsymbol{X}}\Delta\widehat{\boldsymbol{X}}^{\mathrm{T}})=(\boldsymbol{A}^{\mathrm{T}}\boldsymbol{P}^{-1}\boldsymbol{A})^{-1} \tag{7-70}$$

**2. 递推最小二乘估计**

假如由 $3R\,\dot{R}$测量数据解算初始弹道参数为 $X^0 \quad Y^0 \quad Z^0 \quad \dot{X}^0 \quad \dot{Y}^0 \quad \dot{Z}^0$，现增加一台 $R_4\dot{R}_4$ 的测量数据时，由递推最小二乘估计得到初始弹道参数修正后的值为

$$\widehat{\boldsymbol{X}}=\widehat{\boldsymbol{X}}^0+\boldsymbol{K}(\boldsymbol{R}_4-\widehat{\boldsymbol{R}}_4) \tag{7-71}$$

式中，$\boldsymbol{R}_4$——测量向量，$\boldsymbol{R}_4=[R_4 \quad \dot{R}_4]^{\mathrm{T}}$；

$\widehat{\boldsymbol{R}}_4$——初始弹道参数向量 $\widehat{\boldsymbol{X}}^0$ 代入对应测量方程(7-66)得到的估计值。而增益矩阵

$$\boldsymbol{K}=\boldsymbol{P}_{\widehat{X}^0}\boldsymbol{H}_4^{\mathrm{T}}(\boldsymbol{H}_4\boldsymbol{P}_{\widehat{X}^0}\boldsymbol{H}_4^{\mathrm{T}}+\boldsymbol{P}_4)^{-1} \tag{7-72}$$

式中，$\boldsymbol{H}_4$——第4台 $R\,\dot{R}$测量数据的雅可比矩阵，即

$$\boldsymbol{H}_4=\begin{bmatrix} l_4 & m_4 & n_4 & 0 & 0 & 0 \\ \dot{l}_4 & \dot{m}_4 & \dot{n}_4 & l_4 & m_4 & n_4 \end{bmatrix}\Bigg|_{\widehat{X}^0}$$

$l_4$、$m_4$、$n_4$，$\dot{l}_4$、$\dot{m}_4$、$\dot{n}_4$ 表示形式见式(7-67)，$\boldsymbol{P}_4=\mathrm{diag}(\sigma_{R_4}^2 \quad \sigma_{\dot{R}_4}^2)$，$\sigma_{R_4}$、$\sigma_{\dot{R}_4}$为第4台测量数据 $R$、$\dot{R}$ 的测量误差均方差。

目标弹道参数向量估值 $\widehat{\boldsymbol{X}}$ 的误差为

$$P_{\hat{X}} = (I - KH_4)P_{\hat{X}0} \tag{7-73}$$

如果再增加一台测量数据,则将 $\hat{X}$ 作为初始弹道参数,重复上述公式计算过程得到新的估计值,直至最后一台测量数据进行处理为止。从递推估计的过程和结果可知,测量方程无需线性化,可以减少模型误差。

## 7.4 连续波测量系统解算弹道方法

在试验场,主要的连续波测量系统为干涉仪测量系统和多站测量连续波系统,后者又可分为多 $R\dot{R}$和多 $S\dot{S}$系统,其中多 $R\dot{R}$(一般为 $3R\dot{R}$)测元的解算弹道方法已在 7.3 节中介绍过,在此不再介绍,这里主要介绍干涉仪及多 $S\dot{S}$测量系统的弹道参数解算方法。

### 7.4.1 干涉仪体制解算方法

由第 5 章可知,干涉仪测量体制的主站可以获取距离 $R(S)$ 及其变化率 $\dot{R}(\dot{S})$ 测量元素,利用主站与副站的距离作差可以得到距离差 $r$ 及其变化率 $\dot{r}$ 的测量元素。当副站 $n=2$ 个时,称为 L 型干涉仪,当副站有 $n=3$ 个时,称为 Y 型干涉仪。

当 $n \geqslant 2$,干涉仪测量系统就可以独立确定导弹和运载火箭的飞行轨迹(位置和速度)。它可以利用定位元素和测速元素分别解算目标的位置和速度,也可以采用定位元素和测速元素联合解算目标的位置和速度。

**1. 观测方程**

在工程测量中,主站的发射天线和接收天线不是同一天线,两者之间距离约几十米,因此,主站实际得到的测量元素是距离和 $S$ 及距离和变化率 $\dot{S}$。在此,以一主站三副站的 Y 型干涉仪为例,如图 7-7 所示,推导其解算目标轨迹的方法。此时,它有 4 个定位元素和 4 个测速元素,其测量方程为

$$
\begin{cases}
S=\sqrt{(X-X_R)^2+(Y-Y_R)^2+(Z-Z_R)^2} \\
\qquad +\sqrt{(X-X_T)^2+(Y-Y_T)^2+(Z-Z_T)^2} \\
P=\sqrt{(X-X_R)^2+(Y-Y_R)^2+(Z-Z_R)^2} \\
\qquad -\sqrt{(X-X_P)^2+(Y-Y_P)^2+(Z-Z_P)^2} \\
Q=\sqrt{(X-X_R)^2+(Y-Y_R)^2+(Z-Z_R)^2} \\
\qquad -\sqrt{(X-X_Q)^2+(Y-Y_Q)^2+(Z-Z_Q)^2} \\
P'=\sqrt{(X-X_R)^2+(Y-Y_R)^2+(Z-Z_R)^2} \\
\qquad -\sqrt{(X-X_{P'})^2+(Y-Y_{P'})^2+(Z-Z_{P'})^2} \\
\dot{S}=\dfrac{(X-X_R)}{R_R}\dot{X}+\dfrac{(Y-Y_R)}{R_R}\dot{Y}+\dfrac{(Z-Z_R)}{R_R}\dot{Z} \\
\qquad +\dfrac{(X-X_T)}{R_T}\dot{X}+\dfrac{(X-X_T)}{R_T}\dot{Y}+\dfrac{(Z-Z_T)}{R_T}\dot{Z} \\
\dot{P}=\dfrac{(X-X_R)}{R_R}\dot{X}+\dfrac{(Y-Y_R)}{R_R}\dot{Y}+\dfrac{(Z-Z_R)}{R_R}\dot{Z} \\
\qquad -\dfrac{(X-X_P)}{R_P}\dot{X}-\dfrac{(X-X_P)}{R_P}\dot{Y}-\dfrac{(Z-Z_P)}{R_P}\dot{Z} \\
\dot{Q}=\dfrac{(X-X_R)}{R_R}\dot{X}+\dfrac{(Y-Y_R)}{R_R}\dot{Y}+\dfrac{(Z-Z_R)}{R_R}\dot{Z} \\
\qquad -\dfrac{(X-X_Q)}{R_Q}\dot{X}-\dfrac{(X-X_Q)}{R_Q}\dot{Y}-\dfrac{(Z-Z_Q)}{R_Q}\dot{Z} \\
\dot{P}'=\dfrac{(X-X_R)}{R_R}\dot{X}+\dfrac{(Y-Y_R)}{R_R}\dot{Y}+\dfrac{(Z-Z_R)}{R_R}\dot{Z} \\
\qquad -\dfrac{(X-X_{P'})}{R_{P'}}\dot{X}-\dfrac{(X-X_{P'})}{R_{P'}}\dot{Y}-\dfrac{(Z-Z_{P'})}{R_{P'}}\dot{Z}
\end{cases}
\tag{7-74}
$$

$$R_i = \sqrt{(X - X_i)^2 + (Y - Y_i)^2 + (Z - Z_i)^2} \qquad i = R, T, P, Q, P'$$

式中，$S$、$\dot{S}$——主站测量的距离和及距离和变化率；

$P$、$Q$、$P'$ 和 $\dot{P}$、$\dot{Q}$、$\dot{P}'$——三副站获取的距离差及距离差变化率；

$X_R$、$Y_R$、$Z_R$ 和 $X_T$、$Y_T$、$Z_T$——主站收和发天线在发射坐标系中的坐标；

$X_P$、$Y_P$、$Z_P$，$X_Q$、$Y_Q$、$Z_Q$ 和 $X_{P'}$、$Y_{P'}$、$Z_{P'}$——三副站在发射坐标系中的位置坐标；

$X$、$Y$、$Z$ 和 $\dot{X}$、$\dot{Y}$、$\dot{Z}$——目标 $M$ 的空间位置和速度坐标；

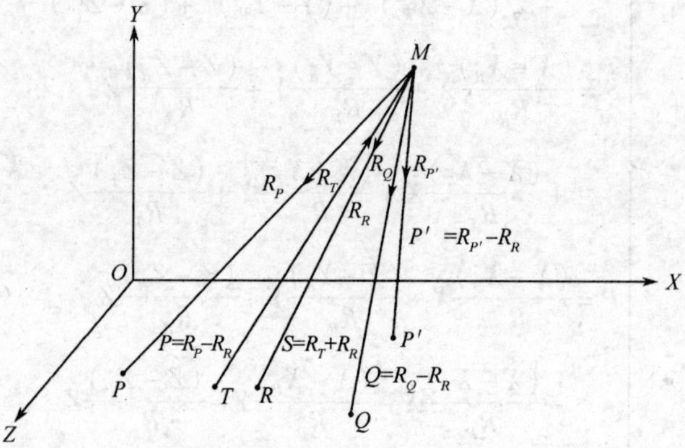


图 7-7　Y 型干涉仪测量量的示意图

**2. 最小二乘估计方法 1**

首先介绍定位元素和测速元素联合求解的表达式，由于方程(7-74)是非线性方程，应用最小二乘估计时，必须将它做泰勒级数展开成线性方程。假设目标初始弹道参数为 $X^0$、$Y^0$、$Z^0$ 和 $\dot{X}^0$、$\dot{Y}^0$、$\dot{Z}^0$，现将距离和 $S$ 及其变化率 $\dot{S}$ 近似为距离 $R$ 和 $\dot{R}$ 后，由 $S$、$P$、$Q$ 和 $\dot{S}$、$\dot{P}$、$\dot{Q}$ 近似为 $3R\dot{R}$ 测元，并利用 7.3.1 节方法解算。经线性化后的测量方程为

$$
\begin{cases}
\Delta S = S - S^0 = (l_R + l_T)\Delta X + (m_R + m_T)\Delta Y + (n_R + n_T)\Delta Z + \eta_S \\
\Delta P = P - P^0 = (l_R - l_P)\Delta X + (m_R - m_P)\Delta Y + (n_R - n_P)\Delta Z + \eta_P \\
\Delta Q = Q - Q^0 = (l_R - l_Q)\Delta X + (m_R - m_Q)\Delta Y + (n_R - n_Q)\Delta Z + \eta_Q \\
\Delta P' = P' - P'^0 = (l_R - l_{P'})\Delta X + (m_R - m_{P'})\Delta Y + (n_R - n_{P'})\Delta Z + \eta_{P'} \\
\Delta \dot{S} = \dot{S} - \dot{S}^0 = (\dot{l}_R + \dot{l}_T)\Delta X + (\dot{m}_R + \dot{m}_T)\Delta Y + (\dot{n}_R + \dot{n}_T)\Delta Z \\
\qquad + (l_R + l_T)\Delta \dot{X} + (m_R + m_T)\Delta \dot{Y} + (n_R + n_T)\Delta \dot{Z} + \eta_{\dot{S}} \\
\Delta \dot{P} = \dot{P} - \dot{P}^0 = (\dot{l}_R - \dot{l}_P)\Delta X + (\dot{m}_R - \dot{m}_P)\Delta Y + (\dot{n}_R - \dot{n}_P)\Delta Z \\
\qquad + (l_R - l_P)\Delta \dot{X} + (m_R - m_P)\Delta \dot{Y} + (n_R - n_P)\Delta \dot{Z} + \eta_{\dot{P}} \\
\Delta \dot{Q} = \dot{Q} - \dot{Q}^0 = (\dot{l}_R - \dot{l}_Q)\Delta X + (\dot{m}_R - \dot{m}_Q)\Delta Y + (\dot{n}_R - \dot{n}_Q)\Delta Z \\
\qquad + (l_R - l_Q)\Delta \dot{X} + (m_R - m_Q)\Delta \dot{Y} + (n_R - n_Q)\Delta \dot{Z} + \eta_{\dot{Q}} \\
\Delta \dot{P}' = \dot{P}' - \dot{P}'^0 = (\dot{l}_R - \dot{l}_{P'})\Delta X + (\dot{m}_R - \dot{m}_{P'})\Delta Y + (\dot{n}_R - \dot{n}_{P'})\Delta Z \\
\qquad + (l_R - l_{P'})\Delta \dot{X} + (m_R - m_{P'})\Delta \dot{Y} + (n_R - n_{P'})\Delta \dot{Z} + \eta_{\dot{P}'}
\end{cases}
\tag{7-75}
$$

其中

$$l_i = \frac{(X^0 - X_i)}{R_i^0}, m_i = \frac{(Y^0 - Y_i)}{R_i^0}, n_i = \frac{(Z^0 - Z_i)}{R_i^0}$$

$$\dot{l}_i = \frac{\dot{X}^0}{R_i^0} - \frac{X^0}{(R_i^0)^2}\dot{R}_i^0, \dot{m}_i = \frac{\dot{Z}^0}{R_i^0} - \frac{Y^0}{(R_i^0)^2}\dot{R}_i^0, \dot{n}_i = \frac{\dot{Z}^0}{R_i^0} - \frac{Z^0}{(R_i^0)^2}\dot{R}_i^0$$

$$R_i^0 = \sqrt{(X^0 - X_i)^2 + (Y^0 - Y_i)^2 + (Z^0 - Z_i)^2}$$

$$\dot{R}_i^0 = \frac{(X^0 - X_i)}{R_i^0}\dot{X}^0 + \frac{(Y^0 - Y_i)}{R_i^0}\dot{Y}^0 + \frac{(Z^0 - Z_i)}{R_i^0}\dot{Z}^0 \quad i = R, T, P, Q, P'$$

$\Delta X, \Delta\dot{X}$——目标弹道参数的修正值，即 $\Delta X = X - X^0, \Delta Y = Y - Y^0, \Delta Z = Z - Z^0, \Delta\dot{X} = \dot{X} - \dot{X}^0, \Delta\dot{Y} = \dot{Y} - \dot{Y}^0, \Delta\dot{Z} = \dot{Z} - \dot{Z}^0$；

$X^0, Y^0, Z^0, \dot{X}^0, \dot{Y}^0, \dot{Z}^0$——初始弹道位置和速度参数；

$\eta_S,\eta_P,\eta_Q,\eta_{P'},\eta_{\dot S},\eta_{\dot P},\eta_{\dot Q},\eta_{\dot P'}$——对应测量元素的测量误差，假设它们之间是不相关的，其误差协方差矩阵 $\boldsymbol{P}=\mathrm{diag}(\sigma_S^2\quad \sigma_P^2\quad \cdots\quad \sigma_{\dot P'}^2)$，$\sigma_S,\sigma_P,\cdots,\sigma_{\dot P'}$ 为对应测量元素的误差均方差。

$$
\Delta\boldsymbol{R}=\begin{bmatrix} S-S^0\\ P-P^0\\ Q-Q^0\\ P'-P'^0\\ \dot S-\dot S^0\\ \dot P-\dot P^0\\ \dot Q-\dot Q^0\\ \dot P'-\dot P'^0 \end{bmatrix}
$$

$$
\boldsymbol{A}=\begin{bmatrix}
l_R+l_T & m_R+m_T & n_R+n_T & 0 & 0 & 0\\
l_R-l_P & m_R-m_P & n_R-n_P & 0 & 0 & 0\\
l_R-l_Q & m_R-m_Q & n_R-n_Q & 0 & 0 & 0\\
l_R-l_{P'} & m_R-m_{P'} & n_R-n_{P'} & 0 & 0 & 0\\
\dot l_R+\dot l_T & \dot m_R+\dot m_T & \dot n_R+\dot n_T & l_R+l_T & m_R+m_T & n_R+n_T\\
\dot l_R-\dot l_P & \dot m_R-\dot m_P & \dot n_R-\dot n_P & l_R-l_P & m_R-m_P & n_R-n_P\\
\dot l_R-\dot l_Q & \dot m_R-\dot m_Q & \dot n_R-\dot n_Q & l_R-l_Q & m_R-m_Q & n_R-n_Q\\
\dot l_R-\dot l_{P'} & \dot m_R-\dot m_{P'} & \dot n_R-\dot n_{P'} & l_R-l_{P'} & m_R-m_{P'} & n_R-n_{P'}
\end{bmatrix}
$$

$$
\Delta\boldsymbol{X}=\begin{bmatrix} \Delta X\\ \Delta Y\\ \Delta Z\\ \Delta\dot X\\ \Delta\dot Y\\ \Delta\dot Z \end{bmatrix}\qquad
\boldsymbol{\eta}=\begin{bmatrix} \eta_S\\ \eta_P\\ \vdots\\ \eta_{\dot P'} \end{bmatrix}
$$

则测量方程的矩阵形式为

$$\Delta \boldsymbol{R} = \boldsymbol{A}\Delta \boldsymbol{X} + \boldsymbol{\eta} \tag{7-76}$$

由高斯—马尔可夫估计得到目标精确修正后的向量 $\hat{\boldsymbol{X}}$ 为

$$\hat{\boldsymbol{X}} = \hat{\boldsymbol{X}}^0 + \Delta\hat{\boldsymbol{X}} = \hat{\boldsymbol{X}}^0 + (\boldsymbol{A}^{\mathrm{T}}\boldsymbol{P}^{-1}\boldsymbol{A})^{-1}\boldsymbol{A}^{\mathrm{T}}\boldsymbol{P}^{-1}\Delta\hat{\boldsymbol{X}} \tag{7-77}$$

式中，$\hat{\boldsymbol{X}}^0$——初始弹道向量，$\hat{\boldsymbol{X}}^0 = (X^0 \quad Y^0 \quad Z^0 \quad \dot{X}^0 \quad \dot{Y}^0 \quad \dot{Z}^0)^{\mathrm{T}}$。

而估值向量 $\hat{\boldsymbol{X}}$ 的误差协方差阵为

$$\boldsymbol{P}_{\Delta\hat{X}} = (\boldsymbol{A}^{\mathrm{T}}\boldsymbol{P}^{-1}\boldsymbol{A})^{-1} \tag{7-78}$$

**3. 最小二乘估计方法 2**

本节介绍定位元素和测速元素分别求解方法，由式(7-75)线性化后定位元素的测量方程为

$$\begin{cases} \Delta S = (l_R + l_T)\Delta X + (m_R + m_T)\Delta Y + (n_R + n_T)\Delta Z + \eta_S \\ \Delta P = (l_R - l_P)\Delta X + (m_R - m_P)\Delta Y + (n_R - n_P)\Delta Z + \eta_P \\ \Delta Q = (l_R - l_Q)\Delta X + (m_R - m_Q)\Delta Y + (n_R - n_Q)\Delta Z + \eta_Q \\ \Delta P' = (l_R - l_{P'})\Delta X + (m_R - m_{P'})\Delta Y + (n_R - n_{P'})\Delta Z + \eta_{P'} \end{cases} \tag{7-79}$$

式中各符号的含义同式(7-75)。

现令定位元素的测量误差 $\eta_S, \eta_P, \eta_Q, \eta_{P'}$ 的误差协方差矩阵为

$$\boldsymbol{P}_1 = \mathrm{diag}(\sigma_S^2 \quad \sigma_P^2 \quad \sigma_Q^2 \quad \sigma_{P'}^2)。$$

$$\Delta \boldsymbol{R}_1 = \begin{bmatrix} \Delta S \\ \Delta P \\ \Delta Q \\ \Delta P' \end{bmatrix} \qquad \boldsymbol{A}_1 = \begin{bmatrix} l_R + l_T & m_R + m_T & n_R + n_T \\ l_R - l_P & m_R - m_P & n_R - n_P \\ l_R - l_Q & m_R - m_Q & n_R - n_Q \\ l_R - l_{P'} & m_R - m_{P'} & n_R - n_{P'} \end{bmatrix}$$

$$\Delta \boldsymbol{X}_1 = \begin{bmatrix} \Delta X \\ \Delta Y \\ \Delta Z \end{bmatrix} \quad \boldsymbol{\eta}_1 = \begin{bmatrix} \eta_S \\ \vdots \\ \eta_{P'} \end{bmatrix}$$

则方程(7－79)的矩阵形式为

$$\Delta \boldsymbol{R}_1 = \boldsymbol{A}_1 \Delta \boldsymbol{X} + \boldsymbol{\eta}_1 \tag{7-80}$$

由高斯—马尔可夫估计得到目标位置参数向量 $\Delta\widehat{\boldsymbol{X}}$ 的估值为

$$\widehat{\boldsymbol{X}}_1 = \widehat{\boldsymbol{X}}_1^0 + \Delta\widehat{\boldsymbol{X}}_1 = \widehat{\boldsymbol{X}}_1^0 + (\boldsymbol{A}_1^{\mathrm{T}}\boldsymbol{P}_1^{-1}\boldsymbol{A}_1)^{-1}\boldsymbol{A}_1^{\mathrm{T}}\boldsymbol{P}_1^{-1}\Delta\boldsymbol{R}_1 \tag{7-81}$$

式中，$\widehat{\boldsymbol{X}}_1$——目标初始位置参数 $\widehat{X}^0$、$\widehat{Y}^0$、$\widehat{Z}^0$ 组成的向量。

而估值 $\widehat{\boldsymbol{X}}_1$ 的误差协方差矩阵为

$$\boldsymbol{P}_{\widehat{X}_1} = (\boldsymbol{A}_1^{\mathrm{T}}\boldsymbol{P}_1^{-1}\boldsymbol{A}_1)^{-1} \tag{7-82}$$

由方程(7－74)可知，测速元素的测量方程为

$$\begin{cases} \dot{S} = (l_R + l_T)\dot{X} + (m_R + m_T)\dot{Y} + (n_R + n_T)\dot{Z} + \boldsymbol{\eta}_{\dot{S}} \\ \dot{P} = (l_R - l_P)\dot{X} + (m_R - m_P)\dot{Y} + (n_R - n_P)\dot{Z} + \boldsymbol{\eta}_{\dot{P}} \\ \dot{Q} = (l_R - l_Q)\dot{X} + (m_R - m_Q)\dot{Y} + (n_R - n_Q)\dot{Z} + \boldsymbol{\eta}_{\dot{Q}} \\ \dot{P}' = (l_R - l_{P'})\dot{X} + (m_R - m_{P'})\dot{Y} + (n_R - n_{P'})\dot{Z} + \boldsymbol{\eta}_{\dot{P}'} \end{cases} \tag{7-83}$$

式中，$\boldsymbol{\eta}_{\dot{S}}$，$\boldsymbol{\eta}_{\dot{P}}$，$\boldsymbol{\eta}_{\dot{Q}}$，$\boldsymbol{\eta}_{\dot{P}'}$为对应测速元素的测量误差。

现将由式(7－81)得到目标位置参数向量 $\widehat{\boldsymbol{X}}_1$，代入方程(7－83)的系数中，则得到测量元素与分速度 $\dot{X}$、$\dot{Y}$、$\dot{Z}$ 的线性化方程。现记

$$\dot{\boldsymbol{R}} = \begin{bmatrix} \dot{S} \\ \dot{P} \\ \dot{Q} \\ \dot{P}' \end{bmatrix} \quad \dot{\boldsymbol{A}}_1 = \begin{bmatrix} l_R + l_T & m_R + m_T & n_R + n_T \\ l_R - l_P & m_R - m_P & n_R - n_P \\ l_R - l_Q & m_R - m_Q & n_R - n_Q \\ l_R - l_{P'} & m_R - m_{P'} & n_R - n_{P'} \end{bmatrix}$$

$$\dot{\boldsymbol{\eta}} = \begin{bmatrix} \eta_{\dot{S}} \\ \eta_{\dot{P}} \\ \eta_{\dot{Q}} \\ \eta_{\dot{P}'} \end{bmatrix} \quad \dot{\boldsymbol{X}} = \begin{bmatrix} \dot{X} \\ \dot{Y} \\ \dot{Z} \end{bmatrix}$$

并记测量误差向量 $\dot{\boldsymbol{\eta}}$ 的误差协方差阵为 $E(\dot{\boldsymbol{\eta}}\dot{\boldsymbol{\eta}}^{\mathrm{T}}) = \dot{\boldsymbol{P}}_1 = \mathrm{diag}(\sigma_{\dot{S}}^2 \quad \sigma_{\dot{P}}^2 \quad \sigma_{\dot{Q}}^2 \quad \sigma_{\dot{P}'}^2)$，$\sigma$ 为对应测量元素误差的均方差。由此，方程(7-83)的矩阵形式为

$$\dot{\boldsymbol{R}} = \dot{\boldsymbol{A}}_1 \dot{\boldsymbol{X}} + \dot{\boldsymbol{\eta}} \tag{7-84}$$

应用高斯—马尔可夫估计，立即得到目标速度向量 $\dot{\boldsymbol{X}}$ 的估值为

$$\hat{\dot{\boldsymbol{X}}} = (\dot{\boldsymbol{A}}_1^{\mathrm{T}} \dot{\boldsymbol{P}}_1^{-1} \dot{\boldsymbol{A}}_1)^{-1} \dot{\boldsymbol{A}}_1^{\mathrm{T}} \dot{\boldsymbol{P}}_1^{-1} \dot{\boldsymbol{R}} \tag{7-85}$$

和估值误差协方差阵为

$$\boldsymbol{P}_{\hat{\dot{X}}} = (\dot{\boldsymbol{A}}_1^{\mathrm{T}} \dot{\boldsymbol{P}}_1^{-1} \dot{\boldsymbol{A}}_1)^{-1} \tag{7-86}$$

### 7.4.2 多站 $S\dot{S}$ 体制解算方法

通常多站 $S\dot{S}$ 体制是长基线连续波测量系统，基线长约数百千米。此时，主站可以获取斜距 $R$ 及其变化率 $\dot{R}$ 测量元素，各副站获取主站与副站距离和的变化率元素 $\dot{S}$，由此组成 $R\dot{R}+n\dot{S}$ 测量体制的测量系统。当 $n \leqslant 3$ 时，该体制无法确定目标的位置、速度参数，若 $n>3$ 时，从理论上可以确定目标的位置和速度，但因测量方程为非线性方程，需用其他方法提供目标的位置参数，然后利用测速元素解算目标的速度参数。对于多台联测体制的联合解算方法将在下面章节中介绍。

在工程测量中，由于主站的发射天线和接收天线不是公用天线，两者相距数十米，因此，主站得到的测量元素为距离和 $S$ 及其变化率 $\dot{S}$。当多站 $S\dot{S}$ 系统不是主动工作时而是被动工作时，主站不能测量距离和 $S$，而仅能测量距离和变化率元素 $\dot{S}$。

## 7.5 连续波测量系统联测解算弹道方法

在导弹主动段弹道和运载火箭助推段弹道测量中，经常由多种测量体制的外测系统或设备联测来共同完成测量任务。特别在

较长飞行弹道弧段时，由多套不同测量体制的连续波雷达按照测控总体方案完成交会联合测量。根据任务需求不同，可以是两套干涉仪联测或者一套干涉仪、一套长基线多站连续波系统联测，甚至两套干涉仪与两套多站连续波雷达联测。在此，根据工程测量中经常应用的几种测量体制联测介绍相应的解算弹道方法。

### 7.5.1 两套干涉仪联测解算方法

现在介绍一套 L 型干涉仪和一套 Y 型干涉仪联测解算弹道参数的方法。由于工程测量时，只能有一套干涉仪是主动工作方式，即其主站发射中频信号，主、副站同时接收由目标应答机转发的信号；而另一套是被动式工作，主站不发射信号，仅是主、副站接收目标应答转发的信号。假设 L 型干涉仪主动式工作，Y 型干涉仪被动式工作，此时，L 型干涉仪共获取 6 个测量元素，其测量方程为

$$\begin{cases} S_1 = R_{T_1} + R_{R_1} + \eta_{S_1} \\ P_1 = R_{R_1} - R_{P_1} + \eta_{P_1} \\ Q_1 = R_{R_1} - R_{Q_1} + \eta_{Q_1} \\ \dot{S}_1 = \dot{R}_{T_1} + \dot{R}_{R_1} + \eta_{\dot{S}_1} \\ \dot{P}_1 = \dot{R}_{R_1} - \dot{R}_{P_1} + \eta_{\dot{P}_1} \\ \dot{Q}_1 = \dot{R}_{R_1} - \dot{R}_{Q_1} + \eta_{\dot{Q}_1} \end{cases} \tag{7-87}$$

式中，$R_i = \sqrt{(X-X_i)^2 + (Y-Y_i)^2 + (Z-Z_i)^2}$；

$$\dot{R}_i = \frac{(X-X_i)}{R_i}\dot{X} + \frac{(Y-Y_i)}{R_i}\dot{Y} + \frac{(Z-Z_i)}{R_i}\dot{Z}, i = R,T,P,Q。$$

由于 Y 型干涉仪被动式工作，它仅能获取主站发、收站的距离和变化率测量元素和副站的距离差及距离差变化率元素，其测量方程为

$$
\begin{cases}
P_2 = R_{R_2} - R_{P_2} + \eta_{P_2} \\
Q_2 = R_{R_2} - R_{Q_2} + \eta_{Q_2} \\
P'_2 = R_{R_2} - R_{P'_2} + \eta_{P'_2} \\
\dot{S}_2 = \dot{R}_{T_1} + \dot{R}_{R_2} + \eta_{\dot{S}_2} \\
\dot{P}_2 = \dot{R}_{R_2} - \dot{R}_{P_2} + \eta_{\dot{P}_2} \\
\dot{Q}_2 = \dot{R}_{R_2} - \dot{R}_{Q_2} + \eta_{\dot{Q}_2} \\
\dot{P}'_2 = \dot{R}_{R_2} - R_{P'_2} + \eta_{\dot{P}'_2}
\end{cases}
\tag{7-88}
$$

式中,$R_i$、$\dot{R}_i$ 的表达式同式(7-87)。

如果 Y 型干涉仪主动式工作,L 型干涉仪被动式工作,仅是主站的测量元素有所变化。对于两套干涉仪联测时,它的解算弹道方法较多,在此,介绍两种不同解算方法。

**1. 最小二乘估计方法**

在此,介绍干涉仪的定位元素和测速元素联用时解算目标的位置和速度参数的方法。将测量方程(7-87)和(7-88)关于初始弹道线性化,其中初始弹道仍以主动式工作干涉仪测量量近似为 $3R\dot{R}$测量元素解算得到。经线性化后的测量方程形式与方程(7-75)相似,这里不详细列出。现令

$$
\Delta \boldsymbol{R} = \begin{bmatrix} \Delta S_1 \\ \Delta P_1 \\ \Delta Q_1 \\ \Delta P_2 \\ \Delta Q_2 \\ \Delta P'_2 \\ \Delta \dot{S}_1 \\ \Delta \dot{P}_1 \\ \Delta \dot{Q}_1 \\ \Delta \dot{S}_2 \\ \vdots \\ \Delta \dot{P}'_2 \end{bmatrix}
$$

$$
\boldsymbol{A}=
\begin{bmatrix}
l_{R_1}+l_{T_1} & m_{R_1}+m_{T_1} & n_{R_1}+n_{T_1} & 0 & 0 & 0\\
l_{R_1}-l_{P_1} & m_{R_1}-m_{P_1} & n_{R_1}-n_{P_1} & 0 & 0 & 0\\
l_{R_1}-l_{Q_1} & m_{R_1}-m_{Q_1} & n_{R_1}-n_{Q_1} & 0 & 0 & 0\\
l_{R_2}-l_{P_2} & m_{R_2}-m_{P_2} & n_{R_2}-n_{P_2} & 0 & 0 & 0\\
l_{R_2}-l_{Q_2} & m_{R_2}-m_{Q'_2} & n_{R_2}-n_{Q_2} & 0 & 0 & 0\\
l_{R_2}-l_{P'_2} & m_{R_2}-m_{P'_2} & n_{R_2}-n_{P'_2} & 0 & 0 & 0\\
\dot{l}_{R_1}+\dot{l}_{T_1} & \dot{m}_{R_1}+\dot{m}_{T_1} & \dot{n}_{R_1}+\dot{n}_{T_1} & l_{R_1}+l_{T_1} & m_{R_1}+m_{T_1} & n_{R_1}+n_{T_1}\\
\dot{l}_{R_1}-\dot{l}_{P_1} & \dot{m}_{R_1}-\dot{m}_{P_1} & \dot{n}_{R_1}-\dot{n}_{P_1} & l_{R_1}-l_{P_1} & m_{R_1}-m_{P_1} & n_{R_1}-n_{P_1}\\
\vdots & \vdots & \vdots & \vdots & \vdots & \vdots\\
\dot{l}_{R_2}-\dot{l}_{P'_2} & \dot{m}_{R_2}-\dot{m}_{P'_2} & \dot{n}_{R_2}-\dot{n}_{P'_2} & l_{R_2}-l_{P'_2} & m_{R_2}-m_{P'_2} & n_{R_2}-n_{P'_2}
\end{bmatrix}
$$

$$
\Delta\boldsymbol{X}=\begin{bmatrix}\Delta X\\ \Delta Y\\ \Delta Z\\ \Delta\dot{X}\\ \Delta\dot{Y}\\ \Delta\dot{Z}\end{bmatrix}\qquad
\boldsymbol{\eta}=\begin{bmatrix}\eta_{S_1}\\ \eta_{P_1}\\ \vdots\\ \eta_{\dot{P}'_2}\end{bmatrix}
$$

则测量方程(7－87)和(7－88)联立后的矩阵形式为

$$
\Delta\boldsymbol{R}=\boldsymbol{A}\Delta\boldsymbol{X}+\boldsymbol{\eta} \tag{7-89}
$$

式中,假设测量元素间误差是互不相关的,则它的误差协方差矩阵 $E(\boldsymbol{\eta\eta}^{\mathrm{T}})=\boldsymbol{P}=\mathrm{diag}(\sigma_{S_1}^2\quad \sigma_{P_1}^2\quad \cdots\quad \sigma_{\dot{P}'_2}^2)$,$\sigma_{S_1},\sigma_{P_2},\cdots,\sigma_{\dot{P}'_2}$为对应测量元素的误差均方差。

由高斯—马尔可夫估计得到目标位置和速度坐标向量的估值为

$$
\widehat{\boldsymbol{X}}=\widehat{\boldsymbol{X}}^0+(\boldsymbol{A}^{\mathrm{T}}\boldsymbol{P}^{-1}\boldsymbol{A})^{-1}\Delta\boldsymbol{R} \tag{7-90}
$$

和估值误差协方差阵为

$$P_{\hat{X}} = (A^{\mathrm{T}} P^{-1} A)^{-1} \tag{7-91}$$

当两套干涉仪联测解算弹道时，也可类似于单套干涉仪，将定位元素和测速元素分别求解目标的位置和速度参数，其表达式不再详述。

**2. 递推最小二乘估计方法**

现按照7.4.1节方法解算的目标位置和速度向量记为$\hat{X}_1$，并记

$$R_2 = \begin{bmatrix} P_2 \\ Q_2 \\ P_2' \\ \dot{S}_2 \\ \dot{P}_2 \\ \dot{Q}_2 \\ \dot{P}_2' \end{bmatrix}, \boldsymbol{\eta}_2 = \begin{bmatrix} \eta_{P_2} \\ \eta_{Q_2} \\ \eta_{P_2'} \\ \eta_{\dot{S}_2} \\ \eta_{\dot{P}_2} \\ \eta_{\dot{Q}_2} \\ \eta_{\dot{P}_2'} \end{bmatrix}$$

当增加被动式工作干涉仪测量数据时，由递推最小二乘估计得到目标位置和速度新的估计量为

$$\hat{X}_2 = \hat{X}_1 + K(R_2 - \hat{R}_2) \tag{7-92a}$$

式中，$\hat{R}_2$——将第一套干涉仪解算的目标位置和速度向量$\hat{X}_1$，代入测量方程(7-88)后得到第二套干涉仪测量元素的估值量；而增益矩阵

$$K = P_{\hat{X}_1} H_2^{\mathrm{T}} (H_2 P_{\hat{X}_1} H_2^{\mathrm{T}} + P_2)^{-1} \tag{7-92b}$$

式中，$H_2$——测量向量$R_2$关于弹道参数向量$X$的雅可比矩阵，并由估值$\hat{X}_1$代入，即

$$
\boldsymbol{H}_2 =
\begin{bmatrix}
l_{R_2}-l_{P_2} & m_{R_2}-m_{P_2} & n_{R_2}-n_{P_2} & 0 & 0 & 0 \\
l_{R_2}-l_{Q_2} & m_{R_2}-m_{Q_2} & n_{R_2}-n_{Q_2} & 0 & 0 & 0 \\
l_{R_2}-l_{P'_2} & m_{R_2}-m_{Q'_2} & n_{R_2}-n_{Q'_2} & 0 & 0 & 0 \\
\dot{l}_{T_1}+\dot{l}_{R_2} & \dot{m}_{T_1}+\dot{m}_{R_2} & \dot{n}_{T_1}+\dot{n}_{R_2} & l_{T_1}+l_{R_2} & m_{T_1}+m_{R_2} & n_{T_1}+n_{R_2} \\
\dot{l}_{R_2}-\dot{l}_{P_2} & \dot{m}_{R_2}-\dot{m}_{P_2} & \dot{n}_{R_2}-\dot{n}_{P_2} & l_{R_2}-l_{P_2} & m_{R_2}-m_{P_2} & n_{R_2}-n_{P_2} \\
\dot{l}_{R_2}-\dot{l}_{Q_2} & \dot{m}_{R_2}-\dot{m}_{Q_2} & \dot{n}_{R_2}-\dot{n}_{Q_2} & l_{R_2}-l_{Q_2} & m_{R_2}-m_{Q_2} & n_{R_2}-n_{Q_2} \\
\dot{l}_{R_2}-\dot{l}_{P'_2} & \dot{m}_{R_2}-\dot{m}_{P'_2} & \dot{n}_{R_2}-\dot{n}_{P'_2} & l_{R_2}-l_{P'_2} & m_{R_2}-m_{P'_2} & n_{R_2}-n_{P'_2}
\end{bmatrix}_{\hat{X}_1}
$$

$\boldsymbol{P}_2$——测量误差向量 $\boldsymbol{\eta}_2=(\eta_{P_2}\quad \eta_{P_2}\quad \eta_{P'_2}\quad \eta_{\dot{P}_2}\quad \eta_{\dot{Q}_2}\quad \eta_{\dot{P}'_2})^{\mathrm{T}}$ 的误差协方差阵,并假设 $\boldsymbol{P}_2=\mathrm{diag}(\sigma_{P_2}^2\quad \sigma_{Q_2}^2\quad \sigma_{P'_2}^2\quad \sigma_{\dot{S}_2}^2\quad \sigma_{\dot{P}_2}^2\quad \sigma_{\dot{Q}_2}^2\quad \sigma_{\dot{P}'_2}^2)$,$\sigma_{P_2}^2$,$\sigma_{Q_2}^2$,$\sigma_{P'_2}^2$,$\sigma_{\dot{S}_2}^2$,$\sigma_{\dot{P}_2}^2$,$\sigma_{\dot{Q}_2}^2$,$\sigma_{\dot{P}'_2}^2$为对应测量元素的均方差。

## 7.5.2 单套干涉仪与单套多站连续波系统联测解算方法

在工程测量中,常由一套干涉仪主动式工作,现假设为 L 型干涉仪;而多站连续波系可以是主动式工作,也可以是被动式工作。假若它是被动式工作,只能得到干涉仪主站发送站与多站连续波系统各主、副站的接收站到目标的距离和变化率 $\dot{S}$;而在主动式工作时,除此还可以测得主站收、发站间距离和。不失一般性,在此,假设多站连续波系统为主动式工作,并有一主站和三副站。此时,L 型干涉仪的测量元素的测量方程见式(7-87),而一主三副的多站连续波系统测量方程为

$$
\begin{cases}
S_3 = R_{T_3} + R_3 + \eta_{S_3} \\
\dot{S}_3 = \dot{R}_{T_3} + \dot{R}_3 + \eta_{\dot{S}_3} \\
\dot{S}_{P_S} = \dot{R}_{T_3} + \dot{R}_{P_3} + \eta_{\dot{P}_3} \\
\dot{S}_{Q_3} = R_{T_3} + \dot{R}_{Q_3} + \eta_{\dot{Q}_3} \\
\dot{S}_{P'_3} = \dot{R}_{T_3} + \dot{R}_{P'_3} + \eta_{\dot{P}'_3}
\end{cases}
\tag{7-93a}
$$

式中，$R_i=\sqrt{(X-X_i)^2+(Y-Y_i)^2+(Z-Z_i)^2}$；

$\dot{R}_i=\dfrac{(X-X_i)}{R_i}\dot{X}+\dfrac{(Y-Y_i)}{R_i}\dot{Y}+\dfrac{(Z-Z_i)}{R_i}\dot{Z}$；

$i=T_3,R_3,P_3,Q_3,P_3'$。

在此，对于两套不同测量体制的连续波测量雷达可以利用两种方法解算目标的弹道参数。

**1. 最小二乘估计方法**

单套 L 型干涉仪和一套主动工作的多站（一主三副）连续波系统联测时可以得到 11 个测量元素。此时，可以利用马尔可夫估计（加权最小二乘估计）解算目标的弹道参数。现将测量方程（7-87）和（7-93a）关于初始弹道线性化，仍由干涉仪的测量量构成 $3R\dot{R}$ 测量元素后解算成初始弹道。其中测量方程（7-87）的线性化方程同方程（7-75）。而多站连续波测量系统的线性化方程为

$$\begin{cases}\Delta S_3=(l_{R_3}+l_{T_3})\Delta X+(m_{R_3}+m_{T_3})\Delta Y+(n_{R_3}+n_{T_3})\Delta Z+\eta_{S_3}\\ \Delta\dot{S}_3=(\dot{l}_{R_3}+\dot{l}_{T_3})\Delta X+(\dot{m}_{R_3}+\dot{m}_{T_3})\Delta Y+(\dot{n}_{R_3}+\dot{n}_{T_3})\Delta Z\\ \qquad+(l_{R_3}+l_{T_3})\Delta\dot{X}+(m_{R_3}+m_{T_3})\Delta\dot{Y}+(n_{R_3}+n_{T_3})\Delta\dot{Z}+\eta_{\dot{S}_3}\\ \Delta\dot{S}_{P_3}=(\dot{l}_{R_3}+\dot{l}_{P_3})\Delta X+(\dot{m}_{R_3}+\dot{m}_{P_3})\Delta Y+(\dot{n}_{R_3}+\dot{n}_{P_3})\Delta Z\\ \qquad+(l_{R_3}+l_{P_3})\Delta\dot{X}+(m_{R_3}+m_{P_3})\Delta\dot{Y}+(n_{R_3}+n_{P_3})\Delta\dot{Z}+\eta_{\dot{P}_3}\\ \Delta\dot{S}_{Q_3}=(\dot{l}_{R_3}+\dot{l}_{Q_3})\Delta X+(\dot{m}_{R_3}+\dot{m}_{Q_3})\Delta Y+(\dot{n}_{R_3}+\dot{n}_{Q_3})\Delta Z\\ \qquad+(l_{R_3}+l_{Q_3})\Delta\dot{X}+(m_{R_3}+m_{Q_3})\Delta\dot{Y}+(n_{R_3}+n_{Q_3})\Delta\dot{Z}+\eta_{\dot{Q}_3}\\ \Delta\dot{S}_{P_3'}=(\dot{l}_{R_3}+\dot{l}_{P_3'})\Delta X+(\dot{m}_{R_3}+\dot{m}_{P_3'})\Delta Y+(\dot{n}_{R_3}+\dot{n}_{P_3'})\Delta Z\\ \qquad+(l_{R_3}+l_{P_3'})\Delta\dot{X}+(m_{R_3}+m_{P_3'})\Delta\dot{Y}+(n_{R_3}+n_{P_3'})\Delta\dot{Z}+\eta_{\dot{P}_3'}\end{cases}\tag{7-93b}$$

式中，各系数为测量元素关于弹道参数的偏导数，其 $l_i,\dot{l}_i,m_i,\dot{m}_i,n_i,\dot{n}_i$ 的表达式同式（7-75）。

现令

$$\Delta\boldsymbol{R} = [\,\Delta S_1 \quad \Delta P_1 \quad \Delta Q_1 \quad \Delta S_3 \quad \Delta\dot{S}_1 \quad \Delta\dot{P}_1 \quad \Delta\dot{Q}_1 \quad \Delta\dot{S}_3 \quad \Delta\dot{S}_{P_3} \quad \Delta\dot{S}_{Q_3} \quad \Delta\dot{S}_{P_3'}\,]^{\mathrm{T}}$$

$$\boldsymbol{A} = \begin{bmatrix} \boldsymbol{A}_1 & \boldsymbol{0} \\ \dot{\boldsymbol{A}}_2 & \boldsymbol{A}_2 \end{bmatrix} =$$

$$\begin{bmatrix}
l_{R_1}+l_{T_1} & m_{R_1}+m_{T_1} & n_{R_1}+n_{T_1} & 0 & 0 & 0 \\
l_{R_1}-l_{P_1} & m_{R_1}-m_{P_1} & n_{R_1}-n_{P_1} & 0 & 0 & 0 \\
l_{R_1}-l_{Q_1} & m_{R_1}-m_{Q_1} & n_{R_1}-n_{Q_1} & 0 & 0 & 0 \\
l_{T_3}+l_{R_3} & m_{T_3}+m_{R_3} & n_{T_3}+n_{R_3} & 0 & 0 & 0 \\
\dot{l}_{R_1}+\dot{l}_{T_1} & \dot{m}_{R_1}+\dot{m}_{T_1} & \dot{n}_{R_1}+\dot{n}_{T_1} & l_{R_1}+l_{T_1} & m_{R_1}+m_{T_1} & n_{R_1}+n_{T_1} \\
\dot{l}_{R_1}-\dot{l}_{P_1} & \dot{m}_{R_1}-\dot{m}_{P_1} & \dot{n}_{R_1}-\dot{n}_{P_1} & l_{R_1}-l_{P_1} & m_{R_1}-m_{P_1} & n_{R_1}-n_{P_1} \\
\dot{l}_{R_1}-\dot{l}_{Q_1} & \dot{m}_{R_1}-\dot{m}_{Q_1} & \dot{n}_{R_1}-\dot{n}_{Q_1} & l_{R_1}-l_{Q_1} & m_{R_1}-m_{Q_1} & n_{R_1}-n_{Q_1} \\
\dot{l}_{T_3}+\dot{l}_{R_3} & \dot{m}_{T_3}+\dot{m}_{R_3} & \dot{n}_{T_3}+\dot{n}_{R_3} & l_{T_3}+l_{R_3} & m_{T_3}+m_{R_3} & n_{T_3}+n_{R_3} \\
\dot{l}_{T_3}+\dot{l}_{P_3} & \dot{m}_{T_3}+\dot{m}_{P_3} & \dot{n}_{T_3}+\dot{n}_{P_3} & l_{T_3}+l_{P_3} & m_{T_3}+m_{P_3} & n_{T_3}+n_{P_3} \\
\dot{l}_{T_3}+\dot{l}_{Q_3} & \dot{m}_{T_3}+\dot{m}_{Q_3} & \dot{n}_{T_3}+\dot{n}_{Q_3} & l_{T_3}+l_{Q_3} & m_{T_3}+m_{Q_3} & n_{T_3}+n_{Q_3} \\
\dot{l}_{T_3}+\dot{l}_{P_3'} & \dot{m}_{T_3}+\dot{m}_{P_3'} & \dot{n}_{T_3}+\dot{n}_{P_3'} & l_{T_3}+l_{P_3'} & m_{T_3}+m_{P_3'} & n_{T_3}+n_{P_3'}
\end{bmatrix}$$

$$\Delta\boldsymbol{X} = (\,\Delta X \quad \Delta Y \quad \Delta Z \quad \Delta\dot{X} \quad \Delta\dot{Y} \quad \Delta\dot{Z}\,)^{\mathrm{T}}$$

$$\Delta\boldsymbol{\eta} = (\,\eta_{S_1} \quad \eta_{P_1} \quad \eta_{Q_1} \quad \eta_{S_3} \quad \eta_{\dot{S}_1} \quad \eta_{\dot{P}_1} \quad \eta_{\dot{Q}_1} \quad \eta_{\dot{S}_3} \quad \eta_{\dot{S}_{P_3}} \quad \eta_{\dot{S}_{Q_3}} \quad \eta_{\dot{S}_{P_3'}}\,)^{\mathrm{T}}$$

这样，两套连续波测量系统联立的线性测量方程矩阵形式为

$$\Delta\boldsymbol{R} = \boldsymbol{A}\Delta\boldsymbol{X} + \boldsymbol{\eta} \tag{7-94}$$

式中，假设测量误差向量 $\boldsymbol{\eta}$ 是互不相关的，其误差协方差 $E(\boldsymbol{\eta\eta}^{\mathrm{T}}) = \boldsymbol{P} = \mathrm{diag}(\sigma_{S_1}^2 \quad \sigma_{P_1}^2 \quad \sigma_{Q_1}^2 \quad \cdots \quad \sigma_{\dot{S}_3}^2 \quad \sigma_{\dot{S}_{P_3}}^2 \quad \sigma_{\dot{S}_{Q_3}}^2 \quad \sigma_{\dot{S}_{P_3'}}^2)^{\mathrm{T}}$，$\sigma_i$ 为对应测量元素的误差均方差。由马尔可夫估计（加权最小二乘估计），立即得到目标弹道参数向量 $\hat{\boldsymbol{X}}$ 的估计值为

$$\hat{\boldsymbol{X}} = (\boldsymbol{A}^{\mathrm{T}}\boldsymbol{P}^{-1}\boldsymbol{A})^{-1}\boldsymbol{A}^{\mathrm{T}}\boldsymbol{P}^{-1}\Delta\boldsymbol{R} + \hat{\boldsymbol{X}}_0 \tag{7-95a}$$

和误差协方差矩阵为

$$\boldsymbol{P}_{\widehat{X}}=(\boldsymbol{A}^{\mathrm{T}}\boldsymbol{P}^{-1}\boldsymbol{A})^{-1} \tag{7-95b}$$

同样地,类似前面介绍的方法,利用定位元素和测速元素可以分别解算目标的位置坐标和速度坐标,这里不再赘述。

**2. 递推最小二乘估计方法**

首先按照7.4.1节方法解算出目标的位置和速度向量,并记为 $\widehat{\boldsymbol{X}}_1$,并令

$\boldsymbol{R}_3=[S_3 \quad \dot{S}_3 \quad \dot{S}_{P_3} \quad \dot{S}_{Q_3} \quad \dot{S}_{P_3'}]^{\mathrm{T}}$ 和 $\boldsymbol{\eta}_3=[\eta_{S_3} \quad \eta_{\dot{S}_3} \quad \eta_{\dot{P}_3} \quad \eta_{\dot{Q}_3} \quad \eta_{\dot{P}_3'}]^{\mathrm{T}}$

现增加一套多站连续波系统测量数据时,由递推最小二乘估计得到目标弹道参数估计量为

$$\widehat{\boldsymbol{X}}_2=\widehat{\boldsymbol{X}}_1+\boldsymbol{K}(\boldsymbol{R}_3-\widehat{\boldsymbol{R}}_3) \tag{7-96a}$$

式中,$\widehat{\boldsymbol{R}}_3$——将干涉仪解算的目标位置和速度向量 $\widehat{\boldsymbol{X}}_1$ 代入测量方程(7-93a)后,得到多站连续波系统测量元素的估值量。

而增益矩阵为

$$\boldsymbol{K}=\boldsymbol{P}_{\widehat{X}_1}\boldsymbol{H}_2^{\mathrm{T}}(\boldsymbol{H}_2\boldsymbol{P}_{\widehat{X}_1}\boldsymbol{H}_2^{\mathrm{T}}+\boldsymbol{P}_3)^{-1} \tag{7-96b}$$

式中,$\boldsymbol{H}_2$——测量向量 $\boldsymbol{R}_3$ 关于弹道参数向量 $\boldsymbol{X}$ 的雅可比矩阵,并由估值 $\widehat{\boldsymbol{X}}_1$ 代入,即

$$\boldsymbol{H}_2=$$
$$\begin{bmatrix} l_{R_3}+l_{T_3} & m_{R_3}+m_{T_3} & n_{R_3}+n_{T_3} & 0 & 0 & 0 \\ \dot{l}_{R_3}+\dot{l}_{T_3} & \dot{m}_{R_3}+\dot{m}_{T_3} & \dot{n}_{R_3}+\dot{n}_{T_3} & l_{R_3}+l_{T_3} & m_{R_3}+m_{T_3} & n_{R_3}+n_{T_3} \\ \dot{l}_{R_3}+\dot{l}_{P_3} & \dot{m}_{R_3}+\dot{m}_{P_3} & \dot{n}_{R_3}+\dot{n}_{P_3} & l_{R_3}+l_{P_3} & m_{R_3}+m_{P_3} & n_{R_3}+n_{P_3} \\ \dot{l}_{R_3}+\dot{l}_{Q_3} & \dot{m}_{R_3}+\dot{m}_{Q_3} & \dot{n}_{R_3}+\dot{n}_{Q_3} & l_{R_3}+l_{Q_3} & m_{R_3}+m_{Q_3} & n_{R_3}+n_{Q_3} \\ \dot{l}_{R_3}+\dot{l}_{P_3'} & \dot{m}_{R_3}+\dot{m}_{P_3'} & \dot{n}_{R_3}+\dot{n}_{P_3'} & l_{R_3}+l_{P_3'} & m_{R_3}+m_{P_3'} & n_{R_3}+n_{P_3'} \end{bmatrix}_{\widehat{X}_1}$$

$l_i,\dot{l}_i,m_i,\dot{m}_i,n_i,\dot{n}_i$ 表示形式同式(7-75);

$\boldsymbol{P}_3$——测量误差向量 $\boldsymbol{\eta}_3=[\eta_{S_3} \quad \eta_{\dot{S}_3} \quad \eta_{\dot{S}_{P_3}} \quad \eta_{\dot{S}_{Q_3}} \quad \eta_{\dot{S}_{\dot{P}_3'}}]^{\mathrm{T}}$ 的协方差矩阵,并假设 $\boldsymbol{P}_3=\mathrm{diag}(\sigma_{S_3}^2 \quad \sigma_{\dot{S}_3}^2 \quad \sigma_{\dot{S}_{P_3}}^2$

$\sigma^2_{\dot{S}_{Q3}}$  $\sigma^2_{\dot{S}\dot{P}'_3}$),$\sigma_i^2$ 是误差的均方差。

### 7.5.3 多套连续波测量系统联测解算方法

导弹飞行试验时,为了获取高精度的弹道参数,保证弹道测量弧段的精度要求,还常利用多套连续波测量系统联合测量导弹飞行轨迹。常用的测控方案是两套干涉仪和两套多站连续波测量系统联合测量目标。此时,一套干涉仪是主动式工作,另一套干涉仪是被动式工作;而两套多站连续波测量系统可以都是被动工作,接收主动式工作的干涉仪发送并经应答机转发的连续波信号(见图7-8);也可以其中一套是主动式工作,另一套多站连续波系统接收由主动工作发送并由应答机转发的电波信号。

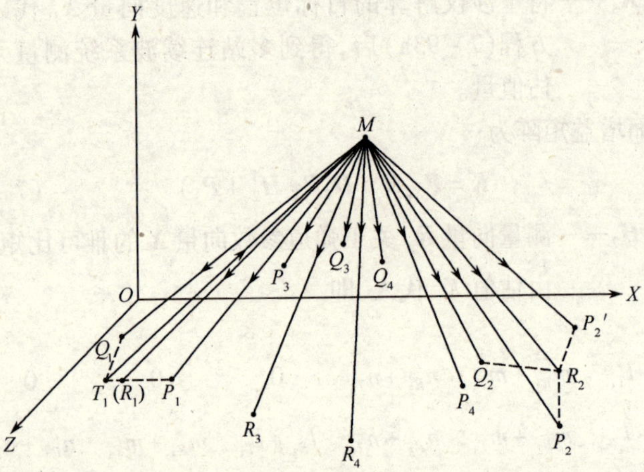


图7-8 Y型干涉仪主动工作时信号传送多站系统示意图

现假设主动式工作的干涉仪为L型干涉仪,被动式工作干涉仪为Y型干涉仪,而且两套多站连续波测量系统均为被动式工作,它们都是3个站。则此时可以获取6个定位测量元素,13个测速测量元素。这里主要利用最小二乘估计方法联合解算弹道参数。

**1. 观测方程**

根据式(7-87)和式(7-88),则两套干涉仪的测量方程为

$$
\begin{cases}
S_1 = R_{T_1} + R_{R_1} + \eta_{S_1} \\
P_1 = R_{P_1} - R_{P_1} + \eta_{P_1} \\
Q_1 = R_{R_1} - R_{Q_1} + \eta_{Q_1} \\
\dot{S}_1 = \dot{R}_{T_1} + \dot{R}_{R_1} + \eta_{\dot{S}_1} \\
\dot{P}_1 = \dot{R}_{P_1} - \dot{R}_{P_1} + \eta_{\dot{P}_1} \\
\dot{Q}_1 = \dot{R}_{R_1} - \dot{R}_{Q_1} + \eta_{\dot{Q}_1} \\
P_2 = R_{R_2} - R_{P_2} + \eta_{P_2} \\
Q_2 = R_{Q_2} - R_{Q_3} + \eta_{Q_2} \\
P'_2 = R_{P_2} - R_{P'_2} + \eta_{P'_2} \\
\dot{S}_2 = \dot{R}_{T_1} + \dot{R}_{R_2} + \eta_{\dot{S}_2} \\
\dot{P}_2 = \dot{R}_{R_2} - \dot{R}_{P_2} + \eta_{\dot{P}_2} \\
\dot{Q}_2 = \dot{R}_{Q_2} - \dot{R}_{Q_3} + \eta_{\dot{Q}_2} \\
\dot{P}'_2 = \dot{R}_{P_2} - \dot{R}_{P'_2} + \eta_{\dot{P}'_2}
\end{cases}
\tag{7-97a}
$$

而两套被动式工作的多站连续波测量系统测量方程为

$$
\begin{cases}
\dot{S}_3 = \dot{R}_{T_1} + \dot{R}_{R_3} + \eta_{\dot{S}_3} \\
\dot{S}_{P_3} = \dot{R}_{T_1} + \dot{R}_{P_3} + \eta_{\dot{S}_{P_3}} \\
\dot{S}_{Q_3} = \dot{R}_{T_1} + \dot{R}_{Q_3} + \eta_{\dot{S}_{Q_3}} \\
\dot{S}_4 = \dot{R}_{T_1} + \dot{R}_{R_4} + \eta_{\dot{S}_4} \\
\dot{S}_{P_4} = \dot{R}_{T_1} + \dot{R}_{P_4} + \eta_{\dot{S}_{P_4}} \\
\dot{S}_{Q_4} = \dot{R}_{T_1} + \dot{R}_{Q_4} + \eta_{\dot{S}_{Q_4}}
\end{cases}
\tag{7-97b}
$$

式中

$$
R_i = \sqrt{(X - X_i)^2 + (Y - Y_i)^2 + (Z - Z_i)^2}
$$

$$
\dot{R}_i = \frac{(X - X_i)}{R_i}\dot{X} + \frac{(Y - Y_i)}{R_i}\dot{Y} + \frac{(Z - Z_i)}{R_i}\dot{Z}
$$

$i = R_1, T_1, P_1, Q_1, R_2, Q_2, P_2', R_3, P_3, Q_3, R_4, P_4, Q_4, P_4'$

**2. 线性化测量方程**

对于非线性测量方程(7－97a)和式(7－97b)，初始弹道 $X^0$，$Y^0, Z^0, \dot{X}^0, \dot{Y}^0, \dot{Z}^0$ 泰勒展开成线性方程，其表达式与线性方程(7－75)和(7－93b)相似，具体表达式不再列出。在此，令

$$\Delta\boldsymbol{R} = (\Delta S_1 \quad \Delta P_1 \quad \Delta Q_1 \quad \Delta P_2 \quad \Delta Q_2 \quad \Delta P_2' \quad \Delta\dot{S}_1 \quad \Delta\dot{P}_1 \quad \Delta\dot{Q}_1 \quad \Delta\dot{S}_2 \quad \Delta\dot{P}_2 \quad \Delta\dot{Q}_2 \quad \Delta\dot{P}_2' \quad \Delta\dot{S}_3 \quad \Delta\dot{S}_{P_3} \quad \Delta\dot{S}_{Q_3} \quad \Delta\dot{S}_4 \quad \Delta\dot{S}_{P_4} \quad \Delta\dot{S}_{Q_4})^{\mathrm{T}}$$

$$\Delta\boldsymbol{X} = (\Delta X \quad \Delta Y \quad \Delta Z \quad \Delta\dot{X} \quad \Delta\dot{Y} \quad \Delta\dot{Z})^{\mathrm{T}}$$

$$\boldsymbol{\eta} = (\eta_{S_1} \quad \eta_{P_1} \quad \eta_{Q_1} \quad \cdots \quad \eta_{\dot{S}_{Q_4}})^{\mathrm{T}}$$

$$\boldsymbol{A} = \begin{bmatrix} l_{R_1}+l_{T_1} & m_{R_1}+m_{T_1} & n_{R_1}+n_{T_1} & 0 & 0 & 0 \\ l_{R_1}-l_{P_1} & m_{R_1}-m_{P_1} & n_{R_1}-n_{P_1} & 0 & 0 & 0 \\ \vdots & \vdots & \vdots & \vdots & \vdots & \vdots \\ l_{R_2}-l_{P_2'} & m_{R_2}-m_{P_2'} & n_{R_2}-n_{P_2'} & 0 & 0 & 0 \\ \dot{l}_{R_1}+\dot{l}_{T_1} & \dot{m}_{R_1}+\dot{m}_{T_1} & \dot{n}_{R_1}+\dot{n}_{T_1} & l_{R_1}+l_{T_1} & m_{R_1}+m_{T_1} & n_{R_1}+n_{T_1} \\ \dot{l}_{R_1}-\dot{l}_{P_1} & \dot{m}_{R_1}-\dot{m}_{P_1} & \dot{n}_{R_1}-\dot{n}_{P_1} & l_{R_1}-l_{P_1} & m_{R_1}-m_{P_1} & n_{R_1}-n_{P_1} \\ \vdots & \vdots & \vdots & \vdots & \vdots & \vdots \\ \dot{l}_{T_1}+\dot{l}_{Q_4} & \dot{m}_{T_1}+\dot{m}_{Q_4} & \dot{n}_{T_1}+\dot{n}_{Q_4} & l_{T_1}+l_{Q_4} & m_{T_1}+m_{Q_4} & n_{T_1}+n_{Q_4} \end{bmatrix}$$

其中

$$l_i = \frac{(X^0 - X_i)}{R_i}, m_i = \frac{(Y^0 - Y_i)}{R_i}, n_i = \frac{(Z^0 - Z_i)}{R_i}$$

$$\dot{l}_i = \frac{\dot{X}^0}{R_i^0} - \frac{X^0}{(R_i^0)^2}\dot{R}_i^0, \dot{m}_i = \frac{\dot{Y}^0}{R_i^0} - \frac{Y^0}{(R_i^0)^2}\dot{R}_i^0, \dot{n}_i = \frac{\dot{Z}^0}{R_i^0} - \frac{Z^0}{(R_i^0)^2}\dot{R}_i^0$$

$$R_i^0 = [(X^0 - X_i)^2 + (Y^0 - Y_i)^2 + (Z^0 - Z_i)^2]^{\frac{1}{2}}$$

$$\dot{R}_i^0 = l_i\dot{X}^0 + m_i\dot{Y}^0 + n_i\dot{Z}^0, T_1, \cdots, Q_4$$

现用矩阵形式表示线性化测量方程为

$$\Delta \boldsymbol{R} = \boldsymbol{A}\Delta \boldsymbol{X} + \boldsymbol{\eta} \tag{7-98}$$

由于测量元素个数多于估值参数个数，由高斯—马尔可夫估计得到待估弹道参数向量为

$$\hat{\boldsymbol{X}}_0 = \hat{\boldsymbol{X}}^0 + \Delta\hat{\boldsymbol{X}} = \hat{\boldsymbol{X}}^0 + (\boldsymbol{A}^{\mathrm{T}}\boldsymbol{P}^{-1}\boldsymbol{A})^{-1}\boldsymbol{A}^{\mathrm{T}}\boldsymbol{P}^{-1}\Delta \boldsymbol{R} \tag{7-99a}$$

式中，$\hat{\boldsymbol{X}}$——初始弹道参数向量，$\hat{\boldsymbol{X}} = (X^0 \quad Y^0 \quad Z^0 \quad \dot{X}^0 \quad \dot{Y}^0 \quad \dot{Z}^0)^{\mathrm{T}}$；

$\boldsymbol{P}$——测量误差向量 $\boldsymbol{\eta}$ 的协方差矩阵，$\boldsymbol{P} = \mathrm{diag}(\sigma_{S_1}^2 \quad \sigma_{P_1}^2 \quad \sigma_{Q_1}^2 \quad \cdots \quad \sigma_{\dot{S}_{Q4}}^2)$。

而待估弹道参数向量 $\hat{\boldsymbol{X}}$ 的估值协方差矩阵为

$$\boldsymbol{P}_{\hat{X}} = (\boldsymbol{A}^{\mathrm{T}}\boldsymbol{P}^{-1}\boldsymbol{A})^{-1} \tag{7-99b}$$

注意，当其中一套多站连续波测量系统为主动式工作时：此时增加一个距离和元素 $S_3$，而且两套多站连续波测量系统测量元素的接收信号都是由主动式工作多站连续波系统发送并转发的信号。此时，对原测量元素下标 $T_1$ 均为 $T_3$，即 $S_{T_3}$ 和 $\dot{S}_{T_3}$，对原方程中的矩阵 $\boldsymbol{A}$ 中元素 $l_{T_1}, m_{T_1}, n_{T_1}, \dot{l}_{T_1}, \dot{m}_{T_1}, \dot{n}_{T_1}$ 均改为 $l_{T_3}, m_{T_3}, n_{T_3}, \dot{l}_{T_3}, \dot{m}_{T_3}, \dot{n}_{T_3}$ 即可。

对于多套连续波测量系统联测解算弹道时，也可以用递推最小二乘估方法解算弹道，在此不再赘述。可以参照 7.5.1 节和 7.5.2节。

## 7.6 多套连续波测量系统的融合解算方法

在 7.5 节中介绍的多套连续波测量系统联测解算的方法，主要考虑测量数据仅含随机误差，故应用高斯—马尔可夫估计（最小二乘估计）解算弹道参数。在实际测量中，测量数据还含有系统误差，尽管经预处理，但有时还存在较大的系统误差，其误差大小经常远超过随机误差，此时仍利用多台交会最小二乘方法估计弹道参数仅能减小随机误差影响，而不能消除系统误差的影响。

本章将介绍“EMBET”自校准技术以及发展和改进的样条“EMBET”技术的两种解算弹道参数的方法。

### 7.6.1 “EMBET”自校准技术

“EMBET”是包含误差模型的最佳弹道估计的英文缩写，它的技术原理是利用多台设备及长弧段测量的冗余数据，在测量方程中引入测量系统误差模型，应用统计估计方法同时估算系统误差模型的误差源和弹道参数。它不同于逐点交会解算弹道参数方法，而是充分融合长弧段的测量数据。

**1. “EMBET”自校准数学原理**

以 $m$ 台测距雷达联合测量弹道为例，并设各雷达的测量数据仅包含固定误差和随机误差，则第 $i$ 台雷达距离数据 $R_{ij}$ 在 $t_j$ 时刻的测量方程为

$$R_{ij}=f_i(X_j,Y_j,Z_j)+a_i+\zeta_{ij}\quad i=1,2,\cdots,m \tag{7-100a}$$

式中，$f_i(X_j,Y_j,Z_j)=[(X_j-X_i)^2+(Y_j-Y_i)^2+(Z_j-Z_i)^2]^{1/2}$；

$X_j,Y_j,Z_j$——$t_j$ 时刻目标的位置参数；

$X_i,Y_i,Z_i$——第 $i$ 台雷达的站址坐标；

$a_i$——未知固定误差；

$\zeta_{ij}$——随机误差。

在获得 $n$ 个采样时刻的测量数据后，将方程组(7-100a)联立，则有

$$R_{ij}=f_i(X_j,Y_j,Z_j)+a_i+\zeta_{ij}\quad i=1,2,\cdots,m;j=1,2,\cdots,n \tag{7-100b}$$

从联立方程组(7-100b)中可以看到，此时有 $3n$ 个弹道位置参数和 $m$ 个固定误差为未知待估参数$(3n+m)$，而有 $mn$ 个测量方程。假设 $m>3$，而且当 $n$ 充分大时，则总可以使 $mn>3n+m$，此时利用最小二乘估计可以同时解算出 $3n$ 个弹道参数 $X_j$、$Y_j$、$Z_j$ 和 $m$ 个固定误差，这就是“EMBET”自校准技术的数学原理。

**2. “EMBET”表达式的推导**

假定 $n$ 个时刻线性测量方程组为

$$\boldsymbol{Y}_j=\boldsymbol{A}_j\boldsymbol{X}_j+\boldsymbol{\eta}_j \quad j=1,2,\cdots,n \tag{7-101}$$

式中，$Y_j$——$m\times1$ 维 $t_j$ 时刻测量向量；

$A_j$——$m\times k$ 维的系数矩阵，而且 $m>k$，$\mathrm{rank}A=k$；

$X_j$——$k\times1$ 维的 $t_j$ 时刻状态向量（弹道参数向量）；

$\eta_j$——$m\times1$ 维测量误差向量。

通常测量方程是非线性方程，为了推导方便，假设测量方程已线性化。现令

$$\boldsymbol{Y}=\begin{bmatrix}Y_1\\Y_2\\\vdots\\Y_n\end{bmatrix},\boldsymbol{A}=\begin{bmatrix}\boldsymbol{A}_1&\boldsymbol{0}&\cdots&\boldsymbol{0}\\\boldsymbol{0}&\boldsymbol{A}_2&\cdots&\boldsymbol{0}\\\vdots&\vdots&\ddots&\vdots\\\boldsymbol{0}&\boldsymbol{0}&\cdots&\boldsymbol{A}_n\end{bmatrix},\boldsymbol{X}=\begin{bmatrix}\boldsymbol{X}_1\\\boldsymbol{X}_2\\\vdots\\\boldsymbol{X}_n\end{bmatrix},\boldsymbol{\eta}=\begin{bmatrix}\boldsymbol{\eta}_1\\\boldsymbol{\eta}_2\\\vdots\\\boldsymbol{\eta}_n\end{bmatrix}$$

这样，可以将方程组（7-101）写成

$$\boldsymbol{Y}=\boldsymbol{A}\boldsymbol{X}+\boldsymbol{\eta} \tag{7-102}$$

一般地，将测量误差向量分为随机误差和系统误差两部分，即

$$\boldsymbol{\eta}_j=\boldsymbol{\zeta}_j+\boldsymbol{\Delta}_j \quad j=1,2,\cdots,n \tag{7-103}$$

式中，$\boldsymbol{\zeta}_j$——随机误差；

$\boldsymbol{\Delta}_j$——系统误差。

假设系统误差可以用线性模型表示，即

$$\boldsymbol{\Delta}_j=\boldsymbol{B}_j\boldsymbol{C} \quad j=1,2,\cdots,n \tag{7-104}$$

式中，$\boldsymbol{B}_j$——$m\times l$ 维已知系数矩阵；

$\boldsymbol{C}$——$l\times1$ 维未知误差系数向量。

再令 $\boldsymbol{B}^{\mathrm{T}}=[\boldsymbol{B}_1^{\mathrm{T}}\quad\boldsymbol{B}_2^{\mathrm{T}}\quad\cdots\quad\boldsymbol{B}_n^{\mathrm{T}}]$，而且满足 $\mathrm{rank}[\boldsymbol{A},\boldsymbol{B}]=nk+l$。并且假设式（7-103）中的随机误差向量 $\boldsymbol{\zeta}_j$ 满足

$$E\boldsymbol{\zeta}_j=\boldsymbol{0},E\boldsymbol{\zeta}_j\boldsymbol{\zeta}_j^{\mathrm{T}}=\boldsymbol{M}_j\delta_{ij} \tag{7-105}$$

式中，$\boldsymbol{M}_j$——随机误差向量的协方差阵，且 $\boldsymbol{M}_j>\boldsymbol{0}$；

$\delta_{ij}$——Kroneckel 函数。

将式（7-104）代入式（7-103），然后将式（7-103）代入式（7-101），则式（7-101）变成

$$\boldsymbol{Y}_j=\boldsymbol{A}_j\boldsymbol{X}_j+\boldsymbol{B}_j\boldsymbol{C}+\boldsymbol{\zeta}_j \quad j=1,2,\cdots,n \tag{7-106}$$

再记$\boldsymbol{\zeta}^{\mathrm{T}}=[\boldsymbol{\zeta}_1^{\mathrm{T}}\quad \boldsymbol{\zeta}_2^{\mathrm{T}}\quad \cdots\quad \boldsymbol{\zeta}_n^{\mathrm{T}}]$，并且将式(7－106)和$\boldsymbol{\zeta}$代入式(7－102)，整理后则可以得到

$$\boldsymbol{Y}=\boldsymbol{AX}+\boldsymbol{BC}+\boldsymbol{\zeta} \tag{7-107}$$

或者

$$\boldsymbol{Y}=[\boldsymbol{A},\boldsymbol{B}]\begin{bmatrix}\boldsymbol{X}\\ \boldsymbol{C}\end{bmatrix}+\boldsymbol{\zeta} \tag{7-108}$$

又记$\overline{\boldsymbol{A}}=[\boldsymbol{A},\boldsymbol{B}]$，$\overline{\boldsymbol{X}}=\begin{bmatrix}\boldsymbol{X}\\ \boldsymbol{C}\end{bmatrix}$，$\boldsymbol{M}=\mathrm{diag}(\boldsymbol{M}_1\quad \boldsymbol{M}_2\quad \cdots\quad \boldsymbol{M}_n)$。显然式(7－108)可以写成

$$\boldsymbol{Y}=\overline{\boldsymbol{A}}\overline{\boldsymbol{X}}+\boldsymbol{\zeta} \tag{7-109}$$

而且有$E\boldsymbol{\zeta}_j=\boldsymbol{0}$，$E\boldsymbol{\zeta}_j\boldsymbol{\zeta}_j^{\mathrm{T}}=\boldsymbol{M}_j>\boldsymbol{0}$。

这样方程组(7－109)变成由$mn$个观测方程来求解$nk+l$个未知参数的问题。由于$m>k$，只要$n$充分大，就能使$mn>nk+l$，也就是使测量方程个数多于未知参数的个数。此时，利用高斯一马尔夫估计可得未知参数向量$\overline{\boldsymbol{X}}$的最优线性无偏估计$\widehat{\overline{\boldsymbol{X}}}$为

$$\widehat{\overline{\boldsymbol{X}}}=(\overline{\boldsymbol{A}}^{\mathrm{T}}\boldsymbol{M}^{-1}\overline{\boldsymbol{A}})^{-1}\overline{\boldsymbol{A}}^{\mathrm{T}}\boldsymbol{M}^{-1}\boldsymbol{Y} \tag{7-110}$$

和误差协方差阵为

$$\boldsymbol{P}_{\widehat{\overline{X}}}=(\overline{\boldsymbol{A}}^{\mathrm{T}}\boldsymbol{M}^{-1}\overline{\boldsymbol{A}})^{-1} \tag{7-111}$$

此时，未知参数向量$\overline{\boldsymbol{X}}$不仅包含弹道参数向量，而且还包括误差系数向量$\boldsymbol{C}$。人们常将同时估计弹道参数和误差系数的方法称为“误差模型最佳弹道估计(EMBET)”。

“EMBET”计算比较复杂，因为当$n$较大时，由表达式(7－110)和式(7－111)计算高阶矩阵非常困难。由于表达式中矩阵大多是特殊形式的稀疏矩阵，可以将它化成低阶矩阵来处理。下面进一步推导实际应用的表达式，将协方差矩阵$\boldsymbol{P}_{\widehat{\overline{X}}}$重新表示为

$$\boldsymbol{P}_{\widehat{\overline{X}}}=\begin{bmatrix}\boldsymbol{P}_{\widehat{X}} & \boldsymbol{P}_{\widehat{XC}}\\ \boldsymbol{P}_{\widehat{CX}} & \boldsymbol{P}_{\widehat{C}}\end{bmatrix}=(\overline{\boldsymbol{A}}^{\mathrm{T}}\boldsymbol{M}^{-1}\overline{\boldsymbol{A}})^{-1} \tag{7-112}$$

将$\overline{\boldsymbol{A}}$的表达式代入式(7－112)，则有

$$P_{\widehat{X}} = \begin{bmatrix} A^{\mathrm{T}}M^{-1}A & A^{\mathrm{T}}M^{-1}B \\ B^{\mathrm{T}}M^{-1}A & B^{\mathrm{T}}M^{-1}B \end{bmatrix}^{-1} \tag{7-113}$$

根据矩阵分块求逆公式可得到

$$P_{\widehat{C}} = [B^{\mathrm{T}}M^{-1}B - B^{\mathrm{T}}M^{-1}A(A^{\mathrm{T}}M^{-1}A)^{-1}A^{\mathrm{T}}M^{-1}B]^{-1} \tag{7-114}$$

$$P_{\widehat{X}\widehat{C}} = P_{\widehat{C}\widehat{X}}^{\mathrm{T}} = -(A^{\mathrm{T}}M^{-1}A)^{-1}A^{\mathrm{T}}M^{-1}BP_{\widehat{C}} \tag{7-115}$$

$$P_{\widehat{X}} = (A^{\mathrm{T}}M^{-1}A)^{-1} - P_{\widehat{X}\widehat{C}}B^{\mathrm{T}}M^{-1}A(A^{\mathrm{T}}M^{-1}A)^{-1} \tag{7-116}$$

又因为

$$B^{\mathrm{T}}M^{-1}B = \sum_{j=1}^{n} B_j^{\mathrm{T}}M_j^{-1}B_j \tag{7-117}$$

$$(A^{\mathrm{T}}M^{-1}A)^{-1} = \mathrm{diag}[(A_1^{\mathrm{T}}M_1^{-1}A_1)^{-1} \quad \cdots \quad (A_n^{\mathrm{T}}M_n^{-1}A_n)^{-1}] \tag{7-118}$$

$$(B^{\mathrm{T}}M^{-1}A) = [(B_1^{\mathrm{T}}M_1^{-1}A_1), \cdots, (B_n^{\mathrm{T}}M_n A_n)] \tag{7-119}$$

$$\begin{aligned} & B^{\mathrm{T}}M^{\mathrm{T}}A(A^{\mathrm{T}}M^{-1}A)^{-1}A^{\mathrm{T}}M^{-1}B \\ = & \sum_{j=1}^{n} B_j^{\mathrm{T}}M_j^{-1}A_j(A_j^{\mathrm{T}}M_j^{-1}A_j)^{-1}A_j^{\mathrm{T}}M_j^{-1}B_j^{-1} \end{aligned} \tag{7-120}$$

所以将式(7－117)～式(7－120)代入式(7－114)～式(7－116),则得到

$$P_{\widehat{C}} = \left\{ \sum_{j=1}^{n} [B_j^{\mathrm{T}}M_j^{-1}B_j - B_j^{\mathrm{T}}M_j^{-1}A_j(A_j^{\mathrm{T}}M_j^{-1}A_j)^{-1}A_j^{\mathrm{T}}M_j^{-1}B_j] \right\}^{-1} \tag{7-121}$$

$$\begin{aligned} P_{\widehat{X}_j} = & (A_j^{\mathrm{T}}M_j^{-1}A_j)^{-1} + (A_j^{\mathrm{T}}M_j^{-1}A_j)^{-1}A_j^{\mathrm{T}}M_j^{-1}B_jP_{\widehat{C}}B_j^{\mathrm{T}}M_j^{-1} \\ & \cdot A_j(A_j^{\mathrm{T}}M_j^{-1}A_j)^{-1} \quad j = 1,2,\cdots,n \end{aligned} \tag{7-122}$$

此两式即为误差系数和弹道参数的估值误差协方差阵。而由表达式(7－111)和式(7－112)立即可得误差模型系数向量 $C$ 的估值 $\widehat{C}$ 为

$$\widehat{C} = [P_{\widehat{C}\widehat{X}}P_{\widehat{C}}]\bar{A}^{\mathrm{T}}M^{-1}Y = [P_{\widehat{C}\widehat{X}}P_{\widehat{C}}]\begin{bmatrix} A^{\mathrm{T}} & M^{-1} \\ B^{\mathrm{T}} & M^{-1} \end{bmatrix} Y$$

$$= (P_{\widehat{CX}} A^{\mathrm{T}} M^{-1} + P_{\widehat{C}} B^{\mathrm{T}} M^{-1}) Y \tag{7-123}$$

再将式(7－115)和式(7－116)代入上式，得到

$$\widehat{C} = P_{\widehat{C}} [B^{\mathrm{T}} M^{-1} - B^{\mathrm{T}} M^{-1} A (A^{\mathrm{T}} M^{-1} A)^{-1} A^{\mathrm{T}} M^{-1}] Y \tag{7-124}$$

最后将式(7－124)展开则得到

$$\widehat{C} = P_{\widehat{C}} \sum_{j=1}^{n} [B_j^{\mathrm{T}} M_j^{-1} - B_j^{\mathrm{T}} M_j^{-1} A_j (A_j^{\mathrm{T}} M_j^{-1} A_j)^{-1} A_j^{\mathrm{T}} M_j^{-1}] Y_j \tag{7-125}$$

关系式(7－125)便是"EMBET"方法误差模型系数的估计表达式。

同样地，由表达式(7－110)和式(7－113)可得到弹道参数向量 $X$ 的估值 $\widehat{X}$ 的表达式为

$$\widehat{X} = [P_{\widehat{X}} P_{\widehat{XC}}] \overline{A}^{\mathrm{T}} M^{-1} Y = [P_{\widehat{X}} P_{\widehat{XC}}] \begin{bmatrix} A^{\mathrm{T}} & M^{-1} \\ B^{\mathrm{T}} & M^{-1} \end{bmatrix} Y$$

$$= P_{\widehat{X}} A^{\mathrm{T}} M^{-1} Y + P_{\widehat{XC}} B^{\mathrm{T}} M^{-1} Y \tag{7-126}$$

再将关系式(7－116)代入式(7－126)式，得到

$$\begin{aligned} \widehat{X} &= [(A^{\mathrm{T}} M^{-1} A)^{-1} A^{\mathrm{T}} M^{-1} - P_{\widehat{XC}} B^{\mathrm{T}} M^{-1} A (A^{\mathrm{T}} M^{-1} A)^{-1} A^{\mathrm{T}} M^{-1} \\ &\quad + P_{\widehat{XC}} B^{\mathrm{T}} M^{-1}] Y \\ &= \{(A^{\mathrm{T}} M^{-1} A)^{-1} A^{\mathrm{T}} M^{-1} + P_{\widehat{XC}} [B^{\mathrm{T}} M^{-1} - \\ &\quad B^{\mathrm{T}} M^{-1} A (A^{\mathrm{T}} M^{-1} A)^{-1} A^{\mathrm{T}} M^{-1}]\} Y \end{aligned} \tag{7-127}$$

又将式(7－115)式代入式(7－127)，则得到

$$\begin{aligned} \widehat{X} &= \{(A^{\mathrm{T}} M^{-1} A)^{-1} A^{\mathrm{T}} M^{-1} - (A^{\mathrm{T}} M^{-1} A)^{-1} A^{\mathrm{T}} M^{-1} B P_{\widehat{C}} \\ &\quad \cdot [B^{\mathrm{T}} M^{-1} - B^{\mathrm{T}} M^{-1} A (A^{\mathrm{T}} M^{-1} A)^{-1} A^{\mathrm{T}} M^{-1}]\} Y \end{aligned} \tag{7-128}$$

最后将式(7－124)代入式(7－128)，则得

$$\begin{aligned} \widehat{X} &= (A^{\mathrm{T}} M^{-1} A)^{-1} A^{\mathrm{T}} M^{-1} Y - (A^{\mathrm{T}} M^{-1} A)^{-1} A^{\mathrm{T}} M^{-1} B \widehat{C} \\ &= (A^{\mathrm{T}} M^{-1} A)^{-1} A^{\mathrm{T}} M^{-1} (Y - B \widehat{C}) \end{aligned} \tag{7-129}$$

又由于 $M$ 为对角阵，还可以再化简得到所有 $t_j$ 时刻的弹道参数估值为

$$\widehat{X}_j = (A_j^{\mathrm{T}} M_j^{-1} A_j)^{-1} A_j^{\mathrm{T}} M_j^{-1} (Y_j - B_j \widehat{C}) \qquad j = 1, 2, \cdots, n \tag{7-130}$$

从上式可以看出，这是将测量向量 $\boldsymbol{Y}$ 修正系统误差后，再由高斯—马尔可夫估计得到的弹道参数。这样由式(7-125)、式(7-130)和式(7-121)、式(7-122)组成了"EMBET"求解误差系数、弹道参数的估计式及其估值误差协方差阵的表达式。

当误差模型具有验前信息时，也可以将验前信息作为已知量以增加多余信息，仍用上述方法可以得到误差模型系数的伪贝叶斯估计，在此不再详细叙述。

目前，"EMBET"自校准技术主要应用于导弹主动段或运载火箭助推段高精度要求的外弹道测量数据处理中，即主要用于高精度连续波测量系统联测的融合处理。除此，还可应用于卫星的精确定轨，不同的是此时利用轨道动力学方程的约束条件，有效地提高测量数据的冗余度，故又称轨道约束"EMBET"自校准技术。对此，不再叙述，可详见有关文献。

**3. "EMBET"方法的优点和使用条件**

从上述介绍"EMBET"方法的数学原理可知，应用"EMBET"自校准技术有下列优点：

(1) 不需要增加新的外测系统和设备，仅仅增加软件编制和计算的工作量，就可以修正测量数据的系统误差并提高外测系统的精度。

(2) 在导弹或运载火箭飞行试验中，利用"EMBET"技术不仅可以完成弹道精确测量任务，而且还可以自鉴定外测系统的测量精度。

(3) 目前利用外测数据分离导弹制导系统工具误差系数的方法，除需要提供弹道参数外，还需提供相应的弹道参数精度。利用"EMBET"方法可以满足这一要求。

(4) 利用高精度测量系统（固定式弹道照相机）和飞机校飞，可鉴定连续波雷达定位元素的精度，而对测速元素还没有相应的鉴定设备。利用多套连续波雷达测量实际飞行弹道所得的数据，借助"EMBET"技术可对测速元素的测量精度进行鉴定。

然而，应用"EMBET"技术要获得较好的效果，还要有许多保

障条件。除了要求测量方程数必须多于待估参数个数的基本条件外,还需要有下列一些条件(其中有些条件是较苛刻的):

(1)需有较多的测量设备同时交会测量,使测量数据有足够多的冗余度;

(2)需有较长的测量弧段,以增加测量数据的冗余度;

(3)具有较佳的测量几何,例如设备分布在弹道的两侧,而且站间距离较远以减小误差模型系数间的相关性;

(4)测量随机误差较小;

(5)具有与实际测量较为符合的、有效的和相对稳定的误差模型;

(6)应用优良而实用的统计估计方法。

前面4项条件是基本的,且由试验任务和测控方案确定,而后2项条件却是自校准技术使用成功的关键。尽管前4项条件满足,如果不能提供符合实际的测量模型或待估模型参数过多,则外测系统误差估计的效果仍不佳。

以往"EMBET"技术中主要采用最小二乘估计法,但当误差模型的系数过多或系数之间相关性较强时,矩阵求逆会出现病态现象,此时最小二乘估计显得无能为力。随着参数估计方法的发展,利用某些有偏估计方法(例如主成分估计、岭回归)可以改进"EMBET"自校准技术的参数估计效果。

在推导"EMBET"自校准公式时,曾假设不同时刻测量向量间的随机误差是互不相关的。如果误差是相关的,仍可用同样的表达式求得弹道参数和误差模型系数,只不过不是最优线性无偏估计而已。

引起外测系统系统性误差的物理因素很多(常称为误差源),需要用一个合适的数学模型来描述其对外测数据的影响。误差模型应是基本物理测量量的函数(例如,距离 $R$、方位角 $A$、高低角 $E$、时间 $t$ 等),一般不是线性模型,但是为了研究和使用方便,常将它近似地写成线性模型。不同测量体制外测系统的误差模型是不相同的,有关不同外测系统误差模型推导将在8.1.1节中详细介绍。

**4. 连续波雷达联合测量的"EMBET"方法**

在此，仍假设两套干涉仪和两套连续波测量系统联测时，推导其"EMBET"自校准技术的公式。现用矩阵形式表示 $t_j$ 时间线性化测量方程(7-98)中，增加系统误差的 $\boldsymbol{\Delta}_j$，则成为

$$\Delta \boldsymbol{R}_j = \boldsymbol{A}_j \Delta \boldsymbol{X}_j + \boldsymbol{\Delta}_j + \boldsymbol{\eta}_j \tag{7-131}$$

根据系统误差源分析和测控方案，假设系统误差向量 $\boldsymbol{\Delta}_j$ 可用一个线性模型表示为

$$\boldsymbol{\Delta}_j = \boldsymbol{B}_j \boldsymbol{C} \tag{7-132}$$

式中，$\boldsymbol{B}_j$——$t_j$ 时刻系统误差的系数矩阵；

$\boldsymbol{C}$——系统误差源向量，按前面的分析，系统误差源由固定误差、电波折射残差、时间误差等组成。

将系统误差模型代入方程(7-131)后，得到

$$\Delta \boldsymbol{R}_j = \boldsymbol{A}_j \Delta \boldsymbol{X}_j + \boldsymbol{B}_j \boldsymbol{C} + \boldsymbol{\eta}_j \tag{7-133}$$

假设有 $n$ 个测量时刻测量导弹飞行弹道，并记 $\Delta \boldsymbol{R}_j = \boldsymbol{Y}_j$，$\Delta \boldsymbol{X}_j = \boldsymbol{X}_j$，$\boldsymbol{\eta}_j = \boldsymbol{\zeta}_j$，则方程(7-133)与(7-106)完全一致，只要各矩阵的具体表达式代入式(7-125)、式(7-130)和式(7-121)、式(7-122)，立即得到多套连续波雷达联测的"EMBET"表达式。

## 7.6.2 基于残差方程解算的"EMBET"方法

上节中的"EMBET"表达式是在外测数据测量方程组(7-133)直接引入误差模型后导出的，而且可同时得到弹道参数和误差模型系数的估计值。在许多情况下，人们仅仅关心系统误差的估计和修正。另外，在综合处理时，有时因实测数据的限制，仅有部分测量弧段的测量数据可以用于"EMBET"自校准技术，此时，可由该弧段测量数据解算出系统误差，并作为全弹道测量数据的系统误差修正值，而并不需要同时解算弹道参数，这样还可以减少计算量。为此，将测量方程改为测量残差方程，再引入系统误差模型，仅估计外测数据的系统误差。

**1. 测量残差方程**

列出测量方程(7-98)的测量残差方程式

$$L_j = \Delta\widehat{\bar{R}}_j - \Delta\bar{R}_j = [A_j(A_j^{\mathrm{T}}M_j^{-1}A_j)^{-1}A_j^{\mathrm{T}}M_j^{-1} - I_j]\Delta\bar{R}_j \qquad j=1,2,\cdots,n \tag{7-134}$$

或者

$$L_j = D_j\Delta\bar{R}_j \qquad j=1,2,\cdots,n \tag{7-135}$$

式中，$D_j = [A_j(A_j^{\mathrm{T}}M_j^{-1}A_j)^{-1}A_j^{\mathrm{T}}M_j^{-1} - I_j]$。

将误差模型 $\Delta_j = B_jC$ 代入 $\Delta\bar{R}_j$ 中，并将测量系统误差项和随机误差项代入方程(7-133)，则得到

$$\begin{aligned} L_j = {} & [A_j(A_j^{\mathrm{T}}M_j^{-1}A_j)^{-1}A_j^{\mathrm{T}}M_j^{-1}A_j\Delta\bar{X}_j] \\ & + D_jB_jC + D_j\zeta_j \qquad j=1,2,\cdots,n \end{aligned}$$

经整理后得到

$$L_j = D_jB_jC + D_j\zeta_j \qquad j=1,2,\cdots,n \tag{7-136}$$

这就是测量量残差与外测数据系统误差模型之间的关系式。

**2. “EMBET”表达式**

根据(7-136)方程组联立为

$$L = DBC + D\zeta \tag{7-137}$$

式中，$L = (L_1^{\mathrm{T}} \quad L_1^{\mathrm{T}} \quad \cdots \quad L_n^{\mathrm{T}})^{\mathrm{T}}$；$D = \mathrm{diag}(D_1 \quad D_2 \quad \cdots \quad D_n)$；$B = (B_1^{\mathrm{T}} \quad B_2^{\mathrm{T}} \quad \cdots \quad B_n^{\mathrm{T}})^{\mathrm{T}}$；$\zeta = (\zeta_1 \quad \zeta_2 \quad \cdots \quad \zeta_n)^{\mathrm{T}}$。

再应用高斯—马尔可夫估计，其权矩阵仍取为 $E(\zeta\zeta^{\mathrm{T}}) = M = \mathrm{diag}(M_1 \quad M_2 \quad \cdots \quad M_n)$，可得到误差模型向量 $C$ 的最优线性无偏估计为

$$\widehat{C} = (B^{\mathrm{T}}D^{\mathrm{T}}M^{-1}DB)^{-1}B^{\mathrm{T}}D^{\mathrm{T}}M^{-1}L \tag{7-138}$$

和误差协方差阵为

$$P_{\widehat{C}} = (B^{\mathrm{T}}D^{\mathrm{T}}M^{-1}DB)^{-1} \tag{7-139}$$

再将式(7-137)中符号代入式(7-138)和式(7-139)，则可以将 $\widehat{C}$ 的表达式化为

$$\widehat{C} = \left(\sum_{j=1}^{n} B_j^{\mathrm{T}}D_j^{\mathrm{T}}M_j^{-1}D_jB_j\right)^{-1}\left(\sum_{j=1}^{n} B_j^{\mathrm{T}}D_j^{\mathrm{T}}M_j^{-1}L_j\right) \tag{7-140}$$

和误差协方差阵为

$$P_{\hat{C}} = \left(\sum_{j=1}^{n} B_j^{\mathrm{T}} D_j^{\mathrm{T}} M_j^{-1} D_j B_j\right)^{-1} \quad (7-141)$$

又因为 $D_j^{\mathrm{T}} M_j^{-1} D_j = -D_j^{\mathrm{T}} M_j^{-1} = -M_j^{-1} D_j$ 和 $D_j^2 = -D_j$，故式(7－140)和式(7－141)可以分别简化成

$$\hat{C} = -\left(\sum_{j=1}^{n} B_j^{\mathrm{T}} M_j^{-1} D_j B_j\right)^{-1} \left(\sum_{j=1}^{n} B_j^{\mathrm{T}} M_j^{-1} D_j L_j\right) \quad (7-142)$$

和

$$P_{\hat{C}} = -\left(\sum_{j=1}^{n} B_j^{\mathrm{T}} M_j^{-1} D_j B_j\right)^{-1} \quad (7-143)$$

现将式(7－106)两边减去系统误差估计值 $B_j \hat{C}$，得到

$$Y_j - B_j \hat{C} = A_j X_j + B_j (C - \hat{C}) + \zeta_j \qquad j = 1, 2, \cdots, n \quad (7-144)$$

记 $C - \hat{C} = \tilde{C}$，则式(7－144)为

$$Y_j - B_j \hat{C} = A_j X_j + B_j \tilde{C} + \zeta_j \qquad j = 1, 2, \cdots, n \quad (7-145)$$

式中，$Y_j - B_j \hat{C}$——观测向量；

$B_j \tilde{C} + \zeta_j$——误差向量。

当 $m > k$ 时，由高斯—马尔可夫估计得到 $t_j$ 时刻弹道参数的估计为

$$\hat{X}_j = (A_j^{\mathrm{T}} M_j^{-1} A_j)^{-1} A_j^{\mathrm{T}} M_j^{-1} (Y_j - B_j \hat{C}) \quad (7-146)$$

式中仍取权矩阵为 $M_j^{-1}$。

再将式(7－145)代入式(7－146)，得到 $\hat{X}_j$ 的误差为

$$\Delta X_j = \hat{X}_j - X_j = (A_j^{\mathrm{T}} M_j^{-1} A_j) A_j^{\mathrm{T}} M_j^{-1} (B_j \tilde{C} + \zeta_j) \quad (7-147)$$

由定义容易得到 $\hat{X}_j$ 的误差协方差阵为

$$P_{\hat{X}_j} = (A_j^{\mathrm{T}} M_j^{-1} A_j)^{-1} + (A_j^{\mathrm{T}} M_j^{-1} A_j)^{-1} A_j^{\mathrm{T}} M_j^{-1} B_j P_{\hat{C}} B_j^{\mathrm{T}} M_j^{-1} A_j \cdot (A_j^{\mathrm{T}} M_j^{-1} A_j)^{-1} \quad (7-148)$$

关系式(7－142)、式(7－146)和式(7－143)、式(7－148)分别为由测量残差方程(7－134)解算系统误差系数及误差协方差阵的“EMBET”方法的表达式。一些文献已证明它们与直接由测

量方程所得到的“EMBET”表达式是一致的。在此,不再赘述。

### 7.6.3 “EMBET”的主成分估计方法

**1.“EMBET”主成分估计的表达式**

重记外测系统测量数据的残差方程与误差模型的表达式为

$$\boldsymbol{L}_j=\boldsymbol{D}_j\boldsymbol{B}_j\boldsymbol{C}+\boldsymbol{D}_j\boldsymbol{\zeta}_j \qquad j=1,2,\cdots,n \tag{7-149}$$

现将上式中 $n$ 个线性模型联立,则得到方程组

$$\boldsymbol{L}=\boldsymbol{DBC}+\boldsymbol{D\zeta} \tag{7-150}$$

式中符号同式(7-137)。而 $\boldsymbol{L}_j$ 是 $t_j$ 时刻的测量向量残差,即为

$$\begin{aligned}\boldsymbol{L}_j&=\hat{\boldsymbol{Y}}_j-\boldsymbol{Y}_j=\boldsymbol{A}_j\hat{\boldsymbol{X}}_j-\boldsymbol{Y}_j=\boldsymbol{A}_j(\boldsymbol{A}_j^{\mathrm{T}}\boldsymbol{M}_j^{-1}\boldsymbol{A}_j)^{-1}\boldsymbol{A}_j^{\mathrm{T}}\boldsymbol{M}_j^{-1}\boldsymbol{Y}_j-\boldsymbol{Y}_j\\&=[\boldsymbol{A}_j(\boldsymbol{A}_j^{\mathrm{T}}\boldsymbol{M}_j^{-1}\boldsymbol{A}_j)^{-1}\boldsymbol{A}_j^{\mathrm{T}}\boldsymbol{M}_j^{-1}-\boldsymbol{I}_j]\boldsymbol{Y}_j\end{aligned} \tag{7-151}$$

简记为

$$\boldsymbol{L}_j=\boldsymbol{D}_j\boldsymbol{Y}_j \qquad j=1,2,\cdots,n \tag{7-152}$$

在此假设 $\boldsymbol{M}_j$ 是 $t_j$ 时刻测量误差向量 $\boldsymbol{\zeta}_j$ 的协方差阵,而且 $\{\boldsymbol{\zeta}_j\}$ 在时序上互不相关。

现记

$$\boldsymbol{A}=\boldsymbol{DB},\ \tilde{\boldsymbol{A}}=\boldsymbol{DBW}^{\mathrm{T}},\ \tilde{\boldsymbol{X}}=\boldsymbol{WC},\ \boldsymbol{Y}=\boldsymbol{L},\ \tilde{\boldsymbol{Y}}=(\boldsymbol{DBW}^{\mathrm{T}})^{\mathrm{T}}\boldsymbol{M}^{-1}\boldsymbol{Y}$$

这样方程组(7-150)变为

$$\boldsymbol{Y}=\tilde{\boldsymbol{A}}\ \tilde{\boldsymbol{X}}+\boldsymbol{D\zeta} \tag{7-153}$$

式中,$\boldsymbol{W}$——满足 $\boldsymbol{WSW}^{\mathrm{T}}=\mathrm{diag}(\lambda_1\quad\lambda_2\quad\cdots\quad\lambda_m)=\boldsymbol{\lambda}$($m$ 为待估计误差系数的个数)的正交阵;

$\lambda_1,\lambda_2,\cdots,\lambda_m$——矩阵 $\boldsymbol{S}=\boldsymbol{A}^{\mathrm{T}}\boldsymbol{M}^{-1}\boldsymbol{A}=\boldsymbol{B}^{\mathrm{T}}\boldsymbol{D}^{\mathrm{T}}\boldsymbol{M}^{-1}\boldsymbol{DB}$ 按大小次序排列的特征根。

方程组(7-153)中参数 $\tilde{\boldsymbol{X}}$ 的高斯—马尔可夫估计为

$$\hat{\tilde{\boldsymbol{X}}}=\boldsymbol{\lambda}^{-1}\tilde{\boldsymbol{Y}} \tag{7-154}$$

而方程组(7-150)中的参数向量 $\boldsymbol{C}$ 的最小二乘估计为

$$\widehat{\boldsymbol{C}}_{\mathrm{LS}}=\boldsymbol{W}^{\mathrm{T}}\tilde{\boldsymbol{X}} \tag{7-155}$$

假若存在某个 $r(r\leqslant m)$，使 $r'>r$ 的特征根 $\lambda'_r$ 都筛去，仅取 $\lambda_1,\lambda_2,\cdots,\lambda_r$，并且记

$$\boldsymbol{\lambda}^{*-1}=(\lambda_1^{-1},\lambda_2^{-1},\cdots,\lambda_r^{-1},0,\cdots,0) \tag{7-156}$$

和

$$\widehat{\tilde{\boldsymbol{X}}}^{*}=\boldsymbol{\lambda}^{*-1}\tilde{\boldsymbol{Y}} \tag{7-157}$$

那么方程组(7-62)参数向量 $\boldsymbol{C}$ 的主成分估计为

$$\begin{aligned}\widehat{\boldsymbol{C}}_P&=\boldsymbol{W}^{\mathrm{T}}\widehat{\tilde{\boldsymbol{X}}}^{*}=\boldsymbol{W}^{\mathrm{T}}\boldsymbol{\lambda}^{*-1}\overline{\boldsymbol{Y}}=\boldsymbol{W}^{\mathrm{T}}\boldsymbol{\lambda}^{*-1}\boldsymbol{W}\boldsymbol{B}^{\mathrm{T}}\boldsymbol{D}^{\mathrm{T}}\boldsymbol{M}^{-1}\boldsymbol{Y}\\&=\boldsymbol{W}^{\mathrm{T}}\boldsymbol{\lambda}^{*-1}\boldsymbol{W}\left(\sum_{j=1}^{n}\boldsymbol{B}_j^{\mathrm{T}}\boldsymbol{D}_j^{\mathrm{T}}\boldsymbol{M}_j^{-1}\boldsymbol{L}_j\right)\end{aligned} \tag{7-158}$$

对应的误差协方差阵为

$$\boldsymbol{P}_{\widehat{C}_P}=\boldsymbol{W}^{\mathrm{T}}\boldsymbol{\lambda}^{*-1}\boldsymbol{W} \tag{7-159}$$

而 $\widehat{\boldsymbol{C}}_{\mathrm{LS}}$ 的误差协方差阵为

$$\boldsymbol{P}_{\widehat{C}_{\mathrm{LS}}}=\boldsymbol{W}^{\mathrm{T}}\boldsymbol{\lambda}^{-1}\boldsymbol{W} \tag{7-160}$$

显然当 $r=m$ 时，$\widehat{\boldsymbol{C}}_P$ 和 $\boldsymbol{P}_{\widehat{C}_P}$ 即为关系式(7-155)和式(7-160)。

主成分估计具有下述性质：

(1) 当 $r=m$ 时，$\widehat{\boldsymbol{C}}_P$ 即为模型式(7-153)的最小二乘估计 $\widehat{\boldsymbol{C}}_{\mathrm{LS}}$；当 $r<m$ 时，$\widehat{\boldsymbol{C}}_P$ 是有偏估计；

(2) $\boldsymbol{P}_{\widehat{C}_P}\leqslant\boldsymbol{P}_{\widehat{C}_{\mathrm{LS}}}$，当 $r=m$ 时，等号成立；

(3) $\mathrm{tr}(\boldsymbol{P}_{\widehat{C}_P})\leqslant\mathrm{tr}(\boldsymbol{P}_{\widehat{C}_{\mathrm{LS}}})$，当 $r<m$ 时，不等式成立；而 $r=m$ 时，则等式成立。

上述性质表明主成分估计比最小二乘估计的表达式具有较强的适应性，而且它的随机误差协方差阵一般小于最小二乘估计的误差协方差阵。当舍去最小特征根后，参数估计效果较好。

**2. 模型的紧致和拟合优度**

主成分估计是通过减少影响较小的参数或筛选特征根，使模型紧致。但从线性模型估计理论可知，要求紧致后的模型仍具有

优良的拟合度，以避免模型过分有偏。在最小二乘估计中，通常用残差加权平方和函数 $J$ 作为模型拟合优度准则，即为

$$J = (\boldsymbol{Y} - \boldsymbol{A}\widehat{\boldsymbol{X}})^{\mathrm{T}}\boldsymbol{M}^{-1}(\boldsymbol{Y} - \boldsymbol{A}\widehat{\boldsymbol{X}}) \tag{7-161}$$

式中，$\widehat{\boldsymbol{X}}$ 为给定模型下的参数最小二乘估计。对应不同参数组合的模型 $J$ 值也不同，根据 $J$ 值可以判断和选择较优拟合度的模型。模型拟合度好，模型必定完整、准确，但要减弱测量随机误差的影响，又要求减少参数使模型紧致。因此需要从各种参数组合模型中选出最优模型，使参数估计在均方误差意义上达到最小。但是，这样做工作量很大，需要计算每种参数组合的最小二乘估计及残差平方和。当参数较多时，例如有 $m$ 个待估计参数，模型组合数达 $2^m-1$，当 $m$ 较大时组合数非常大，这会给使用带来因难，甚至根本无法实现。

然而，对于主成分估计也可应用残差平方和函数 $J$ 值作为筛选特征根的准则，以获得较优的拟合度。另外，还发现主成分估计的特征根与残差平方和函数 $J$ 值存在着确定的关系，其关系式不作推导。利用它可以筛选出合适的特征根主因子，并得到均方误差最小意义下的参数估计，而且拟合优度的计算量远小于最小二乘估计的组合计算。由此，可以应用加权残差平方和准则（WRSS）、平均加权残差平方和准则（WRMS）、AIC 准则、BIC 准则等方法来筛选特征根。特别是利用 F—分布统计检验方法可以有效地筛选出主成分特征根组合，从而获得优良的参数估计。在此，不再赘述，可参考有关文献。

### 7.6.4 弹道样条约束的“EMBET”方法

为了提高“EMBET”自校准技术修正系统误差的效果和弹道参数的精度，经常增加外测设备，以增加测量数据的冗余度。在给定外测系统的情况下，如何增加测量数据的多余度，在 7.6.1 节中曾经提到过利用卫星轨道约束的“EMBET”方法，是应用卫星轨道方程约束条件来增加测量数据的冗余度。但在主动段弹道测量

中,由于推力瞬时的变化,使导弹实际飞行的精确动力学方程难以描述,因此,不能如同卫星运行段那样利用轨道约束条件(运动方程)来增加冗余度。

尽管如此,在外测系统测量导弹或运载火箭主动段弹道中,还是存在着某些约束条件,可以使解算弹道参数的数量大大减少,这就相当于增加了测量数据的冗余度。只要不发生故障,导弹的主动段飞行弹道是随时间缓慢变化的 ,至少在一小段时间弧段上可以用时间多项式逼近弹道位置参数,这样不需解算所有采样时刻的弹道位置参数,而仅需解算 $m$ 阶时间多项式的 $m+1$ 个未知参数。例如,在 10s 时间弧段上,要求每秒提供 10 个采样点上的弹道位置参数,这样共需要解算 300 个弹道位置参数。如假设每个方向上时间多项式有 $m+1$ 个未知系数(通常取 $m$ 小于 10),因此 3 个方向时间多项式未知系数的总数最多不超过 33,这样,利用多项式约束条件可使待解参数大大减少,甚至可少一个数量级以上。

此外,导弹弹道的位置和速度参数之间是一阶微分关系。如果弹道位置参数可用一个时间多项式描述,则弹道速度参数即为该时间多项式的微分。由于描述位置和分速度参数的多项式系数是相同的,利用速度参数与位置参数之间的约束条件,又可使待估参数减少一半。因此,在同样测量数据情况下,这些都无疑地增加了测量数据的冗余度。

下面介绍样条约束“EMBET”方法的基本原理,并以求解测量数据的固定系统误差为例导出基本公式。

**1. 导弹运动方程的描述**

1)弹道的多项式描述

飞行轨迹通常用发射坐标系中的位置分量 $X(t)$、$Y(t)$、$Z(t)$ 和速度分量 $\dot{X}(t)$、$\dot{Y}(t)$、$\dot{Z}(t)$ 来表示,它们都是时间 $t$ 的函数,现用时间多项式来描述主动段弹道。

根据弹道方程和对方程中各力的分析可知,四阶导数 $X^{(4)}(t)$、$Y^{(4)}(t)$、$Z^{(4)}(t)$ 都是绝对值很小的量,因此,在一段不长的时间内,轨道参数可以用三阶多项式表示,并且考虑到速度分量

是位置的一阶微分,则有

$$\begin{cases} X(t)=a_1+a_2t+a_3t^2+a_4t^3 & \dot{X}(t)=a_2+2a_3t+3a_4t^2 \\ Y(t)=b_1+b_2t+b_3t^2+b_4t^3 & \dot{Y}(t)=b_2+2b_3t+3b_4t^2 \\ Z(t)=c_1+c_2t+c_3t^2+c_4t^3 & \dot{Z}(t)=c_2+2c_3t+3c_4t^2 \end{cases} \tag{7-162}$$

如果时间段取为 10s,用三阶多项式表示弹道,采样时间间隔 $h=0.05$s,则原需求解 1200 个弹道参数,而现在仅需求解 12 个多项式系数就可以确定目标的飞行弹道。

2)弹道的样条多项式描述

用多项式函数表示弹道是局部的,而且用不同弧段的测量数据来估计对应弧段的弹道参数会出现各段间的弹道参数不连续的问题。另外,利用"EMBET"方法估计和校正系统误差时,仅使用 10s 观测数据估计的估值精度较差,各段系统误差估值也存在很大差异。鉴于弹道的特点,可应用样条三阶多项式来描述主动段弹道。

现以 $B(\tau)$ 记为三阶标准 B 样条,假若测量数据处理区间为 $[T_2, T_{N-1}]$,记

$$\begin{cases} h=(T_{N-1}-T_2)/(N-3) \\ s(t)=\sum\limits_{j=1}^{N} b_j B\left(\dfrac{t-T_j}{h}\right) \end{cases} \quad T_j=T_2+(j-2)h \tag{7-163}$$

式中,$N$——分段数(可大可小);

$h$——每个分段的时间长度,可随区间长度和 $N$ 变化;

$T_2, T_{N-1}$——所考虑区间的两个端点。

用样条三阶多项式表示弹道参数,并写成如下形式:

$$\begin{cases} X(t)=\sum\limits_{j=1}^{N} \alpha_j B\left(\dfrac{t-T_j}{h}\right) \\ Y(t)=\sum\limits_{j=1}^{N} \beta_j B\left(\dfrac{t-T_j}{h}\right) \\ Z(t)=\sum\limits_{j=1}^{N} \gamma_j B\left(\dfrac{t-T_j}{h}\right) \end{cases} \tag{7-164}$$

于是，速度分量为

$$\begin{cases}\dot{X}(t)=\sum_{j=1}^{N}\frac{\alpha_j}{h}\dot{B}\left(\frac{t-T_j}{h}\right)\\ \dot{Y}(t)=\sum_{j=1}^{N}\frac{\beta_j}{h}\dot{B}\left(\frac{t-T_j}{h}\right)\\ \dot{Z}(t)=\sum_{j=1}^{N}\frac{\gamma_j}{h}\dot{B}\left(\frac{t-T_j}{h}\right)\end{cases}\tag{7-165}$$

式中，$\frac{1}{h}\dot{B}\left(\frac{t-T_j}{h}\right)$为$B\left(\frac{t-T_j}{h}\right)$的一阶微分。

从式(7-164)和式(7-165)可见，共用$3N$个系数就可描述目标的弹道。

可以证明，当$X(t)$、$Y(t)$、$Z(t)$均为$[T_2,T_{N-1}]$区间上的4次连续可微函数，且$X^{(4)}(t)$、$Y^{(4)}(t)$、$Z^{(4)}(t)$都是绝对值很小的量时，则可以用样条函数$s(t)$很好地逼近它们，且在$t=T_2$和$t=T_{N-1}$时，$\dot{S}(T_2)$、$\dot{S}(T_{N-1})$等于它们在$T_2$和$T_{N-1}$上的一阶微分值；而在$t=T_j,j=1,2,\cdots,N-1$上，$s(T_j)$等于它们在$T_j$的函数值。根据经验，常取$h=5\text{s}$左右，$T_{N-1}-T_2\geqslant 30\text{s}$比较适宜。

**2. 测量方程的描述**

1）非线性测量方程

外测系统的测量方程都是弹道参数的非线性函数。假设在一主站二副站L型干涉仪系统中，$X_T$、$Y_T$、$Z_T$为主站发射站的站址坐标，$X_i$、$Y_i$、$Z_i(i=R,P,Q)$为主站和副站的接收站址坐标，则$t$时刻它们到目标的斜距和斜距变化率分别为

$$\begin{cases}R_j(t)=[(X(t)-X_j)^2+(Y(t)-Y_j)^2+(Z(t)-Z_j)^2]^2\\ \dot{R}_j(t)=[(X(t)-X_j)\dot{X}(t)+(Y(t)-Y_j)\dot{Y}(t)\\ \qquad +(Z(t)-Z_j)\dot{Z}(t)/R_j(t),j=T,R,P,Q\end{cases}\tag{7-166}$$

而干涉仪测量元素为

$$
\begin{cases}
S(t)=R_{\mathrm{T}}(t)+R_{\mathrm{R}}(t) & \dot{S}(t)=\dot{R}_{\mathrm{T}}(t)+\dot{R}_{\mathrm{R}}(t)\\
P(t)=R_{R}(t)-R_{\mathrm{P}}(t) & \dot{P}(t)=\dot{R}_{\mathrm{R}}(t)-\dot{R}_{\mathrm{P}}(t)\\
Q(t)=R_{\mathrm{R}}(t)-R_{\mathrm{Q}}(t) & \dot{Q}(t)=\dot{R}_{\mathrm{R}}(t)-\dot{R}_{\mathrm{Q}}(t)
\end{cases}
\tag{7-167}
$$

如果将式(7－164)和式(7－165)代入式(7－166)和式(7－167),则干涉仪系统测量元素也都成了 $3N$ 个参数的非线性函数。

现假设 $F(\boldsymbol{X}(t))$ 为 $t$ 时刻测量元素与状态量间关系式组成的向量,$\boldsymbol{X}(t)=(X(t),Y(t),Z(t),\dot{X}(t),\dot{Y}(t),\dot{Z}(t))^{\mathrm{T}}$ 为弹道位置和速度分量组成的状态向量;$\boldsymbol{Y}(t)$ 为测量数据向量,则测量向量 $\boldsymbol{Y}(t)$ 与状态向量 $\boldsymbol{X}(t)$ 具有如下非线性模型

$$
\boldsymbol{Y}(t)=\boldsymbol{F}(\boldsymbol{X}(t))+\boldsymbol{\varepsilon}(t) \tag{7-168}
$$

式中,$\boldsymbol{\varepsilon}(t)$——测量误差噪声向量。

2)包含系统误差的测量方程

当测量数据包含系统误差时,则模型(7－168)改写成

$$
\boldsymbol{Y}(t)=\boldsymbol{F}(\boldsymbol{X}(t))+\boldsymbol{\Delta}(t)+\boldsymbol{\varepsilon}(t) \tag{7-169}
$$

式中,$\boldsymbol{\Delta}(t)$——测量数据的系统误差向量。

由 7.6.1 节可知,系统误差 $\boldsymbol{\Delta}(t)$ 可用线性误差模型表示,即

$$
\boldsymbol{\Delta}(t)=\boldsymbol{B}(t)\boldsymbol{C} \tag{7-170}
$$

式中,$\boldsymbol{C}$——测量系统误差源组成的 $l\times 1$ 向量;

$\boldsymbol{B}(t)$——系统误差源的系统矩阵。

将式(7－170)代入模型(7－169),则得到测量数据含系统误差模型的非线性测量方程为

$$
\boldsymbol{Y}(t)=\boldsymbol{F}(\boldsymbol{X}(t))+\boldsymbol{B}(t)\boldsymbol{C}+\boldsymbol{\varepsilon}(t) \tag{7-171}
$$

现在假设在 $m$ 个采样时刻 $t_1,t_2,\cdots,t_m$ 获取了测量数据,则将它们联立后的式(7－171)可以表示为

$$
\boldsymbol{Y}_i=\boldsymbol{F}(\boldsymbol{X}(t))+\boldsymbol{B}(t_i)\boldsymbol{C}+\boldsymbol{\varepsilon}(t_j) \qquad i=1,2,\cdots,m \tag{7-172}
$$

从方程式(7－168)中可知,此时共有 $3N+1$ 个待估计参数。

由于 $m \gg N$,待估参数比常规“EMBET”方法所需估计的 $3m$(弹道参数)+1(误差源)个参数大大减少了。从理论上来说,对于一套L型干涉仪系统,只要有一定数量采样时刻的测量数据向量,利用样条多项式表示测量方程,就可以应用统计方法解算出目标的弹道参数和误差系数。但是此时的估计效果较差,通常希望有多套干涉仪系统联用。

**3. 参数估计方法**

对于非线性回归模型的参数估计,一般地,将方程组(7-172)线性化,再应用线性回归估计方法解算待估参数。但为了提高参数估计的精度,在此,应用非线性回归模型的估计方法。

现假设非线性回归模型(7-172)中的测量随机噪声向量 $\{\boldsymbol{\varepsilon}_i\}$ 在时序上互不相关,则可应用高斯—马尔可夫估计来估计其参数,也就是使下式

$$\sum_{i=1}^{m}(\boldsymbol{Y}_i - \boldsymbol{F}_i(\boldsymbol{\beta}) - \boldsymbol{B}_i\boldsymbol{C})^{\mathrm{T}}\boldsymbol{M}_i^{-1}(\boldsymbol{Y}_i - \boldsymbol{F}_i(\boldsymbol{\beta}) - \boldsymbol{B}_i\boldsymbol{C}) = \min \tag{7-173}$$

成立的 $\widehat{\boldsymbol{\beta}}$ 和 $\widehat{\boldsymbol{C}}$ 即为所需估计参数。

对于非线性回归估计,通常应用高斯—牛顿迭代法或其改进方法来得到参数估计值。弹道样条约束“EMBET”自校准技术已在高精度外弹道测量数据处理中应用,并取得了较好的结果。

### 7.6.5 系统误差模型检验和辨识

在使用实测数据进行“EMBET”自校准处理时,引入的外测系统误差模型所包含的误差项较多,有些误差项很小,不是必须估计的。从统计意义上讲,这些参数不是显著的。另外,当测量元素较多,众多的误差源之间可能存在相关性,会造成矩阵的病态。此时必须通过系统误差模型辨识,压缩和筛选影响很小的误差项,合并相关性较强的误差项。在长时间测量时,因某些因素可能造成外测系统误差或者某些误差项发生变化,这就需要适当改变外测系统误差模型。

在外测数据处理中,需要对系统误差模型出现的前述 3 种情况进行检验和辨识,并分别称为系统误差模型显著性检验、紧致性检验(相关性检验)和稳定性检验。通常应用线性模型假设检验理论,利用 F 分布统计量对上述情况进行检验和辨识,详细检验方法和公式在一些文献中均有介绍,在此不再赘述。

此外,我国著名学者李德仁院士从可靠性理论出发,提出误差模型存在可测性和外部可靠性的问题。前者指这些误差参数以一定的功效、在一定显著水平下可测定的下界值;后者指不可测定的误差参数对被估参数估值结果的影响向量长度,并提出了误差模型误差项的可测定性检验和外部可靠性检验的方法,有关的方法请参阅相关著述。

# 第 8 章　测量误差传播的精度估算方法

绪论中已叙述了外弹道测量系统的任务是跟踪和测量飞行试验时导弹或运载火箭的运动轨迹,并经数据处理后获取精确的飞行弹道参数,为导弹或运载火箭的研制部门作为型号试验的精度分析、评定、武器定型,以及性能改进和提高的依据。因此,根据导弹和运载火箭飞行试验对外测系统测量精度的要求,测控总体单位进行设计、论证以选择合理的测量体制、设备的数量、布站、覆盖范围以及交会数据处理的方法,并根据前述条件对弹道测量的误差进行分析、误差指标分配和测量精度估算,最后制定出满足试验任务需求和测量精度要求的外测方案。因此,外弹道测量精度估算是外测方案设计和制定的重要环节和依据。

外弹道测量的误差和精度受许多因素的影响:飞行弹道、外测体制、测量设备数量、精度和误差指标、跟踪性能、测量站址布站和精度、弹道估算方法等。同时外测系统和设备测量精度又是多种误差因素综合影响的结果,例如,测量设备自身误差、时统误差、频率不准误差、光速误差、大气折射误差等,而外测系统测量是一种复杂的组合测量。因此,外弹道测量精度是由测量设备的基本误差源传播到测量元素,再经过组合测量和数学方法传播到弹道的总的影响。

本章首先叙述外弹道测量精度估算的测量误差传播的概念和原理;然后根据不同测量体制及解算弹道的方法,推导出相应的外测精度估算公式,为外测方案的论证、设计和制定使用。

## 8.1 测量误差传播

### 8.1.1 测量误差传播原理

根据组合测量定义,测量误差传播是由多个测量数据(元素)经数学方法解算得到所求量的过程。假设 $X$ 为所要求的量值,$U$、$V$、$W$ 是 $t$ 时刻测量值,测量随机误差为 $\Delta U$、$\Delta V$、$\Delta W$,则量值 $X$ 与 $U$、$V$、$W$ 的函数关系为

$$X=f(U,V,W)=f(U^0+\Delta U \quad V^0+\Delta V \quad W^0+\Delta W) \tag{8-1}$$

式中,$U^0$、$V^0$、$W^0$——测量值 $U$、$V$、$W$ 的真值。

假若这些误差量很小,则它们引起量值 $X$ 的误差经泰勒展开取一次项可近似为

$$\Delta X \approx \frac{\partial X}{\partial U}\Delta U+\frac{\partial X}{\partial V}\Delta V+\frac{\partial X}{\partial W}\Delta W \tag{8-2}$$

如果有 $n$ 次离散的测量量 $U_i$、$V_i$、$W_i$,则第 $i$ 次量值 $X_i$ 的误差平方近似为

$$\begin{aligned}(\Delta X_i)^2 \approx & \left(\frac{\partial X}{\partial U}\right)^2(\Delta U_i)^2+\left(\frac{\partial X}{\partial V}\right)^2(\Delta V_i)^2+\left(\frac{\partial X}{\partial W}\right)^2(\Delta W_i)^2 \\ & +2\left(\frac{\partial X}{\partial U}\right)\left(\frac{\partial X}{\partial V}\right)(\Delta U_i)(\Delta V_i)+2\left(\frac{\partial X}{\partial U}\right)\left(\frac{\partial X}{\partial W}\right)(\Delta U_i)(\Delta W_i) \\ & +2\left(\frac{\partial X}{\partial V}\right)\left(\frac{\partial X}{\partial W}\right)(\Delta V_i)(\Delta W_i) \qquad i=1,2,\cdots,n\end{aligned} \tag{8-3}$$

现对于 $n$ 次独立测量,对上式作和为

$$\begin{aligned}\sum_{i=1}^{n}(\Delta X_i)^2 \approx & \left(\frac{\partial X}{\partial U}\right)^2(\sum_{i=1}^{n}(\Delta U_i)^2+\left(\frac{\partial X}{\partial V}\right)^2\sum_{i=1}^{n}(\Delta V_i)^2 \\ & +\left(\frac{\partial X}{\partial W}\right)^2\sum_{i=1}^{n}(\Delta W_i)^2+2\left(\frac{\partial X}{\partial U}\right)\left(\frac{\partial X}{\partial V}\right)\sum_{i=1}^{n}(\Delta U_i)(\Delta V_i)\end{aligned}$$

$$+2\left(\frac{\partial X}{\partial U}\right)\left(\frac{\partial X}{\partial W}\right)\sum_{i=1}^{n}(\Delta U_i)(\Delta W_i)$$

$$+2\left(\frac{\partial X}{\partial V}\right)\left(\frac{\partial X}{\partial W}\right)\sum_{i=1}^{n}(\Delta V_i)(\Delta W_i) \tag{8-4}$$

将等式两边除以 $n-1$，且当 $n$ 充分大或无穷大时，则得到

$$\sigma_X^2=\left(\frac{\partial X}{\partial U}\right)^2\sigma_U^2+\left(\frac{\partial X}{\partial V}\right)^2\sigma_V^2+\left(\frac{\partial X}{\partial W}\right)^2\sigma_W^2$$
$$+2\left(\frac{\partial X}{\partial U}\right)\left(\frac{\partial X}{\partial V}\right)\sigma_{UV}+2\left(\frac{\partial X}{\partial U}\right)\left(\frac{\partial X}{\partial W}\right)\sigma_{UW}$$
$$+2\left(\frac{\partial X}{\partial V}\right)\left(\frac{\partial X}{\partial W}\right)\sigma_{VW} \tag{8-5}$$

如果随机变量 $U_i$、$V_i$、$W_i$ 互不相关，则式(8-5)成为高斯公式

$$\sigma_X^2=\left(\frac{\partial X}{\partial U}\right)^2\sigma_U^2+\left(\frac{\partial X}{\partial V}\right)^2\sigma_V^2+\left(\frac{\partial X}{\partial W}\right)^2\sigma_W^2 \tag{8-6}$$

为了应用的普遍性，假如待求的量为 $l$ 个值 $X_1,X_2,\cdots,X_l$，而有 $m$ 个测量值 $Y_1,Y_2,\cdots,Y_m$，现求量值与测量值的误差传播关系式。

同时，为了表示和应用的方便，通常用矩阵形式表示变量之间误差传播关系，记待求的量 $\boldsymbol{X}=(X_1\quad X_2\quad\cdots\quad X_l)^{\mathrm{T}}$ 和测量量 $\boldsymbol{Y}=(Y_1\quad Y_2\quad\cdots\quad Y_m)^{\mathrm{T}}$。根据前述原理，向量 $\boldsymbol{X}$ 和向量 $\boldsymbol{Y}$ 之间的误差传播关系式为协方差矩阵，其表示形式为

$$\boldsymbol{P}_X=\boldsymbol{A}\boldsymbol{P}_Y\boldsymbol{A}^{\mathrm{T}} \tag{8-7}$$

式中，$\boldsymbol{A}$——向量 $\boldsymbol{X}$ 关于测量向量 $\boldsymbol{Y}$ 的雅可比矩阵，即

$$\boldsymbol{A}=\frac{\partial(X_1,X_2,\cdots,X_l)}{\partial(Y_1,Y_2,\cdots,Y_m)}=\begin{bmatrix}\frac{\partial X_1}{\partial Y_1} & \frac{\partial X_1}{\partial Y_2} & \cdots & \frac{\partial X_1}{\partial Y_m}\\ \frac{\partial X_2}{\partial Y_1} & \frac{\partial X_2}{\partial Y_2} & \cdots & \frac{\partial X_2}{\partial Y_m}\\ \vdots & \vdots & & \vdots\\ \frac{\partial X_l}{\partial Y_1} & \frac{\partial X_l}{\partial Y_2} & \cdots & \frac{\partial X_l}{\partial Y_m}\end{bmatrix}$$

$\boldsymbol{A}^{\mathrm{T}}$——$\boldsymbol{A}$ 的转置矩阵；

$\boldsymbol{P}_X$——待求向量的协方差矩阵，即

$$\boldsymbol{P}_X=\begin{bmatrix}\sigma_{X_1}^2 & \sigma_{X_1X_2} & \cdots & \sigma_{X_1X_l}\\ \vdots & \vdots & & \vdots\\ \sigma_{X_lX_1} & \sigma_{X_lX_2} & \cdots & \sigma_{X_l}^2\end{bmatrix}$$

$\boldsymbol{P}_Y$——测量向量 $\boldsymbol{Y}$ 的协方差矩阵，即

$$\boldsymbol{P}_Y=\begin{bmatrix}\sigma_{Y_1}^2 & \sigma_{Y_1Y_2} & \cdots & \sigma_{Y_1Y_m}\\ \vdots & \vdots & & \vdots\\ \sigma_{Y_mY_1} & \sigma_{Y_mY_2} & \cdots & \sigma_{Y_m}^2\end{bmatrix}$$

式(8－7)表示由测量向量 $\boldsymbol{Y}$ 的误差传播到所求向量 $\boldsymbol{X}$ 的误差关系式。上述误差传播公式(8－5)和(8－7)在向量 $\boldsymbol{X}$ 是向量 $\boldsymbol{Y}$ 的线性函数时，是精确的等式关系，否则是近似关系。目前测量误差理论均假设测量误差比较小，并利用式(8－5)和式(8－7)表示测量误差之间传播关系式，也是精度估算关系式。

### 8.1.2 外弹道测量误差传播的理论公式

在导弹和运载火箭的外弹道测量中，通常测量量为方位角 $A$、高低角 $E$、斜距 $R$ 和斜距变化率 $\dot{R}$，或者斜距和斜距变化率的组合量，例如距离和 $S$、距离差 $r$ 及距离和变化率 $\dot{S}$；距离差变化率 $\dot{r}$；而待解算的参量为导弹或运载火箭在某坐标系中的飞行弹道参数，例如位置参数 $X$、$Y$、$Z$ 和速度参数 $\dot{X}$、$\dot{Y}$、$\dot{Z}$。由第 7 章可知，对于不同测量体制和不同测量系统的组合，可以通过各种几何方法或统计估计方法（高斯—马尔可夫估计）将测量数据解算并得到导弹或运载火箭的飞行弹道参数。

现将弹道参数用向量 $\boldsymbol{X}$ 表示，即 $\boldsymbol{X}=(X\quad Y\quad Z\quad \dot{X}\quad \dot{Y}\quad \dot{Z})^{\mathrm{T}}$，而测量数据的测量元素为 $R_1,R_2,\cdots,R_m$（在此，不是指斜距，而是指各种测量元素），并用测量向量 $\boldsymbol{R}$ 表示，记为 $\boldsymbol{R}=(R_1\quad R_2$

$\cdots \quad R_m)^{\mathrm{T}}$;并假设由测量向量 $\boldsymbol{R}$ 解算弹道参数向量 $\boldsymbol{X}$ 的关系式为

$$\boldsymbol{X}=f(\boldsymbol{R}) \tag{8-8}$$

根据 8.1.1 节可知,由测量向量 $\boldsymbol{R}$ 的测量误差传播到弹道参数向量 $\boldsymbol{X}$ 的理论估算公式为

$$\boldsymbol{P}_X=\frac{\partial \boldsymbol{X}}{\partial \boldsymbol{R}}\boldsymbol{P}_R\left(\frac{\partial \boldsymbol{X}}{\partial \boldsymbol{R}}\right)^{\mathrm{T}} \tag{8-9}$$

式中,$\dfrac{\partial \boldsymbol{X}}{\partial \boldsymbol{R}}$——弹道参数向量 $\boldsymbol{X}$ 关于测量向量 $\boldsymbol{R}$ 的雅可比矩阵,即

$$\frac{\partial \boldsymbol{X}}{\partial \boldsymbol{R}}=\frac{\partial f}{\partial \boldsymbol{R}}$$

$\boldsymbol{P}_R$——测量元素之间误差协方差矩阵,即

$$\boldsymbol{P}_R=\begin{bmatrix}\sigma_{R_1}^2 & \sigma_{R_1R_2} & \cdots & \sigma_{R_1R_m}\\ \vdots & \vdots & & \vdots\\ \sigma_{R_mR_1} & \sigma_{R_mR_2} & \cdots & \sigma_{R_m}^2\end{bmatrix}$$

$\boldsymbol{P}_X$——弹道参数向量误差协方差矩阵,即

$$\boldsymbol{P}_X=\begin{bmatrix}\sigma_X^2 & \sigma_{XY} & \cdots & \sigma_{X\dot{Z}}\\ \vdots & \vdots & & \vdots\\ \sigma_{\dot{Z}X} & \sigma_{\dot{Z}Y} & \cdots & \sigma_{\dot{Z}}^2\end{bmatrix}$$

一般地,由测量元素向量的误差传播到弹道参数向量误差后,$\boldsymbol{P}_X$ 是相关矩阵。

由 2.2.4 节可知,外测数据的误差是由许多误差源引起的,主要误差源有设备误差、电波折射误差、时统误差、频率不准误差、光速不准误差等。例如有 $k$ 个误差源为 $a_1,a_2,\cdots,a_k$,并用矩阵形式表示成 $\boldsymbol{a}=(a_1 \quad a_2 \quad \cdots \quad a_k)^{\mathrm{T}}$。由测量元素的误差源传播到测量元素的关系式记为

$$\boldsymbol{R}=g(\boldsymbol{a}) \tag{8-10}$$

则由测量误差源传播到测量元素误差的传播矩阵形式为

$$\boldsymbol{P}_R = \frac{\partial \boldsymbol{R}}{\partial \boldsymbol{a}} \boldsymbol{P}_a \left( \frac{\partial \boldsymbol{R}}{\partial \boldsymbol{a}} \right)^{\mathrm{T}} \tag{8-11}$$

式中，$\frac{\partial \boldsymbol{R}}{\partial \boldsymbol{a}}$——测量元素向量关于测量误差向量的雅可比矩阵，即

$$\frac{\partial \boldsymbol{R}}{\partial \boldsymbol{a}} = \frac{\partial \boldsymbol{g}}{\partial \boldsymbol{a}};$$

$\boldsymbol{P}_a$——测量误差源向量的协方差矩阵，即为

$$\boldsymbol{P}_a = \begin{bmatrix} \sigma_{a_1}^2 & \sigma_{a_1 a_2} & \cdots & \sigma_{a_1 a_k} \\ \vdots & \vdots & & \vdots \\ \sigma_{a_k a_1} & \sigma_{a_k a_2} & \cdots & \sigma_{a_k}^2 \end{bmatrix}$$

$\boldsymbol{P}_R$——测量元素误差的协方差矩阵。

一般地，要求测量元素误差源之间是不相关的，故 $\boldsymbol{P}_a = \mathrm{diag}(\sigma_{a_1}^2, \sigma_{a_2}^2, \cdots, \sigma_{a_k}^2)$。

将式(8－11)代入式(8－9)，立即得到由测量误差源向量传播到弹道参数向量 $\boldsymbol{X}$ 误差的矩阵表示式为

$$\boldsymbol{P}_X = \frac{\partial \boldsymbol{X}}{\partial \boldsymbol{R}} \frac{\partial \boldsymbol{R}}{\partial \boldsymbol{a}} \boldsymbol{P}_a \left( \frac{\partial \boldsymbol{R}}{\partial \boldsymbol{a}} \right)^{\mathrm{T}} \left( \frac{\partial \boldsymbol{X}}{\partial \boldsymbol{R}} \right)^{\mathrm{T}} \tag{8-12}$$

关系式(8－12)也就是估算外测弹道理论精度的表达式，是外测方案论证和设计的基本表达式。由于误差源是不相关的，因此关系式(8－12)又可表示成

$$\boldsymbol{P}_X = \frac{\partial \boldsymbol{X}}{\partial \boldsymbol{R}} \left[ \sum_{i=1}^{k} \frac{\partial \boldsymbol{R}}{\partial a_i} \sigma_{a_i} \left( \frac{\partial \boldsymbol{R}}{\partial a_i} \right)^{\mathrm{T}} \right] \left( \frac{\partial \boldsymbol{X}}{\partial \boldsymbol{R}} \right)^{\mathrm{T}} = \sum_{i=1}^{k} \frac{\partial \boldsymbol{X}}{\partial \boldsymbol{R}} \frac{\partial \boldsymbol{R}}{\partial a_i} \sigma_{a_i} \left( \frac{\partial \boldsymbol{R}}{\partial a_i} \right)^{\mathrm{T}} \left( \frac{\partial \boldsymbol{X}}{\partial \boldsymbol{R}} \right)^{\mathrm{T}} \tag{8-13}$$

由上述外弹道测量误差传播理论公式(8－12)和(8－13)，则可以得到不同测量设备及组合时的外弹道测量精度的理论估算公式。

## 8.2 各种测量体制的精度估算公式

根据目前试验场常用的几种确定弹道参数(位置和速度)的测量体制,本章将推导它们的外测弹道精度的估算公式,给出相应的测量误差源和总误差传播到弹道参数测量精度的估算公式。

目前试验场可以确定导弹和运载火箭弹道参数的测量体制有 $nA$、$E$ 体制,$R$、$A$、$E$ 体制,$3R\dot{R}$(或多 $R\dot{R}$)体制,干涉仪($S$、$P$、$Q$、$\dot{S}$、$\dot{P}$、$\dot{Q}$)体制和 $S$、$n\dot{S}$(或 $\dot{n}S$)体制等。通常考虑的测量误差源主要有测量设备误差、大气(电波)折射误差、光速不准误差、频率不准误差、时间同步误差;除此,各种测量体制在解算飞行器弹道参数时,还引入了测量站的站址误差和处理方法误差,在此除不考虑处理方法误差外,对于其他误差源的传播精度估算公式都将根据具体测量体制一一给出。

### 8.2.1 $nA$、$E$ 体制精度估算公式

由 7.1 节可知,$nA$、$E$ 测量体制是主要为多台光学电影经纬仪测量设备组成的测量体制,此时 $n\geqslant2$。有多种解算弹道参数的方法,在此,推导外测方案论证和设计中最常用的方法——最小二乘估计的测量精度估算公式。此时,弹道参数由 $nA$、$E$ 角度数据解算得到,然后采用微分平滑公式得到弹道速度参数。

**1. 位置参数测量精度估算公式**

由 $n$ 台光学测量系统测量方位角 $A$ 和高低角 $E$ 的测量方程、线性化后测量方程和由最小二乘估计解算弹道位置参数的公式,分别见式(7-12)~式(7-15)。现仅列出由最小二乘估计解算的弹道位置参数公式为

$$\hat{\boldsymbol{X}}=\boldsymbol{X}^0+(\boldsymbol{A}^{\mathrm{T}}\boldsymbol{P}_L^{-1}\boldsymbol{A})^{-1}\boldsymbol{A}^{\mathrm{T}}\boldsymbol{P}_L^{-1}\delta\boldsymbol{L} \tag{8-14}$$

式中,$\boldsymbol{A}$——测量向量 $\boldsymbol{L}$ 关于弹道参数向量 $\boldsymbol{X}$ 的雅可比矩阵,矩阵 $\boldsymbol{A}$ 及式(8-14)中其他符号的具体表示详见式(7-

12) ~ 式(7 – 14)。

相应地,对式(8 – 14)微分得到弹道位置参数的误差方程为

$$\Delta\hat{X} = (A^{\mathrm{T}}P_{\mathrm{L}}^{-1}A)^{-1}A^{\mathrm{T}}P_{\mathrm{L}}^{-1}\Delta L \qquad (8-15)$$

式(8 – 14)中 $\delta L$ 和式(8 – 15)$\Delta L$ 的含义不同,前者表示线性化时的测量向量与初始向量之差,后者表示测量向量的误差向量。

对于光学测量系统(或设备),主要考虑的测量误差源有设备误差、大气折射误差、时间同步误差和站址误差。假设这些误差源是相互独立的,且各误差源对测量数据的影响分别记为 $\Delta L_1,\cdots,\Delta L_l$,则它们对测量元素引起的总误差为

$$\Delta L = \sum_{v=1}^{l} \Delta L_v \qquad (8-16)$$

由定义得到各误差源向量对外测弹道位置参数向量影响的误差协方差阵为

$$P_v = (A^{\mathrm{T}}P_L^{-1}A)^{-1}A^{\mathrm{T}}P_L^{-1}(K_v)P_L^{-1}A(A^{\mathrm{T}}P_L^{-1}A)^{-1} \qquad (8-17)$$

式中,$K_v$——各误差源向量引起测量元素误差的协方差阵,$K_v = E(\Delta L_v \Delta L_v^{\mathrm{T}})$,$v = 1,2,\cdots,l$,现分别推导它们的具体表达式。

(1)设备误差。$n$ 台测角元素的设备误差是互不相关的,它们的均方差分别为 $\sigma_{A_v}$、$\sigma_{E_v}$,则测角元素的设备误差协方差阵为

$$K_1 = \mathrm{diag}(\sigma_{A_1}^2 \quad \sigma_{E_1}^2 \quad \sigma_{A_2}^2 \quad \sigma_{E_2}^2 \quad \cdots \quad \sigma_{A_n}^2 \quad \sigma_{E_n}^2) \qquad (8-18)$$

(2)大气折射误差。由于大气折射在水平方向上假设是均匀的,它主要对高低角 $E$ 有折射影响,对方位角无影响,故大气折射误差对测角元素的误差协方差阵为

$$K_2 = \mathrm{diag}(0 \quad \sigma_{E_1}^2 \quad 0 \quad \sigma_{E_2}^2 \quad \cdots \quad 0 \quad \sigma_{E_n}^2) \qquad (8-19)$$

(3)时间不同步误差。由于测角元素的时间同步误差为

$$\begin{cases} \Delta A = \dot{A}\Delta t \\ \Delta E = \dot{E}\Delta t \end{cases} \qquad (8-20)$$

对于光学测量系统，由于站址间距离较近，通常使用同一个时统系统，它们的误差源是同一个。因此，同步误差对测角元素向量的误差影响是相关的，故有

$$\Delta \boldsymbol{L}_3 = \boldsymbol{H}_3 \Delta t \tag{8-21}$$

式中

$$\boldsymbol{H}_3 = (\dot{A}_1 \quad \dot{E}_1 \quad \dot{A}_2 \quad \dot{E}_2 \quad \cdots \quad \dot{A}_n \quad \dot{E}_n)^{\mathrm{T}}$$

其中，$\dot{A}_i = [(X-X_i)\dot{Z} - (Z-Z_i)\dot{X}]/D_i^2$；

$\dot{E}_i = [R_i\dot{Y} - (Y-Y_i)\dot{R}_i]/R_iD_i$；

$R_i = [(X-X_i)^2 + (Y-Y_i)^2 + (Z-Z_i)^2]^{1/2}$；

$D_i = [(X-X_i)^2 + (Z-Z_i)^2]^{1/2}$；

$X_i, Y_i, Z_i$——第 $i$ 个测站在发射坐标系中的坐标；

$X, Y, Z$——导弹在发射坐标系中的位置参数。

测量元素的时间同步误差的协方差阵为

$$\boldsymbol{K}_3 = \boldsymbol{H}_3 \boldsymbol{\sigma}_t^2 \boldsymbol{H}_3^{\mathrm{T}} \tag{8-22}$$

式中，$\boldsymbol{\sigma}_t$——时间同步误差的均方差。

（4）大地测量误差。在解算目标弹道参数时，需要建立测量方程并应用相应的测站站址坐标。因此站址坐标误差不是通过测量元素的影响传播到弹道位置参数，而是由测量方程解算弹道参数时造成相应的影响。为了表述各误差源对弹道参数影响的误差协方差阵，首先在形式上将站址误差表示成对测量元素的影响，然后再传播成弹道参数的误差。因此，它的误差传播公式和推导要复杂些。

现将测角元素测量方程(7-12)重新列出，即有

$$\begin{cases} A_i = \begin{cases} 0° + \arcsin[(Z-Z_i)/D_i] & X-X_i \geqslant 0 \\ 180° - \arcsin[(Z-Z_i)/D_i] & X-X_i \leqslant 0 \end{cases} \\ E_i = \arctan[(Y-Y_i)/D_i] \\ D_i = [(X-X_i)^2 + (Z-Z_i)^2]^{1/2} \end{cases} \quad i = 1, 2, \cdots, n \tag{8-23}$$

根据测量误差的传播原理,对方程(8-23)进行全微分,则有

$$\begin{cases}\Delta A_i = a_{i1}(\Delta X - \Delta X_i) + a_{i2}(\Delta Y - \Delta Y_i) \\ \qquad + a_{i3}(\Delta Z - \Delta Z_i) \\ \Delta E_i = b_{i1}(\Delta X - \Delta X_i) + b_{i2}(\Delta Y - \Delta Y_i) \\ \qquad + b_{i3}(\Delta Z - \Delta Z_i)\end{cases} \quad i = 1,2,\cdots,n \tag{8-24}$$

其中

$$a_{i1} = -\frac{(Z - Z_i)}{D_i^2}, \qquad b_{i1} = -\frac{(Y - Y_i)(X - X_i)}{R_i^2 D_i}$$

$$a_{i2} = 0, \qquad b_{i2} = \frac{D_i}{R_i^2}$$

$$a_{i3} = \frac{(X - X_i)}{D_i^2}, \qquad b_{i3} = -\frac{(Y - Y_i)(Z - Z_i)}{R_i^2 D_i}$$

式中,$\Delta A_i,\Delta E_i$——方位角和高低角的测量误差;

$\Delta X,\Delta Y,\Delta Z$——位置参数的误差;

$\Delta X_i,\Delta Y_i,\Delta Z_i$——第 $i$ 个测站坐标的站址误差。

或者有

$$\begin{cases}\Delta A_i + (a_{i1}\Delta X_i + a_{i2}\Delta Y_i + a_{i3}\Delta Z_i) = a_{i1}\Delta X + a_{i2}\Delta Y + a_{i3}\Delta Z \\ \Delta E_i + (b_{i1}\Delta X_i + b_{i2}\Delta Y_i + b_{i3}\Delta Z_i) = b_{i1}\Delta X + b_{i2}\Delta Y + b_{i3}\Delta Z\end{cases} \tag{8-25}$$

测量方程(8-25)左边第 2 项即为站址误差对测角元素的影响项,记为

$$\begin{cases}\Delta A_{i4} = a_{i1}\Delta X_i + a_{i2}\Delta Y_i + a_{i3}\Delta Z_i \\ \Delta E_{i4} = b_{i1}\Delta X_i + b_{i2}\Delta Y_i + b_{i3}\Delta Z_i\end{cases} \tag{8-26}$$

由于测站站址坐标是由大地测量参数的大地经度 $L$、大地纬度 $B$ 和大地高 $h$ 计算得到,因此,大地测量参数的误差 $\Delta L,\Delta B,\Delta h$ 是最基本的误差源,通常站址误差又称为大地测量误差,由式(3-37)得到的站址坐标计算公式的矩阵形式为

$$\boldsymbol{X}_i = \boldsymbol{A}_T \boldsymbol{\varphi}_0^{\mathrm{T}} \boldsymbol{\lambda}_0^{\mathrm{T}} (\boldsymbol{X}_{G_i} - \boldsymbol{X}_{G_0}) \tag{8-27}$$

式中各向量和矩阵符含义详见式(3－37)。现记 $\boldsymbol{C} = \boldsymbol{A}_T \boldsymbol{\varphi}_0^{\mathrm{T}} \boldsymbol{\lambda}_0^{\mathrm{T}}$。

由于式(8－27)中测站站址坐标 $X, Y, Z$ 由两部分组成：一部分是测站在地心空间直角坐标系坐标($\boldsymbol{X}_{G_i} - \boldsymbol{X}_{G_0}$)；另一部分是由地心空间直角坐标系转换到发射坐标系的转换矩阵 $\boldsymbol{C}$。经测量精度分析，表明转换矩阵 $\boldsymbol{C}$ 中大地参数误差对所解算的弹道参数精度的影响是非常小的，可以忽略不计；而主要考虑测站在地心空间直角坐标误差对弹道参数精度的影响。

根据 $\boldsymbol{X}_{G_i}$ 的具体表达式(3－3)，对两边进行全微分，得到

$$\Delta \boldsymbol{X}_{G_i} = \boldsymbol{W}_i \Delta \boldsymbol{h}_i \qquad i = 1, 2, \cdots, n \tag{8-28}$$

式中

$$\Delta \boldsymbol{X}_{G_i} = \begin{bmatrix} \Delta X_{G_i} \\ \Delta Y_{G_i} \\ \Delta Z_{G_i} \end{bmatrix}, \boldsymbol{W}_i = \begin{bmatrix} w_{i1}^1 & w_{i2}^1 & w_{i3}^1 \\ w_{i1}^2 & w_{i2}^2 & w_{i3}^2 \\ w_{i1}^3 & w_{i2}^3 & w_{i3}^3 \end{bmatrix}, \Delta \boldsymbol{h}_i = \begin{bmatrix} \Delta L_i \\ \Delta B_i \\ \Delta h_i \end{bmatrix}$$

其中

$$w_{i1}^1 = -\left[\frac{a}{(\eta_i)^{1/2}} + h_i\right]\cos B_i \sin L_i, w_{i2}^1 = -\left[\frac{a(1-e^2)}{(\eta_i)^{1/2}} + h_i\right]\sin B_i \cos L_i$$

$$w_{i3}^1 = \cos B_i \cos L_i, w_{i1}^2 = \left[\frac{a}{(\eta_i)^{1/2}} + h_i\right]\cos B_i \cos L_i$$

$$w_{i2}^2 = -\left[\frac{a(1-e^2)}{(\eta_i)^{1/2}} + h_i\right]\sin B_i \sin L_i, w_{i3}^2 = \cos B_i \sin L_i$$

$$w_{i1}^3 = 0, w_{i2}^3 = \left[\frac{a(1-e^2)}{(\eta_i)^{3/2}} + h_i\right]\cos B_i$$

$$w_{i3}^3 = \sin B_i, \eta_i = 1 - \mathrm{e}^2 \sin^2 B_i;$$

$a$——参数椭球体的长半轴；

$e$——参数椭球体的第一偏心率。

由式(8－27)和式(8－28)，将测站在地心空间直角坐标的误差转换到发射坐标系的误差为

$$\Delta X_i = CW_i \Delta h_i \qquad i=1,2,\cdots,n \tag{8-29}$$

再记

$$H_{i4} = \begin{bmatrix} a_{i1} & a_{i2} & a_{i3} \\ b_{i1} & b_{i2} & b_{i3} \end{bmatrix}, \quad \Delta X_i = \begin{bmatrix} \Delta X_i \\ \Delta Y_i \\ \Delta Z_i \end{bmatrix}, \quad \Delta L_{i4} = \begin{bmatrix} \Delta A_{i4} \\ \Delta E_{i4} \end{bmatrix}$$

则由测量误差传播原理，由式（8－26）得到传播到测量元素的关系式为

$$\Delta L_{i4} = H_{i4} \Delta X_i = H_{i4} CW_i \Delta h_i \qquad i=1,2,\cdots,n \tag{8-30}$$

再记

$$\Delta L_4 = \begin{bmatrix} \Delta L_{14} \\ \Delta L_{24} \\ \vdots \\ \Delta L_{n4} \end{bmatrix} \quad H_4 = \begin{bmatrix} H_{14} & 0 & \cdots & 0 \\ 0 & H_{24} & \cdots & 0 \\ \vdots & \vdots & \ddots & \vdots \\ 0 & 0 & \cdots & H_{n4} \end{bmatrix}$$

$$C_4 = \begin{bmatrix} C & 0 & \cdots & 0 \\ 0 & C & \cdots & 0 \\ \vdots & \vdots & \ddots & \vdots \\ 0 & 0 & \cdots & C \end{bmatrix}$$

$$W = \begin{bmatrix} w_1 & 0 & \cdots & 0 \\ 0 & w_2 & \cdots & 0 \\ \vdots & \vdots & \ddots & \vdots \\ 0 & 0 & \cdots & w_n \end{bmatrix} \quad \Delta h = \begin{bmatrix} \Delta h_1 \\ \Delta h_2 \\ \vdots \\ \Delta h_n \end{bmatrix}$$

则可以得到站址误差对测量元素的传播公式，故有

$$\Delta L_4 = H_4 C_4 W \Delta h \tag{8-31}$$

而测角元素的站址误差的协方差阵为

$$K_4 = H_4 C_4 W K_h W^{\mathrm{T}} C_4^{\mathrm{T}} H_4^{\mathrm{T}} \tag{8-32}$$

式中，$K_h = \mathrm{diag}(K_{1h}, K_{2h}, \cdots, K_{nh})$；

$K_{ih} = \mathrm{diag}(\boldsymbol{\sigma}_{L_i}^2 \quad \boldsymbol{\sigma}_{B_i}^2 \quad \boldsymbol{\sigma}_{h_i}^2)$;

$\boldsymbol{\sigma}_{L_i}, \boldsymbol{\sigma}_{B_i}, \boldsymbol{\sigma}_{h_i}$——第 $i$ 个测站大地测量误差均方差。

(5)测量元素的总误差。由于测角元素的 4 项误差是互不相关的,故测量元素总误差的协方差阵为

$$\boldsymbol{P}_L = \sum_{v=1}^{4} \boldsymbol{K}_v \tag{8-33}$$

式中,$\boldsymbol{K}_v$ $(v=1,2,3,4)$分别由式(8-18)、式(8-19)、式(8-22)和式(8-32)代入。

(6)弹道位置参数的精度估算公式。在此,分别列出应用最小二乘估计解算弹道位置参数 4 项误差源的精度估算公式,也就是误差协方差阵的表达式。

①设备误差。由式(8-18)立即得到设备误差对弹道位置参数影响的误差协方差阵为

$$\boldsymbol{P}_1 = (\boldsymbol{A}^{\mathrm{T}}\boldsymbol{P}_L^{-1}\boldsymbol{A})^{-1}\boldsymbol{A}^{\mathrm{T}}\boldsymbol{P}_L^{-1}\boldsymbol{K}_1\boldsymbol{P}_L^{-1}\boldsymbol{A}(\boldsymbol{A}^{\mathrm{T}}\boldsymbol{P}_L^{-1}\boldsymbol{A})^{-1} \tag{8-34}$$

式中,$\boldsymbol{K}_1$ 由式(8-18)代入,$\boldsymbol{P}_L$ 由式(8-33)代入。

②大气折射误差。由式(8-19)易得到大气折射误差对弹道位置参数影响的误差协方差阵为

$$\boldsymbol{P}_2 = (\boldsymbol{A}^{\mathrm{T}}\boldsymbol{P}_L^{-1}\boldsymbol{A})^{-1}\boldsymbol{A}^{\mathrm{T}}\boldsymbol{P}_L^{-1}\boldsymbol{K}_2\boldsymbol{P}_L^{-1}\boldsymbol{A}(\boldsymbol{A}^{\mathrm{T}}\boldsymbol{P}_L^{-1}\boldsymbol{A})^{-1} \tag{8-35}$$

式中,$\boldsymbol{K}_2$ 由式(8-19)代入,$\boldsymbol{P}_L$ 由式(8-33)代入。

③ 时间同步误差。由式(8-21)和式(8-22)立即得到时间同步误差对弹道参数影响的误差协方差阵为

$$\boldsymbol{P}_3 = (\boldsymbol{A}^{\mathrm{T}}\boldsymbol{P}_L^{-1}\boldsymbol{A})^{-1}\boldsymbol{A}^{\mathrm{T}}\boldsymbol{P}_L^{-1}\boldsymbol{H}_3\sigma_t^2\boldsymbol{H}_3^{\mathrm{T}}\boldsymbol{P}_L^{-1}\boldsymbol{A}(\boldsymbol{A}^{\mathrm{T}}\boldsymbol{P}_L^{-1}\boldsymbol{A})^{-1} \tag{8-36}$$

式中,$\boldsymbol{H}_3$ 的表达式见式(8-21),$\boldsymbol{P}_L$ 由式(8-33)代入。

④ 大地测量误差。由式(8-27)和(8-28)立即得到站址误差对弹道位置参数影响的误差协方差阵为

$$P_4=(A^{\mathrm{T}}P_L^{-1}A)^{-1}A^{\mathrm{T}}P_L^{-1}H_4C_4WK_hW^{\mathrm{T}}C_4^{\mathrm{T}}H_4^{\mathrm{T}}P_L^{-1}A^{\mathrm{T}}(A^{\mathrm{T}}P_L^{-1}A)^{-1} \tag{8-37}$$

式中，矩阵 $H$、$C_4$ 和 $W$ 详见式(8－30)，矩阵 $K_h$ 详见式(8－32)。$P_L$ 由式(8－33)代入。

⑤ 总误差。测角元素的 4 项误差对弹道参数影响的误差协方差阵，由上述各分项误差协方差之和得到为

$$\begin{aligned}P&=\sum_{v=1}^{4}P_v=(A^{\mathrm{T}}P_L^{-1}A)^{-1}A^{\mathrm{T}}P_L^{-1}\left(\sum_{v=1}^{4}K_v\right)P_L^{-1}A^{\mathrm{T}}(A^{\mathrm{T}}P_L^{-1}A)^{-1}\\&=(A^{\mathrm{T}}P_L^{-1}A)^{-1}\end{aligned} \tag{8-38}$$

式中，矩阵 $P_L$ 由式(8－33)代入。

**2. 速度参数测量精度估算公式**

由于纯测角体制不能直接解算弹道的速度参数和加速度参数，而是由解算得到的弹道位置参数微分平滑得到速度参数和加速度参数，其计算公式分别见式(7－24)和式(7－26)。在外弹道测量精度估算时，一般将系统误差视为误差修正后的残差，按随机误差处理，故测量角体制各项误差源对弹道速度参数影响的精度估算公式为

$$\dot{P}_v=\left(\sum_{i=1}^{N}w_i^2\right)P_v \qquad v=1,2,3,4 \tag{8-39}$$

总误差对速度参数影响的精度估算公式为

$$\dot{P}=\left(\sum_{i=1}^{N}w_i^2\right)P=\sum_{v=1}^{4}\dot{P}_v=\sum_{v=1}^{4}\left(\sum_{i=1}^{N}w_i^2\right)P_v \tag{8-40}$$

式中，矩阵 $P_v(v=1,2,3,4)$ 和 $P$ 分别由式(8－34)～式(8－37)估算弹道位置参数精度的结果代入，$w_i$ 详见式(7－24)。

按同样的原理，可以得到弹道加速度参数的测量精度估算表达式。由于外弹道测量中，对弹道加速度参数测量精度分析较少，故在此不对它进行详细推导。

### 8.2.2 $R$、$A$、$E$ 体制的精度估算公式

由第 7 章可知，激光经纬仪和单脉冲雷达都是测量距离 $R$、方位角 $A$ 和高低角 $E$ 的测量体制，它们可以独立确定被跟踪目标的弹道位置参数，并由弹道位置参数微分平滑得到弹道速度参数。

**1. 位置参数测量精度估算公式**

根据式(7-30)，由测量元素 $R$、$A$、$E$ 解算得到目标在发射坐标系中的 $\boldsymbol{X}=(X \quad Y \quad Z)^{\mathrm{T}}$ 为

$$\boldsymbol{X}=\begin{bmatrix} R\cos E\cos A \\ R\sin E \\ R\cos E\sin A \end{bmatrix}+\boldsymbol{X}_0 \tag{8-41}$$

式中，$\boldsymbol{X}_0$——测站在发射坐标系中的位置参数向量，$\boldsymbol{X}_0=(X_0 \quad Y_0 \quad Z_0)^{\mathrm{T}}$。

现对式(8-41)全微分，得到位置参数的误差方程为

$$\Delta\boldsymbol{X}=\boldsymbol{A}\Delta\boldsymbol{L}+\Delta\boldsymbol{X}_0 \tag{8-42}$$

式中

$$\boldsymbol{A}=\begin{bmatrix} \cos A\cos E & -R\sin A\cos E & -R\cos A\sin E \\ \sin E & 0 & R\cos E \\ \sin A\cos E & R\cos A\cos E & -R\sin A\sin E \end{bmatrix}$$

$$\Delta\boldsymbol{L}=\begin{bmatrix} \Delta R \\ \Delta A \\ \Delta E \end{bmatrix},\Delta\boldsymbol{X}_0=\begin{bmatrix} \Delta X_0 \\ \Delta Y_0 \\ \Delta Z_0 \end{bmatrix}$$

其中，$\Delta R,\Delta A,\Delta E$——测量元素 $R,A,E$ 的测量误差；

$\Delta X_0,\Delta Y_0,\Delta Z_0$——测站站址坐标 $X_0,Y_0,Z_0$ 的误差。

对于 $R,A,E$ 测量元素，它们的主要测量误差源除了设备误差、电波(或光波)折射误差、时间同步误差以及测量方程所含的

站址误差外，在计算距离 $R=ct$ 时，还需增加光速测不准误差项。尽管目前光速参数的准确度非常高，不足以影响解算弹道参数的精度，但本章中也将此项误差对弹道参数的影响和精度估算公式加以表述。这样测量对 $R,A,E$ 体制来说，影响解算弹道参数的精度有5项误差。

(1)设备误差。假设测量元素 $R,A,E$ 的设备误差均方差为 $\sigma_{R_1},\sigma_{A_1},\sigma_{E_1}$，则设备误差及其协方差阵分别为

$$\boldsymbol{K}_1=\mathrm{diag}(\sigma_{R_1}^2\quad\sigma_{A_1}^2\quad\sigma_{E_1}^2),\Delta\boldsymbol{L}_1=\begin{bmatrix}\Delta R_1\\\Delta A_1\\\Delta E_1\end{bmatrix}\tag{8-43}$$

(2)电波(光波)折射误差。由于电波(光波)折射误差在水平方向传播是均匀的，故它不影响方位角。假设测量元素 $R,E$ 的电波折射误差均方差为 $\sigma_{R_2},\sigma_{E_2}$，则电波折射(光波)折射误差及其协方差阵分别为

$$\boldsymbol{K}_2=\mathrm{diag}(\sigma_{R_2}^2\quad 0\quad\sigma_{E_2}^2),\Delta\boldsymbol{L}_2=\begin{bmatrix}\Delta R_2\\\Delta A_2\\\Delta E_2\end{bmatrix}\tag{8-44}$$

(3)光速不准误差。根据原理可知，测距元素 $R$ 由下式获取为

$$R=ct\tag{8-45}$$

式中，$c$——光速；

$t$——电磁信号空间传播的时间。

因此，光速参数的不准确，会造成测距元素 $R$ 的误差，即为光速不准误差，其误差传播方程为

$$\Delta R_3=t\Delta c=\frac{R}{c}\Delta c=R\frac{\Delta c}{c}\tag{8-46}$$

通常将式(8-46)中 $\Delta c/c$ 称为光速不准误差，由于它是一个

相对误差,又称为比例因子误差。

假若利用矩阵形式表示光速不准误差传播的方程,则有

$$\Delta \boldsymbol{L}_3 = \boldsymbol{H}_3 \frac{\Delta c}{c} \tag{8-47}$$

式中,$\boldsymbol{H}_3 = [R \quad 0 \quad 0]^{\mathrm{T}}$。而光速不准误差传播的协方差阵为

$$\boldsymbol{K}_3 = \boldsymbol{H}_3 \sigma_{\Delta c/c}^2 \boldsymbol{H}_3^{\mathrm{T}} \tag{8-48}$$

式中,$\sigma_{\Delta c/c}$光速不准误差的均方差。

(4)时间同步误差。对于同一台光学测量设备或雷达测量设备,它的时统信号是相同的。假设时间同步误差为 $\Delta t$,则它对测量元素的传播误差分别为

$$\begin{aligned} R_3 &= \dot{R}\Delta t \\ A_3 &= \dot{A}\Delta t \\ E_3 &= \dot{E}\Delta t \end{aligned} \tag{8-49}$$

式中,$\dot{R},\dot{A},\dot{E}$——测量元素 $R,A,E$ 的变化率。

现用矩阵表示,记

$$\Delta \boldsymbol{L}_4 = \begin{bmatrix} \Delta R_4 \\ \Delta A_4 \\ \Delta E_4 \end{bmatrix}, \boldsymbol{H}_4 = \begin{bmatrix} \dot{R} \\ \dot{A} \\ \dot{E} \end{bmatrix}$$

则时间同步误差传播到测量元素上的矩阵形式为

$$\Delta \boldsymbol{L}_4 = \boldsymbol{H}_4 \Delta t \tag{8-50}$$

而时间同步误差传播测量元素的误差协方差阵为

$$\boldsymbol{K}_4 = \boldsymbol{H}_4 \sigma_t^2 \boldsymbol{H}_4^{\mathrm{T}} \tag{8-51}$$

式中,$\sigma_t$——时间同步误差的均方差。

(5)站址误差。由方程(8-42)可知,测站误差 $\Delta \boldsymbol{X}_0$ 也是弹道位置参数误差的一部分,它是由大地测量参数 $L,B,h$ 的误差引起的。根据 8.2.1 节关于测站坐标误差的推导,测站在发射坐标

系坐标 $\boldsymbol{X}_0$ 的误差由式(8－27)、式(8－28)全微分得到,即

$$\Delta \boldsymbol{X}_0 = \boldsymbol{C}\boldsymbol{W}\Delta \boldsymbol{h} \tag{8-52}$$

式中,$\Delta \boldsymbol{h} = [\Delta L \quad \Delta B \quad \Delta h]^{\mathrm{T}}$,$\Delta L,\Delta B,\Delta h$ 为对应的大地测量参数误差。

$$\boldsymbol{W} = \begin{bmatrix} -\left(\dfrac{a}{\eta^{1/2}} + h\right)\cos B\sin L & -\left[\dfrac{a(1-e^2)}{\eta^{1/2}} + h\right]\sin B\cos L & \cos B\cos L \\ \left(\dfrac{a}{\eta^{1/2}} + h\right)\cos B\cos L & -\left[\dfrac{a(1-e^2)}{\eta^{1/2}} + h\right]\sin B\sin L & \cos B\sin L \\ 0 & \left[\dfrac{a(1-e^2)}{\eta^{3/2}} + h\right]\cos B & \sin B \end{bmatrix}$$

$\eta = 1 - e^2\sin^2 B$;

$a,e$——参数椭球体的长半轴和第一偏心率。

而测站坐标误差协方差阵为

$$\boldsymbol{P}_5 = \boldsymbol{C}\boldsymbol{W}\boldsymbol{K}_h\boldsymbol{W}^{\mathrm{T}}\boldsymbol{C}^{\mathrm{T}} \tag{8-53}$$

式中,$\boldsymbol{K}_h = \mathrm{diag}(\sigma_L^2,\sigma_B^2,\sigma_h^2)$,$\sigma_L,\sigma_B,\sigma_h$ 分别为大地测量参数误差的均方差。

(6)弹道位置参数的精度估算式。现分别列出各项误差传播到弹道位置参数的精度估计式。

① 设备误差。由式(8－42)和(8－43),立即得到测量设备误差传播到弹道位置参数的误差关系式为

$$\Delta \boldsymbol{X}_1 = \boldsymbol{A}\Delta \boldsymbol{L}_1 \tag{8-54}$$

和误差协方差阵为

$$\boldsymbol{P}_1 = \boldsymbol{A}\boldsymbol{K}_1\boldsymbol{A}^{\mathrm{T}} \tag{8-55}$$

② 电(光)波折射误差。由式(8－42)和式(8－44),容易得到电(光)波折射误差传播到弹道位置参数误差的关系式为

$$\Delta \boldsymbol{X}_2 = \boldsymbol{A}\Delta \boldsymbol{L}_2 \tag{8-56}$$

和误差协方差阵为

$$P_2 = AK_2A^{\mathrm{T}} \tag{8-57}$$

③ 光速不准误差

由式(8-42)和式(8-47),容易得到光速不准误差传播到弹道位置参数误差的关系式为

$$\Delta X_3 = A\Delta L_3 = AH_3\left(\frac{\Delta c}{c}\right) \tag{8-58}$$

而由式(8-42)、式(8-48)和协方差的定义,立即可以得到误差协方差阵为

$$P_3 = AK_3A^{\mathrm{T}} = AH_3\sigma_{\Delta c/c}^2 H_3^{\mathrm{T}}A^{\mathrm{T}} \tag{8-59}$$

④ 时间同步误差

根据式(8-42)、式(8-50)和式(8-47),立即得到时间同步误差传播到弹道位置参数误差的关系式为

$$\Delta X_4 = A\Delta L_4 = AH_4\Delta t \tag{8-60}$$

而由误差协方差定义和式(8-51)得到协方差阵为

$$P_4 = AK_4A^{\mathrm{T}} = AH_4\sigma_t^2 H_4^{\mathrm{T}}A^{\mathrm{T}} \tag{8-61}$$

⑤ 站址误差

由前述可知,站址误差传播到弹道位置参数误差即为式(8-52),故有

$$\Delta X_5 = CW\Delta h \tag{8-62}$$

而由协方差定义,弹道位置参数大地测量误差的协方差阵即为式(8-53),故有

$$P_5 = CWK_hW^{\mathrm{T}}C^{\mathrm{T}} \tag{8-63}$$

将前述测量元素各项误差表达式与式(8-62)相加后,则得到弹道位置参数的总误差的具体表达式,而总误差的协方差阵为

$$P = \sum_{v=1}^{5} P_v = A\left(\sum_{v=1}^{4} P_v\right)A^{\mathrm{T}} + P_5 \tag{8-64}$$

再将式(8-55)、式(8-57)、式(8-59)、式(8-61)和式(8-63)代入式(8-64),则得到弹道位置参数总误差的协方差阵为

$$
\begin{aligned}
\boldsymbol{P} = & \boldsymbol{A}\boldsymbol{K}_1\boldsymbol{A}^{\mathrm{T}} + \boldsymbol{A}\boldsymbol{K}_2\boldsymbol{A}^{\mathrm{T}} + \boldsymbol{A}\boldsymbol{H}_3\sigma^2_{\Delta c/c}\boldsymbol{H}_3^{\mathrm{T}}\boldsymbol{A}^{\mathrm{T}} \\
& + \boldsymbol{A}\boldsymbol{H}_4\sigma^2_t\boldsymbol{H}_4^{\mathrm{T}}\boldsymbol{A}^{\mathrm{T}} + \boldsymbol{C}\boldsymbol{W}\boldsymbol{K}_h\boldsymbol{W}^{\mathrm{T}}\boldsymbol{C}^{\mathrm{T}}
\end{aligned} \tag{8-65}
$$

**2. 速度参数测量精度估算公式**

由于 $R,A,E$ 测量体制无测速元素,不能直接利用它们解算弹道的速度参数,而是利用弹道位置参数微分得到速度参数。其弹道速度参数的精度估算方法和表达式,类似于 8.2.1 节纯测角体制估算方法推导得到,在此不再详细推导。

### 8.2.3 $nR\dot{R}$测量体制的精度估算公式

由第 7 章可知,由 $n(n\geqslant3)$ 台测量设备分别测量目标距离 $R$ 和距离变化率 $\dot{R}$ 的测量体制,通常为连续波测量系统(包括卫星导航测量系统)。当 $n\geqslant3$ 时,由 $nR\dot{R}$测量元素可以独立确定导弹或运载火箭的弹道位置和速度参数。

**1. 位置参数测量精度估算公式**

一般地,利用最小二乘估计对 $nR\dot{R}$测量元素求解弹道位置参数。在此,推导其对应的测量精度估算式。由式(7-43)得到测距元素 $R$ 的测量方程为

$$
R_i = [(X-X_i)^2 + (Y-Y_i)^2 + (Z-Z_i)^2] \qquad i=1,2,\cdots,n \tag{8-66}
$$

式中,$X,Y,Z$——目标在发射坐标系下的弹道位置坐标;

$X_i,Y_i,Z_i$——第 $i$ 个测站在发射坐标系下的站址坐标。

由式(7-67)得到应用最小二乘估计解算目标位置参数估值的矩阵形式为

$$
\boldsymbol{X} = \boldsymbol{X}^0 + \delta\boldsymbol{X} = \boldsymbol{X}^0 + (\boldsymbol{A}^{\mathrm{T}}\boldsymbol{P}^{-1}\boldsymbol{A})^{-1}\boldsymbol{A}^{\mathrm{T}}\boldsymbol{P}\delta\boldsymbol{R} \tag{8-67}
$$

式中,$\boldsymbol{X}$——弹道位置参数向量,$\boldsymbol{X}=(X\quad Y\quad Z)^{\mathrm{T}}$;

$\boldsymbol{X}^0$——位置参数初始弹道向量,$\boldsymbol{X}^0=(X^0\quad Y^0\quad Z^0)^{\mathrm{T}}$;

$\delta\boldsymbol{R}=\boldsymbol{R}-\boldsymbol{R}^0$,$\boldsymbol{R}^0$ 为由初始弹道参数向量 $\boldsymbol{X}^0$ 代入式(8-66)得到的初始测量值;

$\boldsymbol{P}$——测量元素总误差的协方差阵；

而矩阵 $\boldsymbol{A}$ 为

$$\boldsymbol{A}=\begin{bmatrix} l_1 & m_1 & n_1 \\ l_2 & m_2 & n_2 \\ \vdots & \vdots & \vdots \\ l_n & m_n & n_n \end{bmatrix}, l_i=\frac{X-X_i}{R_i}, m_i=\frac{Y-Y_i}{R_i}, n_i=\frac{Z-Z_i}{R_i}$$

在估算测量精度时，由于直接利用式(8-66)全微分的误差传播方程和由求解弹道参数的式(8-67)经线性化后的测量误差传播方程是一致的，为了避免表述的复杂性和重复性，本书均直接用测量方程全微分的误差方程来描述测量精度估算式。

现将方程(8-66)对变量做全微分，并用矩阵形式表示，则有

$$\Delta\boldsymbol{R}=\boldsymbol{A}\Delta\boldsymbol{X}-\boldsymbol{A}_0\Delta\boldsymbol{X}_0 \tag{8-68}$$

其中

$$\Delta\boldsymbol{R}=\begin{bmatrix} \Delta R_1 \\ \Delta R_2 \\ \vdots \\ \Delta R_n \end{bmatrix} \quad \Delta\boldsymbol{X}=\begin{bmatrix} \Delta X \\ \Delta Y \\ \Delta Z \end{bmatrix} \quad \Delta\boldsymbol{X}_0=\begin{bmatrix} \Delta X_{10} \\ \Delta X_{20} \\ \vdots \\ \Delta X_{n0} \end{bmatrix} \quad \Delta\boldsymbol{X}_{i0}=\begin{bmatrix} \Delta X_i \\ \Delta Y_i \\ \Delta Z_i \end{bmatrix}$$

$$\boldsymbol{A}=\begin{bmatrix} l_1 & m_1 & n_1 \\ l_2 & m_2 & n_2 \\ \vdots & \vdots & \vdots \\ l_n & m_n & n_n \end{bmatrix}$$

$$\boldsymbol{A}_0=\begin{bmatrix} l_1 & m_1 & n_1 & 0 & 0 & 0 & \cdots & 0 & 0 & 0 \\ 0 & 0 & 0 & l_2 & m_2 & n_2 & \cdots & 0 & 0 & 0 \\ \vdots & \vdots & \vdots & & & & \ddots & \vdots & \vdots & \vdots \\ 0 & 0 & 0 & 0 & 0 & 0 & \cdots & l_n & m_n & n_n \end{bmatrix}$$

$$l_i=\frac{X-X_i}{R_i},m_i=\frac{Y-Y_i}{R_i},n_i=\frac{Z-Z_i}{R_i},$$

$$R_i=\sqrt{(X-X_i)^2+(Y-Y_i)^2+(Z-Z_i)^2}$$

式中，$\Delta\boldsymbol{X}$——弹道位置参数向量 $\boldsymbol{X}$ 的误差向量；

$\Delta\boldsymbol{X}_{i0}$——第 $i$ 个测站站址坐标的误差向量；

$\Delta\boldsymbol{R}$——$n$ 个测量元素 $R_i$ 组成测量向量的误差向量；

$X_i,Y_i,Z_i$——第 $i$ 个测站的站址坐标；

$X,Y,Z$——弹道位置参数。

现将站址误差项移项，使其变成形式上的测量误差项，得到

$$\Delta\boldsymbol{R}+\boldsymbol{A}_0\Delta\boldsymbol{X}_0=\boldsymbol{A}\Delta\boldsymbol{X} \tag{8-69}$$

并记 $\Delta\boldsymbol{L}=\Delta\boldsymbol{R}+\boldsymbol{A}_0\Delta\boldsymbol{X}_0$。

式(8-69)中，测量元素误差向量 $\Delta\boldsymbol{R}$ 由设备误差、电波折射误差、比例因子误差和时间误差等4项误差组成，$\boldsymbol{A}_0\Delta\boldsymbol{X}_0$ 为站址误差对测量元素影响，因此记

$$\Delta\boldsymbol{L}=\sum_{v=1}^{5}\Delta\boldsymbol{L}_v \tag{8-70}$$

式中，$\Delta\boldsymbol{L}_v(1,2,3,4)$分别为测量元素误差项，$\Delta\boldsymbol{L}_5=\boldsymbol{A}_0\boldsymbol{X}_0$。

对于上述5类误差项的表示形式分别如下：

(1)设备误差。关于测量元素的设备误差向量可以表示成

$$\Delta\boldsymbol{L}_1=\Delta\boldsymbol{R}_1 \tag{8-71}$$

式中，$\Delta\boldsymbol{R}_1=[\Delta R_{11}\quad\Delta R_{12}\quad\cdots\quad\Delta R_{1n}]^{\mathrm{T}}$，$\Delta R_{1i}$为第 $i$ 距离元素 $R_i$ 的设备误差。对应地，设备误差的误差协方差阵为

$$\boldsymbol{K}_1=E(\Delta\boldsymbol{L}_1\Delta\boldsymbol{L}_1^{\mathrm{T}})=\mathrm{diag}(\sigma_{R_{11}}^2\quad\sigma_{R_{12}}^2\quad\cdots\quad\sigma_{R_{1n}}^2) \tag{8-72}$$

式中，$\sigma_{R_{1i}}$——第 $i$ 个测量元素 $R_i$ 设备误差的均方差。

(2)电波折射误差。关于测量元素设备误差向量可以表示成

$$\Delta\boldsymbol{L}_2=\Delta\boldsymbol{R}_2 \tag{8-73}$$

式中，$\Delta\boldsymbol{R}_2=[\Delta R_{21}\quad\Delta R_{22}\quad\cdots\quad\Delta R_{2n}]^{\mathrm{T}}$，$\Delta R_{2i}$为第 $i$ 个距离元素 $R_i$ 的电波折射误差。相应地，测量元素向量的电波折射误差的误差

协方差阵为

$$K_2 = E(\Delta L_2 \Delta L_2^{\mathrm{T}}) = \mathrm{diag}(\sigma_{R_{21}}^2 \quad \sigma_{R_{22}}^2 \quad \cdots \quad \sigma_{R_{2n}}^2) \tag{8-74}$$

式中，$\sigma_{R_{2i}}$——第 $i$ 个测量元素 $R_i$ 电波折射误差的均方差。

(3)比例因子误差。由 2.2.4 节可知，光速不准误差和频率不准误差都可以转换成比例因子误差。因此，当电子测量系统(或设备)进行误差传播时，可以将光速不准误差和频率不准误差合成为比例因子误差项来考虑。其测量元素的比例因子误差向量由下式得到，即

$$\Delta L_3 = \Delta R_3 = R\left(\frac{\Delta C}{C} - \frac{\Delta f}{f}\right) \tag{8-75}$$

式中，$R = \mathrm{diag}(R_1 \quad R_2 \quad \cdots \quad R_n)$。$\left(\frac{\Delta C}{C} - \frac{\Delta f}{f}\right)$不是仅指光速不准误差，而是指频率不准误差与光速不准误差的合成误差——比例因子误差项。对于不同测量元素，由于各测距雷达间的基线较长，每站都设置频标源，它们之间不是同一误差源，而光速不准误差都是共源的。又由于光速不准误差相比频率不准误差要小很多，故记$\frac{\Delta C}{C} - \frac{\Delta f}{f} = -\frac{\Delta f}{f}$，在此$\frac{\Delta f}{f} = \left[\frac{\Delta f_1}{f_1} \quad \frac{\Delta f_2}{f_2} \quad \cdots \quad \frac{\Delta f_n}{f_n}\right]^{\mathrm{T}}$。

由此，得到测量元素比例因子误差的协方差阵为

$$K_3 = E(\Delta R_3, \Delta R_3^{\mathrm{T}}) = R K_{\frac{\Delta f}{f}} R^{\mathrm{T}} \tag{8-76}$$

式中，$R = \mathrm{diag}(R_1 \quad R_2 \quad \cdots \quad R_n)$，$K_{\frac{\Delta f}{f}} = \mathrm{diag}(\sigma_{\frac{\Delta f_1}{f_1}}^2 \quad \sigma_{\frac{\Delta f_2}{f_2}}^2 \quad \cdots \quad \sigma_{\frac{\Delta f_n}{f_n}}^2)$，$\frac{\sigma_{\Delta f_i}}{f_i}$为第 $i$ 台雷达频率不准误差均方差。

(4)时间误差。由于 $n$ 套电子设备测量时，测站之间基线较长，每套设备都建有时统设备，它们之间的误差可以是不等的且是不同误差源。再根据 2.2.4 节可知，测量元素的时间误差向量为

$$\Delta L_4 = \Delta R_4 = \dot{R} \Delta t \tag{8-77}$$

式中

$$\dot{\boldsymbol{R}}=\begin{bmatrix}\dot{R}_1 & 0 & \cdots & 0\\ 0 & \dot{R}_2 & \cdots & 0\\ 0 & & \ddots & \dot{R}_n\end{bmatrix}$$，$\dot{R}_i$ 为第 $i$ 测站到目标的距离变化率；

$\Delta\boldsymbol{t}=(\Delta t_1\quad \Delta t_2\quad \cdots\quad \Delta t_n)^{\mathrm{T}}$，$\Delta t_i$ 为第 $i$ 测站时间信号的误差。相应地测量元素的时间误差协方差阵为

$$\boldsymbol{K}_4=E(\Delta\boldsymbol{L}_4\Delta\boldsymbol{L}_4^{\mathrm{T}})=\dot{\boldsymbol{R}}\boldsymbol{K}_t\dot{\boldsymbol{R}}^{\mathrm{T}} \tag{8-78}$$

式中，$\boldsymbol{K}_t=\mathrm{diag}(\sigma_{t_1}^2\quad \sigma_{t_2}^2\quad \cdots\quad \sigma_{t_n}^2)$，$\sigma_{t_i}$为第 $i$ 个测站时间误差的均方差。

(5)大地测量误差。由式(8-70)可知，$n$ 个测距元素的大地测量误差为

$$\Delta\boldsymbol{L}_5=\boldsymbol{A}_0\Delta\boldsymbol{X}_0 \tag{8-79}$$

假设各测站的大地测量误差是独立的，并根据式(3-3)的测站坐标计算公式，对它微分得到

$$\Delta\boldsymbol{X}_0=\begin{bmatrix}\boldsymbol{C}_1\boldsymbol{W}_1 & \boldsymbol{0} & \cdots & \boldsymbol{0}\\ \boldsymbol{0} & \boldsymbol{C}_2\boldsymbol{W}_2 & & \vdots\\ \vdots & & \ddots & \boldsymbol{0}\\ \boldsymbol{0} & \cdots & \boldsymbol{0} & \boldsymbol{C}_n\boldsymbol{W}_n\end{bmatrix}\begin{bmatrix}\Delta\boldsymbol{H}_1\\ \Delta\boldsymbol{H}_2\\ \vdots\\ \Delta\boldsymbol{H}_n\end{bmatrix} \tag{8-80}$$

其中 $\boldsymbol{C}_i(\boldsymbol{C}_i\equiv\boldsymbol{C})$、$\boldsymbol{W}_i$ 和 $\Delta\boldsymbol{H}_i$ 表示式见式(8-27)和式(8-28)。

对应地，测距向量 $\boldsymbol{R}$ 的大地测量误差协方差阵为

$$\boldsymbol{K}_5=E(\Delta\boldsymbol{L}_5\Delta\boldsymbol{L}_5^{\mathrm{T}})=\boldsymbol{A}_0\boldsymbol{C}_5\boldsymbol{W}\boldsymbol{K}_h\boldsymbol{W}^{\mathrm{T}}\boldsymbol{C}_5^{\mathrm{T}}\boldsymbol{A}_0^{\mathrm{T}} \tag{8-81}$$

式中，$\boldsymbol{C}_5=\mathrm{diag}(\boldsymbol{C}_1\quad \boldsymbol{C}_2\quad \cdots\quad \boldsymbol{C}_n)$；

$\boldsymbol{W}=\mathrm{diag}(\boldsymbol{W}_1\quad \boldsymbol{W}_2\quad \cdots\quad \boldsymbol{W}_n)$；

$\boldsymbol{K}_h=\mathrm{diag}(\boldsymbol{K}_1\quad \boldsymbol{K}_2\quad \cdots\quad \boldsymbol{K}_n)$，$\boldsymbol{K}_i=\mathrm{diag}(\sigma_{L_i}^2\quad \sigma_{B_i}^2\quad \sigma_{h_i}^2)$，$\sigma_{L_i}$，$\sigma_{B_i}$，$\sigma_{h_i}$为第 $i$ 个测站大地测量参数误差的均方差。

(6)总误差。测距向量 $\boldsymbol{R}$ 的总误差由 5 项误差组成，则有

$$\Delta\boldsymbol{R}=\sum_{v=1}^{5}\Delta\boldsymbol{L}_v \tag{8-82}$$

式中，$\Delta \boldsymbol{L}_v$（$v=1,2,\cdots,5$）分别由式（8－71）、式（8－73）、式（8－75）、式（8－77）和式（8－79）代入。

而对应测量元素向量 $\boldsymbol{R}$ 的误差协方差阵为

$$\boldsymbol{K}=\sum_{v=1}^{5}\boldsymbol{K}_v \tag{8-83}$$

式中，$\boldsymbol{K}_v$（$v=1,2,\cdots,5$）分别由式（8－72）、式（8－74）、式（8－76）、式（8－78）和式（8－81）代入。

（7）弹道位置参数的精度估算公式。由于 $n$ 台（$n\geqslant 3$）测距元素解算弹道位置参数的方法是应用最小二乘估计，故解算得到的弹道位置参数的误差为

$$\Delta \boldsymbol{X}=(\boldsymbol{A}^{\mathrm{T}}\boldsymbol{K}^{-1}\boldsymbol{A})^{-1}\boldsymbol{A}^{\mathrm{T}}\boldsymbol{K}^{-1}\Delta \boldsymbol{L} \tag{8-84}$$

由此式可以得到各项误差对弹道位置参数的影响。

将测量元素的各项误差 $\Delta \boldsymbol{L}_v$ 和总误差 $\Delta \boldsymbol{L}$ 分别代入式（8－84），则得到各项误差对弹道位置参数影响的表达式为

$$\Delta \boldsymbol{X}_v=(\boldsymbol{A}^{\mathrm{T}}\boldsymbol{K}^{-1}\boldsymbol{A})^{-1}\boldsymbol{A}^{\mathrm{T}}\boldsymbol{K}^{-1}\Delta \boldsymbol{L}_v \quad v=1,2,\cdots,5 \tag{8-85}$$

和总误差为

$$\Delta \boldsymbol{X}=(\boldsymbol{A}^{\mathrm{T}}\boldsymbol{K}^{-1}\boldsymbol{A})^{-1}\boldsymbol{A}^{\mathrm{T}}\boldsymbol{K}^{-1}\sum_{v=1}^{5}\Delta \boldsymbol{L}_v \tag{8-86}$$

由上述各式根据误差定义，立即得到对应各项误差源误差协方差为

$$\boldsymbol{P}_v=(\boldsymbol{A}^{\mathrm{T}}\boldsymbol{K}^{-1}\boldsymbol{A})^{-1}\boldsymbol{A}^{\mathrm{T}}\boldsymbol{K}^{-1}\boldsymbol{K}_v\boldsymbol{K}^{-1}\boldsymbol{A}(\boldsymbol{A}^{\mathrm{T}}\boldsymbol{K}^{-1}\boldsymbol{A})^{-1} \quad v=1,2,\cdots,5 \tag{8-87}$$

和总误差的协方差阵为

$$\boldsymbol{P}=\sum_{v=1}^{5}\boldsymbol{P}_v=(\boldsymbol{A}^{\mathrm{T}}\boldsymbol{K}^{-1}\boldsymbol{A})^{-1} \tag{8-88}$$

式中，$\boldsymbol{K}=\sum_{v=1}^{5}\boldsymbol{K}_v$，$\boldsymbol{K}_v$ 分别由式（8－72）、式（8－74）、式（8－76）、式（8－78）和式（8－81）代入。

**2. 速度参数测量精度估算公式**

测量元素 $\dot{R}_i$ 的测量方程为

$$\dot{R}_i = l_i\dot{X} + m_i\dot{Y} + n_i\dot{Z} \qquad i = 1,2,\cdots,n \tag{8-89}$$

其中

$$l_i = \frac{X - X_i}{R_i},\quad m_i = \frac{Y - Y_i}{R_i},\quad n_i = \frac{Z - Z_i}{R_i} \tag{8-90}$$

式中,$\dot{R}_i$——第 $i$ 个距离变化率元素;

$X,Y,Z,\dot{X},\dot{Y},\dot{Z}$——弹道位置参数和速度参数;

$X_i,Y_i,Z_i$——第 $i$ 台设备站址坐标。

由式(8-89)可知,测速元素 $\dot{R}_i$ 是弹道位置和速度参数函数。当 $n \geqslant 3$ 时,它可以采用 7.3.2 节将 $nR\,\dot{R}$测量元素联用同时求解弹道位置和速度参数方法;也可以先利用 $nR$ 测元求解弹道位置参数 $X,Y,Z$,并将它们作为已知参数代入式(8-89)后,由 $n$ 个 $\dot{R}$ 测速方程求解弹道速度参数 $\dot{X},\dot{Y},\dot{Z}$。在弹道测量精度估算和方案论证中,通常利用后者的解算方法推导相应的测量精度估算式,作为外测弹道测量精度设计的依据。本节也依据后者解算弹道速度参数的方法推导对应的测量精度估算式。

将方程(8-89)关于变量全微分得到

$$\begin{aligned}\Delta\dot{R}_i = {} & \dot{l}_i\Delta X + \dot{m}_i\Delta Y + \dot{n}_i\Delta Z + l_i\Delta\dot{X} + m_i\Delta\dot{Y} + n_i\Delta\dot{Z} \\ & - \dot{l}_i\Delta X_i - \dot{m}_i\Delta Y_i - \dot{n}_i\Delta Z_i \qquad i = 1,2,\cdots,n\end{aligned} \tag{8-91}$$

其中

$$\dot{l}_i = \frac{1}{R_i}\left[\dot{X} - \frac{(X - X_i)}{R_i}\dot{R}_i\right],\ \dot{m}_i = \frac{1}{R_i}\left[\dot{Y} - \frac{(Y - Y_i)}{R_i}\dot{R}_i\right]$$

$$\dot{n}_i = \frac{1}{R_i}\left[\dot{Z} - \frac{(Z - Z_i)}{R_i}\dot{R}_i\right],\ \dot{R}_i = \frac{(X - X_i)}{R_i}\dot{X} + \frac{(Y - Y_i)}{R_i}\dot{Y} + \frac{(Z - Z_i)}{R_i}\dot{Z}$$

$$R_i = \sqrt{(X - X_i)^2 + (Y - Y_i)^2 + (Z - Z_i)^2}$$

式中，$\Delta X,\Delta Y,\Delta Z$——弹道位置参数的误差；

$\Delta\dot{X},\Delta\dot{Y},\Delta\dot{Z}$——弹道速度参数的误差；

$\Delta X_i,\Delta Y_i,\Delta Z_i$——第 $i$ 个测站站址坐标的误差。

现在用矩阵形式表示方程(8－91)，记

$$\Delta\dot{\boldsymbol{R}}=\begin{bmatrix}\Delta\dot{R}_1\\ \Delta\dot{R}_2\\ \vdots\\ \Delta\dot{R}_n\end{bmatrix}\quad \boldsymbol{A}=\begin{bmatrix}l_1 & m_1 & n_1\\ l_2 & m_2 & n_2\\ \vdots & \vdots & \vdots\\ l_n & m_n & n_n\end{bmatrix}$$

$$\dot{\boldsymbol{A}}=\begin{bmatrix}\dot{l}_1 & \dot{m}_1 & \dot{n}_1\\ \dot{l}_2 & \dot{m}_2 & \dot{n}_2\\ \vdots & \vdots & \vdots\\ \dot{l}_n & \dot{m}_n & \dot{n}_n\end{bmatrix}\quad \Delta\boldsymbol{X}=\begin{bmatrix}\Delta X\\ \Delta Y\\ \Delta Z\end{bmatrix}\quad \Delta\dot{\boldsymbol{X}}=\begin{bmatrix}\Delta\dot{X}\\ \Delta\dot{Y}\\ \Delta\dot{Z}\end{bmatrix}$$

$$\dot{\boldsymbol{A}}_0=\begin{bmatrix}\dot{l}_1 & \dot{m}_1 & \dot{n}_1 & 0 & 0 & 0 & \cdots & 0 & 0 & 0\\ 0 & 0 & 0 & \dot{l}_2 & \dot{m}_2 & \dot{n}_2 & \cdots & 0 & 0 & 0\\ \vdots & \vdots & \vdots & & & & \ddots & & \vdots & \vdots\\ 0 & 0 & 0 & 0 & 0 & 0 & \cdots & \dot{l}_n & \dot{m}_n & \dot{n}_n\end{bmatrix}$$

$$\Delta\boldsymbol{X}_0=\begin{bmatrix}\Delta X_{10}\\ \Delta X_{20}\\ \vdots\\ \Delta X_{n0}\end{bmatrix}\quad \Delta\boldsymbol{X}_i=\begin{bmatrix}\Delta X\\ \Delta Y\\ \Delta Z\end{bmatrix}$$

这样 $n$ 个测速元素组成测量向量 $\dot{\boldsymbol{R}}$ 的误差方程(8－91)，其矩阵形式为

$$\Delta\dot{\boldsymbol{R}}=\dot{\boldsymbol{A}}\Delta\boldsymbol{X}+\boldsymbol{A}\Delta\dot{\boldsymbol{X}}-\dot{\boldsymbol{A}}_0\Delta\boldsymbol{X}_0 \tag{8-92}$$

现将方程(8－92)右边两项移到左边，则有

$$\Delta\dot{\boldsymbol{R}}-\boldsymbol{A}\Delta\boldsymbol{X}+\dot{\boldsymbol{A}}_0\Delta\boldsymbol{X}_0=\boldsymbol{A}\Delta\dot{\boldsymbol{X}} \tag{8-93}$$

由式(8－93)可以看出，弹道速度参数向量 $\dot{\boldsymbol{X}}$ 的误差是由测速元素误差向量 $\Delta\dot{\boldsymbol{R}}$、弹道位置参数向量误差 $\Delta\boldsymbol{X}$ 和测站站址误差 $\Delta\boldsymbol{X}_0$ 这3部分引起的。由式(8－93)可以获取各误差项对弹道速度参数 $\dot{\boldsymbol{X}}$ 的误差表达式。

**1. 设备误差**

此时，设备误差由定位的测距元素和测速元素设备误差两部分组成，由式(8－85)和式(8－93)可以得到

$$\begin{aligned}\Delta\dot{\boldsymbol{L}}_1&=\Delta\dot{\boldsymbol{R}}_1-\dot{\boldsymbol{A}}\Delta\boldsymbol{X}_1=\Delta\dot{\boldsymbol{R}}_1-\dot{\boldsymbol{A}}(\boldsymbol{A}^{\mathrm{T}}\boldsymbol{K}^{-1}\boldsymbol{A})^{-1}\boldsymbol{A}^{\mathrm{T}}\boldsymbol{K}^{-1}\Delta\boldsymbol{L}_1=\\&\quad\Delta\dot{\boldsymbol{R}}_1-\dot{\boldsymbol{A}}(\boldsymbol{A}^{\mathrm{T}}\boldsymbol{K}^{-1}\boldsymbol{A})^{-1}\boldsymbol{A}^{\mathrm{T}}\boldsymbol{K}^{-1}\Delta\boldsymbol{R}_1\end{aligned} \tag{8-94}$$

式中，$\boldsymbol{K}=\sum\limits_{v=1}^{5}\boldsymbol{K}_v$。

假设测量元素之间误差是不相关的，而测距元素向量 $\boldsymbol{R}$ 和测速元素向量 $\dot{\boldsymbol{R}}$ 之间的误差也是不相关的，因此根据概率论定义，由式(8－94)立即得到设备误差协方差阵为

$$\begin{aligned}\dot{\boldsymbol{K}}_1&=E(\Delta\dot{\boldsymbol{L}}_1\Delta\dot{\boldsymbol{L}}_1^{\mathrm{T}})\\&=\boldsymbol{K}_{\dot{R}_1}+\dot{\boldsymbol{A}}(\boldsymbol{A}^{\mathrm{T}}\boldsymbol{K}^{-1}\boldsymbol{A})^{-1}\boldsymbol{A}^{\mathrm{T}}\boldsymbol{K}^{-1}\boldsymbol{K}_{R_1}\boldsymbol{K}^{-1}\boldsymbol{A}(\boldsymbol{A}^{\mathrm{T}}\boldsymbol{K}^{-1}\boldsymbol{A})^{-1}\dot{\boldsymbol{A}}^{\mathrm{T}}\end{aligned} \tag{8-95}$$

式中，$\boldsymbol{K}_{\dot{R}_1}=\mathrm{diag}(\sigma^2_{\dot{R}_{11}}\quad\sigma^2_{\dot{R}_{12}}\quad\cdots\quad\sigma^2_{\dot{R}_{1n}})$，$\sigma_{\dot{R}_{11}},\sigma_{\dot{R}_{12}},\cdots,\sigma_{\dot{R}_{1n}}$ 为测速元素向量 $\dot{\boldsymbol{R}}$ 各测元的设备误差均方差。

$\boldsymbol{K}_{R_1}=\mathrm{diag}(\sigma^2_{R_{11}}\quad\sigma^2_{R_{12}}\quad\cdots\quad\sigma^2_{R_{1n}})$，$\sigma_{R_{11}},\sigma_{R_{12}},\cdots,\sigma_{R_{1n}}$ 为测距元素向量 $\boldsymbol{R}$ 各测元的设备误差均方差。

**2. 电波折射误差**

类似于设备误差，电波折射误差由定位元素和测速元素两部分的电波折射误差组成，由式(8－94)和式(8－95)得到

$$\Delta\dot{\boldsymbol{L}}_2=\Delta\dot{\boldsymbol{R}}_2-\dot{\boldsymbol{A}}\Delta\boldsymbol{X}_2=$$

$$\Delta\dot{\boldsymbol{R}}_2-\dot{\boldsymbol{A}}(\boldsymbol{A}^{\mathrm{T}}\boldsymbol{K}^{-1}\boldsymbol{A})^{-1}\boldsymbol{A}^{\mathrm{T}}\boldsymbol{K}^{-1}\Delta\boldsymbol{L}_2 \tag{8-96}$$

同样地,假设测距元素向量 $\boldsymbol{R}$ 与测速元素向量 $\dot{\boldsymbol{R}}$ 之间的误差是互不相关的,由此得到电波折射误差的协方差阵为

$$\dot{\boldsymbol{K}}_2=\boldsymbol{K}_{\dot{R}_2}+\dot{\boldsymbol{A}}(\boldsymbol{A}^{\mathrm{T}}\boldsymbol{K}^{-1}\boldsymbol{A})^{-1}\boldsymbol{A}^{\mathrm{T}}\boldsymbol{K}^{-1}\boldsymbol{K}_{R_2}\boldsymbol{K}^{-1}\boldsymbol{A}(\boldsymbol{A}^{\mathrm{T}}\boldsymbol{K}^{-1}\boldsymbol{A})^{-1}\dot{\boldsymbol{A}}^{\mathrm{T}} \tag{8-97}$$

式中,$\boldsymbol{K}_{\dot{R}_2}=\mathrm{diag}(\sigma^2_{\dot{R}_{21}}\quad\sigma^2_{\dot{R}_{22}}\quad\cdots\quad\sigma^2_{\dot{R}_{2n}})$,$\sigma_{\dot{R}_{2i}}$ 为第 $i$ 个测速元素 $\dot{R}_i$ 的电波折射误差均方差。

$\boldsymbol{K}_{R_2}=\mathrm{diag}(\sigma^2_{R_{21}}\quad\sigma^2_{R_{22}}\quad\cdots\quad\sigma^2_{R_{2n}})$,$\sigma_{R_{2i}}$ 为第 $i$ 个测距元素 $R_i$ 的电波折射误差均方差。

**3. 比例因子误差**

类似于测距元素,比例因子误差主要考虑频率不准误差,由式(8-94)和式(8-95)得到

$$\Delta\dot{\boldsymbol{L}}_3=\Delta\dot{\boldsymbol{R}}_3-\dot{\boldsymbol{A}}\Delta\boldsymbol{X}_3=$$

$$\Delta\dot{\boldsymbol{R}}_3-\dot{\boldsymbol{A}}(\boldsymbol{A}^{\mathrm{T}}\boldsymbol{K}^{-1}\boldsymbol{A})^{-1}\boldsymbol{A}^{\mathrm{T}}\boldsymbol{K}^{-1}\Delta\boldsymbol{L}_3 \tag{8-98}$$

再将式(8-75)代入式(8-98),则比例因子误差方程为

$$\Delta\dot{\boldsymbol{L}}_3=\Delta\dot{\boldsymbol{R}}_3+\dot{\boldsymbol{A}}(\boldsymbol{A}^{\mathrm{T}}\boldsymbol{K}^{-1}\boldsymbol{A})^{-1}\boldsymbol{A}^{\mathrm{T}}\boldsymbol{K}^{-1}\boldsymbol{R}\frac{\Delta\boldsymbol{f}}{\boldsymbol{f}} \tag{8-99}$$

同样,考虑到测距雷达的测站间基线较长,每台雷达都设有频标设备,它们之间频标误差是不相关的。由测量原理可知,测速元素向量 $\dot{\boldsymbol{R}}$ 的比例因子误差为

$$\Delta\dot{\boldsymbol{R}}_3=-\dot{\boldsymbol{R}}\frac{\Delta\boldsymbol{f}}{\boldsymbol{f}} \tag{8-100}$$

式中,$\dot{\boldsymbol{R}}=\mathrm{diag}(\dot{R}_1\quad\dot{R}_2\quad\cdots\quad\dot{R}_n)$,$\dfrac{\Delta\boldsymbol{f}}{\boldsymbol{f}}=\left[\dfrac{\Delta f_1}{f_1}\quad\dfrac{\Delta f_2}{f_2}\quad\cdots\quad\dfrac{\Delta f_n}{f_n}\right]^{\mathrm{T}}$。

将式(8-100)代入式(8-99),则有

$$\Delta \dot{\boldsymbol{L}}_3 = -\dot{\boldsymbol{R}}\left(\frac{\Delta f}{f}\right) + \dot{\boldsymbol{A}}(\boldsymbol{A}^{\mathrm{T}}\boldsymbol{K}^{-1}\boldsymbol{A})^{-1}\boldsymbol{A}^{\mathrm{T}}\boldsymbol{K}^{-1}\boldsymbol{R}\frac{\Delta f}{f} \quad (8-101)$$

对于同一站的测距元素和测速元素都应用同一个频标设备，因此，它们之间频标误差是全相关的。因此，由式(8－101)得到

$$\Delta \dot{\boldsymbol{L}}_3 = [-\dot{\boldsymbol{R}} + \dot{\boldsymbol{A}}(\boldsymbol{A}^{\mathrm{T}}\boldsymbol{K}^{-1}\boldsymbol{A})^{-1}\boldsymbol{A}^{\mathrm{T}}\boldsymbol{K}^{-1}\boldsymbol{R}]\frac{\Delta f}{f} \quad (8-102)$$

由此，对应频率不准误差的协方差阵为

$$\dot{\boldsymbol{K}}_3 = [-\dot{\boldsymbol{R}} + \dot{\boldsymbol{A}}(\boldsymbol{A}^{\mathrm{T}}\boldsymbol{K}^{-1}\boldsymbol{A})^{-1}\boldsymbol{A}^{\mathrm{T}}\boldsymbol{K}^{-1}\boldsymbol{R}]\boldsymbol{K}_{\frac{\Delta f}{f}}[-\dot{\boldsymbol{R}} + \dot{\boldsymbol{A}}(\boldsymbol{A}^{\mathrm{T}}\boldsymbol{K}^{-1}\boldsymbol{A})^{-1}\boldsymbol{A}^{\mathrm{T}}\boldsymbol{K}^{-1}\boldsymbol{R}]^{\mathrm{T}} \quad (8-103)$$

式中，$\boldsymbol{K}_{\frac{\Delta f}{f}} = \mathrm{diag}(\sigma^2_{\frac{\Delta f_1}{f_1}} \quad \sigma^2_{\frac{\Delta f_2}{f_2}} \quad \cdots \quad \sigma^2_{\frac{\Delta f_n}{f_n}})$，$\dfrac{\sigma_{\Delta f_i}}{f_i}$为第 $i$ 台雷达频率不准误差均方差。

**4. 时间误差**

同样地，由式(8－94)和式(8－95)，可以得到时间误差向量为

$$\Delta \dot{\boldsymbol{L}}_4 = \Delta \dot{\boldsymbol{R}}_4 - \dot{\boldsymbol{A}}\Delta \boldsymbol{X}_4 = \Delta \dot{\boldsymbol{R}}_4 - \dot{\boldsymbol{A}}(\boldsymbol{A}^{\mathrm{T}}\boldsymbol{K}^{-1}\boldsymbol{A})^{-1}\boldsymbol{A}^{\mathrm{T}}\boldsymbol{K}^{-1}\Delta \boldsymbol{L}_4 \quad (8-104)$$

由于测速元素向量之间时间误差是不同源的，并根据测量原理有

$$\Delta \dot{\boldsymbol{R}}_4 = \ddot{\boldsymbol{R}}\Delta \boldsymbol{t} \quad (8-105)$$

式中，$\ddot{\boldsymbol{R}} = \mathrm{diag}(\ddot{R}_1 \quad \ddot{R}_2 \quad \cdots \quad \ddot{R}_n)$，$\ddot{R}_i$ 为第 $i$ 个测站的距离加速度；

$\Delta \boldsymbol{t} = (\Delta t_1 \quad \Delta t_2 \quad \cdots \quad \Delta t_n)^{\mathrm{T}}$。

将式(8－105)和式(8－77)代入式(8－104)后，则得到

$$\Delta \dot{\boldsymbol{L}}_4 = \ddot{\boldsymbol{R}}\Delta \boldsymbol{t} - \dot{\boldsymbol{A}}(\boldsymbol{A}^{\mathrm{T}}\boldsymbol{K}^{-1}\boldsymbol{A})^{-1}\boldsymbol{A}^{\mathrm{T}}\boldsymbol{K}^{-1}\dot{\boldsymbol{R}}\Delta \boldsymbol{t} \quad (8-106)$$

由于同一站的测距元素和测速元素使用同一时统信号，其误差源是同源的，而各站之间使用不同时统设备，其时统误差源是不

同源的。故式(8-106)又可化成

$$\Delta\dot{\boldsymbol{L}}_4=[\ddot{\boldsymbol{R}}-\dot{\boldsymbol{A}}(\boldsymbol{A}^{\mathrm{T}}\boldsymbol{K}^{-1}\boldsymbol{A})^{-1}\boldsymbol{A}^{\mathrm{T}}\boldsymbol{K}^{-1}\dot{\boldsymbol{R}}]\Delta t \tag{8-107}$$

相应地,时间误差的协方差阵为

$$\dot{\boldsymbol{K}}_4=[\ddot{\boldsymbol{R}}-\dot{\boldsymbol{A}}(\boldsymbol{A}^{\mathrm{T}}\boldsymbol{K}^{-1}\boldsymbol{A})^{-1}\boldsymbol{A}^{\mathrm{T}}\boldsymbol{K}^{-1}\dot{\boldsymbol{R}}]\boldsymbol{K}_{\Delta t}[\ddot{\boldsymbol{R}}-\dot{\boldsymbol{A}}(\boldsymbol{A}^{\mathrm{T}}\boldsymbol{K}^{-1}\boldsymbol{A})^{-1}\boldsymbol{A}^{\mathrm{T}}\boldsymbol{K}^{-1}\dot{\boldsymbol{R}}]^{\mathrm{T}} \tag{8-108}$$

式中,$\boldsymbol{K}_{\Delta t}=\mathrm{diag}(\sigma_{t_1}^2\quad\sigma_{t_2}^2\quad\cdots\quad\sigma_{t_n}^2)$,$\sigma_{t_i}$为第 $i$ 个测站时间误差的均方差。

**5. 大地测量误差**

由式(8-94)、式(8-85)和式(8-79)可知,站址误差对向量 $\dot{\boldsymbol{L}}$ 的影响为

$$\begin{aligned}\Delta\dot{\boldsymbol{L}}_5&=-\boldsymbol{A}\Delta\boldsymbol{X}_5+\dot{\boldsymbol{A}}_0\Delta\boldsymbol{X}_0\\&=-\boldsymbol{A}(\boldsymbol{A}^{\mathrm{T}}\boldsymbol{K}^{-1}\boldsymbol{A})^{-1}\boldsymbol{A}^{\mathrm{T}}\boldsymbol{K}^{-1}\boldsymbol{A}_0\Delta\boldsymbol{X}_0+\dot{\boldsymbol{A}}_0\Delta\boldsymbol{X}_0\end{aligned} \tag{8-109}$$

由于测距方程和测速方程中站址坐标是相同的,其误差也是同源的,故有

$$\Delta\dot{\boldsymbol{L}}_5=[\dot{\boldsymbol{A}}_0-\boldsymbol{A}(\boldsymbol{A}^{\mathrm{T}}\boldsymbol{K}^{-1}\boldsymbol{A})^{-1}\boldsymbol{A}^{\mathrm{T}}\boldsymbol{K}^{-1}\boldsymbol{A}_0]\Delta\boldsymbol{X}_0 \tag{8-110}$$

再将式(8-80)代入式(8-110)得到大地测量误差对向量 $\dot{\boldsymbol{L}}$ 的影响为

$$\Delta\dot{\boldsymbol{L}}_5=[\dot{\boldsymbol{A}}_0-\boldsymbol{A}(\boldsymbol{A}^{\mathrm{T}}\boldsymbol{K}^{-1}\boldsymbol{A})^{-1}\boldsymbol{A}^{\mathrm{T}}\boldsymbol{K}^{-1}\boldsymbol{A}_0]\boldsymbol{C}_5\boldsymbol{W}\Delta\boldsymbol{H} \tag{8-111}$$

现记 $\dot{\boldsymbol{A}}_5=[\dot{\boldsymbol{A}}_0-\boldsymbol{A}(\boldsymbol{A}^{\mathrm{T}}\boldsymbol{K}^{-1}\boldsymbol{A})^{-1}\boldsymbol{A}^{\mathrm{T}}\boldsymbol{K}^{-1}\boldsymbol{A}_0]\boldsymbol{C}_5\boldsymbol{W}$ 和 $\Delta\dot{\boldsymbol{L}}_5=\dot{\boldsymbol{A}}_5\Delta\boldsymbol{H}$,由式(8-111)得到相应地误差协方差阵为

$$\dot{\boldsymbol{K}}_5=[\dot{\boldsymbol{A}}_0-\boldsymbol{A}(\boldsymbol{A}^{\mathrm{T}}\boldsymbol{K}^{-1}\boldsymbol{A})^{-1}\boldsymbol{A}^{\mathrm{T}}\boldsymbol{K}^{-1}\boldsymbol{A}_0]\boldsymbol{C}_5\boldsymbol{W}\boldsymbol{K}_h\boldsymbol{W}^{\mathrm{T}}\boldsymbol{C}_5^{\mathrm{T}}[\dot{\boldsymbol{A}}_0-\boldsymbol{A}(\boldsymbol{A}^{\mathrm{T}}\boldsymbol{K}^{-1}\boldsymbol{A})^{-1}\boldsymbol{A}^{\mathrm{T}}\boldsymbol{K}^{-1}\boldsymbol{A}_0]^{\mathrm{T}}=\dot{\boldsymbol{A}}_5\boldsymbol{K}_h\dot{\boldsymbol{A}}_5^{\mathrm{T}} \tag{8-112}$$

上述式中矩阵 $\boldsymbol{C}_5$、$\boldsymbol{W}$ 和 $\boldsymbol{K}_h$ 详见式(8-81)。

**6. 总误差**

上述 5 项误差之和即为测速元素向量 $\dot{\boldsymbol{L}}$ 的总误差，即

$$\Delta\dot{\boldsymbol{L}} = \sum_{v=1}^{5}\Delta\dot{\boldsymbol{L}}_v \tag{8-113}$$

式中，$\Delta\dot{\boldsymbol{L}}_v$ 分别由式(8－94)、式(8－96)、式(8－101)、式(8－107)和式(8－111)代入。

而对应的误差协方差阵为

$$\dot{\boldsymbol{K}} = \sum_{v=1}^{5}\dot{\boldsymbol{K}}_v \tag{8-114}$$

式中，矩阵 $\dot{\boldsymbol{K}}_v$ 分别由式(8－95)、式(8－97)、式(8－103)、式(8－108)和式(8－112)代入。

**7. 弹道速度参数的精度估算公式**

当 $n \geqslant 3$ 时，应用最小二乘估计对 $n$ $\dot{R}$测速元素解算弹道速度参数，则有

$$\dot{\boldsymbol{X}} = (\boldsymbol{A}^{\mathrm{T}}\dot{\boldsymbol{K}}^{-1}\boldsymbol{A})^{-1}\boldsymbol{A}^{\mathrm{T}}\dot{\boldsymbol{K}}^{-1}\dot{\boldsymbol{R}} \tag{8-115}$$

式中，$\dot{\boldsymbol{K}} = \sum_{v=1}^{5}\dot{\boldsymbol{K}}_v$，$\dot{\boldsymbol{R}} = [\dot{R}_1 \quad \dot{R}_2 \quad \cdots \quad \dot{R}_n]^{\mathrm{T}}$，$\dot{\boldsymbol{X}} = [\dot{X} \quad \dot{Y} \quad \dot{Z}]^{\mathrm{T}}$。

由式(8－115)全微分得到弹道速度参数向量的误差传播方程为

$$\begin{aligned}\Delta\dot{\boldsymbol{X}} &= (\boldsymbol{A}^{\mathrm{T}}\dot{\boldsymbol{K}}^{-1}\boldsymbol{A})^{-1}\boldsymbol{A}^{\mathrm{T}}\dot{\boldsymbol{K}}^{-1}(\Delta\dot{R} - \boldsymbol{A}\Delta\boldsymbol{X} + \dot{\boldsymbol{A}}_0\Delta\boldsymbol{X}_0)\\ &= (\boldsymbol{A}^{\mathrm{T}}\dot{\boldsymbol{K}}^{-1}\boldsymbol{A})^{-1}\boldsymbol{A}^{\mathrm{T}}\dot{\boldsymbol{K}}^{-1}\Delta\dot{\boldsymbol{L}}\\ &= (\boldsymbol{A}^{\mathrm{T}}\dot{\boldsymbol{K}}^{-1}\boldsymbol{A})^{-1}\boldsymbol{A}^{\mathrm{T}}\dot{\boldsymbol{K}}^{-1}\sum_{v=1}^{5}\Delta\dot{\boldsymbol{L}}_v\end{aligned} \tag{8-116}$$

而对应的各项误差源对弹道速度参数向量影响的误差协方差阵为

$$\dot{\boldsymbol{P}}_v = (\boldsymbol{A}^{\mathrm{T}}\dot{\boldsymbol{K}}^{-1}\boldsymbol{A})^{-1}\boldsymbol{A}^{\mathrm{T}}\dot{\boldsymbol{K}}^{-1}\dot{\boldsymbol{K}}_v\dot{\boldsymbol{K}}^{-1}\boldsymbol{A}(\boldsymbol{A}^{\mathrm{T}}\dot{\boldsymbol{K}}^{-1}\boldsymbol{A})^{-1} \tag{8-117}$$

和总误差的协方差阵为

$$\dot{\boldsymbol{P}} = \sum_{v=1}^{5}\dot{\boldsymbol{P}}_v = (\boldsymbol{A}^{\mathrm{T}}\dot{\boldsymbol{K}}^{-1}\boldsymbol{A})^{-1} \tag{8-118}$$

式中，$\dot{\boldsymbol{K}}=\sum_{v=1}^{5}\dot{\boldsymbol{K}}_v$，$\dot{\boldsymbol{K}}_v$ 分别由式(8－95)、式(8－97)、式(8－103)、式(8－108)和式(8－112)代入。

### 8.2.4 $R$、$A$、$E$ 和 $3\dot{R}$ 体制的精度估算公式

由第7章可知，对于 $R$、$A$、$E$ 和 $3\dot{R}$ 测量体制通常是由单脉冲雷达测量斜距 $R$、方位角 $A$、高低角 $E$ 与连续波测速雷达测量3个斜距变化率 $\dot{R}$ 组成的体制，它可以独立确定导弹或运载火箭的弹道位置和速度参数，也就是由单脉冲雷达定位和连续波雷达测速。

**1. 弹道位置参数精度估算式**

由 $R$、$A$、$E$ 测量元素解算目标在发射坐标系中位置参数，其公式同式(8－41)。因此，测量元素的各项误差、总误差表达式以及它们所解算的弹道位置参数测量精度公式见式(8－43)～式(8－65)，在此略。

**2. 弹道速度参数精度估算式**

测速元素 $\dot{R}_i$ 的测量方程为

$$\dot{R}_i=l_i\dot{X}+m_i\dot{Y}+n_i\dot{Z}\qquad i=1,2,3 \tag{8－119}$$

其中

$$l_i=\frac{X-X_i}{R_i},m_i=\frac{Y-Y_i}{R_i},n_i=\frac{Z-Z_i}{R_i}$$

$$R_i=\sqrt{(X-X_i)^2+(Y-Y_i)^2+(Z-Z_i)^2}$$

对于方程(8－119)可以用矩阵形式表示，即

$$\dot{\boldsymbol{R}}=\begin{bmatrix}\dot{R}_1\\\dot{R}_2\\\dot{R}_3\end{bmatrix}\quad \boldsymbol{A}=\begin{bmatrix}l_1 & m_1 & n_1\\l_2 & m_2 & n_2\\l_3 & m_3 & n_3\end{bmatrix}\quad \dot{\boldsymbol{X}}=\begin{bmatrix}\dot{X}\\\dot{Y}\\\dot{Z}\end{bmatrix}$$

则测量方程(8－119)的矩阵形式为

$$\dot{\boldsymbol{R}}=\boldsymbol{A}\dot{\boldsymbol{X}} \tag{8－120}$$

在此，将 $R$、$A$、$E$ 测量元素解算的弹道位置参数 $X$、$Y$、$Z$ 作为

已确定值,代入方程(8-120)中。由式(8-120)立即可以得到弹道速度参数的解算公式为

$$\dot{\boldsymbol{X}}=\boldsymbol{A}^{-1}\dot{\boldsymbol{R}} \tag{8-121}$$

为了推导方便,关于式(8-121)解算的弹道速度参数的测量精度估算方法和公式,仍由式(8-120)出发,对它关于变量做全微分得到

$$\Delta\dot{\boldsymbol{R}}=\boldsymbol{A}\Delta\dot{\boldsymbol{X}}+\dot{\boldsymbol{A}}\Delta\boldsymbol{X}-\dot{\boldsymbol{A}}_0\Delta\boldsymbol{X}_0 \tag{8-122}$$

其中

$$\Delta\dot{\boldsymbol{R}}=\begin{bmatrix}\Delta\dot{R}_1\\ \Delta\dot{R}_2\\ \Delta\dot{R}_3\end{bmatrix}\quad \boldsymbol{A}=\begin{bmatrix}l_1 & m_1 & n_1\\ l_2 & m_2 & n_2\\ l_3 & m_3 & n_3\end{bmatrix}\quad \dot{\boldsymbol{A}}=\begin{bmatrix}\dot{l}_1 & \dot{m}_1 & \dot{n}_1\\ \dot{l}_2 & \dot{m}_2 & \dot{n}_2\\ \dot{l}_3 & \dot{m}_3 & \dot{n}_3\end{bmatrix}$$

$$\Delta\boldsymbol{X}=\begin{bmatrix}\Delta X\\ \Delta Y\\ \Delta Z\end{bmatrix}\quad \Delta\dot{\boldsymbol{X}}=\begin{bmatrix}\Delta\dot{X}\\ \Delta\dot{Y}\\ \Delta\dot{Z}\end{bmatrix}$$

$$\dot{\boldsymbol{A}}_0=\begin{bmatrix}\dot{l}_1 & \dot{m}_1 & \dot{n}_1 & 0 & 0 & 0 & \cdots & 0 & 0 & 0\\ 0 & 0 & 0 & \dot{l}_2 & \dot{m}_2 & \dot{n}_2 & \cdots & 0 & 0 & 0\\ \vdots & \vdots & \vdots & & & & \ddots & & \vdots & \vdots\\ 0 & 0 & 0 & 0 & 0 & 0 & \cdots & \dot{l}_n & \dot{m}_n & \dot{n}_n\end{bmatrix}$$

$$\Delta\boldsymbol{X}_0=\begin{bmatrix}\Delta X_{10}\\ \Delta X_{20}\\ \Delta X_{30}\end{bmatrix}\quad \Delta\boldsymbol{X}_{i0}=\begin{bmatrix}\Delta X_{i0}\\ \Delta Y_{i0}\\ \Delta Z_{i0}\end{bmatrix}$$

现将方程(8-122)右边后两项移到左边,则有

$$\Delta\dot{\boldsymbol{R}}-\dot{\boldsymbol{A}}\Delta\boldsymbol{X}+\dot{\boldsymbol{A}}_0\Delta\boldsymbol{X}_0=\boldsymbol{A}\Delta\dot{\boldsymbol{X}} \tag{8-123}$$

从方程左边可知,影响弹道速度参数的误差除测速元素的各

项误差和站址误差之外，还有解算弹道位置参数时所含的各项误差。由误差方程(8－123)可以得到

$$\boldsymbol{A}^{-1}(\Delta\dot{\boldsymbol{R}}-\dot{\boldsymbol{A}}\Delta\boldsymbol{X}+\dot{\boldsymbol{A}}_0\Delta\boldsymbol{X}_0)=\Delta\dot{\boldsymbol{X}} \tag{8-124}$$

由方程(8－124)可以得到各项误差源对弹道速度参数传播公式。

1)设备误差

假设测速元素向量的设备误差为

$$\Delta\dot{\boldsymbol{R}}_1=[\Delta\dot{R}_{11}\quad \Delta\dot{R}_{12}\quad \Delta\dot{R}_{13}]^{\mathrm{T}} \tag{8-125}$$

而弹道位置参数设备误差转换成测速元素误差为 $\dot{\boldsymbol{A}}\Delta\boldsymbol{X}_1$，将式(8－54)代入后得到

$$\dot{\boldsymbol{A}}\Delta\boldsymbol{X}_1=\dot{\boldsymbol{A}}\boldsymbol{A}\Delta\boldsymbol{L}_1 \tag{8-126}$$

式中，$\Delta\boldsymbol{L}_1=[\Delta R_1\quad \Delta A_1\quad \Delta E_1]^{\mathrm{T}}$，$\Delta R_1$、$\Delta A_1$ 和 $\Delta E_1$ 为对应 $R$、$A$、$E$ 测量元素的设备误差。

将式(8－125)和式(8－126)代入式(8－124)，则得到测量元素设备误差传播到弹道速度参数的误差为

$$\begin{aligned}\Delta\dot{\boldsymbol{X}}_1&=\boldsymbol{A}^{-1}(\Delta\dot{\boldsymbol{R}}_1-\dot{\boldsymbol{A}}\Delta\boldsymbol{X}_1)\\&=\boldsymbol{A}^{-1}(\Delta\dot{\boldsymbol{R}}_1-\dot{\boldsymbol{A}}\boldsymbol{A}\Delta\boldsymbol{L}_1)\end{aligned} \tag{8-127}$$

由定义并考虑到定位元素和测速元素设备误差的非相关性，立即得到测量元素设备误差影响弹道速度参数的精度估算公式为

$$\dot{\boldsymbol{P}}_1=\boldsymbol{A}^{-1}\dot{\boldsymbol{K}}_1\boldsymbol{A}^{-\mathrm{T}}+\boldsymbol{A}^{-1}\dot{\boldsymbol{A}}\boldsymbol{A}\boldsymbol{K}_1\boldsymbol{A}^{\mathrm{T}}\dot{\boldsymbol{A}}^{\mathrm{T}}\boldsymbol{A}^{-\mathrm{T}} \tag{8-128}$$

式中，$\dot{\boldsymbol{K}}_1=\mathrm{diag}(\sigma^2_{\dot{R}_{11}}\quad \sigma^2_{\dot{R}_{12}}\quad \sigma^2_{\dot{R}_{13}})$，$\sigma_{\dot{R}_{11}}$、$\sigma_{\dot{R}_{12}}$、$\sigma_{\dot{R}_{13}}$ 分别为测速元素向量 $\dot{\boldsymbol{R}}$ 设备误差的均方差；

$\boldsymbol{K}_1=\mathrm{diag}(\sigma^2_{R_1}\quad \sigma^2_{A_1}\quad \sigma^2_{E_1})$，$\sigma_{R_1}$、$\sigma_{A_1}$、$\sigma_{E_1}$ 分别为对应定位元素设备误差的均方差。

2)电波折射误差

同样地，将测速元素向量电波折射误差记为

$$\Delta\dot{\boldsymbol{R}}_2=[\Delta\dot{R}_{21}\quad \Delta\dot{R}_{22}\quad \Delta\dot{R}_{23}]^{\mathrm{T}} \tag{8-129}$$

而弹道位置参数电波折射误差转换成测速元素的误差为 $\dot{\boldsymbol{A}}\Delta\boldsymbol{X}_2$，将式(8－56)代入后得到

$$\dot{\boldsymbol{A}}\Delta\boldsymbol{X}_2=\dot{\boldsymbol{A}}\boldsymbol{A}\Delta\boldsymbol{L}_2 \tag{8-130}$$

式中，$\Delta\boldsymbol{L}_2=[\Delta R_2\quad 0\quad \Delta E_2]^{\mathrm{T}}$，$\Delta R_2$ 和 $\Delta E_2$ 为测量元素 $R$、$E$ 的电波折射误差。

将式(8－129)和式(8－130)代入式(8－124)，得到电波折射误差传播到弹道速度参数的误差为

$$\Delta\dot{\boldsymbol{X}}_2=\boldsymbol{A}^{-1}(\Delta\dot{\boldsymbol{R}}_2-\dot{\boldsymbol{A}}\Delta\boldsymbol{X}_2)=\boldsymbol{A}^{-1}(\Delta\dot{\boldsymbol{R}}_2-\dot{\boldsymbol{A}}\boldsymbol{A}\Delta\boldsymbol{L}_2) \tag{8-131}$$

考虑到定位元素和测速元素的电波折射误差是互不相关的，再由定义立即得到电波折射误差影响弹道速度参数的精度估算公式为

$$\dot{\boldsymbol{P}}_2=\boldsymbol{A}^{-1}\dot{\boldsymbol{K}}_2\boldsymbol{A}^{-\mathrm{T}}+\boldsymbol{A}^{-1}\dot{\boldsymbol{A}}\boldsymbol{A}\boldsymbol{K}_2\boldsymbol{A}^{\mathrm{T}}\dot{\boldsymbol{A}}^{\mathrm{T}}\boldsymbol{A}^{-\mathrm{T}} \tag{8-132}$$

式中，$\dot{\boldsymbol{K}}_2=\mathrm{diag}(\sigma^2_{\dot{R}_{21}}\quad \sigma^2_{\dot{R}_{22}}\quad \sigma^2_{\dot{R}_{23}})$，$\sigma_{\dot{R}_{21}}$，$\sigma_{\dot{R}_{22}}$，$\sigma_{\dot{R}_{23}}$ 分别为测速元素向量 $\dot{R}$ 电波折射误差的均方差；

$\boldsymbol{K}_2=\mathrm{diag}(\sigma^2_{R_2}\quad 0\quad \sigma^2_{E_2})$，$\sigma_{R_2}$，$\sigma_{E_2}$ 分别为对应定位元素电波折射误差的均方差。

3)比例因子误差

在此，仍主要考虑频率不准误差，由式(8－124)可知比例因子误差传播到弹道速度参数的误差为

$$\Delta\dot{\boldsymbol{X}}_3=\boldsymbol{A}^{-1}(\Delta\dot{\boldsymbol{R}}_3-\dot{\boldsymbol{A}}\boldsymbol{A}\Delta\boldsymbol{L}_3) \tag{8-133}$$

其中考虑到 3 个测速站设有不同频标设备，它们的频率不准误差是不相关的。因此，测速元素向量 $\dot{\boldsymbol{R}}$ 的比例因子误差为

$$\Delta\dot{\boldsymbol{R}}_3=\begin{bmatrix}\Delta\dot{R}_{31}\\ \Delta\dot{R}_{32}\\ \Delta\dot{R}_{33}\end{bmatrix}=-\dot{\boldsymbol{R}}\frac{\Delta f}{f} \tag{8-134}$$

式中，$\dot{\boldsymbol{R}} = \mathrm{diag}(\dot{R}_1 \quad \dot{R}_2 \quad \dot{R}_3)$，$\dfrac{\Delta \boldsymbol{f}}{\boldsymbol{f}}$为频率不准误差，$\dfrac{\Delta \boldsymbol{f}}{\boldsymbol{f}} = \left[\dfrac{\Delta f_1}{f_1} \quad \dfrac{\Delta f_2}{f_2} \quad \dfrac{\Delta f_3}{f_3}\right]^{\mathrm{T}}$。

而比例因子(频率不准误差)主要对斜距 $R$ 有影响，对方位角 $A$ 和高低角 $E$ 均无影响，故比例因子误差对定位元素传播方程为

$$\Delta \boldsymbol{L}_3 = \begin{bmatrix} \Delta R_3 \\ \Delta A_3 \\ \Delta E_3 \end{bmatrix} = -\begin{bmatrix} R_{31} \\ 0 \\ 0 \end{bmatrix} \frac{\Delta f_1}{f_1} \tag{8-135}$$

式中，$\dfrac{\Delta f_1}{f_1}$为雷达测站的比例因子误差。或者改写成

$$\Delta \boldsymbol{L}_3 = -\begin{bmatrix} R_{31} & 0 & 0 \\ 0 & 0 & 0 \\ 0 & 0 & 0 \end{bmatrix} \begin{bmatrix} \dfrac{\Delta f_1}{f_1} \\ \dfrac{\Delta f_2}{f_2} \\ \dfrac{\Delta f_3}{f_3} \end{bmatrix} = -\begin{bmatrix} R_{31} & 0 & 0 \\ 0 & 0 & 0 \\ 0 & 0 & 0 \end{bmatrix} \frac{\Delta \boldsymbol{f}}{\boldsymbol{f}} \tag{8-136}$$

再记 $\boldsymbol{R} = \mathrm{diag}[R_{31} \quad 0 \quad 0]$，则式(8-136)写成

$$\Delta \boldsymbol{L}_3 = -\boldsymbol{R} \frac{\Delta \boldsymbol{f}}{\boldsymbol{f}} \tag{8-137}$$

将式(8-134)和式(8-137)代入式(8-133)后，得到比例因子误差为

$$\Delta \dot{\boldsymbol{X}}_3 = \boldsymbol{A}^{-1}\left(-\dot{\boldsymbol{R}} \frac{\Delta \boldsymbol{f}}{\boldsymbol{f}} + \dot{\boldsymbol{A}}\boldsymbol{A}\boldsymbol{R} \frac{\Delta \boldsymbol{f}}{\boldsymbol{f}}\right) = \boldsymbol{A}^{-1}(-\dot{\boldsymbol{R}} + \dot{\boldsymbol{A}}\boldsymbol{A}\boldsymbol{R}) \frac{\Delta \boldsymbol{f}}{\boldsymbol{f}} \tag{8-138}$$

由于各测站使用不同的频标设备，它们的误差是互不相关的。由定义易得到比例因子误差影响弹道速度参数的精度估算公式为

$$\dot{\boldsymbol{P}}_3 = \boldsymbol{A}^{-1}(\dot{\boldsymbol{R}} - \dot{\boldsymbol{A}}\boldsymbol{A}\boldsymbol{R})\boldsymbol{K}_{\frac{\Delta f}{f}}(\dot{\boldsymbol{R}} - \dot{\boldsymbol{A}}\boldsymbol{A}\boldsymbol{R})^{\mathrm{T}} \tag{8-139}$$

式中，$\boldsymbol{K}_{\frac{\Delta f}{f}}$——比例因子误差的协方差阵，$\boldsymbol{K}_{\frac{\Delta f}{f}} = \mathrm{diag}\left(\frac{\sigma_{\Delta f_1}}{f_1} \quad \frac{\sigma_{\Delta f_2}}{f_2} \quad \frac{\sigma_{\Delta f_3}}{f_3}\right)$，$\frac{\sigma_{\Delta f_i}}{f_i}$为第 $i$ 测站的比例因子均方差。

4)时间不同步误差

由误差方程(8－124)可知，当各站使用不同时统设备时，误差源是不同源的，故时间不同步误差传播到弹道速度参数的误差为

$$\Delta\dot{\boldsymbol{X}}_4 = \boldsymbol{A}^{-1}(\Delta\dot{\boldsymbol{R}}_4 - \dot{\boldsymbol{A}}\boldsymbol{A}\Delta\boldsymbol{L}_4) \tag{8-140}$$

其中测速元素 $\dot{\boldsymbol{R}}$ 的时间不同步误差为

$$\Delta\dot{\boldsymbol{R}}_4 = \begin{bmatrix} \Delta\ddot{R}_{41} \\ \Delta\ddot{R}_{42} \\ \Delta\ddot{R}_{43} \end{bmatrix} = \ddot{\boldsymbol{R}}\Delta\boldsymbol{t} \tag{8-141}$$

式中，$\ddot{\boldsymbol{R}} = \begin{bmatrix} \ddot{R}_1 & 0 & 0 \\ 0 & \ddot{R}_2 & 0 \\ 0 & 0 & \ddot{R}_3 \end{bmatrix}$，$\ddot{R}_i$ 为第 $i$ 站到目标的斜距加速度；

$\Delta\boldsymbol{t} = \begin{bmatrix} \Delta t_1 \\ \Delta t_2 \\ \Delta t_3 \end{bmatrix}$，$\Delta t_i$ 为第 $i$ 测站的时间不同步误差。

弹道位置参数时间不同步误差转换成测速元素的误差为

$$\dot{\boldsymbol{A}}\Delta\boldsymbol{X}_4 = \dot{\boldsymbol{A}}\boldsymbol{A}\Delta\boldsymbol{L}_4 \tag{8-142}$$

将式(8－50)、式(8－141)和式(8－142)代入式(8－140)，则得到

$$\Delta\dot{\boldsymbol{X}}_4 = \boldsymbol{A}^{-1}(\ddot{\boldsymbol{R}}\Delta\boldsymbol{t} - \dot{\boldsymbol{A}}\boldsymbol{A}\boldsymbol{H}_4\Delta t_4) \tag{8-143}$$

式中，$\Delta t_4$——测量元素 $R$、$A$、$E$ 测站的时间不同步误差。

假设测站的时间不同步误差是互不相关的，由误差定义立即得到时间不同步误差影响弹道速度参数的精度估算公式为

$$\dot{\boldsymbol{P}}_4 = \boldsymbol{A}^{-1}\ddot{\boldsymbol{R}}\boldsymbol{K}_4\ddot{\boldsymbol{R}}^{\mathrm{T}}\boldsymbol{A}^{-\mathrm{T}} + \boldsymbol{A}^{-1}\dot{\boldsymbol{A}}\boldsymbol{A}\boldsymbol{H}_4\sigma_{t_4}^2\boldsymbol{H}_4^{\mathrm{T}}\boldsymbol{A}^{\mathrm{T}}\dot{\boldsymbol{A}}^{\mathrm{T}}\boldsymbol{A}^{-\mathrm{T}} \tag{8-144}$$

式中，$\boldsymbol{K}_4 = \mathrm{diag}(\sigma_{t_1}^2 \quad \sigma_{t_2}^2 \quad \sigma_{t_3}^2)$，$\sigma_{t_i}(i=1,2,3)$ 为第 $i$ 个测站时间不同步误差的均方差。

假设测量元素 $R$、$A$、$E$ 与测速元素 $\dot{R}_1$ 为同一站，它们的时统信号由同一时统设备提供，则有 $\Delta t_1 = \Delta t_4$，此时对式(8-143)必须作如下变换，即

$$\Delta\dot{\boldsymbol{X}}_4 = \boldsymbol{A}^{-1}\left[\left(\begin{bmatrix}\ddot{R}_1\\0\\0\end{bmatrix} - \dot{\boldsymbol{A}}\boldsymbol{A}\boldsymbol{H}_4\right)\Delta t_1 + \begin{bmatrix}0\\\ddot{R}_2\\0\end{bmatrix}\Delta t_2 + \begin{bmatrix}0\\0\\\ddot{R}_3\end{bmatrix}\Delta t_3\right] \tag{8-145}$$

现记

$$\ddot{\bar{\boldsymbol{R}}}_1 = \begin{bmatrix}\ddot{R}_1\\0\\0\end{bmatrix} - \dot{\boldsymbol{A}}\boldsymbol{A}\boldsymbol{H}_4,\ \ddot{\bar{\boldsymbol{R}}}_2 = \begin{bmatrix}0\\\ddot{R}_2\\0\end{bmatrix},\ \ddot{\bar{\boldsymbol{R}}}_3 = \begin{bmatrix}0\\0\\\ddot{R}_3\end{bmatrix}$$

因此，式(8-145)可以写成

$$\Delta\dot{\boldsymbol{X}}_4 = \boldsymbol{A}^{-1}(\ddot{\bar{\boldsymbol{R}}}_1\Delta t_1 + \ddot{\bar{\boldsymbol{R}}}_2\Delta t_2 + \ddot{\bar{\boldsymbol{R}}}_3\Delta t_3) \tag{8-146}$$

由于 $\Delta t_1$、$\Delta t_2$、$\Delta t_3$ 是互不相关的，此时时间不同步误差对弹道参数的精度估算式为

$$\dot{\boldsymbol{P}}_4 = \boldsymbol{A}^{-1}\left(\sum_{v=1}^{3}\ddot{\bar{\boldsymbol{R}}}_v\sigma_{t_i}^2\ddot{\bar{\boldsymbol{R}}}_v^{\mathrm{T}}\right)\boldsymbol{A}^{-\mathrm{T}} \tag{8-147}$$

5）大地测量误差

由式(8-124)可知，此时，站址误差对测速参数的影响是由

下述两部分组成，即

$$\Delta\dot{X}_5 = A^{-1}(\dot{A}_0\Delta X_0 - \dot{A}\Delta X_5) \tag{8-148}$$

式中，右边第一项是测速方程的站址误差直接对测速元素的影响，右边第二项为位置参数的大地测量误差对测速元素的影响，也就是雷达站的大地测量误差传播到测速参数的误差。假若记

$$\dot{\boldsymbol{A}}_{01} = \begin{bmatrix} \dot{l}_1 & \dot{m}_1 & \dot{n}_1 \\ 0 & 0 & 0 \\ 0 & 0 & 0 \end{bmatrix}, \dot{\boldsymbol{A}}_{02} = \begin{bmatrix} 0 & 0 & 0 \\ \dot{l}_2 & \dot{m}_2 & \dot{n}_2 \\ 0 & 0 & 0 \end{bmatrix}$$

$$\dot{\boldsymbol{A}}_{03} = \begin{bmatrix} 0 & 0 & 0 \\ 0 & 0 & 0 \\ \dot{l}_3 & \dot{m}_3 & \dot{n}_3 \end{bmatrix}, \Delta\boldsymbol{X}_{i0} = \begin{bmatrix} \Delta X_{i0} \\ \Delta Y_{i0} \\ \Delta Z_{i0} \end{bmatrix}$$

其中，$\Delta\boldsymbol{X}_{i0}$是第 $i$ 个测站坐标的误差量。则式(8－148)又可写成

$$\Delta\dot{\boldsymbol{X}}_5 = \boldsymbol{A}^{-1}(\dot{\boldsymbol{A}}_{01}\Delta\boldsymbol{X}_{10} + \dot{\boldsymbol{A}}_{02}\Delta\boldsymbol{X}_{20} + \dot{\boldsymbol{A}}_{03}\Delta\boldsymbol{X}_{30} - \dot{\boldsymbol{A}}\Delta\boldsymbol{X}_5) \tag{8-149}$$

由式(8－28)和式(8－29)可知

$$\begin{cases} \Delta\boldsymbol{X}_{iO} = \boldsymbol{C}_i\boldsymbol{W}_i\Delta\boldsymbol{h}_i & i=1,2,3 \\ \Delta\boldsymbol{X}_5 = \boldsymbol{C}_0\boldsymbol{W}_0\Delta\boldsymbol{h}_0 \end{cases} \tag{8-150}$$

式中，$\boldsymbol{C}_i = \boldsymbol{C}_0 = \boldsymbol{C}$，矩阵 $\boldsymbol{C}$ 为地心空间直角坐标系转换到发射坐标系的转换矩阵，见式(8－27)，$\boldsymbol{W}_0$ 由雷达站对应的大地测量参数 $L_0$、$B_0$、$h_0$ 代入；$\Delta\boldsymbol{h}_0 = (\Delta L_0 \quad \Delta B_0 \quad \Delta h_0)^{\mathrm{T}}$，$\Delta L_0$，$\Delta B_0$，$\Delta h_0$ 为对应大地测量参数 $L_0$、$B_0$、$h_0$ 的误差。

将式(8－150)代入式(8－149)，得到大地测量误差对弹道速度参数的误差传播公式为

$$\Delta\dot{\boldsymbol{X}}_5 = \boldsymbol{A}^{-1}(\dot{\boldsymbol{A}}_{01}\boldsymbol{C}_1\boldsymbol{W}_1\Delta\boldsymbol{L}_1 + \dot{\boldsymbol{A}}_{02}\boldsymbol{C}_2\boldsymbol{W}_2\Delta\boldsymbol{L}_2 + \dot{\boldsymbol{A}}_{03}\boldsymbol{C}_3\boldsymbol{W}_3\Delta\boldsymbol{L}_3 - \dot{\boldsymbol{A}}\boldsymbol{C}_0\boldsymbol{W}_0\Delta\boldsymbol{L}_0) \tag{8-151}$$

由此，得到大地测量误差对速度参数影响测量精度估算公式为

$$\dot{\boldsymbol{P}}_5 = \boldsymbol{A}^{-1}\dot{\boldsymbol{A}}\boldsymbol{C}_0\boldsymbol{W}_0\boldsymbol{K}_{h_0}\boldsymbol{W}_0^{\mathrm{T}}\boldsymbol{C}_0^{\mathrm{T}}\dot{\boldsymbol{A}}^{\mathrm{T}}\boldsymbol{A}^{-\mathrm{T}} + \boldsymbol{A}^{-1}\left(\sum_{i=1}^{3}\dot{\boldsymbol{A}}_{0i}\boldsymbol{C}_i\boldsymbol{W}_i\boldsymbol{K}_{h_i}\boldsymbol{W}_i^{\mathrm{T}}\boldsymbol{C}_i^{\mathrm{T}}\dot{\boldsymbol{A}}_{0_i}^{\mathrm{T}}\right)\boldsymbol{A}^{-\mathrm{T}} \qquad (8-152)$$

假设测元 $R$、$A$、$E$ 与测速元素 $\dot{R}_1$ 为同一站，则它们的站址和大地测量参数相同为 $L_1$、$B_1$、$h_1$，其误差源也相同。因此式(8－151)变为

$$\begin{aligned}\Delta\dot{\boldsymbol{X}}_5 &= \boldsymbol{A}^{-1}[(\dot{\boldsymbol{A}}_{01}\boldsymbol{C}_1\boldsymbol{W}_1 - \dot{\boldsymbol{A}}\boldsymbol{C}_0\boldsymbol{W}_1)\Delta\boldsymbol{L}_1 + \dot{\boldsymbol{A}}_{02}\boldsymbol{C}_2\boldsymbol{W}_2\Delta\boldsymbol{L}_2 \\ &\quad + \dot{\boldsymbol{A}}_{03}\boldsymbol{C}_3\boldsymbol{W}_3\Delta\boldsymbol{L}_3] = \boldsymbol{A}^{-1}[(\dot{\boldsymbol{A}}_{01}\boldsymbol{C}_1 - \dot{\boldsymbol{A}}\boldsymbol{C}_0)\boldsymbol{W}_1\Delta\boldsymbol{L}_1 \\ &\quad + \dot{\boldsymbol{A}}_{02}\boldsymbol{C}_2\boldsymbol{W}_2\Delta\boldsymbol{L}_2 + \dot{\boldsymbol{A}}_{03}\boldsymbol{C}_3\boldsymbol{W}_3\Delta\boldsymbol{L}_3]\end{aligned} \qquad (8-153)$$

相应地式(8－152)变成为

$$\begin{aligned}\dot{\boldsymbol{P}}_5 &= \boldsymbol{A}^{-1}(\dot{\boldsymbol{A}}_{01}\boldsymbol{C}_1\boldsymbol{W}_1 - \dot{\boldsymbol{A}}\boldsymbol{C}_0\boldsymbol{W}_0)\boldsymbol{K}_{h_1}(\dot{\boldsymbol{A}}_{01}\boldsymbol{C}_1\boldsymbol{W}_1 - \dot{\boldsymbol{A}}\boldsymbol{C}_0\boldsymbol{W}_0)^{\mathrm{T}}\boldsymbol{A}^{-\mathrm{T}} \\ &\quad + \boldsymbol{A}^{-1}\left(\sum_{i=2}^{3}\dot{\boldsymbol{A}}_0\boldsymbol{C}_2\boldsymbol{W}_i\boldsymbol{K}_{h_i}\boldsymbol{W}_i^{\mathrm{T}}\boldsymbol{C}_2^{\mathrm{T}}\dot{\boldsymbol{A}}_0^{\mathrm{T}}\right)\boldsymbol{A}^{-\mathrm{T}} \\ &= \boldsymbol{A}^{-1}(\dot{\boldsymbol{A}}_{01}\boldsymbol{C}_1 - \dot{\boldsymbol{A}}\boldsymbol{C}_0)\boldsymbol{W}_1\boldsymbol{K}_{h_1}\boldsymbol{W}_1^{\mathrm{T}}(\dot{\boldsymbol{A}}_{01}\boldsymbol{C}_1 - \dot{\boldsymbol{A}}\boldsymbol{C}_0)^{\mathrm{T}}\boldsymbol{A}^{-\mathrm{T}} \\ &\quad + \boldsymbol{A}^{-1}\left(\sum_{i=2}^{3}\dot{\boldsymbol{A}}_0\boldsymbol{C}_2\boldsymbol{W}_i\boldsymbol{K}_{h_i}\boldsymbol{W}_i^{\mathrm{T}}\boldsymbol{C}_2^{\mathrm{T}}\dot{\boldsymbol{A}}_0^{\mathrm{T}}\right)\boldsymbol{A}^{-\mathrm{T}}\end{aligned} \qquad (8-154)$$

6）总误差

各项速度参数向量误差之和即为总误差

$$\Delta\dot{\boldsymbol{X}} = \sum_{v=1}^{5}\Delta\dot{\boldsymbol{X}}_i \qquad (8-155)$$

式中，$\Delta\dot{\boldsymbol{X}}_i(i=1,2,\cdots,5)$分别由式(8－127)、式(8－131)、式(8－138)、式(8－143)和式(8－153)代入，相应的总误差对位置参数向量影响的测量精度估算式为

$$\dot{\boldsymbol{P}} = \sum_{v=1}^{5}\dot{\boldsymbol{P}}_i \qquad (8-156)$$

式中，$\dot{\boldsymbol{P}}_i(i=1,2,\cdots,5)$分别由式(8－128)、式(8－132)、式(8－139)、式(8－144)和式(8－154)代入。

### 8.2.5 干涉仪测量体制的精度估算公式

干涉仪测量体制是导弹主动段和运载火箭助推段的主要测量系统，无论是一主两副 L 型干涉仪和一主三副 Y 型干涉仪都可独立确定目标飞行弹道的位置和速度参数。在此，以一主两副的 L 型干涉仪为例，推导其对应的测量精度估算公式。

对于一主两副干涉仪，它是测量主站天线到目标往返的距离和 $S$，两副站天线到目标距离与主站到目标距离之差，记为 $P$、$Q$，以及它们的变化率 $\dot{S}$、$\dot{P}$、$\dot{Q}$，其测量方程为

$$\begin{cases}
S=\sqrt{(X-X_R)^2+(Y-Y_R)^2+(Z-Z_R)^2} \\
\quad +\sqrt{(X-X_T)^2+(Y-Y_T)^2+(Z-Z_T)^2} \\
P=\sqrt{(X-X_R)^2+(Y-Y_R)^2+(Z-Z_R)^2} \\
\quad -\sqrt{(X-X_P)^2+(Y-Y_P)^2+(Z-Z_P)^2} \\
Q=\sqrt{(X-X_R)^2+(Y-Y_R)^2+(Z-Z_R)^2} \\
\quad -\sqrt{(X-X_Q)^2+(Y-Y_Q)^2+(Z-Z_Q)^2} \\
\dot{S}=\dfrac{(X-X_R)}{R_R}\dot{X}+\dfrac{(Y-Y_R)}{R_R}\dot{Y}+\dfrac{(Z-Z_R)}{R_R}\dot{Z} \\
\quad +\dfrac{(X-X_T)}{R_T}\dot{X}+\dfrac{(Y-Y_T)}{R_T}\dot{Y}+\dfrac{(Z-Z_T)}{R_T}\dot{Z} \\
\dot{P}=\dfrac{(X-X_R)}{R_R}\dot{X}+\dfrac{(Y-Y_R)}{R_R}\dot{Y}+\dfrac{(Z-Z_R)}{R_R}\dot{Z} \\
\quad -\dfrac{(X-X_P)}{R_P}\dot{X}-\dfrac{(Y-Y_P)}{R_P}\dot{Y}-\dfrac{(Z-Z_P)}{R_P}\dot{Z} \\
\dot{Q}=\dfrac{(X-X_R)}{R_R}\dot{X}+\dfrac{(Y-Y_R)}{R_R}\dot{Y}+\dfrac{(Z-Z_R)}{R_R}\dot{Z} \\
\quad -\dfrac{(X-X_Q)}{R_Q}\dot{X}-\dfrac{(Y-Y_Q)}{R_Q}\dot{Y}-\dfrac{(Z-Z_Q)}{R_Q}\dot{Z} \\
R_i=\sqrt{(X-X_i)^2+(Y-Y_i)^2+(Z-Z_i)^2} \qquad i=R,T,P,Q
\end{cases} \tag{8-157}$$

式中，$X_R$、$Y_R$、$Z_R$ 和 $X_T$、$Y_T$、$Z_T$——主站收和发天线在发射坐标系中的坐标；

$X_P$、$Y_P$、$Z_P$ 和 $X_Q$、$Y_Q$、$Z_Q$——副 1 站和副 2 站天线在发射坐标系中的坐标；

$X$、$Y$、$Z$ 和 $\dot{X}$、$\dot{Y}$、$\dot{Z}$——目标的空间位置和速度坐标。

在此，可以利用前 3 个定位元素测量方程解算目标的位置坐标，然后由后 3 个测速元素测量方程解算目标的速度坐标。

**1. 位置参数测量精度估算公式**

现将方程(8－157)前 3 个定位方程全微分，并记

$$\Delta \boldsymbol{L}=\begin{bmatrix}\Delta S\\ \Delta P\\ \Delta Q\end{bmatrix}\quad \boldsymbol{A}=\begin{bmatrix}l_R+l_T & m_R+m_T & n_R+n_T\\ l_R-l_P & m_R-m_P & n_R-n_P\\ l_R-l_Q & m_R-m_Q & n_R-n_Q\end{bmatrix}\quad \boldsymbol{A}_R=\begin{bmatrix}l_R & m_R & n_R\\ l_R & m_R & n_R\\ l_R & m_R & n_R\end{bmatrix}$$

$$\boldsymbol{A}_T=\begin{bmatrix}l_T & m_T & n_T\\ 0 & 0 & 0\\ 0 & 0 & 0\end{bmatrix},\boldsymbol{A}_P=\begin{bmatrix}0 & 0 & 0\\ l_P & m_P & n_p\\ 0 & 0 & 0\end{bmatrix},\boldsymbol{A}_Q=\begin{bmatrix}0 & 0 & 0\\ 0 & 0 & 0\\ l_Q & m_Q & n_Q\end{bmatrix}$$

$$\Delta X=\begin{bmatrix}\Delta X\\ \Delta Y\\ \Delta Z\end{bmatrix}\quad \Delta \boldsymbol{X}_i=\begin{bmatrix}\Delta X_i\\ \Delta Y_i\\ \Delta Z_i\end{bmatrix}$$

$$l_i=\frac{X-X_i}{R_i},m_i=\frac{Y-Y_i}{R_i},n_i=\frac{Z-Z_i}{R_i}$$

$$R_i=\sqrt{(X-X_i)^2+(Y-Y_i)^2+(Z-Z_i)^2}\qquad i=R,T,P,Q$$

则方程(8－157)全微分后误差方程矩阵形式为

$$\Delta \boldsymbol{L}=\boldsymbol{A}\Delta \boldsymbol{X}-\boldsymbol{A}_R\Delta \boldsymbol{X}_R-\boldsymbol{A}_T\Delta \boldsymbol{X}_T+\boldsymbol{A}_P\Delta \boldsymbol{X}_P+\boldsymbol{A}_Q\Delta \boldsymbol{X}_Q \tag{8-158}$$

将误差方程(8－158)移项，整理后得到

$$\boldsymbol{A}\Delta\boldsymbol{X}=\Delta\boldsymbol{L}+\boldsymbol{A}_R\Delta\boldsymbol{X}_R+\boldsymbol{A}_T\Delta\boldsymbol{X}_T-\boldsymbol{A}_P\Delta\boldsymbol{X}_P-\boldsymbol{A}_Q\Delta\boldsymbol{X}_Q \tag{8-159}$$

或者有

$$\Delta\boldsymbol{X}=\boldsymbol{A}^{-1}(\Delta\boldsymbol{L}+\boldsymbol{A}_R\Delta\boldsymbol{X}_R+\boldsymbol{A}_T\Delta\boldsymbol{X}_T-\boldsymbol{A}_P\Delta\boldsymbol{X}_P-\boldsymbol{A}_Q\Delta\boldsymbol{X}_Q) \tag{8-160}$$

由式(8－160)可以得到各误差源对弹道位置参数的误差传播方程。

1)设备误差

记干涉仪定位元素的设备误差向量为 $\Delta\boldsymbol{L}_1=[\Delta S_1\quad \Delta P_1\quad \Delta Q_1]^{\mathrm{T}}$,则它对弹道位置参数误差传播方程为

$$\Delta\boldsymbol{X}_1=\boldsymbol{A}^{-1}\Delta\boldsymbol{L}_1 \tag{8-161}$$

由此,得到设备误差对弹道位置参数影响的测量精度估算式为

$$\boldsymbol{P}_1=\boldsymbol{A}^{-1}\boldsymbol{K}_1\boldsymbol{A}^{-\mathrm{T}} \tag{8-162}$$

式中,$\boldsymbol{K}_1=\mathrm{diag}(\sigma_{S_1}^2\quad \sigma_{P_1}^2\quad \sigma_{Q_1}^2)$,$\sigma_{S_1},\sigma_{P_1},\sigma_{Q_1}$分别为定位测量元素 $S$、$P$、$Q$ 的设备误差均方差。

2)电波折射误差

记干涉仪电波折射误差向量为 $\Delta\boldsymbol{L}_2=[\Delta S_2\quad \Delta P_2\quad \Delta Q_2]^{\mathrm{T}}$,则它对弹道位置参数误差传播方程为

$$\Delta\boldsymbol{X}_2=\boldsymbol{A}^{-1}\Delta\boldsymbol{L}_2 \tag{8-163}$$

由此,得到电波折射误差对弹道位置参数影响的测量精度估算式为

$$\boldsymbol{P}_2=\boldsymbol{A}^{-1}\boldsymbol{K}_2\boldsymbol{A}^{-\mathrm{T}} \tag{8-164}$$

式中,$\boldsymbol{K}_2=\mathrm{diag}(\sigma_{S_2}^2\quad \sigma_{P_2}^2\quad \sigma_{Q_2}^2)$,$\sigma_{S_2},\sigma_{P_2},\sigma_{Q_2}$分别为定位测量元素 $S$、$P$、$Q$ 的电波折射误差均方差。

3)比例因子误差

记干涉仪测量元素的比例因子误差(频率不准误差)向量为

$\Delta \boldsymbol{L}_3$，它对弹道位置参数误差传播方程为

$$\Delta \boldsymbol{X}_3 = \boldsymbol{A}^{-1} \Delta \boldsymbol{L}_3 = \boldsymbol{A}^{-1} \boldsymbol{L} \left( -\frac{\Delta f}{f} \right) \tag{8-165}$$

式中，$\boldsymbol{L} = [S \quad P \quad Q]^{\mathrm{T}}$。

由于干涉仪测量系统各站使用同一系统频标设备，其测量元素的频率不准误差为同一误差源，记为$\frac{\Delta f}{f}$。

而比例因子误差对弹道位置参数向量影响的测量精度估算式为

$$\boldsymbol{P}_3 = \boldsymbol{A}^{-1} \boldsymbol{L} \sigma_{\frac{\Delta f}{f}}^2 \boldsymbol{L}^{\mathrm{T}} \boldsymbol{A}^{-\mathrm{T}} \tag{8-166}$$

式中，$\sigma_{\frac{\Delta f}{f}}$——干涉仪系统频率不准误差的均方差。

4）时间不同步误差

干涉仪测量系统应用同一时统设备的信号，故各站测量元素的时间不准误差是同一个，干涉仪测量元素的时间不准误差向量$\Delta \boldsymbol{L}_4$对弹道位置参数向量误差传播方程为

$$\Delta \boldsymbol{X}_4 = \boldsymbol{A}^{-1} \Delta \boldsymbol{L}_4 = \boldsymbol{A}^{-1} \dot{\boldsymbol{L}} \Delta t \tag{8-167}$$

式中，$\dot{\boldsymbol{L}} = [\dot{S} \quad \dot{P} \quad \dot{Q}]^{\mathrm{T}}$，$\Delta t$为干涉仪测量系统时间不同步误差。

因而时间不同步误差对弹道位置参数影响的测量精度估算式为

$$\boldsymbol{P}_4 = \boldsymbol{A}^{-1} \dot{\boldsymbol{L}} \sigma_t^2 \dot{\boldsymbol{L}}^{\mathrm{T}} \boldsymbol{A}^{-\mathrm{T}} \tag{8-168}$$

式中，$\sigma_t$——干涉仪时间不同步误差的均方差。

5）大地测量误差

由位置参数的误差方程式（8－160）可知，位置参数向量站址误差为

$$\Delta \boldsymbol{X}_5 = \boldsymbol{A}^{-1} (\boldsymbol{A}_R \Delta \boldsymbol{X}_R + \boldsymbol{A}_T \Delta \boldsymbol{X}_T - \boldsymbol{A}_P \Delta \boldsymbol{X}_P - \boldsymbol{A}_Q \Delta \boldsymbol{X}_Q) \tag{8-169}$$

现对$\Delta \boldsymbol{X}_i$关于大地测量参数做全微分，由式（8－28）可知为

$$\Delta \boldsymbol{X}_i = \boldsymbol{C}_i \boldsymbol{W}_i \Delta \boldsymbol{h}_i \qquad i = R,T,P,Q \qquad (8-170)$$

式中，$\Delta \boldsymbol{L}_i^{\mathrm{T}} = [\Delta L_i \quad \Delta B_i \quad \Delta h_i]^{\mathrm{T}}$，$\boldsymbol{C}_i(\boldsymbol{C}_i \equiv \boldsymbol{C})$、$\boldsymbol{W}_i$ 见式(8-27)和式(8-28)。

将式(8-170)代入式(8-169)后，得到大地测量误差对位置参数向量的误差传播方程为

$$\Delta \boldsymbol{X}_5 = \boldsymbol{A}^{-1}(\boldsymbol{A}_R \boldsymbol{C}_R \boldsymbol{W}_R \Delta \boldsymbol{h}_R + \boldsymbol{A}_T \boldsymbol{C}_T \boldsymbol{W}_T \Delta \boldsymbol{h}_T - \boldsymbol{A}_P \boldsymbol{C}_P \boldsymbol{W}_P \Delta \boldsymbol{h}_P - \boldsymbol{A}_Q \boldsymbol{C}_Q \boldsymbol{W}_Q \Delta \boldsymbol{h}_Q) \qquad (8-171)$$

由式(8-171)和误差协方差定义，立即得到大地测量误差对位置参数向量影响的测量精度估算式为

$$\boldsymbol{P}_5 = \boldsymbol{A}^{-1}\left(\sum_{i=R}^{Q} \boldsymbol{A}_i \boldsymbol{C}_i \boldsymbol{W}_i \boldsymbol{K}_{h_i} \boldsymbol{W}_i^{\mathrm{T}} \boldsymbol{C}_i^{\mathrm{T}} \boldsymbol{A}_i^{\mathrm{T}}\right) \boldsymbol{A}^{-\mathrm{T}} \qquad (8-172)$$

式中，$\boldsymbol{K}_{h_i}$——第 $i$ 站大地测量误差的协方差阵，$\boldsymbol{K}_{h_i} = \mathrm{diag}(\sigma_{L_i}^2 \quad \sigma_{B_i}^2 \quad \sigma_{h_i}^2)$，$\sigma_{L_i}$，$\sigma_{B_i}$，$\sigma_{h_i}$ 为第 $i$ 站大地经度、大地纬度和大地高的误差均方差。

6）总误差

位置参数的总误差为各项误差之和，即为

$$\Delta \boldsymbol{X} = \sum_{i=1}^{5} \Delta \boldsymbol{X}_i \qquad (8-173)$$

式中，$\Delta \boldsymbol{X}_i (i=1,2,\cdots,5)$ 分别由式(8-161)、式(8-163)、式(8-165)、式(8-167)和式(8-171)代入。

总误差的协方差之和为

$$\boldsymbol{P} = \sum_{i=1}^{5} \boldsymbol{P}_i \qquad (8-174)$$

式中，$\boldsymbol{P}_i (i=1,2,\cdots,5)$ 分别由式(8-162)、式(8-164)、式(8-166)、式(8-168)和式(8-172)代入。

**2. 速度参数测量精度估算式**

对方程(8-157)后 3 个测速方程进行全微分，并记

$$\Delta\dot{\boldsymbol{L}} = \begin{bmatrix} \Delta\dot{S} \\ \Delta\dot{P} \\ \Delta\dot{Q} \end{bmatrix}, \boldsymbol{A} = \begin{bmatrix} l_R + l_T & m_R + m_T & n_R + n_T \\ l_R - l_P & m_R - m_P & n_R - n_P \\ l_R - l_Q & m_R - m_Q & n_R - n_Q \end{bmatrix}$$

$$\dot{\boldsymbol{A}} = \begin{bmatrix} \dot{l}_R + \dot{l}_T & \dot{m}_R + \dot{m}_T & \dot{n}_R + \dot{n}_T \\ \dot{l}_R - \dot{l}_P & \dot{m}_R - \dot{m}_P & \dot{n}_R - \dot{n}_P \\ \dot{l}_R - \dot{l}_Q & \dot{m}_R - \dot{m}_Q & \dot{n}_R - \dot{n}_Q \end{bmatrix}$$

$$\Delta\dot{\boldsymbol{X}} = \begin{bmatrix} \Delta\dot{X} \\ \Delta\dot{Y} \\ \Delta\dot{Z} \end{bmatrix}, \Delta\boldsymbol{X} = \begin{bmatrix} \Delta X \\ \Delta Y \\ \Delta Z \end{bmatrix}, \quad \dot{\boldsymbol{A}}_R = \begin{bmatrix} \dot{l}_R & \dot{m}_R & \dot{n}_R \\ \dot{l}_R & \dot{m}_R & \dot{n}_R \\ \dot{l}_R & \dot{m}_R & \dot{n}_R \end{bmatrix}$$

$$\dot{\boldsymbol{A}}_T = \begin{bmatrix} \dot{l}_T & \dot{m}_T & \dot{n}_T \\ 0 & 0 & 0 \\ 0 & 0 & 0 \end{bmatrix}, \dot{\boldsymbol{A}}_P = \begin{bmatrix} 0 & 0 & 0 \\ \dot{l}_P & \dot{m}_P & \dot{n}_p \\ 0 & 0 & 0 \end{bmatrix}$$

$$\dot{\boldsymbol{A}}_Q = \begin{bmatrix} 0 & 0 & 0 \\ 0 & 0 & 0 \\ \dot{l}_Q & \dot{m}_Q & \dot{n}_Q \end{bmatrix}, \Delta\boldsymbol{X}_i = \begin{bmatrix} \Delta X_i \\ \Delta Y_i \\ \Delta Z_i \end{bmatrix}$$

$$l_i = \frac{X - X_i}{R_i}, m_i = \frac{Y - Y_i}{R_i}, n_i = \frac{Z - Z_i}{R_i}$$

$$\dot{l}_i = \frac{1}{R_i}\left[\dot{X} - \frac{(X - X_i)}{R_i}\dot{R}_i\right], \dot{m}_i = \frac{1}{R_i}\left[\dot{Y} - \frac{(Y - Y_i)}{R_i}\dot{R}_i\right]$$

$$\dot{n}_i = \frac{1}{R_i}\left[\dot{Z} - \frac{(Z - Z_i)}{R_i}\dot{R}_i\right]$$

$$R_i = \sqrt{(X - X_i)^2 + (Y - Y_i)^2 + (Z - Z_i)^2}$$

$$\dot{R}_i = \frac{X - X_i}{R_i}\dot{X} + \frac{Y - Y_i}{R_i}\dot{Y} + \frac{Z - Z_i}{R_i}\dot{Z} \qquad i = R, T, P, Q$$

则方程(8－157)后3个测速方程全微分的矩阵形式为

$$\Delta\dot{\boldsymbol{L}}=\boldsymbol{A}\Delta\dot{\boldsymbol{X}}+\dot{\boldsymbol{A}}\Delta\boldsymbol{X}-\dot{\boldsymbol{A}}_R\Delta\boldsymbol{X}_R-\dot{\boldsymbol{A}}_T\Delta\boldsymbol{X}_T+\dot{\boldsymbol{A}}_P\Delta\boldsymbol{X}_P+\dot{\boldsymbol{A}}_Q\Delta\boldsymbol{X}_Q \tag{8-175}$$

将方程(8－175)进行移项整理后得到

$$\boldsymbol{A}\Delta\dot{\boldsymbol{X}}=\Delta\dot{\boldsymbol{L}}-\dot{\boldsymbol{A}}\Delta\boldsymbol{X}+\dot{\boldsymbol{A}}_R\Delta\boldsymbol{X}_R+\dot{\boldsymbol{A}}_T\Delta\boldsymbol{X}_T-\dot{\boldsymbol{A}}_P\Delta\boldsymbol{X}_P-\dot{\boldsymbol{A}}_Q\Delta\boldsymbol{X}_Q \tag{8-176}$$

或者有

$$\Delta\dot{\boldsymbol{X}}=\boldsymbol{A}^{-1}(\Delta\dot{\boldsymbol{L}}-\dot{\boldsymbol{A}}\Delta\boldsymbol{X}+\dot{\boldsymbol{A}}_R\Delta\boldsymbol{X}_R+\dot{\boldsymbol{A}}_T\Delta\boldsymbol{X}_T-\dot{\boldsymbol{A}}_P\Delta\boldsymbol{X}_P-\dot{\boldsymbol{A}}_Q\Delta\boldsymbol{X}_Q) \tag{8-177}$$

式(8－175)中,右边第一项为测速元素的总误差项,右边第二项为位置参数向量总误差项,后几项分别为干涉仪系统各主副站的站址误差项。

1)设备误差

设备误差包括两部分:一是测速元素向量 $\dot{\boldsymbol{L}}=[\dot{S}\quad \dot{P}\quad \dot{Q}]^{\mathrm{T}}$ 的设备误差项 $\Delta\dot{\boldsymbol{L}}_1=[\Delta\dot{S}_1\quad \Delta\dot{P}_1\quad \Delta\dot{Q}_1]^{\mathrm{T}}$;二是定位元素向量设备误差 $\Delta\boldsymbol{L}_1$ 传播到位置参数向量的误差 $\Delta\boldsymbol{X}_1$。因此有

$$\Delta\dot{\boldsymbol{X}}_1=\boldsymbol{A}^{-1}(\Delta\dot{\boldsymbol{L}}_1-\dot{\boldsymbol{A}}\Delta\boldsymbol{X}_1) \tag{8-178}$$

将式(8－161)代入式(8－178)后得到

$$\Delta\dot{\boldsymbol{X}}_1=\boldsymbol{A}^{-1}(\Delta\dot{\boldsymbol{L}}_1-\dot{\boldsymbol{A}}\boldsymbol{A}^{-1}\Delta\boldsymbol{L}_1) \tag{8-179}$$

假设定位元素与测速元素的设备误差是互不相关的,由此得到各测量元素设备误差对弹道速度参数影响的测量精度估算式为

$$\dot{\boldsymbol{P}}_1=\boldsymbol{A}^{-1}\dot{\boldsymbol{K}}_1\boldsymbol{A}^{-\mathrm{T}}+\boldsymbol{A}^{-1}\dot{\boldsymbol{A}}\boldsymbol{A}^{-1}\boldsymbol{K}_1\boldsymbol{A}^{-\mathrm{T}}\dot{\boldsymbol{A}}^{\mathrm{T}}\boldsymbol{A}^{-\mathrm{T}} \tag{8-180}$$

式中,$\dot{\boldsymbol{K}}_1=\mathrm{diag}(\sigma^2_{\dot{S}_1}\quad \sigma^2_{\dot{P}_1}\quad \sigma^2_{\dot{Q}_1})$,$\sigma_{\dot{S}_1},\sigma_{\dot{P}_1},\sigma_{\dot{Q}_1}$ 分别为测速元素设备误差的均方差;$\boldsymbol{K}_1$ 为定位元素设备误差的协方差阵,其表达式见(8－162)。

2)电波折射误差

电波折射误差也包括两部分：即测速元素向量 $\dot{\boldsymbol{L}}$ 的电波折射误差项 $\Delta\dot{\boldsymbol{L}}_2=[\Delta\dot{S}_2 \quad \Delta\dot{P}_2 \quad \Delta\dot{Q}_2]^{\mathrm{T}}$ 和定位元素向量电波折射误差 $\Delta\boldsymbol{L}_2$ 传播到位置参数向量的误差 $\Delta\boldsymbol{X}_2$。因此有

$$\Delta\dot{\boldsymbol{X}}_2=\boldsymbol{A}^{-1}(\Delta\dot{\boldsymbol{L}}_2-\dot{\boldsymbol{A}}\Delta\boldsymbol{X}_2)=\boldsymbol{A}^{-1}(\Delta\dot{\boldsymbol{L}}_2-\dot{\boldsymbol{A}}\boldsymbol{A}^{-1}\Delta\boldsymbol{L}_2) \tag{8-181}$$

同样地，弹道速度参数向量的电波折射误差影响的测量精度为

$$\dot{\boldsymbol{P}}_2=\boldsymbol{A}^{-1}\dot{\boldsymbol{K}}_2\boldsymbol{A}^{-\mathrm{T}}+\boldsymbol{A}^{-1}\dot{\boldsymbol{A}}\boldsymbol{A}^{-1}\boldsymbol{K}_2\boldsymbol{A}^{-\mathrm{T}}\dot{\boldsymbol{A}}^{\mathrm{T}}\boldsymbol{A}^{-\mathrm{T}} \tag{8-182}$$

式中，$\dot{\boldsymbol{K}}_2=\mathrm{diag}(\sigma^2_{\dot{S}_2} \quad \sigma^2_{\dot{P}_2} \quad \sigma^2_{\dot{Q}_2})$，$\sigma_{\dot{S}_2}$，$\sigma_{\dot{P}_2}$，$\sigma_{\dot{Q}_2}$ 分别为测速元素的电波折射误差的均方差；$\boldsymbol{K}_2$ 为定位元素的电波折射误差的协方差，其表达式见(8-164)。

3)比例因子误差

在此，主要是发射频率不准误差，它也由定位元素和测速元素两部分的频率不准误差组成，由式(8-177)得到频率不准误差对弹道速度参数的传播方程为

$$\Delta\dot{\boldsymbol{X}}_3=\boldsymbol{A}^{-1}(\Delta\dot{\boldsymbol{L}}_3-\dot{\boldsymbol{A}}\Delta\boldsymbol{X}_3) \tag{8-183}$$

其中，$\Delta\dot{\boldsymbol{L}}_3=[\Delta\dot{S}_3 \quad \Delta\dot{P}_3 \quad \Delta\dot{Q}_3]^{\mathrm{T}}$ 是测速元素频率不准误差，将它关于频率不准误差微分后则有

$$\Delta\dot{\boldsymbol{L}}_3=-\dot{\boldsymbol{L}}\frac{\Delta f}{f} \tag{8-184}$$

式中，$\dfrac{\Delta f}{f}$为发射频率不准误差；$\dot{\boldsymbol{L}}=(\dot{S} \quad \dot{P} \quad \dot{Q})^{\mathrm{T}}$。

而 $\Delta\boldsymbol{X}_3$ 为定位元素的频率不准误差对位置参数向量的影响，由式(8-165)可知

$$\Delta\boldsymbol{X}_3=-\boldsymbol{A}^{-1}\boldsymbol{L}\left(\frac{\Delta f}{f}\right) \tag{8-185}$$

由于干涉仪测量系统的频率是同一系统，即是同源的。将式

(8 - 184)和式(8 - 185)代入式(8 - 183)后,得到

$$\Delta\dot{\boldsymbol{X}}_3 = -\boldsymbol{A}^{-1}\left(\dot{\boldsymbol{L}}\frac{\Delta f}{f}-\dot{\boldsymbol{A}}\boldsymbol{A}^{-1}\boldsymbol{L}\frac{\Delta f}{f}\right)$$

$$= -\boldsymbol{A}^{-1}(\dot{\boldsymbol{L}}-\dot{\boldsymbol{A}}\boldsymbol{A}^{-1}\boldsymbol{L})\frac{\Delta f}{f} \quad (8-186)$$

式中,$\boldsymbol{L} = (S \quad P \quad Q)^{\mathrm{T}}$。

因此,比例因子误差(频率不准误差)对弹道速度参数向量影响的测量精度估算式为

$$\dot{\boldsymbol{P}}_3 = \boldsymbol{A}^{-1}(\dot{\boldsymbol{L}}-\dot{\boldsymbol{A}}\boldsymbol{A}^{-1}\boldsymbol{L})\boldsymbol{\sigma}^2_{\frac{\Delta f}{f}}(\dot{\boldsymbol{L}}-\dot{\boldsymbol{A}}\boldsymbol{A}^{-1}\boldsymbol{L})^{\mathrm{T}}\boldsymbol{A}^{-\mathrm{T}} \quad (8-187)$$

式中,$\boldsymbol{\sigma}_{\frac{\Delta f}{f}}$为干涉仪系统频率不准误差的均方差。

4)时间不同步误差

同样地,时间不同步误差也是由定位元素和测速元素两部分组成,由式(8 - 177)可知

$$\Delta\dot{\boldsymbol{X}}_4 = \boldsymbol{A}^{-1}(\Delta\dot{L}_4 - \dot{\boldsymbol{A}}\Delta\boldsymbol{X}_4) \quad (8-188)$$

式中,$\Delta\dot{\boldsymbol{L}}_4 = [\Delta\dot{S}_4 \quad \Delta\dot{P}_4 \quad \Delta\dot{Q}_4]^{\mathrm{T}}$ 是测速元素时间不同步误差,由于它们的时间信号是由同一时统系统提供的,是同一个误差源 $\Delta t$。测速元素关于时间不同步误差做全微分后为

$$\Delta\dot{\boldsymbol{L}}_4 = \ddot{\boldsymbol{L}}\Delta t \quad (8-189)$$

式中,$\ddot{\boldsymbol{L}} = [\ddot{S}_4 \quad \ddot{P}_4 \quad \ddot{Q}_4]^{\mathrm{T}}$。

而 $\Delta\boldsymbol{X}_4$ 为定位元素的时间不同步误差对弹道位置参数的影响,由式(8 - 167)可知

$$\Delta\boldsymbol{X}_4 = \boldsymbol{A}^{-1}\dot{\boldsymbol{L}}\Delta t \quad (8-190)$$

式中,$\dot{\boldsymbol{L}} = (\dot{S} \quad \dot{P} \quad \dot{Q})^{\mathrm{T}}$。

将式(8 - 189)和式(8 - 190)代入式(8 - 188)后,并考虑到干涉仪测量系统定位元素和测速元素的时间同步误差为同源的,得到

$$\Delta\dot{\boldsymbol{X}}_4 = \boldsymbol{A}^{-1}(\ddot{\boldsymbol{L}}\Delta t - \dot{\boldsymbol{A}}\boldsymbol{A}^{-1}\dot{\boldsymbol{L}}\Delta t) = \boldsymbol{A}^{-1}(\ddot{\boldsymbol{L}} - \dot{\boldsymbol{A}}\boldsymbol{A}^{-1}\dot{\boldsymbol{L}})\Delta t \quad (8-191)$$

因此,时间不同步误差对弹道速度参数向量影响的误差协方差,也就是测量精度估算式为

$$\dot{\boldsymbol{P}}_4=\boldsymbol{A}^{-1}(\ddot{\boldsymbol{L}}-\dot{\boldsymbol{A}}\boldsymbol{A}^{-1}\dot{\boldsymbol{L}})\sigma_t^2(\ddot{\boldsymbol{L}}-\dot{\boldsymbol{A}}\boldsymbol{A}^{-1}\dot{\boldsymbol{L}})^{\mathrm{T}}\boldsymbol{A}^{-\mathrm{T}} \quad (8-192)$$

式中,$\boldsymbol{\sigma}_t$ 为干涉仪时统站时间不同步误差的均方差。

5)大地测量误差

由速度参数的误差方程式(8-175)代入式(8-177)可知,速度参数向量站址误差为

$$\Delta\dot{\boldsymbol{X}}_5=\boldsymbol{A}^{-1}(\dot{\boldsymbol{A}}_R\Delta\boldsymbol{X}_R+\dot{\boldsymbol{A}}_T\Delta\boldsymbol{X}_T-\dot{\boldsymbol{A}}_P\Delta\boldsymbol{X}_P-\dot{\boldsymbol{A}}_Q\Delta\boldsymbol{X}_Q-\dot{\boldsymbol{A}}\Delta\boldsymbol{X}_5) \quad (8-193)$$

其中,$\Delta\boldsymbol{X}_5$ 为大地测量误差对位置参数向量误差的影响,由式(8-169)代入得到

$$\begin{aligned}\Delta\dot{X}_5=&\boldsymbol{A}^{-1}(\dot{\boldsymbol{A}}_R\Delta\boldsymbol{X}_R+\dot{\boldsymbol{A}}_T\Delta\boldsymbol{X}_T-\dot{\boldsymbol{A}}_P\Delta\boldsymbol{X}_P-\dot{\boldsymbol{A}}_Q\Delta\boldsymbol{X}_Q-\dot{\boldsymbol{A}}\boldsymbol{A}^{-1}\boldsymbol{A}_R\Delta\boldsymbol{X}_R\\&-\dot{\boldsymbol{A}}\boldsymbol{A}^{-1}\boldsymbol{A}_T\Delta\boldsymbol{X}_T+\dot{\boldsymbol{A}}\boldsymbol{A}^{-1}\boldsymbol{A}_P\Delta\boldsymbol{X}_P+\dot{\boldsymbol{A}}\boldsymbol{A}^{-1}\boldsymbol{A}_Q\Delta\boldsymbol{X}_Q)\\=&\boldsymbol{A}^{-1}[(\dot{\boldsymbol{A}}_R-\dot{\boldsymbol{A}}\boldsymbol{A}^{-1}\boldsymbol{A}_R)\Delta\boldsymbol{X}_R+(\dot{\boldsymbol{A}}_T-\dot{\boldsymbol{A}}\boldsymbol{A}^{-1}\boldsymbol{A}_T)\Delta\boldsymbol{X}_T\\&-(\dot{\boldsymbol{A}}_P-\dot{\boldsymbol{A}}\boldsymbol{A}^{-1}\boldsymbol{A}_P)\Delta\boldsymbol{X}_P-(\dot{\boldsymbol{A}}_Q-\dot{\boldsymbol{A}}\boldsymbol{A}^{-1}\boldsymbol{A}_Q)\Delta\boldsymbol{X}_Q]\end{aligned} \quad (8-194)$$

再将 $\Delta\boldsymbol{X}_i$ 关于大地测量参数全微分式(8-28)代入,得到大地测量误差对弹道速度参数向量的误差传播方程为

$$\begin{aligned}\Delta\dot{\boldsymbol{X}}_5=&\boldsymbol{A}^{-1}[(\dot{\boldsymbol{A}}_R-\dot{\boldsymbol{A}}\boldsymbol{A}^{-1}\boldsymbol{A}_R)\boldsymbol{C}_R\boldsymbol{W}_R\Delta\boldsymbol{L}_R+(\dot{\boldsymbol{A}}_T-\\&\dot{\boldsymbol{A}}\boldsymbol{A}^{-1}\boldsymbol{A}_T)\boldsymbol{C}_T\boldsymbol{W}_T\Delta\boldsymbol{L}_T-(\dot{\boldsymbol{A}}_P-\dot{\boldsymbol{A}}\boldsymbol{A}^{-1}\boldsymbol{A}_P)\boldsymbol{C}_P\boldsymbol{W}_P\Delta\boldsymbol{L}_P\\&-(\dot{\boldsymbol{A}}_Q-\dot{\boldsymbol{A}}\boldsymbol{A}^{-1}\boldsymbol{A}_Q)\boldsymbol{C}_Q\boldsymbol{W}_Q\Delta\boldsymbol{L}_Q]\end{aligned} \quad (8-195)$$

式中,$\Delta\boldsymbol{L}_i=[\Delta L_i\quad\Delta B_i\quad\Delta h_i]^{\mathrm{T}},i=R,T,P,Q$。

由误差协方差定义,易得到大地测量误差对速度参数向量影响的测量精度估算式为

$$\dot{\boldsymbol{P}}_5=\boldsymbol{A}^{-1}\left[\sum_{i=R}^{Q}(\dot{\boldsymbol{A}}_i-\dot{\boldsymbol{A}}\boldsymbol{A}^{-1}\boldsymbol{A}_i)\boldsymbol{C}_i\boldsymbol{W}_i\boldsymbol{K}_{h_i}\boldsymbol{W}_i^{\mathrm{T}}\boldsymbol{C}_i^{\mathrm{T}}(\dot{\boldsymbol{A}}_i-\dot{\boldsymbol{A}}\boldsymbol{A}^{-1}\boldsymbol{A}_i)^{\mathrm{T}}\right]\boldsymbol{A}^{-\mathrm{T}} \quad (8-196)$$

式中，$\boldsymbol{K}_{h_i}$ 的含义见式(8－172)。

6) 总误差

速度参数的总误差为各项误差之和，即为

$$\Delta\dot{\boldsymbol{X}} = \sum_{v=1}^{5} \Delta\dot{\boldsymbol{X}}_v \tag{8-197}$$

式中，$\Delta\dot{\boldsymbol{X}}_i (i=1,2,\cdots,5)$分别由式(8－179)、式(8－181)、式(8－186)、式(8－191)和式(8－195)代入。

而总误差的协方差之和为

$$\dot{\boldsymbol{P}} = \sum_{v=1}^{5} \dot{\boldsymbol{P}}_v \tag{8-198}$$

式中，$\boldsymbol{P}_i (i=1,2,\cdots,5)$分别由式(8－180)、式(8－182)、式(8－187)、式(8－192)和式(8－196)代入。

### 8.2.6 $n\dot{S}$测量体制的精度估算公式

由于目前导弹主动段制导系统精度评定主要应用外弹道测量的速度参数，考虑到外测系统的测量体制和应用的简便，试验场将应用多测速系统来测量导弹飞行试验的弹道速度参数，即由 $n$ 台(一般地 $n \geqslant 6$)距离和变化率 $\dot{S}$ 组成 $n\dot{S}$测量系统。多 $\dot{S}$ 测量系统是以一主站发射天线发射信号，其他各站接收转发信号。

**1. 测量方程和误差方程**

在此，以 $6\dot{S}$ 测量系统为例推导相应的测量精度估算式，其测量方程为

$$\dot{S}_i = \sqrt{(X-X_0)^2+(Y-Y_0)^2+(Z-Z_0)^2} + \sqrt{(X-X_i)^2+(Y-Y_i)^2+(Z-Z_i)^2} \quad i=1,2,\cdots,6 \tag{8-199}$$

式中，$X_0,Y_0,Z_0$——发射站天线的站址坐标；

$X_i,Y_i,Z_i$——各接收天线的站址坐标。

现对测量方程(8－199)做全微分，并记

$$\Delta\dot{\boldsymbol{S}} = \begin{bmatrix} \Delta\dot{S}_1 \\ \Delta\dot{S}_2 \\ \vdots \\ \Delta\dot{S}_6 \end{bmatrix} \quad \boldsymbol{A} = \begin{bmatrix} l_0 + l_1 & m_0 + m_1 & n_0 + n_1 \\ l_0 + l_2 & m_0 + m_2 & n_0 + n_2 \\ \vdots & \vdots & \vdots \\ l_0 + l_6 & m_0 + m_6 & n_0 + n_6 \end{bmatrix} \quad \Delta\dot{\boldsymbol{X}} = \begin{bmatrix} \Delta\dot{X} \\ \Delta\dot{Y} \\ \Delta\dot{Z} \end{bmatrix}$$

$$\dot{\boldsymbol{A}}_0 = \begin{bmatrix} \dot{l}_0 & \dot{m}_0 & \dot{n}_0 \\ \dot{l}_1 & \dot{m}_1 & \dot{n}_1 \\ \vdots & \vdots & \vdots \\ \dot{l}_6 & \dot{m}_6 & \dot{n}_6 \end{bmatrix} \quad \dot{\boldsymbol{A}}_i = \begin{bmatrix} 0 & 0 & 0 \\ \vdots & \vdots & \vdots \\ \dot{l}_i & \dot{m}_i & \dot{n}_i \\ \vdots & \vdots & \vdots \\ 0 & 0 & 0 \end{bmatrix} \quad \Delta\boldsymbol{X}_i = \begin{bmatrix} \Delta X_i \\ \Delta Y_i \\ \Delta Z_i \end{bmatrix}$$

其中 $l_i, m_i, n_i$ 和 $\dot{l}_i, \dot{m}_i, \dot{n}_i$ 的表达式见式(8－175)。

这样,测速元素的误差方程的矩阵形式为

$$\Delta\dot{\boldsymbol{S}} = \boldsymbol{A}\Delta\dot{\boldsymbol{X}} - \sum_{i=0}^{6}\dot{\boldsymbol{A}}_i\Delta\boldsymbol{X}_i \qquad (8-200)$$

将方程(8－200)移项后得到

$$\boldsymbol{A}\Delta\dot{\boldsymbol{X}} = \Delta\dot{\boldsymbol{S}} + \sum_{i=0}^{6}\dot{\boldsymbol{A}}_i\Delta\boldsymbol{X}_i \qquad (8-201)$$

由方程(8－200)应用加权最小二乘估计求解速度参数,其估值误差为

$$\Delta\dot{\boldsymbol{X}} = \overline{\boldsymbol{A}}^{-1}\left(\Delta\dot{\boldsymbol{S}} + \sum_{i=0}^{6}\dot{\boldsymbol{A}}_i\Delta\boldsymbol{X}_i\right) \qquad (8-202)$$

式中,$\overline{\boldsymbol{A}} = (\overline{\boldsymbol{A}}^{\mathrm{T}}\dot{\boldsymbol{K}}^{-1}\boldsymbol{A})^{-1}\boldsymbol{A}^{\mathrm{T}}\dot{\boldsymbol{K}}^{-1}$,$\dot{\boldsymbol{K}} = \mathrm{diag}(\sigma\dot{S}_1^2 \cdots \sigma\dot{S}_n^2)$,其中 $\sigma S_i$ 为测元 $\dot{S}_i$ 点误差的均方差。式(8－202)右边第一项为测速元素的总误差项,第二项为各主副站的站址误差。

**2. 弹道速度参数的测量精度估算式**

1)设备误差

假设测速元素设备误差项 $\Delta\dot{\boldsymbol{S}}_1 = [\Delta\dot{S}_{11} \quad \Delta\dot{S}_{21} \quad \cdots \quad \Delta\dot{S}_{61}]^{\mathrm{T}}$,因此对弹道速度参数的误差方程为

$$\Delta\dot{\boldsymbol{X}}_1=\overline{\boldsymbol{A}}^{-1}\Delta\dot{\boldsymbol{S}}_1 \tag{8-203}$$

因此,测速元素设备误差对弹道速度参数影响的测量精度估算式为

$$\dot{\boldsymbol{P}}_1=\overline{\boldsymbol{A}}^{-1}\dot{\boldsymbol{K}}_1\overline{\boldsymbol{A}}^{-\mathrm{T}} \tag{8-204}$$

式中,$\dot{\boldsymbol{K}}_1=\mathrm{diag}(\sigma^2_{\dot{S}_{11}} \quad \sigma^2_{\dot{S}_{21}} \quad \cdots \quad \sigma^2_{\dot{S}_{61}})$,$\sigma_{\dot{S}_{i1}}$为第 $i$ 测速元素的设备误差的均方差。

2)电波折射误差

假设测速元素电波折射误差项 $\Delta\dot{\boldsymbol{S}}_2=[\Delta\dot{S}_{12} \quad \Delta\dot{S}_{22} \quad \cdots \quad \Delta\dot{S}_{62}]^{\mathrm{T}}$,因此对弹道速度参数误差方程为

$$\Delta\dot{\boldsymbol{X}}_2=\overline{\boldsymbol{A}}^{-1}\Delta\dot{\boldsymbol{S}}_2 \tag{8-205}$$

而测速元素电波折射误差对弹道速度参数影响的测量精度估算式为

$$\dot{\boldsymbol{P}}_2=\overline{\boldsymbol{A}}^{-1}\dot{\boldsymbol{K}}_2\overline{\boldsymbol{A}}^{-\mathrm{T}} \tag{8-206}$$

式中,$\dot{\boldsymbol{K}}_2=\mathrm{diag}(\sigma^2_{\dot{S}_{12}} \quad \sigma^2_{\dot{S}_{22}} \quad \cdots \quad \sigma^2_{\dot{S}_{62}})$,$\sigma_{\dot{S}_{i2}}$为第 $i$ 个测速元素的电波折射误差的均方差。

3)比例因子误差

$n\dot{S}$ 测速系统是连续波测速系统,主要应用多普勒频率测速,其频率源设备引起测速元素的比例因子误差,由式(8-202)得到测速元素的频率不准误差对弹道速度参数的误差方程为

$$\Delta\dot{\boldsymbol{X}}_3=\overline{\boldsymbol{A}}^{-1}\Delta\dot{\boldsymbol{S}}_3 \tag{8-207}$$

式中,$\Delta\dot{\boldsymbol{S}}_3=[\Delta\dot{S}_{31} \quad \Delta\dot{S}_{32} \quad \cdots \quad \Delta\dot{S}_{36}]$。

继续将式(8-207)对频率不准误差微分,则得到

$$\Delta\dot{\boldsymbol{X}}_3=-\overline{\boldsymbol{A}}^{-1}\dot{\boldsymbol{S}}\frac{\Delta f}{f} \tag{8-208}$$

式中,$\dot{\boldsymbol{S}}=[\dot{S}_1 \quad \dot{S}_2 \quad \cdots \quad \dot{S}_6]^{\mathrm{T}}$,$\frac{\Delta f}{f}$为发射频率不准误差。

由式(8-208)立即得到频率不准误差对弹道速度参数影响

的误差协方差阵,也就是测量精度估算式为

$$\dot{\boldsymbol{P}}_3 = \overline{\boldsymbol{A}}^{-1}\dot{\boldsymbol{S}}\boldsymbol{K}_{\frac{\Delta f}{f}}\dot{\boldsymbol{S}}^{\mathrm{T}}\overline{\boldsymbol{A}}^{-\mathrm{T}} \tag{8-209}$$

式中,$K_{\frac{\Delta f}{f}} = \sigma^2_{\frac{\Delta f}{f}}$,$\sigma_{\frac{\Delta f}{f}}$为测速元素发射频率不准误差的均方差。

4)时间不同步误差

由于各接收机站使用本站的时间统一系统,因而它们的时间不同步误差源是不同的,由式(8-202)可以得到测速元素的时间不同步误差对弹道速度参数的误差方程为

$$\Delta\dot{\boldsymbol{X}}_4 = \overline{\boldsymbol{A}}^{-1}\ddot{\boldsymbol{S}}\Delta\boldsymbol{t} \tag{8-210}$$

其中

$$\ddot{\boldsymbol{S}} = \begin{bmatrix} \ddot{S}_1 & 0 & \cdots & 0 \\ 0 & \ddot{S}_2 & \cdots & 0 \\ \vdots & & \ddots & \vdots \\ 0 & 0 & \cdots & \ddot{S}_6 \end{bmatrix}, \Delta\boldsymbol{t} = \begin{bmatrix} \Delta t_1 \\ \Delta t_2 \\ \vdots \\ \Delta t_6 \end{bmatrix} \tag{8-211}$$

由式(8-210)容易得到时间不同步误差对弹道速度参数误差影响的测量精度估算式为

$$\dot{\boldsymbol{P}}_4 = \overline{\boldsymbol{A}}^{-1}\ddot{\boldsymbol{S}}\boldsymbol{K}_{\Delta t}\ddot{\boldsymbol{S}}^{\mathrm{T}}\overline{\boldsymbol{A}}^{-\mathrm{T}} \tag{8-212}$$

式中,$\boldsymbol{K}_{\Delta t} = \mathrm{diag}(\sigma^2_{t_1} \quad \sigma^2_{t_2} \quad \cdots \quad \sigma^2_{t_6})$,$\sigma_{t_i}$为第 $i$ 个接收站时间不同步误差的均方差。

5)大地测量误差

由式(8-202)可知,各测站的站址误差传播到弹道速度参数的误差方程为

$$\Delta\dot{\boldsymbol{X}}_5 = \overline{\boldsymbol{A}}^{-1}\sum_{i=0}^{6}\dot{\boldsymbol{A}}_i\Delta\boldsymbol{X}_i \tag{8-213}$$

再将式(8-29)代入式(8-213),得到各测站大地测量误差传播到弹道速度参数的误差方程为

$$\Delta\dot{\boldsymbol{X}}_5 = \overline{\boldsymbol{A}}^{-1}\sum_{i=0}^{6}\dot{\boldsymbol{A}}_i\boldsymbol{C}_i\boldsymbol{W}_i\Delta\boldsymbol{h}_i \tag{8-214}$$

式中，矩阵 $\boldsymbol{C}_i(\boldsymbol{C}_i \equiv \boldsymbol{C})$、$\boldsymbol{W}_i$ 和误差向量 $\Delta \boldsymbol{h}_i$ 表示式见式(8－27)和式(8－28)。

根据误差协方差定义，由式(8－214)立即得到弹道速度参数向量的误差协方差，也就是测量精度的估算式为

$$\dot{\boldsymbol{P}}_5 = \overline{\boldsymbol{A}}^{-1}\left(\sum_{i=0}^{6} \dot{\boldsymbol{A}}_i \boldsymbol{C} \boldsymbol{W}_i \boldsymbol{K}_{h_i} \boldsymbol{W}_i^{\mathrm{T}} \boldsymbol{C}^{\mathrm{T}} \dot{\boldsymbol{A}}_i^{\mathrm{T}}\right) \overline{\boldsymbol{A}}^{-\mathrm{T}} \tag{8-215}$$

式中，$\boldsymbol{K}_{h_i} = \mathrm{diag}(\sigma_{L_i}^2 \quad \sigma_{B_i}^2 \quad \sigma_{h_i}^2)$，$\sigma_{L_i}, \sigma_{B_i}, \sigma_{h_i}$ 为第 $i$ 个测站的大地测量参数误差的均方差。

6）总误差

弹道速度参数向量总误差为各项误差之和，即

$$\Delta \dot{\boldsymbol{X}} = \sum_{i=1}^{5} \Delta \dot{\boldsymbol{X}}_i \tag{8-216}$$

式中，$\Delta \dot{\boldsymbol{X}}_i (i=1,2,\cdots,5)$ 分别由式(8－203)、式(8－205)、式(8－208)、式(8－210)和式(8－214)代入。

而总误差的协方差阵为

$$\dot{\boldsymbol{P}} = \sum_{i=1}^{5} \dot{\boldsymbol{P}}_i \tag{8-217}$$

式中，$\dot{\boldsymbol{P}}_i (i=1,2,\cdots,5)$ 分别由式(8－204)、式(8－206)、式(8－209)、式(8－211)和式(8－205)代入。

## 8.3　多种测量体制组合的精度估算公式

随着导弹和航天技术的发展，在远程战略导弹和运载火箭的试验中，导弹的射程越来越远，命中精度也越来越高。因此，试验场区的外弹道测量常由多台甚至多种测量系统联合测量导弹和运载火箭的飞行轨迹，有时由几个场区不同的测量系统共同完成外弹道测量任务。因此，多种测量体制的外测系统组合测量已成为试验任务中主要的测量手段。本节将介绍和推导几种常用的多种测量体制联测外弹道测量精度估算的公式。

### 8.3.1 两套干涉仪联用精度估算公式

在此,假设一套 L 型干涉仪为主动式工作,另一套 Y 型干涉仪为被动式工作。由一主站两副站的干涉仪主站发射电波信号,主站收站和其他两副站接收电波信号,而一主站和三副站的 Y 型干涉仪各接收站均为接收电波信号。根据 6.2.1 节介绍的干涉仪测量原理可知,此时可以获取 13 个测量元素,其中定位元素 6 个,测速元素 7 个。也就是主动工作的 L 型干涉仪可以测得 3 个定位元素:主站距离和及两副站的距离差,以及对应的 3 个测速元素:主站距离和变化率及两副站距离差变化率;被动式干涉仪可以得到三副站的距离差及其距离差变化率,以及主站的距离和变化率。

根据测量原理,两套干涉仪的测量方程为

$$\begin{cases} S_1 = R_{R_1} + R_{T_1} & \dot{S}_1 = \dot{R}_{R_1} + \dot{R}_{T_1} \\ P_1 = R_{R_1} - R_{P_1} & \dot{P}_1 = \dot{R}_{R_1} - \dot{R}_{P_1} \\ Q_1 = R_{R_1} - R_{Q_1} & \dot{Q}_1 = \dot{R}_{R_1} - \dot{R}_{Q_1} \\ & \dot{S}_2 = \dot{R}_{T_1} + \dot{R}_{R_2} \\ P_2 = R_{R_2} - R_{P_2} & \dot{P}_2 = \dot{R}_{R_2} - \dot{R}_{P_2} \\ Q_2 = R_{R_2} - R_{Q_2} & \dot{Q}_2 = \dot{R}_{R_2} - \dot{R}_{Q_2} \\ P'_2 = R_{R_2} - R_{P'_2} & \dot{P}'_2 = \dot{R}_{R_2} - \dot{R}_{P'_2} \end{cases} \tag{8-218}$$

其中

$$\begin{cases} R_i = \sqrt{(X-X_i)^2 + (Y-Y_i)^2 + (Z-Z_i)^2} \\ \dot{R}_i = \dfrac{X-X_i}{R_i}\dot{X} + \dfrac{Y-Y_i}{R_i}\dot{Y} + \dfrac{Z-Z_i}{R_i}\dot{Z} \end{cases} \quad i = R_1, T_1, P_1, Q_1, R_2, P_2, Q_2, P'_2 \tag{8-219}$$

式中,$X, Y, Z, \dot{X}, \dot{Y}, \dot{Z}$——在发射坐标系中弹道位置和速度参数;

$X_i, Y_i, Z_i$——在发射坐标系中的站址坐标。

由于同一时刻具有 6 个定位元素和 7 个测速元素，一般使用加权最小二乘估计解算弹道的位置参数 $X, Y, Z$ 和速度参数 $\dot{X}$, $\dot{Y}, \dot{Z}$。

**1. 弹道位置参数测量精度估算式**

首先利用定位元素解算弹道位置参数 $X, Y, Z$，对方程(8-218)的定位元素测量方程关于变量做全微分，并记

$$
\Delta \boldsymbol{S} = \begin{bmatrix} \Delta S_1 \\ \Delta P_1 \\ \Delta Q_1 \\ \Delta P_2 \\ \Delta Q_2 \\ \Delta P_2' \end{bmatrix} \quad
\boldsymbol{A} = \begin{bmatrix}
l_{R_1} + l_{T_1} & m_{R_1} + m_{T_1} & n_{R_1} + n_{T_1} \\
l_{R_1} - l_{P_1} & m_{R_1} - m_{P_1} & n_{R_1} - n_{P_1} \\
l_{R_1} - l_{Q_1} & m_{R_1} - m_{Q_1} & n_{R_1} - n_{Q_1} \\
l_{R_2} - l_{P_2} & m_{R_2} - m_{P_2} & n_{R_2} - n_{P_2} \\
l_{R_2} - l_{Q_2} & m_{R_2} - m_{Q_2} & n_{R_2} - n_{Q_2} \\
l_{R_2} - l_{P_2'} & m_{R_2} - m_{P_2'} & n_{R_2} - n_{P_2'}
\end{bmatrix}
$$

$$
\boldsymbol{A}_{R_1} = \begin{bmatrix}
l_{R_1} & m_{R_1} & n_{R_1} \\
l_{R_1} & m_{R_1} & n_{R_1} \\
l_{R_1} & m_{R_1} & n_{R_1} \\
0 & 0 & 0 \\
0 & 0 & 0 \\
0 & 0 & 0
\end{bmatrix} \quad
\boldsymbol{A}_{T_1} = \begin{bmatrix}
l_{T_1} & m_{T_1} & n_{T_1} \\
0 & 0 & 0 \\
0 & 0 & 0 \\
0 & 0 & 0 \\
0 & 0 & 0 \\
0 & 0 & 0
\end{bmatrix}
$$

$$
\boldsymbol{A}_{P_1} = \begin{bmatrix}
0 & 0 & 0 \\
l_{P_1} & m_{P_1} & n_{P_1} \\
0 & 0 & 0 \\
0 & 0 & 0 \\
0 & 0 & 0 \\
0 & 0 & 0
\end{bmatrix} \quad
\boldsymbol{A}_{Q_1} = \begin{bmatrix}
0 & 0 & 0 \\
0 & 0 & 0 \\
l_{Q_1} & m_{Q_1} & n_{Q_1} \\
0 & 0 & 0 \\
0 & 0 & 0 \\
0 & 0 & 0
\end{bmatrix}
$$

$$
\boldsymbol{A}_{R_2}=\begin{bmatrix}0&0&0\\0&0&0\\0&0&0\\l_{R_2}&m_{R_2}&n_{R_2}\\l_{R_2}&m_{R_2}&n_{R_2}\\l_{R_2}&m_{R_2}&n_{R_2}\end{bmatrix}\quad
\boldsymbol{A}_{P_2}=\begin{bmatrix}0&0&0\\0&0&0\\0&0&0\\l_{P_2}&m_{P_2}&n_{P_2}\\0&0&0\\0&0&0\end{bmatrix}
$$

$$
\boldsymbol{A}_{Q_2}=\begin{bmatrix}0&0&0\\0&0&0\\0&0&0\\0&0&0\\l_{Q_1}&m_{Q_2}&n_{Q_2}\\0&0&0\end{bmatrix}\quad
\boldsymbol{A}_{P'_2}=\begin{bmatrix}0&0&0\\0&0&0\\0&0&0\\0&0&0\\0&0&0\\l_{P'_2}&m_{P'_2}&n_{P'_2}\end{bmatrix}
$$

$$
\boldsymbol{\Delta X}=\begin{bmatrix}\Delta X\\\Delta Y\\\Delta Z\end{bmatrix}\quad \boldsymbol{\Delta X}_i=\begin{bmatrix}\Delta X_i\\\Delta Y_i\\\Delta Z_i\end{bmatrix}
$$

全微分后误差方程的矩阵形式为

$$
\begin{aligned}
\boldsymbol{\Delta S}=&\boldsymbol{A}\boldsymbol{\Delta X}-\boldsymbol{A}_{R_1}\boldsymbol{\Delta X}_{R_1}-\boldsymbol{A}_{T_1}\boldsymbol{\Delta X}_{T_1}+\boldsymbol{A}_{P_1}\boldsymbol{\Delta X}_{P_1}+\boldsymbol{A}_{Q_1}\boldsymbol{\Delta X}_{Q_1}-\\
&\boldsymbol{A}_{R_2}\boldsymbol{\Delta X}_{R_2}+\boldsymbol{A}_{P_2}\boldsymbol{\Delta X}_{P_2}+\boldsymbol{A}_{Q_2}\boldsymbol{\Delta X}_{Q_2}+\boldsymbol{A}_{P'_2}\boldsymbol{\Delta X}_{P'_2}
\end{aligned}\tag{8-220}
$$

或者有

$$
\begin{aligned}
\boldsymbol{A}\boldsymbol{\Delta X}=&\boldsymbol{\Delta S}+\boldsymbol{A}_{R_1}\boldsymbol{\Delta X}_{R_1}+\boldsymbol{A}_{T_1}\boldsymbol{\Delta X}_{T_1}-\boldsymbol{A}_{P_1}\boldsymbol{\Delta X}_{P_1}-\boldsymbol{A}_{Q_1}\boldsymbol{\Delta X}_{Q_1}\\
&+\boldsymbol{A}_{R_2}\boldsymbol{\Delta X}_{R_2}-\boldsymbol{A}_{P_2}\boldsymbol{\Delta X}_{P_2}-\boldsymbol{A}_{Q_2}\boldsymbol{\Delta X}_{Q_2}-\boldsymbol{A}_{P'_2}\boldsymbol{\Delta X}_{P'_2}
\end{aligned}\tag{8-221}
$$

式(8－221)右边表示各项误差(含站址误差)转换成定位元素的误差,该式是定位元素的总误差。

由于两套干涉仪联用，这里应用加权最小二乘估计解算弹道位置参数向量，故由7.5.1节可知弹道位置参数向量估计公式为

$$\delta\Delta\boldsymbol{X}=\boldsymbol{X}^0+\delta\boldsymbol{X}=\boldsymbol{X}^0+(\boldsymbol{A}^{\mathrm{T}}\boldsymbol{K}^{-1}\boldsymbol{A})^{-1}\boldsymbol{A}^{\mathrm{T}}\boldsymbol{K}^{-1}\delta\boldsymbol{S} \tag{8-222}$$

式中，$\delta\boldsymbol{X}=\boldsymbol{X}-\boldsymbol{X}^0$，$\delta\boldsymbol{S}=\boldsymbol{S}-\boldsymbol{S}^0$ 分别为弹道参数向量和定位元素向量与对应的初始值之差。

而弹道位置参数估计的总误差协方差阵为

$$\boldsymbol{P}=(\boldsymbol{A}^{\mathrm{T}}\boldsymbol{K}^{-1}\boldsymbol{A})^{-1} \tag{8-223}$$

$\boldsymbol{K}$ 是定位元素向量总误差的协方差矩阵。

由式(8-222)对变量全微分，则有

$$\Delta\boldsymbol{X}=(\boldsymbol{A}^{\mathrm{T}}\boldsymbol{K}^{-1}\boldsymbol{A})^{-1}\boldsymbol{A}^{\mathrm{T}}\boldsymbol{K}^{-1}\Delta\boldsymbol{S} \tag{8-224}$$

这里，考虑了弹道位置参数向量的各种误差影响，因此各主副站的站址误差已转化成定位元素的“误差”，或者说视为对定位元素误差的影响。因此，式(8-224)中 $\Delta\boldsymbol{S}$ 应将式(8-220)中右边所有误差项代入，则有

$$\begin{aligned}\Delta\boldsymbol{X}&=(\boldsymbol{A}^{\mathrm{T}}\boldsymbol{K}^{-1}\boldsymbol{A})^{-1}\boldsymbol{A}^{\mathrm{T}}\boldsymbol{K}^{-1}(\Delta\boldsymbol{S}+\boldsymbol{A}_{R_1}\Delta\boldsymbol{X}_{R_1}+\boldsymbol{A}_{T_1}\Delta\boldsymbol{X}_{T_1}-\boldsymbol{A}_{P_1}\Delta\boldsymbol{X}_{P_1}\\&\quad-\boldsymbol{A}_{Q_1}\Delta\boldsymbol{X}_{Q_1}+\boldsymbol{A}_{R_2}\Delta\boldsymbol{X}_{R_2}-\boldsymbol{A}_{P_2}\Delta\boldsymbol{X}_{P_2}-\boldsymbol{A}_{Q_2}\Delta\boldsymbol{X}_{Q_2}-\boldsymbol{A}_{P_2'}\Delta\boldsymbol{X}_{P_2'})\\&=\boldsymbol{P}\boldsymbol{A}^{\mathrm{T}}\boldsymbol{K}^{-1}(\Delta\boldsymbol{S}+\boldsymbol{A}_{R_1}\Delta\boldsymbol{X}_{R_1}+\boldsymbol{A}_{T_1}\Delta\boldsymbol{X}_{T_1}-\boldsymbol{A}_{P_1}\Delta\boldsymbol{X}_{P_1}-\boldsymbol{A}_{Q_1}\Delta\boldsymbol{X}_{Q_1}\\&\quad+\boldsymbol{A}_{R_2}\Delta\boldsymbol{X}_{R_2}-\boldsymbol{A}_{P_2}\Delta\boldsymbol{X}_{P_2}-\boldsymbol{A}_{Q_2}\Delta\boldsymbol{X}_{Q_2}-\boldsymbol{A}_{P_2'}\Delta\boldsymbol{X}_{P_2'})\end{aligned} \tag{8-225}$$

由式(8-225)可导出各项定位元素误差源和总误差对弹道位置参数向量的误差传播公式和误差协方差阵表示式。

1)设备误差

由误差方程(8-225)立即可以得到定位元素设备误差 $\Delta S_1$ 传播到弹道位置参数向量 $\Delta X_1$ 的误差表达式为

$$\Delta\boldsymbol{X}_1=\boldsymbol{P}\boldsymbol{A}^{\mathrm{T}}\boldsymbol{K}^{-1}\Delta\boldsymbol{S}_1 \tag{8-226}$$

根据协方差阵定义，由式(8-226)得到弹道位置参数向量的设备误差的测量精度估算式为

$$P_1 = PA^{\mathrm{T}}K^{-1}K_1K^{-1}AP \tag{8-227}$$

式中，$K_1 = \mathrm{diag}(\sigma_{S_{11}}^2 \quad \sigma_{P_{11}}^2 \quad \sigma_{Q_{11}}^2 \quad \sigma_{P_{21}}^2 \quad \sigma_{Q_{21}}^2 \quad \sigma_{P'_{21}}^2)$，矩阵 $K_1$ 中各元素为对应测量元素设备误差的均方差。

2)电波折射误差

同样地，由误差方程(8-225)得到定位元素电波折射误差 $\Delta S_2$ 传播到弹道位置参数向量 $\Delta X_2$ 的误差表达式为

$$\Delta X_2 = PA^{\mathrm{T}}K^{-1}\Delta S_2 \tag{8-228}$$

式中，$\Delta S_2 = [\Delta S_{12} \quad \Delta P_{12} \quad \Delta Q_{12} \quad \Delta P_{22} \quad \Delta Q_{22} \quad \Delta P'_{22}]^{\mathrm{T}}$，矩阵中各元素为定位元素的电波折射误差。

相应地，弹道位置参数向量的定位元素电波折射误差的测量精度估算式为

$$P_2 = PA^{\mathrm{T}}K^{-1}K_2K^{-1}AP \tag{8-229}$$

式中，$K_2 = \mathrm{diag}(\sigma_{S_{12}}^2 \quad \sigma_{P_{12}}^2 \quad \sigma_{Q_{12}}^2 \quad \sigma_{P_{22}}^2 \quad \sigma_{Q_{22}}^2 \quad \sigma_{P'_{22}}^2)$，矩阵 $K_2$ 中各元素为对应测量元素电波折射误差的均方差。

3)比例因子误差

由误差方程(8-225)中可以得到比例因子误差对弹道位置参数向量的传播方程为

$$\Delta X_3 = PA^{\mathrm{T}}K^{-1}\Delta S_3 \tag{8-230}$$

在此，比例因子误差主要是频标源误差，因此进一步微分后得到

$$\Delta X_3 = -PA^{\mathrm{T}}K^{-1}S\left(\frac{\Delta f}{f}\right) \tag{8-231}$$

由于发射频率是同一个，故频率不准误差是同源的，故有

$$S = [S_1 \quad P_1 \quad Q_1 \quad P_2 \quad Q_2 \quad P'_2]^{\mathrm{T}} \tag{8-232}$$

这样，得到比例因子误差影响弹道位置参数向量 $\Delta X$ 的误差协方差为

$$P_3 = PA^{\mathrm{T}}K^{-1}SK_{\frac{\Delta f}{f}}S^{\mathrm{T}}(PA^{\mathrm{T}}K^{-1})^{\mathrm{T}} \tag{8-233}$$

式中，$K_{\frac{\Delta f}{f}}=\sigma^2_{\frac{\Delta f}{f}}$，$\sigma_{\frac{\Delta f}{f}}$为频率不准误差的均方差。

4）时间不同步误差

类似于比例因子误差，由方程（8－225）可以得到时间不同步误差对弹道位置参数向量传播方程为

$$\Delta \boldsymbol{X}_4=\boldsymbol{P}\boldsymbol{A}^{\mathrm{T}}\boldsymbol{K}^{-1}\Delta \boldsymbol{S}_4 \tag{8-234}$$

由于两套干涉仪使用两套不同的时统信号，它们之间的时间不同步误差是不同源的，而它们与自身定位元素时间不同步误差是同源的。故对式（8－234）关于时间变量微分，则有

$$\Delta \boldsymbol{X}_4=\boldsymbol{P}\boldsymbol{A}^{\mathrm{T}}\boldsymbol{K}^{-1}\dot{\boldsymbol{S}}\Delta \boldsymbol{t} \tag{8-235}$$

式中

$$\dot{\boldsymbol{S}}=\begin{bmatrix} \dot{S}_1 & 0 \\ \dot{P}_1 & 0 \\ \dot{Q}_1 & 0 \\ 0 & \dot{P}_2 \\ 0 & \dot{Q}_2 \\ 0 & \dot{P}'_2 \end{bmatrix} \quad \Delta \boldsymbol{t}=\begin{bmatrix} \Delta t_1 \\ \Delta t_2 \end{bmatrix}$$

$\dot{S}_1$、$\dot{P}_1$、$\dot{Q}_1$、$\dot{P}_2$、$\dot{Q}_2$、$\dot{P}'_2$——分别为对应测量元素的变化率；

$\Delta t_1$，$\Delta t_2$——分别为主动、被动工作干涉仪的时间不同步误差。

而弹道位置参数向量时间不同步误差的协方差阵为

$$\boldsymbol{P}_4=\boldsymbol{P}\boldsymbol{A}^{\mathrm{T}}\boldsymbol{K}^{-1}\dot{\boldsymbol{S}}\boldsymbol{K}_t\dot{\boldsymbol{S}}^{\mathrm{T}}\boldsymbol{K}^{-1}\boldsymbol{A}\boldsymbol{P} \tag{8-236}$$

式中，$\boldsymbol{K}_t=\mathrm{diag}(\sigma^2_{t_1} \quad \sigma^2_{t_2})$，$\sigma_{t_i}$为主动和被动工作干涉仪时间不同步误差的均方差。

5）大地测量误差

同样地，由方程（8－225）可以得到各测站站址误差传播到弹道位置参数向量的方程为

$$\Delta \boldsymbol{X}_5 = \boldsymbol{P}\boldsymbol{A}^{\mathrm{T}}\boldsymbol{K}^{-1}(\boldsymbol{A}_{R_1}\Delta \boldsymbol{X}_{R_1} + \boldsymbol{A}_{T_1}\Delta \boldsymbol{X}_{T_1} - \boldsymbol{A}_{P_1}\Delta \boldsymbol{X}_{P_1} - \boldsymbol{A}_{Q_1}\Delta \boldsymbol{X}_{Q_1} + \boldsymbol{A}_{R_2}\Delta \boldsymbol{X}_{R_2} - \boldsymbol{A}_{P_2}\Delta \boldsymbol{X}_{P_2} - \boldsymbol{A}_{Q_2}\Delta \boldsymbol{X}_{Q_2} - \boldsymbol{A}_{P_2'}\Delta \boldsymbol{X}_{P_2'}) \quad (8-237)$$

再利用式(8－237)关于大地测量参数做微分,式(8－237)又可以变换成

$$\begin{aligned}\Delta \boldsymbol{X}_5 = \boldsymbol{P}\boldsymbol{A}^{\mathrm{T}}\boldsymbol{K}^{-1}(&\boldsymbol{A}_{R_1}\boldsymbol{C}_{R_1}\boldsymbol{W}_{R_1}\Delta \boldsymbol{L}_{R_1} + \boldsymbol{A}_{T_1}\boldsymbol{C}_{T_1}\boldsymbol{W}_{T_1}\Delta \boldsymbol{L}_{T_1} \\ &- \boldsymbol{A}_{P_1}\boldsymbol{C}_{P_1}\boldsymbol{W}_{P_1}\Delta \boldsymbol{L}_{P_1} - \boldsymbol{A}_{Q_1}\boldsymbol{C}_{Q_1}\boldsymbol{W}_{Q_1}\Delta \boldsymbol{L}_{Q_1} \\ &+ \boldsymbol{A}_{R_2}\boldsymbol{C}_{R_2}\boldsymbol{W}_{R_2}\Delta \boldsymbol{L}_{R_2} - \boldsymbol{A}_{P_2}\boldsymbol{C}_{P_2}\boldsymbol{W}_{P_2}\Delta \boldsymbol{L}_{P_2} \\ &- \boldsymbol{A}_{Q_2}\boldsymbol{C}_{Q_2}\boldsymbol{W}_{Q_2}\Delta \boldsymbol{L}_{Q_2} - \boldsymbol{A}_{P_2'}\boldsymbol{C}_{P_2'}\boldsymbol{W}_{P_2'}\Delta \boldsymbol{L}_{P_2'}) \quad (8-238)\end{aligned}$$

式中,$\boldsymbol{C}_i = \boldsymbol{C}$。

由式(8－238)立即得到弹道位置参数向量的大地测量误差的协方差阵为

$$\boldsymbol{P}_5 = \boldsymbol{P}\boldsymbol{A}^{\mathrm{T}}\boldsymbol{K}^{-1}\left(\sum_{i=R_1}^{P_2'} \boldsymbol{A}_i\boldsymbol{C}_i\boldsymbol{W}_i\boldsymbol{K}_{h_i}\boldsymbol{W}_i^{\mathrm{T}}\boldsymbol{C}_i^{\mathrm{T}}\boldsymbol{A}_i^{\mathrm{T}}\right)\boldsymbol{K}^{-1}\boldsymbol{A}\boldsymbol{P} \quad (8-239)$$

根据式(8－226)、式(8－228)、式(8－231)、式(8－235)和式(8－238),得到定位元素向量测量误差的总误差为

$$\Delta \boldsymbol{S} = \sum_{v=1}^{5} \Delta \boldsymbol{S}_v \quad (8-240)$$

和误差协方差阵为

$$\begin{aligned}\boldsymbol{K} &= \sum_{v=1}^{5} \boldsymbol{K}_v \\ &= \boldsymbol{K}_1 + \boldsymbol{K}_2 + \boldsymbol{S}\boldsymbol{K}_{\frac{\Delta f}{f}}\boldsymbol{S}^{\mathrm{T}} + \dot{\boldsymbol{S}}\boldsymbol{K}_{\Delta t}\dot{\boldsymbol{S}}^{\mathrm{T}} \\ &\quad + \left(\sum_{i=R_1}^{P_2'} \boldsymbol{A}_i\boldsymbol{C}_i\boldsymbol{W}_i\boldsymbol{K}_{h_i}\boldsymbol{W}_i^{\mathrm{T}}\boldsymbol{C}_i^{\mathrm{T}}\boldsymbol{A}_i^{\mathrm{T}}\right) \quad (8-241)\end{aligned}$$

因此,上述式(8－230)至式(8－239)中的 $\boldsymbol{K}$ 都由式(8－241)代入。

6)总误差

将弹道参数向量各项误差之和记为总误差,即

$$\Delta \boldsymbol{X} = \sum_{v=1}^{5} \Delta \boldsymbol{X}_v \tag{8-242}$$

而对应的总误差协方差阵为

$$\boldsymbol{P} = \sum_{v=1}^{5} \boldsymbol{P}_v \tag{8-243a}$$

式中,$P_i$ 分别由式(8-227)、式(8-229)、式(8-233)、式(8-236)和式(8-239)结果代入。

由此得到

$$\boldsymbol{P} = (\boldsymbol{A}^{\mathrm{T}}\boldsymbol{K}^{-1}\boldsymbol{A})^{-1} \tag{8-243b}$$

式中,$\boldsymbol{K}$ 由式(8-241)代入。

**2. 弹道速度参数测量精度估算式**

在两套干涉仪联用时,由式(8-218)的7个测速方程应用加权最小二乘估计解算弹道速度参数 $\dot{X},\dot{Y},\dot{Z}$。记

$$\overline{\boldsymbol{A}} = \begin{bmatrix} l_{R_1}+l_{T_1} & m_{R_1}+m_{T_1} & n_{R_1}+n_{T_1} \\ l_{R_1}-l_{P_1} & m_{R_1}-m_{P_1} & n_{R_1}-n_{P_1} \\ l_{R_1}-l_{Q_1} & m_{R_1}-m_{Q_1} & n_{R_1}-n_{Q_1} \\ l_{R_2}+l_{T_1} & m_{R_2}+m_{T_1} & n_{R_2}+n_{T_1} \\ l_{R_2}-l_{P_2} & m_{R_2}-m_{P_2} & n_{R_2}-n_{P_2} \\ l_{R_2}-l_{Q_2} & m_{R_2}-m_{Q_2} & n_{R_2}-n_{Q_2} \\ l_{R_2}-l_{P'_2} & m_{R_2}-m_{P'_2} & n_{R_2}-n_{P'_2} \end{bmatrix} \quad \dot{\boldsymbol{X}} = \begin{bmatrix} \dot{X} \\ \dot{Y} \\ \dot{Z} \end{bmatrix} \quad \dot{\boldsymbol{S}} = \begin{bmatrix} \dot{S}_1 \\ \dot{P}_1 \\ \dot{Q}_1 \\ \dot{S}_2 \\ \dot{P}_2 \\ \dot{Q}_2 \\ \dot{P}'_2 \end{bmatrix}$$

注意矩阵 $\overline{\boldsymbol{A}}$ 与解算弹道位置参数向量式(8-221)和式(8-224)中矩阵 $\boldsymbol{A}$ 是不等的。同样地,方程(8-218)中测速元素测量方程的矩阵形式可以写成

$$\dot{\boldsymbol{S}} = \overline{\boldsymbol{A}}\dot{\boldsymbol{X}} \tag{8-244}$$

由加权最小二乘估计得到弹道速度参数向量 $\dot{X}$ 的估计为

$$\dot{X} = (\overline{A}^{\mathrm{T}}\dot{K}^{-1}\overline{A})^{-1}\overline{A}^{\mathrm{T}}\dot{K}^{-1}\dot{S} \tag{8-245}$$

和估值的误差协方差阵为

$$P_{\dot{X}} = \dot{P} = (\overline{A}^{\mathrm{T}}\dot{K}^{-1}\overline{A})^{-1} \tag{8-246}$$

式中,$\dot{K}$ 是测速元素向量 $\dot{S}$ 总误差的协方差阵。

而由测速元素向量 $\dot{S}$ 的误差向量 $\Delta\dot{S}$ 传播到弹道速度参数的误差方程为

$$\Delta\dot{X} = (\overline{A}^{\mathrm{T}}\dot{K}^{-1}\overline{A})^{-1}\overline{A}^{\mathrm{T}}\dot{K}^{-1}\Delta\dot{S} \tag{8-247}$$

由于 $\Delta\dot{S}$ 是指总误差,它应将站址误差和弹道位置参数误差转换成测速元素的误差。为此,由式(8-244)对变量做全微分为

$$\begin{aligned}\Delta\dot{S} = {} & \overline{A}\Delta\dot{X} - \dot{A}_{R_1}\Delta X_{R_1} - \dot{A}_{T_1}\Delta X_{T_1} + \dot{A}_{P_1}\Delta X_{P_1} + \dot{A}_{Q_1}\Delta X_{Q_1} \\ & - \dot{A}_{R_2}\Delta X_{R_2} + \dot{A}_{P_2}\Delta X_{P_2} + \dot{A}_{Q_2}\Delta X_{Q_2} + \dot{A}_{P_2'}\Delta X_{P_2'} + \dot{A}\Delta X\end{aligned} \tag{8-248}$$

将微分方程(8-248)移项整理后为

$$\begin{aligned}\overline{A}\Delta\dot{X} = {} & \Delta\dot{S} + \dot{A}_{R_1}\Delta X_{R_1} + \dot{A}_{T_1}\Delta X_{T_1} - \dot{A}_{P_1}\Delta X_{P_1} - \dot{A}_{Q_1}\Delta X_{Q_1} \\ & + \dot{A}_{R_2}\Delta X_{R_2} - \dot{A}_{P_2}\Delta X_{P_2} - \dot{A}_{Q_2}\Delta X_{Q_2} - \dot{A}_{P_2'}\Delta X_{P_2'} - \dot{A}\Delta X\end{aligned} \tag{8-249}$$

在上述两式中

$$\dot{A}_{R_1} = \begin{bmatrix} l_{R_1} & m_{R_1} & n_{R_1} \\ l_{R_1} & m_{R_1} & n_{R_1} \\ l_{R_1} & m_{R_1} & n_{R_1} \\ 0 & 0 & 0 \\ 0 & 0 & 0 \\ 0 & 0 & 0 \\ 0 & 0 & 0 \end{bmatrix} \quad \dot{A}_{T_1} = \begin{bmatrix} l_{T_1} & m_{T_1} & n_{T_1} \\ 0 & 0 & 0 \\ 0 & 0 & 0 \\ l_{T_1} & m_{T_1} & n_{T_1} \\ 0 & 0 & 0 \\ 0 & 0 & 0 \\ 0 & 0 & 0 \end{bmatrix}$$

$$\dot{\boldsymbol{A}}_{P_1}=\begin{bmatrix}0&0&0\\l_{P_1}&m_{P_1}&n_{P_1}\\0&0&0\\0&0&0\\0&0&0\\0&0&0\\0&0&0\end{bmatrix}\boldsymbol{A}_{Q_1}=\begin{bmatrix}0&0&0\\0&0&0\\l_{Q_1}&m_{Q_1}&n_{Q_1}\\0&0&0\\0&0&0\\0&0&0\\0&0&0\end{bmatrix}\dot{\boldsymbol{A}}_{R_2}=\begin{bmatrix}0&0&0\\0&0&0\\0&0&0\\l_{R_2}&m_{R_2}&n_{R_2}\\l_{R_2}&m_{R_2}&n_{R_2}\\l_{R_2}&m_{R_2}&n_{R_2}\\l_{R_2}&m_{R_2}&n_{R_2}\end{bmatrix}$$

$$\dot{\boldsymbol{A}}_{P_2}=\begin{bmatrix}0&0&0\\0&0&0\\0&0&0\\0&0&0\\l_{P_2}&m_{P_2}&n_{P_2}\\0&0&0\\0&0&0\end{bmatrix}\dot{\boldsymbol{A}}_{Q_2}=\begin{bmatrix}0&0&0\\0&0&0\\0&0&0\\0&0&0\\0&0&0\\l_{Q_1}&m_{Q_2}&n_{Q_2}\\0&0&0\end{bmatrix}$$

$$\dot{\boldsymbol{A}}_{P_2'}=\begin{bmatrix}0&0&0\\0&0&0\\0&0&0\\0&0&0\\0&0&0\\0&0&0\\l_{P_2'}&m_{P_2'}&n_{P_2'}\end{bmatrix}\quad\dot{\boldsymbol{A}}=\begin{bmatrix}\dot l_{R_1}+\dot l_{T_1}&\dot m_{R_1}+\dot m_{T_1}&\dot n_{R_1}+\dot n_{T_1}\\\dot l_{R_1}-\dot l_{P_1}&\dot m_{R_1}-\dot m_{P_1}&\dot n_{R_1}-\dot n_{P_1}\\\dot l_{R_1}-\dot l_{Q_1}&\dot m_{R_1}-\dot m_{Q_1}&\dot n_{R_1}-\dot n_{Q_1}\\\dot l_{R_2}+\dot l_{T_1}&\dot m_{R_2}+\dot m_{T_1}&\dot n_{R_2}+\dot n_{T_1}\\\dot l_{R_2}-\dot l_{P_2}&\dot m_{R_2}-\dot m_{P_2}&\dot n_{R_2}-\dot n_{P_2}\\\dot l_{R_2}-\dot l_{Q_2}&\dot m_{R_2}-\dot m_{Q_2}&\dot n_{R_2}-\dot n_{Q_2}\\\dot l_{R_2}-\dot l_{P_2'}&\dot m_{R_2}-\dot m_{P_2'}&\dot n_{R_2}-\dot n_{P_2'}\end{bmatrix}$$

$$\dot l_i=\frac{1}{R_i}\left[\dot X-\frac{(X-X_i)}{R_i}\dot R_i\right],\dot m_i=\frac{1}{R_i}\left[\dot Y-\frac{(Y-Y_i)}{R_i}\dot R_i\right],$$

$$\dot{n}_i=\frac{1}{R_i}\left[\dot{Z}-\frac{(Z-Z_i)}{R_i}\dot{R}_i\right]$$

方程(8－249)右边为包含各项误差转换成测速元素误差的总误差项，将它代入误差方程(8－247)后得到

$$\Delta\dot{\boldsymbol{X}}=\dot{\boldsymbol{P}}\overline{\boldsymbol{A}}^{\mathrm{T}}\dot{\boldsymbol{K}}^{-1}(\Delta\dot{\boldsymbol{S}}+\dot{\boldsymbol{A}}_{R_1}\Delta\boldsymbol{X}_{R_1}+\dot{\boldsymbol{A}}_{T_1}\Delta\boldsymbol{X}_{T_1}-\dot{\boldsymbol{A}}_{P_1}\Delta\boldsymbol{X}_{P_1}$$
$$-\dot{\boldsymbol{A}}_{Q_1}\Delta\boldsymbol{X}_{Q_1}+\dot{\boldsymbol{A}}_{R_2}\Delta\boldsymbol{X}_{R_2}-\dot{\boldsymbol{A}}_{P_2}\Delta\boldsymbol{X}_{P_2}$$
$$-\dot{\boldsymbol{A}}_{Q_2}\Delta\boldsymbol{X}_{Q_2}-\dot{\boldsymbol{A}}_{P'_2}\Delta\boldsymbol{X}_{P'_2}-\dot{\boldsymbol{A}}\Delta\boldsymbol{X})\qquad(8-250)$$

由式(8－250)可得到各项误差和总误差对弹道速度参数向量误差传播公式。

1)设备误差

由方程(8－250)可知，弹道速度参数的设备误差有测速元素和定位元素两项设备误差的影响，即为

$$\Delta\dot{\boldsymbol{X}}_1=\dot{\boldsymbol{P}}\overline{\boldsymbol{A}}^{\mathrm{T}}\dot{\boldsymbol{K}}^{-1}(\Delta\dot{\boldsymbol{S}}_1-\dot{\boldsymbol{A}}\Delta\boldsymbol{X}_1)\qquad(8-251)$$

式中，$\Delta\dot{\boldsymbol{S}}_1$——测速元素的设备误差；

$-\dot{\boldsymbol{A}}\Delta\boldsymbol{X}_1$——定位元素设备误差转化成测速元素的误差。

再将式(8－226)代入式(8－251)，得到

$$\Delta\dot{\boldsymbol{X}}_1=\dot{\boldsymbol{P}}\overline{\boldsymbol{A}}^{\mathrm{T}}\dot{\boldsymbol{K}}^{-1}(\Delta\dot{\boldsymbol{S}}_1-\dot{\boldsymbol{A}}\boldsymbol{P}\boldsymbol{A}^{\mathrm{T}}\boldsymbol{K}^{-1}\Delta\boldsymbol{S}_1)\qquad(8-252)$$

假设定位元素和测速元素之间设备误差源是互相独立的，则由协方差定义得到弹道速度参数设备误差项的协方差阵为

$$\dot{\boldsymbol{P}}_1=\dot{\boldsymbol{P}}\overline{\boldsymbol{A}}^{\mathrm{T}}\dot{\boldsymbol{K}}^{-1}\dot{\boldsymbol{K}}_1\dot{\boldsymbol{K}}^{-1}\overline{\boldsymbol{A}}\dot{\boldsymbol{P}}+\dot{\boldsymbol{P}}\overline{\boldsymbol{A}}^{\mathrm{T}}\dot{\boldsymbol{K}}^{-1}\dot{\boldsymbol{A}}\boldsymbol{P}\boldsymbol{A}^{\mathrm{T}}\boldsymbol{K}^{-1}$$
$$\cdot\boldsymbol{K}_1\boldsymbol{K}^{-1}\boldsymbol{A}\boldsymbol{P}\dot{\boldsymbol{A}}^{\mathrm{T}}\dot{\boldsymbol{K}}^{-1}\overline{\boldsymbol{A}}^{\mathrm{T}}\dot{\boldsymbol{P}}\qquad(8-253)$$

式中，$\dot{\boldsymbol{K}}_1=\mathrm{diag}(\sigma^2_{\dot{S}_{11}}\quad\sigma^2_{\dot{P}_{11}}\quad\sigma^2_{\dot{Q}_{11}}\quad\sigma^2_{\dot{P}_{21}}\quad\sigma^2_{\dot{Q}_{21}}\quad\sigma^2_{\dot{P}'_{21}})$，$\sigma_i$ 为第 $i$ 个定位元素设备误差的均方差；$\boldsymbol{K}_1$ 见式(8－227)。

2)电波折射误差

由误差方程(8－250)可知，弹道速度参数向量的电波折射误差也由两部分组成，故有

$$\Delta\dot{X}_2 = \dot{P}\overline{A}^{\mathrm{T}}\dot{K}^{-1}(\Delta\dot{S}_2 - \dot{A}\Delta X_2) \qquad (8-254)$$

式(8－254)中，右边第一项是测速元素电波折射误差项，$\Delta\dot{S}_2 = [\Delta\dot{S}_{12} \quad \Delta\dot{P}_{12} \quad \Delta\dot{Q}_{12} \quad \Delta\dot{S}_{22} \quad \Delta\dot{P}_{22} \quad \Delta\dot{Q}_{22} \quad \Delta\dot{P}'_{22}]^{\mathrm{T}}$；右边第二项是弹道位置参数的电波折射误差对测速元素的影响，它是由定位元素电波折射误差项引起的，故将式(8－228)代入，则得到弹道速度参数向量的电波折射误差为

$$\Delta\dot{X}_2 = \dot{P}\overline{A}^{\mathrm{T}}\dot{K}^{-1}(\Delta\dot{S}_2 - \dot{A}PA^{\mathrm{T}}K^{-1}\Delta S_2) \qquad (8-255)$$

由式(8－255)和误差协方差定义，并考虑到定位元素和测速元素的设备误差源是互不相关的，再利用式(8－229)，得到对弹道速度参数向量电波折射误差影响的测量精度估算式为

$$\dot{P}_2 = \dot{P}\overline{A}^{\mathrm{T}}\dot{K}^{-1}\dot{K}_2\dot{K}^{-1}\overline{A}\dot{P} + \dot{P}\overline{A}^{\mathrm{T}}\dot{K}^{-1}\dot{A}PA^{\mathrm{T}}K^{-1} \cdot K_2K^{-1}A\dot{A}^{\mathrm{T}}P\dot{K}^{-1}\overline{A}\dot{P} \qquad (8-256)$$

式中，$\dot{K}_2 = \mathrm{diag}(\sigma^2_{\dot{S}_{11}} \quad \sigma^2_{\dot{P}_{11}} \quad \sigma^2_{\dot{Q}_{11}} \quad \sigma^2_{\dot{S}_{21}} \quad \sigma^2_{\dot{P}_{21}} \quad \sigma^2_{\dot{Q}_{21}} \quad \sigma^2_{\dot{P}'_{21}})$，$\sigma_i$为对应测速元素电波折射误差的均方差；矩阵 $K_2$ 见式(8－229)。

3)比例因子误差

由误差传播方程(8－250)可知，弹道速度参数比例因子误差由测速元素比例因子误差 $\Delta\dot{S}_3 = [\Delta\dot{S}_{13} \quad \Delta\dot{P}_{13} \quad \Delta\dot{Q}_{13} \quad \Delta\dot{S}_{23} \quad \Delta\dot{P}_{23} \quad \Delta\dot{Q}_{23} \quad \Delta\dot{P}'_{23}]^{\mathrm{T}}$ 和位置参数比例因子误差 $\Delta X_3$ 所组成。故有

$$\Delta\dot{X}_3 = \dot{P}\overline{A}^{\mathrm{T}}\dot{K}^{-1}(\Delta\dot{S}_3 - \dot{A}\Delta X_3) \qquad (8-257)$$

再将式(8－231)和 $\Delta\dot{S}_3 = -\dot{S}\left(\dfrac{\Delta f}{f}\right)$代入，则得到

$$\begin{aligned}\Delta\dot{X}_3 &= -\dot{P}\overline{A}^{\mathrm{T}}\dot{K}^{-1}\left(\dot{S}'\frac{\Delta f}{f} - \dot{A}PA^{\mathrm{T}}K^{-1}S\frac{\Delta f}{f}\right) \\ &= -\dot{P}\overline{A}^{\mathrm{T}}\dot{K}^{-1}(\dot{S}' - \dot{A}PA^{\mathrm{T}}K^{-1}S)\frac{\Delta f}{f} \qquad (8-258)\end{aligned}$$

其中 $\dot{S}' = [\dot{S}_1 \quad \dot{P}_1 \quad \dot{Q}_1 \quad \dot{S}_2 \quad \dot{P}_2 \quad \dot{Q}_2 \quad \dot{P}'_2]^{\mathrm{T}}$

现记 $\overline{\dot{S}} = \dot{S}' - \dot{A}PA^{T}K^{-1}S$，则式(8－258)可以写成

$$\Delta\dot{X}_3 = -\dot{P}\overline{A}^{T}\dot{K}^{-1}\overline{\dot{S}}\frac{\Delta f}{f} \tag{8-259}$$

由式(8－259)和误差协方差定义，得到比例因子误差对弹道速度参数向量影响的误差协方差阵为

$$\dot{P}_3 = \dot{P}\overline{A}^{T}\dot{K}^{-1}\overline{\dot{S}}K_{\frac{\Delta f}{f}}\overline{\dot{S}}^{T}\dot{K}^{-1}\overline{A}\dot{P} \tag{8-260}$$

式中，$K_{\frac{\Delta f}{f}} = \sigma^2_{\frac{\Delta f}{f}}$，$\sigma_{\frac{\Delta f}{f}}$为干涉仪的发射频率不准误差的均方差。

4)时间不同步误差

同样地，由误差传播方程(8－250)得到弹道速度参数向量的时间不同步误差表示式为

$$\Delta\dot{X}_4 = \dot{P}\overline{A}^{T}\dot{K}^{-1}(\Delta\dot{S}_4 - \dot{A}\Delta X_4) \tag{8-261}$$

式中，$\Delta\dot{S}_4$——测速参数向量时间不同步误差，且

$\Delta\dot{S}_4 = [\Delta\dot{S}_{14} \quad \Delta\dot{P}_{14} \quad \Delta\dot{Q}_{14} \quad \Delta\dot{S}_{24} \quad \Delta\dot{P}_{24} \quad \Delta\dot{Q}_{24} \quad \Delta\dot{P}'_{24}]^{T}$；

$\Delta X_4$——弹道位置参数的时间不同步误差。

将 $\Delta\dot{S}_4$ 关于时间误差微分并将式(8－235)代入式(8－261)，则得到

$$\begin{aligned}\Delta\dot{X}_4 &= \dot{P}\overline{A}^{T}\dot{K}^{-1}(\ddot{S}'\Delta t - \dot{A}PA^{T}K^{-1}\dot{S}\Delta t)\\ &= \dot{P}\overline{A}^{T}\dot{K}^{-1}(\ddot{S}' - \dot{A}PA^{T}K^{-1}\dot{S})\Delta t\end{aligned} \tag{8-262}$$

式中

$$\ddot{S}' = \begin{bmatrix} \ddot{S}_1 & 0 \\ \ddot{P}_1 & 0 \\ \ddot{Q}_1 & 0 \\ 0 & \ddot{S}_2 \\ 0 & \ddot{P}_2 \\ 0 & \ddot{Q}_2 \\ 0 & \ddot{P}'_2 \end{bmatrix} \quad \Delta t = \begin{bmatrix} \Delta t_1 \\ \Delta t_2 \end{bmatrix}$$

记 $\overline{\ddot{S}} = \ddot{S}' - \dot{A}PA^{\mathrm{T}}K^{-1}\dot{S}$，代入式(8－262)，则有

$$\Delta\dot{X}_4 = \dot{P}\overline{A}^{\mathrm{T}}\dot{K}^{-1}\overline{\ddot{S}}\Delta t \tag{8-263}$$

由误差协方差定义，立即得到弹道速度参数时间不同步误差的协方差阵为

$$\dot{P}_4 = \dot{P}\overline{A}^{\mathrm{T}}\dot{K}^{-1}\overline{\ddot{S}}K_t\overline{\ddot{S}}^{\mathrm{T}}\dot{K}^{-1}\overline{A}P \tag{8-264}$$

式中，$K_t = \mathrm{diag}(\sigma_{t_1}^2 \quad \sigma_{t_2}^2)$，$\sigma_{t_1}$ 和 $\sigma_{t_2}$ 分别为 L 型干涉仪和 Y 型干涉仪的时间不同步误差的均方差。

5)大地测量误差

由方程(8－250)得到弹道速度参数向量的大地测量误差为

$$\begin{aligned}\Delta\dot{X}_5 = \dot{P}\overline{A}^{\mathrm{T}}\dot{K}^{-1}(&\dot{A}_{R_1}\Delta X_{R_1} + \dot{A}_{T_1}\Delta X_{T_1} - \dot{A}_{P_1}\Delta X_{P_1} - \dot{A}_{Q_1}\Delta X_{Q_1}\\ &+ \dot{A}_{R_2}\Delta X_{R_2} - \dot{A}_{P_2}\Delta X_{P_2} - \dot{A}_{Q_2}\Delta X_{Q_2} - \dot{A}_{P_2'}\Delta X_{P_2'} - \dot{A}\Delta X_5)\end{aligned} \tag{8-265}$$

现将式(8－238)代入式(8－265)得到

$$\begin{aligned}\Delta\dot{X}_5 = \dot{P}\overline{A}^{\mathrm{T}}\dot{K}^{-1}[&(\dot{A}_{R_1} - \dot{A}PA^{\mathrm{T}}K^{-1}A_{R_1})\Delta X_{R_1}\\ &+ (\dot{A}_{T_1} - \dot{A}PA^{\mathrm{T}}K^{-1}A_{T_1})\Delta X_{T_1}\\ &- (\dot{A}_{P_1} - \dot{A}PA^{\mathrm{T}}K^{-1}A_{P_1})\Delta X_{P_1} - (\dot{A}_{Q_1} - \dot{A}PA^{\mathrm{T}}K^{-1}A_{Q_1})\Delta X_{Q_1}\\ &+ (\dot{A}_{R_2} - \dot{A}PA^{\mathrm{T}}K^{-1}A_{R_2})\Delta X_{R_2} - (\dot{A}_{P_2} - \dot{A}PA^{\mathrm{T}}K^{-1}A_{P_2})\Delta X_{P_2}\\ &- (\dot{A}_{Q_2} - \dot{A}PA^{\mathrm{T}}K^{-1}A_{Q_2})\Delta X_{Q_2}\\ &- (\dot{A}_{P_2'} - \dot{A}PA^{\mathrm{T}}K^{-1}A_{P_2'})\Delta X_{P_2'}]\end{aligned} \tag{8-266}$$

现记 $\overline{\dot{A}}_{R_1} = \dot{A}_{R_1} - \dot{A}PA^{\mathrm{T}}K^{-1}A_{R_1}$，$\overline{\dot{A}}_{T_1} = \dot{A}_{T_1} - \dot{A}PA^{\mathrm{T}}K^{-1}A_{T_1}$，$\overline{\dot{A}}_{P_1} = -(\dot{A}_{P_1} - \dot{A}PA^{\mathrm{T}}K^{-1}A_{P_1})$

$\overline{\dot{A}}_{Q_1} = -(\dot{A}_{Q_1} - \dot{A}PA^{\mathrm{T}}K^{-1}A_{Q_1})$，$\overline{\dot{A}}_{R_2} = \dot{A}_{R_2} - \dot{A}PA^{\mathrm{T}}K^{-1}A_{R_2}$

$\overline{\dot{A}}_{P_2} = -(\dot{A}_{P_2} - \dot{A}PA^{\mathrm{T}}K^{-1}A_{P_2})$，$\overline{\dot{A}}_{Q_2} = -(\dot{A}_{Q_2} - \dot{A}PA^{\mathrm{T}}K^{-1}A_{Q_2})$

$\overline{\dot{A}}_{P_2'} = -(\dot{A}_{P_2'} - \dot{A}PA^{\mathrm{T}}K^{-1}A_{P_2'})$

这样使式(8－266)可简记为

$$\Delta\dot{\boldsymbol{X}}_5=\dot{\boldsymbol{P}}\overline{\boldsymbol{A}}^{\mathrm{T}}\dot{\boldsymbol{K}}^{-1}\left(\sum_{i=R_1}^{P_2'}\dot{\overline{\boldsymbol{A}}}_i\Delta\boldsymbol{X}_i\right)\tag{8－267}$$

再将式(8－28)代入式(8－267),则有

$$\Delta\dot{\boldsymbol{X}}_5=\dot{\boldsymbol{P}}\overline{\boldsymbol{A}}^{\mathrm{T}}\dot{\boldsymbol{K}}^{-1}\left(\sum_{i=R_1}^{P_2'}\dot{\overline{\boldsymbol{A}}}_i\boldsymbol{C}_i\boldsymbol{W}_i\Delta\boldsymbol{h}_i\right)\tag{8－268}$$

式中,$\boldsymbol{C}_i\equiv\boldsymbol{C}$。

最后利用误差协方差定义得到弹道速度参数向量的大地测量误差协方差阵为

$$\dot{\boldsymbol{P}}_5=\dot{\boldsymbol{P}}\overline{\boldsymbol{A}}^{\mathrm{T}}\dot{\boldsymbol{K}}^{-1}\left(\sum_{i=R_1}^{P_2'}\dot{\overline{\boldsymbol{A}}}_i\boldsymbol{C}_i\boldsymbol{W}_i\boldsymbol{K}_{h_i}\boldsymbol{W}_i^{\mathrm{T}}\boldsymbol{C}_i^{\mathrm{T}}\dot{\overline{\boldsymbol{A}}}_i^{\mathrm{T}}\right)\dot{\boldsymbol{K}}^{-1}\overline{\boldsymbol{A}}\dot{\boldsymbol{P}}\tag{8－269}$$

6)总误差

利用式(8－251)、式(8－255)、式(8－258)、式(8－261)和式(8－268)得到弹道速度参数向量总误差为

$$\Delta\dot{\boldsymbol{X}}=\sum_{i=1}^{5}\Delta\dot{\boldsymbol{X}}_i\tag{8－270}$$

而总误差的协方差阵,或者说弹道速度参数向量的总的测量精度估算式为

$$\begin{aligned}\dot{\boldsymbol{P}}&=\sum_{i=1}^{5}\dot{\boldsymbol{P}}_i\\&=\dot{\boldsymbol{P}}\overline{\boldsymbol{A}}^{\mathrm{T}}\dot{\boldsymbol{K}}^{-1}[\dot{\boldsymbol{K}}_1+\dot{\boldsymbol{K}}_2+\dot{\overline{\boldsymbol{S}}}\boldsymbol{K}_{\frac{\Delta f}{f}}\dot{\overline{\boldsymbol{S}}}^{\mathrm{T}}+\ddot{\overline{\boldsymbol{S}}}\boldsymbol{K}_{\Delta t}\ddot{\overline{\boldsymbol{S}}}^{\mathrm{T}}\\&\quad+\left(\sum_{i=R_1}^{P_2'}\dot{\overline{\boldsymbol{A}}}_i\boldsymbol{C}_i\boldsymbol{W}_i\boldsymbol{K}_{h_i}\boldsymbol{W}_i^{\mathrm{T}}\boldsymbol{C}_i^{\mathrm{T}}\dot{\overline{\boldsymbol{A}}}_i^{\mathrm{T}}\right)]\dot{\boldsymbol{K}}^{-1}\overline{\boldsymbol{A}}\dot{\boldsymbol{P}}\end{aligned}\tag{8－271}$$

由于$\dot{\boldsymbol{K}}=\dot{\boldsymbol{K}}_1+\dot{\boldsymbol{K}}_2+\dot{\overline{\boldsymbol{S}}}\boldsymbol{K}_{\frac{\Delta f}{f}}\dot{\overline{\boldsymbol{S}}}^{\mathrm{T}}+\ddot{\overline{\boldsymbol{S}}}\boldsymbol{K}_{\Delta t}\ddot{\overline{\boldsymbol{S}}}^{\mathrm{T}}+\left(\sum_{i=R_1}^{P_2'}\dot{\overline{\boldsymbol{A}}}_i\boldsymbol{C}_i\boldsymbol{W}_i\boldsymbol{K}_{h_i}\boldsymbol{W}_i^{\mathrm{T}}\boldsymbol{C}_i^{\mathrm{T}}\dot{\overline{\boldsymbol{A}}}_i^{\mathrm{T}}\right)$,将它代入式(8－271a),立即可知

$$\dot{\boldsymbol{P}}=(\overline{\boldsymbol{A}}^{\mathrm{T}}\dot{\boldsymbol{K}}^{-1}\overline{\boldsymbol{A}})^{-1}\tag{8－272}$$

式中，$\dot{\boldsymbol{K}} = \dot{\boldsymbol{K}}_1 + \dot{\boldsymbol{K}}_2 + \overline{\dot{\boldsymbol{S}}} \boldsymbol{K}_{\frac{\Delta f}{f}} \overline{\dot{\boldsymbol{S}}}^{\mathrm{T}} + \overline{\ddot{\boldsymbol{S}}} \boldsymbol{K}_t \overline{\ddot{\boldsymbol{S}}}^{\mathrm{T}} + \left( \sum_{i=R_1}^{P'_2} \overline{\dot{\boldsymbol{A}}}_i \boldsymbol{C}_i \boldsymbol{W}_i \boldsymbol{K}_{h_i} \boldsymbol{W}_i^{\mathrm{T}} \boldsymbol{C}_i^{\mathrm{T}} \overline{\dot{\boldsymbol{A}}}_i^{\mathrm{T}} \right)$。

### 8.3.2 单台干涉仪与多站连续波系统联用精度估算公式

由干涉仪与多站连续波系统联用是跟踪测量导弹和运载火箭飞行试验弹道的一种重要方案。最常用的由 L 型干涉仪和 $S\dot{S}$ 多站连续波联合测量。在此，推导当 L 型干涉仪和 $S\dot{S}$ 多站连续波测量系统均为主动式工作时的测量精度估算式；其中多站连续波系统由一主站三副站组成，主站可以发射和接收电波信号，获取距离和 $S$ 及距离和变化率 $\dot{S}$，另外三副站可以获取距离变化率 $\dot{S}$。

根据测量原理，干涉仪与多站连续波系统测量元素的测量方程为

$$
\begin{cases}
S_1 = R_{R_1} + R_{T_1} & \dot{S}_1 = \dot{R}_{R_1} + \dot{R}_{T_1} \\
P_1 = R_{R_1} - R_{P_1} & \dot{P}_1 = \dot{R}_{R_1} - \dot{R}_{P_1} \\
Q_1 = R_{R_1} - R_{Q_1} & \dot{Q}_1 = \dot{R}_{R_1} - \dot{R}_{Q_1} \\
S_2 = R_{R_2} + R_{T_2} & \dot{S}_2 = \dot{R}_{R_2} + \dot{R}_{T_2} \\
 & \dot{S}_3 = \dot{R}_{P_2} + \dot{R}_{T_2} \\
 & \dot{S}_4 = \dot{R}_{Q_2} + \dot{R}_{T_2} \\
 & \dot{S}_5 = \dot{R}_{P'_2} + \dot{R}_{T_2} \\
R_i = \sqrt{(X-X_i)^2 + (Y-Y_i)^2 + (Z-Z_i)^2} & \\
\dot{R}_i = \dfrac{X-X_i}{R_i}\dot{X} + \dfrac{Y-Y_i}{R_i}\dot{Y} + \dfrac{Z-Z_i}{R_i}\dot{Z} & i = R_1, T_1, P_1, Q_1, R_2, T_2, P_2, Q_2, P'_2
\end{cases}
\tag{8-273}
$$

根据测量方程，由 4 个定位元素 $S_1, P_1, Q_1$ 和 $S_2$，应用最小二

乘估计解算弹道位置参数 $X,Y,Z$；而由另外 7 个测速元素 $\dot{S}_1,\dot{P}_1,\dot{Q}_1,\dot{S}_2,\dot{S}_3,\dot{S}_4,\dot{S}_5$ 解算弹道速度参数 $\dot{X},\dot{Y},\dot{Z}$。下面将分别导出弹道位置参数和速度参数的测量精度估算式。

**1. 弹道位置参数测量精度估算公式**

由方程(8-273)左面 4 个定位方程应用加权最小二乘估计，则得到弹道位置参数估值为

$$\boldsymbol{X}=\boldsymbol{X}^0+\delta\boldsymbol{X}=\boldsymbol{X}^0+(\boldsymbol{A}^{\mathrm{T}}\boldsymbol{K}^{-1}\boldsymbol{A})^{-1}\boldsymbol{A}^{\mathrm{T}}\boldsymbol{K}^{-1}\delta\boldsymbol{S} \quad (8-274)$$

式中，$\boldsymbol{X}^0$——弹道位置参数初始估计值，$\boldsymbol{X}^0=[X^0 \quad Y^0 \quad Z^0]^{\mathrm{T}}$；

$\delta\boldsymbol{X}$——弹道位置参数向量的修正值，$\delta\boldsymbol{X}=[X-X^0 \quad Y-Y^0 \quad Z-Z^0]^{\mathrm{T}}$；

$\boldsymbol{K}$——定位元素向量 $\boldsymbol{S}=(S_1 \quad P_1 \quad Q_1 \quad S_2)^{\mathrm{T}}$ 测量总误差的协方差阵；

$\delta\boldsymbol{S}$——定位元素向量修正值，$\delta\boldsymbol{S}=\boldsymbol{S}-\boldsymbol{S}^0$，$\boldsymbol{S}^0=(S_1^0 \quad P_1^0 \quad Q_1^0 \quad S_2^0)^{\mathrm{T}}$ 由初始位置参数代入定位元素向量 $\boldsymbol{S}$ 表达式得到的初始测量向量；

$$\boldsymbol{A}=\begin{bmatrix} l_{R_1}+l_{T_1} & m_{R_1}+m_{T_1} & n_{R_1}+n_{T_1} \\ l_{R_1}-l_{P_1} & m_{R_1}-m_{P_1} & n_{R_1}-n_{P_1} \\ l_{R_1}-l_{Q_1} & m_{R_1}-m_{Q_1} & n_{R_1}-n_{Q_1} \\ l_{R_2}+l_{T_2} & m_{R_2}+m_{T_2} & n_{R_2}+n_{T_2} \end{bmatrix}$$

$$l_i=\frac{X-X_i}{R_i},m_i=\frac{Y-Y_i}{R_i},n_i=\frac{Z-Z_i}{R_i}$$

而弹道位置参数向量的总误差协方差阵为

$$\boldsymbol{P}=(\boldsymbol{A}^{\mathrm{T}}\boldsymbol{K}^{-1}\boldsymbol{A})^{-1} \quad (8-275)$$

由于上述式中需要得到定位元素向量 $\boldsymbol{S}$ 的总误差，类似于 8.3.1 节，仍从式(8-273)的定位方程出发，将它关于变量全微分得到

$$\Delta\boldsymbol{S}=\boldsymbol{A}\Delta X-\boldsymbol{A}_{R_1}\Delta\boldsymbol{X}_{R_1}-\boldsymbol{A}_{T_1}\Delta\boldsymbol{X}_{T_1}+\boldsymbol{A}_{P_1}\Delta\boldsymbol{X}_{P_1}$$

$$+\boldsymbol{A}_{Q_1}\Delta\boldsymbol{X}_{Q_1}-\boldsymbol{A}_{R_2}\Delta\boldsymbol{X}_{R_2}-\boldsymbol{A}_{T_2}\Delta\boldsymbol{X}_{T_2} \tag{8-276}$$

其中

$$\boldsymbol{A}_{R_1}=\begin{bmatrix} l_{R_1} & m_{R_1} & n_{R_1} \\ l_{R_1} & m_{R_1} & n_{R_1} \\ l_{R_1} & m_{R_1} & n_{R_1} \\ 0 & 0 & 0 \end{bmatrix} \quad \boldsymbol{A}_{T_1}=\begin{bmatrix} l_{T_1} & m_{T_1} & n_{T_1} \\ 0 & 0 & 0 \\ 0 & 0 & 0 \\ 0 & 0 & 0 \end{bmatrix}$$

$$\boldsymbol{A}_{P_1}=\begin{bmatrix} 0 & 0 & 0 \\ l_{P_1} & m_{P_1} & n_{P_1} \\ 0 & 0 & 0 \\ 0 & 0 & 0 \end{bmatrix} \quad \boldsymbol{A}_{Q_1}=\begin{bmatrix} 0 & 0 & 0 \\ 0 & 0 & 0 \\ l_{Q_1} & m_{Q_1} & n_{Q_1} \\ 0 & 0 & 0 \end{bmatrix}$$

$$\boldsymbol{A}_{R_2}=\begin{bmatrix} 0 & 0 & 0 \\ 0 & 0 & 0 \\ 0 & 0 & 0 \\ l_{R_2} & m_{R_2} & n_{R_2} \end{bmatrix} \quad \boldsymbol{A}_{T_2}=\begin{bmatrix} 0 & 0 & 0 \\ 0 & 0 & 0 \\ 0 & 0 & 0 \\ l_{T_2} & m_{T_2} & n_{T_2} \end{bmatrix}$$

$$\Delta\boldsymbol{X}_i=\begin{bmatrix} \Delta X_i \\ \Delta Y_i \\ \Delta Z_i \end{bmatrix} \qquad i=R_1,T_1,P_1,Q_1,R_2,T_2$$

现将方程(8－276)中误差项移项,得到

$$\boldsymbol{A}\Delta\boldsymbol{X}=\Delta\boldsymbol{S}+\boldsymbol{A}_{R_1}\Delta\boldsymbol{X}_{R_1}+\boldsymbol{A}_{T_1}\Delta\boldsymbol{X}_{T_1}-\boldsymbol{A}_{P_1}\Delta\boldsymbol{X}_{P_1}$$
$$-\boldsymbol{A}_{Q_1}\Delta\boldsymbol{X}_{Q_1}+\boldsymbol{A}_{R_2}\Delta\boldsymbol{X}_{R_2}+\boldsymbol{A}_{T_2}\Delta\boldsymbol{X}_{T_2} \tag{8-277}$$

方程(8－277)右边的各项误差均已转换成定位元素的误差项,由此,可以获取各项误差对弹道位置参数向量影响的误差方程及测量精度估算式。

1)设备误差

假设定位元素向量设备误差为 $\Delta\boldsymbol{S}_1=[\Delta S_{11} \quad \Delta P_{11} \quad \Delta Q_{11}$

$\Delta S_{21}]^{\mathrm{T}}$，将它对弹道位置参数向量的影响代入式(8-274)后，得到

$$\Delta \boldsymbol{X}_1 = \boldsymbol{P}\boldsymbol{A}^{\mathrm{T}}\boldsymbol{K}^{-1}\Delta \boldsymbol{S}_1 \tag{8-278}$$

式中，$\boldsymbol{P}$——弹道位置参数向量总误差的协方差阵。

由式(8-278)立即得到弹道位置参数向量设备误差协方差阵为

$$\boldsymbol{P}_1 = \boldsymbol{P}\boldsymbol{A}^{\mathrm{T}}\boldsymbol{K}^{-1}\boldsymbol{K}_1\boldsymbol{K}^{-1}\boldsymbol{A}\boldsymbol{P} \tag{8-279}$$

式中，$\boldsymbol{K}_1 = \mathrm{diag}(\sigma_{S_{11}}^2 \quad \sigma_{P_{11}}^2 \quad \sigma_{Q_{11}}^2 \quad \sigma_{S_{21}}^2)$，$\sigma_i$ 为对应定位元素设备误差的均方差。

2)电波折射误差

假设定位元素向量 $\boldsymbol{S}$ 的电波折射误差为 $\Delta \boldsymbol{S}_2 = [\Delta S_{12} \quad \Delta P_{12} \quad \Delta Q_{12} \quad \Delta S_{22}]^{\mathrm{T}}$，则它对弹道位置参数向量的影响代入式(8-274)后，得到

$$\Delta \boldsymbol{X}_2 = \boldsymbol{P}\boldsymbol{A}^{\mathrm{T}}\boldsymbol{K}^{-1}\Delta \boldsymbol{S}_2 \tag{8-280}$$

式中，$\boldsymbol{P}$——弹道位置参数向量总误差的协方差阵。

由误差传播式(8-280)，容易得到弹道位置参数向量的电波折射误差协方差阵为

$$\boldsymbol{P}_2 = \boldsymbol{P}\boldsymbol{A}^{\mathrm{T}}\boldsymbol{K}^{-1}\boldsymbol{K}_2\boldsymbol{K}^{-1}\boldsymbol{A}\boldsymbol{P} \tag{8-281}$$

式中，$\boldsymbol{K}_2 = \mathrm{diag}(\sigma_{S_{12}}^2 \quad \sigma_{P_{12}}^2 \quad \sigma_{Q_{12}}^2 \quad \sigma_{S_{22}}^2)$，$\sigma_i$ 为对应定位元素电波折射误差的均方差。

3)比例因子误差

在此，两套连续波测量系统的比例因子误差主要是频率不准误差，记为 $\Delta \boldsymbol{S}_3 = [\Delta S_{13} \quad \Delta P_{13} \quad \Delta Q_{13} \quad \Delta S_{23}]^{\mathrm{T}}$，由式(8-278)得到它对弹道位置向量的影响为

$$\Delta \boldsymbol{X}_3 = \boldsymbol{P}\boldsymbol{A}^{\mathrm{T}}\boldsymbol{K}^{-1}\Delta \boldsymbol{S}_3 \tag{8-282}$$

继续将测量元素对频率不准误差做微分，则有

$$\Delta \boldsymbol{X}_3 = \boldsymbol{P}\boldsymbol{A}^{\mathrm{T}}\boldsymbol{K}^{-1}\boldsymbol{S}\left(-\frac{\Delta f}{f}\right) \tag{8-283}$$

此时，由于干涉仪和多站连续波系统均是主动式工作，它们使用不同的发射频率，其误差源不相同，故有

$$\boldsymbol{S}=\begin{bmatrix} S_1 & 0 \\ P_1 & 0 \\ Q_1 & 0 \\ 0 & S_2 \end{bmatrix} \quad 和 \quad \frac{\Delta \boldsymbol{f}}{\boldsymbol{f}}=\begin{bmatrix} \dfrac{\Delta f_1}{f_1} \\ \dfrac{\Delta f_2}{f_2} \end{bmatrix} \tag{8-284}$$

式中，$\dfrac{\Delta f_1}{f_1}$、$\dfrac{\Delta f_2}{f_2}$——干涉仪和多站连续波系统的频率不准误差。

由式(8－283)和式(8－284)可以得到弹道位置参数向量比例因子误差影响的测量精度估算式为

$$\boldsymbol{P}_3=\boldsymbol{P}\boldsymbol{A}^{\mathrm{T}}\boldsymbol{K}^{-1}\boldsymbol{S}\boldsymbol{K}_{\frac{\Delta f}{f}}\boldsymbol{S}^{\mathrm{T}}\boldsymbol{K}^{-1}\boldsymbol{A}\boldsymbol{P} \tag{8-285}$$

式中，$\boldsymbol{K}_{\frac{\Delta f}{f}}=\mathrm{diag}\left(\sigma^2_{\frac{\Delta f_1}{f_1}} \quad \sigma^2_{\frac{\Delta f_2}{f_2}}\right)$。$\sigma_{\frac{\Delta f_1}{f_1}}$和$\sigma_{\frac{\Delta f_2}{f_2}}$分别为干涉仪和多站连续波系统频率不准误差的均方差。

4）时间不同步误差

在此，记定位元素时间不同步误差为

$\Delta \boldsymbol{S}_4=[\Delta S_{14} \quad \Delta P_{14} \quad \Delta Q_{14} \quad \Delta S_{24}]^{\mathrm{T}}$。由式(8－274)并进一步对关于时间不同步误差微分，则有

$$\Delta \boldsymbol{X}_4=\boldsymbol{P}\boldsymbol{A}^{\mathrm{T}}\boldsymbol{K}^{-1}\Delta \boldsymbol{S}_4=\boldsymbol{P}\boldsymbol{A}^{\mathrm{T}}\boldsymbol{K}^{-1}\dot{\boldsymbol{S}}\Delta \boldsymbol{t} \tag{8-286}$$

由于干涉仪和多站连续波系统由两套不同的时统系统提供时间同步信号，它们的误差源是独立的，故式(8－286)具有

$$\dot{\boldsymbol{S}}=\begin{bmatrix} \dot S_1 & 0 \\ \dot P_1 & 0 \\ \dot Q_1 & 0 \\ 0 & \dot S_2 \end{bmatrix} \quad 和 \quad \Delta \boldsymbol{t}=\begin{bmatrix} \Delta t_1 \\ \Delta t_2 \end{bmatrix} \tag{8-287}$$

式中，$\Delta t_1$ 和 $\Delta t_2$ 为干涉仪和多站连续波系统的时间不同步误差。

由式(8－286)和式(8－287)立即得到弹道速度参数向量时间不同步误差影响的测量精度估算式为

$$\boldsymbol{P}_4=\boldsymbol{P}\boldsymbol{A}^{\mathrm{T}}\boldsymbol{K}^{-1}\dot{\boldsymbol{S}}\boldsymbol{K}_{\Delta t}\dot{\boldsymbol{S}}^{\mathrm{T}}\boldsymbol{K}^{-1}\boldsymbol{A}\boldsymbol{P} \tag{8-288}$$

式中，$\boldsymbol{K}_{\Delta t}=\mathrm{diag}(\sigma_{t_1}^2\quad\sigma_{t_2}^2)$；$\sigma_{t_1}$，$\sigma_{t_2}$分别为干涉仪和多站连续波系统时间不同步误差的均方差。

5)大地测量误差

式(8－276)右边从第二项开始都为转换成测元的“站址误差”。再由式(8－274)得到它对弹道位置参数的影响为

$$\begin{aligned}\Delta\boldsymbol{X}_5=\boldsymbol{P}\boldsymbol{A}^{\mathrm{T}}\boldsymbol{K}^{-1}(&\boldsymbol{A}_{R_1}\Delta\boldsymbol{X}_{R_1}+\boldsymbol{A}_{T_1}\Delta\boldsymbol{X}_{T_1}-\boldsymbol{A}_{P_1}\Delta\boldsymbol{X}_{P_1}\\&-\boldsymbol{A}_{Q_1}\Delta\boldsymbol{X}_{Q_1}+\boldsymbol{A}_{R_2}\Delta\boldsymbol{X}_{R_2}+\boldsymbol{A}_{T_2}\Delta\boldsymbol{X}_{T_2})\end{aligned} \tag{8-289}$$

假若记 $\overline{\boldsymbol{A}}_{R_1}=\boldsymbol{A}_{R_1}$，$\overline{\boldsymbol{A}}_{T_1}=\boldsymbol{A}_{T_1}$，$\overline{\boldsymbol{A}}_{P_1}=-\boldsymbol{A}_{P_1}$，$\overline{\boldsymbol{A}}_{Q_1}=-\boldsymbol{A}_{Q_1}$，$\overline{\boldsymbol{A}}_{R_2}=\boldsymbol{A}_{R_2}$，$\overline{\boldsymbol{A}}_{T_2}=\boldsymbol{A}_{T_2}$，由于各测站站址误差由大地测量误差引起，因此，将式(8－27)和式(8－29)代入式(8－289)后，则为

$$\Delta\boldsymbol{X}_5=\boldsymbol{P}\boldsymbol{A}^{\mathrm{T}}\boldsymbol{K}^{-1}\left(\sum_{i=R_1}^{T_2}\overline{\boldsymbol{A}}_i\boldsymbol{C}_i\boldsymbol{W}_i\Delta\boldsymbol{h}_i\right) \tag{8-290}$$

式中，$\boldsymbol{C}_i\equiv\boldsymbol{C}$。

由式(8－290)和误差协方差定义，立即得到弹道位置参数向量受大地测量误差影响的测量精度估算式为

$$\boldsymbol{P}_5=\boldsymbol{P}\boldsymbol{A}^{\mathrm{T}}\boldsymbol{K}^{-1}\left(\sum_{i=R_1}^{T_2}\overline{\boldsymbol{A}}_i\boldsymbol{C}_i\boldsymbol{W}_i\boldsymbol{K}_{h_i}\boldsymbol{W}_i^{\mathrm{T}}\boldsymbol{C}_i^{\mathrm{T}}\overline{\boldsymbol{A}}_i^{\mathrm{T}}\right)\boldsymbol{K}^{-1}\boldsymbol{A}\boldsymbol{P} \tag{8-291}$$

式中，$\boldsymbol{K}_{h_i}=\mathrm{diag}(\sigma_{L_i}^2\quad\sigma_{B_i}^2\quad\sigma_{h_i}^2)$，$\sigma_{L_i}$，$\sigma_{B_i}$，$\sigma_{h_i}$为第 $i$ 个测站的大地测量误差的均方差。

6)总误差

将式(8－278)、式(8－280)、式(8－283)、式(8－286)和式(8－290)累加，则得到弹道位置参数向量总误差为

$$\Delta X = \sum_{i=1}^{5} \Delta X_i = PA^{\mathrm{T}}K^{-1}\Big(\Delta S_1 + \Delta S_2 - S\frac{\Delta f}{f}$$

$$+ \dot{S}\Delta t + \sum_{i=R_1}^{T_2} A_i C_i W_i \Delta h_i\Big) \tag{8-292}$$

由此,得到弹道位置参数向量的测量精度估算式为

$$P = \sum_{i=1}^{5} P_i$$

$$= PA^{\mathrm{T}}K^{-1}\Big(K_1 + K_2 + SK_{\frac{\Delta f}{f}}S^{\mathrm{T}} + \dot{S}K_t\dot{S}^{\mathrm{T}}$$

$$+ \sum_{i=R_1}^{T_2} A_i C_i W_i K_{h_i} W_i^{\mathrm{T}} C_i^{\mathrm{T}} A_i^{\mathrm{T}}\Big)K^{-1}AP \tag{8-293a}$$

式中,$K = K_1 + K_2 + SK_{\frac{\Delta f}{f}}S^{\mathrm{T}} + \dot{S}K_t\dot{S}^{\mathrm{T}} + \sum_{i=R_1}^{T_2} A_i C_i W_i K_{h_i} W_i^{\mathrm{T}} C_i^{\mathrm{T}} A_i^{\mathrm{T}}$。

将 $K$ 代入式(8－293a),立即得到

$$P = (A^{\mathrm{T}}K^{-1}A)^{-1} \tag{8-293b}$$

**2. 弹道速度参数测量精度的估算式**

由式(8－273)右边 7 个测速方程应用加权最小二乘估计,则得到弹道速度参数向量的估值为

$$\dot{X} = (\overline{A}^{\mathrm{T}}\dot{K}^{-1}\overline{A})^{-1}\overline{A}^{\mathrm{T}}\dot{K}^{-1}\dot{S} \tag{8-294}$$

其中

$$\overline{A} = \begin{bmatrix} l_{R_1} + l_{T_1} & m_{R_1} + m_{T_1} & n_{R_1} + n_{T_1} \\ l_{R_1} - l_{P_1} & m_{R_1} - m_{P_1} & n_{R_1} - n_{P_1} \\ l_{R_1} - l_{Q_1} & m_{R_1} - m_{Q_1} & n_{R_1} - n_{Q_1} \\ l_{R_2} + l_{T_2} & m_{R_2} + m_{T_2} & n_{R_2} + n_{T_2} \\ l_{P_2} + l_{T_2} & m_{P_2} + m_{T_2} & n_{P_2} + n_{T_2} \\ l_{Q_2} + l_{T_2} & m_{Q_2} + m_{T_2} & n_{Q_2} + n_{T_2} \\ l_{P'_2} + l_{T_2} & m_{P'_2} + m_{T_2} & n_{P'_2} + n_{T_2} \end{bmatrix}$$

注意，矩阵 $\overline{\boldsymbol{A}}$ 与式(8-274)中矩阵 $\boldsymbol{A}$ 是不等的。

式中，$\dot{\boldsymbol{S}}$——测速元素向量，$\dot{\boldsymbol{S}} = [\dot{S}_1 \quad P_1 \quad \dot{Q}_1 \quad \dot{S}_2 \quad \dot{S}_3 \quad \dot{S}_4 \quad \dot{S}_5]^{\mathrm{T}}$；

$\dot{\boldsymbol{K}}$——测速元素向量总误差的协方差阵。

而弹道测速参数向量误差协方差阵为

$$\dot{\boldsymbol{P}} = (\overline{\boldsymbol{A}}^{\mathrm{T}}\dot{\boldsymbol{K}}^{-1}\overline{\boldsymbol{A}})^{-1} \tag{8-295}$$

类似地，根据误差传播原理，将方程(8-273)的测速方程关于变量做全微分，并记

$$\Delta\dot{\boldsymbol{S}} = \begin{bmatrix} \Delta\dot{S}_1 \\ \Delta\dot{P}_1 \\ \Delta\dot{Q}_1 \\ \Delta\dot{S}_2 \\ \Delta\dot{S}_3 \\ \Delta\dot{S}_4 \\ \Delta\dot{S}_5 \end{bmatrix} \quad \dot{\boldsymbol{A}} = \begin{bmatrix} \dot{l}_{R_1} + \dot{l}_{T_1} & \dot{m}_{R_1} + \dot{m}_{T_1} & \dot{n}_{R_1} + \dot{n}_{T_1} \\ \dot{l}_{R_1} - \dot{l}_{P_1} & \dot{m}_{R_1} - \dot{m}_{P_1} & \dot{n}_{R_1} - \dot{n}_{P_1} \\ \dot{l}_{R_1} - \dot{l}_{Q_1} & \dot{m}_{R_1} - \dot{m}_{Q_1} & \dot{n}_{R_1} - \dot{n}_{Q_1} \\ \dot{l}_{R_2} + \dot{l}_{T_2} & \dot{m}_{R_2} + \dot{m}_{T_2} & \dot{n}_{R_2} + \dot{n}_{T_2} \\ \dot{l}_{P_2} + \dot{l}_{T_2} & \dot{m}_{P_2} + \dot{m}_{T_2} & \dot{n}_{P_2} + \dot{n}_{T_2} \\ \dot{l}_{Q_2} + \dot{l}_{T_2} & \dot{m}_{Q_2} + \dot{m}_{T_2} & \dot{n}_{Q_2} + \dot{n}_{T_2} \\ \dot{l}_{P_2} + \dot{l}_{T_2} & \dot{m}_{P_2} + \dot{m}_{T_2} & \dot{n}_{P_2} + \dot{n}_{T_2} \end{bmatrix}$$

$$\dot{\boldsymbol{A}}_{R_1} = \begin{bmatrix} \dot{l}_{R_1} & \dot{m}_{R_1} & \dot{n}_{R_1} \\ \dot{l}_{R_1} & \dot{m}_{R_1} & \dot{n}_{R_1} \\ \dot{l}_{R_1} & \dot{m}_{R_1} & \dot{n}_{R_1} \\ 0 & 0 & 0 \\ 0 & 0 & 0 \\ 0 & 0 & 0 \\ 0 & 0 & 0 \end{bmatrix}$$

$$\dot{\boldsymbol{A}}_{T_1} = \begin{bmatrix} \dot{l}_{T_1} & \dot{m}_{T_1} & \dot{n}_{T_1} \\ 0 & 0 & 0 \\ 0 & 0 & 0 \\ 0 & 0 & 0 \\ 0 & 0 & 0 \\ 0 & 0 & 0 \\ 0 & 0 & 0 \end{bmatrix} \quad \dot{\boldsymbol{A}}_{P_1} = \begin{bmatrix} 0 & 0 & 0 \\ \dot{l}_{P_1} & \dot{m}_{P_1} & \dot{n}_{P_1} \\ 0 & 0 & 0 \\ 0 & 0 & 0 \\ 0 & 0 & 0 \\ 0 & 0 & 0 \\ 0 & 0 & 0 \end{bmatrix} \quad \dot{\boldsymbol{A}}_{Q_1} = \begin{bmatrix} 0 & 0 & 0 \\ 0 & 0 & 0 \\ \dot{l}_{Q_1} & \dot{m}_{Q_1} & \dot{n}_{Q_1} \\ 0 & 0 & 0 \\ 0 & 0 & 0 \\ 0 & 0 & 0 \\ 0 & 0 & 0 \end{bmatrix}$$

$$\dot{\boldsymbol{A}}_{R_2} = \begin{bmatrix} 0 & 0 & 0 \\ 0 & 0 & 0 \\ 0 & 0 & 0 \\ \dot{l}_{R_2} & \dot{m}_{R_2} & \dot{n}_{R_2} \\ 0 & 0 & 0 \\ 0 & 0 & 0 \\ 0 & 0 & 0 \end{bmatrix} \quad \dot{\boldsymbol{A}}_{T_2} = \begin{bmatrix} 0 & 0 & 0 \\ 0 & 0 & 0 \\ 0 & 0 & 0 \\ \dot{l}_{T_2} & \dot{m}_{T_2} & \dot{n}_{T_2} \\ \dot{l}_{T_2} & \dot{m}_{T_2} & \dot{n}_{T_2} \\ \dot{l}_{T_2} & \dot{m}_{T_2} & \dot{n}_{T_2} \\ \dot{l}_{T_2} & \dot{m}_{T_2} & \dot{n}_{T_2} \end{bmatrix} \quad \dot{\boldsymbol{A}}_{P_2} = \begin{bmatrix} 0 & 0 & 0 \\ 0 & 0 & 0 \\ 0 & 0 & 0 \\ 0 & 0 & 0 \\ \dot{l}_{P_2} & \dot{m}_{P_2} & \dot{n}_{P_2} \\ 0 & 0 & 0 \\ 0 & 0 & 0 \end{bmatrix}$$

$$\dot{\boldsymbol{A}}_{Q_2} = \begin{bmatrix} 0 & 0 & 0 \\ 0 & 0 & 0 \\ 0 & 0 & 0 \\ 0 & 0 & 0 \\ 0 & 0 & 0 \\ \dot{l}_{Q_2} & \dot{m}_{Q_2} & \dot{n}_{Q_2} \\ 0 & 0 & 0 \end{bmatrix} \quad \dot{\boldsymbol{A}}_{P'_2} = \begin{bmatrix} 0 & 0 & 0 \\ 0 & 0 & 0 \\ 0 & 0 & 0 \\ 0 & 0 & 0 \\ 0 & 0 & 0 \\ 0 & 0 & 0 \\ \dot{l}_{P'_2} & \dot{m}_{P'_2} & \dot{n}_{P'_2} \end{bmatrix}$$

$$\Delta\dot{X}=\begin{bmatrix}\Delta\dot{X}\\ \Delta\dot{Y}\\ \Delta\dot{Z}\end{bmatrix}\quad \Delta\boldsymbol{X}=\begin{bmatrix}\Delta X\\ \Delta Y\\ \Delta Z\end{bmatrix}\quad \Delta\boldsymbol{X}_i=\begin{bmatrix}\Delta X_i\\ \Delta Y_i\\ \Delta Z_i\end{bmatrix}$$

$$\dot{l}_i=\frac{1}{R_i}\left[\dot{X}-\frac{(X-X_i)}{R_i}\dot{R}_i\right]$$

$$\dot{m}_i=\frac{1}{R_i}\left[\dot{Y}-\frac{(Y-Y_i)}{R_i}\dot{R}_i\right]\qquad i=R_1,T_1,P_1,Q_1,R_2,T_2,P_2,Q_2,P_2'$$

$$\dot{n}_i=\frac{1}{R_i}\left[\dot{Z}-\frac{(Z-Z_i)}{R_i}\dot{R}_i\right]$$

则得到方程(8－294)的全微分方程矩阵形式为

$$\begin{aligned}\Delta\dot{\boldsymbol{S}}=&\overline{\boldsymbol{A}}\Delta\dot{\boldsymbol{X}}-\dot{\boldsymbol{A}}_{R_1}\Delta\boldsymbol{X}_{R_1}-\dot{\boldsymbol{A}}_{T_1}\Delta\boldsymbol{X}_{T_1}+\dot{\boldsymbol{A}}_{P_1}\Delta\boldsymbol{X}_{P_1}+\dot{\boldsymbol{A}}_{Q_1}\Delta\boldsymbol{X}_{Q_1}\\&-\dot{\boldsymbol{A}}_{R_2}\Delta\boldsymbol{X}_{R_2}-\dot{\boldsymbol{A}}_{T_2}\Delta\boldsymbol{X}_{T_2}-\dot{\boldsymbol{A}}_{P_2}\Delta\boldsymbol{X}_{P_2}-\dot{\boldsymbol{A}}_{Q_2}\Delta\boldsymbol{X}_{Q_2}\\&-\dot{\boldsymbol{A}}_{P_2'}\Delta\boldsymbol{X}_{P_2'}-\dot{\boldsymbol{A}}\Delta\boldsymbol{X}\end{aligned}\qquad(8-296)$$

将方程(8－396)右边移项，使测站站址误差和弹道位置参数向量误差“转换”成测速元素的误差，得到

$$\begin{aligned}\overline{\boldsymbol{A}}\Delta\dot{\boldsymbol{X}}=&\Delta\dot{\boldsymbol{S}}+\dot{\boldsymbol{A}}_{R_1}\Delta\boldsymbol{X}_{R_1}+\dot{\boldsymbol{A}}_{T_1}\Delta\boldsymbol{X}_{T_1}-\dot{\boldsymbol{A}}_{P_1}\Delta\boldsymbol{X}_{P_1}-\dot{\boldsymbol{A}}_{Q_1}\Delta\boldsymbol{X}_{Q_1}\\&+\dot{\boldsymbol{A}}_{R_2}\Delta\boldsymbol{X}_{R_2}+\dot{\boldsymbol{A}}_{T_2}\Delta\boldsymbol{X}_{T_2}+\dot{\boldsymbol{A}}_{P_2}\Delta\boldsymbol{X}_{P_2}+\dot{\boldsymbol{A}}_{Q_2}\Delta\boldsymbol{X}_{Q_2}\\&+\dot{\boldsymbol{A}}_{P_2'}\Delta\boldsymbol{X}_{P_2'}-\dot{\boldsymbol{A}}\Delta\boldsymbol{X}\end{aligned}\qquad(8-297)$$

再根据解算弹道速度参数向量估值表达式(8－294)，则可以得到各项误差对弹道测速参数向量传播的表示式。

1)设备误差

由式(8－294)和式(8－278)得到设备误差传播到弹道速度

参数向量的公式为

$$\Delta\dot{\boldsymbol{X}}_1=\dot{\boldsymbol{P}}\overline{\boldsymbol{A}}^{\mathrm{T}}\dot{\boldsymbol{K}}^{-1}(\Delta\dot{\boldsymbol{S}}_1-\dot{\boldsymbol{A}}\Delta\boldsymbol{X}_1)$$

$$=\dot{\boldsymbol{P}}\overline{\boldsymbol{A}}^{\mathrm{T}}\dot{\boldsymbol{K}}^{-1}(\Delta\dot{\boldsymbol{S}}_1-\dot{\boldsymbol{A}}\boldsymbol{P}\boldsymbol{A}^{\mathrm{T}}\boldsymbol{K}^{-1}\Delta\boldsymbol{S}_1)\quad(8-298)$$

式中，$\Delta\dot{\boldsymbol{S}}_1$——测速元素的设备误差向量，即 $\Delta\dot{\boldsymbol{S}}_1[\Delta\dot{S}_{11}\quad\Delta\dot{P}_{11}\quad\Delta\dot{Q}_{11}\quad\Delta\dot{S}_{21}\quad\Delta\dot{S}_{31}\quad\Delta\dot{S}_{41}\quad\Delta\dot{S}_{51}]^{\mathrm{T}}$；

$\Delta\boldsymbol{S}_1$——干涉仪定位误差向量，$\Delta\boldsymbol{S}_1=[\Delta S_{11}\quad\Delta P_{11}\quad\Delta Q_{11}\quad\Delta S_{21}]^{\mathrm{T}}$。

若记 $\overline{\dot{\boldsymbol{A}}}=\dot{\boldsymbol{A}}\boldsymbol{P}\boldsymbol{A}^{\mathrm{T}}\boldsymbol{K}^{-1}$，则式(8－298)又可写成

$$\Delta\dot{\boldsymbol{X}}_1=\dot{\boldsymbol{P}}\overline{\boldsymbol{A}}^{\mathrm{T}}\dot{\boldsymbol{K}}^{-1}(\Delta\dot{\boldsymbol{S}}_1-\overline{\dot{\boldsymbol{A}}}\Delta\boldsymbol{S}_1)\quad(8-299\mathrm{a})$$

从式(8－299a)可知，影响弹道速度参数向量的设备误差由测速元素与定位元素两部分设备误差引起，它们之间设备误差认为是互不相关的。

由式(8－299a)即可得到弹道速度参数向量设备误差项的测量精度估算式为

$$\dot{\boldsymbol{P}}_1=\dot{\boldsymbol{P}}\overline{\boldsymbol{A}}^{\mathrm{T}}\dot{\boldsymbol{K}}^{-1}\dot{\boldsymbol{K}}_1\dot{\boldsymbol{K}}^{-1}\overline{\boldsymbol{A}}\dot{\boldsymbol{P}}+\dot{\boldsymbol{P}}\overline{\boldsymbol{A}}^{\mathrm{T}}\dot{\boldsymbol{K}}^{-1}\overline{\dot{\boldsymbol{A}}}\boldsymbol{K}_1\overline{\dot{\boldsymbol{A}}}^{\mathrm{T}}\dot{\boldsymbol{K}}^{-1}\overline{\boldsymbol{A}}\dot{\boldsymbol{P}}\quad(8-299\mathrm{b})$$

式中，$\dot{\boldsymbol{K}}_1=\mathrm{diag}(\sigma^2_{\dot{S}_{11}}\quad\sigma^2_{\dot{P}_{11}}\quad\sigma^2_{\dot{Q}_{12}}\quad\sigma^2_{\dot{S}_{21}}\quad\sigma^2_{\dot{S}_{31}}\quad\sigma^2_{\dot{S}_{41}}\quad\sigma^2_{\dot{S}_{51}})$，$\sigma_i$ 为对应第 $i$ 个测速元素设备误差的均方差。

$\boldsymbol{K}_1=\mathrm{diag}(\sigma^2_{S_{12}}\quad\sigma^2_{P_{11}}\quad\sigma^2_{Q_{11}}\quad\sigma^2_{S_{21}})$，$\sigma_i$ 为第 $i$ 个定位元素设备误差的均方差。

2）电波折射误差

同样地，由式(8－294)和式(8－280)可以得到电波折射误差传播到弹道速度参数向量的表示式为

$$\Delta\dot{\boldsymbol{X}}_2=\dot{\boldsymbol{P}}\overline{\boldsymbol{A}}^{\mathrm{T}}\dot{\boldsymbol{K}}^{-1}(\Delta\dot{\boldsymbol{S}}_2-\dot{\boldsymbol{A}}\Delta\boldsymbol{X}_2)$$

$$=\dot{\boldsymbol{P}}\overline{\boldsymbol{A}}^{\mathrm{T}}\dot{\boldsymbol{K}}^{-1}(\Delta\dot{\boldsymbol{S}}_2-\dot{\boldsymbol{A}}\boldsymbol{P}\boldsymbol{A}^{\mathrm{T}}\boldsymbol{K}^{-1}\Delta\boldsymbol{S}_2)\quad(8-300)$$

式中，$\Delta\dot{\boldsymbol{S}}_2$——测速元素电波折射误差向量，$\Delta\dot{\boldsymbol{S}}_2=[\Delta\dot{S}_{12}\quad\Delta\dot{P}_{12}$

$\Delta\dot{Q}_{12} \quad \Delta\dot{S}_{22} \quad \Delta\dot{S}_{32} \quad \Delta\dot{S}_{42} \quad \Delta\dot{S}_{52}]^{\mathrm{T}}$；

$\Delta\boldsymbol{X}_2$——弹道位置参数向量的电波折射误差项，即

$$\Delta X_2 = [\Delta X_2 \quad \Delta Y_2 \quad \Delta Z_2]^{\mathrm{T}}$$

再记 $\overline{\dot{\boldsymbol{A}}} = \dot{\boldsymbol{A}}\boldsymbol{P}\boldsymbol{A}^{\mathrm{T}}\boldsymbol{K}^{-1}$ 并代入式(8-300)，得到

$$\Delta\dot{\boldsymbol{X}}_2 = \dot{\boldsymbol{P}}\overline{\boldsymbol{A}}^{\mathrm{T}}\dot{\boldsymbol{K}}^{-1}(\Delta\dot{\boldsymbol{S}}_2 - \overline{\dot{\boldsymbol{A}}}\Delta\boldsymbol{S}_2) \tag{8-301}$$

由误差协方差定义，由式(8-301)容易得到弹道速度参数向量电波折射误差项的测量精度估算式为

$$\dot{\boldsymbol{P}}_2 = \dot{\boldsymbol{P}}\overline{\boldsymbol{A}}^{\mathrm{T}}\dot{\boldsymbol{K}}^{-1}\dot{\boldsymbol{K}}_2\dot{\boldsymbol{K}}^{-1}\overline{\boldsymbol{A}}\dot{\boldsymbol{P}} + \dot{\boldsymbol{P}}\overline{\boldsymbol{A}}^{\mathrm{T}}\dot{\boldsymbol{K}}^{-1}\overline{\dot{\boldsymbol{A}}}\boldsymbol{K}_2\overline{\dot{\boldsymbol{A}}}^{\mathrm{T}}\dot{\boldsymbol{K}}^{-1}\overline{\boldsymbol{A}}\dot{\boldsymbol{P}} \tag{8-302}$$

3）比例因子误差

由式(8-294)和式(8-282)得到频率不准误差对弹道速度参数向量影响为

$$\begin{aligned}\Delta\dot{\boldsymbol{X}}_3 &= \dot{\boldsymbol{P}}\overline{\boldsymbol{A}}^{\mathrm{T}}\dot{\boldsymbol{K}}^{-1}(\Delta\dot{\boldsymbol{S}}_3 - \dot{\boldsymbol{A}}\Delta\boldsymbol{X}_3)\\ &= \dot{\boldsymbol{P}}\overline{\boldsymbol{A}}^{\mathrm{T}}\dot{\boldsymbol{K}}^{-1}(\Delta\dot{\boldsymbol{S}}_3 - \dot{\boldsymbol{A}}\boldsymbol{P}\boldsymbol{A}^{\mathrm{T}}\boldsymbol{K}^{-1}\Delta\boldsymbol{S}_3)\end{aligned} \tag{8-303}$$

式中，$\Delta\dot{\boldsymbol{S}}_3$——测速元素频率不准误差，$\Delta\dot{\boldsymbol{S}}_3 = [\Delta\dot{S}_{13} \quad \Delta\dot{P}_{13} \quad \Delta\dot{Q}_{13} \quad \Delta\dot{S}_{23} \quad \Delta\dot{S}_{33} \quad \Delta\dot{S}_{43} \quad \Delta\dot{S}_{53}]^{\mathrm{T}}$。

此时，由于干涉仪与多站连续波系统均为主动工作方式，它们的发射信号频率是不同的，相应的误差源也不同。因此，对误差向量 $\Delta\dot{\boldsymbol{S}}_3$ 和 $\Delta\boldsymbol{S}_3$ 关于频率不准误差进一步微分时，则有

$$\Delta\dot{X}_3 = -\dot{\boldsymbol{P}}\overline{\boldsymbol{A}}^{\mathrm{T}}\dot{\boldsymbol{K}}^{-1}\left[\dot{\boldsymbol{S}}'\left(\frac{\Delta f}{f}\right) - \dot{\boldsymbol{A}}\boldsymbol{P}\boldsymbol{A}^{\mathrm{T}}\boldsymbol{K}^{-1}\boldsymbol{S}\left(\frac{\Delta f}{f}\right)\right] \tag{8-304}$$

$$
其中，\dot{\boldsymbol{S}}' = \begin{bmatrix} \dot{S}_1 & 0 \\ \dot{P} & 0 \\ \dot{Q}_1 & 0 \\ 0 & \dot{S}_2 \\ 0 & \dot{S}_3 \\ 0 & \dot{S}_4 \\ 0 & \dot{S}_5 \end{bmatrix} 和 \frac{\Delta \boldsymbol{f}}{\boldsymbol{f}} = \begin{bmatrix} \frac{\Delta f_1}{f} \\ \frac{\Delta f_2}{f} \end{bmatrix}
$$

式中，$\frac{\Delta f_1}{f}$和$\frac{\Delta f_2}{f}$——干涉仪和多站连续波系统的频率不准误差。

对(8－304)进一步整理，则有

$$
\Delta \dot{\boldsymbol{X}}_3 = -\dot{\boldsymbol{P}}\overline{\boldsymbol{A}}^{\mathrm{T}}\dot{\boldsymbol{K}}^{-1}(\dot{\boldsymbol{S}}' - \dot{\boldsymbol{A}}\boldsymbol{P}\boldsymbol{A}^{\mathrm{T}}\boldsymbol{K}^{-1}\boldsymbol{S})\left(\frac{\Delta \boldsymbol{f}}{f}\right) \quad (8-305)
$$

记 $\overline{\dot{\boldsymbol{S}}} = \dot{\boldsymbol{S}}' - \dot{\boldsymbol{A}}\boldsymbol{P}\boldsymbol{A}^{\mathrm{T}}\boldsymbol{K}^{-1}\boldsymbol{S}$，则式(8－312)进一步记为

$$
\Delta \dot{\boldsymbol{X}}_3 = -\dot{\boldsymbol{P}}\overline{\boldsymbol{A}}^{\mathrm{T}}\dot{\boldsymbol{K}}^{-1}\overline{\dot{\boldsymbol{S}}}\left(\frac{\Delta \boldsymbol{f}}{\boldsymbol{f}}\right) \quad (8-306)
$$

由协方差定义和式(8－306)，立即得到频率不准误差对弹道速度参数向量影响的测量精度估算式为

$$
\dot{\boldsymbol{P}}_3 = \dot{\boldsymbol{P}}\overline{\boldsymbol{A}}^{\mathrm{T}}\dot{\boldsymbol{K}}^{-1}\overline{\dot{\boldsymbol{S}}}\boldsymbol{K}_{\frac{\Delta f}{f}}\overline{\dot{\boldsymbol{S}}}^{\mathrm{T}}\dot{\boldsymbol{K}}^{-1}\overline{\boldsymbol{A}}\dot{\boldsymbol{P}} \quad (8-307)
$$

式中，$\boldsymbol{K}_{\frac{\Delta f}{f}} = \mathrm{diag}(\sigma^2_{\frac{\Delta f_1}{f_1}} \quad \sigma^2_{\frac{\Delta f_2}{f_2}})$，$\sigma_{\frac{\Delta f_i}{f_i}}$分别为为干涉仪与多站连续波系统频率不准误差的均方差。

4）时间不同步误差

由式(8－294)和式(8－286)得到测速元素向量的时间不同步误差对弹道参数向量影响为

$$
\begin{aligned}
\Delta \dot{\boldsymbol{X}}_4 &= \dot{\boldsymbol{P}}\overline{\boldsymbol{A}}^{\mathrm{T}}\dot{\boldsymbol{K}}^{-1}(\Delta \dot{\boldsymbol{S}}_4 - \dot{\boldsymbol{A}}\Delta \boldsymbol{X}_4) \\
&= \dot{\boldsymbol{P}}\overline{\boldsymbol{A}}^{\mathrm{T}}\dot{\boldsymbol{K}}^{-1}(\Delta \dot{\boldsymbol{S}}_4 - \dot{\boldsymbol{A}}\boldsymbol{P}\boldsymbol{A}^{\mathrm{T}}\boldsymbol{K}^{-1}\Delta \boldsymbol{S}_4) \quad (8-308)
\end{aligned}
$$

式中，$\Delta\dot{\boldsymbol{S}}_4$——测速元素向量时间不同步误差，$\Delta\dot{\boldsymbol{S}}_4=[\Delta\dot{S}_{14}\quad \Delta\dot{P}_{14}\quad \Delta\dot{Q}_{14}\quad \Delta\dot{S}_{24}\quad \Delta\dot{S}_{34}\quad \Delta\dot{S}_{44}\quad \Delta\dot{S}_{54}]^{\mathrm{T}}$。

由于干涉仪与多站连续波系统的时统(信号)由各自时统设备提供，所以两者的误差源是不同的。为此，将误差向量 $\Delta\dot{S}_4$ 和 $\Delta S_4$ 关于时间不同步误差做进一步微分，则有

$$\Delta\dot{\boldsymbol{X}}_4=\dot{\boldsymbol{P}}\overline{\boldsymbol{A}}^{\mathrm{T}}\dot{\boldsymbol{K}}^{-1}(\ddot{\boldsymbol{S}}'\Delta\boldsymbol{t}-\dot{\boldsymbol{A}}\boldsymbol{P}\boldsymbol{A}^{\mathrm{T}}\boldsymbol{K}^{-1}\dot{\boldsymbol{S}}\Delta\boldsymbol{t})\tag{8-309}$$

其中

$$\ddot{\boldsymbol{S}}'=\begin{bmatrix}\ddot{S}_1 & 0\\ \ddot{P}_1 & 0\\ \ddot{Q}_1 & 0\\ 0 & \ddot{S}_2\\ 0 & \ddot{S}_3\\ 0 & \ddot{S}_4\\ 0 & \ddot{S}_5\end{bmatrix}\quad \Delta\boldsymbol{t}=\begin{bmatrix}\Delta t_1\\ \Delta t_2\end{bmatrix}$$

式中，$\ddot{S}_1,\ddot{P}_1,\ddot{Q}_1,\ddot{S}_2,\ddot{S}_3,\ddot{S}_4,\ddot{S}_5$——分别为对应测速元素的变化率，精度估算时可以用测速元素的差分得到；

$\Delta t_1,\Delta t_2$——干涉仪和多站连续波系统的时间不同步误差。

进一步整理式(8-309)得到

$$\Delta\dot{\boldsymbol{X}}_4=\dot{\boldsymbol{P}}\overline{\boldsymbol{A}}^{\mathrm{T}}\dot{\boldsymbol{K}}^{-1}(\ddot{\boldsymbol{S}}'-\dot{\boldsymbol{A}}\boldsymbol{P}\boldsymbol{A}^{\mathrm{T}}\boldsymbol{K}^{-1}\dot{\boldsymbol{S}})\Delta\boldsymbol{t}\tag{8-310}$$

现记 $\overline{\ddot{\boldsymbol{S}}}=(\ddot{\boldsymbol{S}}'-\dot{\boldsymbol{A}}\boldsymbol{P}\boldsymbol{A}^{\mathrm{T}}\boldsymbol{K}^{-1}\dot{\boldsymbol{S}})$，由误差协方差阵定义，立即得到弹道速度参数向量的时间不同步误差的协方差阵为

$$\dot{\boldsymbol{P}}_4=\dot{\boldsymbol{P}}\overline{\boldsymbol{A}}^{\mathrm{T}}\dot{\boldsymbol{K}}^{-1}\overline{\ddot{\boldsymbol{S}}}\boldsymbol{K}_t\overline{\ddot{\boldsymbol{S}}}^{\mathrm{T}}\dot{\boldsymbol{K}}^{-1}\overline{\boldsymbol{A}}\dot{\boldsymbol{P}}\tag{8-311}$$

式中，$\boldsymbol{K}_t=\mathrm{diag}(\sigma_{t_1}^2\quad \sigma_{t_2}^2)$；$\sigma_{t_1},\sigma_{t_2}$分别为干涉仪和多站连续波系统时间不同步误差均方差。

5）大地测量误差

由式（8－294）和式（8－297）得到站址误差对弹道速度参数向量的传播公式为

$$\Delta\dot{X}_5=\dot{P}\overline{A}^{\mathrm{T}}\dot{K}^{-1}(\dot{A}_{R_1}\Delta X_{R_1}+\dot{A}_{T_1}\Delta X_{T_1}-\dot{A}_{P_1}\Delta X_{P_1}-\dot{A}_{Q_1}\Delta X_{Q_1}+\dot{A}_{R_2}\Delta X_{R_2}+\dot{A}_{T_2}\Delta X_{T_2}+\dot{A}_{P_2}\Delta X_{P_2}+\dot{A}_{Q_2}\Delta X_{Q_2}+\dot{A}_{P_2'}\Delta X_{P_2'}-\dot{A}\Delta X_5)\tag{8-312}$$

再将式（8－289）代入，得到

$$\begin{aligned}\Delta\dot{X}_5=&\dot{P}\overline{A}^{\mathrm{T}}\dot{K}^{-1}(\dot{A}_{R_1}\Delta X_{R_1}+\dot{A}_{T_1}\Delta X_{T_1}-\dot{A}_{P_1}\Delta X_{P_1}-\dot{A}_{Q_1}\Delta X_{Q_1}\\&+\dot{A}_{R_2}\Delta X_{R_2}+\dot{A}_{T_2}\Delta X_{T_2}+\dot{A}_{P_2}\Delta X_{P_2}+\dot{A}_{Q_2}\Delta X_{Q_2}+\dot{A}_{P_2'}\Delta X_{P_2'}\\&-\dot{A}PA^{\mathrm{T}}K^{-1}(A_{R_1}\Delta X_{R_1}+A_{T_1}\Delta X_{T_1}-A_{P_1}\Delta X_{P_1}-A_{Q_1}\Delta X_{Q_1}\\&+A_{R_2}\Delta X_{R_2}+A_{T_2}\Delta X_{T_2})\\=&\dot{P}\overline{A}^{\mathrm{T}}\dot{K}^{-1}[(\dot{A}_{R_1}-\dot{A}PA^{\mathrm{T}}K^{-1}A_{R_1})\Delta X_{R_1}\\&+(\dot{A}_{T_1}-\dot{A}PA^{\mathrm{T}}K^{-1}A_{T_1})\Delta X_{T_1}]-(\dot{A}_{P_1}-APA^{\mathrm{T}}K^{-1}A_{P_1})\Delta X_{P_1}\\&-(\dot{A}_{Q_1}-\dot{A}PA^{\mathrm{T}}K^{-1}A_{Q_1})\Delta X_{Q_1}+(\dot{A}_{R_2}-\dot{A}PA^{\mathrm{T}}K^{-1}A_{R_2})\Delta X_{R_2}\\&+(\dot{A}_{T_2}-\dot{A}PA^{\mathrm{T}}K^{-1}A_{T_2})\Delta X_{T_2}+\dot{A}_{P_2}\Delta X_{P_2}\\&+\dot{A}_{Q_2}\Delta X_{Q_2}+\dot{A}_{P_2'}\Delta X_{P_2'}\end{aligned}\tag{8-313}$$

现记$\overline{\dot{A}}_{R_1}=\dot{A}_{R_1}-\dot{A}PA^{\mathrm{T}}K^{-1}A_{R_1}$，$\overline{\dot{A}}_{T_1}=\dot{A}_{T_1}-\dot{A}PA^{\mathrm{T}}K^{-1}A_{T_1}$，$\overline{\dot{A}}_{P_1}=-(\dot{A}_{P_1}-\dot{A}PA^{\mathrm{T}}K^{-1}A_{P_1})$

$\overline{\dot{A}}_{Q_1}=-(\dot{A}_{Q_1}-\dot{A}PA^{\mathrm{T}}K^{-1}A_{Q_1})$，$\overline{\dot{A}}_{R_2}=\dot{A}_{R_2}-\dot{A}PA^{\mathrm{T}}K^{-1}A_{R_2}$，

$\overline{\dot{A}}_{T_2}=(\dot{A}_{T_2}-\dot{A}PA^{\mathrm{T}}K^{-1}A_{T_2})$

$\overline{\dot{A}}_{P_2}=\dot{A}_{P_2}$，$\overline{\dot{A}}_{Q_2}=\dot{A}_{Q_2}$，$\overline{\dot{A}}_{P_2'}=\dot{A}_{P_2'}$

将记号代入式(8－313)后,可以简化成

$$\Delta\dot{\boldsymbol{X}}_5=\dot{\boldsymbol{P}}\overline{\boldsymbol{A}}^{\mathrm{T}}\dot{\boldsymbol{K}}^{-1}(\overline{\dot{\boldsymbol{A}}}_{R_1}\Delta\boldsymbol{X}_{R_1}+\overline{\dot{\boldsymbol{A}}}_{T_1}\Delta\boldsymbol{X}_{T_1}+\overline{\dot{\boldsymbol{A}}}_{R_2}\Delta\boldsymbol{X}_{R_2}+\overline{\dot{\boldsymbol{A}}}_{T_2}\Delta\boldsymbol{X}_{T_2}$$

$$+\overline{\dot{\boldsymbol{A}}}_{P_2}\Delta\boldsymbol{X}_{P_2}+\overline{\dot{\boldsymbol{A}}}_{Q_2}\Delta\boldsymbol{X}_{Q_2}+\overline{\dot{\boldsymbol{A}}}_{P_2'}\Delta\boldsymbol{X}_{P_2'})$$

$$=\dot{\boldsymbol{P}}\overline{\boldsymbol{A}}^{\mathrm{T}}\dot{\boldsymbol{K}}^{-1}\left(\sum_{i=R_1}^{P_2'}\overline{\dot{\boldsymbol{A}}}_i\Delta\boldsymbol{X}_i\right) \qquad (8-314)$$

再利用式(8－27)和式(8－28),得到各测站大地测量误差传播到弹道速度参数向量误差表达式为

$$\Delta\dot{\boldsymbol{X}}_5=\dot{\boldsymbol{P}}\overline{\boldsymbol{A}}^{\mathrm{T}}\dot{\boldsymbol{K}}^{-1}\left(\sum_{i=R_1}^{P_2'}\overline{\dot{\boldsymbol{A}}}_i\boldsymbol{C}_i\boldsymbol{W}_i\Delta\boldsymbol{h}_i\right) \qquad (8-315)$$

式中,$\boldsymbol{C}_i=\boldsymbol{C}$。

而弹道速度参数向量大地测量误差的测量精度估算式为

$$\boldsymbol{P}_5=\dot{\boldsymbol{P}}\overline{\boldsymbol{A}}^{\mathrm{T}}\dot{\boldsymbol{K}}^{-1}\left(\sum_{i=R_1}^{P_2'}\overline{\dot{\boldsymbol{A}}}_i\boldsymbol{C}_i\boldsymbol{W}_i\boldsymbol{K}_{h_i}\boldsymbol{W}_i^{\mathrm{T}}\boldsymbol{C}_i^{\mathrm{T}}\overline{\dot{\boldsymbol{A}}}\right)\dot{\boldsymbol{K}}^{-1}\overline{\boldsymbol{A}}\dot{\boldsymbol{P}} \qquad (8-316)$$

6)总误差

由式(8－296)、式(8－298)、式(8－301)、式(8－303)、式(8－308)、式(8－314)可知,测速元素所含各项误差为

$$\Delta\dot{\boldsymbol{S}}=\Delta\dot{\boldsymbol{S}}_1-\dot{\boldsymbol{A}}\boldsymbol{P}\boldsymbol{A}^{\mathrm{T}}\boldsymbol{K}^{-1}\Delta\boldsymbol{S}_1+\Delta\dot{\boldsymbol{S}}_2-\dot{\boldsymbol{A}}\boldsymbol{P}\boldsymbol{A}^{\mathrm{T}}\boldsymbol{K}^{-1}\Delta\boldsymbol{S}_2+\Delta\dot{\boldsymbol{S}}_3$$

$$-\dot{\boldsymbol{A}}\boldsymbol{P}\boldsymbol{A}^{\mathrm{T}}\boldsymbol{K}^{-1}\Delta\boldsymbol{S}_3+\Delta\dot{\boldsymbol{S}}_4-\dot{\boldsymbol{A}}\boldsymbol{P}\boldsymbol{A}^{\mathrm{T}}\boldsymbol{K}^{-1}\Delta\boldsymbol{S}_4+\sum_{i=R_1}^{P_2'}\overline{\dot{\boldsymbol{A}}}_i\Delta\boldsymbol{X}_i$$

(8－317)

再将式(8－305)、式(8－310)、式(8－315)代入,最后得到"测速"元素总误差为

$$\Delta\dot{\boldsymbol{S}}=\Delta\dot{\boldsymbol{S}}_1-\dot{\boldsymbol{A}}\boldsymbol{P}\boldsymbol{A}^{\mathrm{T}}\boldsymbol{K}^{-1}\Delta\boldsymbol{S}_1+\Delta\dot{\boldsymbol{S}}_2-\dot{\boldsymbol{A}}\boldsymbol{P}\boldsymbol{A}^{\mathrm{T}}\boldsymbol{K}^{-1}\Delta\boldsymbol{S}_2$$

$$-(\dot{\boldsymbol{S}}'-\dot{\boldsymbol{A}}\boldsymbol{P}\boldsymbol{A}^{\mathrm{T}}\boldsymbol{K}^{-1}\boldsymbol{S})\frac{\Delta f}{f}+(\ddot{\boldsymbol{S}}'-\dot{\boldsymbol{A}}\boldsymbol{P}\boldsymbol{A}^{\mathrm{T}}\boldsymbol{K}^{-1}\dot{\boldsymbol{S}})\Delta t$$

$$+\sum_{i=R_1}^{P_2'}\overline{\dot{\boldsymbol{A}}}_i\boldsymbol{C}_i\boldsymbol{W}_i\Delta\boldsymbol{h}_i \tag{8-318}$$

再将 $\overline{\dot{\boldsymbol{S}}}=-(\dot{\boldsymbol{S}}'-\dot{\boldsymbol{A}}\boldsymbol{P}\boldsymbol{A}^{\mathrm{T}}\boldsymbol{K}^{-1}\boldsymbol{S})$ 和 $\overline{\ddot{\boldsymbol{S}}}=(\ddot{\boldsymbol{S}}'-\dot{\boldsymbol{A}}\boldsymbol{P}\boldsymbol{A}^{\mathrm{T}}\boldsymbol{K}^{-1}\dot{\boldsymbol{S}})$ 代入式(8-318)后，得到测速元素总误差的最终表示式为

$$\Delta\dot{\boldsymbol{S}}=\Delta\dot{\boldsymbol{S}}_1-\dot{\boldsymbol{A}}\boldsymbol{P}\boldsymbol{A}^{\mathrm{T}}\boldsymbol{K}^{-1}\Delta\boldsymbol{S}_1+\Delta\dot{\boldsymbol{S}}_2-\dot{\boldsymbol{A}}\boldsymbol{P}\boldsymbol{A}^{\mathrm{T}}\boldsymbol{K}^{-1}\Delta\boldsymbol{S}_2$$
$$+\overline{\dot{\boldsymbol{S}}}\frac{\Delta\boldsymbol{f}}{\boldsymbol{f}}+\overline{\ddot{\boldsymbol{S}}}\Delta t+\sum_{i=R_1}^{P_2'}\overline{\dot{\boldsymbol{A}}}_i\boldsymbol{C}_i\boldsymbol{W}_i\Delta\boldsymbol{h}_i \tag{8-319}$$

由此，可以得到测速元素的总误差协方差阵为

$$\dot{\boldsymbol{K}}=\dot{\boldsymbol{K}}_1+\dot{\boldsymbol{A}}\boldsymbol{P}\boldsymbol{A}^{\mathrm{T}}\boldsymbol{K}^{-1}\boldsymbol{K}_1\boldsymbol{K}^{-1}\boldsymbol{A}^{\mathrm{T}}\boldsymbol{P}\dot{\boldsymbol{A}}^{\mathrm{T}}+\dot{\boldsymbol{K}}_2$$
$$+\dot{\boldsymbol{A}}\boldsymbol{P}\boldsymbol{A}^{\mathrm{T}}\boldsymbol{K}^{-1}\boldsymbol{K}_2\boldsymbol{K}^{-1}\boldsymbol{A}\boldsymbol{P}\dot{\boldsymbol{A}}^{\mathrm{T}}+\overline{\dot{\boldsymbol{S}}}\boldsymbol{K}_{\frac{\Delta f}{f}}\overline{\dot{\boldsymbol{S}}}^{\mathrm{T}}+\overline{\ddot{\boldsymbol{S}}}\boldsymbol{K}_{\Delta t}\overline{\ddot{\boldsymbol{S}}}^{\mathrm{T}}$$
$$+\sum_{i=R_1}^{P_2'}\overline{\dot{\boldsymbol{A}}}_i\boldsymbol{C}_i\boldsymbol{W}_i\boldsymbol{K}_{h_i}\boldsymbol{W}_i^{\mathrm{T}}\boldsymbol{C}_i^{\mathrm{T}}\overline{\dot{\boldsymbol{A}}}_i^{\mathrm{T}} \tag{8-320}$$

将上式(8-320)右边各项依次记为

$$\dot{\boldsymbol{K}}=\dot{\boldsymbol{K}}_1+\dot{\boldsymbol{K}}_1'+\dot{\boldsymbol{K}}_2+\dot{\boldsymbol{K}}_2'+\dot{\boldsymbol{K}}_3+\dot{\boldsymbol{K}}_4+\dot{\boldsymbol{K}}_5 \tag{8-321}$$

根据式(8-298)、式(8-303)、式(8-306)、式(8-310)和式(8-319)，得到弹道速度参数向量的总误差为

$$\Delta\dot{\boldsymbol{X}}=\sum_{v=1}^{5}\Delta\dot{\boldsymbol{X}}_i=\dot{\boldsymbol{P}}\overline{\dot{\boldsymbol{A}}}^{\mathrm{T}}\dot{\boldsymbol{K}}^{-1}(\Delta\dot{\boldsymbol{S}}_1-\dot{\boldsymbol{A}}\boldsymbol{P}\boldsymbol{A}^{\mathrm{T}}\boldsymbol{K}^{-1}\Delta\boldsymbol{S}_1+\Delta\dot{\boldsymbol{S}}_2$$
$$-\dot{\boldsymbol{A}}\boldsymbol{P}\boldsymbol{A}^{\mathrm{T}}\boldsymbol{K}^{-1}\Delta\boldsymbol{S}_2+\overline{\dot{\boldsymbol{S}}}\frac{\Delta\boldsymbol{f}}{\boldsymbol{f}}+\overline{\ddot{\boldsymbol{S}}}\Delta t+\sum_{i=R_1}^{P_2'}\overline{\dot{\boldsymbol{A}}}\boldsymbol{C}_i\boldsymbol{W}_i\Delta\boldsymbol{h}_i)$$
$$\tag{8-322}$$

由式(8-322)得到弹道速度参数向量总误差协方差阵为

$$\dot{\boldsymbol{P}}=\dot{\boldsymbol{P}}\overline{\dot{\boldsymbol{A}}}^{\mathrm{T}}\dot{\boldsymbol{K}}^{-1}(\dot{\boldsymbol{K}}_1+\dot{\boldsymbol{A}}\boldsymbol{P}\boldsymbol{A}^{\mathrm{T}}\boldsymbol{K}^{-1}\boldsymbol{K}_1\boldsymbol{K}^{-1}\boldsymbol{A}\boldsymbol{P}\dot{\boldsymbol{A}}^{\mathrm{T}}+\dot{\boldsymbol{K}}_2$$

$$+\dot{A}PA^{T}K^{-1}K_2K^{-1}AP\dot{A}^{T}) + \overline{\dot{S}}K_{\frac{\Delta f}{f}}\overline{\dot{S}}^{T}$$

$$+\overline{\ddot{S}}K_{\Delta t}\overline{\ddot{S}}^{T} + \sum_{i=R_1}^{P_2'}\overline{\dot{A}}_iC_iW_iK_{h_i}W_i^{T}C_i^{T}\overline{\dot{A}}_i^{T})\dot{K}^{-1}\overline{A}\dot{P} = \sum_{v=1}^{5}\dot{P}_v \tag{8-323}$$

式中，$\dot{P}_v$——各单项误差的协方差阵。易知 $\dot{P}=(\overline{A}^{T}\dot{K}^{-1}\overline{A})^{-1}$，矩阵 $\dot{K}$ 可由式(8-320)得到。

上述测量精度估算公式为干涉仪和多站连续波系统主动式工作时的结果。有时遇到测控方案中干涉仪是主动式工作，而多站连续波系统是被动式工作，这样多站连续波系统不发射信号，而接收由干涉仪发射并经弹上合作目标转发的信号，这样得到的都是测速元素。此时只要将测量方程作一定变动，并根据相应误差源，由同样原理可以得到相应的弹道位置和速度参数的测量精度估算公式，有兴趣的读者不仿自己推导，在此不再赘述。

### 8.3.3 两套干涉仪和两套多站连续波系统联用精度估算公式

在导弹弹道高精度测量中，经常应用由两套干涉仪和两套多站连续波系统联用测量导弹飞行弹道。通常由一套干涉仪（假设是 L 型干涉仪）和一套多站连续波系统分别主动式工作，而另一套干涉仪（假设 Y 型干涉仪）接受由主动式工作干涉仪发射并经转发的信号，另一套多站连续波系统（也假设 3 个站）接收由主动式工作的多站连续波系统发射并经转发的信号。根据实际应用和简化推导，假设主动式工作的一套多站连续波系统主站不测量定位元素（距离和），这两套多站连续波系统的各站都获取距离和变化率 $\dot{S}$ 的测量元素。由此，推导相应的弹道位置和速度参数测量精度公式。

根据前述条件，这些系统联用时测量元素的测量方程为

$$
\begin{cases}
S_1 = R_{R_1} + R_{T_1} & \dot{S}_1 = \dot{R}_{R_1} + \dot{R}_{T_1} & \dot{S}_3 = \dot{R}_{R_3} + \dot{R}_{T_3} \\
P_1 = R_{R_1} - R_{P_1} & \dot{P}_1 = \dot{R}_{P_1} - \dot{R}_{P_1} & \dot{S}_4 = \dot{R}_{P_4} + \dot{R}_{T_3} \\
Q_1 = R_{R_1} - R_{Q_1} & \dot{Q}_1 = \dot{R}_{R_1} - \dot{R}_{Q_1} & \dot{S}_5 = \dot{R}_{R_5} + \dot{R}_{T_3} \\
 & \dot{S}_2 = \dot{R}_{R_1} + \dot{R}_{T_1} & \\
P_2 = R_{R_2} - R_{P_2} & & \dot{S}_6 = \dot{R}_{R_6} + \dot{R}_{T_3} \\
 & \dot{P}_2 = \dot{R}_{R_2} - \dot{R}_{P_2} & \\
Q_2 = R_{R_2} - R_{Q_2} & & \dot{S}_7 = \dot{R}_{R_7} + \dot{R}_{T_3} \\
 & \dot{Q}_2 = \dot{R}_{R_2} - \dot{R}_{Q_2} & \\
P_2' = R_{R_2} - R_{P_2'} & & \dot{S}_8 = \dot{R}_{R_8} + \dot{R}_{T_3} \\
 & \dot{P}_2 = \dot{R}_{R_2} - \dot{R}_{P_2'} & \\
R_i = \sqrt{(X-X_i)^2 + (Y-Y_i)^2 + (Z-Z_i)^2} & & \\
 & & i = R_1, T_1, \cdots R_7, R_8; \\
\dot{R}_i = \dfrac{X-X_i}{R_i}\dot{X} + \dfrac{Y-Y_i}{R_i}\dot{Y} + \dfrac{Z-Z_i}{R_i}\dot{Z} & &
\end{cases}
\tag{8-324}
$$

式中，$X,Y,Z,\dot{X},\dot{Y},\dot{Z}$——弹道的位置参数分量及速度参数分量；

$X_i,Y_i,Z_i$——第 $i$ 站的站址坐标。

**1. 弹道位置参数测量精度的估算式**

由式(8-324)可知，共有 6 个定位元素 $S_1,P_1,Q_1$ 和 $P_2,Q_2,P_2'$，应用马尔可夫估计解算弹道位置参数 $X,Y,Z$。

令

$$
\boldsymbol{A} = \begin{bmatrix}
l_{R_1} + l_{T_1} & m_{R_1} + m_{T_1} & n_{R_1} + n_{T_1} \\
l_{R_1} - l_{P_1} & m_{R_1} - m_{P_1} & n_{R_1} - n_{P_1} \\
l_{R_1} - l_{Q_1} & m_{R_1} - m_{Q_1} & n_{R_1} - n_{Q_1} \\
l_{R_2} - l_{P_2} & m_{R_2} - m_{P_2} & n_{R_2} - n_{P_2} \\
l_{R_2} - l_{Q_2} & m_{R_2} - m_{Q_2} & n_{R_2} - n_{Q_2} \\
l_{R_2} - l_{P_2'} & m_{R_2} - m_{P_2'} & n_{R_2} - n_{P_2'}
\end{bmatrix}
$$

$$l_i = \frac{X - X_i}{R_i}, m_i = \frac{Y - Y_i}{R_i}, n_i = \frac{Z - Z_i}{R_i}$$

$$\boldsymbol{S} = (S_1 \quad P_1 \quad Q_1 \quad P_2 \quad Q_2 \quad P_2')^{\mathrm{T}}, \boldsymbol{X} = (X \quad Y \quad Z)^{\mathrm{T}}。$$

则定位元素测量方程经线性化后的矩阵形式为

$$\delta \boldsymbol{S} = \boldsymbol{A} \delta \boldsymbol{X} \tag{8-325}$$

式中，$\delta \boldsymbol{S} = \boldsymbol{S} - \boldsymbol{S}^0$，$\boldsymbol{S}^0 = (S_1^0 \quad P_1^0 \quad Q_1^0 \quad P_2^0 \quad Q_2^0 \quad P'^0_2)^{\mathrm{T}}$，$S_1^0, P_1^0, Q_1^0, P_2^0, Q_2^0, P'^0_2$ 由初始弹道位置参数 $X^0, Y^0, Z^0$ 代入定位方程(8-324)得到测量量的初始值。

$\delta \boldsymbol{X} = \boldsymbol{X} - \boldsymbol{X}^0$，$\boldsymbol{X}^0 = (X^0 \quad Y^0 \quad Z^0)^{\mathrm{T}}$，$X^0, Y^0, Z^0$ 为初始弹道位置参数。

由马尔可夫估计得到测量方程(8-325)的弹道位置参数向量估计为

$$\boldsymbol{X} = \boldsymbol{X}^0 + (\boldsymbol{A}^{\mathrm{T}} \boldsymbol{K}^{-1} \boldsymbol{A})^{-1} \boldsymbol{A}^{\mathrm{T}} \boldsymbol{K}^{-1} \delta \boldsymbol{S} \tag{8-326}$$

式中，$\boldsymbol{K}$——定位元素向量 $\boldsymbol{S}$ 的测量总误差的协方差阵；

而弹道位置参数向量 $\boldsymbol{X}$ 的总误差协方差阵为

$$\boldsymbol{P} = (\boldsymbol{A}^{\mathrm{T}} \boldsymbol{K}^{-1} \boldsymbol{A})^{-1} \tag{8-327}$$

类似于 8.3.1 节，从方程(8-324)定位方程出发，将它关于变量做全微分以获取定位元素的总误差，故有

$$\begin{aligned} \Delta \boldsymbol{S} = {} & \boldsymbol{A} \Delta \boldsymbol{X} - \boldsymbol{A}_{R_1} \Delta \boldsymbol{X}_{R_1} - \boldsymbol{A}_{T_1} \Delta \boldsymbol{X}_{T_1} + \boldsymbol{A}_{P_1} \Delta \boldsymbol{X}_{P_1} + \boldsymbol{A}_{Q_1} \Delta \boldsymbol{X}_{Q_1} \\ & - \boldsymbol{A}_{R_2} \Delta \boldsymbol{X}_{R_2} + \boldsymbol{A}_{P_2} \Delta \boldsymbol{X}_{P_2} + \boldsymbol{A}_{Q_2} \Delta \boldsymbol{X}_{Q_2} + \boldsymbol{A}_{P_2'} \Delta \boldsymbol{X}_{P_2'} \end{aligned} \tag{8-328}$$

现将微分方程(8-328)移项，可以得到各项误差与弹道位置参数误差的关系式为

$$\begin{aligned} \boldsymbol{A} \Delta \boldsymbol{X} = {} & \Delta \boldsymbol{S} + \boldsymbol{A}_{R_1} \Delta \boldsymbol{X}_{R_1} + \boldsymbol{A}_{T_1} \Delta \boldsymbol{X}_{T_1} - \boldsymbol{A}_{P_1} \Delta \boldsymbol{X}_{P_1} - \boldsymbol{A}_{Q_1} \Delta \boldsymbol{X}_{Q_1} \\ & + \boldsymbol{A}_{R_2} \Delta \boldsymbol{X}_{R_2} - \boldsymbol{A}_{P_2} \Delta \boldsymbol{X}_{P_2} - \boldsymbol{A}_{Q_2} \Delta \boldsymbol{X}_{Q_2} - \boldsymbol{A}_{P_2'} \Delta \boldsymbol{X}_{P_2'} \end{aligned} \tag{8-329}$$

式中

$$
\boldsymbol{A}_{R_1} = \begin{bmatrix} l_{R_1} & m_{R_1} & n_{R_1} \\ l_{R_1} & m_{R_1} & n_{R_1} \\ l_{R_1} & m_{R_1} & n_{R_1} \\ 0 & 0 & 0 \\ 0 & 0 & 0 \\ 0 & 0 & 0 \end{bmatrix} \quad \boldsymbol{A}_{T_1} = \begin{bmatrix} l_{T_1} & m_{T_1} & n_{T_1} \\ 0 & 0 & 0 \\ 0 & 0 & 0 \\ 0 & 0 & 0 \\ 0 & 0 & 0 \\ 0 & 0 & 0 \end{bmatrix}
$$

$$
\boldsymbol{A}_{P_1} = \begin{bmatrix} 0 & 0 & 0 \\ l_{P_1} & m_{P_1} & n_{P_1} \\ 0 & 0 & 0 \\ 0 & 0 & 0 \\ 0 & 0 & 0 \\ 0 & 0 & 0 \end{bmatrix} \quad \boldsymbol{A}_{Q_1} = \begin{bmatrix} 0 & 0 & 0 \\ 0 & 0 & 0 \\ l_{Q_1} & m_{Q_1} & n_{Q_1} \\ 0 & 0 & 0 \\ 0 & 0 & 0 \\ 0 & 0 & 0 \end{bmatrix}
$$

$$
\boldsymbol{A}_{R_2} = \begin{bmatrix} 0 & 0 & 0 \\ 0 & 0 & 0 \\ 0 & 0 & 0 \\ l_{R_2} & m_{R_2} & n_{R_2} \\ l_{R_2} & m_{R_2} & n_{R_2} \\ l_{R_2} & m_{R_2} & n_{R_2} \end{bmatrix} \quad \boldsymbol{A}_{P_2} = \begin{bmatrix} 0 & 0 & 0 \\ 0 & 0 & 0 \\ 0 & 0 & 0 \\ l_{P_2} & m_{P_2} & n_{P_2} \\ 0 & 0 & 0 \\ 0 & 0 & 0 \end{bmatrix}
$$

$$
\boldsymbol{A}_{Q_2} = \begin{bmatrix} 0 & 0 & 0 \\ 0 & 0 & 0 \\ 0 & 0 & 0 \\ 0 & 0 & 0 \\ l_{Q_2} & m_{Q_2} & n_{Q_2} \\ 0 & 0 & 0 \end{bmatrix} \quad \boldsymbol{A}_{P_2'} = \begin{bmatrix} 0 & 0 & 0 \\ 0 & 0 & 0 \\ 0 & 0 & 0 \\ 0 & 0 & 0 \\ 0 & 0 & 0 \\ l_{P_2'} & m_{P_2'} & n_{P_2'} \end{bmatrix}
$$

由式(8-329)即可推导各项误差对位置参数向量影响的测量精度估算式。

1)设备误差

假设定位元素向量 $\boldsymbol{S}$ 的设备误差为 $\Delta\boldsymbol{S}_1 = [\Delta S_{11} \quad \Delta P_{11} \quad \Delta Q_{11} \quad \Delta P_{21} \quad \Delta Q_{21} \quad \Delta P'_{21}]^{\mathrm{T}}$,将它代入式(8-326)可以得到它关于弹道位置参数向量的误差为

$$
\Delta\boldsymbol{X}_1 = \boldsymbol{P}\boldsymbol{A}^{\mathrm{T}}\boldsymbol{K}^{-1}\Delta\boldsymbol{S}_1 \tag{8-330}
$$

由式(8-330),立即得到弹道位置参数向量设备误差协方差阵为

$$
\boldsymbol{P}_1 = \boldsymbol{P}\boldsymbol{A}^{\mathrm{T}}\boldsymbol{K}^{-1}\boldsymbol{K}_1\boldsymbol{K}^{-1}\boldsymbol{A}\boldsymbol{P} \tag{8-331}
$$

式中,$\boldsymbol{K}_1 = \mathrm{diag}(\sigma_{S_{11}}^2 \quad \sigma_{P_{11}}^2 \quad \sigma_{Q_{11}}^2 \quad \sigma_{P_{21}}^2 \quad \sigma_{Q_{21}}^2 \quad \sigma_{P'_{21}}^2)$,$\sigma_i$ 为对应定位元素设备误差的均方差。

2)电波折射误差

假设定位元素向量 $\boldsymbol{S}$ 的电波折射误差为 $\Delta\boldsymbol{S}_2 = [\Delta S_{12} \quad \Delta P_{12} \quad \Delta Q_{12} \quad \Delta P_{22} \quad \Delta Q_{22} \quad \Delta P'_{22}]^{\mathrm{T}}$,将它代入式(8-326)后得到弹道位置参数向量 $\boldsymbol{X}$ 的电波折射误差为

$$
\Delta\boldsymbol{X}_2 = \boldsymbol{P}\boldsymbol{A}^{\mathrm{T}}\boldsymbol{K}^{-1}\Delta\boldsymbol{S}_2 \tag{8-332}
$$

相应的误差协方差阵为

$$
\boldsymbol{P}_2 = \boldsymbol{P}\boldsymbol{A}^{\mathrm{T}}\boldsymbol{K}^{-1}\boldsymbol{K}_2\boldsymbol{K}^{-1}\boldsymbol{A}\boldsymbol{P} \tag{8-333}
$$

式中,$\boldsymbol{K}_2 = \mathrm{diag}(\sigma_{S_{12}}^2 \quad \sigma_{P_{12}}^2 \quad \sigma_{Q_{12}}^2 \quad \sigma_{P_{22}}^2 \quad \sigma_{Q_{22}}^2 \quad \sigma_{P'_{22}}^2)$,$\sigma_i$ 为对应定

位元素电波折射误差的均方差。

3)比例因子误差

此时,L 型干涉仪和多站连续波系统比例因子误差主要为发射频率不准误差,记定位元素的比例因子误差为 $\Delta S_3 = [\Delta S_{13} \quad \Delta P_{13} \quad \Delta Q_{13} \quad \Delta P_{23} \quad \Delta Q_{23} \quad \Delta P'_{23}]^{\mathrm{T}}$。将它代入式(8-326)后得到弹道位置参数向量 $\boldsymbol{X}$ 的比例因子误差为

$$\Delta \boldsymbol{X}_3 = \boldsymbol{P}\boldsymbol{A}^{\mathrm{T}}\boldsymbol{K}^{-1}\Delta \boldsymbol{S}_3 \tag{8-334}$$

进一步对频率因子不准误差微分,则得到

$$\Delta \boldsymbol{X}_3 = -\boldsymbol{P}\boldsymbol{A}^{\mathrm{T}}\boldsymbol{K}^{-1}\boldsymbol{S}\left(\frac{\Delta f}{f}\right) \tag{8-335}$$

由于定位元素均是接收 L 型干涉仪主站发射并经转发的信号,故有

$$\boldsymbol{S} = [S_1 \quad P_1 \quad Q_1 \quad P_2 \quad Q_2 \quad P'_2]^{\mathrm{T}}, \left(\frac{\Delta f}{f}\right) = \left[\frac{\Delta f_1}{f_1}\right] \tag{8-336}$$

式中,$\dfrac{\Delta f_1}{f_1}$——干涉仪的频率不准误差。

相应地,定位元素向量和弹道位置参数向量比例因子误差的协方差阵分别为

$$\boldsymbol{K}_3 = \boldsymbol{S}\boldsymbol{K}_{\frac{\Delta f}{f}}\boldsymbol{S}^{\mathrm{T}} \tag{8-337}$$

$$\boldsymbol{P}_3 = \boldsymbol{P}\boldsymbol{A}^{\mathrm{T}}\boldsymbol{K}^{-1}\boldsymbol{S}\boldsymbol{K}_{\frac{\Delta f}{f}}\boldsymbol{S}^{\mathrm{T}}\boldsymbol{K}^{-1}\boldsymbol{A}\boldsymbol{P} \tag{8-338}$$

式中,$K_{\frac{\Delta f}{f}} = \boldsymbol{\sigma}_{\frac{\Delta f_1}{f_1}}$,$\boldsymbol{\sigma}_{\frac{\Delta f_1}{f_1}}$为干涉仪发射频率不准误差的均方差。

4)时间不同步误差

若记定位元素不同步误差为 $\Delta \boldsymbol{S}_4 = [\Delta S_{14} \quad \Delta P_{14} \quad \Delta Q_{14} \quad \Delta P_{24} \quad \Delta Q_{24} \quad \Delta P'_{24}]^{\mathrm{T}}$,将它代入式(8-326)并关于时间不同步误差做微分,则得到

$$\Delta \boldsymbol{X}_4 = \boldsymbol{P}\boldsymbol{A}^{\mathrm{T}}\boldsymbol{K}^{-1}\dot{\boldsymbol{S}}\Delta \boldsymbol{t} \tag{8-339}$$

由于两套干涉仪的时间信号由各自的时统设备提供的,它们的误差源是不相关的,故式(8-339)中的矩阵表示为

$$\dot{\boldsymbol{S}}=\begin{bmatrix}\dot{S}_1 & 0\\ \dot{P}_1 & 0\\ \dot{Q}_1 & 0\\ 0 & \dot{P}_2\\ 0 & \dot{Q}_2\\ 0 & \dot{P}'_2\end{bmatrix}\Delta t=\begin{bmatrix}\Delta t_1\\ \Delta t_2\end{bmatrix} \tag{8-340}$$

式中，$\dot{S}_1,\dot{P}_1,\dot{Q}_1,\dot{P}_2,\dot{Q}_2,\dot{P}'_2$——对应定位元素的变化率；

$\Delta t_1,\Delta t_2$——两套干涉仪时间不同步误差。

由上述两式，易得到定位元素和弹道位置参数向量时间不同步误差的协方差阵分别为

$$\begin{aligned}\boldsymbol{K}_4&=\dot{\boldsymbol{S}}\boldsymbol{K}_{\Delta t}\dot{\boldsymbol{S}}^{\mathrm{T}}\\ \boldsymbol{P}_4&=\boldsymbol{P}\boldsymbol{A}^{\mathrm{T}}\boldsymbol{K}^{-1}\dot{\boldsymbol{S}}\boldsymbol{K}_{\Delta t}\dot{\boldsymbol{S}}^{\mathrm{T}}\boldsymbol{K}^{-1}\boldsymbol{A}\boldsymbol{P}\end{aligned} \tag{8-341}$$

式中，$\boldsymbol{K}_{\Delta t}=\mathrm{diag}(\boldsymbol{\sigma}_{t_1}^2\quad \boldsymbol{\sigma}_{t_2}^2)$，$\boldsymbol{\sigma}_{t_i}$为时间不同步误差的均方差。

5）大地测量误差

由式(8－329)可知，右边第二项起均为各测站站址误差转换成定位测元的误差，将它代入式(8－326)得到

$$\begin{aligned}\Delta\boldsymbol{X}_5=\boldsymbol{P}\boldsymbol{A}^{\mathrm{T}}\boldsymbol{K}^{-1}(&\boldsymbol{A}_{R_1}\Delta\boldsymbol{X}_{R_1}+\boldsymbol{A}_{T_1}\Delta\boldsymbol{X}_{T_1}-\boldsymbol{A}_{P_1}\Delta\boldsymbol{X}_{P_1}-\boldsymbol{A}_{Q_1}\Delta\boldsymbol{X}_{Q_1}\\ &+\boldsymbol{A}_{R_2}\Delta\boldsymbol{X}_{R_2}-\boldsymbol{A}_{P_2}\Delta\boldsymbol{X}_{P_2}-\boldsymbol{A}_{Q_2}\Delta\boldsymbol{X}_{Q_2}-\boldsymbol{A}_{P'_2}\Delta\boldsymbol{X}_{P'_2})\end{aligned} \tag{8-342}$$

现记 $\overline{\boldsymbol{A}}_{R_1}=\boldsymbol{A}_{R_1}$，$\overline{\boldsymbol{A}}_{T_1}=\boldsymbol{A}_{T_1}$，$\overline{\boldsymbol{A}}_{P_1}=-\boldsymbol{A}_{P_1}$，$\overline{\boldsymbol{A}}_{Q_1}=-\boldsymbol{A}_{Q_1}$，$\overline{\boldsymbol{A}}_{R_2}=\boldsymbol{A}_{R_2}$，$\overline{\boldsymbol{A}}_{P_2}=-\boldsymbol{A}_{P_2}$，$\overline{\boldsymbol{A}}_{Q_2}=-\boldsymbol{A}_{Q_2}$，$\overline{\boldsymbol{A}}_{P'_2}=-\boldsymbol{A}_{P'_2}$，由于各测站站址误差由大地测量参数误差引起的，将式(8－28)和上述记号代入式(8－342)后，得到

$$\Delta\boldsymbol{X}_5=\boldsymbol{P}\boldsymbol{A}^{\mathrm{T}}\boldsymbol{K}^{-1}\left(\sum_{i=R_1}^{P'_2}\overline{\boldsymbol{A}}_i\boldsymbol{C}_i\boldsymbol{W}_i\Delta\boldsymbol{L}_i\right) \tag{8-343}$$

式中，$\boldsymbol{C}_i=\boldsymbol{C}$。

相应地，定位元素向量和弹道位置参数向量的大地测量误差协方差阵分别为

$$\boldsymbol{K}_5 = (\sum_{i=K_1}^{P_2} \boldsymbol{A}_i \boldsymbol{C}_i \boldsymbol{W}_i \boldsymbol{K}_{h_i} \boldsymbol{W}_i^{\mathrm{T}} \boldsymbol{C}_i^{\mathrm{T}} \boldsymbol{A}_i^{\mathrm{T}}) \tag{8-344a}$$

$$\boldsymbol{P}_5 = \boldsymbol{P}\boldsymbol{A}^{\mathrm{T}} \boldsymbol{K}^{-1} (\sum_{i=R_1}^{P_2} \boldsymbol{A}_i \boldsymbol{C}_i \boldsymbol{W}_i \boldsymbol{K}_{h_i} \boldsymbol{W}_i^{\mathrm{T}} \boldsymbol{C}_i^{\mathrm{T}} \boldsymbol{A}_i^{\mathrm{T}}) \boldsymbol{K}^{-1} \boldsymbol{A}\boldsymbol{P} \tag{8-344b}$$

式中，$K_{h_i} = \mathrm{diag}(\sigma_{L_i}^2 \quad \sigma_{B_i}^2 \quad \sigma_{h_i}^2)$，$\sigma_{L_i}, \sigma_{B_i}, \sigma_{h_i}$为第 $i$ 个测站大地测量误差的均方差。

6)总误差

将式(8-330)、式(8-332)、式(8-335)、式(8-339)和式(8-343)累加，得到弹道位置参数向量总误差为

$$\Delta \boldsymbol{X} = \sum_{i=1}^{5} \Delta \boldsymbol{X}_i = \boldsymbol{P}\boldsymbol{A}^{\mathrm{T}} \boldsymbol{K}^{-1} \left( \Delta \boldsymbol{S}_1 + \Delta \boldsymbol{S}_2 - \boldsymbol{S} \frac{\Delta f}{f} + \dot{\boldsymbol{S}} \Delta t + \sum_{i=R_1}^{P_2'} \overline{\boldsymbol{A}}_i \boldsymbol{C}_i \boldsymbol{W}_i \Delta \boldsymbol{L}_i \right) \tag{8-345}$$

并由式(8-331)、式(8-333)、式(8-336)、式(8-341)和式(8-344)累加，得到弹道位置参数向量精度估算式为

$$\boldsymbol{P} = \sum_{i=1}^{5} \boldsymbol{P}_i = \boldsymbol{P}\boldsymbol{A}^{\mathrm{T}} \boldsymbol{K}^{-1} (\boldsymbol{K}_1 + \boldsymbol{K}_2 + \boldsymbol{S}\boldsymbol{K}_{\frac{\Delta f}{f}} \boldsymbol{S}^{\mathrm{T}} + \dot{\boldsymbol{S}} \boldsymbol{K}_t \dot{\boldsymbol{S}}^{\mathrm{T}} + \sum_{i=R_1}^{P_2'} \boldsymbol{A}_i \boldsymbol{C}_i \boldsymbol{W}_i \boldsymbol{K}_{\Delta h_i} \boldsymbol{W}_i^{\mathrm{T}} \boldsymbol{C}_i^{\mathrm{T}} \boldsymbol{A}_i^{\mathrm{T}}) \boldsymbol{K}^{-1} \boldsymbol{A}\boldsymbol{P} \tag{8-346}$$

式中，$\boldsymbol{K} = \boldsymbol{K}_1 + \boldsymbol{K}_2 + \boldsymbol{S}\boldsymbol{K}_{\frac{\Delta f}{f}} \boldsymbol{S}^{\mathrm{T}} + \dot{\boldsymbol{S}} \boldsymbol{K}_t \dot{\boldsymbol{S}}^{\mathrm{T}} + \sum_{i=R_1}^{P_2'} \boldsymbol{A}_i \boldsymbol{C}_i \boldsymbol{W}_i \boldsymbol{K}_{h_i} \boldsymbol{W}_i^{\mathrm{T}} \boldsymbol{C}_i^{\mathrm{T}} \boldsymbol{A}_i^{\mathrm{T}}$。

**2. 弹道速度参数向量测量精度估算式**

由测量方程(8-324)中的 13 个测速元素应用马尔可夫估计解算得到弹道速度参数向量。若令

$$\dot{\boldsymbol{X}} = [\dot{X} \quad \dot{Y} \quad \dot{Z}]^{\mathrm{T}}$$

$$\dot{\boldsymbol{S}} = [\dot{S}_1 \quad \dot{P}_1 \quad \dot{Q}_1 \quad \dot{S}_2 \quad \dot{P}_2 \quad \dot{Q}_2 \quad \dot{P}_2' \quad \dot{S}_3 \quad \dot{S}_4 \quad \dot{S}_5 \quad \dot{S}_6 \quad \dot{S}_7 \quad \dot{S}_8]^{\mathrm{T}}$$

$$\overline{A} = \begin{bmatrix} l_{R_1}+l_{T_1} & m_{R_1}+m_{T_1} & n_{R_1}+n_{T_1} \\ l_{R_1}-l_{P_1} & m_{R_1}-m_{P_1} & n_{R_1}-n_{P_1} \\ l_{R_1}-l_{Q_1} & m_{R_1}-m_{Q_1} & n_{R_1}-n_{Q_1} \\ l_{R_2}+l_{T_1} & m_{R_2}+m_{T_1} & n_{R_2}+n_{T_1} \\ l_{R_2}-l_{P_2} & m_{R_2}-m_{P_2} & n_{R_2}-n_{P_2} \\ l_{R_2}-l_{Q_2} & m_{R_2}-m_{Q_2} & n_{R_2}-n_{Q_2} \\ l_{R_2}-l_{P'_2} & m_{R_2}-m_{P'_2} & n_{R_2}-n_{P'_2} \\ l_{R_3}+l_{T_3} & m_{R_3}+m_{T_3} & n_{R_3}+n_{T_3} \\ l_{R_4}+l_{T_3} & m_{R_4}+m_{T_3} & n_{R_4}+n_{T_3} \\ l_{R_5}+l_{T_3} & m_{R_5}+m_{T_3} & n_{R_5}+n_{T_3} \\ l_{R_6}+l_{T_3} & m_{R_6}+m_{T_3} & n_{R_6}+n_{T_3} \\ l_{R_7}+l_{T_3} & m_{R_7}+m_{T_3} & n_{R_7}+n_{T_3} \\ l_{R_8}+l_{T_3} & m_{R_8}+m_{T_3} & n_{R_8}+n_{T_3} \end{bmatrix}$$

这样方程(8－324)中测速元素测量方程由矩阵形式表示为

$$\dot{\boldsymbol{S}} = \overline{\boldsymbol{A}}\dot{X} \tag{8-347}$$

对方程(8－347)应用马尔可夫估计,立即得到弹道速度参数向量 $\dot{\boldsymbol{X}}$ 的估值为

$$\dot{\boldsymbol{X}} = (\overline{\boldsymbol{A}}^{\mathrm{T}}\overline{\dot{\boldsymbol{K}}}^{-1}\overline{\boldsymbol{A}})^{-1}\overline{\boldsymbol{A}}^{\mathrm{T}}\overline{\dot{\boldsymbol{K}}}^{-1}\dot{\boldsymbol{S}} \tag{8-348}$$

估值误差协方差阵为

$$\dot{\boldsymbol{P}} = (\overline{\boldsymbol{A}}^{\mathrm{T}}\overline{\dot{\boldsymbol{K}}}^{-1}\overline{\boldsymbol{A}})^{-1} \tag{8-349}$$

式中,$\overline{\dot{\boldsymbol{K}}}$ 是测速元素向量 $\dot{\boldsymbol{S}}$ 总误差协方差阵。

对此,计算测速元素向量的总误差及各项误差的协方差阵。现仍从方程(8－347)出发,对各变量微分并移项后得到

$$\overline{\boldsymbol{A}}\Delta\dot{\boldsymbol{X}} = \Delta\dot{\boldsymbol{S}} + \dot{\boldsymbol{A}}_{R_1}\Delta\boldsymbol{X}_{R_1} + \dot{\boldsymbol{A}}_{T_1}\Delta\boldsymbol{X}_{T_1} - \dot{\boldsymbol{A}}_{P_1}\Delta\boldsymbol{X}_{P_1} - \dot{\boldsymbol{A}}_{Q_1}\Delta\boldsymbol{X}_{Q_1}$$

$$+\dot{A}_{R_2}\Delta X_{R_2}-\dot{A}_{P_2}\Delta X_{P_2}-\dot{A}_{Q_2}\Delta X_{Q_2}-\dot{A}_{P_2'}\Delta X_{P_2'}$$

$$+\dot{A}_{R_3}\Delta X_{R_3}+\dot{A}_{T_3}\Delta X_{T_3}+\dot{A}_{R_4}\Delta X_{R_4}+\dot{A}_{R_5}\Delta X_{R_5}$$

$$+\dot{A}_{R_6}\Delta X_{R_6}+\dot{A}_{R_7}\Delta X_{R_7}+\dot{A}_{R_8}\Delta X_{R_8}-\dot{A}\Delta X \qquad (8-350)$$

其中

$$\Delta\dot{S}=\begin{bmatrix}\Delta\dot{S}_1\\ \Delta\dot{P}_1\\ \Delta\dot{Q}_1\\ \Delta\dot{S}_2\\ \Delta\dot{P}_2\\ \Delta\dot{Q}_2\\ \Delta\dot{P}_2'\\ \Delta\dot{S}_3\\ \Delta\dot{S}_4\\ \Delta\dot{S}_5\\ \Delta\dot{S}_6\\ \Delta\dot{S}_7\\ \Delta\dot{S}_8\end{bmatrix}\quad \dot{A}=\begin{bmatrix}\dot{l}_{R_1}+\dot{l}_{T_1} & \dot{m}_{R_1}+\dot{m}_{T_1} & \dot{n}_{R_1}+\dot{n}_{T_1}\\ \dot{l}_{R_1}-\dot{l}_{P_1} & \dot{m}_{R_1}-\dot{m}_{P_1} & \dot{n}_{R_1}-\dot{n}_{P_1}\\ \dot{l}_{R_1}-\dot{l}_{Q_1} & \dot{m}_{R_1}-\dot{m}_{Q_1} & \dot{n}_{R_1}-\dot{n}_{Q_1}\\ \dot{l}_{R_2}+\dot{l}_{T_1} & \dot{m}_{R_2}+\dot{m}_{T_1} & \dot{n}_{R_2}+\dot{n}_{T_1}\\ \dot{l}_{R_2}-\dot{l}_{P_2} & \dot{m}_{R_2}-\dot{m}_{P_2} & \dot{n}_{R_2}-\dot{n}_{P_2}\\ \dot{l}_{R_2}-\dot{l}_{Q_2} & \dot{m}_{R_2}-\dot{m}_{Q_2} & \dot{n}_{R_2}-\dot{n}_{Q_2}\\ \dot{l}_{R_2}-\dot{l}_{P_2'} & \dot{m}_{R_2}-\dot{m}_{P_2'} & \dot{n}_{R_2}-\dot{n}_{P_2'}\\ \dot{l}_{R_3}+\dot{l}_{T_3} & \dot{m}_{R_3}+\dot{m}_{T_3} & \dot{n}_{R_3}+\dot{n}_{T_3}\\ \dot{l}_{R_4}+\dot{l}_{T_3} & \dot{m}_{R_4}+\dot{m}_{T_3} & \dot{n}_{R_4}+\dot{n}_{T_3}\\ \dot{l}_{R_5}+\dot{l}_{T_3} & \dot{m}_{R_5}+\dot{m}_{T_3} & \dot{n}_{R_5}+\dot{n}_{T_3}\\ \dot{l}_{R_6}+\dot{l}_{T_3} & \dot{m}_{R_6}+\dot{m}_{T_3} & \dot{n}_{R_6}+\dot{n}_{T_3}\\ \dot{l}_{R_7}+\dot{l}_{T_3} & \dot{m}_{R_7}+\dot{m}_{T_3} & \dot{n}_{R_7}+\dot{n}_{T_3}\\ \dot{l}_{R_8}+\dot{l}_{T_3} & \dot{m}_{R_8}+\dot{m}_{T_3} & \dot{n}_{R_8}+\dot{n}_{T_3}\end{bmatrix}\quad \dot{A}_{R_1}=\begin{bmatrix}\dot{l}_{R_1} & \dot{m}_{R_1} & \dot{n}_{R_1}\\ \dot{l}_{R_1} & \dot{m}_{R_1} & \dot{n}_{R_1}\\ \dot{l}_{R_1} & \dot{m}_{R_1} & \dot{n}_{R_1}\\ 0&0&0\\ 0&0&0\\ 0&0&0\\ 0&0&0\\ 0&0&0\\ 0&0&0\\ 0&0&0\\ 0&0&0\\ 0&0&0\\ 0&0&0\end{bmatrix}$$

$$
\dot{A}_{T_1}=\begin{bmatrix}
\dot{l}_{T_1} & \dot{m}_{T_1} & \dot{n}_{T_1}\\
0&0&0\\
0&0&0\\
\dot{l}_{T_1} & \dot{m}_{T_1} & \dot{n}_{T_1}\\
0&0&0\\
0&0&0\\
0&0&0\\
0&0&0\\
0&0&0\\
0&0&0\\
0&0&0\\
0&0&0\\
0&0&0
\end{bmatrix}
\dot{A}_{P_1}=\begin{bmatrix}
0&0&0\\
\dot{l}_{P_1} & \dot{m}_{P_1} & \dot{n}_{P_1}\\
0&0&0\\
0&0&0\\
0&0&0\\
0&0&0\\
0&0&0\\
0&0&0\\
0&0&0\\
0&0&0\\
0&0&0\\
0&0&0\\
0&0&0
\end{bmatrix}
\dot{A}_{T_3}=\begin{bmatrix}
0&0&0\\
0&0&0\\
0&0&0\\
0&0&0\\
0&0&0\\
0&0&0\\
0&0&0\\
l_{T_3} & m_{T_3} & n_{T_3}\\
l_{T_3} & m_{T_3} & n_{T_3}\\
l_{T_3} & m_{T_3} & n_{T_3}\\
l_{T_3} & m_{T_3} & n_{T_3}\\
l_{T_3} & m_{T_3} & n_{T_3}\\
l_{T_3} & m_{T_3} & n_{T_3}
\end{bmatrix}
$$

$\dot{A}_{Q_1}$是第三行元素为$[\dot{l}_{Q_1} \quad \dot{m}_{Q_1} \quad \dot{n}_{Q_1}]$而其余为零的 3 × 13 行矩阵；

$\dot{A}_{R_2}$是第四行元素为$[\dot{l}_{R_2} \quad \dot{m}_{R_2} \quad \dot{n}_{R_2}]$而其余为零的 3 × 13 行矩阵；

$\dot{A}_{P_2}$是第五行元素为$[\dot{l}_{P_2} \quad \dot{m}_{P_2} \quad \dot{n}_{P_2}]$而其余为零的 3 × 13 行矩阵；

$\dot{A}_{Q_2}$是第六行元素为$[\dot{l}_{Q_2} \quad \dot{m}_{Q_2} \quad \dot{n}_{Q_2}]$而其余为零的 3 × 13 行矩阵；

$\dot{A}_{P_2'}$是第七行元素为$[\dot{l}_{P_2'} \quad \dot{m}_{P_2'} \quad \dot{n}_{P_2'}]$而其余为零的 3 × 13 行矩阵；

$\dot{A}_{R_3}$是第八行元素为$[\dot{l}_{R_3} \quad \dot{m}_{R_3} \quad \dot{n}_{R_3}]$而其余为零的 3×13 行矩阵；

$\dot{A}_{R_4}$是第九行元素为$[\dot{l}_{R_4} \quad \dot{m}_{R_4} \quad \dot{n}_{R_4}]$而其余为零的 3×13 行矩阵；

$\dot{A}_{R_5}$是第十行元素为$[\dot{l}_{R_5} \quad \dot{m}_{R_5} \quad \dot{n}_{R_5}]$而其余为零的 3×13 行矩阵；

$\dot{A}_{R_6}$是第十一行元素为$[\dot{l}_{R_6} \quad \dot{m}_{R_6} \quad \dot{n}_{R_6}]$而其余为零的 3×13 行矩阵；

$\dot{A}_{R_7}$是第十二行元素为$[\dot{l}_{R_7} \quad \dot{m}_{R_7} \quad \dot{n}_{R_7}]$而其余为零的 3×13 行矩阵；

$\dot{A}_{R_8}$是第十三行元素为$[\dot{l}_{R_8} \quad \dot{m}_{R_8} \quad \dot{n}_{R_8}]$而其余为零的 3×13 行矩阵。

而 $\Delta\boldsymbol{X} = [X \quad Y \quad Z]^{\mathrm{T}}$，$\Delta\dot{\boldsymbol{X}} = [\dot{X} \quad \dot{Y} \quad \dot{Z}]^{\mathrm{T}}$。

从式(8-350)可知，右边误差项除测速元素各项误差外，还有各测站大地测量误差和弹道位置参数向量误差的影响。因此计算各项误差时，必须含后面两项误差。

1)设备误差

现记测速元素向量 $\dot{\boldsymbol{S}}$ 的设备总误差为

$$\Delta\overline{\dot{\boldsymbol{S}}}_1 = [\Delta\overline{\dot{S}}_{11} \quad \Delta\overline{\dot{P}}_{11} \quad \Delta\overline{\dot{Q}}_{11} \quad \Delta\overline{\dot{S}}_{21} \quad \Delta\overline{\dot{P}}_{21} \quad \Delta\overline{\dot{Q}}_{21} \quad \Delta\overline{\dot{P}'}_{21}$$
$$\Delta\overline{\dot{S}}_{31} \quad \Delta\overline{\dot{S}}_{41} \quad \Delta\overline{\dot{S}}_{51} \quad \Delta\overline{\dot{S}}_{61} \quad \Delta\overline{\dot{S}}_{71} \quad \Delta\overline{\dot{S}}_{81}]^{\mathrm{T}}$$

它除包含测速元素 $\dot{\boldsymbol{S}}$ 自身设备误差外，还含有弹道位置参数中所含设备误差项。现将 $\Delta\overline{\dot{\boldsymbol{S}}}_1$ 代入式(8-348)，得到弹道速度向量的设备误差为

$$\begin{aligned}\Delta\dot{\boldsymbol{X}}_1 &= (\overline{\dot{\boldsymbol{A}}}^{\mathrm{T}}\overline{\dot{\boldsymbol{K}}}^{-1}\overline{\dot{\boldsymbol{A}}})^{-1}\overline{\dot{\boldsymbol{A}}}^{\mathrm{T}}\overline{\dot{\boldsymbol{K}}}^{-1}\Delta\overline{\dot{\boldsymbol{S}}}_1 \\ &= \dot{\boldsymbol{P}}\overline{\dot{\boldsymbol{A}}}^{\mathrm{T}}\overline{\dot{\boldsymbol{K}}}^{-1}(\Delta\overline{\dot{\boldsymbol{S}}}_1 - \dot{\boldsymbol{A}}\Delta\boldsymbol{X}_1)\end{aligned} \tag{8-351}$$

式中，$\Delta\dot{S}_1$——测速元素的设备误差项；

$\Delta X_1$——弹道位置参数向量设备误差项。

再将式(8－330)代入式(8－351)则有

$$\Delta\dot{X}_1 = \dot{P}\overline{A}^{\mathrm{T}}\overline{\dot{K}}^{-1}(\Delta\dot{S}_1 - \dot{A}PA^{\mathrm{T}}K^{-1}\Delta S_1) \qquad (8-352)$$

相应地，测速元素向量总的设备误差 $\Delta\overline{\dot{S}}_1$ 的协方差阵为

$$\overline{\dot{K}}_1 = \dot{K}_1 + \dot{A}PA^{\mathrm{T}}K^{-1}K_1K^{-1}AP\dot{A}^{\mathrm{T}} \qquad (8-353)$$

式中，$K_1$，$\dot{K}_1$——对应的定位元素向量和测速元素向量的设备误差协方差阵。

$K_1 = \mathrm{diag}(\sigma^2_{S_{11}} \quad \sigma^2_{P_{11}} \quad \sigma^2_{Q_{11}} \quad \sigma^2_{P_{21}} \quad \sigma^2_{Q_{21}} \quad \sigma^2_{P'_{21}})$，$\sigma_{i1}$ 为对应定位元素设备误差的均方差；

$$\dot{K}_1 = \mathrm{diag}(\sigma^2_{\dot{S}_{11}} \quad \sigma^2_{\dot{P}_{11}} \quad \sigma^2_{\dot{Q}_{11}} \quad \sigma^2_{\dot{S}_{21}} \quad \sigma^2_{\dot{P}_{21}} \quad \sigma^2_{\dot{Q}_{21}} \quad \sigma^2_{\dot{P}'_{21}} \quad \sigma^2_{\dot{S}_3} \quad \sigma^2_{\dot{S}_4} \quad \sigma^2_{\dot{S}_5} \quad \sigma^2_{\dot{S}_6} \quad \sigma^2_{\dot{S}_7} \quad \sigma^2_{\dot{S}_8})$$

$\sigma_{i1}$ 为对应测速元素设备误差的均方差。

而弹道速度参数向量的设备误差协方差阵为

$$\dot{P}_1 = \dot{P}\overline{A}^{\mathrm{T}}\overline{\dot{K}}^{-1}\overline{\dot{K}}_1\overline{\dot{K}}^{-1}\overline{A}\dot{P} \qquad (8-354)$$

式中，$\overline{\dot{K}}_1$ 的具体表达式由式(8－353)代入。

2)电波折射误差

若记测速元素向量 $\dot{S}$ 为电波折射总误差为

$$\Delta\overline{\dot{S}}_2 = [\Delta\overline{\dot{S}}_{12} \quad \Delta\overline{\dot{P}}_{12} \quad \Delta\overline{\dot{Q}}_{12} \quad \Delta\overline{\dot{S}}_{22} \quad \Delta\overline{\dot{P}}_{22} \quad \Delta\overline{\dot{Q}}_{22} \quad \Delta\overline{\dot{P}}'_{22} \quad \Delta\overline{\dot{S}}_{32} \quad \Delta\overline{\dot{S}}_{42} \quad \Delta\overline{\dot{S}}_{52} \quad \Delta\overline{\dot{S}}_{62} \quad \Delta\overline{\dot{S}}_{72} \quad \Delta\overline{\dot{S}}_{82}]^{\mathrm{T}}$$

它除包含测速元素向量 $\dot{S}_2$ 自身电波折射误差外，还含有弹道位置参数中所含的电波折射误差项。现将 $\Delta\overline{\dot{S}}_2$ 代入式(8－348)，得到弹道速度参数向量相应的电波折射误差为

$$\Delta\dot{X}_2 = (\overline{A}^{\mathrm{T}}\overline{\dot{K}}^{-1}\overline{A})^{-1}\overline{A}^{\mathrm{T}}\overline{\dot{K}}^{-1}\Delta\overline{\dot{S}}_2 = (\overline{A}^{\mathrm{T}}\overline{\dot{K}}^{-1}\overline{A})^{-1}\overline{A}^{\mathrm{T}}\overline{\dot{K}}^{-1}(\Delta\dot{S}_2 - \dot{A}\Delta X_2) \qquad (8-355)$$

式中，$\Delta\dot{\boldsymbol{S}}_2$——测速元素向量电波折射误差项；

$\Delta\boldsymbol{X}_2$——弹道位置参数向量电波折射误差项。

再将式(8－332)代入式(8－355)后，则有

$$\Delta\dot{\boldsymbol{X}}_2=\dot{\boldsymbol{P}}\overline{\boldsymbol{A}}^{\mathrm{T}}\overline{\dot{\boldsymbol{K}}}^{-1}\Delta\overline{\dot{\boldsymbol{S}}}_2=\dot{\boldsymbol{P}}\overline{\boldsymbol{A}}^{\mathrm{T}}\overline{\dot{\boldsymbol{K}}}^{-1}(\Delta\dot{\boldsymbol{S}}_2-\dot{\boldsymbol{A}}\boldsymbol{P}\boldsymbol{A}^{\mathrm{T}}\boldsymbol{K}^{-1}\Delta\boldsymbol{S}_2) \tag{8-356}$$

因此，测速元素总的电波折射误差向量 $\Delta\overline{\dot{\boldsymbol{S}}}_2$ 的协方差阵为

$$\overline{\dot{\boldsymbol{K}}}_2=\dot{\boldsymbol{K}}_2+\dot{\boldsymbol{A}}\boldsymbol{P}\boldsymbol{A}^{\mathrm{T}}\boldsymbol{K}^{-1}\boldsymbol{K}_2\boldsymbol{K}^{-1}\boldsymbol{A}\boldsymbol{P}\dot{\boldsymbol{A}}^{\mathrm{T}} \tag{8-357}$$

式中，$\boldsymbol{K}_2$，$\dot{\boldsymbol{K}}_2$——对应的定位元素向量和测速元素向量的电波折射误差协方差阵；其中 $\boldsymbol{K}_1$ 为对应定位元素电波折射误差的误差方差 $\sigma_{i2}^2$ 所组成的对角矩阵；$\dot{\boldsymbol{K}}_1$ 为对应速测元素电波折射误差的误差方差 $\sigma_{i2}^2$ 所组成的对角矩阵。

而弹道速度参数向量的电波折射误差协方差阵为

$$\dot{\boldsymbol{P}}_2=\dot{\boldsymbol{P}}\overline{\boldsymbol{A}}^{\mathrm{T}}\overline{\dot{\boldsymbol{K}}}^{-1}\overline{\dot{\boldsymbol{K}}}_2\overline{\dot{\boldsymbol{K}}}^{-1}\overline{\boldsymbol{A}}\dot{\boldsymbol{P}} \tag{8-358}$$

式中，$\overline{\dot{\boldsymbol{K}}}_2$ 的具体表达式由式(8－357)代入。

3)比例因子误差

现记测速元素向量 $\dot{\boldsymbol{S}}$ 的比例因子总误差为

$$\Delta\overline{\dot{\boldsymbol{S}}}_3=[\Delta\overline{\dot{S}}_{13}\quad\Delta\overline{\dot{P}}_{13}\quad\Delta\overline{\dot{Q}}_{13}\quad\Delta\overline{\dot{S}}_{23}\quad\Delta\overline{\dot{P}}_{23}\quad\Delta\overline{\dot{Q}}_{23}\quad\Delta\overline{\dot{P}}'_{23}\quad\Delta\overline{\dot{S}}_{33}\quad\Delta\overline{\dot{S}}_{43}\quad\Delta\overline{\dot{S}}_{53}\quad\Delta\overline{\dot{S}}_{63}\quad\Delta\overline{\dot{S}}_{73}\quad\Delta\overline{\dot{S}}_{83}]^{\mathrm{T}}$$

它除包含测速元素向量自身比例因子误差 $\Delta\dot{\boldsymbol{S}}_3$ 外，还含有弹道位置参数中所含的比例因子误差。现将 $\Delta\overline{\dot{\boldsymbol{S}}}_3$ 代入式(8－348)，得到弹道速度向量的比例因子误差为

$$\begin{aligned}\Delta\dot{\boldsymbol{X}}_3&=(\overline{\boldsymbol{A}}^{\mathrm{T}}\overline{\dot{\boldsymbol{K}}}^{-1}\overline{\boldsymbol{A}})^{-1}\overline{\boldsymbol{A}}^{\mathrm{T}}\overline{\dot{\boldsymbol{K}}}^{-1}\Delta\overline{\dot{\boldsymbol{S}}}_3\\&=(\overline{\boldsymbol{A}}^{\mathrm{T}}\overline{\dot{\boldsymbol{K}}}^{-1}\overline{\boldsymbol{A}})^{-1}\overline{\boldsymbol{A}}^{\mathrm{T}}\overline{\dot{\boldsymbol{K}}}^{-1}(\Delta\dot{\boldsymbol{S}}_3-\dot{\boldsymbol{A}}\Delta\boldsymbol{X}_3)\end{aligned} \tag{8-359}$$

其中弹道位置参数向量 $\boldsymbol{X}$ 的比例因子误差 $\Delta\boldsymbol{X}_3$ 由式(8－335)代入;因干涉仪和多站连续波系统的发射频率不同,测速元素向量 $\dot{\boldsymbol{S}}$ 的比例因子误差进一步微分后为

$$\Delta\dot{\boldsymbol{S}}_3 = -\dot{\boldsymbol{S}}'\frac{\Delta\boldsymbol{f}}{\boldsymbol{f}} \tag{8-360}$$

式中

$$\dot{\boldsymbol{S}}' = \begin{bmatrix} \dot{S}_1 & \dot{P}_1 & \dot{Q}_1 & \dot{S}_2 & \dot{P}_2 & \dot{Q}_2 & \dot{P}_2' & 0 & 0 & 0 & 0 & 0 & 0 \\ 0 & 0 & 0 & 0 & 0 & 0 & 0 & \dot{S}_3 & \dot{S}_4 & \dot{S}_5 & \dot{S}_6 & \dot{S}_7 & \dot{S}_8 \end{bmatrix}^{\mathrm{T}},$$

$$\frac{\Delta\boldsymbol{f}}{\boldsymbol{f}} = \begin{bmatrix} \dfrac{\Delta f_1}{f_1} \\ \dfrac{\Delta f_2}{f_2} \end{bmatrix}$$

其中,$\dfrac{\Delta f_1}{f_1}$和$\dfrac{\Delta f_2}{f_2}$——干涉仪和多站连续波系统频率不准误差。

再记$\dot{\boldsymbol{S}}_1' = [\dot{S}_1\ \dot{P}_1\ \dot{Q}_1\ \dot{S}_2\ \dot{P}_2\ \dot{Q}_2\ \dot{P}_2'\ 0\ 0\ 0\ 0\ 0\ 0]^{\mathrm{T}}$

$\dot{\boldsymbol{S}}_2' = [0\ 0\ 0\ 0\ 0\ 0\ 0\ \dot{S}_3\ \dot{S}_4\ \dot{S}_5\ \dot{S}_6\ \dot{S}_7\ \dot{S}_8]^{\mathrm{T}}$

则式(8－360)可以改写成

$$\Delta\dot{\boldsymbol{S}}_3 = -\dot{\boldsymbol{S}}_1'\frac{\Delta f_1}{f_1} - \dot{\boldsymbol{S}}_2'\frac{\Delta f_2}{f_2} \tag{8-361}$$

将式(8－361)和式(8－335)代入式(8－359)后,则有

$$\begin{aligned}\Delta\dot{\boldsymbol{X}}_3 &= -\dot{\boldsymbol{P}}\overline{\boldsymbol{A}}^{\mathrm{T}}\overline{\dot{\boldsymbol{K}}}^{-1}\left(\dot{\boldsymbol{S}}_1'\frac{\Delta f_1}{f_1} + \dot{\boldsymbol{S}}_2'\frac{\Delta f_2}{f_2} - \dot{\boldsymbol{A}}\boldsymbol{P}\boldsymbol{A}^{\mathrm{T}}\boldsymbol{K}^{-1}\boldsymbol{S}\,\frac{\Delta f_1}{f_1}\right) \\ &= -\dot{\boldsymbol{P}}\overline{\boldsymbol{A}}^{\mathrm{T}}\overline{\dot{\boldsymbol{K}}}^{-1}\left[(\dot{\boldsymbol{S}}_1' - \dot{\boldsymbol{A}}\boldsymbol{P}\boldsymbol{A}^{\mathrm{T}}\boldsymbol{K}^{-1}\boldsymbol{S})\frac{\Delta f_1}{f_1} + \dot{\boldsymbol{S}}_2'\frac{\Delta f_2}{f_2}\right]\end{aligned} \tag{8-362}$$

记 $\overline{\dot{\boldsymbol{S}}}_1 = \dot{\boldsymbol{S}}_1' - \dot{\boldsymbol{A}}\boldsymbol{P}\boldsymbol{A}^{\mathrm{T}}\boldsymbol{K}^{-1}\boldsymbol{S}$,则式(8－362)化简成

$$\Delta\dot{\boldsymbol{X}}_3 = -\dot{\boldsymbol{P}}\overline{\boldsymbol{A}}^{\mathrm{T}}\overline{\dot{\boldsymbol{K}}}^{-1}\left(\overline{\dot{\boldsymbol{S}}}_1\,\frac{\Delta f_1}{f_1} + \dot{\boldsymbol{S}}_2'\frac{\Delta f_2}{f_2}\right) \tag{8-363}$$

再记 $\overline{\dot{\boldsymbol{S}}}=[\overline{\dot{\boldsymbol{S}}}_1\quad \overline{\dot{\boldsymbol{S}}}'_2]$ 和 $\boldsymbol{K}_{\frac{\Delta f}{f}}=\mathrm{diag}(K_{\frac{\Delta f_1}{f_1}}\quad K_{\frac{\Delta f_2}{f_2}})=\mathrm{diag}(\sigma^2_{\frac{\Delta f_1}{f_1}}\quad \sigma^2_{\frac{\Delta f_2}{f_2}})$，在此，$\sigma_{\frac{\Delta f_1}{f_1}}$ 和 $\sigma_{\frac{\Delta f_2}{f_2}}$ 分别为干涉仪和多站连续波系统比例因子误差的均方差。

由式(8－363)可以得到测速元素向量总的比例因子误差的协方差阵为

$$\overline{\dot{\boldsymbol{K}}}_3=\overline{\dot{\boldsymbol{S}}}_1K_{\frac{\Delta f_1}{f_1}}\overline{\dot{\boldsymbol{S}}}{}_1^{\mathrm{T}}+\overline{\dot{\boldsymbol{S}}}'_2K_{\frac{\Delta f_2}{f_2}}\overline{\dot{\boldsymbol{S}}}'{}_2^{\mathrm{T}}=\overline{\dot{\boldsymbol{S}}}\boldsymbol{K}_{\frac{\Delta f}{f}}\overline{\dot{\boldsymbol{S}}}{}^{\mathrm{T}} \tag{8－364}$$

而弹道速度参数向量的比例因子误差协方差阵为

$$\begin{aligned}\dot{\boldsymbol{P}}_3&=\dot{\boldsymbol{P}}\overline{\boldsymbol{A}}\overline{\dot{\boldsymbol{K}}}{}^{-1}\overline{\dot{\boldsymbol{K}}}_3\overline{\dot{\boldsymbol{K}}}{}^{-1}\overline{\boldsymbol{A}}{}^{\mathrm{T}}\dot{\boldsymbol{P}}\\&=\dot{\boldsymbol{P}}\overline{\boldsymbol{A}}\overline{\dot{\boldsymbol{K}}}{}^{-1}\overline{\dot{\boldsymbol{S}}}\boldsymbol{K}_{\frac{\Delta f}{f}}\overline{\dot{\boldsymbol{S}}}{}^{\mathrm{T}}\overline{\dot{\boldsymbol{K}}}{}^{-1}\overline{\boldsymbol{A}}{}^{\mathrm{T}}\dot{\boldsymbol{P}}\end{aligned} \tag{8－365}$$

4)时间不同步误差

现记测速向量 $\dot{\boldsymbol{S}}$ 时间不同步的总误差为

$$\Delta\overline{\dot{\boldsymbol{S}}}_4=[\Delta\overline{\dot{S}}_{14}\quad \Delta\overline{\dot{P}}_{14}\quad \Delta\overline{\dot{Q}}_{14}\quad \Delta\overline{\dot{S}}_{24}\quad \Delta\overline{\dot{P}}_{24}\quad \Delta\overline{\dot{Q}}_{24}\quad \Delta\overline{\dot{P}}'_{24}\quad \Delta\overline{\dot{S}}_{34}\quad \Delta\overline{\dot{S}}_{44}\quad \Delta\overline{\dot{S}}_{54}\quad \Delta\overline{\dot{S}}_{64}\quad \Delta\overline{\dot{S}}_{74}\quad \Delta\overline{\dot{S}}_{84}]^{\mathrm{T}}$$

它包含测速元素自身时间不同步误差 $\Delta\dot{\boldsymbol{S}}_4$ 和弹道位置参数向量中的时间不同步误差 $\Delta\boldsymbol{X}_4$。现将 $\Delta\overline{\dot{\boldsymbol{S}}}_4$ 代入式(8－348)，得到弹道速度参数向量 $\dot{\boldsymbol{X}}$ 的时间不同步误差为

$$\begin{aligned}\Delta\dot{\boldsymbol{X}}_4&=(\overline{\boldsymbol{A}}{}^{\mathrm{T}}\overline{\dot{\boldsymbol{K}}}{}^{-1}\overline{\boldsymbol{A}})^{-1}\overline{\boldsymbol{A}}{}^{\mathrm{T}}\overline{\dot{\boldsymbol{K}}}{}^{-1}\Delta\overline{\dot{\boldsymbol{S}}}_4\\&=(\overline{\boldsymbol{A}}{}^{\mathrm{T}}\overline{\dot{\boldsymbol{K}}}{}^{-1}\overline{\boldsymbol{A}})^{-1}\overline{\boldsymbol{A}}{}^{\mathrm{T}}\overline{\dot{\boldsymbol{K}}}{}^{-1}(\Delta\dot{\boldsymbol{S}}_4-\dot{\boldsymbol{A}}\Delta\boldsymbol{X}_4)\end{aligned} \tag{8－366}$$

其中，弹道位置参数向量 $\dot{\boldsymbol{X}}$ 的时间不同步误差由式(8－339)代入；由于4套连续波系统的时统信号由不同的时统设备提供，故它的时间不同步误差源是不相关的，故测速元素向量的时间不同步误差进一步微分后为

$$\Delta\dot{\boldsymbol{S}}_4=\ddot{\boldsymbol{S}}'\Delta\boldsymbol{t} \tag{8－367}$$

式中

$$\ddot{\boldsymbol{S}}' = \begin{bmatrix} \ddot{S}_1 & \ddot{P}_1 & \ddot{Q}_1 & 0 & 0 & 0 & 0 & 0 & 0 & 0 & 0 & 0 & 0 \\ 0 & 0 & 0 & \ddot{S}_2 & \ddot{P}_2 & \ddot{Q}_2 & \ddot{P}_2' & 0 & 0 & 0 & 0 & 0 & 0 \\ 0 & 0 & 0 & 0 & 0 & 0 & 0 & \ddot{S}_3 & \ddot{P}_3 & \ddot{Q}_3 & 0 & 0 & 0 \\ 0 & 0 & 0 & 0 & 0 & 0 & 0 & 0 & 0 & 0 & \ddot{S}_6 & \ddot{S}_7 & \ddot{S}_8 \end{bmatrix}$$

$\ddot{S}_1, \ddot{P}_1, \cdots, \ddot{S}_8$ 分别为对应测速元素的变化率；

$\Delta \boldsymbol{t} = [\Delta t_1 \quad \Delta t_2 \quad \Delta t_3 \quad \Delta t_4]^{\mathrm{T}}$，$\Delta t_i$，$(i = 1,2,3,4)$ 分别为两套干涉仪和两套多站连续波系统的时间不同步误差。

由于弹道位置参数向量的时间不同步误差 $\Delta \boldsymbol{X}_4$ 仅含有 $\Delta t_1$ 和 $\Delta t_2$ 误差源，因此对它的表示式及 $\Delta \dot{\boldsymbol{S}}_4$ 的表示式要重新整理。若记 $\dot{\boldsymbol{S}}_1 = [\dot{S}_1 \quad \dot{P}_1 \quad \dot{Q}_1 \quad 0 \quad 0 \quad 0]^{\mathrm{T}}$，$\dot{\boldsymbol{S}}_2 = [0 \quad 0 \quad 0 \quad \dot{P}_2 \quad \dot{Q}_2 \quad \dot{P}_2']^{\mathrm{T}}$，则式(8－367)可以写成

$$\Delta \boldsymbol{X}_4 = \boldsymbol{P}\boldsymbol{A}^{\mathrm{T}}\boldsymbol{K}^{-1}(\dot{\boldsymbol{S}}_1 \Delta t_1 + \dot{\boldsymbol{S}}_2 \Delta t_2) \qquad (8-368)$$

同样地，记

$$\ddot{\boldsymbol{S}}_1' = [\ddot{S}_1 \quad \ddot{P}_1 \quad \ddot{Q}_1 \quad 0 \quad 0 \quad 0 \quad 0 \quad 0 \quad 0 \quad 0 \quad 0 \quad 0 \quad 0]^{\mathrm{T}}$$

$$\ddot{\boldsymbol{S}}_2' = [0 \quad 0 \quad 0 \quad \ddot{S}_2 \quad \ddot{P}_2 \quad \ddot{Q}_2 \quad \ddot{P}_2' \quad 0 \quad 0 \quad 0 \quad 0 \quad 0 \quad 0]^{\mathrm{T}}$$

$$\ddot{\boldsymbol{S}}_3' = [0 \quad 0 \quad 0 \quad 0 \quad 0 \quad 0 \quad 0 \quad \ddot{S}_3 \quad \ddot{S}_4 \quad \ddot{S}_5 \quad 0 \quad 0 \quad 0]^{\mathrm{T}}$$

$$\ddot{\boldsymbol{S}}_4' = [0 \quad 0 \quad 0 \quad 0 \quad 0 \quad 0 \quad 0 \quad 0 \quad 0 \quad 0 \quad \ddot{S}_6 \quad \ddot{S}_7 \quad \ddot{S}_8]^{\mathrm{T}}$$

则式(8－367)可以写成

$$\Delta \dot{\boldsymbol{S}}_4 = (\ddot{\boldsymbol{S}}_1' \Delta t_1 + \ddot{\boldsymbol{S}}_2' \Delta t_2 + \ddot{\boldsymbol{S}}_3' \Delta t_3 + \ddot{\boldsymbol{S}}_4' \Delta t_4) \qquad (8-369)$$

再将式(8－368)和式(8－369)代入式(8－366)后，得到

$$\Delta \dot{\boldsymbol{X}}_4 = \dot{\boldsymbol{P}}\overline{\boldsymbol{A}}^{\mathrm{T}}\overline{\boldsymbol{K}}^{-1}(\ddot{\boldsymbol{S}}_1' \Delta t_1 + \ddot{\boldsymbol{S}}_2' \Delta t_2 + \ddot{\boldsymbol{S}}_3' \Delta t_3 + \ddot{\boldsymbol{S}}_4' \Delta t_4 - \dot{\boldsymbol{A}}\boldsymbol{P}\boldsymbol{A}^{\mathrm{T}}\boldsymbol{K}^{-1}\dot{\boldsymbol{S}}_1 \Delta t_1 - \dot{\boldsymbol{A}}\boldsymbol{P}\boldsymbol{A}^{\mathrm{T}}\boldsymbol{K}^{-1}\dot{\boldsymbol{S}}_2 \Delta t_2)$$

$$= \dot{\boldsymbol{P}}\overline{\boldsymbol{A}}^{\mathrm{T}}\overline{\dot{\boldsymbol{K}}}^{-1}[(\ddot{\boldsymbol{S}}'_1 - \dot{\boldsymbol{A}}\boldsymbol{P}\boldsymbol{A}^{\mathrm{T}}\boldsymbol{K}^{-1}\dot{\boldsymbol{S}}_1)\Delta t_1$$

$$+ (\ddot{\boldsymbol{S}}'_2 - \dot{\boldsymbol{A}}\boldsymbol{P}\boldsymbol{A}^{\mathrm{T}}\boldsymbol{K}^{-1}\dot{\boldsymbol{S}}_2)\Delta t_2 + \ddot{\boldsymbol{S}}'_3\Delta t_3 + \ddot{\boldsymbol{S}}'_4\Delta t_4] \tag{8-370}$$

再记 $\overline{\ddot{\boldsymbol{S}}}_1 = \ddot{\boldsymbol{S}}'_1 - \dot{\boldsymbol{A}}\boldsymbol{P}\boldsymbol{A}^{\mathrm{T}}\boldsymbol{K}^{-1}\dot{\boldsymbol{S}}_1$、$\overline{\ddot{\boldsymbol{S}}}_2 = \ddot{\boldsymbol{S}}'_2 - \dot{\boldsymbol{A}}\boldsymbol{P}\boldsymbol{A}^{\mathrm{T}}\boldsymbol{K}^{-1}\dot{\boldsymbol{S}}_2$ 和 $\overline{\ddot{\boldsymbol{S}}}_3 = \ddot{\boldsymbol{S}}'_3$、$\overline{\ddot{\boldsymbol{S}}}'_4 = \ddot{\boldsymbol{S}}_4$，则式(8－370)又可改写成

$$\Delta\ddot{\boldsymbol{X}}_4 = \dot{\boldsymbol{P}}\overline{\boldsymbol{A}}^{\mathrm{T}}\overline{\dot{\boldsymbol{K}}}^{-1}(\overline{\ddot{\boldsymbol{S}}}_1\Delta t_1 + \overline{\ddot{\boldsymbol{S}}}_2\Delta t_2 + \overline{\ddot{\boldsymbol{S}}}_3\Delta t_3 + \overline{\ddot{\boldsymbol{S}}}_4\Delta t_4) \tag{8-371}$$

此时弹道速度参数向量化成为4个不相关误差源的线性和。

再记 $\overline{\ddot{\boldsymbol{S}}} = [\overline{\ddot{\boldsymbol{S}}}_1 \quad \overline{\ddot{\boldsymbol{S}}}_2 \quad \overline{\ddot{\boldsymbol{S}}}_3 \quad \overline{\ddot{\boldsymbol{S}}}_4]^{\mathrm{T}}$

$\boldsymbol{K}_t = \mathrm{diag}(K_{t_1} \quad K_{t_2} \quad K_{t_3} \quad K_{t_4}) = \mathrm{diag}(\sigma_{t_1}^2 \quad \sigma_{t_2}^2 \quad \sigma_{t_3}^2 \quad \sigma_{t_4}^2)$

式中，$\sigma_{t_i}(i=1,2,3,4)$——两套干涉仪和两套多站连续波系统时间不同步误差的均方差。

由式(8－371)可以得到测速元素总的时间不同步误差的协方差阵为

$$\overline{\dot{\boldsymbol{K}}}_4 = \overline{\ddot{\boldsymbol{S}}}_1\boldsymbol{K}_{t_1}\overline{\ddot{\boldsymbol{S}}}_1^{\mathrm{T}} + \overline{\ddot{\boldsymbol{S}}}_2\boldsymbol{K}_{t_2}\overline{\ddot{\boldsymbol{S}}}_2^{\mathrm{T}} + \overline{\ddot{\boldsymbol{S}}}_3\boldsymbol{K}_{t_3}\overline{\ddot{\boldsymbol{S}}}_3^{\mathrm{T}} + \overline{\ddot{\boldsymbol{S}}}_4\boldsymbol{K}_{t_4}\overline{\ddot{\boldsymbol{S}}}_4^{\mathrm{T}}$$

$$= \overline{\ddot{\boldsymbol{S}}}\boldsymbol{K}_t\overline{\ddot{\boldsymbol{S}}}^{\mathrm{T}} \tag{8-372}$$

式中，$K_{t_i} = \sigma_{t_i}^2, i=1,2,3,4$。

同样地，由式(8－371)可以得到弹道速度参数向量的时间不同步误差协方差阵为

$$\dot{\boldsymbol{P}}_4 = \dot{\boldsymbol{P}}\overline{\boldsymbol{A}}^{\mathrm{T}}\overline{\dot{\boldsymbol{K}}}^{-1}\overline{\dot{\boldsymbol{K}}}_4\overline{\dot{\boldsymbol{K}}}^{-1}\overline{\boldsymbol{A}}\dot{\boldsymbol{P}} = \dot{\boldsymbol{P}}\overline{\boldsymbol{A}}^{\mathrm{T}}\overline{\dot{\boldsymbol{K}}}^{-1}\overline{\ddot{\boldsymbol{S}}}\boldsymbol{K}_t\overline{\ddot{\boldsymbol{S}}}^{\mathrm{T}}\overline{\dot{\boldsymbol{K}}}^{-1}\overline{\boldsymbol{A}}\dot{\boldsymbol{P}}$$

$$= \dot{\boldsymbol{P}}\overline{\boldsymbol{A}}^{\mathrm{T}}\overline{\dot{\boldsymbol{K}}}^{-1}(\overline{\ddot{\boldsymbol{S}}}_1\boldsymbol{K}_{t_1}\overline{\ddot{\boldsymbol{S}}}_1^{\mathrm{T}} + \overline{\ddot{\boldsymbol{S}}}_2\boldsymbol{K}_{t_2}\overline{\ddot{\boldsymbol{S}}}_2^{\mathrm{T}} + \overline{\ddot{\boldsymbol{S}}}_3\boldsymbol{K}_{t_3}\overline{\ddot{\boldsymbol{S}}}_3^{\mathrm{T}}$$

$$+ \overline{\ddot{\boldsymbol{S}}}_4\boldsymbol{K}_{t_4}\overline{\ddot{\boldsymbol{S}}}_4^{\mathrm{T}})\overline{\dot{\boldsymbol{K}}}^{-1}\overline{\boldsymbol{A}}\dot{\boldsymbol{P}} \tag{8-373}$$

5）大地测量误差

根据式(8－350)和式(8－348)，立即得到站址误差对弹道速

度参数向量的传播公式为

$$\begin{aligned}\Delta\dot{X}_5 = \dot{P}\overline{A}^{\mathrm{T}}\dot{\overline{K}}^{-1}(&\dot{A}_{R_1}\Delta X_{R_1} + \dot{A}_{T_1}\Delta X_{T_1} - \dot{A}_{P_1}\Delta X_{P_1} - \dot{A}_{Q_1}\Delta X_{Q_1}\\&+\dot{A}_{R_2}\Delta X_{R_2} - \dot{A}_{P_2}\Delta X_{P_2} - \dot{A}_{Q_2}\Delta X_{Q_2} - \dot{A}_{P'_2}\Delta X_{P'_2}\\&+\dot{A}_{R_3}\Delta X_{R_3} + \dot{A}_{T_3}\Delta X_{T_3} + \dot{A}_{R_4}\Delta X_{R_4} + \dot{A}_{R_5}\Delta X_{R_5}\\&+\dot{A}_{R_6}\Delta X_{R_6} + \dot{A}_{R_7}\Delta X_{R_7} + \dot{A}_{R_8}\Delta X_{R_8} - \dot{A}\Delta X_5)\end{aligned} \tag{8-374}$$

再将式(8－342)代入式(8－374)后,得到

$$\begin{aligned}\Delta\dot{X}_5 = \dot{P}\overline{A}^{\mathrm{T}}\dot{\overline{K}}^{-1}[&\dot{A}_{R_1}\Delta X_{R_1} + \dot{A}_{T_1}\Delta X_{T_1} - \dot{A}_{P_1}\Delta X_{P_1} - \dot{A}_{Q_1}\Delta X_{Q_1}\\&+\dot{A}_{R_2}\Delta X_{R_2} - \dot{A}_{P_2}\Delta X_{P_2} - \dot{A}_{Q_2}\Delta X_{Q_2} - \dot{A}_{P'_2}\Delta X_{P'_2}\\&+\dot{A}_{R_3}\Delta X_{R_3} + \dot{A}_{T_3}\Delta X_{T_3} + \dot{A}_{R_4}\Delta X_{R_4} + \dot{A}_{R_5}\Delta X_{R_5} + \dot{A}_{R_6}\Delta X_{R_6}\\&+\dot{A}_{R_7}\Delta X_{R_7} + \dot{A}_{R_8}\Delta X_{R_8} - \dot{A}PA^{\mathrm{T}}K^{-1}(A_{R_1}\Delta X_{R_1}\\&+A_{T_1}\Delta X_{T_1} - A_{P_1}\Delta X_{P_1} - A_{Q_1}\Delta X_{Q_1} + A_{R_2}\Delta X_{R_2}\\&-A_{P_2}\Delta X_{P_2} - A_{Q_2}\Delta X_{Q_2} - A_{P'_2}\Delta X_{P'_2})]\\
= \dot{P}\overline{A}^{\mathrm{T}}\dot{\overline{K}}^{-1}[&(\dot{A}_{R_1} - \dot{A}PA^{\mathrm{T}}K^{-1}A_{R_1})\Delta X_{R_1}\\&+(\dot{A}_{T_1} - \dot{A}PA^{\mathrm{T}}K^{-1}A_{T_1})\Delta X_{T_1} - (\dot{A}_{P_1}\\&-\dot{A}PA^{\mathrm{T}}K^{-1}A_{P_1})\Delta X_{P_1} - (\dot{A}_{Q_1} - \dot{A}PA^{\mathrm{T}}K^{-1}A_{Q_1})\Delta X_{Q_1}\\&+(\dot{A}_{R_2} - \dot{A}PA^{\mathrm{T}}K^{-1}A_{R_2})\Delta X_{R_2} - (\dot{A}_{P_2} - \dot{A}PA^{\mathrm{T}}K^{-1}A_{P_2})\Delta X_{P_2}\\&-(\dot{A}_{Q_2} - \dot{A}PA^{\mathrm{T}}K^{-1}A_{Q_2})\Delta X_{Q_2} - (\dot{A}_{P'_2} - \dot{A}PA^{\mathrm{T}}K^{-1}A_{P'_2})\Delta X_{P'_2}\\&+\dot{A}_{R_3}\Delta X_{R_3} + \dot{A}_{T_3}\Delta X_{T_3} + \dot{A}_{R_4}\Delta X_{R_4} + \dot{A}_{R_5}\Delta X_{R_5}\\&+\dot{A}_{R_6}\Delta X_{R_6} + \dot{A}_{R_7}\Delta X_{R_7} + \dot{A}_{R_8}\Delta X_{R_8}]\end{aligned} \tag{8-375}$$

若记

$$\overline{\dot{A}}_{R_1}=\dot{A}_{R_1}-\dot{A}PA^{\mathrm{T}}K^{-1}A_{R_1},\overline{\dot{A}}_{T_1}=\dot{A}_{T_1}-\dot{A}PA^{\mathrm{T}}K^{-1}A_{T_1}$$

$$\overline{\dot{A}}_{P_1}=-(\dot{A}_{P_1}-\dot{A}PA^{\mathrm{T}}K^{-1}A_{P_1})$$

$$\overline{\dot{A}}_{Q_1}=-(\dot{A}_{Q_1}-\dot{A}PA^{\mathrm{T}}K^{-1}A_{Q_1}),\overline{\dot{A}}_{R_2}=\dot{A}_{R_2}-\dot{A}PA^{\mathrm{T}}K^{-1}A_{R_2}$$

$$\overline{\dot{A}}_{P_2}=-(\dot{A}_{P_2}-\dot{A}PA^{\mathrm{T}}K^{-1}A_{P_2})$$

$$\overline{\dot{A}}_{Q_2}=-(\dot{A}_{Q_2}-\dot{A}PA^{\mathrm{T}}K^{-1}A_{Q_2})$$

$$\overline{\dot{A}}_{P_2'}=-(\dot{A}_{P_2'}-\dot{A}PA^{\mathrm{T}}K^{-1}A_{P_2'}),\overline{\dot{A}}_{R_3}=\dot{A}_{R_3},\overline{\dot{A}}_{T_3}=\dot{A}_{T_3}$$

$$\overline{\dot{A}}_{R_4}=\dot{A}_{R_4},\overline{\dot{A}}_{R_5}=\dot{A}_{R_5},\overline{\dot{A}}_{R_6}=\dot{A}_{R_6},\overline{\dot{A}}_{R_7}=\dot{A}_{R_7},\overline{\dot{A}}_{R_8}=\dot{A}_{R_8}$$

这样式(8－375)可以简化成

$$\begin{aligned}\Delta\dot{X}_5=\dot{P}\overline{A}^{\mathrm{T}}\overline{\dot{K}}^{-1}(&\overline{\dot{A}}_{R_1}\Delta X_{R_1}+\overline{\dot{A}}_{T_1}\Delta X_{T_1}+\overline{\dot{A}}_{P_1}\Delta X_{P_1}+\overline{\dot{A}}_{Q_1}\Delta X_{Q_1}\\&+\overline{\dot{A}}_{R_2}\Delta X_{R_2}+\overline{\dot{A}}_{P_1}\Delta X_{P_1}+\overline{\dot{A}}_{Q_2}\Delta X_{Q_2}+\overline{\dot{A}}_{P_2'}\Delta X_{P_2'}+\overline{\dot{A}}_{R_3}\Delta X_{R_3}\\&+\overline{\dot{A}}_{T_3}\Delta X_{T_3}+\overline{\dot{A}}_{R_4}\Delta X_{R_4}+\overline{\dot{A}}_{R_5}\Delta X_{R_5}+\overline{\dot{A}}_{R_6}\Delta X_{R_6}+\overline{\dot{A}}_{R_7}\Delta X_{R_7}\\&+\overline{\dot{A}}_{R_7}\Delta X_{R_8})=\dot{P}\overline{A}^{\mathrm{T}}\overline{\dot{K}}^{-1}\left(\sum_{i=R_1}^{R_8}\overline{\dot{A}}_i\Delta X_i\right)\end{aligned}\tag{8－376}$$

再将式(8－27)和式(8－28)代入上式,得到各测站大地测量误差传播到弹道速度参数向量的误差表达式为

$$\Delta\dot{X}_5=\dot{P}\overline{A}^{\mathrm{T}}\overline{\dot{K}}^{-1}\left(\sum_{i=R_1}^{R_8}\overline{\dot{A}}_iC_iW_i\Delta h_i\right)\tag{8－377}$$

式中,$C_i=C$。

因此,测速元素的大地测量误差协方差阵为

$$\dot{K}_5=\sum_{i=R_1}^{R_8}\overline{\dot{A}}_iC_iW_iK_{h_i}W_i^{\mathrm{T}}C_i^{\mathrm{T}}\overline{\dot{A}}_i^{\mathrm{T}}\tag{8－378}$$

而弹道速度参数向量大地测量误差协方差阵为

$$\dot{\boldsymbol{P}}_5 = \dot{\boldsymbol{P}}\overline{\boldsymbol{A}}^{\mathrm{T}}\overline{\dot{\boldsymbol{K}}}^{-1}\left(\sum_{i=R_1}^{R_8}\overline{\dot{\boldsymbol{A}}}_i\boldsymbol{C}_i\boldsymbol{W}_i\boldsymbol{K}_{h_i}\boldsymbol{W}_i^{\mathrm{T}}\boldsymbol{C}_i^{\mathrm{T}}\overline{\dot{\boldsymbol{A}}}_i^{\mathrm{T}}\right)\overline{\dot{\boldsymbol{K}}}^{-1}\overline{\boldsymbol{A}}^{\mathrm{T}}\dot{\boldsymbol{P}}$$

$$= \dot{\boldsymbol{P}}\overline{\boldsymbol{A}}^{\mathrm{T}}\overline{\dot{\boldsymbol{K}}}^{-1}\dot{\boldsymbol{K}}_5\overline{\dot{\boldsymbol{K}}}^{-1}\overline{\boldsymbol{A}}\dot{\boldsymbol{P}} \tag{8-379}$$

6)总误差

由式(8-351)、式(8-356)、式(8-359)、式(8-367)和式(8-377)可知,测速元素 $\dot{S}$ 的总误差为

$$\Delta\dot{\boldsymbol{S}} = \sum_{i=1}^{5}\Delta\overline{\dot{\boldsymbol{S}}}_i$$

$$= \Delta\overline{\dot{\boldsymbol{S}}}_1 + \Delta\overline{\dot{\boldsymbol{S}}}_2 - \overline{\dot{\boldsymbol{S}}}\frac{\Delta f}{f} + \overline{\ddot{\boldsymbol{S}}}\Delta\boldsymbol{t} + \left(\sum_{i=R_1}^{R_8}\overline{\dot{\boldsymbol{A}}}_i\boldsymbol{C}_i\boldsymbol{W}_i\Delta\boldsymbol{h}_i\right) \tag{8-380}$$

由此得到测速元素的总误差协方差阵为

$$\dot{\boldsymbol{K}} = \sum_{i=1}^{5}\dot{\boldsymbol{K}}_i = \dot{\boldsymbol{K}}_1 + \dot{\boldsymbol{K}}_2 + \overline{\dot{\boldsymbol{S}}}\boldsymbol{K}_{\frac{\Delta f}{f}}\overline{\dot{\boldsymbol{S}}}^{\mathrm{T}}$$

$$+ \overline{\ddot{\boldsymbol{S}}}\boldsymbol{K}_t\overline{\ddot{\boldsymbol{S}}}^{\mathrm{T}} + \left(\sum_{i=R_1}^{R_8}\overline{\dot{\boldsymbol{A}}}_i\boldsymbol{C}_i\boldsymbol{W}_i\boldsymbol{K}_{h_i}\boldsymbol{W}_i^{\mathrm{T}}\boldsymbol{C}_i^{\mathrm{T}}\overline{\dot{\boldsymbol{A}}}^{\mathrm{T}}\right) \tag{8-381}$$

式中,$\overline{\dot{\boldsymbol{S}}}$ 和 $\overline{\ddot{\boldsymbol{S}}}$ 详细表达式见式(8-363)和式(8-372);$\boldsymbol{K}_{\frac{\Delta f}{f}}$和 $\boldsymbol{K}_t$ 详细表达式见式(8-363)和式(8-371)。

而弹道速度参数向量的总误差协方差阵为

$$\dot{\boldsymbol{P}} = \sum_{i=1}^{5}\dot{\boldsymbol{P}}_i = (\overline{\boldsymbol{A}}^{\mathrm{T}}\overline{\dot{\boldsymbol{K}}}^{-1}\overline{\boldsymbol{A}})^{-1} \tag{8-382}$$

式中,$\overline{\dot{\boldsymbol{K}}}^{-1}$由式(8-381)代入。

在此,介绍的两套干涉仪和两套多站连续波系统联用测量精度估算式是在它们各自发射电波信号的工作方式下得到的。有时测控方案采用一套干涉仪主动式工作,其他三套连续波系统都是被动式工作,此时只要将两套多站连续波系统的测速元素测量方程式中的 $\dot{R}_{T_3}$ 均改为 $\dot{R}_{T_1}$,按照相同的原理推导得到相应的弹道测量精度表达式,有兴趣的读者可以自行推导,在此不再详述。

# 第9章　测量精度仿真估计方法

应用仿真模拟的计算方法是估算外弹道测量精度的另一种方法，也是测控方案论证测量体制和设备数量选择、测站布置、外测精度设计和设备误差指标分配的一种重要工具；也是用于探讨和研究数据处理解算外测弹道方法可行性和效果的重要途径。仿真模拟的方法更接近于实际测量的情况，它不仅估算了外测弹道处理结果精度，而且可以直接估算出弹道参数解算结果及其他所需的参数，更利于设计和研究人员分析、评定结果的优劣，从而正确选择和制定测控设计方案和数据处理方法。

仿真模拟计算方法主要根据型号的理论弹道参数及所选择的测量体制和设备的测量精度、测量站址，仿真计算出所对应的测量元素（例如斜距 $R$、方位角 $A$、高低角 $E$、距离和 $S$、距离差 $r$ 及其相应的变化率），称它们为无误差的真实测量元素；然后根据各测量元素所对应的系统误差（各种误差源）和随机误差设计指标大小，在时间序列上将它们仿真成相应的误差并累加到“真实”测量元素中，成为仿真的“视测量”；最后利用弹道参数的解算方法，将随时间变化的弹道参数解算出来并与无误差的理论弹道参数进行比较，则可以分析、估算和评定外弹道测量精度，以及解算方法的可行性和效果，供导弹、运载火箭的测控方案和数据处理方法研究使用。

## 9.1　测量量仿真模拟方法

测量量仿真的重要内容之一是仿真相应测量量的系统误差和随机误差，其中系统误差是主要测量误差，它是根据测量原理及数据处理的分析结果，将各系统误差源设计或分析的指标，累加到对应的真实值上。由各系统误差源组成系统误差称为系统误差模型，为了方便表示式的描述和处理解算，通常用一个线性模型表示系统误差模型。为此，首先介绍不同测量体制的系统误差模型推导，然后再介绍仿真测量量的模拟过程。

### 9.1.1 系统误差模型

引起外测系统性误差的物理因素很多(常称为误差源)，它需要用一个合适的数学模型来描述其变化规律和大小以及对测量数据的影响。系统误差模型应是基本物理测量的函数(例如，距离 $R$、方位角 $A$、高低角 $E$、时间 $t$ 等)。根据测量原理，它们一般不是线性模型，但是为了研究和使用方便，常将它近似地化成线性模型。

因测量原理获取的测量量不同，不同测量体制外测系统的误差模型是不同的。本节主要以试验场重要的高精度测量体制——连续波测量雷达为主，推导其测量量的系统误差模型。由第6章可知，连续波测量雷达主要测量目标至测站的距离 $R$ 及其距离变化率 $\dot{R}$，或者它们的组合测量距离和 $S$、距离差 $r$ 及其变化率 $\dot{r}$、$\dot{S}$。为此，寻求距离 $R$ 和距离变化率 $\dot{R}$ 的系统误差模型。

**1. 连续波雷达系统误差**

连续波雷达测量距离的原理，主要是利用接收与发射信号之间的相位变化 $\phi$ 或接收与发射信号之间的时间 $t$，得到目标与测站之间距离 $R$。在此，以接收与发射信号之间的相位变化 $\phi$ 与距离 $R$ 的关系，推导出距离测量量的系统误差模型。对于单程测距的设备，它们两者之间具有如下的函数关系：

$$R = \left(\frac{c}{4\pi f}\right)\phi \qquad (9-1)$$

式中，$R$——测站到目标的距离；

$c$——光速；

$f$——发射信号频率；

$\phi$——由测站到目标，再由目标返回测站的电波信号的相位变化即相移（双程往返测量）。

如果式(9－1)中各参数有误差，自然会引起距离 $R$ 的测量误差。通常用线性误差模型表示系统误差，现对式(9－1)中参数全微分，得到误差方程为

$$\Delta R=\left(\frac{c}{4\pi f}\right)\Delta\phi+\left(\frac{\dot{\phi}}{4\pi f}\right)\Delta c-\left(\frac{c\phi}{4\pi f^2}\right)\Delta f \tag{9-2}$$

再将式(9－2)除以式(9－1)，则有

$$\frac{\Delta R}{R}=\frac{\left(\frac{c}{4\pi f}\right)\Delta\phi}{\left(\frac{c}{4\pi f}\right)\phi}+\frac{\left(\frac{\phi}{4\pi f}\right)\Delta c}{\left(\frac{\phi}{4\pi f}\right)c}-\frac{\left(\frac{c\phi}{4\pi f}\right)\Delta f}{\left(\frac{c\phi}{4\pi f}\right)f} \tag{9-3}$$

经化简成

$$\frac{\Delta R}{R}=\frac{\Delta\phi}{\phi}+\frac{\Delta c}{c}-\frac{\Delta f}{f} \tag{9-4}$$

将式(9－1)代入 $R$，则得到

$$\Delta R=R\left(\frac{\Delta c}{c}-\frac{\Delta f}{f}\right)+\left(\frac{c}{4\pi f}\right)\Delta\phi \tag{9-5}$$

由式(9－5)可知，此式是由光速不准误差、频率不准误差和相位测量误差传播到测距误差的关系式。引起相位测量误差的物理因素（误差源）很多，主要有设备本身调零误差、零值漂移、电波折射修正残差和时间误差等。其中前两项误差源的函数形式是非常清楚的，主要考虑零值和线性漂移，则有

$$\Delta\phi_{设}=a_0+a_1t \tag{9-6}$$

式中，$a_0$——调零误差；

$a_1$——零值漂移系数；

$t$——测量时间。

而电波折射残差也可近似地用误差常数与测站到目标高低角的余割函数乘积来表示，因此，有

$$\Delta\phi_{电} = a_4 \csc E \tag{9-7}$$

式中，$a_4$——电波折射修正残差常数；

$E$ ——测站到目标的高低角。

时间误差的影响可用下述关系式表示：

$$\Delta\phi_{时} = (2\pi f)\Delta t \tag{9-8}$$

或者

$$\Delta\phi_{时} = \dot{\phi}\Delta t \tag{9-9}$$

式中，$\dot{\phi}=2\pi f$，$f$ 为发射频率。

因此，时间误差引起的距离误差 $\Delta R$ 为距离变化率与时间误差之乘积，即

$$\Delta R_{时} = \dot{R}\Delta t = a_3 \dot{R} \tag{9-10}$$

式中，$\dot{R}$——距离 $R$ 的变化率；

$a_3$——时间不同步误差。

由于上述误差源是独立的，将它们累加后得到距离 $R$ 总的系统误差模型为

$$\Delta R = a_0 + a_1 t + a_2 R + a_3 \dot{R} + a_4 \csc E \tag{9-11}$$

式中，$a_2$——比例因子误差（光速不准和频率不准误差），$a_2 = \left(\frac{\Delta c}{c} - \frac{\Delta f}{f}\right)$。其他误差源（或误差系统）$a_i$ 为式（9－6）、式（9－7）和式（9－10）中 $a_i$ 乘以因子$\left(\frac{c}{4\pi f}\right)$。

对于连续波雷达测速量，其测量原理是利用接收与发射信号的频率之差——多普勒频率得到目标到测站的距离变化率 $\dot{R}$。在此，仍考虑双程多普勒频率测速情况，多普勒频率与距离变化率之间具有如下关系式：

$$f_1 = f(1 + \frac{2\dot{R}}{c}) \tag{9-12}$$

式中,$f_1$——双程测站接收频率(由测站发射信号到目标,再由目标返回到测站接收信号的频率);

$\dot{R}$——目标到测站的距离变化率;

$f$——测站发射信号频率;

$c$——光速。

式(9-12)经变换成

$$\dot{R} = \frac{(f_1 - f)}{2f}c \tag{9-13}$$

记 $f_{\mathrm{d}} = f_1 - f$,即为多普勒频率。将式(9-13)全微分得到

$$\Delta\dot{R} = \frac{c}{2f}\Delta f_{\mathrm{d}} + \frac{f_{\mathrm{d}}}{2f}\Delta c - \frac{cf_{\mathrm{d}}}{2f^2}\Delta f \tag{9-14}$$

由式(9-14)可知,距离变化率 $\dot{R}$ 的误差是由多普勒频率测量误差、光速测不准误差和频率不准误差引起的。

现将式(9-13)代入式(9-14),则有

$$\Delta\dot{R} = \frac{c}{2f}\Delta f_d + \frac{\dot{R}\Delta c}{c} - \frac{\dot{R}}{f}\Delta f = \frac{c}{2f}\Delta f_d + \dot{R}\left(\frac{\Delta c}{c} - \frac{\Delta f}{f}\right) \tag{9-15}$$

类似于测距原理,可以得到多普勒频率各项测量误差,并得到距离变化率 $\dot{R}$ 的系统误差模型为

$$\Delta\dot{R} = a_1' + a_2'\dot{R} + a_3'\ddot{R} + a_4'\dot{E}\cot E\csc E \tag{9-16}$$

式中,$a_1'$——零值误差;

$a_2'$——比例因子误差(光速和频率不准误差);

$a_3'$——时间不同步误差;

$a_4'$——电波折射残差;

$R, \dot{R}$——距离变化率和距离加速度;

$\dot{E}$——高低角的变化率。

根据式(9-11)的距离系统误差模型和式(9-16)距离变化

率系统误差模型，对于其他类型连续波雷达的测量量，例如距离和、距离差及其变化率的系统误差模型都可利用式(9－11)和式(9－16)融合得到。下面以L型干涉仪为例，列出其测量量的系统误差模型。此时，有1个距离和、2个距离差及其变化率，共6个测量量，则它们对应的系统误差模型表示如下：

$$
\begin{cases}
\Delta S = a_0 + a_1 t + a_2 S + a_3 \dot{S} + a_4(\csc E_T + \csc E_R) \\
\Delta P = b_0 + b_1 t + b_2 P + a_3 \dot{P} + a_4(\csc E_R - \csc E_P) \\
\Delta Q = c_0 + c_1 t + c_2 Q + c_3 \dot{Q} + c_4(\csc E_R - \csc E_Q) \\
\Delta \dot{S} = a_1' + a_2' \dot{S} + a_3' \ddot{S} + a_4'(\dot{E}_T \cot E_T \csc E_T + \dot{E}_R \cot E_R \csc E_R) \\
\Delta \dot{P} = b_1' + b_2' \dot{P} + b_3' \ddot{P} + b_4'(\dot{E}_R \cot E_R \csc E_R - \dot{E}_P \cot E_P \csc E_P) \\
\Delta \dot{S} = c_1' + c_2' \dot{Q} + c_3' \ddot{Q} + c_4'(\dot{E}_R \cot E_R \csc E_R - \dot{E}_Q \cot E_Q \csc E_Q)
\end{cases}
\tag{9－17}
$$

式中，$\Delta S, \Delta P, \Delta Q$——距离和及两个距离差测量量的系统误差；

$\Delta \dot{S}, \Delta \dot{P}, \Delta \dot{Q}$——距离和及两个距离差变化率测量量的系统误差；

$S, P, Q, \dot{S}, \dot{P}, \dot{Q}, \ddot{S}, \ddot{P}, \ddot{Q}$——距离和、两个距离差测量量及对应速度和加速度测量值；

$E_T, E_R$——干涉仪主站的发站和收站到目标的高低角，由于两站很近，应用时可以视为相同；

$E_P, E_Q$——两副站到目标的高低角；

$\dot{E}_T, \dot{E}_R, \dot{E}_P, \dot{E}_Q$——对应测站的高低角变化率。

根据目前对连续波雷达(含干涉仪系统，连续波多站系统等)测量数据的误差分析，上述误差中，光速不准误差影响极小，频率不准误差也较小。因此，一般可以不考虑比例因子误差。剩下的设备调零误差及零值线性漂移误差、电波折射修正残差和时间误差是影响测量误差的主要误差源。特别是设备调零误差(含设备和目标应答机误差)是影响距离 $R$ 测量值的最主要误差源。

**2. 单脉冲雷达和光学经纬仪系统误差模型**

单脉冲雷达距离 $R$ 及变化率 $\dot{R}$ 的测量原理与连续波雷达相仿,其系统误差模型可以采用式(9-11)和式(9-16)。对于方位角和高低角的系统误差模型,根据主要误差源可以表示如下:

$$\Delta A = a_0 + a_1 t + a_4 \dot{A} + a_5 \tan E + a_6 \sec E + a_7 \sin A \tan E + a_8 \cos A \tan E$$

$$\Delta E = e_0 + e_1 t + e_3 \cot E + e_4 \dot{E} + e_7 \cos A - e_8 \sin A + e_9 \cos E \tag{9-18}$$

式中,$a_0, a_1$——方位角 $A$ 的调零误差和线性漂移误差;

$e_0, e_1$——高低角 $E$ 的调零误差和线性漂移误差;

$e_3$——高低角的电波折射残差;

$a_4, e_4$——方位角和高低角的时间误差和动态滞后误差;

$a_5, a_6, a_7, a_8$——方位角的轴系误差;

$e_7, e_8, e_9$——高低角的轴系误差。

在式(9-18)中的误差项中,主要误差项为调零误差、零值线性漂移误差、高低角的电波折射残差、时间误差和动态滞后误差;而方位角和高低角的轴系误差比较小,可以忽略不计。在数据处理方法研究时,一般考虑调零误差和动态滞后误差,有时仅考虑方位角和高低角的调零误差,也就是常值误差或固定误差。

对于光学经纬仪,其方位角 $A$ 和高低角 $E$ 测量值的系统误差模型与单脉冲测角数据的模型相仿,由于轴系误差较小,一般也仅考虑测量元素其他误差项,特别是常值(固定)误差。

对于上述各测量体制的系统误差模型,还需说明两点:

(1)除上述式中表述的误差源外,在解算弹道参数时还需要考虑测量站的站址误差影响。

(2)上述误差源模型的推导来自单个测量元素的分析,在综合数据处理时,必须根据测量原理和具体测量方案来确定它们的误差模型。因为有的误差源是共源的,其影响与不共源的是不一样的,相应的模型有所不同。例如干涉仪系统的主站和副站测量元素之间、定位与测速元素之间的时间不同步误差、比例因子误差和电波折射误差常是同一个误差源。在9.2节中将根据测量设备的测量原理,列出相应的测量系统误差模型。

### 9.1.2 测量量仿真模拟和测量精度估计

下面主要叙述外测系统或设备测量量仿真模拟的步骤:

(1)根据导弹或运载火箭的发射坐标系,计算各测量站在发射坐标系中的站址坐标;

(2)利用导弹或运载火箭发射坐标系中飞行轨道的理论弹道参数(位置、速度和加速度参数),并根据测站的站址坐标,计算各测量站对应测量体制的测量元素。例如,斜距 $R$ 及其变化率 $\dot{R}$、方位角 $A$ 和高低角 $E$。计算结果视为无误差的真值。注意,在此的角度数据均是相对于发射坐标系的各种方位角和高低角。

(3)根据各测量体制测量元素的系统误差模型,由计算的测量元素及时间 $t$ 代入,而精度或误差指标大小代入各系统误源后,使各测量元素含有随时间变化的系统误差;

(4)各测量元素根据其随机误差设计指标(均方差 $\sigma$),并假设在时间上是不相关的正态分布,由蒙特卡罗方法模拟计算出相应的随机误差,并附加在各测量元素中。这样得到含系统误差和随机误差的仿真测量量;

(5)在测量方程中,根据站址误差大小附加到测站的站址坐标上,使站址坐标含有站址误差。

(6)根据测控方案与处理方法,由测量方程解算出目标的位置和速度坐标。再将它们与理论弹道(真实值)作时间上的比较,则可以统计出弹道参数测量精度,也可以比较不同的数学方法解算弹道参数的效果,分析处理方法的可行性。

在此,可以选择测站不同的站址,各种测量元素误差指标,测量元素的融合计算弹道参数,以分析其测量精度的变化并合理地选择测量体制和设计、分配各种误差,最终制定试验的测控方案,从而确定数据处理方法。

## 9.2 几种解算方法的测量精度公式

由于利用仿真测量量的逐点几何求解和最小二乘估计求解弹道参数方法及其测量精度估算公式，一般都比较简单，在此不再详细推导，可以参见7.1节、7.2节和7.3节对应的测量体制的解算方法和公式。本章主要针对4种不同的典型测量体制组合，根据不同的模型应用"EMBET"和弹道样条"EMBET"方法仿真测量量的测量精度估算的方法和公式。

### 9.2.1 "EMBET"测量精度估算公式

本小节首先介绍多台光学经纬仪（不含激光测距数据）应用"EMBET"自校准技术解算目标位置参数和估算测量精度的方法；然后介绍高精度测量带的多套连续波雷达联用应用"EMBET"自校准技术解算目标位置和速度参数和测量精度估算方法。对于其他测量系统和综合应用"EMBET"自校准技术解算弹道参数及测量精度估算方法，可以参照处理，在此，不一一叙述。

**1. 光学经纬仪**

现假设有3台光学经纬仪交会测量，每台设备都测量方位角$A$和高低角$E$。

1）测量量的仿真计算

首先计算各光测站在发射坐标系中的站址坐标$X_i, Y_i, Z_i$（$i=1,2,3$），由式（3－37）得到

$$\boldsymbol{X}_i = \boldsymbol{A}_T \boldsymbol{\varphi}_0^{\mathrm{T}} \boldsymbol{\lambda}_0^{\mathrm{T}} (\boldsymbol{X}_{G_i} - \boldsymbol{X}_{G_0}) \tag{9-19}$$

其中

$$\boldsymbol{A}_T = \begin{bmatrix} \cos A_T & 0 & \sin A_T \\ 0 & 1 & 0 \\ -\sin A_T & 0 & \cos A_T \end{bmatrix}, \quad \boldsymbol{\lambda}_0 = \begin{bmatrix} -\sin\lambda_0 & \cos\lambda_0 & 0 \\ \cos\lambda_0 & \sin\lambda_0 & 0 \\ 0 & 0 & 1 \end{bmatrix}$$

$$\boldsymbol{\varphi}_0 = \begin{bmatrix} 0 & 0 & 1 \\ -\sin\varphi_0 & \cos\varphi_0 & 0 \\ \cos\varphi_0 & \sin\varphi_0 & 0 \end{bmatrix}$$

$$\boldsymbol{X}_i = \begin{bmatrix} X_{G_{i'}} \\ Y_{G_{i'}} \\ Z_{G_{i'}} \end{bmatrix} = \begin{bmatrix} (N_{G_{i'}} + h_{i'})\cos B_{i'}\cos L_{i'} \\ (N_{G_{i'}} + h_{i'})\cos B_{i'}\sin L_{i'} \\ (N_{G_{i'}}(1 - e_G^2) + h_{i'})\sin B_{i'} \end{bmatrix} \quad i' = i, 0$$

式中，$A_T$——天文发射方位角；

$\lambda_0, \varphi_0$——发射坐标系原点的天文经度和纬度；

$L_{i'}, B_{i'}, h_{i'}$——发射坐标系原点和测站的大地经度、大地纬度和大地高。

然后计算 $t_j$ 时刻第 $i$ 台光学经纬仪的方位角 $A_{ij}$ 和高低角 $E_{ij}$，则有

$$\begin{cases} A_{ij} = \begin{cases} 0° + \arcsin[(Z_j - Z_i)/D_{ij}] & X_j - X_i \geqslant 0 \\ 180° - \arcsin[(Z_j - Z_i)/D_{ij}] & X_j - X_i < 0 \end{cases} \\ E_{ij} = \arctan[(Y_j - Y_i)/D_{ij}] \\ D_{ij} = [(X_j - X_i)^2 + (Z_j - Z_i)^2]^{1/2} \end{cases} \quad i = 1,2,3 \tag{9-20}$$

式中，$X_j, Y_j, Z_j$——$t_j$ 时刻弹道参数。

最后仿真每台光学经纬仪的测量量，在此，仅考虑常值误差和随机误差，则有

$$\begin{cases} \overline{A}_{ij} = A_{ij} + \Delta a_i + \delta_{A_{ij}} \\ \overline{E}_{ij} = E_{ij} + \Delta e_i + \delta_{E_{ij}} \end{cases} \quad i = 1,2,3 \tag{9-21}$$

式中，$\Delta a_i, \Delta e_i$——第 $i$ 台设备方位角和高低角的常值误差；

$\delta_{A_{ij}}, \delta_{E_{ij}}$——$t_j$ 时刻第 $i$ 台设备方位角和高低角的随机误差。其误差符合正态分布 $N(0, \sigma_{A_i})$ 和 $N(0, \sigma_{E_i})$，

$\sigma_{A_i}$和$\sigma_{E_i}$为方位角$A_i$和高低角$E_i$的随机误差均方差,其随机数由蒙特卡罗方法模拟得到。

2)"EMBET"方法解算弹道位置参数

假设有$n$个测量时刻,$t_j$时刻仿真测量数据$\overline{A}_{ij}$和$\overline{E}_{ij}$的测量方程为

$$\overline{A}_{ij}=\begin{cases}0°+\arcsin[(Z_j-Z_i)/D_{ij}]+\Delta a_i+\delta_{A_{ij}} & X_j-X_i\geqslant 0\\180°-\arcsin[(Z_j-Z_i)/D_{ij}]+\Delta e_i+\delta_{E_{ij}} & X_j-X_i<0\end{cases}$$

$$\overline{E}_{ij}=\arctan[(Y_j-Y_i)/D_{ij}]$$

$$D_{ij}=[(X_j-X_i)^2+(Z_j-Z_i)^2]^{1/2}\qquad \begin{matrix}i=1,2,3\\ j=1,2,\cdots,n\end{matrix}\qquad (9-22)$$

式中,$X_j,Y_j,Z_j$——$t_j$时刻待估的弹道位置参数;

$X_i,Y_i,Z_i$——第$i$个测站的坐标。

现将测量方程(9-22)关于初始弹道参数$X_j^0,Y_j^0,Z_j^0$泰勒展开成线性方程,则有

$$\begin{cases}\Delta\overline{A}_{ij}=A_{ij}-A_{ij}^0=a_{ij}^1\Delta X_j+a_{ij}^2\Delta Y_j+a_{ij}^3\Delta Z_j+\Delta a_j+\delta_{A_{ij}} & i=1,2,3\\ \Delta\overline{E}_{ij}=E_{ij}-E_{ij}^0=b_{ij}^1\Delta X_j+b_{ij}^2\Delta Y_j+b_{ij}^3\Delta Z_j+\Delta e_j+\delta_{E_{ij}} & j=1,2,\cdots,n\end{cases}$$

$$(9-23)$$

其中

$$a_{ij}^1=\frac{-(Z_j^0-Z_i)}{(D_{ij}^0)^2},\quad a_{ij}^2=0,\quad a_{ij}^3=\frac{(X_j^0-X_i)}{(D_{ij}^0)^2}$$

$$b_{ij}^1=\frac{-(Y_j^0-Y_i)(X_j^0-X_i)}{(R_{ij}^0)^2D_{ij}^0},$$

$$b_{ij}^2=\frac{D_{ij}^0}{(R_{ij}^0)^2},b_{ij}^3=\frac{-(Y_j^0-Y_i)(Z_j-Z_i)}{(R_{ij}^0)^2D_{ij}^0}$$

$$D_{ij}^0=[(X_j^0-X_i)^2+(Z_j^0-Z_i)^2]^{\frac{1}{2}},$$

$$R_{ij}^0=[(X_j^0-X_i)^2+(Y_j^0-Y_i)^2+(Z_j^0-Z_i)^2]^{\frac{1}{2}}$$

$$\Delta X_j=X_j-X_j^0,\Delta Y_j=Y_j-Y_j^0,\Delta Z_j=Z_j-Z_j^0$$

式中，$A_{ij}^0,E_{ij}^0$由初始弹道参数 $X_j^0,Y_j^0,Z_j^0$ 代入式(9-20)后得到的初始测量量；$X_j^0,Y_j^0,Z_j^0$ 可由7.1.2节方向余弦法解算得到，记

$$\Delta L_{ij}=\begin{bmatrix}\Delta\bar{A}_{ij}\\ \Delta\bar{E}_{ij}\end{bmatrix},H_{ij}=\begin{bmatrix}a_{ij}^1 & a_{ij}^2 & a_{ij}^3\\ b_{ij}^1 & b_{ij}^2 & b_{ij}^3\end{bmatrix},$$

$$\Delta X_0=\begin{bmatrix}\Delta X_j\\ \Delta Y_j\\ \Delta Z_j\end{bmatrix},C_i=\begin{bmatrix}\Delta a_i\\ \Delta e_i\end{bmatrix},\xi_{ij}=\begin{bmatrix}\delta_{A_{ij}}\\ \delta_{E_{ij}}\end{bmatrix}$$

这样线性方程(9-22)可以联立成下述矩阵形式：

$$\Delta L_{ij}=H_{ij}\Delta X_j+I_2C_i+\xi_{ij}\qquad i=1,2,3;j=1,2,\cdots,n\tag{9-24}$$

式中，令 $I_2$——2×2单位阵。

再令

$$\Delta L_j=\begin{bmatrix}\Delta L_{1j}\\ \Delta L_{2j}\\ \Delta L_{3j}\end{bmatrix},H_j=\begin{bmatrix}H_{1j}\\ H_{2j}\\ H_{3j}\end{bmatrix},C=\begin{bmatrix}C_1\\ C_2\\ C_3\end{bmatrix},I_6=\begin{bmatrix}I_2 & 0 & 0\\ 0 & I_2 & 0\\ 0 & 0 & I_2\end{bmatrix},\xi_j=\begin{bmatrix}\xi_{1j}\\ \xi_{2j}\\ \xi_{3j}\end{bmatrix}$$

则式(9-24)进一步变换成下述矩阵形式：

$$\Delta L_j=H_j\Delta X_j+I_6C+\xi_j\quad j=1,2,\cdots,n\tag{9-25}$$

式中，$I_6$——6×6单位阵。

现将 $n$ 个时刻测量方程联立，并按7.5.2"EMBET"方法，求解弹道位置和固定误差向量。由式(7-121)得到固定误差向量的估值误差协方差阵为

$$P_{\hat{C}}=\left\{\sum_{j=1}^{N}\left[M_j^{-1}-M_j^{-1}H_j\left(H_j^{\mathrm{T}}M_j^{-1}H_j\right)^{-1}H_j^{\mathrm{T}}M_j^{-1}\right]\right\}^{-1}\tag{9-26}$$

常值误差向量估值为

$$\hat{C}=P_{\hat{C}}\sum_{j=1}^{n}\left[M^{-1}-M_j^{-1}H_j(H_j^{\mathrm{T}}M_j^{-1}H_j)^{-1}H_j^{\mathrm{T}}M_j^{-1}\right]\Delta L_j\tag{9-27}$$

而 $t_j$ 时刻弹道位置参数 $\boldsymbol{X}_j$ 的估值为

$$\widehat{\boldsymbol{X}}_j = (\boldsymbol{H}_j^{\mathrm{T}}\boldsymbol{M}_j^{-1}\boldsymbol{H}_j)^{-1}\boldsymbol{H}_j^{\mathrm{T}}\boldsymbol{M}_j^{-1}(\Delta\boldsymbol{L}_j - \widehat{\boldsymbol{C}}) + \boldsymbol{X}_j^0 \qquad (9-28)$$

$\widehat{\boldsymbol{X}}_j$ 的估值误差协方差阵为

$$\boldsymbol{P}_{\widehat{X}_j} = (\boldsymbol{H}_j^{\mathrm{T}}\boldsymbol{M}_j^{-1}\boldsymbol{H}_j)^{-1} + (\boldsymbol{H}_j^{\mathrm{T}}\boldsymbol{M}_j^{-1}\boldsymbol{H}_j)^{-1}\boldsymbol{H}_j^{\mathrm{T}}\boldsymbol{M}_j^{-1}\boldsymbol{P}_{\widehat{C}}\boldsymbol{M}_j^{-1} \cdot \boldsymbol{H}_j(\boldsymbol{H}_j^{\mathrm{T}}\boldsymbol{M}_j^{-1}\boldsymbol{H}_j)^{-1} \qquad (9-29)$$

式中,矩阵 $\boldsymbol{M}_j$——随机误差向量 $\delta\boldsymbol{\xi}_j$ 的误差协方差阵;$\boldsymbol{M}_j \equiv \mathrm{diag}(\sigma_{A_1}^2 \quad \sigma_{E_1}^2 \quad \sigma_{A_2}^2 \quad \sigma_{E_2}^2 \quad \sigma_{A_3}^2 \quad \sigma_{E_3}^2)$;$\sigma_{A_i}$,$\sigma_{E_i}$为测量值 $A_i$ 和 $E_i$ 的随机误差均方差。

3)测量误差和精度分析

利用常值误差向量估值 $\widehat{\boldsymbol{C}}$ 与仿真模拟值 $\boldsymbol{C}$ 比较,作差 $\Delta\boldsymbol{C} = \widehat{\boldsymbol{C}} - \boldsymbol{C}$,则可以用来分析"EMBET"自校准估算常值误差的估值精度和解算效果。而利用随时间变化的 $t_j$ 时刻弹道位置参数向量 $\widehat{\boldsymbol{X}}_j$ 与理论值(真值)$\boldsymbol{X}_j$ 比较作差得到 $\Delta\widehat{\boldsymbol{X}}_j = \widehat{\boldsymbol{X}}_j - \boldsymbol{X}_j$,由于在较长弹道弧段解算,再根据平稳随机过程的遍态历性定理,作其均值向量和协方差阵估计为

$$\Delta\overline{\boldsymbol{X}} = \sum_{i=1}^{N}\frac{\Delta\boldsymbol{X}_i}{N-1} \qquad (9-30)$$

$$\boldsymbol{P}_{\overline{X}} = \frac{1}{N}\sum_{i=1}^{N}(\Delta\boldsymbol{X}_i - \Delta\overline{\boldsymbol{X}}_i)(\Delta\boldsymbol{X}_i - \Delta\overline{\boldsymbol{X}}_i)^{\mathrm{T}} \qquad (9-31)$$

由式(9-30)和式(9-31)即可分析弹道位置参数的固定误差随机误差的估计量。再由下式

$$\Delta\overline{\boldsymbol{X}} = \frac{1}{N-1}\sum_{i=1}^{N}\Delta\boldsymbol{X}_i\Delta\boldsymbol{X}_i^{\mathrm{T}} \qquad (9-32)$$

作为弹道位置参数向量总误差的统计量,其对角线元素开方即为弹道位置参数各分量总误差的均方差估计,也就是测量精度的估计式。在此说明一下,仿真时未引入站址坐标的误差,若需要分析其影响,则在测量方程中也引入站址误差。

**2. 干涉仪和多站连续波测速系统**

现假设有两套干涉仪（其中一套为 L 型干涉仪，另一套为 Y 型干涉仪）和一套三站连续波测速系统联合测量。其中 L 型干涉仪主站发射信号是主动式工作方式，而 Y 型干涉仪和三站连续波测速系统均为被动式工作，各站接收由合作目标转发的信号。

1）测量量仿真计算

同样地，由式（9－19）计算 3 套连续波雷达主、副站的站址坐标 $X_i, Y_i, Z_i$。然后计算 $t_j$ 时刻 3 套连续波雷达各副站到目标的距离和、距离差及其对应的变化率，则有

$$\begin{cases} S_{1j} = R_{R_{1j}} + R_{T_{1j}} & \dot{S}_{1j} = \dot{R}_{R_{1j}} + \dot{R}_{T_{1j}} \\ P_{1j} = R_{R_{1j}} - R_{P_{1j}} & \dot{P}_{1j} = \dot{R}_{R_{1j}} - \dot{R}_{P_{1j}} \\ Q_{1j} = R_{R_{1j}} - R_{Q_{1j}} & \dot{Q}_{1j} = \dot{R}_{R_{1j}} - \dot{R}_{Q_{1j}} \\ P_{2j} = R_{R_{2j}} - R_{P_{2j}} & \dot{S}_{2j} = \dot{R}_{R_{2j}} + \dot{R}_{T_{1j}} \\ Q_{2j} = R_{R_{2j}} - R_{Q_{2j}} & \dot{P}_{2j} = \dot{R}_{R_{2j}} - \dot{R}_{P_{2j}} \\ P'_{2j} = R_{R_{2j}} - R'_{P_{2j}} & \dot{Q}_{2j} = \dot{R}_{R_{2j}} - \dot{R}_{Q_{2j}} \\ \dot{S}_{3j} = \dot{R}_{R_{3j}} + \dot{R}_{T_{1j}} & \dot{P}'_{2j} = \dot{R}_{R_{2j}} - \dot{R}_{P'_{2j}} \\ \dot{S}_{4j} = \dot{R}_{R_{4j}} + \dot{R}_{T_{1j}} & \dot{S}_{5j} = \dot{R}_{R_{5j}} + \dot{R}_{T_{1j}} \end{cases} \tag{9-33}$$

$$R_{ij} = \sqrt{(X_j - X_i)^2 + (Y_j - Y_i)^2 + (Z_j - Z_i)^2}$$

$$\dot{R}_{ij} = \frac{X_j - X_i}{R_{ij}}\dot{X}_j + \frac{Y_j - Y_i}{R_{ij}}\dot{Y}_j + \frac{Z_j - Z_i}{R_{ij}}\dot{Z}_j$$

式中，$X_i, Y_i, Z_i$——连续波测量雷达各站的站址坐标；

$X_j, Y_j, Z_j, \dot{X}_j, \dot{Y}_j, \dot{Z}_j$——弹道位置参数和速度参数。

由于 3 套连续波雷达联用是高精度弹道测量经常使用的方案，其测量量多、误差源复杂、精度要求高。因此，根据实际测量情

况，将详细分析和列出3套连续波雷达的系统误差模型。3套连续波雷达系统误差源的关系：

(1) 各测量元素的设备误差（常值误差和线性漂移误差）为不同源的，是互相独立的。

(2) 3套连续波雷达相距较远，使用不同的气象参数修正电波折射误差，故它们的电波折射残差不同源；对于每套连续波雷达，三站连续波系统的主、副站有时使用不同气象参数，但大多数情况使用同样气象参数；在此，假设为后者。

(3) 3套连续波雷达的时统信号由各自的时统设备提供，因此，每套测量系统各测量元素的时间不同步误差是同源的，不同测量系统是不同源的。

(4) 由于前述假设由L型干涉仪的主站站址发射信号，其主站接收经合作目标转发的信号；故频率不准误差（比例因子误差）是同源的。

(5) 每个测站定位和测速元素测量方程的站址坐标是相同的，故它们也是同源的。根据上述情况，各连续波雷达测量系统误差模型表示如下：

① L型干涉仪：

$$
\begin{cases}
\Delta S_{1j} = a_{01} + a_{11}t_j + a_{21}S_{1j} + a_{31}\dot{S}_{1j} + a_{41}(\csc E_{T_{1j}} + \csc E_{R_{1j}}) \\
\Delta P_{1j} = b_{01} + b_{11}t_j + a_{21}P_{1j} + a_{31}\dot{P}_{1j} + a_{41}(\csc E_{R_{1j}} - \csc E_{P_{1j}}) \\
\Delta Q_{1j} = c_{01} + c_{11}t_j + a_{21}Q_{1j} + a_{31}\dot{Q}_{1j} + a_{41}(\csc E_{R_{1j}} - \csc E_{Q_{1j}}) \\
\Delta\dot{S}_{1j} = \dot{a}_{11} + a_{21}\dot{S}_{1j} + a_{31}\ddot{S}_{1j} + a_{41}(\dot{E}_{T_{1j}}\cot E_{T_{1j}}\csc E_{T_{1j}} + \dot{E}_{R_{1j}}\cot E_{R_{1j}}\csc E_{R_{1j}}) \\
\Delta\dot{P}_{1j} = \dot{b}_{11} + a_{21}\dot{P}_{1j} + a_{31}\ddot{P}_{1j} + a_{41}(\dot{E}_{R_{1j}}\cot E_{R_{1j}}\csc E_{R_{1j}} - \dot{E}_{P_{1j}}\cot E_{P_{1j}}\csc E_{P_{1j}}) \\
\Delta\dot{Q}_{1j} = \dot{c}_{11} + a_{21}\dot{Q}_{1j} + a_{31}\ddot{Q}_{1j} + a_{41}(\dot{E}_{R_{1j}}\cot E_{R_{1j}}\csc E_{R_{1j}} - \dot{E}_{Q_{1j}}\cot E_{Q_{1j}}\csc E_{Q_{1j}})
\end{cases}
\tag{9-34}
$$

② Y型干涉仪：

$$
\begin{cases}
\Delta P_{2j} = b_{02} + b_{12}t_j + a_{21}P_{2j} + a_{32}\dot{P}_{2j} + a_{42}(\csc E_{R_{2j}} - \csc E_{P_{2j}}) \\
\Delta Q_{2j} = c_{02} + c_{12}t_j + a_{21}Q_{2j} + a_{32}\dot{Q}_{2j} + a_{42}(\csc E_{R_{2j}} - \csc E_{Q_{2j}}) \\
\Delta P'_{2j} = d_{02} + d_{12}t_j + a_{21}P'_{2j} + a_{32}P'_{2j} + a_{42}(\csc E_{R_{2j}} - \csc E_{P'_{2j}}) \\
\Delta \dot{S}_{2j} = \dot{a}_{12} + a_{21}\dot{S}_{2j} + a_{32}\ddot{S}_{2j} + a_{41}(\dot{E}_{T_{1j}}\cot E_{T_{1j}}\csc E_{T_{1j}} + a_{42}\dot{E}_{R_{2j}}\cot E_{R_{2j}}\csc E_{R_{2j}}) \\
\Delta \dot{P}_{2j} = \dot{b}_{12} + a_{21}\dot{P}_{2j} + a_{32}\ddot{P}_{2j} + a_{42}(\dot{E}_{R_{2j}}\cot E_{R_{2j}}\csc E_{R_{2j}} - \dot{E}_{P_{2j}}\cot E_{P_{2j}}\csc E_{P_{2j}}) \\
\Delta \dot{Q}_{2j} = \dot{c}_{12} + a_{21}\dot{Q}_{2j} + a_{32}\ddot{Q}_{2j} + a_{42}(\dot{E}_{R_{2j}}\cot E_{R_{2j}}\csc E_{R_{2j}} - \dot{E}_{Q_{2j}}\cot E_{Q_{2j}}\csc E_{Q_{2j}}) \\
\Delta \dot{P}'_{2j} = \dot{d}_{12} + a_{21}\dot{P}'_{2j} + a_{32}\ddot{P}_{2j} + a_{42}(\dot{E}_{R_{2j}}\cot E_{R_{2j}}\csc E_{R_{2j}} - \dot{E}_{P'_{2j}}\cot E_{P'_{2j}}\csc E_{P'_{2j}})
\end{cases}
\tag{9-35}
$$

③ 三站连续波测速系统：

$$
\begin{cases}
\Delta \dot{S}_{3j} = \dot{b}_{13} + a_{21}\dot{S}_{3j} + a_{33}\ddot{S}_{3j} + a_{41}\dot{E}_{T_{1j}}\cot E_{T_{1j}}\csc E_{T_{1j}} + a_{43}\dot{E}_{R_{3j}}\cot E_{R_{3j}}\csc E_{R_{3j}} \\
\Delta \dot{S}_{4j} = \dot{b}_{14} + a_{21}\dot{S}_{4j} + a_{33}\ddot{S}_{4j} + a_{41}\dot{E}_{T_{1j}}\cot E_{T_{1j}}\csc E_{T_{1j}} + a_{44}\dot{E}_{R_{4j}}\cot E_{R_{4j}}\csc E_{R_{4j}} \\
\Delta \dot{S}_{5j} = \dot{b}_{15} + a_{21}\dot{S}_{5j} + a_{33}\ddot{S}_{5j} + a_{41}\dot{E}_{T_{1j}}\cot E_{T_{1j}}\csc E_{T_{1j}} + a_{45}\dot{E}_{R_{5j}}\cot E_{R_{5j}}\csc E_{R_{5j}}
\end{cases}
\tag{9-36}
$$

从式(9-34)、式(9-35)和式(9-36)可知，此时尽管误差源(误差系数)之间具有相关性，但误差源仍是很多的，达 30 个左右。当利用马尔可夫估计仪解算弹道位置和速度参数时，其解算估值的表达式比较简单，分析和评定弹道测量精度也较方便。但是应用“EMBET”自校准技术同时解算弹道参数和系统误差时，由于引入系统误差模型后的测量方程比较复杂，其解的表达式也非常复杂。通常，外测方案的测量精度理论估算和设计时采用前面的解算方法，而“EMBET”自校准技术主要应用于数学方法研究。对此，为了简化系统误差模型，还可以减少误差影响较小的系统误差项。例如可以删去误差影响很小的比例子因子误差和测速元素的零值误差;有时使系统误差模型更简单,仅取最主要的误差——定位元素的常值误差。

在处理测量数据时,应在测站坐标上加上站址误差,以分析它们对测量精度影响,为外测方案使用。由于解算站址误差的计算复杂及结果较差,在“EMBET”自校准时,一般不解算站址误差,仅仅分析它们对解算结果的影响。将系统误差模型式(9-34)、式(9-35)、式(9-36)和测量随机误差加到测量真值(理论值)式(9-33)中,并在测站坐标加上站址误差后,则得到仿真模拟的3套连续波雷达的测量值 $\overline{S}_{1j},\overline{P}_{1j},\cdots,\overline{\dot{S}}_{5j}$。

2)“EMBET”方法解算弹道参数

为了方便表示“EMBET”方法解算弹道参数的表达式,在此,简化3套连续波雷达测量系统误差模型,仅解定位元素常值误差及时间误差、电波折射残差3项误差项,这样共有14个误差系数。现记

$$\Delta\boldsymbol{S}_j=[\Delta S_{1j}\quad \Delta P_{1j}\quad \Delta Q_{1j},\Delta\dot{S}_{1j}\quad \Delta\dot{P}_{1j}\quad \Delta\dot{Q}_{1j}\quad \Delta P_{2j}\quad \Delta Q_{2j}$$
$$\Delta P'_{2j}\quad \Delta\dot{S}_{2j}\quad \Delta\dot{P}_{2j}\quad \Delta\dot{Q}_{2j}\quad \Delta\dot{P}'_{2j}\quad \Delta\dot{S}_{3j}\quad \Delta\dot{S}_{4j}\quad \Delta\dot{S}_{5j}]^{\mathrm{T}}$$

$$\boldsymbol{C}=[a_{01}\quad b_{01}\quad c_{01}\quad b_{02}\quad c_{02}\quad d_{02}\quad a_{31}\quad a_{32}\quad a_{33}\quad a_{41}\quad a_{42}$$
$$a_{43}\quad a_{44}\quad a_{45}]$$

其中,$a_{01},b_{01},c_{01},b_{02},c_{02},d_{02}$ 是定位元素的常值误差;$a_{31},a_{32},a_{33}$ 是时间误差系数;$a_{41},a_{42},a_{43},a_{44},a_{45}$ 是电波折射残差系数。

记

$$\boldsymbol{T}_{1j}=\begin{bmatrix}\dot{S}_{1j} & 0 & 0\\ \dot{P}_{1j} & 0 & 0\\ 0 & \dot{Q}_{1j} & 0\end{bmatrix}\quad \dot{\boldsymbol{T}}_{1j}=\begin{bmatrix}\ddot{S}_{1j} & 0 & 0\\ \ddot{P}_{1j} & 0 & 0\\ 0 & \ddot{Q}_{1j} & 0\end{bmatrix}\quad \boldsymbol{T}_{2j}=\begin{bmatrix}0 & \dot{S}_{2j} & 0\\ 0 & \dot{P}_{2j} & 0\\ 0 & \dot{Q}_{2j} & 0\end{bmatrix}$$

$$\dot{\boldsymbol{T}}_{2j}=\begin{bmatrix}0 & \ddot{S}_{2j} & 0\\ 0 & \ddot{P}_{2j} & 0\\ 0 & \ddot{Q}_{2j} & 0\\ 0 & \ddot{P}'_{2j} & 0\end{bmatrix}\quad \dot{\boldsymbol{T}}_{3j}=\begin{bmatrix}0 & 0 & \ddot{S}_{3j}\\ 0 & 0 & \ddot{S}_{4j}\\ 0 & 0 & \ddot{S}_{5j}\end{bmatrix}$$

$$\boldsymbol{D}_{1j}=\begin{bmatrix}2\csc E_{R_{1j}} & 0 & 0 & 0 & 0\\ \csc E_{R_{1j}}-\csc E_{P_{1j}} & 0 & 0 & 0 & 0\\ \csc E_{R_{1j}}-\csc E_{Q_{1j}} & 0 & 0 & 0 & 0\end{bmatrix}$$

$$\dot{\boldsymbol{D}}_{1j}=\begin{bmatrix}2\dot{E}_{R_{1j}}\cot E_{R_{1j}}\csc E_{R_{1j}} & 0 & 0 & 0 & 0\\ \dot{E}_{R_{1j}}\cot E_{R_{1j}}\csc E_{R_{1j}}-\dot{E}_{P_{1j}}\cot E_{P_{1j}}\csc E_{P_{1j}} & 0 & 0 & 0 & 0\\ \dot{E}_{R_{1j}}\cot E_{R_{1j}}\csc E_{R_{1j}}-\dot{E}_{Q_{1j}}\cot E_{Q_{1j}}\csc E_{Q_{1j}} & 0 & 0 & 0 & 0\end{bmatrix}$$

$$\dot{\boldsymbol{D}}_{2j}=\begin{bmatrix}\dot{E}_{R_{1j}}\cot E_{R_{1j}}\csc E_{R_{1j}} & \dot{E}_{R_{2j}}\cot E_{R_{2j}}\csc E_{R_{2j}} & 0 & 0 & 0\\ 0 & \dot{E}_{R_{2j}}\cot E_{R_{2j}}\csc E_{R_{2j}}-\dot{E}_{P_{2j}}\cot E_{P_{2j}}\csc E_{P_{2j}} & 0 & 0 & 0\\ 0 & \dot{E}_{R_{2j}}\cot E_{R_{2j}}\csc E_{R_{2j}}-\dot{E}_{Q_{2j}}\cot E_{Q_{2j}}\csc E_{Q_{2j}} & 0 & 0 & 0\\ 0 & \dot{E}_{R_{2j}}\cot E_{R_{2j}}\csc E_{R_{2j}}-\dot{E}_{P'_{2j}}\cot E_{P'_{2j}}\csc E_{P'_{2j}} & 0 & 0 & 0\end{bmatrix}$$

$$\boldsymbol{D}_{2j}=\begin{bmatrix}0 & \csc E_{R_{2j}}-\csc E_{P_{2j}} & 0 & 0 & 0\\ 0 & \csc E_{R_{2j}}-\csc E_{Q_{2j}} & 0 & 0 & 0\\ 0 & \csc E_{R_{2j}}-\csc E_{P_{2j}} & 0 & 0 & 0\end{bmatrix}$$

$\dot{D}_{3j}=$

$$\begin{bmatrix} \dot{E}_{R_{1j}}\cot E_{R_{1j}}\csc E_{R_{1j}} & 0 & \dot{E}_{R_{3j}}\cot E_{R_{3j}}\csc E_{R_{3j}} & 0 & 0 \\ \dot{E}_{R_{1j}}\cot E_{R_{1j}}\csc E_{R_{1j}} & 0 & 0 & \dot{E}_{R_{4j}}\cot E_{R_{4j}}\csc E_{R_{4j}} & 0 \\ \dot{E}_{R_{1j}}\cot E_{R_{1j}}\csc E_{R_{1j}} & 0 & 0 & 0 & \dot{E}_{R_{5j}}\cot E_{R_{5j}}\csc E_{R_{5j}} \end{bmatrix}$$

$$\boldsymbol{B}_j=\begin{bmatrix} \boldsymbol{I}_3 & \boldsymbol{O}_3 & \boldsymbol{T}_{1j} & \boldsymbol{D}_{1j} \\ \boldsymbol{O}_3 & \boldsymbol{O}_3 & \dot{\boldsymbol{T}}_{1j} & \dot{\boldsymbol{D}}_{1j} \\ \boldsymbol{O}_3 & \boldsymbol{I}_3 & \boldsymbol{T}_{2j} & \boldsymbol{D}_{2j} \\ \boldsymbol{O}_4 & \boldsymbol{O}_4 & \dot{\boldsymbol{T}}_{2j} & \dot{\boldsymbol{D}}_{2j} \\ \boldsymbol{O}_3 & \boldsymbol{O}_3 & \dot{\boldsymbol{T}}_{3j} & \dot{\boldsymbol{D}}_{3j} \end{bmatrix}$$

$\boldsymbol{I}_3$ 为 3 阶单位阵，$\boldsymbol{O}_3$ 和 $\boldsymbol{O}_4$ 分别为 3 阶和 4 阶零矩阵。

这样系统误差模型矩阵形式为

$$\Delta\boldsymbol{S}_j=\boldsymbol{B}_j\boldsymbol{C}\quad j=1,2,\cdots,n \tag{9-37}$$

现将测量方程(9－33)关于初始弹道参数 $X_j^0,Y_j^0,Z_j^0,\dot{X}_j^0,\dot{Y}_j^0,\dot{Z}_j^0$ 线性化，并代入系统误差模型和随机误差向量得到

$$\Delta\boldsymbol{L}_j=\boldsymbol{A}_j\Delta\boldsymbol{X}_j+\boldsymbol{B}_j\boldsymbol{C}+\boldsymbol{\xi}_j\quad j=1,2,\cdots,n \tag{9-38}$$

式中 $\boldsymbol{\xi}_j$ 为测量量的随机误差向量，且误差协方差阵为 $\boldsymbol{M}_j=E(\boldsymbol{\xi}_j\boldsymbol{\xi}_j^{\mathrm{T}})=\mathrm{diag}(\sigma_{\xi_{S_1}}^2\quad\sigma_{\xi_{P_1}}^2\quad\cdots\quad\sigma_{\xi_{\dot{S}_5}}^2)$，$\sigma_{\xi_i}$ 为对应测量元素随机误差的均方差。

$\Delta\boldsymbol{X}_j$ 为弹道参数向量修正值，$\Delta\boldsymbol{X}_j=\boldsymbol{X}_j-\boldsymbol{X}_j^0$，$\boldsymbol{X}_j^0$ 为初始弹道参数向量，它由 L 型干涉仪的测量量化成 $3R\dot{R}$ 测元解算得到，方法见 7.3.3 节。

$\Delta\boldsymbol{L}_j=\boldsymbol{L}_j-\boldsymbol{L}_j^0$，$\boldsymbol{L}_j^0$ 为由初始弹道参数向量 $\boldsymbol{X}_j^0$ 代入测量方程式(9－31)得到。其中

$$
A_j=\begin{bmatrix}
l_{R_{1_j}}+l_{T_{1_j}} & m_{R_{1_j}}+m_{T_{1_j}} & n_{R_{1_j}}+n_{T_{1_j}} & 0 & 0 & 0 \\
l_{R_{1_j}}-l_{P_{1_j}} & m_{R_{1_j}}-m_{P_{1_j}} & n_{R_{1_j}}-n_{P_{1_j}} & 0 & 0 & 0 \\
l_{R_{1_j}}-l_{Q_{1_j}} & m_{R_{1_j}}-m_{Q_{1_j}} & n_{R_{1_j}}-n_{Q_{1_j}} & 0 & 0 & 0 \\
\dot{l}_{R_{1_j}}+\dot{l}_{T_{1_j}} & \dot{m}_{R_{1_j}}+\dot{m}_{T_{1_j}} & \dot{n}_{R_{1_j}}+\dot{n}_{T_{1_j}} & l_{R_{1_j}}+l_{T_{1_j}} & m_{R_{1_j}}+m_{T_{1_j}} & n_{R_{1_j}}+n_{T_{1_j}} \\
\dot{l}_{R_{1_j}}-\dot{l}_{P_{1_j}} & \dot{m}_{R_{1_j}}-\dot{m}_{P_{1_j}} & \dot{n}_{R_{1_j}}-\dot{n}_{P_{1_j}} & l_{R_{1_j}}-l_{P_{1_j}} & m_{R_{1_j}}-m_{P_{1_j}} & n_{R_{1_j}}-n_{P_{1_j}} \\
\dot{l}_{R_{1_j}}-\dot{l}_{Q_{1_j}} & \dot{m}_{R_{1_j}}-\dot{m}_{Q_{1_j}} & \dot{n}_{R_{1_j}}-\dot{n}_{Q_{1_j}} & l_{R_{1_j}}-l_{Q_{1_j}} & m_{R_{1_j}}-m_{Q_{1_j}} & n_{R_{1_j}}-n_{Q_{1_j}} \\
l_{R_{2_j}}-l_{P_{2_j}} & m_{R_{2_j}}-m_{P_{2_j}} & n_{R_{2_j}}-n_{P_{2_j}} & 0 & 0 & 0 \\
l_{R_{2_j}}-l_{Q_{2_j}} & m_{R_{2_j}}-m_{Q_{2_j}} & n_{R_{2_j}}-n_{Q_{2_j}} & 0 & 0 & 0 \\
l_{R_{2_j}}-l_{P'_{2_j}} & m_{R_{2_j}}-m_{P'_{2_j}} & n_{R_{2_j}}-n_{P'_{2_j}} & 0 & 0 & 0 \\
\dot{l}_{R_{2_j}}+\dot{l}_{T_{1_j}} & \dot{m}_{R_{2_j}}+\dot{m}_{T_{1_j}} & \dot{n}_{R_{2_j}}+\dot{n}_{T_{1_j}} & l_{R_{2_j}}+l_{T_{1_j}} & m_{R_{2_j}}+m_{T_{1_j}} & n_{R_{2_j}}+n_{T_{1_j}} \\
\dot{l}_{R_{2_j}}-\dot{l}_{P_{2_j}} & \dot{m}_{R_{2_j}}-\dot{m}_{P_{2_j}} & \dot{n}_{R_{2_j}}-\dot{n}_{P_{2_j}} & l_{R_{2_j}}-l_{P_{2_j}} & m_{R_{2_j}}-m_{P_{2_j}} & n_{R_{2_j}}-n_{P_{2_j}} \\
\dot{l}_{R_{2_j}}-\dot{l}_{Q_{2_j}} & \dot{m}_{R_{2_j}}-\dot{m}_{Q_{2_j}} & \dot{n}_{R_{2_j}}-\dot{n}_{Q_{2_j}} & l_{R_{2_j}}-l_{Q_{2_j}} & m_{R_{2_j}}-m_{Q_{2_j}} & n_{R_{2_j}}-n_{Q_{2_j}} \\
\dot{l}_{R_{2_j}}-\dot{l}_{P'_{2_j}} & \dot{m}_{R_{2_j}}-\dot{m}_{P'_{2_j}} & \dot{n}_{R_{2_j}}-\dot{n}_{P'_{2_j}} & l_{R_{2_j}}-l_{P'_{2_j}} & m_{R_{2_j}}-m_{P'_{2_j}} & n_{R_{2_j}}-n_{P'_{2_j}} \\
\dot{l}_{T_{1_j}}+\dot{l}_{R_{3_j}} & \dot{m}_{T_{1_j}}+\dot{m}_{R_{3_j}} & \dot{n}_{T_{1_j}}+\dot{n}_{R_{3_j}} & l_{T_{1_j}}+l_{R_{3_j}} & m_{T_{1_j}}+m_{R_{3_j}} & n_{T_{1_j}}+n_{R_{3_j}} \\
\dot{l}_{T_{1_j}}+\dot{l}_{R_{4_j}} & \dot{m}_{T_{1_j}}+\dot{m}_{R_{4_j}} & \dot{n}_{T_{1_j}}+\dot{n}_{R_{4_j}} & l_{T_{1_j}}+l_{R_{4_j}} & m_{T_{1_j}}+m_{R_{4_j}} & n_{T_{1_j}}+n_{R_{4_j}} \\
\dot{l}_{T_{1_j}}+\dot{l}_{R_{5_j}} & \dot{m}_{T_{1_j}}+\dot{m}_{R_{5_j}} & \dot{n}_{T_{1_j}}+\dot{n}_{R_{5_j}} & l_{T_{1_j}}+l_{R_{5_j}} & m_{T_{1_j}}+m_{R_{5_j}} & n_{T_{1_j}}+n_{R_{5_j}}
\end{bmatrix}
$$

$$
l_{ij}=\frac{X_j^0-\overline{X}_i}{R_{ij}},m_{i_j}=\frac{Y_j^0-\overline{Y}_i}{R_{ij}},n_{i_j}=\frac{Z_j^0-\overline{Z}_i}{R_{ij}}
$$

$$
\dot{l}_{ij}=\frac{1}{R_{ij}}\left[\dot{X}_j^0-\frac{(X_j^0-\overline{X}_i)}{R_{ij}}\dot{R}_{ij}\right],\dot{m}_{ij}=\frac{1}{R_{ij}}\left[\dot{Y}_j^0-\frac{(Y_j^0-\overline{Y}_i)}{R_{ij}}\dot{R}_{ij}\right]
$$

$$
\dot{n}_{ij}=\frac{1}{R_{ij}}\left[\dot{Z}_j^0-\frac{(Z_j^0-\overline{Z}_i)}{R_{i_j}}\dot{R}_{ij}\right]
$$

$$R_{ij}=\sqrt{(X_j^0-\overline{X}_i)^2+(Y_j^0-\overline{Y}_i)^2+(Z_j^0-\overline{Z}_i)^2}$$

$$\dot{R}_{ij}=\frac{X_j^0-\overline{X}_i}{R_{ij}}\dot{X}_j^0+\frac{Y_j^0-\overline{Y}_i}{R_{ij}}\dot{Y}_j^0+\frac{Z_j^0-\overline{Z}_i}{R_{ij}}\dot{Z}_j^0 \qquad i=R,T,P,Q$$

$$\overline{X}_i=X_i+\Delta\overline{X}_i,\overline{Y}_i=Y_i+\Delta\overline{Y}_i,\overline{Z}_i=Z_i+\Delta\overline{Z}_i$$

$X_i,Y_i,Z_i$——测站站址坐标；

$\Delta\overline{X}_i,\Delta\overline{Y}_i,\Delta\overline{Z}_i$——测站站址误差值。

现有 $n$ 个测量时刻，将 $n$ 组测量方程(9－38)联立，应用“EMBET”自校准技术解算误差源向量 $\boldsymbol{C}$ 和弹道参数向量 $\{\boldsymbol{X}_j\}$，将其估计值与理论值（真值）比较，利用式(9－30)、式(9－31)和式(9－32)，则可以得到弹道参数向量和估值误差的均值、随机误差和总误差的均方差。

### 9.2.2 样条约束“EMBET”测量精度估算公式

本小节首先介绍多台单脉冲雷达（含激光测距的）或光电经纬仪在线性测量模型下应用弹道样条约束“EMBET”自校准技术解算弹道位置参数和估算测量精度的方法；然后，介绍多 $\dot{S}$ 连续波测速系统在非线性测量模型下应用样条约束“EMBET”自校准技术解算弹道速度参数和估算测量精度的方法。

**1. 单脉冲雷达**

为了说明和表达方便，在此，以两台单脉冲雷达交会测量为例。此时每台单脉冲雷达都测量斜距 $R$、方位角 $A$ 和高低角 $E$。

1）仿真测量量计算

关于方位角 $A$ 和高低角 $E$ 的仿真方法见式(9－19)和式(9－20)，而斜距测量量仿真按式(9－19)计算测站站址后，再由下式计算 $t_j$ 时刻的斜距“真值”。

$$R_{ij}=\sqrt{(X_j-X_i)^2+(Y_j-Y_i)^2+(Z_j-Z_i)^2} \qquad i=1,2 \tag{9-39}$$

式中，$X_j, Y_j, Z_j$——$t_j$ 时刻弹道位置参数；

$X_i, Y_i, Z_i$——第 $i$ 台测站站址坐标。

对于单脉冲雷达(或光电经纬仪)，测量量一般仅考虑常值误差和随机误差，则有

$$\begin{cases} \overline{A}_{ij} = A_{ij} + \Delta a_i + \delta_{A_{ij}} \\ \overline{E}_{ij} = E_{ij} + \Delta e_i + \delta_{E_{ij}} \\ \overline{R}_{ij} = R_{ij} + \Delta r_i + \delta_{R_{ij}} \end{cases} \quad i = 1, 2 \tag{9-40}$$

式中，$\Delta a_i, \Delta e_i, \Delta r_i$——第 $i$ 台设备方位角、高低角和斜距的常值误差；

$\delta_{A_{ij}}, \delta_{E_{ij}}, \delta_{R_{ij}}$——$t_j$ 时刻第 $i$ 台设备方位角、高低角和斜距的随机误差，其随机数按正态分布 $N(0, \sigma_{ij})$ 由蒙特卡罗法模拟得到。

2)样条“EMBET”方法解算弹道位置参数

由于测量模型(9-20)和(9-39)是非线性模型，由此应用样条“EMBET”方法时表达式和计算都较麻烦。因此，将它们改写成球面方程为

$$\begin{cases} X_j = \overline{R}_{ij} \cos \overline{A}_{ij} \cos \overline{E}_{ij} + X_i \\ Y_j = \overline{R}_{ij} \sin \overline{E}_{ij} + Y_i \\ Z_j = \overline{R}_{ij} \sin \overline{A}_{ij} \cos \overline{E}_{ij} + Z_i \end{cases} \quad i = 1, 2 \tag{9-41}$$

这样，再将弹道位置参数 $X_j, Y_j, Z_j$ 表示成 3 阶标准的 B 样条时间函数，则有

$$\begin{cases} X_j = \sum_{k=0}^{l} \alpha_k B\left(\frac{t_j - T_k}{h}\right) \\ Y_j = \sum_{k=0}^{l} \beta_k B\left(\frac{t_j - T_k}{h}\right) \\ Z_j = \sum_{k=0}^{l} \gamma_k B\left(\frac{t_j - T_k}{h}\right) \end{cases} \tag{9-42}$$

其中

$$B(t_j')=\begin{cases}0 & |t_j'|\geqslant 2\\ \dfrac{|t_j'|^3}{2}-t_j'^2+\dfrac{2}{3} & |t_j'|<1\\ -\dfrac{|t_j'|^3}{6}+t_j'^2-2|t_j'|+\dfrac{4}{3} & 其他\end{cases} \quad (9-43)$$

$$t_j'=\frac{t_j-T_k}{h}, h=(T_l-T_0)/l, \quad T_k=T_0+kh, \quad k=0,1,\cdots,\frac{T_l-T_0}{h}$$

式中，$T_0,T_l$——所采用数据区间的两个端点；

$l$——分段数；

$h$——每个分段的时间长度；

$\{\alpha_k\},\{\beta_k\},\{\gamma_k\}$——位置参数的样条系数。

将式(9-42)代入式(9-41)中，得到

$$\begin{cases}\sum\limits_{k=0}^{l}\alpha_k B\left(\dfrac{t_j-T_k}{h}\right)=\overline{R}_{ij}\cos\overline{A}_{ij}\cos\overline{E}_{ij}+X_i\\ \sum\limits_{k=0}^{l}\beta_k B\left(\dfrac{t_j-T_k}{h}\right)=\overline{R}_{ij}\sin\overline{E}_{ij}+Y_i & i=1,2\\ \sum\limits_{k=0}^{l}\gamma_k B\left(\dfrac{t_j-T_k}{h}\right)=\overline{R}_{ij}\sin\overline{A}_{ij}\cos\overline{E}_{ij}+Z_i\end{cases} \quad (9-44)$$

从式(9-44)可知，$B\left(\dfrac{t_j-T_k}{h}\right)$和方程右边均是已知量，这样关于待估计的样条系数$\{\alpha_k\},\{\beta_k\},\{\gamma_k\}$是线性方程，利用高斯—马尔可夫估计立即可以估计样条系数。现若有 $n$ 个时刻的测量数据，将方程(9-44)联立。令

$$\boldsymbol{C}=[\alpha_0\quad\alpha_1\quad\cdots\quad\alpha_l\quad\beta_0\quad\beta_1\quad\cdots\quad\beta_l\quad\gamma_0\quad\gamma_1\quad\cdots\quad\gamma_l]^{\mathrm{T}}$$

$$
\boldsymbol{B}_j = \begin{bmatrix}
B\left(\frac{t_j - T_0}{h}\right) & B\left(\frac{t_j - T_1}{h}\right) & \cdots & B\left(\frac{t_j - T_l}{h}\right) \\
B\left(\frac{t_j - T_0}{h}\right) & B\left(\frac{t_j - T_1}{h}\right) & \cdots & B\left(\frac{t_j - T_l}{h}\right) \\
B\left(\frac{t_j - T_0}{h}\right) & B\left(\frac{t_j - T_1}{h}\right) & \cdots & B\left(\frac{t_j - T_l}{h}\right) \\
B\left(\frac{t_j - T_0}{h}\right) & B\left(\frac{t_j - T_1}{h}\right) & \cdots & B\left(\frac{t_j - T_l}{h}\right) \\
B\left(\frac{t_j - T_0}{h}\right) & B\left(\frac{t_j - T_1}{h}\right) & \cdots & B\left(\frac{t_j - T_l}{h}\right) \\
B\left(\frac{t_j - T_0}{h}\right) & B\left(\frac{t_j - T_1}{h}\right) & \cdots & B\left(\frac{t_j - T_l}{h}\right)
\end{bmatrix}
$$

$$
\boldsymbol{L}_j = \begin{bmatrix}
\overline{R}_{1j}\cos\overline{A}_{1j}\cos\overline{E}_{1j} + X_1 \\
\overline{R}_{2j}\cos\overline{A}_{2j}\cos\overline{E}_{2j} + X_2 \\
\overline{R}_{1j}\sin\overline{E}_{1j} + Y_1 \\
\overline{R}_{2j}\sin\overline{E}_{2j} + Y_2 \\
\overline{R}_{1j}\sin\overline{A}_{1j}\cos\overline{E}_{1j} + Z_1 \\
\overline{R}_{2j}\sin\overline{A}_{2j}\cos\overline{E}_{2j} + Z_2
\end{bmatrix}
$$

$$
\boldsymbol{L} = [\boldsymbol{L}_1^{\mathrm{T}} \quad \boldsymbol{L}_2^{\mathrm{T}} \quad \boldsymbol{L}_n^{\mathrm{T}}]^{\mathrm{T}}, \quad \boldsymbol{B} = [\boldsymbol{B}_1^{\mathrm{T}} \quad \boldsymbol{B}_2^{\mathrm{T}} \quad \cdots \quad \boldsymbol{B}_n^{\mathrm{T}}]^{\mathrm{T}}
$$

这样 $n$ 个时刻测量方程联立后的矩阵形式为

$$
\boldsymbol{L} = \boldsymbol{BC} \tag{9-45}
$$

由于测量量 $R$、$A$、$E$ 中包含常值误差，需用“EMBET”自校准技术同时解算样条系数和常值误差。将测量向量关于常值误差项和随机误差项微分，并取一次项，忽略其他项，则得到 $t_j$ 时刻测量向量误差项为

$$\Delta \boldsymbol{L}_j = \begin{bmatrix} \boldsymbol{D}_{1j} & \boldsymbol{0} \\ \boldsymbol{0} & \boldsymbol{D}_{2j} \end{bmatrix} \Delta \boldsymbol{R} + \delta \boldsymbol{R}_j \tag{9-46}$$

其中

$$\boldsymbol{D}_{ij} = \begin{bmatrix} \cos\bar{A}_{ij}\cos\bar{E}_{ij} & -\bar{R}_{ij}\sin\bar{A}_{ij}\cos\bar{E}_{ij} & -\bar{R}_{ij}\cos\bar{A}_{ij}\sin\bar{E}_{ij} \\ \sin\bar{E}_{ij} & 0 & \bar{R}_{ij}\cos\bar{A}_{ij} \\ \sin\bar{A}_{ij}\cos\bar{E}_{ij} & \bar{R}_{ij}\cos\bar{A}_{ij}\cos\bar{E}_{ij} & -\bar{R}_{ij}\sin\bar{A}_{ij}\sin\bar{E}_{ij} \end{bmatrix} \quad i = 1, 2$$

$$\Delta \boldsymbol{R} = \begin{bmatrix} \Delta R_1 \\ \Delta a_1 \\ \Delta e_1 \\ \Delta R_2 \\ \Delta a_2 \\ \Delta e_2 \end{bmatrix} \quad \delta \boldsymbol{R}_j = \begin{bmatrix} \delta_{R_{1j}} \\ \delta_{A_{1j}} \\ \delta_{E_{1j}} \\ \delta_{R_{2j}} \\ \delta_{A_{2j}} \\ \delta_{E_{2j}} \end{bmatrix}, \boldsymbol{0} \text{ 为 } 3 \times 3 \text{ 阶零矩阵}$$

再令 $\boldsymbol{D}_j = \begin{bmatrix} \boldsymbol{D}_{1j} & \boldsymbol{0} \\ \boldsymbol{0} & \boldsymbol{D}_{2j} \end{bmatrix}$，则 $t_j$ 时刻测量向量误差为

$$\Delta \boldsymbol{L}_j = \boldsymbol{D}_j(\Delta \boldsymbol{R} + \delta \boldsymbol{R}_j) \quad j = 1, 2, \cdots, n \tag{9-47}$$

并记

$$\Delta \boldsymbol{L} = \begin{bmatrix} \Delta \boldsymbol{L}_1 \\ \Delta \boldsymbol{L}_2 \\ \vdots \\ \Delta \boldsymbol{L}_n \end{bmatrix} \quad \boldsymbol{D} = \begin{bmatrix} \boldsymbol{D}_1 \\ \boldsymbol{D}_2 \\ \vdots \\ \boldsymbol{D}_n \end{bmatrix} \quad \delta \boldsymbol{R} = \begin{bmatrix} \delta_{R_1} \\ \delta_{R_2} \\ \vdots \\ \delta_{R_n} \end{bmatrix}$$

将系统误差项和随机误差项引入式(9-45)后,并将 $n$ 个时刻测量方程联立,则得

$$\boldsymbol{L}=\boldsymbol{BC}+\boldsymbol{D}\Delta\boldsymbol{R}+\boldsymbol{D}\delta\boldsymbol{R} \tag{9-48}$$

假设随机误差向量 $\delta\boldsymbol{R}$ 在时序上互不相关,则它们的误差协方差阵为

$$\boldsymbol{M}=E(\delta\boldsymbol{R}\quad\delta\boldsymbol{R}^{\mathrm{T}})=\mathrm{diag}(\boldsymbol{M}_1\quad\boldsymbol{M}_2\quad\cdots\quad\boldsymbol{M}_n) \tag{9-49}$$

式中,$\boldsymbol{M}_j=E(\delta\boldsymbol{R}\quad\delta\boldsymbol{R}^{\mathrm{T}})=\mathrm{diag}(\sigma_{R_{1j}}^2\quad\sigma_{A_{1j}}^2\quad\sigma_{E_{1j}}^2\quad\sigma_{R_{2j}}^2\quad\sigma_{A_{2j}}^2\quad\sigma_{E_{2j}}^2)$,$\sigma_{ij}$为对应测量元素的误差均方差。

对于式(9-49)应用高斯—马尔可夫估计,并利用矩阵分块求逆方法,经整理得到由弹道样条约束自校准技术解算系统误差源向量 $\Delta\boldsymbol{R}$ 和样条系数向量 $\boldsymbol{C}$ 的估计分别为

$$\Delta\widehat{\boldsymbol{R}}=\boldsymbol{P}_{\Delta\widehat{R}}\left\{\left[\sum_{j=1}^{n}\boldsymbol{D}_j^{\mathrm{T}}(\boldsymbol{D}_j\boldsymbol{M}_j\boldsymbol{D}_j^{\mathrm{T}})^{-1}\boldsymbol{L}_j\right]-\left[\sum_{j=1}^{n}\boldsymbol{D}_j^{\mathrm{T}}(\boldsymbol{D}_j\boldsymbol{M}_j\boldsymbol{D}_j^{\mathrm{T}})^{-1}\boldsymbol{B}_j\right]\cdot\right.$$
$$\left.\left[\sum_{j=1}^{n}\boldsymbol{B}_j^{\mathrm{T}}(\boldsymbol{D}_j\boldsymbol{M}_j\boldsymbol{D}_j^{\mathrm{T}})^{-1}\boldsymbol{B}_j\right]^{-1}\left[\sum_{j=1}^{n}\boldsymbol{B}_j^{\mathrm{T}}(\boldsymbol{D}_j\boldsymbol{M}_j\boldsymbol{D}_j^{\mathrm{T}})^{-1}\boldsymbol{L}_j\right]\right\} \tag{9-50}$$

和

$$\widehat{\boldsymbol{C}}=\left[\sum_{j=1}^{n}\boldsymbol{B}_j^{\mathrm{T}}(\boldsymbol{D}_j\boldsymbol{M}_j\boldsymbol{D}_j^{\mathrm{T}})^{-1}\boldsymbol{B}_j\right]^{-1}\left[\sum_{j=1}^{n}\boldsymbol{B}_j^{\mathrm{T}}(\boldsymbol{D}_j\boldsymbol{M}_j\boldsymbol{D}_j^{\mathrm{T}})^{-1}(\boldsymbol{L}_j-\boldsymbol{D}_j\Delta\widehat{\boldsymbol{R}})\right] \tag{9-51}$$

相应地,常值误差向量的估值误差协方差阵为

$$\boldsymbol{P}_{\Delta\widehat{R}}=\left\{\left[\sum_{j=1}^{n}\boldsymbol{D}_j^{\mathrm{T}}(\boldsymbol{D}_j\boldsymbol{M}_j\boldsymbol{D}_j^{\mathrm{T}})^{-1}\boldsymbol{D}_j\right]-\left[\sum_{j=1}^{n}\boldsymbol{D}_j^{\mathrm{T}}(\boldsymbol{D}_j\boldsymbol{M}_j\boldsymbol{D}_j^{\mathrm{T}})^{-1}\boldsymbol{B}_j\right]\cdot\right.$$
$$\left.\left[\sum_{j=1}^{n}\boldsymbol{B}_j^{\mathrm{T}}(\boldsymbol{D}_j\boldsymbol{M}_j\boldsymbol{D}_j^{\mathrm{T}})^{-1}\boldsymbol{B}_j\right]^{-1}\left[\sum_{j=1}^{n}\boldsymbol{B}_j^{\mathrm{T}}(\boldsymbol{D}_j\boldsymbol{M}_j\boldsymbol{D}_j^{\mathrm{T}})^{-1}\boldsymbol{D}_j\right]\right\}^{-1} \tag{9-52}$$

和样条系数估值向量的误差协方差阵为

$$P_{\widehat{C}} = \left[\sum_{j=1}^{n} B_j^{\mathrm{T}}(D_jM_jD_j^{\mathrm{T}})^{-1}B_j\right]^{-1} + \left[\sum_{j=1}^{n} B_j^{\mathrm{T}}(D_jM_jD_j^{\mathrm{T}})^{-1}B_j\right]^{-1} \cdot$$

$$\left[\sum_{j=1}^{n} B_j^{\mathrm{T}}(D_jM_jD_j^{\mathrm{T}})^{-1}D_j\right]P_{\Delta\widehat{R}}\left[\sum_{j=1}^{n} D_j^{\mathrm{T}}(D_jM_jD_j^{\mathrm{T}})^{-1}B_j\right] \cdot$$

$$\left[\sum_{j=1}^{n} B_j^{\mathrm{T}}(D_jM_jD_j^{\mathrm{T}})^{-1}B_j\right]^{-1} \tag{9-53}$$

而它们之间误差的相关矩阵为

$$P_{\widehat{C}\Delta\widehat{R}^{\mathrm{T}}} = P^{\mathrm{T}}_{\Delta\widehat{R}\widehat{C}^{\mathrm{T}}} = -\left[\sum_{j=1}^{n} B_j^{\mathrm{T}}(D_jM_j^{-1}D_j^{\mathrm{T}})^{-1}B_j\right]^{-1}$$

$$\left[\sum_{j=1}^{n} B_j^{\mathrm{T}}(D_jM_j^{-1}D_j^{\mathrm{T}})^{-1}D_j\right]P_{\Delta\widehat{R}} \tag{9-54}$$

由上述结果式(9－50)至式(9－55)可知，当多台单脉冲雷达或含激光的光学经纬仪联用时，将它们的测量模型稍经变换后，可使弹道样条约束系数表示成线性方程，此时仍可用显示式表示应用样条“EMBET”方法，并解算它们的弹道参数和误差系数估值。

最后将样条系数向量 $\boldsymbol{C}$ 的估值代入式 B 样条函数，则得到任意 $t$ 时刻的弹道位置参数向量的表达式为

$$\begin{cases} \widehat{X}(t) = \sum_{k=0}^{l} \widehat{\alpha}_k B\left(\frac{t-T_k}{h}\right) \\ \widehat{Y}(t) = \sum_{k=0}^{l} \widehat{\beta}_k B\left(\frac{t-T_k}{h}\right) \\ \widehat{Z}(t) = \sum_{k=0}^{l} \widehat{\gamma}_k B\left(\frac{t-T_k}{h}\right) \end{cases} \tag{9-55}$$

式中，$\{\widehat{\alpha}_k\}$，$\{\widehat{\beta}_k\}$，$\{\widehat{\gamma}_k\}$ 为样条系数估值 $\widehat{C}$ 的分量。

将 $t_j$ 时刻代入式(9－55)，得到对应时刻的弹道参数向量的估值 $\widehat{X}_j = \widehat{X}(t_j)$，$\widehat{Y}_j = \widehat{Y}(t_j)$，$\widehat{Z}_j = \widehat{Z}(t_j)$，再与弹道参数向量的理论值 $\boldsymbol{X}_j, Y_j, Z_j$ 比较，则可以分析解算结果的各项误差。

**2. 多站连续波测速系统**

多站连续波测速系统是一组测量目标到测站距离和变化率的

长基线测量系统，它主要用于精确确定目标空间飞行的分速度参数。由于测速元素的测量方程是非线性方程，利用常规几何方法求速是非常困难的，在此，利用弹道样条约束“EMBET”方法求解弹道分速度参数。

1）仿真测量量计算

多站连续波测速系统是由一个主站发站发射信号，经目标接收并转发，主站的收站和其他各测站接收转发信号，利用接收和发射信号频率差——多普勒频率获取目标与测站的距离和变化率。在理论上，当同一时刻测速元素少于6个时，可以利用时间弧段上的测量数据并应用弹道约束“EMBET”方法求解弹道分速度参数。但是，为了保证弹道参数解算的稳定性和精度，一般要求具有6个以上测速元素联测。在此，假设测站个数 $m=6$，也就是由1个主站和5个副站组成联测系统，并设主站发射站下标记为0，主站接收站设为1和其他5个副站分别记为2，3，4，5，6，它们在 $t_j$ 时刻的测量方程为

$$
\begin{aligned}
&\dot{S}_{ij}=\dot{R}_{0j}+\dot{R}_{ij} \\
&\dot{R}_{ij}=\frac{X_j-X_i}{R_{ij}}\dot{X}_j+\frac{Y_j-Y_i}{R_{ij}}\dot{Y}_j+\frac{Z_j-Z_i}{R_{ij}}\dot{Z}_j \qquad i=0,1,2,\cdots,6 \\
&R_{ij}=\sqrt{(X_j-X_i)^2+(Y_j-Y_i)^2+(Z_j-Z_i)^2}
\end{aligned}
\tag{9-56}
$$

式中，$X_j,Y_j,Z_j,\dot{X}_j,\dot{Y}_j,\dot{Z}_j$——$t_j$ 时刻弹道位置参数和速度参数；

$X_i,Y_i,Z_i$——第 $i$ 个测站的站址坐标。

根据弹道的位置、速度参数和测站坐标，由式(9-56)可以计算出各测站与目标真实的距离和变化率 $\dot{S}_{ij}$。现要求仿真它的测量量，首先导出多 $\dot{S}$ 测速元素的系统误差模型。由于主、副站之间相距较远，对于多 $\dot{S}$ 测速元素的许多误差源可以假设是不相关的，根据实际测量情况，$6\dot{S}$ 测元的系统误差模型为

$$\begin{cases}\Delta\dot{S}_{1j}=C_{11}+C_{21}\dot{S}_{1j}+C_{31}\ddot{S}_{1j}+2C_{41}\dot{E}_{1j}\cot E_{1j}\csc E_{1j}\\ \Delta\dot{S}_{2j}=C_{12}+C_{21}\dot{S}_{2j}+C_{32}\ddot{S}_{2j}+C_{41}\dot{E}_{1j}\cot E_{1j}\csc E_{1j}+C_{42}\dot{E}_{2j}\cot E_{2j}\csc E_{2j}\\ \Delta\dot{S}_{3j}=C_{13}+C_{21}\dot{S}_{3j}+C_{33}\ddot{S}_{3j}+C_{41}\dot{E}_{1j}\cot E_{1j}\csc E_{1j}+C_{43}\dot{E}_{3j}\cot E_{3j}\csc E_{3j}\\ \Delta\dot{S}_{4j}=C_{14}+C_{21}\dot{S}_{4j}+C_{34}\ddot{S}_{1j}+C_{41}\dot{E}_{1j}\cot E_{1j}\csc E_{1j}+C_{44}\dot{E}_{4j}\cot E_{4j}\csc E_{4j}\\ \Delta\dot{S}_{5j}=C_{15}+C_{21}\dot{S}_{5j}+C_{35}\ddot{S}_{5j}+C_{41}\dot{E}_{1j}\cot E_{1j}\csc E_{1j}+C_{45}\dot{E}_{4j}\cot E_{5j}\csc E_{5j}\\ \Delta\dot{S}_{6j}=C_{16}+C_{21}\dot{S}_{6j}+C_{36}\ddot{S}_{6j}+C_{41}\dot{E}_{1j}\cot E_{1j}\csc E_{1j}+C_{46}\dot{E}_{6j}\cot E_{6j}\csc E_{6j}\end{cases}\tag{9-57}$$

式中，$C_{11},C_{12},C_{13},C_{14},C_{15},C_{16}$——各对应测速元素的常值误差；

$C_{21}$——频率不准误差；

$C_{31},C_{32},\cdots,C_{36}$——对应测站的时间误差；

$C_{41},C_{42},\cdots,C_{46}$——对应测站的电波折射残差。

在论证外测方案测量精度时，可以按上述系统误差模型加到对应的测量量上，并估算它们对弹道测量精度的影响，在探讨和研究数据处理方法时，考虑到频率不准误差、时间误差和电波折射误差等项都较小，不影响弹道的测量精度，一般仅引入常值误差项。总之，从模型(9－57)中可知，多 $\dot{S}$ 测速系统联用时，它的系统误差模型远比与干涉仪联用时的模型简单得多。

假若将系统误差 $\Delta\dot{S}_{ij}$ 和随机误差 $\delta_{\dot{S}_{ij}}$ 附加到方程(9－56)上，则得到 $6\dot{S}$ 测速元素的仿真测量量 $\bar{\dot{S}}_{ij}$ 为

$$\bar{\dot{S}}_{ij}=\dot{S}_{ij}+\Delta\dot{S}_{ij}+\delta\dot{S}_{ij}\tag{9-58}$$

其中随机误差项 $\delta\dot{S}_{ij}$ 由蒙特卡罗法按正态分布 $N(0,\sigma_{\dot{S}_{ij}})$ 仿真模拟得到。

2）样条约束“EMBET”方法解算弹道速度参数

由于方程(9－56)关于弹道速度参数 $\dot{X}_j,\dot{Y}_j,\dot{Z}_j$ 是非线性方程，在应用弹道样条约束“EMBET”方法时，需要利用非线性参数估计的解算方法，以获取待估参数。根据飞行弹道的变化规律的分析，一

般4阶导数 $X^{(4)}(t),Y^{(4)}(t),Z^{(4)}(t)$ 的绝对值都是很小的量。因此,在很短的时间内(例如5秒左右),弹道位置参数可以用3阶多项式表示。假如测量数据的区间为 $[T_0,T_l]$,记 $h=(T_l-T_0)/l$,$T_k=T_0+kh$,则3阶标准B样条函数 $B(t)$ 表示弹道位置参数为

$$\begin{cases} X(t) = \sum_{k=0}^{l} \alpha_k B\left(\frac{t-T_k}{h}\right) \\ Y(t) = \sum_{k=0}^{l} \beta_k B\left(\frac{t-T_k}{h}\right) \\ Z(t) = \sum_{k=0}^{l} \gamma_k B\left(\frac{t-T_k}{h}\right) \end{cases} \tag{9-59}$$

于是,速度分量为

$$\begin{cases} \dot{X}(t) = \sum_{k=0}^{l} \frac{\alpha_k}{h} \dot{B}\left(\frac{t-T_k}{h}\right) \\ \dot{Y}(t) = \sum_{k=0}^{l} \frac{\beta_k}{h} \dot{B}\left(\frac{t-T_k}{h}\right) \\ \dot{Z}(t) = \sum_{k=0}^{l} \frac{\gamma_k}{h} \dot{B}\left(\frac{t-T_k}{h}\right) \end{cases} \tag{9-60}$$

式中,$T_0,T_l$——所用数据区间的两个端点;

$l$——分段数;

$h$——每个分段的时间长度,$h=\frac{T_i-T_0}{l}$;

$\{\widehat{\alpha}_k\},\{\widehat{\beta}_k\},\{\widehat{\gamma}_k\}$——未知待估计的样条系数。

而样条函数的表示式为

$$B_3(t_j') = \begin{cases} 0, & |t_j'| \geqslant 2 \\ \frac{|t_j'|^3}{2} - t_j'^2 + \frac{2}{3} & |t_j'| < 1 \\ -\frac{|t_j'|^3}{6} + t_j'^2 - 2|t_j'| + \frac{4}{3} & 1 \leqslant |t_j'| < 2 \end{cases} \tag{9-61}$$

$$t_j' = \frac{t_j - T_k}{h}, h=(T_l-T_0)/l, \quad T_k = T_0 + kh$$

$\frac{1}{h}\dot{B}\left(\frac{t-T_k}{h}\right)$为$B\left(\frac{t-T_k}{h}\right)$的1阶微分，故有

$$\dot{B}_3(t_j')=\begin{cases}0 & |t_j'|\geqslant\frac{3}{2}\\ -4t_j' & |t_j'|<\frac{1}{2}\\ 2t_j'-\frac{3}{2} & \frac{1}{2}<|t_j'|<\frac{3}{2}\end{cases} \tag{9-62}$$

这样共用$3(l+1)$个样条系数就可描述目标的弹道。根据经验，对于推力段弹道取$h=5\text{s}$左右和$T_l-T_0\geqslant 30\text{s}$比较合适。

现将式(9-60)、式(9-61)和式(9-62)代入测量方程(9-58)，这样建立了测量数据$\bar{\dot{S}}_{ij}$与未知的样条系数$\{\widehat{\alpha}_k\}$，$\{\widehat{\beta}_k\}$，$\{\widehat{\gamma}_k\}$和系统误差源$\{C_{pq}\}$之间的非线性测量方程。现记

$F(X(t))=\{\dot{R}_0(X(t))+\dot{R}_1(X(t)),\cdots,\dot{R}_0(X(t))+\dot{R}_6(X(t))\}$为$t$时刻测速元素测量方程，$\boldsymbol{X}(t)=(X(t)\quad Y(t)\quad Z(t)\quad \dot{X}(t)\quad \dot{Y}(t)\quad \dot{Z}(t))^{\mathrm{T}}$为$t$时刻弹道位置和速度分量组成的状态向量；$\boldsymbol{Y}(t)=[\bar{\dot{\boldsymbol{S}}}_1(\boldsymbol{X}(t))\quad \bar{\dot{\boldsymbol{S}}}_2(\boldsymbol{X}(t))\quad\cdots\quad \bar{\dot{\boldsymbol{S}}}_6(\boldsymbol{X}(t))]^{\mathrm{T}}$为测速数据向量，$\Delta\dot{\boldsymbol{S}}(t)=[\Delta\dot{\boldsymbol{S}}_1(t)\quad\cdots\quad\Delta\dot{\boldsymbol{S}}_6(t)]^{\mathrm{T}}$为系统误差向量，$\delta\dot{\boldsymbol{S}}(t)=[\delta\dot{\boldsymbol{S}}_1(t)\quad\cdots\quad\delta\dot{\boldsymbol{S}}_6(t)]^{\mathrm{T}}$为随机误差向量。这样$t$时刻测量方程用矩阵形式为

$$\bar{\dot{\boldsymbol{S}}}(t)=\boldsymbol{F}(\boldsymbol{x}(t))+\Delta\boldsymbol{S}(t)+\delta\dot{\boldsymbol{S}}(t) \tag{9-63}$$

再记$\boldsymbol{C}=[C_{11}\quad C_{12}\quad C_{13}\quad\cdots\quad C_{46}]^{\mathrm{T}}$为系统误差源向量和$\boldsymbol{B}(t)=[\boldsymbol{B}_1(t)\quad \boldsymbol{B}_2(t)\quad \boldsymbol{B}_3(t)\quad \boldsymbol{B}_4(t)]$。其中

$\boldsymbol{B}_1(t)=\boldsymbol{I}$——6×6单位阵；

$\boldsymbol{B}_2(t)=[\dot{S}_{1j}\quad \dot{S}_{2j}\quad \dot{S}_{3j}\quad \dot{S}_{4j}\quad \dot{S}_{5j}\quad \dot{S}_{6j}]^{\mathrm{T}}$；

$\boldsymbol{B}_3(t)=\text{diag}[\ddot{S}_{1j}\quad \ddot{S}_{2j}\quad \ddot{S}_{3j}\quad \ddot{S}_{4j}\quad \ddot{S}_{5j}\quad \ddot{S}_{6j}]$；

$$B_4(t)=$$

$$\begin{bmatrix} 2\dot{E}_{1j}(t)\cot E_{1j}(t)\csc E_{1j}(t) & 0 & 0 & 0 & 0 & 0 \\ \dot{E}_{1j}(t)\cot E_{1j}(t)\csc E_{1j}(t) & \dot{E}_{2j}(t)\cot E_{2j}(t)\csc E_{2j}(t) & 0 & 0 & 0 & 0 \\ \dot{E}_{1j}(t)\cot E_{1j}(t)\csc E_{1j}(t) & 0 & \dot{E}_{3j}(t)\cot E_{3j}(t)\csc E_{3j}(t) & 0 & 0 & 0 \\ \dot{E}_{1j}(t)\cot E_{1j}(t)\csc E_{1j}(t) & 0 & 0 & \dot{E}_{4j}(t)\cot E_{4j}(t)\csc E_{4j}(t) & 0 & 0 \\ \dot{E}_{1j}(t)\cot E_{1j}(t)\csc E_{1j}(t) & 0 & 0 & 0 & \dot{E}_{5j}(t)\cot E_{5j}(t)\csc E_{5j}(t) & 0 \\ \dot{E}_{1j}(t)\cot E_{1j}(t)\csc E_{1j}(t) & 0 & 0 & 0 & 0 & \dot{E}_{6j}(t)\cot E_{6j}(t)\csc E_{6j}(t) \end{bmatrix}$$

则 $t$ 时刻系统误差模型 $\dot{\boldsymbol{S}}(t)$ 可以用矩阵表示成

$$\Delta\dot{\boldsymbol{S}}(t)=\boldsymbol{B}(t)\boldsymbol{C} \tag{9-64}$$

将式(9－64)代入模型(9－63)后，得到 $t$ 时刻观测方程为

$$\bar{\dot{\boldsymbol{S}}}(t)=\boldsymbol{F}(\boldsymbol{X}(t))+\boldsymbol{B}(t)\boldsymbol{C}+\delta\dot{\boldsymbol{S}}(t) \tag{9-65}$$

现在假设在 $n$ 个采样时刻 $t_1,t_2,\cdots,t_n$ 获取了测量数据，将它们联立后并将 $t_j$ 时刻用下标 $j$ 表示，则得到

$$\bar{\dot{\boldsymbol{S}}}_j=\boldsymbol{F}(\boldsymbol{X}_j)+\boldsymbol{B}_j\boldsymbol{C}+\delta\dot{\boldsymbol{S}}_j \quad j=1,2,\cdots,n \tag{9-66}$$

或者写成

$$\begin{aligned}\bar{\dot{\boldsymbol{S}}}_j&=\boldsymbol{F}(\boldsymbol{X}_j(\boldsymbol{\beta}))+\boldsymbol{B}_j\boldsymbol{C}+\delta\dot{\boldsymbol{S}}_j=\\&\bar{\boldsymbol{F}}_j(\boldsymbol{\beta}))+\boldsymbol{B}_j\boldsymbol{C}+\delta\dot{\boldsymbol{S}}_j \quad j=1,2,\cdots,n\end{aligned} \tag{9-67}$$

式中，$\boldsymbol{\beta}$ 为样条系数向量，且

$$\boldsymbol{\beta}=[\alpha_0 \quad \cdots \quad \alpha_l \quad \beta_0 \quad \cdots \quad \beta_l \quad \gamma_0 \quad \cdots \quad \gamma_l]^{\mathrm{T}}$$

假设测量随机误差向量 $\{\delta\dot{\boldsymbol{S}}_j\}$ 在时间序列上是互不相关的，它的自协方差阵为 $E[\delta\dot{\boldsymbol{S}}_j \quad \delta\dot{\boldsymbol{S}}_j^{\mathrm{T}}]=\boldsymbol{M}_j$。现利用高斯—马尔可夫估计得到由测速元素估算样条系数向量 $\boldsymbol{\beta}$ 和系统误差源向量 $\boldsymbol{C}$ 的估值，由下式计算得到

$$\sum_{j=1}^{n}(\bar{\dot{\boldsymbol{S}}}_j-\bar{\boldsymbol{F}}_j(\boldsymbol{\beta})-\boldsymbol{B}_j\boldsymbol{C})^{\mathrm{T}}\boldsymbol{M}_j^{-1}(\bar{\dot{\boldsymbol{S}}}_j-\bar{\boldsymbol{F}}_j(\boldsymbol{\beta})-\boldsymbol{B}_j\boldsymbol{C})=\min \tag{9-68}$$

也就是使(9－68)成立的 $\hat{\beta}$ 和 $\hat{\boldsymbol{C}}$ 为所需估计的参数。

由于(9－68)是非线性参数估计，一般应用高斯—牛顿迭代法或改进方法解算参数的估值。在实际应用时，可以由 $R$、$A$、$E$ 测量体制的测量量得到弹道位置参数，先解算得到 $\hat{\boldsymbol{\beta}}^0$ 作为样条系数

向量 $\boldsymbol{\beta}$ 的初始值,并取系统误差源向量的初始值为 $\widehat{\boldsymbol{b}}^0=0$。然后再由式(9-68)迭代计算得到 $\widehat{\boldsymbol{\beta}}^{(k)}$ 和 $\widehat{\boldsymbol{b}}^{(k)}$,迭代 $n$ 次后收敛值 $\widehat{\boldsymbol{\beta}}$ 和 $\widehat{\boldsymbol{b}}$ 作为样条系数向量和系统误差源向量的估值。

将得到样条系数向量的估值 $\widehat{\boldsymbol{\beta}}$ 代入式(9-58)、式(9-59)和式(9-60)中则得到弹道的位置参数和速度参数向量。再将它们与精确理论弹道参数在时序上作差比较,则可以分析测量向量的误差源对弹道测量的影响。

在前述的仿真估算弹道测量精度时,所用的测量量误差协方差阵 $\{\boldsymbol{M}_j\}$ 均假设是已知的。当获取实际测量数据进行处理时,通常利用数学方法(变量差分法、最小二乘残差法等)将测量数据的随机误差方差统计结果代入,并且不考虑它们之间的相关性。我国著名学者李德仁院士提出了测量量方差——协方差分量的验后估计方法,如果将该方法应用于外测弹道参数的解算中,则对于精确估算其测量精度是极有参考价值的。有兴趣的读者可以参阅相关专著。

# 第 10 章　外测系统测量精度评定

外测系统(设备)测量精度的评定是导弹和航天器测控系统总体工作的重要内容和组成部分。因为能否正确评定外测系统(设备)的测量精度将关系到测控系统总体方案的正确设计和判定,也是导弹和运载火箭飞行试验的精度评定、武器定型试验任务完成与否的标志:在导弹和航天飞行试验任务过程中,准确的外测系统(设备)测量精度对于保证它们正常飞行、安全返回以及完成各项试验任务都是具有重要作用。

本章将详细阐述外测系统测量精度评定的技术途径、手段和各种方法以及处理公式。

## 10.1　外测系统测量精度评定的原理和方法

### 10.1.1　外测系统测量精度评定的目的和任务

由第 4 章可知,导弹和运载火箭飞行试验的任务是考核、检验导弹和运载火箭的性能、评定和分析精度,以及武器的定型和改进。其中评定导弹精度是其飞行试验任务的重要目的之一。同时,导弹精度评定技术和方法主要以高精度的外测弹道数据为依据,因此与外测数据及其精度密切相关。特别是远程战略地地导弹的精密制导系统精度评定和工具误差分离方法,不仅需要以高精度外测弹道为标准,而且直接需要准确的外测弹道测量精度,它与实际测量的外测精度紧密关联。因此,外测数据及测量精度是导弹和运载火箭的精度评定、分析及改进、定型的重要依据。而外测数据测量精度又是依据于外测系统测量精度评定的结果,因此,外测系统测量精度的评定是导弹、运载火箭飞行试验不可缺少的工作。

在新研制外测系统投入试验任务前,须进行精度评定试验任务,以考核设备的技术性能,分析和鉴定它们是否满足测量精度设计指标,以找出影响测量设备误差的依据;在外测系统承担任务后,还需开展经常性精度评定试验工作,以及时掌握外测系统的使用情况,为改造和研制测量设备提供依据和借鉴。试验场开展经常性外测系统精度评定工作,还在于研究和验证外测设备测量数据的误差模型和特性,从而掌握内在联系和规律,以检验和修正设备的系统误差,减少随机误差,提高外测数据的精度,挖掘外测系统的测控能力。

外测系统测量精度评定是通过试验(静态和动态)对所获取的测量数据,经过数据处理和统计分析对其测量误差和精度进行评定的过程。精度评定就是为了了解测量系统实际的各类特性的测量误差和精度(系统的、随机的和总误差);检验系统是否达到预期的设计指标和要求,寻找和分析影响测量精度的各种误差源,并建模和修正它们,改进和提高测量系统的精度。

### 10.1.2 外测系统精度评定原理

试验场测控系统(外测系统)的测量精度评定(鉴定)的基本原理是:在同一目标(飞机、导弹和卫星等航天器)的同一飞行航迹上,寻找一个比被鉴定测量系统(或设备)的测量精度更高的比较标准系统(它可以是硬设备提供,也可以由软方法提供),将它们得到的测量数据转换成被鉴定测量系统对应的测量数据,并在时间序列上将被鉴定测量系统(设备)的测量数据与比较标准的数据作差,通常称为比对。此时,比较标准的测量数据视为测量数据的真值,视为无误差的(相对于被鉴定设备的测量数据)。因此,测量数据比对后的数据序列视为被鉴定系统(或设备)测量数据的误差;然后,利用统计方法估计出测量数据的不同特性的误差——随机误差、系统误差和总误差的统计量(均值,均方差),也就获取了测量数据的测量精度。

假设被鉴定测量系统(或设备)的 $t_j$ 时刻的测量数据(元素)为 $S(t_j)$,而鉴定标准 $t_j$ 时刻测量数据源自同一目标并转换成被鉴定设备测量数据的测量元素为 $S^0(t_j)$。假若在 $n$ 个时间共同测量得到序列 $\{S(t_j)\}$ 和 $\{S^0(t_j)\}$,现将同一时刻的两组测量数据作差为

$$\Delta S(t_j)=S(t_j)-S^0(t_j)\quad j=1,2,\cdots,n \tag{10-1}$$

现根据测量值的差分序列 $\{\Delta S(t_j)\}$ 进行统计分析,并给出不同特性的测量误差统计量。

**1. 常值误差估值**

利用式(10-1)差分序列 $\{\Delta S(t_j)\}$(以下简记为 $\Delta S_j$)的矩估计得到均值误差无偏估值为

$$\widehat{M}=\sum_{j=1}^{n}\frac{\Delta S_j}{N} \tag{10-2}$$

$\widehat{M}$ 也就是测量数据 $\{S(t_j)\}$ 常值误差的估值。

**2. 随机误差均方差估值**

按照测量误差定义和矩估计得到测量数据 $\{S(t_j)\}$ 的均方差无偏估值为

$$\widehat{\sigma}=\left[\sum_{j=1}^{N}\frac{(\Delta S_j-\widehat{M})^2}{N-1}\right]^{\frac{1}{2}} \tag{10-3}$$

同时还可以估计测量数据 $\{S(t_j)\}$ 的 $l$ 步协方差为

$$K_l=\left[\sum_{j=1}^{N-l}\frac{(\Delta S_j-\widehat{M})(\Delta S_{j+1}-\widehat{M})}{N-1-l}\right]\quad l=1,2,\cdots \tag{10-4}$$

或 $l$ 步相关系数为

$$\rho_l=\left[\sum_{j=1}^{N-l}\frac{(\Delta S_j-\widehat{M})(\Delta S_{j+1}-\widehat{M})}{(N-1-l)\widehat{\sigma}^2}\right]\quad l=1,2,\cdots \tag{10-5}$$

**3. 测量总误差的均方差估值**

同样地,由定义得到测量数据 $\{S(t_j)\}$ 的总误差的均方差估值为

$$\widehat{\sigma}_{\Delta} = \left[ \frac{\sum_{j=1}^{N} \Delta S_j^2}{N-1} \right]^{\frac{1}{2}} \quad l = 1,2,\cdots \tag{10-6}$$

式(10－2)至式(10－6)给出测量数据(元素)的各类不同误差统计量的估值,有时用 $\widehat{\sigma}_{系} = (\widehat{\sigma}_{\Delta}^2 - \widehat{\sigma}^2)^{\frac{1}{2}}$ 表示总的系统误差的均方差。

在早期或设备研制后进试验场前,有时为了分析和寻找外测设备的自身设备误差,并对它们进行标校和调零等,需建立相应设备的系统误差模型,初步检测、评估其测量误差和精度,常用对静态目标(例如瞄准塔、恒星体等)的跟踪测量结果作为外测设备的静态测量精度的评定手段。此时静态目标相对被鉴定设备位置的距离、方位角和高低角是精确已知的,它们可以作为静态鉴定标准,但是因跟踪状态环境与实际测量差异非常大,静态精度评定的结果不能作为外测系统测量精度评定的最终结论,仅仅作为参考依据。而评定外测系统(设备)测量精度最终结论是利用测量动态目标(飞机、导弹或卫星航天器)飞行试验的精度评定,它们的评定结果更符合外测系统(设备)的实际状态和环境。

### 10.1.3 外测系统测量精度评定

试验场对外测系统测量精度评定的技术途径主要分为“硬比”和“软比”方法。“硬比”方法又称直接标准比较法,它是利用一种比被鉴定测量系统精度更高的外测系统(设备)作为比较标准,与被鉴定外测系统(设备)同时跟踪测量空间飞行器的航迹,然后转化成被鉴定外测系统(设备)对应的测量元素,进行作差比对和评定精度。目前试验场最常用的方法是以飞机为目标的校飞精度评定方法。它是以飞机作为跟踪目标,按设计航路飞行,利用对多个架次和多个进入飞机航迹测量数据比对,并统计各项误差。

在新研制的外测系统投入试验任务前,为了考核设备的技术性能,分析和评定它们是否满足测量精度设计指标,进行以飞机校飞精度鉴定工作是十分必要的。但是该方法存在许多的问题,从校飞试验周期、人力、物力和组织实施等方法来说，都存在着很大的难度和耗费，而且鉴定结果所反映的实时性与客观环境的真实性还有一定的差异。因此，若将利用飞机校飞的“硬比”方法对外测系统（设备）开展经常性的精度鉴定工作是不合适的。特别在被鉴定外测系统（设备）为高精度测量系统时，要寻找一个更高精度的比较标准系统是十分困难的。一种利用对卫星轨道测量硬比方法的精度评定技术途径，无论从技术上或经济上以及结果的客观性都比“飞机校飞”精度评定具有更大的优越性和吸引力。

除此前述的硬比方法，另外一种外测系统（设备）精度评定的技术途径是“软比”方法，它由多台（套）外测系统（有时还有遥测信息）同时参加跟踪测量飞行目标（例如导弹、卫星航天器），获取“众多”和“冗余”的测量数据，利用统计估计方法，有时还可利用目标的动力学模型，处理得到高精度的动态目标空间参数，再转换成被鉴定外测系统对应的测量元素，称为比较标准，并鉴定外测系统的测量精度，这种方法又称为自鉴定技术。其中，直接利用对卫星等航天器测量和轨道动力学约束条件的自鉴定技术，更具有良好的特点和应用前景。

由于导弹航天技术和需求的发展，导弹的落点精度、卫星航天器的定轨精度越来越高，其对外测系统（设备）精度要求也越来越高。单纯依靠某种精度评定的技术来完成外测精度评定的任务是比较困难的，必须采用“硬”和“软”相结合的技术途径，才能有效地做好外测系统的测量精度工作，这也是今后外测系统测量精度评定的发展方向。

### 10.1.4 外测精度评定的比较标准

**1. 比较标准指标的确定**

由于外测系统测量精度评定要求鉴定标准系统的精度要比被鉴定标准外测系统测量精度高，而且相对被鉴定外测系统来说，它的测量数据视为“真值”。因此，存在如何选择合适的比较标准系统，才能有效地评定被鉴定系统测量精度的问题。为此，定义鉴定

标准的指标 $A$ 值为

$$A=\frac{\sigma_{比较标准}}{\sigma_{鉴定标准}} \tag{10-7}$$

式中，$\sigma_{比较标准}$——比较标准测量精度的均方差；

$\sigma_{鉴定标准}$——被鉴定设备测量精度（设计指标）的均方差。

如果 $A$ 值越小，比较标准系统的测量精度越高，比较和评定被鉴定测量系统精度的结果越可信。理想的比较标准的精度应比被鉴定系统（设备）精度高一个数量级，即 $A\leqslant 0.1$；但是要实现 $A\leqslant 0.1$ 是比较困难的，特别是评定高精度的连续波测量系统精度，要寻找比它还要高精度的比较系统是非常难以实现的。因此，试验场在评定外测系统测量精度时，一般要求 $A\leqslant\frac{1}{3}$，有时放宽到 $A\leqslant\frac{1}{2}$。

在选择比较标准系统时，为了实现 $A\leqslant\frac{1}{3}$，通常在精度评定方案总体设计时，要论证和设计目标的合理飞行航迹及比较标准系统和被鉴定系统的布站。例如用光电经纬仪评定中精度雷达测量系统精度时，常设置光电经纬仪布站跟踪飞行目标的精度要更优越些，使其鉴定标准指标 $A$ 值能够满足 $\leqslant\frac{1}{3}$。因此，精度评定总体方案设计和论证阶段是保证外测系统精度评定工作任务完成重要环节。

**2. 比较标准系统**

根据试验场评定外测系统测量精度的“硬方法”和“软方法”两种技术途径，其鉴定标准系统也分为相应的两种情况。

试验场常用于精度评定的主要测量系统有下述几种系统。

（1）光电经纬仪。它由电影经纬仪加装激光测距系统组成，可以对目标的方位角 $A$、高低角 $E$ 和斜距 $R$ 测量数据，用以独立确定目标在空间某坐标系的位置坐标。由于它们的设备性能较好，信息获取可靠，测量精度较高，一度成为试验场评定中精度外测系统精度的主要鉴定标准系统。为了确保获取信息可靠性,一般利用2台~3台光电经纬仪交会测量组成鉴定系统。

由于光电经纬仪是光学测量系统,不能全天候工作(特别是白天),最好在黎明或黄昏时测量;另外,它的作用距离较近,主要用于飞机校飞或导弹运载火箭主动段弹道测量的精度评定。由于这些特点和限制,目前已逐渐被GPS测量系统所替代,其使用率已降低了。

(2) 弹道相机。用于测量系统鉴定标准的弹道照相机是一种固定式单画幅连续曝光拍摄的光学测量设备。由于在同一底板上同时拍摄目标闪光点和恒星背景图像,可以利用准确已知的恒星理论位置来精确确定相机的视准轴,它可以避免轴系误差和码盘误差的影响,也没有机架转动引起的动态误差,因此,弹道相机可以达到很高的测角精度(1″~2″)。由于恒星的方位角、高低角与弹道相机的6个定向元素具有基本关系式;利用多颗(数十颗)恒星的测量数据和统计估计方法,可以精确确定6个定向元素。再由两台以上弹道相机交会测量,便可解算出目标在空间位置。

由于弹道相机测角精度较高,曾作为试验场高精度连续波测量雷达精度鉴定的主要鉴定标准。但是,精度鉴定的弹道相机是固定式,对于高度不到10km的航程飞机,一般只能拍摄约10s的航迹,因此要完成一个几十秒甚至上百秒航程飞机的拍摄,则要在地面布置10台以上的弹道相机。由于试验场的弹道相机数量有限,且布设测站的地状要求较高,另外弹道相机拍摄天况条件较苛刻(晴朗夜晚,不见月亮);再加上弹道相机是定位系统,其精度可以鉴定高精度连续波测量雷达的定位系统,而鉴定其测速元素比较困难。因此,试验场基本上已不再用弹道相机作为精度鉴定的比较标准系统。

(3) GPS测量系统。在目标上(如飞机、导弹等)装载GPS接收机,同时接收4颗以上的GPS导航卫星的信号——伪距和多普勒频率,则可以直接测到对应时间点上的目标空间位置和速度,若以此作为比较标准系统，可以用来鉴定外测系统（设备）的测量精度。

由于GPS测量系统可以全天候工作，不受天况影响，可以提供高精度的时间信息及空间目标的三维位置和三维速度，假若事后数据处理时，再充分利用差分技术和载波相位信号，则可以更精确地提供目标的空间位置和速度。又由于它的安装、操作和使用比其他鉴定手段更加简便，更为经济。近10年来，GPS测量系统已逐渐代替其他鉴定标准，成为试验场精度鉴定的主要鉴定标准系统。随着导航卫星技术发展，俄罗斯的GLONASS、欧空局的伽利略导航系统以及我国北斗卫星导航系统的建成，若增加GPS测量系统的兼容性，则导航卫星应用前景是非常宽广的，它对试验场外测系统精度评定技术工作将会发挥越来越大的作用。

(4) 激光雷达。主要指作用距离远（上千千米），精度高（cm量级）的激光雷达。由它和外测系统同时跟踪测量低轨卫星的轨道（500km～1000km），它可以获取卫星精确的运行轨道，以此为标准，再转换成被鉴定外测系统相应的测量元素，与被鉴定外测设备作差比对，分析和鉴定外测设备的测量误差和精度。

目前，国际上的SLR网跟踪测量带激光反射器的卫星，并在网上发布卫星运行轨道，由于它们是多台雷达不间断地连续跟踪，经处理后发布运行轨道参数，其精度极高。对于反射式工作的外测系统（或设备），只要其作用距离合适，并能获取相应的测量数据，则可以用SLR网提供的卫星轨道参数作为高精度的比较标准。由于这种激光雷达适合反射式工作雷达的精度鉴定，一般可以用于再入段和自由段弹道测量大功率反射式雷达的精度鉴定。

(5)其他标准。主要指利用恒星体和瞄准塔的精确已知的空间位置和方位，进行光学测量系统的静态测量精度评定。瞄准塔还可以用于无线电雷达系统校零。由于它们与飞行试验任务的工作条件差别太大，其鉴定和分析结果都有很大的局限性，一般仅作参考分析用。

### 10.1.5 外测系统精度评定的方法

**1. 静态星体角度法**

这种精度评定的方法主要是用于外测设备静态测角精度的鉴定,常用于光学测量系统(电影经纬仪,弹道相机等)。它是以恒星为参照物,根据天文历表可以给出对应恒星的天文坐标(赤经 $\alpha$、赤纬 $\delta$),测站的天文经度 $\lambda$、天文纬度 $\varphi$ 以及测量恒星时 $S$,可以得到光学测量设备相对恒星的理论方位角 $A^0$ 和高低角 $E^0$ 分别为

$$\begin{cases} A^0(t) = \arctan\left(\dfrac{\cos\delta\sin t}{\sin\varphi\cos\delta\cos t - \cos\varphi\sin\delta}\right) \\ E^0(t) = \arcsin(\sin\varphi\sin\delta + \cos\varphi\cos\delta\cos t) \end{cases} \tag{10-8}$$

式中

$$t = S_0 - (D - 8^{\mathrm{h}})(1 + \mu) + \lambda - \alpha$$

其中,$S_0$——世界时 $0^{\mathrm{h}}$ 的真恒星时;

$D$——光学测量设备拍星瞬间的北京时。

$$\mu = 0.0027391$$

以 $A^0$、$E^0$ 为比较标准,将光学测量设备拍摄恒星体的方位角 $A$ 和高低角 $E$ 比对,由此则可以估计光学测量设备的测量精度。

**2. 动态误差增量鉴定法**

动态误差增量鉴定法主要用于光学经纬仪的精度鉴定。首先将经纬仪静止地对设置在室内(或室外)测试架上不同方位、不同高度上的平行光管进行摄影,然后再按一定的角速度、角加速度扫过这些平行光管进行摄影,并比较所得静—动态测量值,最后由残差估计出因仪器运动角速度、角加速度、目标跟踪误差、快门振动误差等引起的动态误差增量。将经纬仪的动态误差增量与星体角度法测得的静态误差结合的均方差,就是在动态条件下光学经纬仪的测量精度。

**3. 飞机校飞精度鉴定法**

将飞行中的飞机作为比较目标,对外测系统(设备)进行精度试验,这是我国试验场目前应用最多、最广的外测系统(设备)精度鉴定的试验方法。由被鉴定测量系统和比较标准同时跟踪测量

按预定航路飞行、装有合作目标的飞机，将获取的测量数据转换成被鉴定外测系统相应的测量元素进行比对处理和分析、估计，得到被鉴定测量系统的各种误差和精度。

飞机校飞精度鉴定试验方法利用飞机飞行的多个架次、多个进入较长时间的跟踪测量数据，能提供较广泛的变化航迹以模拟目标的实际飞行；同时，经过合理地选择航路和测量设备的布站，以提高比较标准的精度。试验场常用光学测量设备鉴定其他外测系统的精度，例如用光电经纬仪鉴定中精度单脉冲雷达、微波统一系统，用弹道相机鉴定高精度连续波测量雷达；近几年来，又用GPS测量系统替代光学测量系统，广泛地用来鉴定试验场的各种外测系统（设备）的测量精度。

飞机校飞精度鉴定试验存在着飞机飞行受速度和高度的限制，它与真实目标（导弹、运载火箭和航天器）的状态、环境有所差异，因此，试验和评定结果有一定的局限性；但它可以作为外测系统测量精度评定的重要试验方法之一，其鉴定结果为导弹飞行试验、航天任务提供了验前信息。

**4. 导弹火箭飞行试验鉴定方法**

这是利用飞行中导弹或运载火箭作为比较目标，对多种外测系统进行比较的精度评定方法。若被鉴定测量系统和比较标准同时测量装有空间合作目标的飞行运载火箭和导弹，并将获取的测量数据进行处理、比对和分析，从而评定被鉴定测量系统的精度。利用导弹、运载火箭飞行试验的鉴定方法，能够使被鉴定测量系统在试验任务一致的动态条件下进行鉴定，可以真实地反映测量系统在实际条件下的工作性能和状况，鉴定结果也符合实际的需要。

由于导弹、运载火箭飞行试验次数有限，跟踪机会少，不可能专门发射为精度鉴定所用的运载火箭和导弹；通常只能根据测控方案规定外测设备，在相应的跟踪弧段内和布站上利用高精度的外测设备对较低精度的外测设备进行处理比对和评定。实际上，试验场很少利用导弹、运载火箭飞行试验的硬比方法来鉴定参试外测设备的测量精度,而更多是利用“EMBET”自鉴定技术(软方法)来鉴定它们的测量精度。

**5. 导弹火箭惯导数据鉴定方法**

这是利用经过时间统一、参数统一后的外测系统测量数据与导弹、火箭上惯性制导系统测量数据比对,由其残差估计测量系统精度的鉴定方法。由于导弹或火箭上计算机输出的惯导数据噪声极小,但存在系统误差,因此可用残差中的高频成分估计外测系统的精度——随机误差的均方差;同时,利用将制导系统误差(工具误差)修正后重建的制导系统测量数据,与外测数据比对后的残差可检查外测系统测量数据存在系统误差的可能性。当制导系统工具误差明显小于外测系统误差时,则利用比对残差估计外测系统的准确度——系统误差的统计量。在此,可以使用制导系统测量数据与外测系统多个通道测量值交替比对,若具有共性误差通常反映制导系统还存在系统误差;而单组差则反映对应外测系统的通道存在系统误差。由于应用了导弹、火箭飞行试验的外测系统测量数据,其鉴定结果能够真实地反映外测系统实际工作性能状况,也符合实际需要。

该方法是建立在导弹、火箭制导系统精确的测量数据,甚至比外测系统测量数据精度明显高的基础上,同时被鉴定设备必须是测量导弹、火箭飞行试验的参试设备;由于导弹、运载火箭飞行次数有限,试验场目前很少使用惯导数据鉴定外测系统的测量精度。

**6. 卫星鉴定试验方法**

利用在轨道上运行中的卫星作为比较目标,对外测系统(设备)进行精度鉴定的试验方法,此类卫星可以是专门的校准卫星(鉴定星)或搭载卫星(携带校准设备)两类。由于前者经费昂贵,我国基本上不使用该试验方法,主要利用卫星搭载校准设备来评定外测系统精度。此时,将被鉴定外测系统与比较标准同时跟踪测量装有空间合作目标的在轨运行的卫星,对获取的测量数据进行事后处理分析,并评定被鉴定测量系统的精度。也可以利用高精度的卫星星历(由其他高精度设备测量和确定的轨道)作为比较标准，经换算后直接与被鉴定外测设备测量值进行比对。应用卫星鉴定试验方法有许多优点，卫星飞行轨道接近导弹（火箭）飞行的动态特性，被鉴定结果比较真实，卫星运行轨道高，可被多个测量系统同时跟踪测量，而且跟踪时间长，采集数据多，特别是卫星长期绕地球运行，可提供经常性精度鉴定的机会。利用卫星搭载鉴定外测系统精度，可以综合利用资源，费用和人力都可大大减少。

由于卫星鉴定试验方法的优越性很多，已成国内外弹道外测系统测量精度的新的技术途径。主要分两种情况：

（1）用我国卫星鉴定外测设备的测量精度。如果卫星搭载被鉴定设备（特别是高精度测量系统精度鉴定的迫切需要）的合作目标，与比较标准（卫星测量设备）同时测量轨道。如果利用比较标准多台、多圈测量获取卫星运行的精确轨道参数（星历），并以此为标准解算出被鉴定设备对应的测量数据，与被鉴定设备时序上的测量数据比对，用统计方法估算出被鉴定设备的各项误差和测量精度。

（2）应用国际上精确卫星星历鉴定我国反射式测量雷达的测量精度。目前国际上激光测距组织利用 SLR 网对卫星进行测量，并在网上发布卫星的星历参数（轨道根数），这些参数的精度足以鉴定反射式雷达的测量精度。我国已利用 SRL 组织激光测距网对带激光反射器的卫星进行测量，于 2006 年实施了对我国再入测量雷达进行了精度评定。又例如利用 GPS 卫星接收系统，接收其遥测下行信息，可以得到 GPS 卫星的星历数据，处理出相应轨道根数或空间轨道，由于它的精度约为十几米量级，利用它可以对一些反射式远距离测量雷达的测量精度进行评定。

积极利用卫星和卫星搭载评定试验场外测系统测量精度的技术，已成为我国导弹、航天测量系统精度评定技术领域的发展方向。

对于高精度卫星星历的确定，还可以利用轨道动力学约束条件精确确定卫星运行轨道。也可以应用多台设备的单圈测量，利用轨道样条约束方法来精确确定卫星在该圈运行时的空间位置和速度参数。后者的模型和计算相对要简单些,前者对动力学模型的精确性要求较严格。

## 10.2 外测系统的系统测量精度评定方法

由 2.1 节可知,外测系统测量精密度指测量随机误差的统计度量,常以均方差 $\sigma$ 表示。测量数据的随机误差是高频误差,它是测量误差中的主要误差之一。对随机误差的统计度量除了10.1节介绍的综合评定各类误差时可以对它评定外,由于它的误差特征,还可以直接对测量数据应用统计方法,估计其度量值。本章节专门介绍试验场常用的几种直接统计测量随机误差度量值 $\sigma$ 的方法。除此,应用小波理论和滤波技术,可以利用小波基(或正交小波基)分解除去高频误差,再重构信号的方法,也是一种较新颖的统计随机误差均方差的技术,在此不作介绍。

### 10.2.1 变量差分法

**1. 数学原理**

变量差分法是统计外测数据随机误差方差的最常用方法之一。变量差分法原理简单,计算也不复杂,适合于随机误差序列为白噪声(等方差、不相关)的外测数据(例如,光学经纬仪)的处理。通常人们认为外测数据是随时间变化的连续曲线,可以表示为一个一定阶数的多项式。这样,通过逐次差分可消除测量数据中趋势项(真实信息和系统误差),从而分离出测量数据的随机误差成分,并估计其方差。

假设对某一外测系统(或设备)在等间隔时间 $t_1 < t_2 < \cdots < t_N$ 上进行采样,其输出的测量数据为 $x_1, x_2, \cdots, x_N$,则可以用下式表示:

$$x_i = x_i^0 + \Delta S_i + \varepsilon_i \quad i = 1, 2, \cdots, N \tag{10-9}$$

式中,$x_i^0$——测量数据的真实信息;

$\Delta S_i$——测量数据的系统误差;

$\varepsilon_i$——测量数据的随机误差。

假设测量数据的真实信息 $x_i^0$ 和系统误差 $\Delta S_i$ 可以用一个 $m$ 阶时间多项式描述，并记 $y_i = x_i^0 + \Delta S_i$，则式(10-9)又可写成

$$x_i = y_i + \varepsilon_i = \sum_{j=0}^{m} a_j t_i^j + \varepsilon_i, i = 1,2,\cdots,N \quad (10-10)$$

现假定测量随机误差具有下述性质：

(1)无偏性，即 $E(\varepsilon_i)=0$；

(2)等方差且不相关，即

$$E(\varepsilon_i,\varepsilon_j) = \begin{cases} \sigma^2 & i=j \\ 0 & i \neq j \end{cases} \quad (10-11)$$

对模型式(10-11)进行差分处理，分离测量数据的随机误差部分和多项式部分，再估计随机误差 $\varepsilon_i$ 的方差。

测量数据序列 $\{x_i\}$ 是一个等间隔的时间序列，对它作 $p$ 阶前向差分（也可使用后向差分），当 $p+1 \leqslant N$ 时，则得到 1 阶差分为

$$\Delta x_i = x_{i+1} - x_i \quad (10-12)$$

2 阶差分为

$$\Delta^2 x_i = \Delta x_{i+1} - \Delta x_i \quad (10-13)$$

$p$ 阶差分为

$$\Delta^p x_i = x_{i+p} - C_p^1 x_{i+p-1} + C_p^2 x_{i+p-2} + \cdots + (-1)^v C_p^v x_{i+p-v} + \cdots + (-1)^p x_i = \sum_{v=0}^{p} (-1)^v C_p^v x_{i+p-v} \quad (10-14)$$

其中 $C_p^v = \dfrac{p!}{v!\ (p-v)!}$。

由于

$$\Delta^p x_i = \Delta^p y_i + \Delta^p \varepsilon_i \quad (10-15)$$

当 $p=m$ 时，$\Delta^p y_i =$ 常数，所以当 $p \geqslant m+1$ 时，有

$$\Delta^p y_i = 0 \quad (10-16)$$

此时序列 $\{\Delta^p x_i\}$ 是一个数学期望为零的随机序列，且由下式表示：

$$\Delta^p x_i = \Delta^p \varepsilon_i = \sum_{v=0}^{p} (-1)^v C_p^v \varepsilon_{i+p-v} \tag{10-17}$$

而序列$\{\Delta^p x_i\}$的方差为

$$\begin{aligned} D(\Delta^p x_i) &= D[\sum_{v=0}^{p} (-1)^p C_p^v \varepsilon_{i+p-v}] \\ &= \sum_{v=0}^{p} [(-1)^p C_p^v]^2 D(\varepsilon_{i+p-v}) = \sum_{v=0}^{p} (C_p^v)^2 \sigma^2 \end{aligned} \tag{10-18}$$

由于$(1+t)^a(1+t)^b=(1+t)^{a+b}$,将其两边展开,则$t^p$项的系数必相等,即

$$C_a^0 C_b^p + C_a^1 C_b^{p-1} + \cdots + C_a^v C_b^{p-v} + \cdots + C_a^p C_b^0 = C_{a+b}^p \tag{10-19}$$

令$a=b=p$,则得

$$\sum_{v=0}^{p} (C_p^v)^2 = C_{2p}^p \tag{10-20}$$

将式(10-20)代入式(10-18)则得到

$$D(\Delta^p x_i) = C_{2p}^p \sigma^2 \tag{10-21}$$

式(10-21)中$D(\Delta^p x_i)$表示$t_i$时刻测量数据$p$阶差分$\Delta^p x_i$的方差。为了尽可能应用所有的差分信息准确估计测量数据的方差,因而作如下平方和:

$$\sum_{i=1}^{N-p} (\Delta^p x_i)^2 \tag{10-22}$$

式中,$p=m+1$。现在对式(10-22)取数学期望,并利用式(10-16)和式(10-21),则可以得到

$$E[\sum_{i=1}^{N-p} (\Delta^p x_i)^2] = (N-p) C_{2p}^p \sigma^2 \tag{10-23}$$

由式(10-23)可知统计量为

$$S_p^2 = \frac{\sum_{i=1}^{N-p} (\Delta^p x_i)^2}{(N-p) C_{2p}^p} \tag{10-24}$$

是$\sigma^2$的无偏估计,且记$\hat{\sigma}_p^2 = S_p^2$。而均方差$\sigma$的估计可以用下式得到

$$S_p = \sqrt{\frac{\sum_{i=1}^{N-p} (\Delta^p x_i)^2}{(N-p) C_{2p}^p}} \tag{10-25}$$

又记 $\hat{\sigma}_p = S_p$。

式(10－24)和式(10－25)即为变量差分法得到外测数据随机误差方差和均方差的估计式。从上述推导可知,变量差分法的数学原理和计算公式比较简单,而且不需要序列$\{x_i\}$的附加统计信息,便于工程应用,但只适用于测量数据随机误差序列为白噪声序列的情况。对于较为复杂的误差噪声序列,如果应用这种方法,则方差 $\sigma^2$ 或均方差 $\sigma$ 统计结果往往是失真和不准确的。

**2. 多项式拟合阶数的确定**

下面将介绍一种比较直观的工程中常应用的确定多项式拟合阶数的方法。

从 $p \geqslant 0$ 开始,逐渐计算差分统计量 $S_p^2$,得到一组方差估计的序列 $S_0^2, S_1^2, \cdots, S_p^2, S_{p+1}^2, \cdots$。假若到 $p$ 阶差分时,式(10－11)$y_i$ 的成分已消除,即 $\Delta^p y_i = 0$,则 $\Delta^p x_i$ 中仅含有随机误差的成分。高于 $p$ 阶的差分中也仅含有随机误差成分。此时,有如下关系式:

$$S_p^2 \approx S_{p+1}^2 \tag{10-26}$$

或者

$$\frac{S_{p+1}^2}{S_p^2} \approx 1 \tag{10-27}$$

应用上述两关系式可判断多项式的阶数。到 $p$ 阶上述关系式成立时,则取多项式的阶数 $m = p + 1$。

此外,还有一种比较严密的应用 F 分布统计量作假设检验的判断方法,将在下一节介绍。

**3. 差分步长的选择**

在式(10－11)中曾假设测量数据随机误差序列是等方差且不相关的。如果测量数据随机误差序列是一个平稳的 $\tau$ 步相关的噪声序列,也就是对测量数据每隔 $\tau$ 步进行抽样,得到新的测量数据序列,其随机误差序列是白噪声序列。对于 $\tau$ 步相关的平稳随机误差序列的测量数据序列$\{x_i\}$,可以应用下述方法来统计其随机误差的方差。

对于测量数据序列$\{x_i, i=1,2,\cdots,N\}$,定义其步长为$L$的1阶差分为

$$\Delta x_{k+iL} = x_{k+(i+1)L} - x_{k+iL} \qquad \begin{aligned} &k=1,2,\cdots,L \\ &i=0,1,2,\cdots,\left[\frac{N}{L}\right]-2 \end{aligned} \tag{10-28}$$

而步长为$L$的2阶差分为

$$\Delta x_{k+iL}^2 = \sum_{j=0}^{2}(-1)^j C_2^j x_{k+(i+2-j)L} \qquad \begin{aligned} &k=1,2,\cdots,L \\ &i=0,1,2,\cdots,\left[\frac{N}{L}\right]-3 \end{aligned} \tag{10-29}$$

则步长为$L$的$p$阶差分为

$$\Delta x_{k+iL}^p = \sum_{j=0}^{p}(-1)^j C_p^j x_{k+(i+p-j)L} \qquad \begin{aligned} &k=1,2,\cdots,L \\ &i=0,1,2,\cdots,\left[\frac{N}{L}\right]-p-1 \end{aligned} \tag{10-30}$$

上面3式中的$\left[\frac{N}{L}\right]$为取整符号。

当$y_i$是$m$阶多项式时,则在$p \geqslant m+1$时有

$$\Delta^p y_{k+iL} = 0 \tag{10-31}$$

因此

$$\begin{aligned} \Delta^p x_{k+iL} &= \Delta^p \varepsilon_{k+iL} \qquad\qquad k=1,2,\cdots,L \\ &= \sum_{j=0}^{p}(-1)^j C_p^j \varepsilon_{k+(i+p-j)L} \qquad i=0,1,2,\cdots,\left[\frac{N}{L}\right]-p-1 \end{aligned} \tag{10-32}$$

同样可得到

$$\begin{aligned} D(\Delta^p x_{k+iL}) &= \sum_{j=0}^{p}[(-1)^j C_p^j]^2 D(\varepsilon_{k+(i+p-j)L}) \\ &= \sum_{j=0}^{p}(C_j^p)^2\sigma^2 = C_{2p}^p\sigma^2 \qquad k=1,2,\cdots,L \end{aligned}$$

$$i = 0,1,2,\cdots,\left[\frac{N}{L}\right] - p - 1 \tag{10-33}$$

为了尽量多应用已有的差分信息，以准确估计测量数据的方差，故作如下平方和：

$$\sum_{i=0}^{[N/L]-p-1} (\Delta^p x_{k+iL})^2 \tag{10-34}$$

然后，再对式(10－34)取数学期望，则得

$$E\left[\sum_{i=0}^{[N/L]-p-1} (\Delta^p x_{k+iL})^2\right] = (N - pL)C_{2p}^{p}\sum_{k=1}^{L}\sum_{i=0}^{[N/L]-p-1} (\Delta^p x_{k+iL})^2 \tag{10-35}$$

由上式得知可将统计量

$$S_{L_P}^2 = \frac{(p!)^2}{(N - pL)(2p!)}\sum_{k=1}^{L}\sum_{i=0}^{[N/L]-p-1} (\Delta^p x_{k+iL})^2 \tag{10-36}$$

作为测量数据$\{x_i\}$的随机误差方差的估计，而

$$S_{L_P} = \left[\frac{(p!)^2}{(N - pL)(2p!)}\sum_{k=1}^{L}\sum_{i=0}^{[N/L]-p-1} (\Delta^p x_{k+iL})^2\right]^{1/2} \tag{10-37}$$

作为$\{x_i\}$的随机误差均方差的估计。

$\{x_i\}$随机误差序列是平稳的 $\tau$ 步相关噪声序列，但 $\tau$ 往往是未知的，因此必须首先确定 $\tau$ 值。确定了拟合多项式的阶数 $p$ 后，按 $L$ 由小到大(即取 $L=0,1,2,\cdots,N-pL$)逐步计算式(10－36)。当计算到 $L$ 步和 $L+1$ 步 $p$ 阶差分结果满足下式时，有

$$\frac{S_{L_{p+1}}^2}{S_{(L+1)_p}^2} \approx 1 \tag{10-38}$$

则认为相关步长 $\tau = L$，即测量数据$\{x_i\}$随机误差序列从 $L+1$ 步后是不相关的。然后，取式(10－36)计算的结果 $S_{L_p}^2$，作为随机误差序列方差的估计，式(10－37)计算的 $S_{L_p}$ 作为均方差估计。

## 10.2.2　最小二乘拟合残差法

### 1. 数学原理

本节将介绍外测数据处理中估计随机误差方差的另外一种常

用方法——最小二乘拟合残差法。其基本原理是外测系统跟踪导弹所得测量量应该是随时间变化的连续曲线，故可用一个时间多项式来描述它。利用最小二乘估计可以拟合出测量数据的时间多项式，然后对拟合后的残差进行统计，得到测量数据的随机误差方差和相关函数（系数）的估计值。

假若在时间 $t_1,t_2,\cdots,t_N$ 上采样得到一组测量数据 $x_1,x_2,\cdots,x_N$（通常外测系统为等间隔采样）序列 $\{x_i\}$，可用下式表示为

$$x_i=y_i+\varepsilon_i \quad i=1,2,\cdots,N \tag{10-39}$$

式中，$y_i$——测量数据的真实信息与系统误差之和；

$\varepsilon_i$——测量随机误差。

现假定 $y_i$ 可以用一个 $m$ 阶多项式来描述，即

$$y_i=\sum_{j=0}^{m}a_jt_i^j \quad i=1,2,\cdots,N \tag{10-40}$$

这样，方程组(10-39)可以表示为

$$x_i=\sum_{j=0}^{m}a_jt_i^j+\varepsilon_i \quad i=1,2,\cdots,N \tag{10-41}$$

假设测量数据的随机误差序列 $\{\varepsilon_i\}$ 具有无偏性和等方差且不相关的性质。当 $N>m+1$ 时，对 $N$ 个测量数据 $\{x_i\}$ 应用最小二乘估计可估计出式(10-41)中多项式系数 $\{a_j\}$。首先将方程组(10-41)化成矩阵形式：

$$\boldsymbol{X}=\boldsymbol{T}\boldsymbol{a}+\boldsymbol{\varepsilon} \tag{10-42}$$

其中

$$\boldsymbol{T}=\begin{bmatrix}1 & t_1 & \cdots & t_1^m\\ 1 & t_2 & \cdots & t_2^m\\ \vdots & \vdots & & \vdots\\ 1 & t_N & \cdots & t_N^m\end{bmatrix},\boldsymbol{X}=\begin{bmatrix}x_1\\ x_2\\ \vdots\\ x_N\end{bmatrix},\boldsymbol{a}=\begin{bmatrix}a_0\\ a_1\\ \vdots\\ a_m\end{bmatrix},\boldsymbol{\varepsilon}=\begin{bmatrix}\varepsilon_1\\ \varepsilon_2\\ \vdots\\ \varepsilon_N\end{bmatrix}$$

由前面介绍的最小二乘估计，可以得到多项式系数向量 $\boldsymbol{a}$ 的估计为

$$\hat{\boldsymbol{a}}=(\boldsymbol{T}^{\mathrm{T}}\boldsymbol{T})^{-1}\boldsymbol{T}^{\mathrm{T}}\boldsymbol{X} \tag{10-43}$$

将 $\widehat{a}_0, \widehat{a}_1, \cdots, \widehat{a}_m$ 代入式(10-41),得到测量数据 $x_i$ 的估计为

$$\widehat{x}_i = \sum_{j=0}^{m} \widehat{a}_j t_i^j \qquad i = 1,2,\cdots,N \tag{10-44}$$

测量数据的残差平方和为

$$\sum_{i=1}^{N} (x_i - \widehat{x}_i)^2 = \sum_{i=1}^{N} (x_i - \sum_{j=0}^{m} \widehat{a}_j t_i^j)^2 \tag{10-45}$$

由数据统计理论可知,测量数据随机误差序列方差 $\sigma^2$ 的无偏估计为

$$\widehat{\sigma^2} = \frac{\sum_{i=1}^{N} (x_i - \sum_{j=0}^{m} \widehat{a}_j t_i^j)^2}{N - m - 1} \tag{10-46}$$

而随机误差的均方差 $\sigma$ 的估计为

$$\widehat{\sigma} = \left[ \frac{\sum_{i=1}^{N} (x_i - \sum_{j=0}^{m} \widehat{a}_j t_i^j)^2}{N - m - 1} \right]^{1/2} \tag{10-47}$$

式(10-46)和式(10-47)便是利用最小二乘拟合估计测量数据随机误差的方差和均方差的公式。

在前面的推导过程中,假设测量数据随机误差序列$\{\varepsilon_i\}$是不相关的,但对于平稳相关噪声序列$\{\varepsilon_i\}$仍可应用最小二乘拟合残差法来估计它们的随机误差方差,只不过它不具有最优性。按最优估计原理,对平稳相关噪声序列应使用加权最小二乘估计(马尔可夫估计)来估计多项式系数,但因计算加权矩阵的逆矩阵相当困难,而加权矩阵往往又是未知的,且当测量数据的个数 $N$ 充分大时,由最小二乘估计(高斯估计)得到的估值一致收敛于加权最小二乘估计(马尔可夫估计),故常将最小二乘估计所得结果作为多项式系数估计,也就是仍用式(10-46)和式(10-47)作为平稳相关随机噪声序列的方差和均方差估计,按同样原理,还可以得到随机误差序列$\{\varepsilon_i\}$的协方差系数和相关系数的无偏估计,其中 $\tau$ 步相关随机噪声序列的协方差系数估计为

$$\widehat{k}_\tau = \frac{\sum_{i=1}^{N-\tau}(x_i - \sum_{j=0}^{m}\widehat{a}_j t_i^j)(x_{i+\tau} - \sum_{j=0}^{m}\widehat{a}_j t_{i+\tau}^j)}{N - m - 1 - \tau} \quad (10-48)$$

而 $\tau$ 步相关系数估计为

$$\widehat{\rho} = \frac{\widehat{k}_\tau}{\widehat{\sigma}^2} \quad (10-49)$$

由此可见,最小二乘拟合残差法的假设条件比变量差分法要宽,而且还可以估计出测量数据随机误差序列的相关系数。因此,应用最小二乘拟合残差法要比变量差分法具有更大的优越性、适应性和准确性,更适合于实测数据的处理。用于无线电测量系统实测数据的结果表明,最小二乘拟合残差法还可以较好估计出隐周期噪声成分。

**2. 利用 F 统计量检验多项式阶数**

最小二乘拟合残差法要用 $m$ 阶多项式去拟合测量数据序列 $\{x_i\}$,但首先需确定阶数 $m$。在 10.2.1 节中,介绍了用统计量序列 $\{S_p\}$ 随 $p$ 阶的变化关系式(10-26)和式(10-27)来确定多项式阶数,该方法也适用于最小二乘拟合残差法多项式阶数的确定。在本小节中,将介绍另一种较严密的方法,即利用线性模型假设检验的 F 分布统计量来确定多项式阶数。

这里是利用线性模型假设检验方法来确定多项式阶数。由于 $m$ 阶时间多项式模型也是一个线性模型,可将式(10-41)改写为

$$x_i = a_0 + a_1 t_i + a_2 t_i^2 + \cdots + a_m t_i^m + \varepsilon_i \quad i = 1, 2, \cdots, N \quad (10-50)$$

假如多项式模型式(10-50)的阶数为 $m$,则 $a_m \neq 0$,而所有大于 $m$ 的 $a_j \equiv 0$。因此由下列假设

$$H_o: \begin{matrix} a_j = 0 (j > m) \\ a_m \neq 0 \end{matrix} \quad (10-51)$$

是否成立来确定 $m$。

根据线性模型假设检验,假设 $a_j = 0$,则作如下统计量为

$$F_j = \frac{(N - j - 1) S_j}{\theta_j} \quad (10-52)$$

式中，$S_j=\theta_{j-1}-\theta_j$，而 $\theta_j$ 为测量数据$\{x_i\}$对于 $j$ 阶拟合多项式的残差平方和，即为

$$\theta_j = \sum_{i=1}^{N}(x_i - \sum_{l=0}^{j}\hat{a}_j t_i^l)^2 \tag{10-53}$$

式中，$\hat{a}_1,\hat{a}_2,\cdots,\hat{a}_j$ 为式(10－43)取 $m=j$ 时得到的结果。

由统计数学可知，$F_j$ 是服从自由度为$(1,N-j-1)$的 F 分布，由此可检验 $a_j$ 是否等于零。

现从 $j=1$ 开始，逐渐增大 $j$ 计算对应的 $F_j$ 值，并且对所有 $a_j=0$ 进行假设检验。如果在 $j=m$ 时，$a_m\neq0$，而所有大于 $m$ 的 $a_j\equiv0$，则取多项式阶数为 $m$。

当作线性模型假设检验时，假设随机误差序列为正态分布才能得到 F 分布，而测量数据随机误差序列通常认为近似满足正态分布。

**3. 正交多项式拟合残差方法**

利用最小二乘拟合残差法，估计每一阶多项式系数时，都需要计算式(10－43)。当多项式阶数较低时，矩阵$(\boldsymbol{T}^{\mathrm{T}}\boldsymbol{T})^{-1}$的计算比较容易，而且还可用一个显式来表示。但是随着阶数的增加，该逆矩阵的计算越来越复杂，而且无法用显式表示。为此，采用一组正交多项式族来拟合测量数据，可以使多项式拟合的计算大大简化，而且中间表达式也可用显示表示。

将式(10－40)改写成下式：

$$y_i = a_0p_0(t_i) + a_1p_1(t) + \cdots + a_mp_m(t_i) \tag{10-54}$$

式中，引入的一族正交多项式 $p_0(t),p_1(t),\cdots,p_m(t)$ 满足下述关系式：

$$\sum_{i=1}^{N}p_r(t_i)p_l(t_i) = [p_r(t)p_l(t)] = \begin{cases} 0 & r\neq l \\ \sum_{i=1}^{N}p_r^2(t_i) & r=l \end{cases} \tag{10-55}$$

关于正交多项式族$\{p_j(t)\}$的构成问题，在此不详细推导，仅列出结果。由于外测数据通常是等间隔采样的，即 $t_i=ih(i=1,$

$2,\cdots,N)$，$h$ 为采样间隔，正交多项式族分别为

$$\begin{cases}p_{h,0}(t)=1\\ p_{h,1}(t)=t-\bar{t},\ \bar{t}=\dfrac{N+1}{2}h\\ p_{h,2}(t)=(t-\bar{t})^2-\dfrac{N^2-1}{12}h^2\\ p_{h,3}(t)=(t-\bar{t})^3-\dfrac{3N^2-7}{20}h^2(t-\bar{t})\\ p_{h,4}(t)=(t-\bar{t})^4-\dfrac{3N^2-13}{14}h^2(t-\bar{t})^2+\dfrac{3(N^2-1)(N^2-9)}{560}h^4\end{cases} \tag{10-56}$$

由此可以得到等间隔采样点上满足下列递推关系的正交多项式为

$$p_{h,j+1}(t)=p_{h,1}(t)p_{h,j}(t)-\frac{j^2(N^2-j^2)}{4(4j^2-1)}h^2p_{h,j-1}(h) \tag{10-57}$$

而

$$\begin{aligned}[p_{h,j}(t)\cdot p_{h,j}(t)]&=\frac{(j!)^2N(N^2-1)(N^2-4)\cdots(N^2-j^2)h^{2j}}{(1\cdot 3\cdot 5\cdots(2j-1))^2(2j+1)}\\ &=\frac{(j!)^4\prod\limits_{\tau=-j}^{+j}(N-\tau)}{(2j)!\ (2j+1)!}h^{2j}\end{aligned} \tag{10-58}$$

记 $S_h(N,j)=[p_{h,j}(t)\cdot p_{h,j}(t)]$，当 $h=1$ 时，记为 $S(N,j)$。这样式(10-42)中矩阵 $\boldsymbol{T}$ 可以表示为

$$\boldsymbol{T}=\begin{bmatrix}p_0(t_1) & p_1(t_1) & \cdots & p_m(t_1)\\ p_0(t_2) & p_1(t_2) & \cdots & p_m(t_2)\\ \vdots & \vdots & & \vdots\\ p_0(t_N) & p_1(t_N) & \cdots & p_m(t_N)\end{bmatrix} \tag{10-59}$$

因而

$$(\boldsymbol{T}^{\mathrm{T}}\boldsymbol{T})^{-1}=\mathrm{diag}\left[\frac{1}{[p_0(t)p_0(t)]},\frac{1}{[p_1(t)p_1(t)]},\cdots,\frac{1}{[p_m(t)p_m(t)]}\right] \tag{10-60}$$

并且记

$$\sum_{i=1}^{N} p_j(t_i)x_i = [p_j(t)x] \quad j = 0,1,\cdots,m \tag{10-61}$$

将式(10-61)及上述$(\boldsymbol{T}^{\mathrm{T}}\boldsymbol{T})^{-1}$的表达式代入式(10-43),则得到正交多项式系数 $a_j$ 的估计为

$$\hat{a}_j = \frac{[p_j(t)x]}{[p_j(t)p_j(t)]} \tag{10-62}$$

再将 $\hat{a}_j$ 代入式(10-41)、式(10-46)和式(10-47),得到正交多项式拟合测量数据的随机误差方差和均方差的估计。显然,两种不同形式多项式的拟合结果是完全一致的。最后,将式(10-62)得到的 $\hat{a}_j$ 代入式(10-45)、式(10-48)和式(10-49),则得到由正交多项式拟合测量数据协方差系数和相关系数的估计。

正交多项式的阶数确定同样可以按 10.2.1 节的 F 统计量方法进行,其方法与步骤也相同,仅仅将式(10-53)中 $\hat{a}_j$ 改为表达式(10-62)。

### 10.2.3 样条多项式拟合残差法

前面两种方法假设外测数据的真实信号和系统误差可用时间多项式(或正交多项式)拟合,但是拟合的采样区间长度一般在 5s~10s,拟合多项式的阶数 $L$ 不大于 4 阶。但是测量数据的测量时间一般有几十秒甚至上百秒,这样必须分段用多项式拟合和统计随机误差。在此,介绍样条多项式拟合残差法可以避免上述情况,它可以对一整段测量数据(几十秒甚至上百秒)进行统计随机误差的度量值。

**1. 测量数据的样条多项式描述**

假设 $N$ 个离散等间隔采样的测量数据 $x_0, x_i, \cdots, x_N$ 仍按式(10-9)表示成

$$x_i = x_i^0 + \Delta S_i + \varepsilon_i \qquad i = 1,2,\cdots,N \tag{10-63}$$

式中,$x_i^0$——测量数据的真实信息;

$\Delta S_i$——测量数据的系统误差；

$\varepsilon_i$——测量数据的随机误差。

现假设测量数据的真实值 $x_i^0$ 和系统误差 $\Delta S_i$ 可以用一个 3 阶标准 $B(t)$ 样条多项式描述，即

$$x^0(t) + \Delta S(t) = \sum_{k=0}^{L+1} \alpha_k B\left(\frac{t - t_k}{h}\right) \tag{10-64}$$

式中，$[T_0, T_l]$ 为测量数据处理区间，即 $T_0 = t_1, T_l = t_N$。

现记 $h = \dfrac{T_L - T_0}{L}$，$L$ 为分段数（可大于 $t_0$），且 $T_k = T_0 + k\dfrac{T_L - T_0}{L}$，并记

$$T_{-1} = T_0 - h, T_{L+1} = T_L + h$$

而 3 阶 B 样条函数形式为

$$B(t_1') = \begin{cases} 0 & |t'| \geqslant 2 \\ \dfrac{|t'|^3}{2} - t'^2 + \dfrac{2}{3} & |t'| < 1 \\ \dfrac{-|t'|^3}{6} + t'^2 - 2|t'| + \dfrac{4}{3} & \text{其他} \\ t' = \dfrac{t - t_k}{h} & \end{cases} \tag{10-65}$$

将式（10-64）代入式（10-63）得到测量数据 $\{x_i\}$ 用 3 阶 B 样条表示式为

$$x_i = \sum_{k=-1}^{L+1} \alpha_k B\left(\frac{t - t_k}{h}\right) + \varepsilon_i \quad i = 1, 2, \cdots, N \tag{10-66}$$

式中，$\alpha_k$——未知的待求的 3 阶 B 样条函数的样条系数。

**2. 样条系数的估计**

在式（10-66）中，共有 $L+3$ 个未知的样条系数，$B\left(\dfrac{t-t_k}{h}\right)$ 为已知的函数值，$x_i$ 为 $N$ 个已知测量数据。一般 $L+3 < N$，当 $N \gg L+3$ 时，利用高斯—马尔可夫估计来估计样条系数 $\alpha_k$。

记 $\boldsymbol{B}=\begin{bmatrix} B\left(\frac{t_1-T_{-1}}{h}\right) & B\left(\frac{t_1-T_0}{h}\right) & \cdots & B\left(\frac{t_1-T_{L+1}}{h}\right) \\ B\left(\frac{t_2-T_{-1}}{h}\right) & B\left(\frac{t_2-T_0}{h}\right) & \cdots & B\left(\frac{t_2-T_{L+1}}{h}\right) \\ \vdots & \vdots & & \vdots \\ B\left(\frac{t_N-T_{-1}}{h}\right) & B\left(\frac{t_N-T_0}{h}\right) & \cdots & B\left(\frac{t_N-T_{L+1}}{h}\right) \end{bmatrix}$

$$\boldsymbol{X}=\begin{bmatrix} x_1 \\ x_2 \\ \vdots \\ x_N \end{bmatrix},\boldsymbol{\alpha}=\begin{bmatrix} \alpha_{-1} \\ \alpha_0 \\ \vdots \\ \alpha_{L+1} \end{bmatrix},\boldsymbol{\varepsilon}=\begin{bmatrix} \varepsilon_1 \\ \varepsilon_2 \\ \vdots \\ \varepsilon_N \end{bmatrix}$$

则测量方程(10－66)可以用矩阵形式表示成

$$\boldsymbol{X}=\boldsymbol{B\alpha}+\boldsymbol{\varepsilon} \tag{10-67}$$

假设测量随机误差向量 $\boldsymbol{\varepsilon}$ 的在时间序列上独立同等方差 $\sigma^2$，则由 LS 估计得到样条系数 $\boldsymbol{\alpha}$ 的估值为

$$\hat{\boldsymbol{\alpha}}=(\boldsymbol{B}^{\mathrm{T}}\boldsymbol{B})^{-1}\boldsymbol{B}^{\mathrm{T}}\boldsymbol{X} \tag{10-68}$$

估值误差协方差阵为

$$\boldsymbol{P}_{\hat{\alpha}}=(\boldsymbol{B}^{\mathrm{T}}\boldsymbol{B})^{-1}\sigma^2 \tag{10-69}$$

在实际测量中矩阵 $\boldsymbol{B}$ 大部分元素为零元素，矩阵的具体表示式是比较简单的稀疏矩阵，计算还是较方便的。

**3. 测量数据随机误差的统计**

现将式(10－68)中样条系数估值 $\hat{\boldsymbol{\alpha}}$ 代入式(10－66)中，立即得到测量数据 $x_i$ 的估计值为

$$\hat{x}_i=\sum_{k=-1}^{L+1}\hat{\alpha}_k B\left(\frac{t-T_k}{h}\right) \quad i=1,2,\cdots,N \tag{10-70}$$

而测量数据的残差平方和为

$$\sum_{i=1}^{N}(x_i-\hat{x}_i)^2=\sum_{i=1}^{N}\left[x_i-\sum_{k=-1}^{L+1}\hat{\alpha}_k B\left(\frac{t_i-T_k}{h}\right)\right]^2 \tag{10-71}$$

由高斯—马尔可夫估计可知测量数据随机误差序列方差 $\sigma^2$ 的无偏估计为

$$\widehat{\sigma}^2 = \frac{\sum_{i=1}^{N}\left[x_i - \sum_{k=-1}^{L+1}\widehat{\alpha}_k B\left(\frac{t_i - T_k}{h}\right)\right]^2}{N - m - 1} \tag{10-72}$$

而随机误差的均方差 $\sigma$ 的估计为

$$\widehat{\sigma} = \left\{\frac{\sum_{i=1}^{N}\left[x_i - \sum_{k=-1}^{L+1}\widehat{\alpha}_k B\left(\frac{t_i - T_k}{h}\right)\right]^2}{N - m - 1}\right\}^{1/2} \tag{10-73}$$

类似于 10.2.2 节可以得到随机误差序列 $\varepsilon_i$ 的协方差系数和相关系数的无偏估计,其中 $\tau$ 步相关随机噪声序列的协方差系数估计为

$$\widehat{k}_\tau = \frac{\sum_{i=1}^{N-\tau}\left[x_i - \sum_{k=-1}^{L+1}\widehat{\alpha}_k B\left(\frac{t_i - T_k}{h}\right)\right]\left[x_{i+\tau} - \sum_{k=-1}^{L+1}\widehat{\alpha}_k B\left(\frac{t_i - T_k}{h}\right)\right]}{N - m - 1 - \tau} \tag{10-74}$$

$\tau$ 步相关系数估计为

$$\widehat{\rho}_\tau = \frac{\widehat{k}_\tau}{\widehat{\sigma}^2} \tag{10-75}$$

由于样条拟合统计随机误差度量时,充分利用长弧段的测量数据,故数据量大,一般地,其统计结果比一般多项式拟合结果更为精确。

## 10.2.4 卡尔曼自适应统计方法

### 1. 推广的卡尔曼滤波

由于测量数据的测量方程通常为非线性方程,在此,主要应用推广的卡尔曼滤波统计测量数据的随机误差特性。有关推广的卡尔曼滤波的原理和推导的文献很多,在此,不作一般推导,直接列出卡尔曼滤波的表达式。

假设非线性离散状态模型为

$$\boldsymbol{X}_k = \boldsymbol{\phi}(\boldsymbol{X}_{k-1}) + \boldsymbol{W}_k \tag{10-76}$$

而测量模型为

$$\boldsymbol{Z}_k=\boldsymbol{h}(\boldsymbol{X}_k)+\boldsymbol{V}_k \tag{10-77}$$

式中，$\boldsymbol{\phi}$ 和 $\boldsymbol{h}$——非线性函数；

$\boldsymbol{W}_k$ 和 $\boldsymbol{V}_k$——动力学噪声和测量噪声，而且是两列互不相关的零均值白噪声序列。

假定初始时刻状态为 $\hat{\boldsymbol{X}}_0$，误差协方差阵为 $\boldsymbol{P}_{0/0}$。如果得到了 $t_{k-1}$时刻状态估值 $\hat{\boldsymbol{X}}_{k-1/k-1}$和对应误差协方差阵 $\boldsymbol{P}_{k-1/k-1}$后，直接代入状态模型，可得到 $t_k$ 时刻状态 $\boldsymbol{X}_k$ 的一步预测值 $\hat{\boldsymbol{X}}_{k/k-1}$，即为

$$\hat{\boldsymbol{X}}_{k/k-1}=\boldsymbol{\phi}(\hat{\boldsymbol{X}}_{k-1/k-1}) \tag{10-78}$$

其协方差阵 $\boldsymbol{P}_{k/k-1}$为

$$\boldsymbol{P}_{k/k-1}=\left.\frac{\partial\boldsymbol{\phi}}{\partial\boldsymbol{X}}\right|_{\hat{\boldsymbol{X}}_{k-1/k-1}}\boldsymbol{P}_{k-1/k-1}\left.\frac{\partial\boldsymbol{\phi}^{\mathrm{T}}}{\partial\boldsymbol{X}}\right|_{\hat{\boldsymbol{X}}_{k-1/k-1}}+\boldsymbol{Q}_{k-1} \tag{10-79}$$

而 $t_k$ 时刻的状态 $\boldsymbol{X}_k$ 的滤波估计为

$$\hat{\boldsymbol{X}}_{k/k}=\hat{\boldsymbol{X}}_{k/k-1}+\boldsymbol{K}_k[Z_k-h(\hat{\boldsymbol{X}}_{k/k-1})] \tag{10-80}$$

其中增益矩阵为

$$\boldsymbol{K}_k=\boldsymbol{P}_{k/k-1}\boldsymbol{H}_k^{\mathrm{T}}[\boldsymbol{H}_k\boldsymbol{P}_{k/k-1}\boldsymbol{H}_k^{\mathrm{T}}+\boldsymbol{R}_k]^{-1}=\boldsymbol{P}_{k/k}\boldsymbol{H}_k\boldsymbol{R}_k^{-1} \tag{10-81}$$

$\hat{\boldsymbol{X}}_{k/k}$的误差协方差阵为

$$\begin{aligned}\boldsymbol{P}_{k/k}&=(\boldsymbol{I}-\boldsymbol{K}_k\boldsymbol{H}_k)\boldsymbol{P}_{k/k-1}(\boldsymbol{I}-\boldsymbol{K}_k\boldsymbol{H}_k)^{\mathrm{T}}+\boldsymbol{K}_k\boldsymbol{R}_k\boldsymbol{K}_k^{\mathrm{T}}\\&=(\boldsymbol{I}-\boldsymbol{K}_k\boldsymbol{H}_k)\boldsymbol{P}_{k/k-1}\end{aligned} \tag{10-82}$$

式中，$\boldsymbol{H}_k=\left.\dfrac{\partial\boldsymbol{h}}{\partial\boldsymbol{X}}\right|_{\hat{\boldsymbol{X}}_{k/k-1}}$。

由表达式(10－78)～式(10－82)构成推广的卡尔曼滤波公式。当给定 $\hat{\boldsymbol{X}}_{0/0}$、$\boldsymbol{P}_{0/0}$后，便可应用递推运算，得到 $t_k$ 时刻状态估计 $\hat{\boldsymbol{X}}_{k/k}$和误差协方差阵 $\boldsymbol{P}_{k/k}$。

**2. 自适应推广的卡尔曼统计随机误差特性**

在卡尔曼滤波递推过程中，利用测量数据对未知的或不准确的系统模型参数和噪声特性进行估计，并给予修正以给出准确的模型和精确的噪声特性，这种方法称为自适应滤波。

自适应滤波不仅可精化模型，改进滤波器的设计，减小滤波误

差,还可以估计和修正外测数据中的系统误差。此外,还可以估计测量随机误差的噪声特性(方差)。

通常所说模型不准确和噪声特性不精确(或未知),包含 4 项重要内容:①动力学模型不准确;②动力学模型的动态噪声特性未知;③测量模型中还存在测量系统误差;④测量随机误差的噪声特性未知。如果要同时解决这 4 项内容,自适应滤波器是难以实现的。在此,主要介绍第④项测量随机误差的噪声特性未知时的自适应滤波。

假设动力学模型和测量模型准确,动力学噪声特性 $Q_k$ 为已知,而测量噪声特性 $\boldsymbol{R}_k$ 为未知的情况。现在用自适应滤波解算状态 $\boldsymbol{X}_k$,并且估计测量噪声特性 $\boldsymbol{R}_k$。记

$$\boldsymbol{r}_k = \boldsymbol{Z}_k - \boldsymbol{H}_k \widehat{\boldsymbol{X}}_{k/k-1} \tag{10-83}$$

对上式取 $\boldsymbol{r}_k \boldsymbol{r}_k^{\mathrm{T}}$ 的数学期望,则有

$$\begin{aligned}
E[\boldsymbol{r}_k \boldsymbol{r}_k^{\mathrm{T}}] &= E[(\boldsymbol{Z}_k - \boldsymbol{H}_k \widehat{\boldsymbol{Z}}_{k/k-1})(\boldsymbol{Z}_k - \boldsymbol{H}_k \widehat{\boldsymbol{Z}}_{k/k-1})^{\mathrm{T}}] \\
&= E[(\boldsymbol{Z}_k - E\boldsymbol{Z}_k + E\boldsymbol{Z}_k - \boldsymbol{H}_k \widehat{\boldsymbol{X}}_{k/k-1})(\boldsymbol{Z}_k - E\boldsymbol{Z}_k + E\boldsymbol{Z}_k - \boldsymbol{H}_k \widehat{\boldsymbol{X}}_{k/k-1})^{\mathrm{T}}] \\
&= E[(\boldsymbol{Z}_k - E\boldsymbol{Z}_k)(\boldsymbol{Z}_k - E\boldsymbol{Z}_k)^{\mathrm{T}}] + E[(\boldsymbol{Z}_k - E\boldsymbol{Z}_k)(E\boldsymbol{Z}_k \\
&\quad - \boldsymbol{H}_k \widehat{\boldsymbol{X}}_{k/k-1})^{\mathrm{T}}] + E[(E\boldsymbol{Z}_k - \boldsymbol{H}_k \widehat{\boldsymbol{X}}_{k/k-1})(\boldsymbol{Z}_k - E\boldsymbol{Z}_k)^{\mathrm{T}}] \\
&\quad + E[(E\boldsymbol{Z}_k - \boldsymbol{H}_k \widehat{\boldsymbol{X}}_{k/k-1})(E\boldsymbol{Z}_k - \boldsymbol{H}_k \widehat{\boldsymbol{X}}_{k/k-1})^{\mathrm{T}}]
\end{aligned} \tag{10-84}$$

由于

$$\boldsymbol{Z}_k - E\boldsymbol{Z}_k = \boldsymbol{H}_k X_k - \boldsymbol{H}_k \boldsymbol{X}_k + \boldsymbol{V}_k = \boldsymbol{V}_k \tag{10-85}$$

而

$$\begin{aligned}
E[\boldsymbol{Z}_k - \boldsymbol{H}_k \widehat{\boldsymbol{X}}_{k/k-1}] &= \boldsymbol{H}_k \boldsymbol{X}_k - \boldsymbol{H}_k \widehat{\boldsymbol{X}}_{k/k-1} \\
&= \boldsymbol{H}_k (\boldsymbol{X}_k - \boldsymbol{\phi}_{k,k-1} \widehat{\boldsymbol{X}}_{k-1/k-1})
\end{aligned} \tag{10-86}$$

将式(10-85)和式(10-86)代入式(10-84),得到

$$\begin{aligned}
E[\boldsymbol{r}_k \boldsymbol{r}_k^{\mathrm{T}}] &= \boldsymbol{R}_k + E[\boldsymbol{V}_k (\boldsymbol{H}_k \boldsymbol{X}_k - \boldsymbol{H}_k \widehat{\boldsymbol{X}}_{k/k-1})^{\mathrm{T}}] \\
&\quad + E[(\boldsymbol{H}_k \boldsymbol{X}_k - \boldsymbol{H}_k \widehat{\boldsymbol{X}}_{k/k-1}) \boldsymbol{V}_k] \\
&\quad + E[(E\boldsymbol{Z}_k - \boldsymbol{H}_k \widehat{\boldsymbol{X}}_{k/k-1})(E\boldsymbol{Z}_k - \boldsymbol{H}_k \widehat{\boldsymbol{X}}_{k/k-1})^{\mathrm{T}}]
\end{aligned} \tag{10-87}$$

由于 $E[\boldsymbol{H}_k\boldsymbol{X}_k\boldsymbol{V}_k]=\boldsymbol{0}$，而且 $\widehat{\boldsymbol{X}}_{k/k-1}$ 与测量数据 $\boldsymbol{Z}_1,\boldsymbol{Z}_2,\cdots,\boldsymbol{Z}_{k-1}$ 有关，与测量数据 $\boldsymbol{Z}_k$ 无关，故有

$$E[(\boldsymbol{V}_k\boldsymbol{H}_k\widehat{\boldsymbol{X}}_{k/k-1})^{\mathrm{T}}]=\boldsymbol{0} \tag{10-88}$$

将上式代入式(10-87)，经过整理后得到

$$\begin{aligned}E[\boldsymbol{r}_k\boldsymbol{r}_k^{\mathrm{T}}]&=\boldsymbol{R}_k+E[(\boldsymbol{H}_k\boldsymbol{X}_k-\boldsymbol{H}_k\widehat{\boldsymbol{X}}_{k/k-1})(\boldsymbol{H}_k\boldsymbol{X}_k-\boldsymbol{H}_k\widehat{\boldsymbol{X}}_{k/k-1})^{\mathrm{T}}]\\&=\boldsymbol{R}_k+\boldsymbol{H}_kE[(\boldsymbol{X}_k-\widehat{\boldsymbol{X}}_{k/k-1})(\boldsymbol{X}_k-\widehat{\boldsymbol{X}}_{k/k-1})^{\mathrm{T}}]\boldsymbol{H}_k^{\mathrm{T}}\\&=\boldsymbol{R}_k+\boldsymbol{H}_k\boldsymbol{P}_{k/k-1}\boldsymbol{H}_k^{\mathrm{T}}\end{aligned} \tag{10-89}$$

现取

$$\boldsymbol{r}_k\boldsymbol{r}_k^{\mathrm{T}}-\boldsymbol{H}_k\boldsymbol{P}_{k/k-1}\boldsymbol{H}_k^{\mathrm{T}}=\widehat{\boldsymbol{R}}_k \tag{10-90}$$

由式(10-90)可知，$\widehat{\boldsymbol{R}}_k$ 是 $\boldsymbol{R}_k$ 的无偏估计。

由式(10-90)与式(10-78)~式(10-83)组成可估计测量噪声协方差阵 $\boldsymbol{R}_k$ 的自适应滤波器。使用时，根据初始条件 $\widehat{\boldsymbol{X}}_{0/0}$、$\boldsymbol{P}_{0/0}$，然后将每步由式(10-90)计算的 $\widehat{\boldsymbol{R}}_k$ 取代自适应滤波器中的 $\boldsymbol{R}_k$。开始时，由于测量数据较少，$\widehat{\boldsymbol{R}}_k$ 值的起伏可能较大，但随着测量数据的增加将会逐渐稳定。

应用自适应推广卡尔曼滤波统计测量数据随机误差特性 $\widehat{\boldsymbol{R}}_k$ 时，存在卡尔曼滤波普遍性问题，即状态方程(10-78)的准确性，否则估值结果会逐渐发散。因此需要随时调准状态方程模型和模型噪声 $\boldsymbol{Q}_k$，当然也可以利用自适应滤波原理来估计噪声特性 $\boldsymbol{Q}_k$，对此，可以参考有关文献。

## 10.3 外测系统测量精度自鉴定技术

外测系统测量精度自鉴定技术是一种“软方法”，也是外测系统精度鉴定的重要技术途径，它主要利用多台(套)外测系统同时跟踪测量飞行目标(导弹、火箭、卫星等航天器)，获取“众多”和“冗余”的测量数据，利用“EMBET”自校准技术估计和校准测量数据的系统误差，并获取精确的目标空间参数，以此为标准评定被鉴

定外测系统的测量精度，有时人们称此为“EMBET”自鉴定技术。事实上，早期提出的“EMBET”自校准技术主要是用于导弹、卫星跟踪系统的测量精度自鉴定，随着技术的应用和发展，它已经广泛应用于精确地确定导弹弹道、卫星的弹道和轨道。

本章节主要介绍“EMBET”自鉴定技术方法及其改进和发展，特别是详细地阐述了轨道约束“EMBET”自鉴定技术。

### 10.3.1 “EMBET”自鉴定技术

在7.6.1节中已详细阐述了“EMBET”自校准技术的原理并推导了算法公式。本小节在此基础上介绍自鉴定外测系统测量精度的原理，这里仍引用测量方程(7-107)为

$$\boldsymbol{Y}_j=\boldsymbol{A}_j\boldsymbol{X}_j+\boldsymbol{B}_j\boldsymbol{C}+\boldsymbol{\xi}_j \qquad j=1,2,\cdots,N \tag{10-91}$$

式中，$\boldsymbol{Y}_j$——$t_j$ 时刻测量数据向量；

$\boldsymbol{X}_j$——$t_j$ 时刻飞行目标空间参数（位置、速度）组成的状态向量；

$\boldsymbol{A}_j$——$t_j$ 时刻已知系数矩阵；

$\boldsymbol{C}$——外测系统系统误差向量；

$\boldsymbol{B}_j$——$t_j$ 时刻系统误差模型的系数矩阵；

$\boldsymbol{\xi}_j$——$t_j$ 时刻随机误差向量。

根据 $N$ 个测量向量，由“EMBET”自校准技术可以同时解算出估计系统误差向量 $\widehat{\boldsymbol{C}}$ 和 $t_j$ 时刻状态向量 $\widehat{\boldsymbol{X}}_j(j=1,2,\cdots,N)$。现在列出鉴定测元的各项误差源和测量精度的公式。首先利用“EMBET”自校准技术对误差系数估值 $\widehat{\boldsymbol{C}}$ 代入误差模型，得到

$$\Delta\widehat{\boldsymbol{S}}_j=\boldsymbol{B}_j\widehat{\boldsymbol{C}} \tag{10-92}$$

作为测量数据系统误差估值。由误差原理可知，随机误差的协方差阵的估值为

$$\widehat{\boldsymbol{k}}=\frac{\sum_{j=1}^{N}(\boldsymbol{Y}_j-\boldsymbol{A}_j\widehat{\boldsymbol{X}}_j-\boldsymbol{B}_j\widehat{\boldsymbol{C}})(\boldsymbol{Y}_j-\boldsymbol{A}_j\widehat{\boldsymbol{X}}_j-\boldsymbol{B}_j\widehat{\boldsymbol{C}})^{\mathrm{T}}}{N-1} \tag{10-93}$$

而测量向量 $\boldsymbol{Y}$ 的总误差协方差阵估计为

$$\widehat{\boldsymbol{\Delta}} = \frac{\sum_{j=1}^{N}(\boldsymbol{Y}_j - \boldsymbol{A}_j\widehat{\boldsymbol{X}}_j)(\boldsymbol{Y}_j - \boldsymbol{A}_j\widehat{\boldsymbol{X}}_j)^{\mathrm{T}}}{N-1} \tag{10-94}$$

上述三式给出了测量数据的系统误差、随机误差和总误差估值表达式。

### 10.3.2　样条约束"EMBET"自鉴定技术

在 7.6.4 节中阐述了样条约束"EMBET"自校准技术及相应的解算公式。首先将解算的样条系数向量估值 $\widehat{\boldsymbol{\alpha}}_k, \widehat{\boldsymbol{\beta}}_k, \widehat{\boldsymbol{\gamma}}_k$ 代入式(7-164)和式(7-165),得到目标的弹道位置参数估值 $\widehat{X}(t)$, $\widehat{Y}(t)$, $\widehat{Z}(t)$ 和速度参数 $\widehat{\dot{X}}(t)$, $\widehat{\dot{Y}}(t)$, $\widehat{\dot{Z}}(t)$ 估值。然后由弹道参数向量估值与测量数据误差系数估值 $\widehat{\boldsymbol{C}}$ 一起,按 10.3.1 节的式(10-92)、式(10-93)和式(10-94),计算得到测量数据的各项误差和总误差的协方差阵估值。

同样的测量数据在相同的测量元素、采样弧段、误差模型条件下,弹道样条约束"EMBET"自校准技术比常规"EMBET"自校准技术具有更大的"冗余度"。从统计估计理论可知,前者对待估参数估计(弹道参数向量 $\boldsymbol{X}_j$ 和误差系数向量 $\boldsymbol{C}$)的效果比后者更优良。或者从另一角度来说,减少一定测量元素,前者的估计效果仍然可以达到同样估计的效果。例如,试验场利用 6 个异地的测速元素仍可以应用弹道样条"EMBET"自校准技术估计样条系数向量(也就是估计了弹道参数向量)和误差系数向量,而此时常规的"EMBET"自校准技术却连应用的基本条件都不存在。因此,利用样条约束"EMBET"自校准技术可以使外测设备的测量精度评定更准确、更有效。

鉴于上述结论,可以将导弹或运载火箭弹道测量的自鉴定技术推广到卫星等航天器的轨道测量中。通常跟踪测量卫星的设备较少,例如由多台测量距离 $R$、方位角 $A$ 和高低角 $E$(有时还含有距离

变化率 $\dot{R}$)的测量雷达组成雷达链对轨道进行测量,但它们在每圈的跟踪轨道弧度上只有单台雷达测量。考虑到样条约束"EMBET"自校准技术的特点和优越性,以及提供准确轨道动力学模型的难度,提出利用样条约束"EMBET"自鉴定技术对测量雷达精度实现自鉴定,可以有效地拓展外测系统测量精度自鉴定技术的应用。

### 10.3.3 轨道约束"EMBET"自鉴定技术

**1. 轨道约束"EMBET"自校准技术的数学原理**

根据开普勒运动三大定律和二体力学运动的性质,卫星或航天器的运行轨道在无摄动影响情况下,由6个轨道根数 $a$(轨道长半轴),$e$(偏心率),$\Omega$(升交点赤经)、$i$(轨道平面倾角)、$\omega$(近地点偏角)和 $t_p$(过近地点时刻)所确定,也就是任意时刻 $t_j$ 的轨道在某惯性坐标下的坐标 $X_j$、$Y_j$、$Z_j$、$\dot{X}_j$、$\dot{Y}_j$、$\dot{Z}_j$ 可表示为6个轨道根数的函数,或等价于它们是任意某个时刻(现假设为 $t_0$ 时刻)的轨道坐标 $X_0$、$Y_0$、$Z_0$、$\dot{X}_0$、$\dot{Y}_0$、$\dot{Z}_0$ 的函数,即

$$\begin{cases} X_j = X_j(X_0, Y_0, Z_0, \dot{X}_0, \dot{Y}_0, \dot{Z}_0) \\ Y_j = Y_j(X_0, Y_0, Z_0, \dot{X}_0, \dot{Y}_0, \dot{Z}_0) \\ Z_j = Z_j(X_0, Y_0, Z_0, \dot{X}_0, \dot{Y}_0, \dot{Z}_0) \\ \dot{X}_j = \dot{X}_j(X_0, Y_0, Z_0, \dot{X}_0, \dot{Y}_0, \dot{Z}_0) \\ \dot{Y}_j = \dot{Y}_j(X_0, Y_0, Z_0, \dot{X}_0, \dot{Y}_0, \dot{Z}_0) \\ \dot{Z}_j = \dot{Z}_j(X_0, Y_0, Z_0, \dot{X}_0, \dot{Y}_0, \dot{Z}_0) \end{cases} \tag{10-95}$$

另外,假设任意时刻 $t_j$ 对卫星运行轨道的测量数据为 $m$ 个,记为 $R_{ij}(I=1,2,\cdots,m)$;经过适当计算和坐标转换,则得到 $R_{ij}$ 与惯性坐标系中 $X_j$、$Y_j$、$Z_j$、$\dot{X}_j$、$\dot{Y}_j$、$\dot{Z}_j$ 之间测量方程为

$$R_{ij} = R_i(X_j, Y_j, Z_j, \dot{X}_j, \dot{Y}_j, \dot{Z}_j) + \Delta_{ij} + \xi_{ij} \quad i=1,2,\cdots,m \tag{10-96}$$

式中,$\Delta_{ij}$——系统误差;

$\xi_{ij}$——随机误差。

如果 $i>6$（轨道坐标个数），只要测量时刻的个数 $N$ 充分大，则利用 7.6.1 节介绍的无约束条件的“EMBET”自校准方法，即可修正系统误差和解算所有时刻卫星运行轨道的坐标。然而，此时存在下述两个问题：

（1）在轨道测量时，往往是单台测量设备测量，经常遇到的是 $i<6$；

（2）由于解算的所有 $N$ 时刻的轨道坐标有 $6N$ 个，其数量是较多的，其冗余度却有限，由统计估计所得到的参数精度较低。

因此，轨道测量时不能采用常规“EMBET”方法，而应充分利用轨道运动的性质来提高“EMBET”估计的有效性，这就是本小节要介绍的轨道约束“EMBET”自校准技术。

将式（10－95）代入式（10－96），可以得到任何时刻 $t_j$ 的测量数据 $R_{ij}$ 与某任意时刻 $t_0$ 之间的测量方程，记为

$$R_{ij}=R_{ij}(X_0,Y_0,Z_0,\dot{X}_0,\dot{Y}_0,\dot{Z}_0)+\Delta_{ij}+\xi_{ij}$$
$$i=1,2,\cdots,m;j=1,2,\cdots,N \qquad (10-97)$$

此时，若系统误差 $\Delta_{ij}$ 也由一个线性误差模型表示，其误差系数的个数仍假设为 $l$ 个。将方程（10－97）联立后可知，此时已将求解 $6N+l$ 个未知参数的问题化成求解 $6+l$ 个未知参数的问题，大大增加了信息冗余度。若 $N$ 越大，冗余度越大，利用统计估计方法所估计的参数和自校准系统误差的效果越好，这就是轨道约束“EMBET”自校准技术的基本数学原理。

**2. 轨道约束“EMBET”自校准公式**

假设现有 $N$ 个时刻的测量向量，通常它们与轨道运行轨迹之间的测量方程为非线性方程。为了推导方便，现假设测量方程为线性方程（或已经线性化处理），则有

$$\boldsymbol{L}_j=\boldsymbol{A}_j\boldsymbol{X}_j+\dot{\boldsymbol{A}}_j\dot{\boldsymbol{X}}_j+\boldsymbol{\Delta}_j+\boldsymbol{\eta}_j \qquad j=1,2,\cdots,N \quad (10-98)$$

式中，$\boldsymbol{L}_j$——$t_j$（可含 $j=0$）时刻 $m\times1$ 维的测量向量；

$\boldsymbol{A}_j,\dot{\boldsymbol{A}}_j$——$m\times3$ 维的系数矩阵；

$\boldsymbol{X}_j$——$3\times1$ 维轨道在惯性坐标系中的位置向量，$\boldsymbol{X}_j=(X_j$

$Y_j \quad Z_j)^{\mathrm{T}}$；

$\dot{\boldsymbol{X}}_j$——$3\times1$ 维轨道在惯性坐标系中的速度向量，$\dot{\boldsymbol{X}}_j=(\dot{X}_j \quad \dot{Y}_j \quad \dot{Z}_j)^{\mathrm{T}}$；

$\boldsymbol{\Delta}_j$——$t_j$ 时刻测量数据的系统误差向量；

$\boldsymbol{\eta}_j$——$t_j$ 时刻测量数据的随机误差向量，假设其误差协方差阵具有：

$$E(\boldsymbol{\eta}_i\boldsymbol{\eta}_j^{\mathrm{T}})=\begin{cases}\boldsymbol{P}_j>\boldsymbol{O} & i=j\\ \boldsymbol{O} & i\neq j\end{cases}$$

根据二体力学条件可以建立任意 $t_j$ 时刻与某历元时刻 $t_0$ 惯性坐标系坐标间的关系式，即为

$$\begin{cases}X_j=f_jX_0+g_j\dot{X}_0 & \dot{X}_j=\dot{f}_jX_0+\dot{g}_j\dot{X}_0\\ Y_j=f_jY_0+g_j\dot{Y}_0 & \dot{Y}_j=\dot{f}_jY_0+\dot{g}_j\dot{Y}_0\\ Z_j=f_jZ_0+g_j\dot{Z}_0 & \dot{Z}_j=\dot{f}_jZ_0+\dot{g}_j\dot{Z}_0\end{cases} \tag{10-99}$$

而 $f_j$、$g_j$、$\dot{f}_j$、$\dot{g}_j$ 分别为

$$\begin{cases}f_j=1-\dfrac{a}{r_0}(1-\cos\Delta E_j)\\ g_j=\Delta t_j-\dfrac{a^{3/2}}{\sqrt{\mu}}(\Delta E_j-\sin\Delta E_j)\\ \dot{f}_j=-\dfrac{\sqrt{\mu a}}{r_0r_j}\sin\Delta E_j\\ \dot{g}_j=1-\dfrac{a}{r_j}(1-\cos\Delta E_j)\end{cases} \tag{10-100}$$

式中，$\Delta t_j=t_j-t_0$；

$$\Delta E_j=n\Delta t_j+\left(1-\frac{r_0}{a}\right)\sin\Delta E_j-\frac{\boldsymbol{r}_0\dot{\boldsymbol{r}}_0}{\sqrt{a\mu}}(1-\cos\Delta E_j)。$$

方程(10-99)是轨道约束“EMBET”自校准技术的重要基础，现将它与系统误差模型 $B_jC$ 代入式(10-98)，则得到任何时刻 $t_j$ 与历元时刻 $t_0$ 轨道在惯性坐标系中坐标间的关系式，也就是测量

方程为

$$
\begin{aligned}
\boldsymbol{L}_j = & \boldsymbol{A}_j(f_j\boldsymbol{X}_0 + g_j\dot{\boldsymbol{X}}_0) + \dot{\boldsymbol{A}}_j(\dot{f}_j\boldsymbol{X}_0 + \dot{g}_j\dot{\boldsymbol{X}}_0) \\
& + \boldsymbol{B}_j\boldsymbol{C} + \boldsymbol{\eta}_j \qquad j = 1,2,\cdots,N \qquad (10-101)
\end{aligned}
$$

式中，$\boldsymbol{C}$——$l \times 1$ 维系统误差源组成的向量；

$\boldsymbol{B}_j$——$m \times l$ 维系统误差模型的系数矩阵；

$\boldsymbol{X}_0, \dot{\boldsymbol{X}}_0$——$t_0$ 时刻轨道的位置和速度向量。

通过二体运动力学条件，方程组（10－101）已直接建立 $t_j$ 时刻测量向量与 $t_0$ 时刻轨道状态向量之间的关系式。现将 $N$ 个时刻方程组联立，则把求解 $6N+l$ 个未知参数的问题减少成 $6+l$ 个未知参数。

现对方程组（10－101）重新整理，变换成为

$$
\begin{aligned}
\boldsymbol{L}_j & = (\boldsymbol{A}_j, \dot{\boldsymbol{A}}_j)\begin{bmatrix} f_jX_0 + g_j\dot{X}_0 \\ \dot{f}_jX_0 + \dot{g}_j\dot{X}_0 \end{bmatrix} + \boldsymbol{B}_j\boldsymbol{C} + \boldsymbol{\eta}_j \\
& = (\boldsymbol{A}_j, \dot{\boldsymbol{A}}_j)\begin{bmatrix} \bar{\boldsymbol{f}}_j & \bar{\boldsymbol{g}}_j \\ \bar{\dot{\boldsymbol{f}}}_j & \bar{\dot{\boldsymbol{g}}}_j \end{bmatrix}\begin{bmatrix} \boldsymbol{X}_0 \\ \dot{\boldsymbol{X}}_0 \end{bmatrix} + \boldsymbol{B}_j\boldsymbol{C} + \boldsymbol{\eta}_j \qquad (10-102)
\end{aligned}
$$

式中，$\bar{\boldsymbol{f}}_j = \mathrm{diag}(f_j, f_j, f_j)$，$\bar{\boldsymbol{g}}_j = \mathrm{diag}(g_j, g_j, g_j)$ 和 $\bar{\dot{\boldsymbol{f}}}_j = \mathrm{diag}(\dot{f}_j, \dot{f}_j, \dot{f}_j)$，$\bar{\dot{\boldsymbol{g}}}_j = \mathrm{diag}(\dot{g}_j, \dot{g}_j, \dot{g}_j)$。

为了书写方便，现改记 $\bar{\boldsymbol{A}}_j = (\boldsymbol{A}_j, \dot{\boldsymbol{A}}_j)$，$\bar{\boldsymbol{X}}_0 = (X_0 \quad Y_0 \quad Z_0 \quad \dot{X}_0 \quad \dot{Y}_0 \quad \dot{Z}_0)^{\mathrm{T}} = \begin{bmatrix} \boldsymbol{X}_0 \\ \dot{\boldsymbol{X}}_0 \end{bmatrix}$ 和 $\boldsymbol{G}_j = \begin{bmatrix} \bar{\boldsymbol{f}}_j & \bar{\boldsymbol{g}}_j \\ \bar{\dot{\boldsymbol{f}}}_j & \bar{\dot{\boldsymbol{g}}}_j \end{bmatrix}$。则方程组（10－102）化成

$$
\boldsymbol{L}_j = \bar{\boldsymbol{A}}_j\boldsymbol{G}_j\bar{\boldsymbol{X}}_0 + \boldsymbol{B}_j\boldsymbol{C} + \boldsymbol{\eta}_j \qquad j = 1,2,\cdots,N \qquad (10-103)
$$

再将方程组（10－103）联立，并记

$$
\boldsymbol{L} = \begin{bmatrix} \boldsymbol{L}_1 \\ \boldsymbol{L}_2 \\ \vdots \\ \boldsymbol{L}_N \end{bmatrix}, \bar{\boldsymbol{F}} = \begin{bmatrix} \bar{\boldsymbol{F}}_1 \\ \bar{\boldsymbol{F}}_2 \\ \vdots \\ \bar{\boldsymbol{F}}_N \end{bmatrix} = \begin{bmatrix} \bar{\boldsymbol{A}}_1\boldsymbol{G}_1 \\ \bar{\boldsymbol{A}}_2\boldsymbol{G}_2 \\ \vdots \\ \bar{\boldsymbol{A}}_N\boldsymbol{G}_N \end{bmatrix}, \boldsymbol{B} = \begin{bmatrix} \boldsymbol{B}_1 \\ \boldsymbol{B}_2 \\ \vdots \\ \boldsymbol{B}_N \end{bmatrix}, \boldsymbol{\eta} = \begin{bmatrix} \boldsymbol{\eta}_1 \\ \boldsymbol{\eta}_2 \\ \vdots \\ \boldsymbol{\eta}_N \end{bmatrix}
$$

这样方程组(10-103)又可以化成

$$L=\overline{F}\overline{X}_0+BC+\eta \tag{10-104}$$

若再记 $F=[\overline{F},\quad B]$ 和 $X=\begin{bmatrix}\overline{X}_0\\ C\end{bmatrix}$,则进一步将方程组(10-104)变换成

$$L=FX+\eta \tag{10-105}$$

应用高斯-马尔可夫估计,立即得到方程(10-105)关于参数 $X$ 的估计为

$$\widehat{X}=(F^{\mathrm{T}}P^{-1}F)^{-1}F^{\mathrm{T}}P^{-1}L \tag{10-106}$$

估值误差协方差阵为

$$P_{\widehat{X}}=(F^{\mathrm{T}}P^{-1}F)^{-1} \tag{10-107}$$

在式(10-106)和式(10-107)中,$P=E(\eta\eta^{\mathrm{T}})=\mathrm{diag}(P_1\quad P_2\quad \cdots\quad P_N)$。

现对式(10-106)和式(10-107)应用矩阵分块求逆法,则可以得到 $t_0$ 时刻轨道状态向量和系统误差源向量的估计表达式。其中系统误差源向量 $C$ 的估值误差协方差阵为

$$P_{\widehat{C}}=\left[\left(\sum_{j=1}^{N}B_j^{\mathrm{T}}P_j^{-1}B_j\right)-\left(\sum_{j=1}^{N}B_j^{\mathrm{T}}P_j^{-1}\overline{F}_j\right)\left(\sum_{j=1}^{N}\overline{F}_j^{\mathrm{T}}P_j^{-1}\overline{F}_j\right)^{-1}\cdot\left(\sum_{j=1}^{N}\overline{F}_j^{\mathrm{T}}P_j^{-1}B_j\right)\right]^{-1} \tag{10-108}$$

$t_0$ 时刻轨道状态向量 $X_0$ 的估值误差协方差阵为

$$P_{\widehat{X}_0}=\left(\sum_{j=1}^{N}\overline{F}_j^{\mathrm{T}}P_j^{-1}\overline{F}_j\right)^{-1}+\left(\sum_{j=1}^{N}\overline{F}_j^{\mathrm{T}}P_j^{-1}\overline{F}_j\right)^{-1}\cdot\left(\sum_{j=1}^{N}\overline{F}_j^{\mathrm{T}}P_j^{-1}B_j\right)P_{\widehat{C}}\left(\sum_{j=1}^{N}B_j^{\mathrm{T}}P_j^{-1}\overline{F}_j\right)\left(\sum_{j=1}^{N}\overline{F}_j^{\mathrm{T}}P_j^{-1}\overline{F}_j\right)^{-1} \tag{10-109}$$

它们之间误差的相关矩阵为

$$P_{\widehat{X}_0\widehat{C}^{\mathrm{T}}}=P_{\widehat{C}\widehat{X}_0^{\mathrm{T}}}^{\mathrm{T}}=-\left(\sum_{j=1}^{N}\overline{F}_j^{\mathrm{T}}P_j^{-1}\overline{F}_j\right)^{-1}\left(\sum_{j=1}^{N}\overline{F}_j^{\mathrm{T}}P_j^{-1}B_j\right)P_{\widehat{C}} \tag{10-110}$$

而 $t_0$ 时刻轨道状态参数向量 $\boldsymbol{X}_0$ 的估值为

$$\widehat{\boldsymbol{X}}_0 = \boldsymbol{P}_{\widehat{X}_0}\left(\sum_{j=1}^{N}\overline{\boldsymbol{F}}_j^{\mathrm{T}}\boldsymbol{P}_j^{-1}\boldsymbol{L}_j\right) + \boldsymbol{P}_{\widehat{X}_0\widehat{C}^{\mathrm{T}}}\left(\sum_{j=1}^{N}\boldsymbol{B}_j^{\mathrm{T}}\boldsymbol{P}_j^{-1}\boldsymbol{L}_j\right) \tag{10-111}$$

系统误差源向量 $\boldsymbol{C}$ 的估值为

$$\widehat{\boldsymbol{C}} = \boldsymbol{P}_{\widehat{C}}\Big[\left(\sum_{j=1}^{N}\boldsymbol{B}_j^{\mathrm{T}}\boldsymbol{P}_j^{-1}\boldsymbol{L}_j\right) - \left(\sum_{j=1}^{N}\boldsymbol{B}_j^{\mathrm{T}}\boldsymbol{P}_j^{-1}\overline{\boldsymbol{F}}_j\right)\left(\sum_{j=1}^{N}\overline{\boldsymbol{F}}_j^{\mathrm{T}}\boldsymbol{P}_j^{-1}\overline{\boldsymbol{F}}_j\right)^{-1}\left(\sum_{j=1}^{N}\overline{\boldsymbol{F}}_j^{\mathrm{T}}\boldsymbol{P}_j^{-1}\boldsymbol{L}_j\right)\Big] \tag{10-112}$$

表达式(10-108)~(10-112)便是应用高斯—马尔可夫估计,得到的二体力学条件下轨道约束“EMBET” 自校准公式。假设对 $t_0$ 时刻状态向量估值 $\widehat{\boldsymbol{X}}_0$ 再略作变化,立即可以看出自校准公式的物理意义。

现将式(10-109)和(10-110)代入式(10-111),则得到

$$\begin{aligned}\widehat{\boldsymbol{X}}_0 = &\left(\sum_{j=1}^{N}\overline{\boldsymbol{F}}_j^{\mathrm{T}}\boldsymbol{P}_j^{-1}\overline{\boldsymbol{F}}_j\right)^{-1}\left(\sum_{j=1}^{N}\overline{\boldsymbol{F}}_j^{\mathrm{T}}\boldsymbol{P}_j^{-1}\boldsymbol{L}_j\right) + \left(\sum_{j=1}^{N}\overline{\boldsymbol{F}}_j^{\mathrm{T}}\boldsymbol{P}_j^{-1}\overline{\boldsymbol{F}}_j\right)^{-1}\left(\sum_{j=1}^{N}\overline{\boldsymbol{F}}_j^{\mathrm{T}}\boldsymbol{P}_j^{-1}\boldsymbol{B}_j\right)\boldsymbol{P}_{\widehat{C}}\\ &\cdot\left(\sum_{j=1}^{N}\boldsymbol{B}_j^{\mathrm{T}}\boldsymbol{P}_j^{-1}\overline{\boldsymbol{F}}_j\right)\left(\sum_{j=1}^{N}\overline{\boldsymbol{F}}_j^{\mathrm{T}}\boldsymbol{P}_j^{-1}\overline{\boldsymbol{F}}_j\right)^{-1}\left(\sum_{j=1}^{N}\overline{\boldsymbol{F}}_j^{\mathrm{T}}\boldsymbol{P}_j^{-1}\boldsymbol{L}_j\right)\\ &-\left(\sum_{j=1}^{N}\overline{\boldsymbol{F}}_j^{\mathrm{T}}\boldsymbol{P}_j^{-1}\overline{\boldsymbol{F}}_j\right)^{-1}\left(\sum_{j=1}^{N}\overline{\boldsymbol{F}}_j^{\mathrm{T}}\boldsymbol{P}_j^{-1}\boldsymbol{B}_j\right)\boldsymbol{P}_{\widehat{C}}\left(\sum_{j=1}^{N}\boldsymbol{B}_j^{\mathrm{T}}\boldsymbol{P}_j^{-1}\boldsymbol{L}_j\right)\end{aligned} \tag{10-113}$$

注意式(10-112),立即可以得到

$$\widehat{\boldsymbol{X}}_0 = \left(\sum_{j=1}^{N}\overline{\boldsymbol{F}}_j^{\mathrm{T}}\boldsymbol{P}_j^{-1}\overline{\boldsymbol{F}}_j\right)^{-1}\Big[\sum_{j=1}^{N}\overline{\boldsymbol{F}}_j^{\mathrm{T}}\boldsymbol{P}_j^{-1}(\boldsymbol{L}_j - \boldsymbol{B}_j\widehat{\boldsymbol{C}})\Big] \tag{10-114}$$

由式(10-114)可知,轨道约束“EMBET” 的物理意义就是将测量向量校准系统误差估值 $\boldsymbol{B}_j\widehat{\boldsymbol{C}}$ 后,再利用高斯—马尔可夫估计估算出 $t_0$ 时刻的轨道状态向量 $\widehat{\boldsymbol{X}}_0$。因此,如果能够精确估计系统误差源 $\widehat{\boldsymbol{C}}$,则经自校准后估计的 $\widehat{\boldsymbol{X}}_0$ 明显地减小误差。

上述推导的轨道约束“EMBET”自校准公式,是在假设测量方程为线性方程条件下得到的。但实际测量时,往往遇到的是非线性测量方程,其自校准公式将复杂得多。

**3. 自鉴定精度**

在应用轨道约束“EMBET”自校准技术后，得到 $t_0$ 时刻精确的状态向量估值 $\widehat{\boldsymbol{X}}_0$ 和误差系数向量估值 $\widehat{\boldsymbol{C}}$，再由二体力学条件(10-99)得到任何测量时刻 $t_j$ 的轨道状态向量 $\widehat{\boldsymbol{X}}_j$。这样利用10.3.1节方法和式(10-92) ~式(10-94)，立即可以评定测量设备的各种误差和精度。

**4. 受摄动轨道约束“EBMET”自鉴定技术**

上述轨道约束“EMBET”自校准技术是在二体力学条件下推导的结果。事实上，航天器是在各种摄动影响条件下运动的，它的运行轨道是受摄运动的轨道，近似于开普勒椭圆的轨道。由于航天器绕地球运动时，这些摄动力相对地球中心引力是小量，因此，航天器运动可以处理成受摄二体运动，也就是在二体力学的运动模型下加上受摄运动模型，故受摄动动时轨道约束“EMBET”自校准技术的原理，只要在对应运动方程(10-95)中加上各种摄动力影响的摄动模型，其他的推导完全同二体运动条件下的轨道约束“EMBET”自校准技术。在此，不再赘述，可以参阅有关文献。

**5. 测元 *R*、*A*、*E* 自校准公式**

本小节将推导航天测量中常用的一种测量体制的自校准公式，即单台雷达测量斜距 $R$、方位角 $A$ 和高低角 $E$ 时轨道约束“EMBET”自校准公式。

1) 测量方程建立

当 $t_j$ 时刻测量数据为斜距 $R_j$、方位角 $A_j$ 和高低角 $E_j$ 时，根据球面坐标关系，可以得到轨道在测站(测量)坐标系中的位置坐标：

$$\begin{cases} x_j = R_j\cos A_j\cos E_j \\ y_j = R_j\sin E_j \\ z_j = R_j\sin A_j\cos E_j \end{cases} \qquad (10-115)$$

利用测站坐标系 $\boldsymbol{x}_j$ 与2000.0惯性坐标系 $\boldsymbol{X}_j$ 之间转换关系

式，即为

$$\boldsymbol{X}_j = \boldsymbol{\zeta}_A^{\mathrm{T}}\boldsymbol{\theta}_A^{\mathrm{T}}\boldsymbol{Z}_A^{\mathrm{T}}\bar{\boldsymbol{\varepsilon}}^{\mathrm{T}}\Delta\boldsymbol{\psi}^{\mathrm{T}}\tilde{\boldsymbol{\varepsilon}}^{\mathrm{T}}\boldsymbol{\theta}_j^{\mathrm{T}}\boldsymbol{\eta}^{\mathrm{T}}\boldsymbol{\xi}^{\mathrm{T}}(\boldsymbol{L}_{o'}\boldsymbol{B}_{o'}\boldsymbol{x}_j + \boldsymbol{X}_{G_{o'}}) \quad (10-116)$$

式中，$\boldsymbol{X}_j = [X_j \quad Y_j \quad Z_j]^{\mathrm{T}}$ 和 $\boldsymbol{x}_j = [x_j \quad y_j \quad z_j]^{\mathrm{T}}$。

$$\boldsymbol{\zeta}_A = \begin{bmatrix} \cos\zeta_A & -\sin\zeta_A & 0 \\ \sin\zeta_A & \cos\zeta_A & 0 \\ 0 & 0 & 1 \end{bmatrix}, \boldsymbol{\theta}_A = \begin{bmatrix} \cos\theta_A & 0 & -\sin\theta_A \\ 0 & 1 & 0 \\ \sin\theta_A & 0 & \cos\theta_A \end{bmatrix}$$

$$\boldsymbol{Z}_A = \begin{bmatrix} \cos Z_A & -\sin Z_A & 0 \\ \sin Z_A & \cos Z_A & 0 \\ 0 & 0 & 1 \end{bmatrix}, \bar{\boldsymbol{\varepsilon}} = \begin{bmatrix} 1 & 0 & 0 \\ 0 & \cos\bar{\varepsilon} & \sin\bar{\varepsilon} \\ 0 & -\sin\bar{\varepsilon} & \cos\bar{\varepsilon} \end{bmatrix}$$

$$\Delta\boldsymbol{\psi} = \begin{bmatrix} \cos\Delta\psi & -\sin\Delta\psi & 0 \\ \sin\Delta\psi & \cos\Delta\psi & 0 \\ 0 & 0 & 1 \end{bmatrix}, \tilde{\boldsymbol{\varepsilon}}^{\mathrm{T}} = \begin{bmatrix} 1 & 0 & 0 \\ 0 & \cos\tilde{\varepsilon} & \sin\tilde{\varepsilon} \\ 0 & -\sin\tilde{\varepsilon} & \cos\tilde{\varepsilon} \end{bmatrix}$$

$$\boldsymbol{\theta}_j^{\mathrm{T}} = \begin{bmatrix} \cos\theta_j & -\sin\theta_j & 0 \\ \sin\theta_j & \cos\theta_j & 0 \\ 0 & 0 & 1 \end{bmatrix}, \boldsymbol{\eta}^{\mathrm{T}} = \begin{bmatrix} 1 & 0 & 0 \\ 0 & \cos\eta & \sin\eta \\ 0 & -\sin\eta & \cos\eta \end{bmatrix}$$

$$\boldsymbol{\xi}^{\mathrm{T}} = \begin{bmatrix} \cos\xi & 0 & -\sin\xi \\ 0 & 1 & 0 \\ \sin\xi & 0 & \cos\xi \end{bmatrix}, \boldsymbol{L}_{0'} = \begin{pmatrix} -\sin L_{0'} & \cos L_{0'} & 0 \\ \cos L_{0'} & \sin L_{0'} & 0 \\ 0 & 0 & 1 \end{pmatrix}$$

$$\boldsymbol{B}_{0'} = \begin{pmatrix} 0 & 0 & 1 \\ -\sin B_{0'} & \cos B_{0'} & 0 \\ \cos B_{0'} & \sin B_{0'} & 0 \end{pmatrix}$$

式中，$\boldsymbol{\zeta}_A, \boldsymbol{Z}_A, \boldsymbol{\theta}_A$——赤道面的岁差角，它们定义和计算公式可见有关文献；

$\bar{\boldsymbol{\varepsilon}}, \tilde{\boldsymbol{\varepsilon}}, \Delta\boldsymbol{\psi}$——黄赤夹角、真赤夹角和黄经章动，它的定义和计算公式可参见有关文献；

$\boldsymbol{\theta}_j$——格林尼治真恒星时，$\theta_j = \bar{\theta}_j + \Delta\psi\cos\tilde{\varepsilon}$，$\bar{\theta}_j$ 为格林尼治平恒星时，它的计算可参见有关文献；

$\boldsymbol{\xi}, \boldsymbol{\eta}$——地球瞬时极坐标，它的定义参见有关文献；

$L_{0'},B_{0'}$——测站测量坐标系原点的大地坐标 $L_{0'},B_{0'},h_{0'}$。

而

$$\begin{cases} X_{G_{0'}}=(N_{G_{0'}}+h_{0'})\cos B_{0'}\cos L_{0'} \\ Y_{G_{0'}}=(N_{G_{0'}}+h_{0'})\cos B_{0'}\sin L_{0'} \\ Z_{G_{0'}}=[N_{G_{0'}}(1-e_{G_{0'}}^2)+h_{0'}]\sin B_{0'} \end{cases} \tag{10-117}$$

$N_{G_{0'}}$——$O'$点卯酉圈半径,$N_{G_{0'}}=\dfrac{a_G}{(1-e_G^2\sin^2 B_G)^{1/2}}$;

$a_G$ 和 $e_G$——总参考椭球体(DX-1)的长半轴和第一偏心率。

将二体力学条件(10-99)代入式(10-116),并记 $\boldsymbol{A}^{\mathrm{T}}=\boldsymbol{\zeta}_A^{\mathrm{T}}\boldsymbol{\theta}_A^{\mathrm{T}}\boldsymbol{Z}_A^{\mathrm{T}}$ 和 $\boldsymbol{N}^{\mathrm{T}}=\bar{\boldsymbol{\varepsilon}}^{\mathrm{T}}\Delta\boldsymbol{\psi}^{\mathrm{T}}\tilde{\boldsymbol{\varepsilon}}^{\mathrm{T}}$,则式(10-116)变成

$$\boldsymbol{A}^{\mathrm{T}}\boldsymbol{N}^{\mathrm{T}}\boldsymbol{\theta}_j^{\mathrm{T}}\boldsymbol{\eta}^{\mathrm{T}}\boldsymbol{\xi}^{\mathrm{T}}(\boldsymbol{L}_{0'}\boldsymbol{B}_{0'}\boldsymbol{x}_j+\boldsymbol{X}_{G_{0'}})=f_j\boldsymbol{X}_0+g_j\dot{\boldsymbol{X}}_0 \tag{10-118}$$

或者是

$$\boldsymbol{x}_j+\boldsymbol{B}_{0'}^{\mathrm{T}}\boldsymbol{L}_{0'}^{\mathrm{T}}\boldsymbol{X}_{G_{0'}}=\boldsymbol{B}_{0'}^{\mathrm{T}}\boldsymbol{L}_{0'}^{\mathrm{T}}\boldsymbol{\xi}\boldsymbol{\eta}\boldsymbol{\theta}_j\boldsymbol{N}\boldsymbol{A}(f_j\boldsymbol{X}_0+g_j\dot{\boldsymbol{X}}_0) \tag{10-119}$$

现令

$$\boldsymbol{F}_j=\boldsymbol{B}_{0'}^{\mathrm{T}}\boldsymbol{L}_{0'}^{\mathrm{T}}\boldsymbol{\xi}\boldsymbol{\eta}\boldsymbol{\theta}_j\boldsymbol{N}\boldsymbol{A},\bar{\boldsymbol{X}}_0=\begin{bmatrix}\boldsymbol{X}_0\\ \dot{\boldsymbol{X}}_0\end{bmatrix}=[X_0 \quad Y_0 \quad Z_0 \quad \dot{X}_0 \quad \dot{Y}_0 \quad \dot{Z}_0]^{\mathrm{T}}$$

$$\boldsymbol{G}_j=[\bar{\boldsymbol{f}}_j \quad \bar{\boldsymbol{g}}_j],\text{其中}\bar{\boldsymbol{f}}_j=\begin{bmatrix}f_j&0&0\\0&f_j&0\\0&0&f_j\end{bmatrix},\bar{\boldsymbol{g}}_j=\begin{bmatrix}g_j&0&0\\0&g_j&0\\0&0&g_j\end{bmatrix}$$

这样式(10-119)又可以简化为

$$\boldsymbol{x}_j+\boldsymbol{B}_{0'}^{\mathrm{T}}\boldsymbol{L}_{0'}^{\mathrm{T}}\boldsymbol{X}_{G_{0'}}=\boldsymbol{F}_j\boldsymbol{G}_j\bar{\boldsymbol{X}}_0 \qquad j=1,2,\cdots,N \tag{10-120}$$

方程组(10-120)便是描述 $t_j$ 时刻测量数据 $R_j$、$A_j$、$E_j$ 与 $t_0$ 时刻轨道在惯性坐标系之间的测量方程。

2)具有 $R$、$A$、$E$ 测量数据的自校准公式

在方程(10-120)中,由测量数据 $R_j$、$A_j$、$E_j$ 组合计算得到测站坐标 $x_j,y_j,z_j$,并作为测量数据;再由 $x_j,y_j,z_j$ 与 $t_0$ 时刻惯性坐标系坐标 $x_0,y_0,z_0$ 之间建立测量方程。因此,“测量数据”$x_j,y_j,z_j$ 的误差向量为

$$\Delta X_j = \begin{bmatrix} \cos A_j \cos E_j & -R_j \sin A_j \cos E_j & -R_j \cos A_j \sin E_j \\ \sin E_j & 0 & R_j \cos A_j \\ \sin A_j \cos E_j & R_j \cos A_j \sin E_j & -R_j \sin A_j \sin E_j \end{bmatrix}$$

$$\cdot \begin{bmatrix} \Delta R_j \\ \Delta A_j \\ \Delta E_j \end{bmatrix} = \boldsymbol{\theta}_j \Delta \boldsymbol{L}_j \qquad (10-121)$$

假若将测量误差分成两部分,并代入外测系统测量元素的误差模型 $\boldsymbol{B}_j\boldsymbol{C}$(不考虑站址误差),则测站坐标系坐标的误差向量为

$$\Delta \boldsymbol{X}_j = \boldsymbol{\theta}_j(\boldsymbol{B}_j\boldsymbol{C} + \boldsymbol{\eta}_j) \qquad j = 1,2,\cdots,N \qquad (10-122)$$

式中,$\boldsymbol{C}$——系统误差源向量;

$\boldsymbol{B}_j$——$t_j$ 时刻系统误差的系数矩阵;

$\boldsymbol{\eta}_j$——测量随机误差向量,且假设 $E(\boldsymbol{\eta}_j\boldsymbol{\eta}_j^{\mathrm{T}}) = \boldsymbol{P}_j = \mathrm{diag}(\sigma_{R_j}^2 \quad \sigma_{A_j}^2 \quad \sigma_{E_j}^2)$,$\sigma_{R_j}^2, \sigma_{A_j}^2, \sigma_{E_j}^2$ 为测量随机误差的均方差,在应用时通常认为它们在测量时间序列上是等方差不相关的。

现将式(10-122)代入方程(10-120)中,则得到

$$\boldsymbol{x}_j - \boldsymbol{\theta}_j\boldsymbol{B}_j\boldsymbol{C} - \boldsymbol{\theta}_j\boldsymbol{\eta}_j + \boldsymbol{B}_{0'}^{\mathrm{T}}\boldsymbol{L}_{0'}^{\mathrm{T}}\boldsymbol{X}_{G_{0'}} = \boldsymbol{F}_j\boldsymbol{G}_j\boldsymbol{X}_0 \qquad j = 1,2,\cdots,N \qquad (10-123)$$

或者写成

$$\boldsymbol{x}_j + \boldsymbol{B}_{0'}^{\mathrm{T}}\boldsymbol{L}_{0'}^{\mathrm{T}}\boldsymbol{X}_{G_{0'}} = \boldsymbol{F}_j\boldsymbol{G}_j\boldsymbol{X}_0 + \boldsymbol{\theta}_j\boldsymbol{B}_j\boldsymbol{C} + \boldsymbol{\theta}_j\boldsymbol{\eta}_j \qquad j = 1,2,\cdots,N \qquad (10-124)$$

由于方程(10-124)的左边视为测量量,右边为待估参数($t_0$ 时刻轨道坐标向量 $\boldsymbol{X}_0$ 和系统误差源向量 $\boldsymbol{C}$)和测量误差向量 $\boldsymbol{\theta}_j\boldsymbol{\eta}_j$,而且 $\boldsymbol{P}_{X_j} = \boldsymbol{\theta}_j\boldsymbol{P}_j\boldsymbol{\theta}_j^{\mathrm{T}}$。

将方程组(10-124)联立,并记

$$\boldsymbol{X} = \begin{bmatrix} \boldsymbol{x}_1 + \boldsymbol{B}_{0'}^{\mathrm{T}}\boldsymbol{L}_{0'}^{\mathrm{T}}\boldsymbol{X}_{G_{0'}} \\ \boldsymbol{x}_2 + \boldsymbol{B}_{0'}^{\mathrm{T}}\boldsymbol{L}_{0'}^{\mathrm{T}}\boldsymbol{X}_{G_{0'}} \\ \vdots \\ \boldsymbol{x}_N + \boldsymbol{B}_{0'}^{\mathrm{T}}L_{0'}\boldsymbol{X}_{G_{0'}} \end{bmatrix}, \quad \bar{\boldsymbol{F}} = \begin{bmatrix} \boldsymbol{F}_1\boldsymbol{G}_1 \\ \boldsymbol{F}_2\boldsymbol{G}_2 \\ \vdots \\ \boldsymbol{F}_N\boldsymbol{G}_N \end{bmatrix}$$

$$\bar{\boldsymbol{\theta}}=\begin{bmatrix}\boldsymbol{\theta}_1\boldsymbol{B}_1\\ \boldsymbol{\theta}_2\boldsymbol{B}_2\\ \vdots\\ \boldsymbol{\theta}_N\boldsymbol{B}_N\end{bmatrix},\ \boldsymbol{\eta}=\begin{bmatrix}\boldsymbol{\theta}_1\boldsymbol{\eta}_1\\ \boldsymbol{\theta}_2\boldsymbol{\eta}_2\\ \vdots\\ \boldsymbol{\theta}_N\boldsymbol{\eta}_N\end{bmatrix}$$

而 $\boldsymbol{P}_{\eta}=E(\boldsymbol{\eta\eta}^{\mathrm{T}})=\mathrm{diag}(\boldsymbol{\theta}_1\boldsymbol{P}_1\boldsymbol{\theta}_1^{\mathrm{T}}\quad \boldsymbol{\theta}_2\boldsymbol{P}_2\boldsymbol{\theta}_2^{\mathrm{T}}\quad \cdots\quad \boldsymbol{\theta}_N\boldsymbol{P}_N\boldsymbol{\theta}_N^{\mathrm{T}})$。则联立方程组(10－124)可以简化成

$$\boldsymbol{X}=\bar{\boldsymbol{F}}\boldsymbol{X}_0+\bar{\boldsymbol{\theta}}\boldsymbol{C}+\boldsymbol{\eta} \tag{10－125}$$

再令 $F=[\bar{\boldsymbol{F}}\quad \bar{\boldsymbol{\theta}}]$,$\bar{X}_0=\begin{bmatrix}\boldsymbol{X}_0\\ \boldsymbol{C}\end{bmatrix}$,则方程组(10－125)进一步转换成

$$\boldsymbol{X}=\boldsymbol{F}\bar{\boldsymbol{X}}_0+\boldsymbol{\eta} \tag{10－126}$$

由高斯—马尔可夫估计得到参数 $\bar{\boldsymbol{X}}_0$ 的估计为

$$\hat{\bar{\boldsymbol{X}}}_0=(\boldsymbol{F}^{\mathrm{T}}\boldsymbol{P}^{-1}\boldsymbol{F})^{-1}\boldsymbol{F}^{\mathrm{T}}\boldsymbol{P}^{-1}\boldsymbol{X} \tag{10－127}$$

估值 $\hat{\boldsymbol{X}}$ 的误差协方差阵为

$$P_{\hat{\bar{X}}_0}=(\boldsymbol{F}^{\mathrm{T}}\boldsymbol{P}^{-1}\boldsymbol{F})^{-1} \tag{10－128}$$

对于表达式(10－127)和(10－128),利用矩阵分块求逆方法,可以分别得到 $t_0$ 时刻轨道状态参数和系统误差源的估值。其中系统误差源向量估值误差协方差阵为

$$\boldsymbol{P}_{\hat{C}}=\Big[\sum_{j=1}^{N}\boldsymbol{B}_j^{\mathrm{T}}\boldsymbol{P}_j^{-1}\boldsymbol{B}_j-\Big(\sum_{j=1}^{N}\boldsymbol{B}_j^{\mathrm{T}}\boldsymbol{P}_j^{-1}\boldsymbol{\theta}_j^{-1}\boldsymbol{F}_j\boldsymbol{G}_j\Big)\Big(\sum_{j=1}^{N}\boldsymbol{G}_j^{\mathrm{T}}\boldsymbol{F}_j^{\mathrm{T}}\boldsymbol{\theta}_j^{-\mathrm{T}}\boldsymbol{P}_j^{-1}\boldsymbol{\theta}_j^{-1}\boldsymbol{F}_j\boldsymbol{G}_j\Big)^{-1}$$
$$\cdot\Big(\sum_{j=1}^{N}\boldsymbol{G}_j^{\mathrm{T}}\boldsymbol{F}_j^{\mathrm{T}}\boldsymbol{\theta}_j^{-\mathrm{T}}\boldsymbol{P}_j^{-1}\boldsymbol{B}_j\Big)\Big]^{-1} \tag{10－129}$$

而 $t_0$ 时刻轨道坐标向量估值的误差协方差阵为

$$\boldsymbol{P}_{\hat{X}_0}=\Big(\sum_{j=1}^{N}\boldsymbol{G}_j^{\mathrm{T}}\boldsymbol{F}_j^{\mathrm{T}}\boldsymbol{\theta}_j^{-\mathrm{T}}\boldsymbol{P}_j^{-1}\boldsymbol{\theta}_j^{-1}\boldsymbol{F}_j\boldsymbol{G}_j\Big)^{-1}+\Big(\sum_{j=1}^{N}\boldsymbol{G}_j^{\mathrm{T}}\boldsymbol{F}_j^{\mathrm{T}}\boldsymbol{\theta}_j^{-\mathrm{T}}\boldsymbol{P}_j^{-1}\boldsymbol{\theta}_j^{-1}\boldsymbol{F}_j\boldsymbol{G}_j\Big)^{-1}$$
$$\cdot\Big(\sum_{j=1}^{N}\boldsymbol{G}_j^{\mathrm{T}}\boldsymbol{F}_j^{\mathrm{T}}\boldsymbol{\theta}_j^{-\mathrm{T}}\boldsymbol{P}_j^{-1}\boldsymbol{B}_j\Big)\boldsymbol{P}_{\hat{C}}\Big(\sum_{j=1}^{N}\boldsymbol{B}_j^{\mathrm{T}}\boldsymbol{P}_j^{-1}\boldsymbol{\theta}_j^{-1}\boldsymbol{F}_j\boldsymbol{G}_j\Big)$$
$$\cdot\Big(\sum_{j=1}^{N}\boldsymbol{G}_j^{\mathrm{T}}\boldsymbol{F}_j^{\mathrm{T}}\boldsymbol{\theta}_j^{-\mathrm{T}}\boldsymbol{P}_j^{-1}\boldsymbol{\theta}_j^{-1}\boldsymbol{F}_j\boldsymbol{G}_j\Big)^{-1} \tag{10－130}$$

两部分估值误差相关阵为

$$P_{\widehat{X}_0\widehat{C}^{\mathrm{T}}} = P_{\widehat{C}\widehat{X}_0}^{\mathrm{T}} = -\left(\sum_{j=1}^{N} G_j^{\mathrm{T}} F_j^{\mathrm{T}} \theta_j^{-\mathrm{T}} P_j^{-1} \theta_j^{-1} F_j G_j\right)^{-1} \cdot \left(\sum_{j=1}^{N} G_j^{\mathrm{T}} F_j^{\mathrm{T}} \theta_j^{-\mathrm{T}} P_j^{-1} B_j\right) P_{\widehat{C}} \qquad (10-131)$$

而系统误差源向量估值为

$$\widehat{C} = P_{\widehat{C}}\left\{\left[\sum_{j=1}^{N} B_j^{\mathrm{T}} P_j^{-1} \theta_j^{-1}(x_j + B_{0'}^{\mathrm{T}} L_{0'}^{\mathrm{T}} X_{G_{0'}})\right] - \left(\sum_{j=1}^{N} B_j^{\mathrm{T}} P_j^{-1} \theta_j^{-1} F_j G_j\right) \cdot \left(\sum_{j=1}^{N} G_j^{\mathrm{T}} F_j^{\mathrm{T}} \theta_j^{-\mathrm{T}} P_j^{-1} \theta_j^{-1} F_j G_j\right)^{-1} \left(\sum_{j=1}^{N} G_j^{\mathrm{T}} F_j^{\mathrm{T}} \theta_j^{-\mathrm{T}} P_j^{-1} \theta_j^{-1} \cdot (x_j + B_{0'}^{\mathrm{T}} L_{0'}^{\mathrm{T}} X_{G_{0'}})\right]\right\} \qquad (10-132)$$

$t_0$ 时刻轨道状态参数向量估值为

$$\widehat{X}_0 = P_{\widehat{X}_0}\left[\sum_{j=1}^{N} G_j^{\mathrm{T}} F_j^{\mathrm{T}} \theta_j^{-\mathrm{T}} P_j^{-1} \theta_j^{-1}(x_j + B_{0'}^{\mathrm{T}} L_{0'}^{\mathrm{T}} X_{G_{0'}})\right] + P_{\widehat{X}_0\widehat{C}^{\mathrm{T}}}\left[\sum_{j=1}^{N} B_j^{\mathrm{T}} P_j^{-1} \theta_j^{-1}(x_j + B_{0'}^{\mathrm{T}} L_{0'}^{\mathrm{T}} X_{G_{0'}})\right] \qquad (10-133)$$

将式(10－130)、式(10－131)和式(10－132)先后代入式(10－133),并经整理后化简成

$$\widehat{X}_0 = \left(\sum_{j=1}^{N} G_j^{\mathrm{T}} F_j^{\mathrm{T}} \theta_j^{-1} P_j^{-1} \theta_j^{-1} F_{j'} G_{j'}\right)^{-1}\left[\sum_{j=1}^{N} G_j^{\mathrm{T}} F_j^{-1} \theta_j^{-\mathrm{T}} P_j^{-1} \theta_j^{-1} \cdot (x_j + B_{0'}^{\mathrm{T}} L_{0'}^{\mathrm{T}} X_{G_{0'}} - \theta_j B_j \widehat{C})\right] \qquad (10-134)$$

关系式(10－129)～式(10－134)便是由测量元素 $R$、$A$、$E$ 的轨道约束"EMBET"自校准公式。从上述推导过程可知,尽管测量元素 $R$、$A$、$E$ 和惯性坐标系状态参数之间是非线性关系,但利用间接测量数据—测量坐标系坐标,可以建立与惯性坐标系状态参数向量的线性关系式,并应用线性模型的估计方法,得到相应的轨道约束自校准公式,其推导过程也比较简单。

### 10.3.4 轨道约束"EMBET"技术递推方法

在轨道测量和数据处理中,许多应用要求实时、快捷地精确确定轨道和轨道预报。本小节将轨道约束"EMBET"自校准技术和自鉴定

技术推广到实时定轨和预报处理中,以便实时修正测量系统误差并精确确定轨道;同时又可以减少存储测量数据和提高计算速度。

在轨道处理中,通常应用卡尔曼滤波递推地处理测量数据,实时地解算轨道状态参数和轨道根数。由于轨道运动的状态模型和测量模型常是非线性系统,经常应用推广的卡尔曼滤波。本小节将应用推广的卡尔曼滤波原理,推导二体力学条件下轨道运动的非线性时变系统的轨道约束"EMBET"自校准公式,实质上,它也是一种自适应的卡尔曼滤波。

**1. 自校准的推广的卡尔曼滤波**

在此,直接应用推广的卡尔曼滤波得到自校准推广的卡尔曼滤波公式。现将二体运动的力学条件改写成下述形式的状态动力方程:

$$\boldsymbol{X}_j = \boldsymbol{G}_{j,j-1}\boldsymbol{X}_{j-1} + \boldsymbol{U}_j \tag{10-135}$$

式中,$\boldsymbol{X}_j$——$t_j$ 时刻轨道在惯性坐标系中位置和速度所组成向量,以下称为状态向量,即 $\boldsymbol{X}_j = (X_j \quad Y_j \quad Z_j \quad \dot{X}_j \quad \dot{Y}_j \quad \dot{Z}_j)^{\mathrm{T}}$;

$\boldsymbol{U}_j$——动力学模型随机干扰项,且 $E(\boldsymbol{U}_i\boldsymbol{U}_i^{\mathrm{T}}) = \boldsymbol{Q}_i > \boldsymbol{0}$,$E(\boldsymbol{U}_i\boldsymbol{U}_j^{\mathrm{T}}) \equiv \boldsymbol{0}$, $i \neq j$;

$\boldsymbol{G}_{j,j-1}$——由第 $j-1$ 时刻轨道根数代入式(10-102)中矩阵 $\boldsymbol{G}_j$ 的值,即

$$\boldsymbol{G}_{j\cdot j-1} = \begin{bmatrix} f_{j\cdot j-1} & 0 & 0 & g_{j\cdot j-1} & 0 & 0 \\ 0 & f_{j\cdot j-1} & 0 & 0 & g_{j\cdot j-1} & 0 \\ 0 & 0 & f_{j\cdot j-1} & 0 & 0 & g_{j\cdot j-1} \\ \dot{f}_{j\cdot j-1} & 0 & 0 & \dot{g}_{j\cdot j-1} & 0 & 0 \\ 0 & \dot{f}_{j\cdot j-1} & 0 & 0 & \dot{g}_{j\cdot j-1} & 0 \\ 0 & 0 & \dot{f}_{j\cdot j-1} & 0 & 0 & \dot{g}_{j\cdot j-1} \end{bmatrix}$$

$$= \begin{bmatrix} \bar{\boldsymbol{f}}_{j\cdot j-1} & \bar{\boldsymbol{g}}_{j\cdot j-1} \\ \bar{\dot{\boldsymbol{f}}}_{j\cdot j-1} & \bar{\dot{\boldsymbol{g}}}_{j\cdot j-1} \end{bmatrix} = \begin{bmatrix} \boldsymbol{f}_{j\cdot j-1}\boldsymbol{I} & g_{j\cdot j-1}\boldsymbol{I} \\ \dot{\boldsymbol{f}}_{j\cdot j-1}\boldsymbol{I} & \bar{g}_{j\cdot j-1}\boldsymbol{I} \end{bmatrix} \tag{10-136}$$

式中，$I$——3×3 阶单位阵。

矩阵 $G_{j,j-1}$ 中的各元素为

$$\begin{cases} f_{j\cdot j-1}=1-\dfrac{a}{r_{j-1}}(1-\cos\Delta E_j) \\ g_{j\cdot j-1}=(t_j-t_{j-1})-\dfrac{a^{\frac{3}{2}}}{\sqrt{\mu}}(\Delta E_j-\sin\Delta E_j) \\ \dot{f}_{j\cdot j-1}=-\dfrac{\sqrt{\mu a}}{r_j r_{j-1}}\sin\Delta E_j \\ \dot{g}_{j\cdot j-1}=1-\dfrac{a}{r_j}(1-\cos\Delta E_j) \end{cases} \quad (10-137)$$

而 $\Delta E_j$ 由下式迭代得到

$$\frac{\sqrt{\mu}}{a^{\frac{3}{2}}}(t_j-t_{j-1})=\Delta E_j-\left(1-\frac{r_{j-1}}{a}\right)\sin\Delta E_j+\frac{\boldsymbol{r}_{j-1}\dot{\boldsymbol{r}}_{j-1}}{\sqrt{\mu a}}(1-\cos\Delta E_j) \quad (10-138)$$

和

$$\begin{cases} r_{j-1}=(X_{j-1}^2+Y_{j-1}^2+Z_{j-1}^2)^{\frac{1}{2}} \\ \boldsymbol{r}_{j-1}\cdot\dot{\boldsymbol{r}}_{j-1}=X_{j-1}\dot{X}_{j-1}+Y_{j-1}\dot{Y}_{j-1}+Z_{j-1}\dot{Z}_{j-1} \end{cases} \quad (10-139)$$

式中，$X_{j-1},Y_{j-1},Z_{j-1},\dot{X}_{j-1},\dot{Y}_{j-1},\dot{Z}_{j-1}$ 为 $t_{j-1}$ 时刻轨道在惯性坐标系中的位置和速度坐标。

现在推导递推的轨道约束自校准公式。假设系统误差源 $\boldsymbol{C}$ 是不随时间变化的，即

$$\boldsymbol{C}_j=\boldsymbol{C}_{j-1} \quad (10-140)$$

假若将误差源向量作为变量也引入到状态方程中，利用增扩法（增维法）则状态方程（6-135）改写成

$$\bar{\boldsymbol{X}}_j=\begin{bmatrix}\boldsymbol{X}_j\\ \boldsymbol{C}_j\end{bmatrix}=\begin{bmatrix}\boldsymbol{G}_{j\cdot j-1} & \boldsymbol{0}\\ \boldsymbol{0} & \boldsymbol{I}\end{bmatrix}\begin{bmatrix}\boldsymbol{X}_{j-1}\\ \boldsymbol{C}_{j-1}\end{bmatrix}+\begin{bmatrix}\boldsymbol{U}_j\\ \boldsymbol{0}\end{bmatrix} \quad (10-141)$$

若记

$$\bar{G}_{j,j-1} = \begin{bmatrix} G_{j,j-1} & 0 \\ 0 & I \end{bmatrix}, \bar{U}_j = \begin{bmatrix} U_j \\ 0 \end{bmatrix}$$

$$\bar{X}_j = \begin{bmatrix} X_j \\ C_j \end{bmatrix}, E(\bar{U}_j \bar{U}_j^{\mathrm{T}}) = \bar{Q}_j = \begin{bmatrix} Q_j & 0 \\ 0 & 0 \end{bmatrix}$$

则方程(10－141)可以写成

$$\bar{X}_j = \bar{G}_{j,j-1}\bar{X}_{j-1} + \bar{U}_j \qquad j=1,2,\cdots \tag{10-142}$$

同样地，测量方程可以改写为

$$L_j = h(X_j) + B_j C_j + V_j \qquad j=1,2,\cdots \tag{10-143}$$

式中，$L_j$——$t_j$ 时刻测量量所组成的列向量；

$h(X_j)$——状态向量 $X_j$ 的非线性函数，它是由状态向量 $X_j$ 代入后得到测量向量估值；

$V_j$——$t_j$ 时刻测量随机误差向量，其误差协方差阵为 $R_j$；且 $E(V_j \cdot U_j^{\mathrm{T}}) \equiv 0$

$B_j$——系统误差的系数矩阵。

根据状态方程(10－142)和测量方程(10－143)以及提供的初始时刻状态估值 $\hat{X}_{0/0}$ 和误差协方差阵 $P_{0/0}$，利用推广的卡尔曼滤波可得到轨道约束自校准的递推公式为

$$\begin{cases} \hat{\bar{X}}_{j/j-1} = \bar{G}_{j\cdot j-1}\hat{\bar{X}}_{j/j-1} \\ P_{j/j-1} = \bar{G}_{j\cdot j-1} P_{j/j-1} \bar{G}^{\mathrm{T}}_{j\cdot j-1} + \bar{Q}_j \\ K_j = P_{j/j-1}\bar{H}_j^{\mathrm{T}}(\bar{H}_j P_{j/j-1}\bar{H}_j^{\mathrm{T}} + R_j)^{-1} \\ \hat{\bar{X}}_{j/j} = \hat{\bar{X}}_{j/j-1} + K_j[L_j - h(\hat{\bar{X}}_{j/j-1}) - B_j\hat{C}_{j/j-1}] \\ P_{j/j} = (I - K_j\bar{H}_j)P_{j/j-1} \\ \bar{H}_j = \left[\dfrac{\partial h}{\partial X_j} \quad B_j\right]\Bigg|_{\hat{X}_{j/j-1}} \\ h(\hat{\bar{X}}_{j/j-1}) = h(\hat{X}_{j/j-1}) \end{cases} \tag{10-144}$$

实质上,轨道约束自校准公式(10－144)也是一种自适应滤波器,而且它随着测量数据不断地增加,不需要存储“老”数据,具有实时性的优点。

**2. 仅有固定误差时递推的自校准公式**

由于表达式(10－144)是轨道约束自校准递推公式的一般形式,它可适用于任何测量元素及其系统误差源的组合。下面将介绍一种常用系统误差模型的递推自校准公式,即当测量元素的系统误差为固定误差时的简化自校准方法。现仍从模型(10－135)和(10－143)出发,在测量模型中引入测量数据的固定误差,则模型(10－135)改写成

$$\begin{cases}\boldsymbol{X}_j=\boldsymbol{G}_{j,j-1}(\boldsymbol{X}_{j-1})+\boldsymbol{U}_j\\ \boldsymbol{L}_j=\boldsymbol{h}(\boldsymbol{X}_j)+\boldsymbol{C}_j+\boldsymbol{V}_j\end{cases}\quad j=1,2,\cdots \tag{10-145}$$

式中,符号 $\boldsymbol{X}_j,\boldsymbol{L}_j,\boldsymbol{h},\boldsymbol{U}_j$ 和 $\boldsymbol{V}_j$ 含义都同关系式(10－135)和(10－143),而 $\boldsymbol{C}_j$ 为测量元素的常值误差向量。

根据推广的卡尔曼滤波原理,则由 $t_{j-1}$ 时刻状态向量估值 $\widehat{\boldsymbol{X}}_{j-1/j-1}$ 预测 $t_j$ 时刻的估值和误差协方差阵为

$$\begin{cases}\widehat{\boldsymbol{X}}_{j/j-1}=\boldsymbol{G}_{j,j-1}(\widehat{\boldsymbol{X}}_{j-1/j-1})\\ \boldsymbol{P}_{j/j-1}=\boldsymbol{G}_{j,j-1}\boldsymbol{P}_{j-1/j-1}\boldsymbol{G}_{j,j-1}^{\mathrm{T}}+\boldsymbol{Q}_j\end{cases} \tag{10-146}$$

现记 $\boldsymbol{r}_j=\boldsymbol{L}_j-\boldsymbol{h}(\widehat{\boldsymbol{X}}_{j/j-1})$,并对 $\boldsymbol{r}_j$ 取数学期望,则得到

$$E(\boldsymbol{r}_j)=\boldsymbol{h}(\boldsymbol{X}_j)+\boldsymbol{C}_j-E[\boldsymbol{h}(\widehat{\boldsymbol{X}}_{j/j-1})] \tag{10-147}$$

由于 $\boldsymbol{h}(\boldsymbol{X}_j)\approx E[\boldsymbol{h}(\widehat{\boldsymbol{X}}_{j/j-1})]$,故式(6－140)近似有

$$\boldsymbol{C}_j=E(\boldsymbol{r}_j) \tag{10-148}$$

又由式(6－148)可以得到 $\boldsymbol{C}_j$ 的估值为

$$\widehat{\boldsymbol{C}}_j=\frac{1}{j}\sum_{i=1}^{j}\boldsymbol{r}_i \tag{10-149}$$

现将估计式(10－149)表示成递推形式,则为

$$\widehat{C}_j = \frac{j-1}{j}\widehat{C}_{j-1} + \frac{1}{j}r_j \tag{10-150}$$

由式(10－150)可以得到 $t_j$ 时刻后各测量数据的固定误差估计，然后在测量模型中修正固定误差，并利用式(10－144)得到 $t_j$ 时刻状态向量滤波的估计值和误差协方差阵为

$$\begin{cases} \widehat{\boldsymbol{X}}_{j/j} = \widehat{\boldsymbol{X}}_{j/j-1} + \boldsymbol{K}_j[\boldsymbol{L}_j - \boldsymbol{h}(\widehat{\boldsymbol{X}}_{j/j-1}) - \widehat{\boldsymbol{C}}_j] \\ \boldsymbol{P}_{j/j} = (\boldsymbol{I} - \boldsymbol{K}_j\overline{\boldsymbol{H}}_j)\boldsymbol{P}_{j/j-1} \\ \boldsymbol{K}_j = \boldsymbol{P}_{j/j-1}\overline{\boldsymbol{H}}_j^{\mathrm{T}}(\overline{\boldsymbol{H}}_j\boldsymbol{P}_{j/j-1}\overline{\boldsymbol{H}}_j^{\mathrm{T}} + \boldsymbol{R}_j)^{-1} \\ \overline{\boldsymbol{H}}_j = \left.\dfrac{\partial \boldsymbol{h}}{\partial \boldsymbol{X}_j}\right|_{\widehat{X}_{j/j-1}} \end{cases} \tag{10-151}$$

在上述推导过程中，当系统误差模型仅为固定误差时，可以分别计算状态向量与固定误差的估值，这样可以简化自校准的计算公式和减少计算量。

**3. 测量数据为 *R*、*A*、*E* 时自校准递推公式**

轨道约束自校准递推公式(10－144)也适用于测量数据为斜距 $R$、方位角 $A$、高低角 $E$ 时的计算。由于测量数据 $R$、$A$、$E$ 与轨道在测量坐标系中坐标之间是球面坐标的关系，因此，递推自校准公式还可以用另一种形式表示。

由 $t_j$ 时刻测量数据 $R_j$、$A_j$、$E_j$ 解算轨道在测站坐标系的位置 $x_j$、$y_j$、$z_j$ 为

$$\begin{cases} x_j = R_j\cos A_j\cos E_j \\ y_j = R_j\sin E_j \qquad j=1,2,\cdots \\ z_j = R_j\sin A_j\cos E_j \end{cases} \tag{10-152}$$

现以 $t_j$ 时刻轨道在测站坐标系位置坐标 $x_j$、$y_j$、$z_j$ 作为测量元素，记为 $\boldsymbol{x}_j = [x_j \quad y_j \quad z_j]^{\mathrm{T}}$，则测量向量 $\boldsymbol{x}_j$ 的误差协方差阵为

$$\boldsymbol{P}_{X_j} = \boldsymbol{\theta}_j\boldsymbol{P}_{R_j}\boldsymbol{\theta}_j^{\mathrm{T}} \tag{10-153}$$

式中，$\boldsymbol{P}_{R_j} = \mathrm{diag}(\sigma_{R_j}^2 \quad \sigma_{A_j}^2 \quad \sigma_{E_j}^2)$。

而记

$$\boldsymbol{\theta}_j=\frac{\partial(x_j,y_j,z_j)}{\partial(R_j,A_j,E_j)}=\begin{bmatrix}\cos A_j\cos E_j & -R_j\sin A_j\cos E_j & -R_j\cos A_j\sin E_j\\ \sin E_j & 0 & R_j\cos E_j\\ \sin A_j\cos E_j & R_j\cos A_j\cos E_j & -R_j\sin A_j\sin E_j\end{bmatrix}\tag{10-154}$$

而 $t_j$ 时刻轨道位置坐标在测站坐标系与惯性坐标系的转换关系为

$$\boldsymbol{x}_j=\boldsymbol{F}_j\boldsymbol{X}_j-\boldsymbol{B}_{0'}^{\mathrm{T}}\boldsymbol{L}_{0'}^{\mathrm{T}}\boldsymbol{X}_{G_{0'}}\tag{10-155}$$

式中，$\boldsymbol{X}_j$——$t_j$ 时刻轨道在惯性坐标系的坐标 $\boldsymbol{X}_j=(X_j\quad Y_j\quad Z_j\quad)^{\mathrm{T}}$；

$\boldsymbol{x}_j$——测站在地球固定坐标的坐标，即 $x_j=(x_j\quad y_j\quad z_j)^{\mathrm{T}}$；

其他矩阵符号见式(10－120)。

同样地，引入测量数据 $R_j$、$A_j$、$E_j$ 的系统误差模型 $\boldsymbol{B}_j\boldsymbol{C}$，则方程(10－155)改写为

$$\boldsymbol{x}_j=\boldsymbol{F}_j\boldsymbol{X}_j-\boldsymbol{B}_{0'}^{\mathrm{T}}\boldsymbol{L}_{0'}^{\mathrm{T}}\boldsymbol{X}_{G_{0'}}+\boldsymbol{\theta}_j\boldsymbol{B}_j\boldsymbol{C}+\boldsymbol{\theta}_j\boldsymbol{V}_j\tag{10-156}$$

式中，$\boldsymbol{V}_j$——$t_j$ 时刻测量数据 $R_j$、$A_j$、$E_j$ 的随机误差向量，其误差协方差阵为 $\boldsymbol{P}_j$；

$\boldsymbol{C}$——测量数据的系统误差源向量。

关系式(10－156)即为测量方程，再记 $\boldsymbol{h}(\boldsymbol{X}_j)=\boldsymbol{F}_j\boldsymbol{X}_j-\boldsymbol{B}_{0'}^{\mathrm{T}}\boldsymbol{L}_{0'}^{\mathrm{T}}\boldsymbol{X}_{G_{0'}}$，则式(10－156)可以简化成

$$\boldsymbol{x}_j=\boldsymbol{h}(\boldsymbol{X}_j)+\boldsymbol{\theta}_j\boldsymbol{B}_j\boldsymbol{C}+\boldsymbol{\theta}_j\boldsymbol{V}_j\tag{10-157}$$

式中，测量向量 $\boldsymbol{x}_j$ 的随机误差协方差阵为 $\boldsymbol{\theta}_j\boldsymbol{P}_{R_j}\boldsymbol{\theta}_j^{\mathrm{T}}$，且假设 $E(\boldsymbol{V}_i\boldsymbol{V}_j^{\mathrm{T}})=\boldsymbol{0}(i\neq j)$。

此时轨道在惯性坐标系中的二体运动动力方程（状态方程）同方程(10－135)，即为

$$\boldsymbol{X}_j=\boldsymbol{G}_{j.j-1}\boldsymbol{X}_{j-1}+\boldsymbol{U}_j\tag{10-158}$$

式中，$E(\boldsymbol{U}_j\boldsymbol{U}_j^{\mathrm{T}})=\boldsymbol{Q}_j>\boldsymbol{0}$，$E(\boldsymbol{U}_i\boldsymbol{U}_j^{\mathrm{T}})\equiv\boldsymbol{0}$（对于任意的 $i,j$），而且

$E(\boldsymbol{U}_i\boldsymbol{V}_j^{\mathrm{T}})\equiv\boldsymbol{0}(i\neq j)$。

现再令 $\boldsymbol{\theta}_j\boldsymbol{B}_j=\overline{\boldsymbol{B}}_j$ 和 $\boldsymbol{\theta}_j\boldsymbol{V}_j=\overline{\boldsymbol{V}}_j$。类似地，将系统误差源向量 $\boldsymbol{C}$ 也扩充为状态向量，则轨道状态方程(10－158)和测量方程(10－156)可以分别改写成

$$\overline{\boldsymbol{X}}_j=\begin{bmatrix}\boldsymbol{X}_j\\\boldsymbol{C}_j\end{bmatrix}=\begin{bmatrix}\boldsymbol{G}_{j,j-1}&\boldsymbol{0}\\\boldsymbol{0}&\boldsymbol{I}\end{bmatrix}\begin{bmatrix}\boldsymbol{X}_{j-1}\\\boldsymbol{C}_{j-1}\end{bmatrix}+\begin{bmatrix}\overline{\boldsymbol{U}}_j\\\boldsymbol{0}\end{bmatrix}\triangleq\overline{\boldsymbol{G}}_{j,j-1}\overline{\boldsymbol{X}}_{j-1}+\overline{\boldsymbol{U}}_j$$

(10－159)

$$\boldsymbol{x}_j=\boldsymbol{h}(\boldsymbol{X}_j)+\overline{\boldsymbol{B}}_j\boldsymbol{C}_j+\overline{\boldsymbol{V}}_j=\boldsymbol{h}(\overline{\boldsymbol{X}}_j)+\overline{\boldsymbol{V}}_j \quad (10-160)$$

根据状态的系统方程(10－159)和(10－160)，应用推广的卡尔曼滤波关系式(10－144)，得到测量数据为 $R$、$A$、$E$ 时轨道约束自校准的递推公式，其表达式为

$$\begin{cases}\hat{\overline{\boldsymbol{X}}}_{j/j}=\overline{\boldsymbol{G}}_{j,j-1}\hat{\overline{\boldsymbol{X}}}_{j/j-1}\\\boldsymbol{P}_{j/j-1}=\overline{\boldsymbol{G}}_{j,j-1}\boldsymbol{P}_{j-1/j-1}\overline{\boldsymbol{G}}_{j,j-1}^{\mathrm{T}}+\overline{\boldsymbol{Q}}_j\\\boldsymbol{K}_j=\boldsymbol{P}_{j/j-1}\overline{\boldsymbol{H}}_j^{\mathrm{T}}(\overline{\boldsymbol{H}}_j\boldsymbol{P}_{j/j-1}\overline{\boldsymbol{H}}_j^{\mathrm{T}}+\boldsymbol{\theta}_j\boldsymbol{P}_{R_j}\boldsymbol{\theta}_j^{\mathrm{T}})^{-1}\\\hat{\overline{\boldsymbol{X}}}_{j/j}=\hat{\overline{\boldsymbol{X}}}_{j/j-1}+\boldsymbol{K}_j[\boldsymbol{x}_j-\boldsymbol{h}(\hat{\overline{\boldsymbol{X}}}_{j/j-1})-\boldsymbol{\theta}_j\boldsymbol{B}_j\hat{\boldsymbol{C}}_{j/j-1}]\\\boldsymbol{P}_{j/j}=(\boldsymbol{I}-\boldsymbol{K}_j\overline{\boldsymbol{H}}_j)\boldsymbol{P}_{j/j-1}\\\overline{\boldsymbol{H}}_j=\left[\dfrac{\partial\boldsymbol{h}}{\partial\boldsymbol{X}_j}\quad\boldsymbol{\theta}_j\boldsymbol{B}_j\right]\Bigg|_{\hat{\overline{\boldsymbol{X}}}_{j/j-1}}=[\boldsymbol{F}_j\quad\boldsymbol{\theta}_j\boldsymbol{B}_j]\big|_{\hat{\overline{\boldsymbol{X}}}_{j/j-1}}\end{cases} \quad (10-161)$$

式中，$\dfrac{\partial\boldsymbol{h}}{\partial\boldsymbol{X}_j}=\dfrac{\partial\boldsymbol{x}_j}{\partial\boldsymbol{X}_j}=\boldsymbol{F}_j$，$\overline{\boldsymbol{Q}}_j=\begin{bmatrix}\boldsymbol{Q}_j&\boldsymbol{0}\\\boldsymbol{0}&\boldsymbol{0}\end{bmatrix}$。

比较关系式(10－144)和(10－161)可知，对于不同的测量向量，其轨道约束自校准的具体公式也是不一样的。

# 参考文献

[1]李德仁,袁修考.误差处理与可靠性理论.武汉:武汉大学出版社,2002.
[2]沙定国,刘智敏.测量不确定度的表示方法.北京:中国科学技术出版社,1994.
[3]沙定国.实用误差理论与数据处理.北京:北京理工大学出版社,1993.
[4]刘蕴才,张纪生,黄学德.导弹航天测控总体.北京:国防工业出版社,2001.
[5]夏南银,张守信,穆鸿飞.航天测控系统.北京:国防工业出版社,2002.
[6]罗海银,刘利生.导弹航天测控通信技术词典.北京:国防工业出版社,2001.
[7]刘利生,李杰.外测数据事后处理.北京:国防工业出版社,2000.
[8]何照才,胡保安.光电测量.北京:国防工业出版社,2002.
[9]赵业福,李进华.无线电跟踪测量.北京:国防工业出版社,2003.
[10]朱华统.大地坐标系统建立.北京:测绘出版社,1980.
[11]刘利生.外弹道测量数据处理.北京:国防工业出版社,2002.
[12]张金槐.远程火箭精度分析与评估.长沙:国防科技大学出版社,1995.
[13]复旦大学.概率论,第二册;数理统计第一、二分册.北京:人民教育出版社,1979.
[14]陈希孺.数理统计引论.北京:科学出版社.1981.
[15]陈希孺,王松桂.近代回归分析.合肥:安徽教育出版社,1987,1-90,341-354.
[16]刘利生.两类递推最小二乘估计方法.宇航学报,1983(1):22-28.
[17]刘利生,白堤.测量系统的系统误差主成份估计方法.宇航学报,1986(2):1-9.
[18]刘利生,李本津.主成份估计特征根因子筛选方法.宇航学报,1987(2):

93 – 98.
[19]刘利生,李本津. 主成份估计特征根因子筛选的统计检验方法. 飞行器测控技术,1986(3):14 – 20.
[20]陈贻迎. 测量系统自校准模型的统计检验. 飞行器测控技术,1982(1):32 – 41.
[21]王正明,易东云. 测量数据建模与参数估计. 长沙:国防科技大学出版社,1997.
[22]黄友谦,李岳生. 数值逼近. 北京:高等教育出版社,1987.
[23]刘钦圣. 最小二乘问题计算原理. 北京:北京工业大学出版社,1989.
[24]张金槐. 线性模型参数估计及其改进. 长沙:国防科技大学出版社,1992,214 – 261.
[25]塞奇 A P,梅尔隆 J L. 田承骏等译. 估计理论及其通讯与控制中的应用. 北京:科学出版社,1978.
[26]贾沛璋,朱征挑. 最优估计及其应用. 北京:科学出版社,1984.
[27]刘基余,等. 全球定位系统原理及应用. 北京:测绘出版社,1992.
[28]刘大杰,等. 全球定位系统原理与数据处理. 上海:同济大学出版社,1998.
[29]刘利生,吴斌,曹坤梅,等. 卫星导航测量差分自校准融合技术. 北京:国防工业出版社,2007.
[30]刘林. 航天器轨道理论. 北京:国防工业出版社,2000.
[31]刘利生,吴斌,杨萍. 航天器精确定轨与自校准技术. 北京:国防工业出版社,2005.
[32]刘利生. 轨道测量设备精度自鉴定技术及评估. 飞行器测控学报,2001(4),1 – 6.
[33]刘利生,杨永亮,等. 基于轨道约束“EMBET”技术的自鉴定方法及应用. 飞行器测控学报,2002(4):70 – 74.
[34]刘利生,孙亮清. 应用自定位技术提供高精度的弹道位置参数. 航天控制,1991 年专辑:125 – 131.
[35]吴斌,刘利生. 航天测控网测量体制改进的探讨. 电讯技术,2003(2).
[36]刘利生,吴斌,曹坤梅. 轨道测量差分精确定轨方法. 飞行器测控学报,2006(5).
[37]刘利生,刘元. 基于载波相位增量的消模糊度精确定位方法. 飞行器测控学报,2007(3).

[38]刘利生,杨萍.有序递推滤波修正系统误差方法.飞行器测控学报,2003(3):7-11.
[39]刘利生,杨萍.固定区间卡尔曼平滑的自校准方法.飞行器测控学报,2003(4):26-31.
[40]杨萍.战术导弹射击精度分析与评定方法的研究.装备指挥技术学院硕士论文,2002.
[41]杨萍,蔡远文.捷联式惯导系统工具误差环境函数计算模型.飞行器测控学报,2001.
[42]杨萍,刘利生.降低再入点测量精度要求的分析方法.导弹与航天运载技术,2007(2).
[43]The Accuracy of AMR Instrumentation,AD 406859,1964.
[44]Brown D C. Investigation of the Feasibility of Self-Calibration of Tracking Systems,AD 602799,1964.
[45]Study of the Feasibility of Rocket and Satellite Approaches to the Calibration of Tracking System,AD 425480,1963.
[46]Automatic Calibration System for Tracking Radar,AD 421483,1963.
[47]AFFTR Plan for Use of Calibration Satellite for Calibration and Evaluation of Range Instrumentation,AD 707873,1965.
[48]Radar Calibration Test Satellite. IEEE,VAES-5.1969(4):654-659.
[49]MINITRACK Self-Calibration. NASA-TMX-67272,1970,115-124.
[50]Evaluation of Range Accuracy for the GRARR System at Rosman. NASA TMX 55687.
[51]Evaluation and Calibration of Missile and Space Tracking System, IAA,1966:35.
[52]Theory or Applications of Kalman Filtering,AD 704306,1970.
[53]General Principles of Digital Filtering and a Surey of Filters Current Range Use,AD-A240984,1991.
[54]Julier S T, UhlmannJK. A General Method for Approximating Nonlinear Transformation of Probability Distribution. http://www.robtos.ox.ac.uk/~siju,8/1994.
[55]Julier S J, Uhlmann J K, Durran-Whyte H F. A New Approach for Filtering Nonlinear Systems. In The Proceedings of the American Control Conference, Seattle, Washinton 1995,1628-1632.

[56] Julier S J, Uhlmann J K, Durran-Whyte H F. A New Approach for the Nonlinear Transformation of Means and Covariance in Linear Filters. IEEE Transactions on Automatic Control, 1996.

[57] Julier S J, Uhlmann J K. A New Extension of the Kalman Filter to Nonlinear Systems. In Proc of Aerosense: The 11th International Symposium on Aerospace/Defence Sensing, Simulation and Controls, Orlando, Florida, 1997.

[58] Bartals R H. The Use of Matrix Factorization in Derivative-Free Nonlinear Least-Squares Algorithms, Symposium on Nonlinear Programming 2, Madison, Wis, (1974) Nonlinear Programming 2, Proceedings 1975, 231 – 253.

[59] Gill F E, Murray W, Picken S M. The Implementation of Two Modified Newton Algorithms for Unwnstrained Optimization, National Physical Labortory Report NAC, 1972, 24.

[60] Brown K M, Dennis JE. Derivative Free Analogues of the Levenberg-Marquardt and Gauss Algorithms for Nonlinear Least Squares Approximation, Numerische Mathematics, 1972, 18, 289 – 297.

[61] James N. Constant Fundamentals of Strategic Weapons Offence and Defense Systems, Martinus Nigholf Publishers, 1981, 167 – 217.

[62] Hoerl A E, Kennard R W. Ridge Regression: Biased Estimation for Monorthogonal Problems, Technometrics, 1970(2)55 – 68.

[63] Groutage F G. Optimal Estimation of Missile Free-light-Trajectory-Comparative Results of Linear and Non-Linear Kalman Filter Approaches, AD – AO9077.

[64] Gerald Grimaldi. Utilization of GPS Data in Evaluating Guidance Systems Accuracy, AD – A107612, 1981.

[65] Hoerl R W Schuenemeyer J H Hodel A E. A Simulation of Biased Estimation and Subset Selection Regression Technigues Technometrics, 1986, 28(4).

# 内 容 简 介

本书系统地论述导弹和航天工程测控系统外弹道测量精度分析与评定技术的基本原理。主要内容包括:外弹道测量在导弹和航天器飞行试验中的重要地位及其精度评定技术和方法;测控系统各种外测体制解算弹道参数的方法和公式,以及外弹道测量精度分析的原理、方法和公式;外测系统测量精度评定技术和方法等。为了提高外弹道测量精度和有效地评定导弹精度,本书全面地论述外测弹道解算和导弹精度评定方法的技术改进途径;深入阐述了卫星鉴定技术、导航卫星鉴定技术等新的外测系统精度评定技术和方法。

本书可供从事导弹和航天测控系统总体设计、精度评定与数据处理工作的科研人员以及高等院校高年级本科生、研究生和教师阅读。

This book systematically discusses the principle of the accuracy analysis and evaluation techniques of exterior ballistic measurement in the fields of missile and space TT&C system. The exterior ballistic measurement in the missile and space flight tests holds a very important position in the missile and space flight tests, and there are many accuracy evaluation technique and methods for it. This book is discussing this and more, includes the methods and the formulae to solve the ballistic parameters in many exterior measuring systems, the principle, methods and formulae of the exterior measurement accuracy analysis, the accuracy evaluation techniques and methods of the exterior measuring system, and etc. This book is generally discussing the technical betterments of the methods in the field of missile and space accuracy evaluation to improve the effects of accuracy evaluation of the missile measurement and the accuracy of the exterior ballistic measurement. And also, it discussed completely the new techniques and methods of exterior ballistic measurement just like evaluation techniques using satellites and navigation satellites system.

This book is writing for those students and experts who are professional in the fields of general design of missile and space TT&C system, accuracy evaluation and data process. It is also a valuable supplementary for senior grades and post-graduate students, professors in university and etc.